Unbemannte Luftfahrzeugsysteme: Zulassungsvorgaben und -vorschriften der ICAO bzw. der EU

Von Dr. Milan A. Plücken, LL.M. (McGill)

Carl Heymanns Verlag 2017

Bibliografische Information der Deutschen Nationalbibliothek
Die Deutsche Nationalbibliothek verzeichnet diese Publikation in der Deutschen Nationalbibliografie; detaillierte bibliografische Daten sind im Internet über http://dnb.d-nb.de abrufbar.

ISBN 978-3-452-28874-5

www.wolterskluwer.de
www.carl-heymanns.de

Alle Rechte vorbehalten.
© 2017 Wolters Kluwer Deutschland GmbH, Luxemburger Str. 449, 50939 Köln.

Das Werk einschließlich aller seiner Teile ist urheberrechtlich geschützt. Jede Verwertung außerhalb der engen Grenzen des Urheberrechtsgesetzes ist ohne Zustimmung des Verlages unzulässig und strafbar. Das gilt insbesondere für Vervielfältigungen, Übersetzungen, Mikroverfilmungen und die Einspeicherung und Verarbeitung in elektronischen Systemen.

Verlag, Herausgeber und Autor übernehmen keine Haftung für inhaltliche oder drucktechnische Fehler.

Satz: R. John + W. John GbR, Köln
Druck und Weiterverarbeitung: SDK Systemdruck Köln GmbH & Co KG

Gedruckt auf säurefreiem, alterungsbeständigem und chlorfreiem Papier.

Milan A. Plücken

Unbemannte Luftfahrzeugsysteme: Zulassungsvorgaben und -vorschriften der ICAO bzw. der EU

Schriften zum Luft- und Weltraumrecht | *Studies in Air and Space Law* | *Etudes de Droit Aérien et Spatial*

Begründet von / Founded by / Fondées par
Karl-Heinz Böckstiegel

Herausgegeben von / Edited by / Publiées par
Stephan Hobe

Band / Volume 40

Carl Heymanns Verlag 2017

Familie und Freunde

Vorwort

Die vorliegende Arbeit wurde im Sommersemester 2016 von der Rechtswissenschaftlichen Fakultät der Universität zu Köln als Dissertation angenommen. Rechtsentwicklungen und Literatur wurden bis zum November 2015 berücksichtigt.

Mein besonderer Dank gilt meinem Doktorvater Herrn Prof. Dr. *Stephan Hobe* für die Betreuung der Arbeit, die langjährige Förderung sowie die Aufnahme in die Schriftenreihe. Herrn Prof. Dr. *Burkhard Schöbener* danke ich für die zügige Erstellung des Zweitgutachtens.

Dem *Verein der Freunde und Förderer des Instituts für Luft- und Weltraumrecht an der Universität zu Köln e.V.* danke ich für den finanziellen Beitrag zur Veröffentlichung.

Besonders herzlicher Dank gebührt meiner Familie und meinen Freunden, die die Entstehung der Arbeit auf vielfältige Weise unterstützt haben. Ihnen ist dieses Buch gewidmet.

Düsseldorf, im Januar 2017   *Milan A. Plücken*

Inhaltsübersicht

Vorwort VII

Inhalt XI

§ 1   Einleitung   1

Erstes Kapitel   Die Besonderheiten der zivilen unbemannten Luftfahrt   7
§ 2   Unbemannte Luftfahrzeuge und Luftfahrzeugsysteme   7
§ 3   Begriffsbestimmung, Definition und Einordnung   32

**Zweites Kapitel   Die internationalen Vorgaben für Zulassungsvorschriften
für unbemannte Luftfahrzeugsysteme und diesbezügliche
Weiterentwicklungen**   59
§ 4   Vorgaben des Chicagoer Abkommens zu unbemannten Luftfahrzeugsystemen
und deren Zulassung   61
§ 5   Vorgaben der ICAO für Zulassungsvorschriften für unbemannte
Luftfahrzeugsysteme   75
§ 6   Weiterentwicklung von besonderen internationalen Vorgaben für
Zulassungsvorschriften durch die ICAO 120

**Drittes Kapitel   Die Zulassungsvorschriften der EU und ihre Anwendung
auf unbemannte Luftfahrzeugsysteme sowie diesbezügliche
Weiterentwicklungen** 149
§ 7   EASA-System 151
§ 8   Zulassungsvorschriften der EU für unbemannte Luftfahrzeugsysteme und
deren Anwendung durch die EASA 181
§ 9   Weiterentwicklung der Zulassungsvorschriften durch die EU 229

**Viertes Kapitel   Zusammenfassende Bewertung der wesentlichen Merkmale
der (künftigen) Zulassungsregulierung der ICAO und der EU
für unbemannte Luftfahrzeugsysteme sowie möglicher
Erweiterungen** 267
§ 10   Wesentliche Merkmale der Zulassungsregulierung 268
§ 11   Mögliche Erweiterungen und Herausforderungen 288
§ 12   Fazit und Thesen 294

Abkürzungen 299

Literatur 303

Rechtstexte 317

Sachregister 327

Inhalt

Vorwort		VII
Inhaltsübersicht		IX
§ 1	**Einleitung**	1
Erstes Kapitel	**Die Besonderheiten der zivilen unbemannten Luftfahrt**	7
§ 2	**Unbemannte Luftfahrzeuge und Luftfahrzeugsysteme**	7

A.	*Besondere Merkmale*		8
I.	System		8
	1.	Unbemanntes Luftfahrzeug	9
		a) Klassifikation	9
		b) »Große« unbemannte Luftfahrzeuge	12
		c) »Kleine« unbemannte Luftfahrzeuge	13
	2.	Kontrolleinheit	14
	3.	Datenverbindung	15
	4.	Weitere Elemente	18
II.	Technisierung und Autonomie		19
	1.	Nicht-autonome unbemannte Luftfahrzeugsysteme	20
	2.	Teilweise autonome unbemannte Luftfahrzeugsysteme	20
	3.	Vollständig autonome unbemannte Luftfahrzeugsysteme	21
	4.	Erforderlichkeit von Kontrolleinheit und Datenverbindung	22
B.	*Nutzungsmöglichkeiten*		22
I.	Vorzüge		23
II.	Anwendungsbereiche		28
C.	*Zwischenergebnis*		31

§ 3	**Begriffsbestimmung, Definition und Einordnung**		32
A.	*Unbemanntes Luftfahrzeug*		32
I.	Begriffsvielfalt und Differenzierung		32
	1.	Unmanned Aerial Vehicle und andere	33
	2.	Unmanned Aircraft	35
	3.	Remotely Piloted Aircraft	36
	4.	»Drohne«	36
II.	Definitionen		37
B.	*Unbemanntes Luftfahrzeugsystem*		38
I.	Differenzierung		38
	1.	Unmanned Aircraft System	38
	2.	Remotely Piloted Aircraft System	39
II.	Definitionen		39
	1.	System	40

	2. Weitere Elemente	41
III.	Abgrenzung	42
	1. Unbemannte Raketen	42
	2. Ferngesteuerte Flugmodelle	43
C.	*Flugsicherheit und Zulassung*	46
I.	Flugsicherheit	46
II.	Gefährdungsschwerpunkt unbemannter Luftfahrzeugsysteme	52
III.	Zulassung von Luftfahrzeugen	54
	1. Funktion und Zulassungsarten	54
	2. Zulassungsvorgaben und -vorschriften sowie behördliche Zulassung	56
D.	*Zwischenergebnis*	57

Zweites Kapitel Die internationalen Vorgaben für Zulassungsvorschriften für unbemannte Luftfahrzeugsysteme und diesbezügliche Weiterentwicklungen ... 59

§ 4 Vorgaben des Chicagoer Abkommens zu unbemannten Luftfahrzeugsystemen und deren Zulassung ... 61

A.	*Chicagoer Abkommen*	61
I.	Entstehung und Bedeutung	61
II.	Anwendungsbereich	62
B.	*Vorgaben zu unbemannten Luftfahrzeugsystemen und deren Zulassung*	65
I.	Vorgaben zu unbemannten Luftfahrzeugsystemen	65
	1. Art. 8 des Chicagoer Abkommens	65
	2. Andere Vorgaben des Chicagoer Abkommens	70
II.	Vorgaben zu Zulassung, Lufttüchtigkeit und Anerkennung	71
	1. Art. 31 des Chicagoer Abkommens	72
	2. Art. 33 des Chicagoer Abkommens	73
C.	*Zwischenergebnis*	73

§ 5 Vorgaben der ICAO für Zulassungsvorschriften für unbemannte Luftfahrzeugsysteme ... 75

A.	*Internationale Zivilluftfahrtorganisation (ICAO)*	75
I.	Ziele und Organe	76
II.	»Rechtsetzende« Tätigkeit der ICAO	79
	1. Internationale Richtlinien und Empfehlungen	80
	a) Definition, Entstehung und Wirksamwerden	82
	b) Rechtswirkungen	85
	2. Weitere Handlungsformen	90
B.	*Richtlinien und Empfehlungen der ICAO für Zulassungsvorschriften für unbemannte Luftfahrzeugsysteme*	92
I.	Annex 8	92
	1. Aufbau	92
	2. Grundsätze	93
	3. Vorgaben für das Zulassungsverfahren und die Zulassungsarten	95
	a) Musterzulassung	96
	b) Verkehrszulassung	98

		c)	Weitere Zulassungsarten	100
	4.	Vorgaben für die Zulassungsvoraussetzungen		100
		a)	Anwendbarkeit	101
		b)	Inhaltliche Ausrichtung der Zulassungsvorgaben	103
	5.	Zwischenergebnis		105
		a)	Generalversammlungsresolution A38-12, Appendix C	107
		b)	Bedeutung der Vorgaben des Annex 8 für Zulassungsvorschriften für unbemannte Luftfahrzeugsysteme	108
II.	Annex 2			109
	1.	Anwendungsbereich		109
	2.	Richtlinie 3.1.9 und Appendix 4		110
		a)	Zulassungsvorgaben	111
		b)	Weitere Vorgaben	114
	3.	Richtlinie 3.1.10 und Appendix 5		114
	4.	Zwischenergebnis		116
III.	Weitere Annexe			117
C.	Zwischenergebnis			118

§ 6 Weiterentwicklung von besonderen internationalen Vorgaben für Zulassungsvorschriften durch die ICAO 120

A.	Generalversammlung		120
B.	Rat und Sekretariat		121
I.	Richtlinien und Empfehlungen		121
	1. Bereits vorhandene besondere Richtlinien und Empfehlungen		121
	2. Vorgesehene besondere Richtlinien und Empfehlungen		122
II.	Unmanned Aircraft Systems Study Group		123
	1. Entstehung		123
	2. Auftrag und Zusammensetzung		125
III.	Remotely Piloted Aircraft Systems Panel		126
IV.	Circular 328 – Unmanned Aircraft Systems		127
	1. Informationen zur Zulassung unbemannter Luftfahrzeugsysteme		128
	2. Bedeutung des UAS Circular		130
V.	Manual on Remotely Piloted Aircraft Systems		132
	1. Zulassungssystematik		134
	a) RPA		135
	b) RPS		137
	c) Data-Link		139
	d) RPAS		142
	e) Andere Elemente		144
	2. Weitere Bereiche		144
	3. Bedeutung des RPAS Manual		145
C.	Zwischenergebnis		146

Drittes Kapitel Die Zulassungsvorschriften der EU und ihre Anwendung auf unbemannte Luftfahrzeugsysteme sowie diesbezügliche Weiterentwicklungen 149

§ 7 EASA-System 151

A.	Einbindung in die Luftverkehrsregulierung der EU	151

B. Rechtssystematik 153
I. Verordnungen und Durchführungsverordnungen 153
   1. Grundverordnung 153
      a) Zielsetzung und Aufbau 154
      b) Räumlicher und sachlicher Geltungsbereich 155
      c) Substantive und Essential Requirements 156
   2. Durchführungsverordnungen 159
II. EASA Soft Law 159
   1. Rechtsgrundlagen und Funktion 160
   2. Arten 160
   3. Bindungswirkung 161

C. Europäische Agentur für Flugsicherheit (EASA) 164
I. Rechtsstellung und Mitglieder 166
II. Aufgaben 168
   1. Aufgaben im Zuge der Rechtssetzung 169
   2. Aufgaben bei der Rechtsanwendung 171
   3. Weitere Aufgaben 174
III. Organisation 174

D. Verhältnis der EU und der EASA zur ICAO 176

E. Zwischenergebnis 179

§ 8 Zulassungsvorschriften der EU für unbemannte Luftfahrzeugsysteme und deren Anwendung durch die EASA 181

A. Zulassungsvorschriften für unbemannte Luftfahrzeugsysteme 181
I. Verbindliches Unionsrecht 182
   1. Grundverordnung 182
      a) Substantive Requirements in Art. 5 der Grundverordnung 182
      b) Essential Requirements in Anhang I der Grundverordnung ... 187
   2. Verordnung (EU) Nr. 748/2012 189
      a) Zulassungsvorschriften der Verordnung 190
      b) Zulassungsvorschriften des Anhangs I (Teil 21) 191
         aa) Musterzulassung und eingeschränkte Musterzulassung ... 191
         bb) Lufttüchtigkeitszeugnis und eingeschränktes Lufttüchtigkeitszeugnis ... 194
         cc) Bau- und Ausrüstungsteile 195
         dd) Europäische Technische Standardzulassung 196
         ee) Fluggenehmigung 197
II. EASA Soft Law 200
   1. Grundsätzliche Bedeutung für die Zulassung von unbemannten Luftfahrzeugsystemen 201
   2. Zulassungsspezifikationen, annehmbare Nachweisverfahren und Anleitungsmaterialien 202
      a) Luftfahrzeuge 203
      b) Motoren und Propeller 206
      c) Weitere 206

B. Anwendung der Zulassungsvorschriften durch die EASA (Policy Statement E.Y013-01) 208
I. Entstehung 209
II. Rechtsqualität und Funktion 211

III.	Zulassung von unbemannten Luftfahrzeugsystemen mithilfe der UAS Policy	212
	1. Grundsätze der Zulassung	212
	2. Zulassungsverfahren	214
	3. Besondere Hinweise zu Teil 21 der Verordnung (EU) Nr. 748/2012	215
	a) Lufttüchtigkeitskodizes	216
	b) Sonderbedingungen	218
	aa) Verschiedene Sonderbedingungen	219
	bb) System Safety Assessment (»1309«)	219
	4. Eingeschränkte Musterzulassung	222
	5. Weitere Hinweise	225
C.	Zwischenergebnis	226

§ 9 Weiterentwicklung der Zulassungsvorschriften durch die EU 229

A.	*Rat, Parlament und Europäischer Rat*	229
B.	*Europäische Kommission*	230
I.	UAS Panel Process	231
	1. Beitrag zur Weiterentwicklung der Zulassungsvorschriften	231
	2. Abschlussbericht und Empfehlungen	233
II.	European RPAS Steering Group und RPAS Roadmap	234
	1. RPAS Steering Group	234
	2. RPAS Roadmap und Annex 1	235
	a) Grundsätzliche Ausrichtung	235
	b) Schritte der Integration	238
III.	Mitteilung der Europäischen Kommission	242
IV.	Weitere Weiterentwicklungsbestrebungen der Europäischen Kommission	243
C.	EASA	245
I.	NPA 2014-09	246
II.	Stellungnahme 01/2015	249
III.	A-NPA 2015-10	250
	1. Betriebskategorien	252
	2. Regelungs- und Durchführungszuständigkeit	256
D.	*Zusammenarbeit mit anderen Akteuren*	257
E.	*Zwischenergebnis*	260

Viertes Kapitel   Zusammenfassende Bewertung der wesentlichen Merkmale der (künftigen) Zulassungsregulierung der ICAO und der EU für unbemannte Luftfahrzeugsysteme sowie möglicher Erweiterungen 267

§ 10 Wesentliche Merkmale der Zulassungsregulierung 268

A.	*Stand der Zulassungsregulierung für unbemannte Luftfahrzeugsysteme*	268
B.	*Schwierigkeit »System«*	270
I.	Handlungsmöglichkeiten der ICAO	271
II.	Gesetzesänderungen der EU	272
C.	*Herangehensweise*	272
I.	Organisation und Arbeitsweise	273

II. Wichtige spezifische Instrumente 275
   1. ICAO Annex 2 Appendix 4 und RPAS Manual 275
   2. UAS Policy und A-NPA 2015-10 276
III. Auswirkung systematischer Unterschiede 278
   1. Regulierungssystem der ICAO 278
   2. Normenstruktur der EU 279

D. Auswirkungen der neuen Betriebskategorien der EU auf die Zulassungsregulierung und die (internationale) Verwendung von unbemannten Luftfahrzeugsystemen 279

E. Harmonisierung oder Rechtszersplitterung? 283
I. Durch die ICAO 283
II. Innerhalb der EU 284

F. Zwischenergebnis 285

§ 11 Mögliche Erweiterungen und Herausforderungen 288

A. Vollständig autonome unbemannte Luftfahrzeugsysteme 288

B. Personentransport durch unbemannte Luftfahrzeugsysteme 291

C. Zwischenergebnis 293

§ 12 Fazit und Thesen 294

A. Fazit 294

B. Thesen 295

Abkürzungen 299

Literatur 303

Rechtstexte 317

Sachregister 327

§ 1 Einleitung

Zivile unbemannte Luftfahrzeugsysteme verändern die Luftfahrt. Unbemannte Luftfahrzeugsysteme, die auch als »Drohnen« bezeichnet werden, sind Luftfahrzeuge, die ohne einen Piloten an Bord fliegen können und grundsätzlich mithilfe einer Kontrolleinheit gesteuert werden. Die Steuerungsbefehle werden dabei durch eine Datenverbindung per Funk an das unbemannte Luftfahrzeug übertragen. Sie werden als »System« bezeichnet, da sie, anders als bemannte Luftfahrzeuge, aus mehreren voneinander getrennten Elementen bestehen – zumindest aus einem unbemannten Luftfahrzeug, einer Kontrolleinheit und einer Datenverbindung. Damit das unbemannte Luftfahrzeug geflogen werden kann, sind grundsätzlich alle Elemente erforderlich.

Unbemannte Luftfahrzeugsysteme weisen eine erhebliche Vielfalt auf. Hinsichtlich ihres Typs, sind unbemannte Luftfahrzeuge zwar oftmals, wie bemannte Luftfahrzeuge, als Flugzeuge und Drehflügler zu qualifizieren. Sie können allerdings ein ungleich breiteres Spektrum etwa hinsichtlich Größe, Gewicht, Fähigkeiten und Automatisierung aufweisen. Mitunter kann ihr Gewicht zwischen wenigen Gramm und einigen Tonnen liegen, wobei mit Gewicht und Größe oftmals auch die technischen Fähigkeiten korrelieren. Die Kontrolleinheit kann ebenfalls erheblich variieren und sowohl eine einfache Handfernsteuerung als auch ein komplexes Kontrollzentrum umfassen.

Neben ihrer variablen technischen Ausprägung und der Möglichkeit eines kostengünstigeren und umweltschonenderen Einsatzes, kann insbesondere die Abwesenheit eines Piloten an Bord einen besonderen Vorteil gegenüber bemannten Luftfahrzeugen darstellen. Ein Einsatz in gefahrträchtigen Situationen, jedoch ohne Gefährdung des Piloten, wird damit möglich. In Hinblick etwa auf die Einsatzdauer, die Entfernung oder die Flughöhe, hängt die Verwendung des unbemannten Luftfahrzeugs hauptsächlich von seinen technischen Eigenschaften ab, ohne auf einen Piloten an Bord Rücksicht nehmen zu müssen.

In der Vergangenheit hatten unbemannte Luftfahrzeugsysteme hauptsächlich militärische Bedeutung. In den letzten Jahren hat sich allerdings im Zuge der technischen Weiterentwicklung – die sich noch im Fluss befindet – auch ein großes Interesse an ihrer zivilen Nutzung entwickelt. »Zivil« sind dabei solche unbemannten Luftfahrzeugsysteme, die nicht als Staatsluftfahrzeuge zu qualifizieren sind, also insbesondere nicht in militärischer oder sonstiger staatlicher Verwendung stehen. Ebenso vielfältig wie unbemannte Luftfahrzeugsysteme selbst sind auch ihre zivilen Nutzungsmöglichkeiten. Kategorial können unbemannte Luftfahrzeugsysteme dabei zum einen bemannte Luftfahrzeuge ersetzen. Als Beispiel hierfür kann die Befliegung von Versorgungsleitungen genannt werden, die sich bislang nicht nur als mitunter gefährlich, sondern beispielsweise durch den Einsatz von bemannten Hubschraubern auch als kostenintensiv und umweltbelastend darstellen kann. Zum anderen können unbemannte Luftfahrzeugsysteme neue Anwendungsmöglichkeiten eröffnen, die kein Äquivalent in der bemannten Luftfahrt haben. Insbesondere bedingt durch eine geringere Größe oder längere Einsatzzeit, können unbemannte Luftfahrzeuge in diversen Situationen zur Beschaffung von Informationen verschiedenster Art eingesetzt werden. Ebenso erscheint auch der in jüngerer Zeit oftmals vorgebrachte Transport kleinerer Frachtmengen als attraktives Szenario, sei es beispielsweise zur Versorgung entlegener Gebiete als auch zur individuellen Zustellung im Versandhandel.

Die zivile unbemannte Luftfahrt hat aufgrund ihrer Mannigfaltigkeit ein erhebliches wirtschaftliches Potential.[1] Sowohl hinsichtlich der Systeme als auch hinsichtlich der Anwendungsmöglichkeiten können neue Märkte oder Marktsegmente entstehen. Wenngleich dieses Potential schwerlich seriös bezifferbar ist, gehen verschiedene Untersuchungen grundsätzlich von einer – insbesondere künftigen – besonderen ökonomischen Bedeutung dieses Sektors aus.[2]

Die Integration unbemannter Luftfahrzeugsysteme in den Luftverkehr stellt eine facettenreiche Herausforderung für das internationale, supranationale und nationale Luftrecht dar. Sie provoziert zahlreiche luftrechtliche Fragestellungen.

Die Zulassung ist ein wichtiger Bestandteil des öffentlichen Luftrechts und eine wesentliche Voraussetzung für die Nutzung von Luftfahrzeugen. Die Zulassung eines Luftfahrzeugs bildet grundsätzlich den ersten Schritt zur Teilnahme am Luftverkehr. Mit ihr wird, vereinfacht dargestellt, die technische Sicherheit des Luftfahrzeuges gewährleistet, indem dessen Übereinstimmung mit den dafür geltenden Sicherheitsanforderungen überprüft und bescheinigt wird.

Das Abkommen über die Internationale Zivilluftfahrt verlangt von seinen Vertragsstaaten, dass für alle international betriebenen Luftfahrzeuge ein Lufttüchtigkeitszeugnis ausgestellt wird. Die durch das Abkommen geschaffene Internationale Zivilluftfahrtorganisation (*International Civil Aviation Organization*, ICAO) hat durch Annexe zu diesem Abkommen – zuvörderst durch Annex 8 – entsprechende Anforderungen an die Lufttüchtigkeit aufgestellt. Diese Anforderungen werden vorliegend als *Zulassungsvorgaben* bezeichnet, da sie einer Umsetzung und Ausgestaltung durch die Mitgliedstaaten bedürfen. Die Europäische Union (EU) hat von ihren Mitgliedstaaten eine weitreichende Zuständigkeit für die Schaffung von Unionsrecht zur Gewährleistung der Flugsicherheit erhalten. Sie setzt dabei auch die Zulassungsvorgaben der ICAO für

---

1 Siehe dazu eingängig Europäische Kommission, Commission Staff Working Document – Towards a European strategy for the development of civil applications of Remotely Piloted Aircraft Systems (RPAS), 4. September 2012, SWD(2012) 259 endg., 1.1. (»European strategy for RPAS«): »The development of RPAS technologies is supported by a dynamic industry. More than 400 RPAS developments across 20 European countries have been identified involving companies of all sizes, from global aerospace and defence industries producing large systems for military and state applications to start-ups and SMEs developing small systems for commercial or corporate applications. The structure of the industry reflects the wide range of systems varying in size and performance (from the size of an Airbus 320 to a few grams) The development of large RPA (>150 kg) has been the most dynamic growth sector of the aerospace industry during the last decade. RPAS technologies are a source of important spin-off to civil aviation and a key element of the future aeronautics sector.« Siehe zum genannten Dokument auch unten § 9 B. I. 2.
2 Genannt seien hier nur exemplarisch entsprechende Prognosen der Europäischen Kommission aus 2012 und 2014 in Europäische Kommission, Mitteilung der Kommission an das Europäische Parlament und den Rat: Ein neues Zeitalter der Luftfahrt – Öffnung des Luftverkehrsmarktes für eine sichere und nachhaltige zivile Nutzung pilotenferngesteuerter Luftfahrtsysteme, KOM(2014) 207 endg., 3 f. (»Mitteilung zu RPAS«) sowie Europäische Kommission, European strategy for RPAS, 1.1. m.w.N. Siehe zur Mitteilung der Kommission unten § 9 B. III.

ihre Mitgliedstaaten in Unionsrecht um. Vorschriften zu Zulassungsvoraussetzungen und -verfahren, die auf der Ebene der EU geschaffen werden, werden vorliegend als *Zulassungsvorschriften* bezeichnet. Hierbei sind solche Zulassungsvorschriften zu unterscheiden, die in Form von Verordnungen und Durchführungsverordnungen durch die Gesetzgebungsorgane der Union erlassen werden und solche, die unmittelbar durch die Europäische Agentur für Flugsicherheit (*European Aviation Safety Agency*, EASA) als sog. »EASA Soft Law« erarbeitet werden. Die EASA hat in der EU eine besondere Bedeutung für die Flugsicherheit. Sie ist einerseits, neben der Schaffung eigener Vorschriften, auch maßgeblich an der Entwicklung des Unionsrechts auf Verordnungsebene beteiligt. Andererseits führt sie in ihrem Zuständigkeitsbereich als europäische Zulassungsbehörde insbesondere die Musterzulassung von Luftfahrzeugen durch.

Die in dieser Arbeit adressierten luftrechtlichen Fragestellungen betreffen die Zulassungsvorgaben der ICAO und die Zulassungsvorschriften der EU für unbemannte Luftfahrzeugsysteme.

Das Erkenntnisinteresse kommt in dem wie folgt bestimmten Untersuchungsgegenstand der vorliegenden Dissertation zum Ausdruck:

Die Arbeit untersucht, inwieweit die Zulassungsvorgaben der Internationalen Zivilluftfahrtorganisation und die Zulassungsvorschriften der Europäischen Union die Besonderheiten unbemannter Luftfahrzeugsysteme erfassen und ihre Zulassung ermöglichen können sowie welche diesbezüglichen Weiterentwicklungsbestrebungen beide Organisationen verfolgen und wie diese Entwicklung in den Gesamtzusammenhang des internationalen und europäischen (Zulassungs-) Rechts einzuordnen ist.

Hintergrund dieser Fragestellungen ist, dass mit zivilen unbemannten Luftfahrzeugsystemen eine vergleichsweise neue, vor allem aber andersartige technische Entwicklung auf ein Luftrechtskonstrukt trifft, dessen Regelungen entsprechend der tatsächlichen Entwicklung der zivilen Luftfahrt seit dem vergangenen Jahrhundert grundsätzlich im Lichte bemannter Luftfahrzeuge geschaffen wurde.

Das Interesse an der zivilen unbemannten Luftfahrt hat zwar deutlich zugenommen, ist aber noch vergleichsweise jung. Hierbei folgt die Rechtsentstehung grundsätzlich der technischen Entwicklung nach. Die rechtswissenschaftliche Auseinandersetzung mit der unbemannten Luftfahrt erstreckt sich bislang nur auf eine insbesondere im deutschsprachigen Raum überschaubare Anzahl intensiver akademischer Befassungen.[3] Aufgrund der großen Reichweite des Themas insgesamt können diese – ebenso wie die vorliegende Arbeit – nur Teilbereiche der Problematik erfassen. Im Bereich des Luftrechts, jedenfalls in zulassungsrechtlicher Hinsicht auf internationaler und

---

3 Siehe u.a. die Dissertationen zu zivilrechtlichen Haftungsfragen *Ebinger*, Zivilrechtliche Haftung des Luftfrachtführers im Personentransport – Unter besonderer Berücksichtigung der Beförderung von Personen durch ferngesteuerte Luftfahrzeuge, 2012, zu vornehmlich Datenschutzrechtlichen Aspekten *Kornmeier*, Der Einsatz von Drohnen zur Bildaufnahme: Eine luftverkehrsrechtliche und datenschutzrechtliche Betrachtung, 2012, sowie zu völkerrechtlichen Fragen *Städele*, Völkerrechtliche Implikationen des Einsatzes bewaffneter Drohnen, 2014, *Borrmann*, Autonome unbemannte bewaffnete Luftsysteme im Lichte des Rechts des internationalen bewaffneten Konflikts – Anforderungen an das Konstruktionsdesign und Einsatzbeschränkungen, 2014 und *Stumvoll*, Die Drohne – Das unbemannte Luftfahrzeug im Völkerrecht, 2015.

europäischer Ebene, will die vorliegende Arbeit hier Abhilfe schaffen, ohne dabei die gesamtluftrechtliche Einordnung zu vernachlässigen. Die Untersuchung der bestehenden Zulassungsvorgaben und -vorschriften sowie entsprechender Weiterentwicklungsbemühungen wird daher auch durch eine diesbezügliche kritische Analyse im Gesamtzusammenhang des internationalen und europäischen (Zulassungs-)Rechts abgerundet.

Die Arbeit basiert im Wesentlichen auf englischsprachigen Primärquellen. Über die hauptsächlichen Rechtsinstrumente beider Organisationen hinaus werden dabei auch zahlreiche unverbindliche Dokumente wie Stellungnahmen, Vorschläge sowie Tagungs- und Sitzungsberichte ausgewertet. Die vorliegende Untersuchung leistet damit auch Grundlagenarbeit zur Fundierung und Anregungen des wissenschaftlichen Diskurses in einem Bereich, der selbst den meisten luftrechtlich Interessierten bislang eher rudimentär vertraut sein dürfte.

Die Befassung erfolgt inmitten einer rechtlichen und technischen Dynamik. Es erfolgt daher keine Analyse und Bewertung einer abgeschlossenen Regulierung, sondern einer lebhaften Rechtsentwicklung. Dies hat zur Folge, dass die »Halbwertszeit« der Untersuchung, d.h. ihr zeitlicher Bestand – jedenfalls hinsichtlich der Untersuchung besonderer Zulassungsvorgaben und -vorschriften sowie deren Weiterentwicklungstendenzen – begrenzt sein wird. Um einen Beitrag zum Verständnis und zur Entwicklung eines Rechtsbereiches zu leisten, der das Luftrecht noch viele Jahre prägen wird, erscheint dies hinnehmbar.

Der Untersuchungsgegenstand bedarf verschiedener Eingrenzungen. Zunächst bleiben die von den Zulassungsvorgaben und -vorschriften mitunter umfassten umweltbezogenen Aspekte außer Betracht. Prinzipiell besteht kein Grund unbemannte Luftfahrzeugsysteme hinsichtlich ihrer Auswirkungen auf die Umwelt anders zu behandeln als bemannte Luftfahrzeuge. Nicht berücksichtigt wird zudem die mit der Zulassung inhaltlich verknüpfte, aber von ihr zu trennende Aufrechterhaltung der Lufttüchtigkeit. Andere Gebiete des öffentlichen Luftrechts, in denen ebenfalls begrifflich eine »Zulassung« erfolgt, wie etwa hinsichtlich Entwicklungs- und Herstellungsbetrieben oder Luftverkehrsbetreibern sind nicht von vorliegend untersuchten Zulassungsvorgaben und -vorschriften umfasst. Die Zulassung von Luftfahrzeugen im Allgemeinen ist *ein* Bereich der Flugsicherheit. Weitere Bereiche, insbesondere der Betrieb von unbemannten Luftfahrzeugsystemen sowie ihr Personal, werden grundsätzlich nicht untersucht, wenngleich verknüpfende Ausführungen aufgrund der gegenseitigen Verbundenheit der Bereiche unvermeidbar sind. Der Schutz unbemannter Luftfahrzeugsysteme vor (terroristischen) Eingriffen von außen ist nicht Bestandteil der Flugsicherheit. Ebenfalls ausgeschlossen sind alle übrigen Aspekte, die mit der zivilen Nutzung von unbemannten Luftfahrzeugsystemen zusammenhängen, wie etwa Haftungsfragen oder datenschutzrechtliche Herausforderungen. Unbemannte Luftfahrzeugsysteme, die als Staatsluftfahrzeuge qualifiziert werden können, sind nicht Gegenstand der Untersuchung. Fragen der Vereinbarkeit des Einsatzes solcher Staatsluftfahrzeuge etwa mit dem humanitären Völkerrecht oder den Grundrechten bleiben daher unbeachtet.[4]

Die Untersuchung erfolgt in vier Kapiteln. Das erste Kapitel schafft hierbei die Verständnisgrundlage für die weitere Untersuchung. Es werden die besonderen Merkmale unbemannter Luftfahrzeugsystemen dargestellt, deren Berücksichtigung durch die

---

4 Siehe dazu u.a. die Dissertationen in der vorherigen Fn., jeweils m.w.N.

Zulassungsvorgaben und -vorschriften in den weiteren Kapiteln zu untersuchen sein wird. Ebenso erfolgen Begriffsbestimmungen und Definitionen sowie eine Einordnung wesentlicher Konzepte, wie der Flugsicherheit, des Gefährdungsschwerpunktes von unbemannten Luftfahrzeugen und der »Zulassung« im Allgemeinen. Im zweiten Kapitel erfolgt die Untersuchung der Zulassungsvorgaben der ICAO für unbemannte Luftfahrzeugsysteme sowie entsprechender Weiterentwicklungsbestrebungen der Organisation. Ausgehend von der Berücksichtigung einzelner Artikel des Chicagoer Abkommens, werden insbesondere die internationalen Zulassungsvorgaben der ICAO Annexe im Hinblick auf unbemannte Luftfahrzeugsysteme untersucht. Die Analyse der Weiterentwicklungsbestrebungen gibt Aufschluss über künftige Annexänderungen. Das dritte Kapitel widmet sich den Zulassungsvorschriften der EU und ihrer Anwendung auf unbemannte Luftfahrzeugsysteme sowie diesbezüglichen Regulierungsentwicklungen. Nach einer Darstellung des sog. EASA-Systems werden die Zulassungsvorschriften der EU untersucht, und zwar sowohl auf Verordnungsebene als auch auf der Ebene des EASA Soft Law. Auch hier ermöglicht die Untersuchung der umfangreichen Weiterentwicklungsbestrebungen eine Vorausschau auf künftiges Unionsrecht. Das vierte und letzte Kapitel enthält eine zusammenfassende Bewertung der wesentlichen Merkmale der (künftigen) Zulassungsregulierung der ICAO und der EU für unbemannte Luftfahrzeugsysteme sowie möglicher diesbezüglicher Erweiterungen.

Anmerkung zum Stand der Arbeit:
Nach Fertigstellung der vorliegenden Arbeit im November 2015 haben sich insbesondere auf der Ebene der EU weitere Schritte zur Regulierung von UAS ereignet.
Von grundlegender Bedeutung ist die *Aviation Strategy*[5] der Kommission. Sie betrifft alle Bereiche des unionsweiten Luftverkehrs und enthält dabei neben zahlreichen anderen Initiativen auch einen Vorschlag zur Änderung der Verordnung (EG) Nr. 216/2008[6] (sog. »Grundverordnung«). Im Rahmen dessen sollen auch spezifische Vorschriften für unbemannte Luftfahrzeugsysteme in die Grundverordnung aufgenommen werden. Weiterhin zu nennen sind die *Technical Opinion*[7] und die *Prototype Regulation*[8] der EASA. Die Technical Opinion stellt eine Weiterentwicklung der ausführlich untersuchten A-NPA 2015-10[9] dar. Trotz einzelner Änderung, folgt die Technical Opinion inhaltlich im Wesentlichen der Linie der A-NPA 2015-10. Die Prototype Regulation ist eine von der EASA erstellte unverbindliche »Information« zu einer

---

5 Europäische Kommission, Mitteilung der Kommission an das Europäische Parlament, den Rat, den Europäischen Wirtschafts- und Sozialausschuss und den Ausschuss der Regionen: Eine Luftfahrtstrategie für Europa, 7. Dezember 2015, SWD(2015) 261 endg.
6 Siehe zur Grundverordnung ausf. unten § 7 B. I. 1. sowie zu den diesbezüglichen Änderungsbestrebungen unten § 9 C. II.
7 EASA, Technical Opinion – Introduction of a regulatory framework for the operation of unmanned aircraft, 18. Dezember 2015. Zu beachten ist, dass es sich dabei um eine Technical Opinion handelt, d.h. nicht um eine übliche Stellungnahme i.S.d. Art. 19 der Grundverordnung, siehe dazu unten § 7 C. II. 1.
8 EASA, »Prototype« Commission Regulation on Unmanned Aircraft Operations, 22. August 2016. Der Begriff »Prototyp« Regulation wurde gewählt, um zu verdeutlichen, dass es sich lediglich um eine unverbindliche Information und Vorausschau möglicher zukünftiger Vorschläge der EASA handelt.
9 Siehe unten § 9 C. II.

möglichen künftigen Regulierung von unbemannten Luftfahrzeugsystemen. Sie setzt die bevorstehende Änderung der Grundverordnung voraus und antizipiert die dann zu erlassenden Regeln. Dabei spezifiziert sie die vorgesehenen künftigen Betriebskategorien und damit wiederum im Grundsatz die in der vorliegenden Arbeit eingehend untersuchte A-NPA 2015-10.

Zum Zeitpunkt der Drucklegung der Arbeit hat noch keiner dieser Vorschläge Eingang in verbindliches Unionsrecht gefunden. Die folgenden Untersuchungen haben daher grundsätzlich Bestand – zumal auch die für unbemannte Luftfahrzeugsysteme wesentlichen künftigen Vorhaben im Rahmen der Weiterentwicklungsbemühungen der EU bereits antizipierend analysiert werden. Auf die genannten bevorstehenden Änderungen des Unionsrechts – insbesondere der Grundverordnung – sei jedoch an dieser Stelle ausdrücklich hingewiesen.

Erstes Kapitel   Die Besonderheiten der zivilen unbemannten Luftfahrt

Das erste Kapitel der vorliegenden Arbeit dient einerseits der Darstellung der besonderen Merkmale unbemannter Luftfahrzeugsysteme sowie deren Nutzungsmöglichkeiten im Vergleich zu bemannten Luftfahrzeugen (§ 2). Andererseits erfolgt die Begriffsbestimmung, Definition und Einordnung der zentralen Bestandteile des Untersuchungsgegenstandes, insbesondere des unbemannten Luftfahrzeugs, des unbemannten Luftfahrzeugsystems und des grundsätzlichen Konzepts der Zulassung (§ 3). Es bildet damit einen allgemeinen Ausgangspunkt der Problematik um unbemannte Luftfahrzeugsysteme und die technische und rechtliche Grundlage der weiteren Untersuchung.

§ 2 Unbemannte Luftfahrzeuge und Luftfahrzeugsysteme

Unbemannte Luftfahrzeugsysteme unterscheiden sich von bemannten Luftfahrzeugen. Die Unterschiede kennzeichnen die besonderen Merkmale unbemannter Luftfahrzeugsysteme. Diese besonderen Merkmale bilden die Kriterien, an denen die Zulassungsvorgaben der ICAO und die Zulassungsvorschriften der EU zu messen sind. Aus einer unzureichenden Erfassbarkeit dieser Besonderheiten durch die bisherigen Vorgaben und Vorschriften würde ein entsprechender Handlungs- bzw. Regulierungsbedarf folgen, der in den Weiterentwicklungsbestrebungen beider Organisationen Berücksichtigung finden sollte.

Die in der vorliegenden Arbeit zu untersuchenden besonderen Merkmale von unbemannten Luftfahrzeugsystemen resultieren im Wesentlichen aus deren technischer Beschaffenheit. Die Zulassungsvorschriften dienen der Gewährleistung der technischen Sicherheit des Luftfahrzeugs und knüpfen daher zuallererst an dessen technischen Eigenschaften an.[10] Die beabsichtigte Nutzung eines unbemannten Luftfahrzeugsystems hat dabei wiederum Einfluss auf dessen technische Ausgestaltung.[11] Zudem kann die

---

10 Siehe dazu unten § 3 C. III.
11 Unbemannte Luftfahrzeugsysteme werden grds. für bestimmte Gruppen von Anwendungen entwickelt. Ein generisches für alle denkbaren Anwendungsmöglichkeiten ausgelegtes unbemanntes Luftfahrzeugsystem ist daher nicht naheliegend. Gemäß dem damaligen Bundesverkehrsministerium für Verkehr, Bau und Stadtentwicklung (BMVBS) »orientieren sich Systemarchitekturen und Sensorik ausschließlich an den Anforderungen des Einsatzspektrums, beispielsweise an Einsatzprofil, operativen Aufgaben, Reichweite, Dauer, Agilität, Nutzlast, Schnelligkeit und Luftraumerfordernisse«, *BMVBS*, Bericht über die Art und den Umfang des Einsatzes von unbemannten Luftfahrtsystemen, 2012, 3.

Verwendung auch von Bedeutung für die heranzuziehenden Zulassungsvorschriften sein. Die Nutzungsmöglichkeiten verdeutlichen darüber hinaus das Potenzial der unbemannten Luftfahrt und unterstreichen damit die Erforderlichkeit hinreichender Zulassungsvorgaben und -vorschriften zu dessen Realisierung.

A. Besondere Merkmale

Die wichtigsten besonderen Merkmale unbemannter Luftfahrzeugsysteme lassen sich bereits aus den Begriffen »System« und »unbemannt« ablesen. Hinter dem System verbirgt sich eine substanzielle Erweiterung des Luftfahrtgeräts in der zivilen Luftfahrt. Die unbemannte Eigenschaft des Luftfahrzeugs erfordert bzw. ermöglicht eine Technisierung und eine gesteigerte Autonomie.

I. System

Das *unbemannte Luftfahrzeug* wird in der Regel unter Verwendung einer *Kontrolleinheit* navigiert. Die dort generierten Steuerungsbefehle werden mithilfe einer *Datenverbindung* an das unbemannte Luftfahrzeug übertragen. *Weitere Elemente*, wie Start- und Landevorrichtungen können hinzutreten. Die Gesamtheit dieser Elemente konstituiert das *unbemannte Luftfahrzeugsystem*.

Der zentrale Unterschied zu einem bemannten Luftfahrzeug besteht darin, dass das unbemannte Luftfahrzeug für seine Funktionsfähigkeit auf die anderen Elemente des Systems angewiesen ist. Ohne die anderen Elemente kann das unbemannte Luftfahrzeug grundsätzlich nicht geflogen werden.[12] Die Bedeutungserweiterung liegt folglich in der Ausdehnung des Blickfeldes von einem einzelnen Luftfahrzeug zu einem Luftfahrzeug*system*.

Die besonderen Merkmale des unbemannten Luftfahrzeugsystems resultieren vornehmlich daraus, dass sich der Pilot, und mit ihm die Kontrolleinheit, außerhalb des Luftfahrzeugs befinden und dieses »Weniger« an menschlichem Einfluss an Bord durch ein »Mehr« an Technik ausgeglichen werden müssen. Dies kann sowohl durch eine Übertragung von Steuerungsbefehlen und Informationen zwischen Kontrolleinheit und unbemanntem Luftfahrzeug als auch in einer Erweiterung der Selbstständigkeit des unbemannten Luftfahrzeugsystems geschehen. Es erfolgt daher ein teilweises oder gänzliches Hineinversetzen bzw. Ersetzen des Piloten an Bord durch Technik.

Die Bezeichnung »unbemanntes Luftfahrzeugsystem« kann missverstanden werden.[13] Der Wortsinn vermag den Eindruck zu erwecken, dass das Luftfahrzeugsystem unbemannt sei. »Unbemannt« ist immer das Luftfahrzeug, da sich kein Pilot an Bord

---

12 Siehe zur Ausnahme davon unten § 2 A. II. 4. Die einzelnen Elemente des Systems, insb. die Kontrolleinheit und die Datenverbindung, können zudem weiteren Zwecken dienen, die nicht unmittelbar für die Flugfähigkeit erforderlich sind, siehe dazu unten § 2 A. I. 2. und 3.
13 Diese Begriffsdifferenzierung dient ausschließlich der Erklärung. Eine Definition unbemannter Luftfahrzeuge und unbemannter Luftfahrzeugsysteme erfolgt im Rahmen der luftrechtlichen Einordnung unter § 3 A. und B.

befindet, in den allermeisten Fällen jedoch nicht das System. Das »System« ist daher inhaltlich an das »Luftfahrzeug« anzuknüpfen. Das »Luftfahrzeugsystem« besteht aus mehreren Elementen, wobei im Regelfall nur das Element des Luftfahrzeugs unbemannt ist. Das System ist nur dann unbemannt, wenn keines seiner Elemente einer menschlichen steuernden Eingriffsmöglichkeit zugänglich ist. Dies ist nur dann der Fall, wenn das unbemannte Luftfahrzeug bzw. das unbemannte Luftfahrzeugsystem vollständig autonom agiert.[14] Im Regelfall ist jedoch davon auszugehen, dass ein Mensch den Flug des unbemannten Luftfahrzeugs steuert, auch wenn die Reichweite seiner Steuerungsmacht variieren kann.[15]

Im Folgenden werden das unbemannte Luftfahrzeug, die Kontrolleinheit, die Datenverbindung und mögliche weitere Elemente des unbemannten Luftfahrzeugsystems erläutert.

1. Unbemanntes Luftfahrzeug

Das unbemannte Luftfahrzeug ist das fliegende Element des unbemannten Luftfahrzeugsystems. Wie bereits in der Einleitung angedeutet, können sich unbemannte Luftfahrzeuge in ihrer technischen Ausgestaltung über ein weites Spektrum erstrecken und hinsichtlich Typ, Größe, Gewicht, Fähigkeiten und zahlreichen weiteren Merkmalen mitunter erheblich variieren.[16]

a) Klassifikation

Um diese Vielfältigkeit zu überblicken kann eine Klassifikation vorgenommen werden, die eine Einteilung unbemannter Luftfahrzeuge gemäß bestimmter Kriterien in verschiedene Klassen bedeutet.

Eine solche Klassifikation unbemannter Luftfahrzeuge kann zunächst entlang des jeweiligen »Typs« erfolgen. Die Übersicht *Classification of aircraft*[17] der ICAO unterteilt Luftfahrzeuge in verschiedene Typen, z.B. Flugzeuge, Drehflügler, Luftschiffe, Gleitflugzeuge usw. Am 15. November 2012 ist eine Änderung des diese Übersicht enthaltenden Annexes 7 zum Chicagoer Abkommen in Kraft getreten, die unter anderem folgende Richtlinie eingeführt hat: »2.2 An aircraft which is intended to be operated with no pilot on board shall be further classified as unmanned.«[18] Der Wortlaut »further« ergibt, dass diese grundsätzliche Typeneinteilung auch für unbemannte Luft-

---

14 Siehe unten § 2 A. II. 3 und 4.
15 Siehe unten § 2 A. II. 1 und 2.
16 Siehe für eine umfangreiche Auflistung und Beschreibung verschiedener unbemannter Luftfahrzeugsysteme *van Blyenburgh*, Remotely Piloted Aircraft Systems – All Countries, in: UVS International (Hrsg.), RPAS Yearbook 2014/2015 – RPAS: The Global Perspective, 2014, 157 ff.
17 ICAO, Annex 7 – Aircraft Nationality and Registration Marks, 6. Aufl., Juli 2012, ICAO Doc. AN7/6, 2.1 (Table 1) (»Annex 7«).
18 ICAO, Annex 7, 2.2. Zudem wurde Standard 2.3 ergänzt (»Unmanned aircraft shall include unmanned free balloons and remotely piloted aircraft.«). Siehe zur Erweiterung von Annex 7 um unbemannte Luftfahrzeuge auch unten § 6 B. I. 1.

§ 2 Unbemannte Luftfahrzeuge und Luftfahrzeugsysteme

fahrzeuge gilt.[19] Die Frage, ob das Luftfahrzeug bemannt oder unbemannt ist, hat folglich auf die Typeneinteilung keinen Einfluss.[20] Die Einordnung unbemannter Luftfahrzeuge in die bisher bekannten Typen wird letztlich auch von dem grundsätzlich den ICAO Annexen[21] innewohnenden allgemeinen Konsens der Staatengemeinschaft getragen.[22]

Im Jahr 2015 wurde von der EASA zudem eine Einteilung unbemannter Luftfahrzeuge anhand des von ihrer Verwendung ausgehenden Risikos erarbeitet. Demnach können unbemannte Luftfahrzeuge bzw. deren Verwendungen in solche mit »geringem«, »spezifischem« und »höherem« Risiko eingeteilt werden, wobei Letzteres vorliegt, sobald das Risiko der Verwendung mit dem von bemannten Luftfahrzeugen vergleichbar ist.[23]

Darüber hinaus kann eine Klassifikation auch nach anderen Kriterien erfolgen. Beispielhaft kann hier die Klassifikation von *UVS International*[24] genannt werden, die alljährlich im UVS International Yearbook[25] veröffentlicht und auf die verschiedentlich Bezug genommen wird.[26] Sie unterscheidet unbemannte Luftfahrzeuge in technischer Hinsicht insbesondere nach Höchstgeschwindigkeit, Ausdauer bzw. Flugdauer,

---

19 Zur inzwischen nicht mehr aufgeworfenen Frage, ob unbemannte Luftfahrzeuge »aircraft« i.S.d. Vorgaben und Vorschriften sind, siehe unten § 3 A. I. 1. Die in einer Anhörung der Kommission der EU getroffene Aussage: »Non-power driven aircraft are excluded from the unmanned aircraft family«, Europäische Kommission, Hearing on Light Unmanned Aircraft Systems (UAS), TREN F2/LT/GF/gc D(2009), 1.1 (»Hearing on Light UAS«), ist nicht mehr aufgegriffen worden und hat keinen Eingang in weitere rechtserhebliche Dokumente gefunden.
20 So auch in Europäische Kommission, Hearing on Light UAS, 1.1: »Whether the aircraft is manned or unmanned does not affect its status as an aircraft, each category of aircraft having the potential for future unmanned versions.«
21 Die Annexe zum Chicagoer Abkommen werde im Folgenden als »ICAO Annexe« bezeichnet, da sie durch die ICAO geschaffen wurden. Siehe dazu unten § 5 A. II. 1.
22 Siehe zu den ICAO Annexen und deren Rechtswirkungen unten § 5 A. II. 1.
23 Siehe dazu ausf. unten § 9 C. III.
24 *Unmanned Vehicle Systems International* (UVS International) ist eine nicht auf Gewinn ausgerichtete Vereinigung mit zahlreichen Mitgliedern aus dem Bereich der unbemannten Luftfahrt, *UVS International*, UVS International, <http://www.uvs-international.org>, zuletzt besucht am 30. November 2015.
25 van Blyenburgh (Hrsg.), RPAS Yearbook 2014/2015 – RPAS: The Global Perspective, 2014.
26 So u.a. in *NLR Air Transport Saftey Institute*, Development of a Safety Assessment Methodology for the Risk of Collision of an Unmanned Aircraft System with the Ground, 3rd EU UAS Panel Workshop on UAS Safety 2011, 1 (6); *Dalamagkidis/Valavanis/Piegl*, Current Status and Future Perspectives for Unmanned Aircraft System Operations in the US, JIRS 2008, 313 (322); *Skrzypietz*, Standpunkt zivile Sicherheit – Die Nutzung von UAS für zivile Aufgaben, 2011, 5; *BMVBS*, Bericht über die Art und den Umfang des Einsatzes von unbemannten Luftfahrtsystemen, 4; *Petermann/Grünwald*, Stand und Perspektiven der militärischen Nutzung unbemannter Systeme, 2011, 33 (die Ausarbeitung von *Petermann* und *Grünwald* bezieht sich im Wesentlichen auf militärische unbemannte (Luftfahrzeug-) Systeme; sofern sie im Folgenden zitiert wird, erfolgt dies hinsichtlich solcher Aussagen, die sich nicht auf spezifisch militärische Eigenschaften unbemannter Luftfahrzeugsysteme beziehen, die auch für zivile unbemannte Luftfahrzeugsysteme gelten; sofern auf besondere militärische Merkmale verwiesen wird, erfolgt ein entsprechender Hinweis).

Reichweite, Höchstabfluggewicht (*Maximum Take-Off Weight*, MTOW) sowie möglichen Nutzlastgewichts und resultiert in einer Unterteilung in 17 Klassen[27]. Neben dieser bekannten Klassifikation existieren weitere Ansätze,[28] die teilweise die herangezogenen Kriterien ausweiten[29] (z.B. um die Art der Nutzung), den Grad der Autonomie berücksichtigen, die Klassengrenzen verändern und damit die Anzahl der Klassen beeinflussen oder eine andere Terminologie verwenden.[30] Die unterschiedlichen Herangehensweisen liegen hierbei auch in dem Umstand begründet, dass sich eine Klassifikation grundsätzlich an einem bestimmten Zweck orientiert. So kann eine Einteilung nach Flughöhe und Reichweite für den zu benutzenden Luftraum relevant sein, während eine Einteilung gemäß der Art der Anwendung zuvörderst aus Nutzerperspektive interessant ist. Eine vorherrschende Ansicht hinsichtlich einer bestimmten

---

27 Folgende Klassen, die allerdings auch militärische unbemannte Luftfahrzeugsysteme enthalten, werden genannt: *Nano, Micro, Mini, Close Range, Short Range, Medium Range, Medium Range Endurance, Low Altitude Deep Penetration, Low Altitude Long Endurance, Medium Altitude Long Endurance, High Altitude Long Endurance, Unmanned Combat Aerial Vehicle, Offensive, Decoy, Stratospheric, Exo-stratospheric* und *Space*, van Blyenburgh (Hrsg.), RPAS Yearbook 2015/2016 – RPAS: The Global Perspective, 2015, 154 ff.
28 Mitunter werden die Klassifikationen begrifflich auf unbemannte Luftfahrzeug*systeme* bezogen (so u.a. in *Guglieri et al.*, A Survey of Airworthiness and Certification for UAS, JIRS 2011, 399 (403 f.); *NLR Air Transport Saftey Institute*, 3rd EU UAS Panel Workshop on UAS Safety 2011, 1 (6); *Dalamagkidis/Valavanis/Piegl*, JIRS 2008, 313 (322); *Skrzypietz*, Standpunkt zivile Sicherheit – Die Nutzung von UAS für zivile Aufgaben, 5). Die Kriterien nach denen die Einteilung erfolgt, setzen allerdings zumeist an dem unbemannten Luftfahrzeug an. Die Flughöhe, die Reichweite, die MTOM und die anderen Kriterien beschreiben weitgehend das fliegende Element nicht aber die Eigenschaften der übrigen Bestandteile des Systems. Richtigerweise handelt es sich daher in den meisten Fällen nur um Klassifikationen unbemannter Luftfahrzeuge, nicht allerdings der gesamten Systeme.
29 Einzelne der Klassifikationen enthalten zudem eine Unterscheidung nach der Fähigkeit zu Senkrechtstart- und Landung (*Vertical Take-Off and Landing*, VTOL), die in eine oder mehrere gesonderte Klassen gegliedert ist. Darunter fallen sowohl Drehflügler, die mit einem oder mehreren Rotoren betrieben werden, also Hubschrauber i.w.S., sowie senkrecht start- und landefähige Flugzeuge. Diese Klassen überschneiden sich mit den anerkannten Typen.
30 So u.a. mit zahlreichen Beispielen und z.T. umfangreichen Datensammlungen *Gogarty/Hagger*, The Laws of Man over Vehicles Unmanned: The Legal Response to Robotic Revolution on Sea, Land and Air, JLIS 2008, 74 (86 ff.); *Lange*, Flugroboter statt bemannter Militärflugzeuge, 2003; *Nonami et al.*, Autonomous Flying Robots: Unmanned Aerial Vehicles and Micro Aerial Vehicles, 2010, 10 ff.; *Weibel/Hansman*, Safety Considerations for Operation of Unmanned Aerial Vehicles in the National Airspace System, 2005, 36 ff.; *DeGarmo*, Issues Concerning Integration of Unmanned Aerial Vehicles in Civil Airspace, 2004, 2.4.1. Besonders detailliert und sehr ähnlich zum Ansatz von UVS International erfolgte die Klassifikation und Datensammlung in *JAA/EUROCONTROL*, UAV Task-Force – Enclosures, 2004, Enclosure 3, Appendix 3-1 (siehe zur JAA/EUROCONTROL UAV Task-Force unten § 8 B. I.). *Peter van Blyenburgh*, der Gründer der Vorgängerorganisation von UVS International, der *European Unmanned Vehicle Systems Association* (EURO UVS), war als Vertreter Letzterer der Sekretär der JAA/EUROCONTROL UAV Task-Force. Beispiele für Klassifikationen nach militärischen Kriterien (im Wesentlichen Reichweite und Einsatzdauer) finden sich u.a. bei *Lange*, Flugroboter statt bemannter Militärflugzeuge, 9 f.; *Petermann/Grünwald*, Stand und Perspektiven der militärischen Nutzung unbemannter Systeme, 28.

Klassifikation ist in der Literatur bislang nicht zu erkennen.[31] Vorrangig werden allerdings die Höchstabflugmasse (*Maximum Take-Off Mass*, MTOM[32]) bzw. das MTOW und mitunter die Flughöhe als die für die Klasseneinteilung erheblichen Kriterien herangezogen.

Inwieweit die Vorgaben der ICAO und die Vorschriften der EU zur Einteilung unbemannter Luftfahrzeuge über die Typenklassifikation hinaus auch auf weitere Merkmale abstellen, wird in den entsprechenden Kapiteln der vorliegenden Arbeit untersucht. An dieser Stelle sollen unbemannte Luftfahrzeuge zur Veranschaulichung nur in zwei Klassen grob unterteilt werden: »große« unbemannte Luftfahrzeuge und »kleine« unbemannte Luftfahrzeuge.

b)　»Große« unbemannte Luftfahrzeuge

»Große« unbemannte Luftfahrzeuge sind solche, die jedenfalls hinsichtlich Größe und Gewicht im Grundsatz mit bemannten Luftfahrzeugen verglichen werden können. Sie können demnach als »Äquivalent« zu bemannten Luftfahrzeugen im weitesten Sinne betrachtet werden. Entsprechend der Vielfältigkeit bemannter Luftfahrzeuge, deren Spektrum von Ultraleichtflugzeugen bis zu großen Transportflugzeugen reichen kann, sind auch große unbemannte Luftfahrzeuge durch eine erhebliche Vielfalt geprägt.

Zieht man die Daten von UVS International heran,[33] zeigt sich, dass große unbemannte Luftfahrzeuge dabei beachtliche Leistungsdaten aufweisen können, die diverse Verwendungen ermöglichen.[34] Die Nutzung auch größerer bzw. schwererer Kameras,

---

31　So auch *Weibel/Hansman*, Safety Considerations for Operation of Unmanned Aerial Vehicles in the National Airspace System, 36.
32　Die Verwendung der MTOM, ist präziser als die des MTOW, da sie mit der physikalischen Größe »Masse« angibt wie viel Materie ein Gegenstand enthält, während das »Gewicht« ein Maß dafür ist, wie stark die Schwerkraft an dem Gegenstand zieht. Letzteres ist abhängig von der Entfernung zum Erdmittelpunkt. Der tatsächliche Unterschied zwischen Masse und Gewicht wird bei den Höhen, in denen unbemannte Luftfahrzeugsysteme weitgehend betrieben werden, jedoch wohl eher gering sein.
33　van Blyenburgh (Hrsg.), RPAS Yearbook 2014/2015 – RPAS: The Global Perspective, 2014, 157 ff.
34　Besondere Bekanntheit haben die Klassen der *Medium Altitude Long Endurance* (MALE) und *High Altitude Long Endurance* (HALE) erlangt. Diese Klassen sind zwar militärischen Ursprungs, werden aber häufig als beispielhaft oder sogar synonym für große unbemannte Luftfahrzeuge genannt. Ein unbemanntes Luftfahrzeug der Klasse MALE ist bspw. der *General Atomics MQ-1 Predator*, der zwar nicht das jüngste unbemannte Luftfahrzeug dieser Klasse ist, wohl aber das prominenteste. Der General Atomics MQ-1 Predator hat eine Länge von 8 m, eine Spannweite von 17 m bei einem MTOW von über 1.000 kg und einer Nutzlast von über 200 kg. Seine Flughöhe kann über 7.500 m betragen bei einer Einsatzdauer von 40 Stunden, *General Atomics*, Predator UAS, <http://www.ga-asi.com/products/aircraft/predator.php> (herunterladbare Übersicht), zuletzt besucht am 30. November 2015. Ein Beispiel eines unbemannten Luftfahrzeugs der Klasse HALE aus dem militärischen Bereich ist der *Northrop Grumman RQ-4 Global Hawk*. Letzterer hat eine Länge von über 14 m, eine Spannweite von fast 40 m bei einem MTOW von über 14.000 kg und einer möglichen Nutzlast von über 1.300 kg. Seine Flughöhe kann über 18.000 m betragen bei einer Reichweite von ca. 23.000 km und einer Einsatzdauer von über 32 Stunden. Siehe dazu *Northrop Grumman*, Northrop Grumman – Global Hawk, <http://www.northropgrumman.com/

Sensoren, Radar-, Navigations- und Kommunikationsgeräte oder sonstiger Nutzlast (*payload*[35]) ist davon ebenso umfasst, wie der Transport von Fracht. Große unbemannte Luftfahrzeuge können sich im gleichen Luftraum wie bemannte Luftfahrzeuge bewegen und vergleichbare Geschwindigkeiten erreichen.[36] Ein Betrieb außerhalb der Sichtweite des Steuerers (*Beyond Visual Line-of-Sight*, BVLOS[37]) ist regelmäßig möglich und aufgrund der Leistungsdaten oftmals auch notwendig. Zudem kann die Reichweite direkter Funkverbindungen überschritten werden, sodass zum Betrieb Satelliten als Übertragungspunkte für die Verbindung notwendig werden können. Für Starts und Landungen können zumindest entsprechende Flächen oder sogar Flugplätze erforderlich sein.

Als Abgrenzung zu »kleinen« Luftfahrzeugen, kann als Kriterium eine MTOM von 150 kg genannt werden. Diese Grenze ist nicht zwingend, da die Unterscheidung unbemannter Luftfahrzeuge, wie gezeigt, auch anhand anderer Kriterien erfolgen kann. Sie hat allerdings ihren Ursprung in Vorschriften der EU und wird daher auch vorliegend zur Differenzierung verwendet.[38]

c) »Kleine« unbemannte Luftfahrzeuge

»Kleine« unbemannte Luftfahrzeuge sind solche, die hinsichtlich Größe und Gewicht im Grundsatz keine Entsprechung in der bemannten Luftfahrt haben.[39] Sie sind – vereinfacht dargestellt – jedenfalls leichter als bemannte Luftfahrzeuge einschließlich ihres Piloten.[40]

Capabilities/GlobalHawk/Pages/default.aspx>; *U.S. Air Force*, RQ-4 Global Hawk – Fact Sheet Display, <http://www.af.mil/AboutUs/FactSheets/Display/tabid/224/Article/104516/rq-4-global-hawk.aspx>, beide zuletzt besucht am 30. November 2015. Ein gänzlich andersartiges HALE war das Solarflugzeug *Helios*. Wenngleich es mit ca. 600 kg Gewicht (ohne Nutzlast) vergleichsweise leicht war, konnte es mit einer Spannweite von über 75 m mithilfe solargetriebener Elektromotoren eine Flughöhe von über 29.000 m erreichen, *National Aeronautics and Space Administration (NASA)*, Fact Sheet – Helios Prototype, <http://www.nasa.gov/centers/dryden/news/FactSheets/FS-068-DFRC.html>, zuletzt besucht am 30. November 2015.

35 Siehe für eine Auflistung möglicher Nutzlasten van Blyenburgh (Hrsg.), RPAS Yearbook 2014/2015 – RPAS: The Global Perspective, 2014, 232 f.
36 *Kaiser*, Legal Aspects of Unmanned Aerial Vehicles, ZLW 2006, 344 (346). Zur Luftraumnutzung bzw. -integration von unbemannten Luftfahrzeugsystemen siehe u.a. *NLR Air Transport Saftey Institute*, 3rd EU UAS Panel Workshop on UAS Safety 2011, 1 (6); *Kaiser*, UAV's: Their Integration into Non-segregated Airspace, A&SL 2011, 161.
37 BVLOS wird nicht in ICAO Annex 2 definiert. Eine Erläuterung findet sich aber in ICAO, Secretary General, Manual on Remotely Piloted Aircraft Systems (RPAS), ICAO Doc. 10019, AN/507, First Edtition (»RPAS Manual«), 2.3.13: »When neither the remote pilot nor RPA observer(s) can maintain direct unaided visual contact with the RPA, the operations are considered BVLOS.« Siehe zum RPAS Manual der ICAO unten § 6 B. V.
38 Siehe dazu auch unten § 7 B. I. 1. c).
39 Neben der Bezeichnung »kleine« unbemannte Luftfahrzeuge findet sich auch die Bezeichnung »light UAS«, so u.a. in Europäische Kommission, European strategy for RPAS, 1.1; *JAA/EUROCONTROL*, UAV Task-Force – Final Report, 3; Europäische Kommission, Hearing on Light UAS.
40 Bemannte Luftfahrzeuge weisen i.d.R. mindestens ein Gewicht von ca. 100 kg ohne Pilot auf, *Dalamagkidis/Valavanis/Piegl*, JIRS 2008, 313 (315).

Auch innerhalb dieser Gruppe besteht eine beachtliche Vielfalt.[41] Im mittleren und oberen Größenbereich dieser Gruppe treten unbemannte Luftfahrzeuge aller Typen auf. Sie ermöglichen das Mitführen von Nutzlast von bis zu einigen Kilogramm Gewicht.[42] Die Nutzlast kann vielfältig sein und neben Videokameras auch Wärmebildkameras und zahlreiche andere Sensoren umfassen. Sie operieren in der Regel in vergleichsweise niedrigen Höhen bei geringerer Geschwindigkeit und Reichweite.[43] Dennoch können sie auch außerhalb der Sichtweite des Steuerers betrieben werden. Für Starts und Landungen können sie gewisse Freiflächen oder besondere Start- und Landevorrichtungen erfordern.[44] Sehr kleine unbemannte Luftfahrzeuge können von wenigen Gramm bis zu einigen Kilogramm Gewicht reichen. Sie sind oftmals als Drehflügler zu typisieren, wobei Luftfahrzeuge mit mehreren Rotoren, z.B. Quadrocopter, besonderes häufig anzutreffen sind. Sie können aber auch als Ornithopter in Form und Fortbewegungsart Vögeln oder Insekten nachempfunden sein.[45] Als Beispiele der Miniaturisierung in der Technik sind ihre Funktionen in Anbetracht ihrer Größe beachtlich.[46] Sie werden in der Regel vom Boden oder aus der Hand gestartet und in Sichtweite des Steuerers (*Visual Line-of-Sight*, VLOS[47]) betrieben.[48]

2. Kontrolleinheit

Die Kontrolleinheit ist das Gerät oder die Vorrichtung mit deren Hilfe die Steuerung des unbemannten Luftfahrzeugs erfolgt. Die technische Ausformung der Kontrolleinheit ist in der Regel abhängig von dem zu steuernden unbemannten Luftfahrzeug. Während kleinere unbemannte Luftfahrzeuge mit einer Handfernsteuerung oder anderen mobilen Kontrollsystemen gesteuert werden können, bedürfen große unbemannte

---

41 Siehe dazu die Bildbeispiele in van Blyenburgh (Hrsg.), RPAS Yearbook 2014/2015 – RPAS: The Global Perspective, 2014, 158 ff.
42 *Kaiser*, ZLW 2006, 344 (345).
43 *Kaiser*, ZLW 2006, 344 (345).
44 *Kaiser*, ZLW 2006, 344 (345).
45 Siehe zu (sehr) kleinen unbemannten Luftfahrzeugsystemen in der Form von Ornithoptern die Varianten »DelFly«: *de Croon et al*, Design, aerodynamics, and vision-based control of the DelFly, International Journal of Micro Air Vehicles 2009, 71 (71 ff.); *DelFly*, DelFly, <http://www.delfly.nl>, zuletzt besucht am 30. November 2015; »Nano Humingbird«: *AeroVironment*, Nano Hummingbird, <http://www.avinc.com/nano>, zuletzt besucht am 30. November 2015; und »Robirds«: *Solutions/GreenX*, Robirds, <http://www.clearflightsolutions.com/index.php/green-x>, zuletzt besucht am 30. November 2015. *Petermann* und *Grünwald* umschreiben die militärischen Entsprechungen anschaulich als »libellengroße Kleinstaufklärer«, *Petermann/Grünwald*, Stand und Perspektiven der militärischen Nutzung unbemannter Systeme, 6.
46 Siehe zur Miniaturisierung in Bezug auf UAS auch Europäische Kommission, Study Analysing the Current Activities in the Field of UAV – Second Element: Way forward (Frost & Sullivan), ENTR/2007/065, 58 (»UAV Study 2007 (Second Element)«).
47 Die ICAO definiert einen VLOS-Betrieb als »[a]n operation in which the remote pilot or RPA observer maintains direct unaided visual contact with the remotely piloted aircraft.«, ICAO, Annex 2 – Rules of the Air, 10. Aufl., Juli 2005, zuletzt geändert durch Änderung Nr. 44 (in Kraft getreten am 13. November 2014), ICAO Doc. AN2/10, 1., Definitions (»Annex 2«).
48 *Marshall*, International Regulation of Unmanned Aircraft Operations in Offshore and International Airspace, IALP 2008, 87 (88).

Luftfahrzeuge oftmals einer komplexeren Kontrolleinrichtung.[49] Je nach technischer Beschaffenheit des unbemannten Luftfahrzeugs und dessen Nutzlast kann diese hoch technisiert sein und mitunter die Tätigkeit mehrerer Personen erfordern. Die Kontrolleinheit befindet sich in der Regel am Boden, kann aber auch anderorts, etwa in einem Land- oder Wasserfahrzeug oder einem bemannten Luftfahrzeug[50], untergebracht sein, bzw. während des Fluges ihren Standort verändern.[51] Die Navigation des unbemannten Luftfahrzeugs erfolgt einerseits aufgrund von Informationen, die der Pilot selbst wahrnimmt, etwa durch Sichtkontakt, oder mithilfe von Funktionen der Kontrolleinheit erhält, beispielsweise durch Radar. Andererseits erfolgt sie auch aufgrund von Informationen, die durch das unbemannte Luftfahrzeug selbst generiert und übermittelt werden, wie etwa Kameraaufzeichnungen von Bord. Die Kontrolleinheit kann zudem so beschaffen sein, dass die Steuerung bzw. Überwachung mehrerer unbemannter Luftfahrzeuge gleichzeitig erfolgen kann.[52] Neben der Steuerung des unbemannten Luftfahrzeugs dient die Kontrolleinheit oftmals auch der Visualisierung, Speicherung oder Weiterverarbeitung der vom unbemannten Luftfahrzeug gesammelten Daten, die über die zur Steuerung notwendigen Informationen hinausgehen und oftmals der Beweggrund für den Einsatz sind, wie etwa Fotos, Videos oder Messdaten.

Die Kontrolleinheit ist ein Element des unbemannten Luftfahrzeugsystems, welches keine Entsprechung in der bemannten Luftfahrt hat. Wenngleich Navigationshilfen bzw. -anweisungen bei bemannten Luftfahrzeugen, insbesondere durch die Luftverkehrskontrolle (*Air Traffic Control*, ATC), erfolgen können, so besteht bei bemannten Luftfahrzeugen grundsätzlich keine direkte steuernde Eingriffsmöglichkeit von außen. Bei unbemannten Luftfahrzeugsystemen kann die Kontrolleinheit, vereinfacht dargestellt, als »ausgelagertes Cockpit« im Vergleich zu bemannten Luftfahrzeugen betrachtet werden.

3. Datenverbindung

Die Datenverbindung (*Data-Link*) verbindet die Kontrolleinheit mit dem unbemannten Luftfahrzeug und kann dabei mehrere Funktionen erfüllen. Sie dient in erster Linie der Übertragung der Steuerungsbefehle.[53] Dies wird im Englischen mit den Begriffen

---

49 Trotz der Vielfältigkeit der Kontrolleinheiten besteht eine Tendenz zur Entwicklung gesteigerter Interoperabilität, Europäische Kommission, UAV Study 2007 (Second Element), 56 ff.; *DeGarmo*, Issues Concerning Integration of Unmanned Aerial Vehicles in Civil Airspace, 2.2.1.
50 Siehe z.B. in *INOUI*, D3.2 UAS Certification, 2009, 2.5.3 und *NATO*, NATO AWACS progress: Full Control of an unmanned airborne system, <http://www.aco.nato.int/page272203947.aspx>, zuletzt besucht am 30. November 2015.
51 Gemeint ist eine Standortveränderung einer einzelnen zum unbemannten Luftfahrzeugsystem gehörenden Kontrolleinheit. Zur Möglichkeit des Wechsels zwischen mehreren Kontrolleinheiten während des Fluges, siehe die Ausführungen am Ende von § 2 A. I. 3.
52 So u.a. in *Petermann/Grünwald*, Stand und Perspektiven der militärischen Nutzung unbemannter Systeme, 117; *Lange*, Flugroboter statt bemannter Militärflugzeuge, 13; *DeGarmo*, Issues Concerning Integration of Unmanned Aerial Vehicles in Civil Airspace, 2.4.4.2.
53 In einem bildhaften Vergleich mit bemannten Luftfahrzeugen entspräche die Datenverbindung dabei der Kabelübertragung der Steuerungseingaben aus dem Cockpit an die Steuerflächen des Luftfahrzeugs (im Falle eines *fly-by-wire* Systems).

Command and Control (C2) umschrieben.[54] Zudem kann die Datenverbindung auch dazu genutzt werden mit anderen Luftverkehrsteilnehmern und mitunter der Luftverkehrskontrolle zu kommunizieren. Die Kombination dieser Funktionen wird als *Command, Control and Communications* (C3) bezeichnet.[55] Daneben erfüllt die Datenverbindung in der Regel auch die Funktion, die durch das unbemannte Luftfahrzeug gesammelten Informationen an die Kontrolleinheit zu übertragen. Diese können für die Steuerung notwendig sein, insbesondere wenn größere unbemannte Luftfahrzeuge außerhalb der Sichtweite des Piloten betrieben werden und mithilfe von Kamera- und Positionsdaten navigiert werden. Zudem können sie auch die Informationen umfassen, zu deren Ermittlung das unbemannte Luftfahrzeug eingesetzt wird. Technisch liegt nur selten *eine* Datenverbindung vor. Neben unterschiedlichen Verbindungen für Steuerung und Nutzlast, sind weiterhin Aufwärts- und Abwärtsstrecken (*uplink* und *downlink*) zu differenzieren sowie regelmäßig sämtliche Verbindungen mehrfach parallel oder als Haupt- und Ersatzverbindung vorhanden.[56] Zweckmäßigerweise werden diese verschiedenen Verbindungen aber bei einer allgemeinen Betrachtung der Elemente des unbemannten Luftfahrzeugsystems zusammenfassend als *die* Datenverbindung bezeichnet. Naturgemäß kann die Datenverbindung nur kabellos hergestellt werden. Sie benötigt dazu Funkfrequenzen.[57] Eine Funkverbindung kann sowohl unmittelbar, d.h. direkt zwischen dem unbemannten Luftfahrzeug und der Kontrolleinheit erfolgen – in

---

54 So u.a. in *INOUI*, D2.2 Assessment of Technology for UAS Integration, 2009, 1.5; *INOUI*, D3.2 UAS Certification, 2.5.3; *UK Civil Aviation Authority*, CAP 722 – Unmanned Aircraft System Operations in UK Airspace – Guidance, 5. Aufl., 2012, 2.3; *DeGarmo*, Issues Concerning Integration of Unmanned Aerial Vehicles in Civil Airspace, 2.3.4.
55 Siehe u.a. *INOUI*, D2.2 Assessment of Technology for UAS Integration, 1.5; *Stansbury/Vyas/Wilson*, A Survey of UAS Technologies for Command, Control, and Communication (C3), JIRS 2009, 61; *Tomasello*, Emerging international rules for civil Unmanned Aircraft Systems (UAS), AMJ 2010, 1 (8); *Finmeccanica*, Finmeccanica White Paper contribution to Workshop 3: UAS Safety and Certification, 3rd EU UAS Panel Workshop on UAS Safety 2011, 1 (19).
56 Siehe zu den technischen Einzelheiten und der Sicherheit der Datenverbindung u.a. EASA, Final Report of the Preliminary Impact Assessment On the Safety of Communications for Unmanned Aircraft Systems (UAS): Volume 1, EASA.2008.OP .08. (»Final Report PIA: Vol. 1«); EASA, Final Report of the Preliminary Impact Assessment On the Safety of Communications for Unmanned Aircraft Systems (UAS): Volume 2 – Annexes, EASA.2008.OP .08. (»Final Report PIA: Vol. 2«).
57 Die internationale Fernmeldeunion (*International Telekommunication Union*, ITU), eine Sonderorganisation der Vereinten Nationen, ist für die internationale Zuweisung und Registrierung von Sende- und Empfangsfrequenzen zuständig, siehe u.a. *Lyall*, International Communications: The International Telecommunication Union and the Universal Postal Union, 2011. Die Frequenzvergabe erfolgt auf der grds. alle drei bis fünf Jahre stattfindenden Weltfunkkonferenz (*World Radiocommunication Conference*, WRC); *International Telecommunication Union (ITU)*, International Telecommunication Union, <http://www.itu.int>, zuletzt besucht am 30. November 2015. Siehe dazu und zu den möglichen Schwierigkeiten nicht ausreichend freier Frequenzen für die Nutzung unbemannter Luftfahrzeugsysteme *JAA/EUROCONTROL*, UAV Task-Force – Final Report, 7.13; *DeGarmo*, Issues Concerning Integration of Unmanned Aerial Vehicles in Civil Airspace, 2.3.4.

diesem Fall liegt eine sog. *Radio Line-of-Sight* (RLOS) Verbindung vor.[58] Sie kann allerdings auch mittels zwischengeschalteter Übertragungseinrichtungen, oftmals einer oder mehrerer Satelliten, hergestellt werden und wird dann als *Beyond Radio Line-of-Sight* (BRLOS) Verbindung bezeichnet.[59] Wie oben dargestellt, ist dies regelmäßig von dem jeweiligen unbemannten Luftfahrzeugsystem abhängig, insbesondere der Entfernung zwischen unbemanntem Luftfahrzeug und Kontrolleinheit.[60] Bei unbemannten Luftfahrzeugen mit geringerer Reichweite genügt eine direkte Funkverbindung, während unbemannte Luftfahrzeuge mit ausgedehnter Reichweite in der Regel mithilfe von Satelliten verbunden werden. Die Satellitenverbindung erlaubt eine weltweite Abdeckung und ermöglicht daher deutlich ausgeweitete Verwendungsgebiete, die nur von der Reichweite des unbemannten Luftfahrzeugs selbst begrenzt werden, etwa bedingt durch dessen Treibstoffvorrat.[61] Bei kleinen unbemannten Luftfahrzeugen ist zu berücksichtigen, dass diese aufgrund ihrer Größe hinsichtlich möglicher Zuladungen stark begrenzt sind und daher nicht jedes Übertragungsgerät mitführen können.[62] Ferner kann die Wahl der Verbindungsart Auswirkungen auf die übertragbare Informationsmenge haben, was insbesondere bei hochauflösenden Kameras oder anderer Nutzlast mit großem Datenaufkommen von Bedeutung ist.[63]

Die Datenverbindung ist – jedenfalls in ihrer Funktion als Übermittlerin von Steuerungsbefehlen – ein der bemannten Luftfahrt unbekanntes besonderes Merkmal unbemannter Luftfahrzeugsysteme.

---

58 Die ICAO erklärt RLOS wie folgt: »RLOS: refers to the situation in which the transmitter(s) and receiver(s) are within mutual radio link coverage and thus able to communicate directly or through a ground network provided that the remote transmitter has RLOS to the RPA and transmissions are completed in a comparable timeframe [...]«, ICAO, Secretary General, RPAS Manual, 2.2.5 a) und 11.3.2. Siehe zum RPAS Manual der ICAO unten § 6 B. V.

59 Die ICAO erklärt BRLOS wie folgt: »BRLOS: refers to any configuration in which the transmitters and receivers are not in RLOS. BRLOS thus includes all satellite systems and possibly any system where an RPS communicates with one or more ground stations via a terrestrial network which cannot complete transmissions in a timeframe comparable to that of an RLOS system.«, ICAO, Secretary General, RPAS Manual, 2.2.5 b) und 11.3.3. Siehe dazu erklärend u.a. *DeGarmo*, Issues Concerning Integration of Unmanned Aerial Vehicles in Civil Airspace, 2.3.4, sowie zum RPAS Manual der ICAO unten § 6 B. V.

60 Oftmals wird auch eine RLOS-Verbindung für Start und Landung verwendet, selbst wenn im übrigen Flug eine BRLOS-Verbindung genutzt wird.

61 Siehe zu den Vorteilen der Nutzung von Satelliten für die Datenverbindung sowie zum möglichen künftigen Zusammenspiel von unbemannten Luftfahrzeugsystemen und Satelliten *Ginati/Gustafsson/Juusti*, Space, the essential component for UAS – The case of Integrated Applications – »Space 4 UAS« (Presentation), Workshop of the European Space Policy Institute: Opening Airspace for UAS in the Civilian Airspace 2010, 1 (25); *González*, Civil applications of UAS: The way to start in the short term (Presentation), Workshop of the European Space Policy Institute: Opening Airspace for UAS in the Civilian Airspace 2010, 1.

62 *DeGarmo*, Issues Concerning Integration of Unmanned Aerial Vehicles in Civil Airspace, 2.3.4.

63 *Petermann/Grünwald*, Stand und Perspektiven der militärischen Nutzung unbemannter Systeme, 9; siehe zudem zur Datenverbindung und Kommunikation *DeGarmo*, Issues Concerning Integration of Unmanned Aerial Vehicles in Civil Airspace, 2.3.4.

Auch wenn die Datenverbindung gleichsam ein grundsätzlich unverzichtbares »Element« des unbemannten Luftfahrzeugsystems ist, unterscheidet sie sich jedoch von den übrigen Elementen dadurch, dass der Data-Link als solcher strenggenommen nur ein »Signal im Raum« ist. Anders als bei dem unbemannten Luftfahrzeug und der Kontrolleinheit, handelt es sich bei der Datenverbindung nicht um einen körperlichen Gegenstand. Lediglich die Sende- und Empfangsgeräte im unbemannten Luftfahrzeug und der Kontrolleinheit, die die Datenverbindung herstellen, sind physisch greifbar. Dies kann insbesondere für die Zulassung relevant sein, da sie regelmäßig an technischen Vorrichtungen anknüpft.

Eine weitere Besonderheit unbemannter Luftfahrzeugsysteme, die insbesondere die Kontrolleinheit und die Datenverbindung betrifft, besteht in der Möglichkeit der Übergabe der Steuerungsgewalt während des Fluges von einem Piloten an einen anderen Piloten bzw. allgemein von einer Kontrolleinheit an eine andere.[64] Während dies in der bemannten Luftfahrt nur dann möglich ist, wenn sich die beteiligten Piloten bereits an Bord befinden, kann die Kontrolle über ein unbemanntes Luftfahrzeug wesentlich variabler wechseln. Sie kann beispielsweise sowohl innerhalb eines regulären Schichtwechsels an einer Kontrolleinheit als auch zwischen Kontrolleinheiten mit weit entfernten Standorten weitergegeben werden. Dieses besondere Merkmal unbemannter Luftfahrzeugsysteme wird als sog. *handover* bezeichnet.[65] Die Möglichkeit einer Steuerungsübergabe zwischen Kontrollstationen in verschiedenen Staaten unterstreicht zudem die Erforderlichkeit der internationalen Harmonisierung der Vorschriften für die Sicherheit der Luftfahrt.

4. Weitere Elemente

Neben den Hauptelementen – unbemanntes Luftfahrzeug, Kontrolleinheit und Datenverbindung – können weitere Elemente das unbemannte Luftfahrzeugsystem konstituieren. Als weitere Elemente des unbemannten Luftfahrzeugsystems sind solche zusätzlichen Geräte zu qualifizieren, die für den Betrieb des unbemannten Luftfahrzeugs erforderlich sind. Auch diese können sehr unterschiedlich ausfallen. Zu nennen sind insbesondere Start- und Landelemente, wie z.B. Abschussrampen, Schleudern, Startraketen, Fangnetze oder Fallschirme.[66] Zusätzlich zu diesen können auch Notfallsysteme als weitere Elemente gelten, die entweder mittels im Vorfeld programmierter Verhaltensweisen, etwa eines bestimmten Flugmanövers, oder der Beendigung des Fluges, z.B. in Form einer Notlandung, auf die negativen Folgen einer Ausnahmesituation, beispielsweise eines Abbruchs der Datenverbindung, reagieren.[67]

---

64 *JAA/EUROCONTROL*, UAV Task-Force – Final Report, 7.14.
65 *JAA/EUROCONTROL*, UAV Task-Force – Final Report, 7.14; ICAO, Secretary General, Unmanned Aircraft Systems (UAS), Circular 328, AN/190, 4.9 (»UAS Circular«); ICAO, Secretary General, RPAS Manual, 2.2.8. Siehe zum UAS Circular und RPAS Manual der ICAO unten § 6 B. IV und § 6 B. V.
66 Siehe dazu u.a. *BMVBS*, Bericht über die Art und den Umfang des Einsatzes von unbemannten Luftfahrtsystemen, 3; *Lange*, Flugroboter statt bemannter Militärflugzeuge, 11.
67 *JAA/EUROCONTROL*, UAV Task-Force – Final Report, 7.7; *DeGarmo*, Issues Concerning Integration of Unmanned Aerial Vehicles in Civil Airspace, 2.3.7.

II. Technisierung und Autonomie

Unbemannte Luftfahrzeugsysteme in der zuvor dargestellten Form sind eine Folge der technischen Weiterentwicklung der Luftfahrt. Wenngleich die Idee von Luftfahrzeugen ohne Pilot an Bord bereits seit langem besteht, konnte sich dem hinreichenden Entwicklungsstand erst in der jüngeren Vergangenheit genähert werden.[68] Ohne ein hohes technisches Niveau wäre ein Luftfahrzeug ohne einen an Bord befindlichen Piloten und das Zusammenspiel der einzelnen Elemente nur schwer zu verwirklichen. Mit dieser systembedingten Technisierung ist in der unbemannten Luftfahrt der Aspekt der Autonomie verknüpft. Autonomie kann in Bezug auf unbemannte Systeme als »die Fähigkeit, eine Sequenz von Aktionen eigenständig ohne Unterstützung des Menschen angepasst an Umgebungssituationen durchzuführen«[69] beschrieben werden. Das autonome unbemannte Luftfahrzeugsystem besitzt damit die Fähigkeit, sich selbst Regeln zu setzen und Entscheidungen hinsichtlich des eigenen Verhaltens zu treffen.[70] So kann ein unbemanntes Luftfahrzeugsystem mit entsprechenden Fähigkeiten beispielsweise beim Herannahen eines anderen Luftfahrzeugs oder eines Hindernisses selbstständig entscheiden, ob und inwiefern ein Ausweichmanöver auszuführen ist.

---

68 So u.a. auch Europäische Kommission, Hearing on Light UAS, 1.1; siehe dazu auch die Verweise zur Geschichte der unbemannten Luftfahrt in Fn. 83.

69 *Petermann/Grünwald*, Stand und Perspektiven der militärischen Nutzung unbemannter Systeme, 117 (siehe auch den auf diese Technikfolgenabschätzung bezugnehmenden Artikel von *Petermann*, Unbemannte Systeme als Herausforderung für Sicherheits- und Rüstungskontrollpolitik – Ergebnisse eines Projekts des Büros für Technikfolgen-Abschätzung beim Deutschen Bundestag, in: Schimdt-Radefeldt/Meissler (Hrsg.), Automatisierung und Digitalisierung des Krieges, 2012). Die Luftfahrtbehörde des Vereinigten Königreiches definierte Autonomie dementsprechend: »Autonomy is the capability of the system to make decisions based upon an evaluation of the current situation (often referred to as situation awareness). The system must take account of situational awareness data that is pertinent to the decision about to be made. Autonomous systems should make a rational evaluation of the choices available and the possible courses of action that could be taken, in light of this situation awareness, in order to make its decision. We expect such a rational system to then make ›good‹ decisions in terms of a human's assessment of those available choices«, *UK Civil Aviation Authority*, CAP 722 – Unmanned Aircraft System Operations in UK Airspace – Guidance, 7, 3.2.1. Die neue Auflage des CAP 722, *UK Civil Aviation Authority*, CAP 722 – Unmanned Aircraft System Operations in UK Airspace – Guidance, 6. Aufl., 2015, Chapter 3, 3.4, enthält zudem folgende Erklärung: »The concept of an ›autonomous‹ UAS is a system that will do everything for itself using high authority automated systems. It will be able to follow the planned route, communicate with Aircraft Controllers and other airspace users, detect, diagnose and recover from faults and operate at least as safely as a system with continuous human involvement. In essence, an autonomous UAS will be equipped with high authority control systems that can act without input from a human.«

70 So auch *INOUI*, D4.3 UAS Operations Depending on the Level of Automation & Autonoomy, 2009, 2.2.1: »In principle, autonomy may be defined as the condition or quality of being autonomous; independent. It is the capability of self-government or the right of self-determination.« Eine noch darüber hinausgehende Autonomie kann zudem in einer Lern- und Kooperationsfähigkeit unbemannter Luftfahrzeugsysteme bestehen, *Petermann/Grünwald*, Stand und Perspektiven der militärischen Nutzung unbemannter Systeme, 117.

Abzugrenzen von dieser Autonomie ist die Automatisierung. Diese beschränkt sich auf die Ausführung von vorgegebenen Verhaltensweisen ohne eine Einbeziehung der konkreten Situation oder alternativer Handlungsmöglichkeiten.[71] Die Entscheidung über das Verhalten des unbemannten Luftfahrzeugsystems wird dabei durch den Menschen getroffen, während die Maschine durchaus komplexe Vorgänge (nur) automatisiert ausführt. So kann das unbemannte Luftfahrzeugsystem unter anderem eine zuvor festgelegte Flughöhe und einen Kurs selbstständig halten oder auf Anforderung automatisch starten oder landen. Aufgrund des hohen Technisierungs- und Automatisierungsgrades in der Luftfahrt im Allgemeinen ist das besondere Merkmal unbemannter Luftfahrzeugsysteme nicht die Automatisierung, sondern die Möglichkeit erheblich gesteigerter Autonomie.[72]

Mit wachsender Autonomie des unbemannten Luftfahrzeugsystems nimmt die Entscheidungsreichweite des Piloten ab.[73] Im Folgenden wird dies mithilfe dreier Stufen der Autonomie beschrieben.[74]

1. Nicht-autonome unbemannte Luftfahrzeugsysteme

Nicht-autonome unbemannte Luftfahrzeugsysteme werden fortwährend direkt durch einen Piloten gesteuert. Sie verfügen über keine selbstständigen Entscheidungsfunktionen. Sofern automatische Verhaltensweisen ausgeführt werden, erfolgen sie auf Veranlassung des Piloten.

2. Teilweise autonome unbemannte Luftfahrzeugsysteme

Teilweise autonome unbemannte Luftfahrzeugsysteme können zwar eigenständig ohne Unterstützung des Piloten Entscheidungen über bestimmte durchzuführende Flugmanöver aufgrund der ihnen zur Verfügung stehenden Informationen treffen. Selbst wenn

---

71 So in *INOUI*, D4.3 UAS Operations Depending on the Level of Automation & Autonoomy, 2.2.2: »Automatic systems are fully pre-programmed and act in the same manner regardless of the situation and whether the solution is the most favourable.« Siehe zum *Innovative Operational UAS Integration* (INOUI) Konsortium, das im Zuge des 6. Forschungsrahmenprogramms der EU geschaffen wurde, und seinen Veröffentlichungen *INOUI*, INOUI, <http://www.inoui.isdefe.es>, zuletzt besucht am 30. November 2015.
72 Siehe für einen Überblick über die Automatisierung in der bemannten Luftfahrt, u.a. hinsichtlich Autopilot, Kollisionsvermeidung und Landungsunterstützung *Diederiks-Verschoor*, An Introduction to Air Law, 9. Aufl., 2012, 260 f., und ergänzend zur Autonomie UK Civil Aviation Authority, CAP 722 – Unmanned Aircraft System Operations in UK Airspace – Guidance, Chapter 3.
73 Die Fähigkeit zur Autonomie könnte auch dazu führen, dass ein voll qualifizierter Pilot nicht mehr notwendig sein könnte, *Lange*, Flugroboter statt bemannter Militärflugzeuge, 13.
74 Dies entspricht der typischen Einteilung; vgl. *Guglieri*: »Remotely piloted«, »Remotely operated (semi-autonomous)«, »Fully autonomous«, *Guglieri et al.*, JIRS 2011, 399 (405) und *Gogarty und Hagger*: »semi-autonomous« und »fully autonomous«, *Gogarty/Hagger*, JLIS 2008, 74 (75 f.); weitere Differenzierungen finden sich bspw. bei *Weibel* und *Hansman*: »Autonomous & Adaptive«, »Monitored«, »Supervisory«, »Autonomous & Non-Adaptive« und »Direct«, *Weibel/Hansman*, Safety Considerations for Operation of Unmanned Aerial Vehicles in the National Airspace System, 29.

die möglichen Verhaltensweisen dabei in der Regel im Vorfeld einprogrammiert sind, wird die Entscheidung über das Ob und Wie ihrer Durchführung jedoch von dem unbemannten Luftfahrzeugsystem getroffen. Trotz dieser autonomen Fähigkeiten kann der Pilot allerdings jederzeit steuernden Einfluss auf das unbemannte Luftfahrzeugsystem ausüben, wobei der Grad der Einflussnahme variiert. Obwohl der Pilot beispielsweise das unbemannte Luftfahrzeug fortwährend steuert, kann in Ausnahmefällen, etwa wenn die Datenverbindung unterbrochen wird,[75] eine zeitweise autonome Fortsetzung des Fluges durch das unbemannte Luftfahrzeugsystem erfolgen.[76] Diese Auffangfunktion der Autonomie kann zur Fortführung des Einsatzes, zum Erhalt der Funktionsfähigkeit oder zum kontrollierten Absturz unverzichtbar sein. Andererseits kann es ebenso möglich sein, dass nahezu der gesamte Flug autonom von dem unbemannten Luftfahrzeugsystem durchgeführt wird, der Pilot aber für wesentliche Flugänderungen oder in Notsituationen eine steuernde Eingriffsmöglichkeit besitzt,[77] während er im Übrigen auf eine Observationsfunktion reduziert ist.

Teilweise autonome unbemannte Luftfahrzeugsysteme weisen das größte Spektrum möglicher Autonomiegrade auf, da sie zwischen den klar abgrenzbaren Gruppen der nicht-autonomen und vollständig autonomen Systeme liegen. Nicht-autonome und teilweise autonome unbemannte Luftfahrzeugsysteme können aufgrund der Steuerungsnotwendigkeit bzw. -möglichkeit des Piloten als »ferngesteuert« bezeichnet werden.[78]

3. Vollständig autonome unbemannte Luftfahrzeugsysteme

Vollständig autonome unbemannte Luftfahrzeugsysteme sind Steuerungsbefehlen eines Piloten im Flug nicht zugänglich.[79] Vorgaben zum Einsatz, z.B. hinsichtlich der Dauer oder der Route, und die Ziele, z.B. Bildaufnahmen von bestimmten Objekten, werden im Vorhinein festgelegt. Der Flug erfolgt sodann aber vollständig autonom,

---

75 Siehe dazu insb. EASA, Final Report PIA: Vol. 1.
76 *Kaiser*, Third Party Liability of Unmanned Aerial Vehicles, ZLW 2008, 229 (232); *JAA/ EUROCONTROL*, UAV Task-Force – Final Report, 7.9.
77 *Kaiser*, ZLW 2008, 229 (232).
78 Siehe dazu auch unten § 3 A. I. 3.
79 Zu den vollständig autonomen unbemannten Luftfahrzeugsystemen können auch unbemannte nicht steuerbare Ballone, bspw. Wetterballone, zählen (siehe u.a. zur Frage der Erfassung von nicht steuerbaren unbemannten Ballonen durch das Chicagoer Abkommen *Westphal*, Der Durchflug von unbemannten Ballonen durch fremden Luftraum, ZLW 1959, 25). Im Gegensatz zu der hier im Zentrum des Verständnisses von Autonomie stehenden Möglichkeit der eigenständigen Steuerung durch das unbemannte Luftfahrzeugsystem zeichnen sich nicht steuerbare unbemannte Ballone dadurch aus, dass nach dem Start weder von außen noch durch Vorrichtungen an Bord Einfluss auf den Flug genommen werden kann. Die Autonomie eines nicht steuerbaren unbemannten Ballons liegt daher letztlich darin, dass überhaupt keine, auch keine selbstständige, Steuerungsmöglichkeit besteht. Für unbemannte Ballone bestehen bereits Vorgaben der ICAO und Vorschriften in der EU (siehe unten § 5 B. II. 3. und § 8 A. II. 2. a)). Unbemannte nicht steuerbare Ballone sind weder Bestandteil der oben geschilderten neuartigen Entwicklung der unbemannten Luftfahrt noch bieten sie ein mit den oben dargestellten (selbst-)steuerungsfähigen unbemannten Luftfahrzeugsystemen vergleichbares Anwendungspotenzial.

wobei die operativen Entscheidungen durch das unbemannte Luftfahrzeugsystem selbstständig getroffen werden und die gesetzten Ziele selbstständig erfüllt werden.[80]

4. Erforderlichkeit von Kontrolleinheit und Datenverbindung

Sofern eine Steuerungsnotwendigkeit bzw. -möglichkeit des Piloten besteht, d.h. bei nicht-autonomen und teilweise autonomen unbemannten Luftfahrzeugsystemen, sind Kontrolleinheit und Datenverbindung stets erforderlich. Auch bei vollständig autonomen Systemen können diese Elemente notwendig sein, etwa um geographische Daten zur Navigation auf das unbemannte Luftfahrzeug zu übertragen oder die gesammelten Informationen zur weiteren Verwendung vom unbemannten Luftfahrzeug an die Empfangs- und Sendeeinheit[81] zu übermitteln. Einzig im Falle eines vollständig autonomen unbemannten Luftfahrzeugs, bei dem die Programmierung vor und die Datenentnahme nach dem Einsatz erfolgt und keine Verbindung nach außen besteht, sind Kontrollstation und Datenverbindung keine Voraussetzungen für den Betrieb. In diesem Fall liegt nur ein unbemanntes Luftfahrzeug und ausnahmsweise kein unbemanntes Luftfahrzeugsystem vor.

B. Nutzungsmöglichkeiten

Die beabsichtigte Nutzung unbemannter Luftfahrzeugsysteme kann Einfluss auf deren technische Beschaffenheit und damit auf deren zulassungsrelevante Eigenschaften haben. Zudem kann die Art der Nutzung auch unmittelbare Auswirkungen auf die Zulassungsanforderungen haben. So ist es denkbar, dass für bestimmte unbemannte Luftfahrzeugsysteme bei bestimmten Einsätzen strengere oder weniger strenge Zulassungsvoraussetzungen gelten könnten. Inwieweit sich dies in den Zulassungsvorgaben und -vorschriften der ICAO bzw. der EU wiederfindet, wird im weiteren Verlauf der vorliegenden Arbeit untersucht.

Der Ausgangspunkt der Entwicklung und Nutzung unbemannter Luftfahrzeugsysteme war im Wesentlichen der militärische Bereich.[82] Nahezu simultan zur Entstehung

---

80 *Petermann/Grünwald*, Stand und Perspektiven der militärischen Nutzung unbemannter Systeme, 109 f.
81 Von *Kontroll*einheit kann bei vollständig autonomen Systemen mangels Kontrollmöglichkeit nicht gesprochen werden.
82 Wenngleich auch Beispiele sehr früher Versuche unbemannter Flugobjekte genannt werden – so z.B. die vielzitierte, wohl 425 vor Christus von Archytas von Tarent entwickelte, mechanische fliegende »Taube«, siehe u.a. *Dalamagkidis/Valavanis/Piegl*, On Integrating Unmanned Aircraft Systems into the National Airspace System, 2009, 9 f; *Valavanis*, Advances in Unmanned Aerial Vehicles: State of the Art and the Road to Autonomy, 2007, 15 f. – und unbemannte Varianten in der Entwicklung bemannter Luftfahrzeuge zum Einsatz gekommen sind, waren steuerbare unbemannte Luftfahrzeuge deutlich überwiegend in der militärischen Forschung und Entwicklung zu finden. Siehe dazu die Verweise in der nachfolgenden Fußnote. Der »Sperry Messenger« aus dem Jahr 1920 wird als das erste technisch ausgereiftere ferngesteuerte Luftfahrzeug genannt; *Newcome*, Unmanned Aviation – A Brief History of Unmanned Aerial Vehicles, 2004, 31 ff.; *DeGarmo*, Issues Concerning Integra-

der bemannten Luftfahrt hat sich das Bestreben nach unbemannten Luftfahrzeugen für entsprechende militärische Zwecke entwickelt. Ein verstärktes Interesse an ziviler und insbesondere kommerzieller Verwendung unbemannter Luftfahrzeugsysteme ist erst in den vergangenen Jahren bzw. Jahrzehnten im Einklang mit der technischen Weiterentwicklung aufgekommen.

Die Geschichte der unbemannten Luftfahrt ist Gegenstand bzw. Bestandteil einiger Schriften, auf die an dieser Stelle verwiesen sei.[83] Relevant für die Zulassungsvorgaben der ICAO und die Zulassungsvorschriften der EU sowie für einen entsprechenden Weiterentwicklungsbedarf sind hingegen die gegenwärtigen und künftigen Anwendungsmöglichkeiten ziviler unbemannter Luftfahrzeugsysteme.

I. Vorzüge

Bevor einzelne konkrete Anwendungsbereiche genannt werden, soll im Folgenden ein Überblick über die mit der Verwendung unbemannter Luftfahrzeugsysteme verbundenen möglichen Vorzüge erfolgen. Diese besonderen Vorzüge begründen das Interesse an unbemannten Luftfahrzeugsystemen und verwirklichen sich in den Anwendungsmöglichkeiten.

Besondere Bedeutung haben die Vorteile, die mit der unbemannten Eigenschaft des Luftfahrzeugs einhergehen, d.h. mit dem Nichtvorhandensein eines Piloten an Bord. Der Pilot eines unbemannten Luftfahrzeugsystems ist grundsätzlich keiner Gefahr für sein Leben oder für seine körperliche Unversehrtheit ausgesetzt.[84] Bei einem Unfall entsteht, jedenfalls am unbemannten Luftfahrzeug, nur ein Sachschaden.[85] Zudem wird

---

tion of Unmanned Aerial Vehicles in Civil Airspace, 1.2. Siehe zur militärischen Nutzung von unbemannten Luftfahrzeugsystemen in der EU z.B. Europäische Kommission, UAVs and UCAVs: Developments in the European Union, Briefing Paper requested by the European Parliament's Subcommittee on Security and Defence (»UAVs and UCAVs«).

83 Siehe insb. *Dalamagkidis/Valavanis/Piegl*, On Integrating Unmanned Aircraft Systems into the National Airspace System, 9 ff.; *Dalamagkidis/Valavanis/Piegl*, On Integrating Unmanned Aircraft Systems into the National Airspace System: Issues, Challenges, Operational Restrictions, Certification, and Recommendations, 2. Aufl., 2013, 11 ff.; Valavanis, Advances in Unmanned Aerial Vehicles: State of the Art and the Road to Autonomy, 15 ff.; *Valavanis/Vachtsevanos*, Handbook of Unmanned Aerial Vehicles, 2015, 57 ff.; *Newcome*, Unmanned Aviation – A Brief History of Unmanned Aerial Vehicles, sowie u.a. *DeGarmo*, Issues Concerning Integration of Unmanned Aerial Vehicles in Civil Airspace, 1.2; *Hoppe*, Le statut juridique des drones aéronefs non habités, 2008; *Kornmeier*, Der Einsatz von Drohnen zur Bildaufnahme: Eine luftverkehrsrechtliche und datenschutzrechtliche Betrachtung, 7 ff.; *Lange*, Flugroboter statt bemannter Militärflugzeuge, 18; *Monash University*, Remote Piloted Aerial Vehicles: An Anthology, <http://www.ctie.monash.edu/hargrave/rpav_home.html>zuletzt besucht am 30. November 2015; *Nonami et al.*, Autonomous Flying Robots: Unmanned Aerial Vehicles and Micro Aerial Vehicles, 7 ff.; *Peterson*, The UAV and the Current and Future Regulatory Contruct for Integration into the National Airspace System, JALC 2006, 521 (535 ff.); *Takahashi*, Drones in the national airspace, JALC 2012, 489 (405 f.) jeweils m.w.N.
84 Der mögliche Fall, dass der Pilot des unbemannten Luftfahrzeugs von diesem z.B. bei Start oder Landung unmittelbar gefährdet ist, wird vermutlich eher seltener vorliegen.
85 Dieser Sachschaden kann wiederum versicherbar sein. Siehe zur Versicherung in Bezug auf UAS unten Fn. 234.

der Einsatz eines unbemannten Luftfahrzeugs auch in solchen Szenarien ermöglicht, bei denen der Verlust des Luftfahrzeugs nicht unwahrscheinlich ist, wie etwa bei Einsätzen in extremen Witterungsbedingungen oder in ungewöhnlichen Umgebungen (z.B. in einer Aschewolke), oder unter solchen Umständen, die für einen an Bord befindlichen Piloten gesundheitsgefährdend wären, wie bei radioaktiver Strahlung oder bei Flugmanövern denen der menschliche Körper nicht standzuhalten vermag.[86]

Mit den technischen Eigenschaften des unbemannten Luftfahrzeugs bzw. Luftfahrzeugsystems sind weitere Vorzüge verbunden. Wie oben beschrieben, können unbemannte Luftfahrzeuge zahlreiche Formen und Größen annehmen und hohe Werte in Bezug auf Ausdauer, Reichweite und Flughöhe erreichen, die von bemannten Luftfahrzeugen oftmals nicht realisiert werden können.[87] Die Möglichkeit der Steuerungsübergabe während des Fluges erlaubt zudem selbst bei nicht-autonomen unbemannten Luftfahrzeugsystemen eine Flugdauer, die nur noch durch das unbemannte Luftfahrzeug selbst begrenzt ist, nicht aber durch Dienst- und Ruhezeiten der jeweiligen Piloten.[88] Insbesondere kleine unbemannte Luftfahrzeuge ermöglichen Einsätze, die bemannten Luftfahrzeugen schlichtweg unmöglich sind, wie das Einfliegen in Gebäude oder sehr geräuscharmes operieren in geringer Höhe.[89] Die Verwendung unbemannter Luftfahrzeugsysteme kann zudem eine höhere Flexibilität aufweisen.[90] Zum einen kann dies im Vergleich zu bemannten Luftfahrzeugen in einer schnelleren Einsatzbereitschaft oder der Möglichkeit des simultanen Einsatzes mehrerer unbemannter Luftfahrzeuge begründet sein. Dabei können auch die zusätzlichen Eigenschaften eines unbemannten Luftfahrzeugsystems flexibel sein, insbesondere wenn mehrere Kombinationsmöglichkeiten aus fliegendem Element und davon mitgeführter Nutzlast bestehen.[91] Zum anderen können unbemannte Luftfahrzeuge in großer Höhe und mit großer Standzeit auch im Vergleich zu Satelliten anpassungsfähiger einsetzbar sein.[92] Diesbezüglich ist zudem vorteilhaft, dass unbemannte Luftfahrzeugsysteme regelmäßig mit

---

86 *BMVBS*, Bericht über die Art und den Umfang des Einsatzes von unbemannten Luftfahrtsystemen, 9; Europäische Kommission, UAV Study 2007 (Second Element), 8.
87 Siehe oben § 2 B. I.
88 Siehe zu Dienst und Ruhezeiten *Fischer/Kremser-Wolf*, Regelungen von Dienst- und Ruhezeiten von Besatzungsmitgliedern von Zivilflugzeugen, in: Hobe/von Ruckteschell (Hrsg.), Kölner Kompendium des Luftrechts, Bd. 2, 2009, 77 ff.
89 Europäische Kommission, UAV Study 2007 (Second Element), 58; *Gogarty/Hagger*, JLIS 2008, 74 (86) (zu geringer Geräuschentfaltung); *BMVBS*, Bericht über die Art und den Umfang des Einsatzes von unbemannten Luftfahrtsystemen, 20; siehe zu weiteren Vorzügen der Miniaturisierung in Bezug auf unbemannte Luftfahrzeugsysteme Europäische Kommission, UAV Study 2007 (Second Element), 58.
90 *Skrzypietz*, Standpunkt zivile Sicherheit – Die Nutzung von UAS für zivile Aufgaben, 10; *Kornmeier*, Der Einsatz von Drohnen zur Bildaufnahme: Eine luftverkehrsrechtliche und datenschutzrechtliche Betrachtung, 19; *BMVBS*, Bericht über die Art und den Umfang des Einsatzes von unbemannten Luftfahrtsystemen, 20.
91 *Skrzypietz*, Standpunkt zivile Sicherheit – Die Nutzung von UAS für zivile Aufgaben, 10.
92 Die Zeit von der Anforderung bis zur Erstellung von Aufnahmen, z.B. eines bestimmten Gebietes oder Objektes, kann bei unbemannten Luftfahrzeugen wesentlich kürzer sein, als die eines Satelliten der sich ggf. durch Erdumrundung erst in eine entsprechende Position bringen muss, *Skrzypietz*, Standpunkt zivile Sicherheit – Die Nutzung von UAS für zivile Aufgaben, 10, gibt die dafür notwendige Zeit mit mindestens 24 bis maximal 72 Stunden an.

aktueller Technik bestückt werden können, während die Ausstattung eines Erdbeobachtungssatelliten im Nachhinein grundsätzlich nicht veränderbar ist.[93]

Besondere Vorzüge bietet zudem die Möglichkeit der gesteigerten Autonomie.[94] Die teilweise oder gänzlich selbstständige Navigation und Aufgabenerfüllung entlastet den Piloten.[95] Dadurch könnte grundsätzlich auch eine gleichzeitige Steuerung mehrerer teilweise oder vollständig autonomer unbemannter Luftfahrzeugsysteme ermöglicht werden, da der Pilot nur noch Richtlinien oder Ziele definieren sowie ggf. die Operation überwachen müsste.[96] Auch wird vorgebracht, dass mithilfe autonomer Fähigkeiten die Sicherheit erhöht werden könne.[97] Verwiesen wird dabei auf den Anteil menschlichen Fehlverhaltens an Unfällen und Zwischenfällen in der bemannten Luftfahrt.[98] Dadurch, dass dem teilweise oder vollständig unbemannten Luftfahrzeugsystem eine teilweise oder vollständige operative Entscheidungsmacht übertragen wird, sollen menschliche Ausfälle oder Fehlentscheidungen minimiert werden.[99] Zu bedenken ist dabei allerdings, dass auch die Komplexität des unbemannten Luftfahrzeugsystems mit der Fähigkeit zur Autonomie ansteigt.[100] Einer erhöhten Komplexität wohnt grundsätzlich auch eine erhöhte Fehleranfälligkeit inne. Zudem hat der Einsatz autonomer Fähigkeiten in der Luftfahrt auch gegenteilige Auswirkungen gehabt.[101] Es

---

93 *Skrzypietz*, Standpunkt zivile Sicherheit – Die Nutzung von UAS für zivile Aufgaben, 10; *UAVNET*, European Civil Unmanned Air Vehicle Roadmap – Volume 3: Strategic Research Agenda, 2005, 38.
94 Siehe dazu oben § 2 A. II.
95 *DeGarmo*, Issues Concerning Integration of Unmanned Aerial Vehicles in Civil Airspace, 2.4.4.2.
96 *Petermann/Grünwald*, Stand und Perspektiven der militärischen Nutzung unbemannter Systeme, 117; *Lange*, Flugroboter statt bemannter Militärflugzeuge, 13. Mit gesteigerter Autonomie sinkt zudem das Datenaufkommen für Steuerungsbefehle, wodurch bei begrenzten Datenverbindungen mehr Nutzlastdaten übertragen werden könnten, *Petermann/Grünwald*, Stand und Perspektiven der militärischen Nutzung unbemannter Systeme, 117; *DeGarmo*, Issues Concerning Integration of Unmanned Aerial Vehicles in Civil Airspace, 2.4.4.2.
97 *DeGarmo*, Issues Concerning Integration of Unmanned Aerial Vehicles in Civil Airspace, 2.4.4.2.
98 *Skrzypietz*, Standpunkt zivile Sicherheit – Die Nutzung von UAS für zivile Aufgaben, 8.
99 *Clothier/Fulton/Walker*, Pilotless aircraft: the horseless carriage of the twenty-first century?, JRR 2008, 999 (1002), beschreiben dies wie folgt: »A fully autonomous UAS essentially removes a component of an aircraft subject to error, the pilot, much in the same way the temperamental and unpredictable horse [...] was replaced by an engine.«, siehe dazu auch Europäische Kommission, European Aeronautics: A Vision for 2020, 14 (»European Aeronautics: A Vision for 2020«).
100 *DeGarmo*, Issues Concerning Integration of Unmanned Aerial Vehicles in Civil Airspace, 2.4.4.2; *Petermann/Grünwald*, Stand und Perspektiven der militärischen Nutzung unbemannter Systeme, 10.
101 Siehe zur kritischen Auseinandersetzung mit den Vor- und Nachteilen der Automatisierung und Autonomie in der Luftfahrt u.a. *Diederiks-Verschoor*, An Introduction to Air Law, 261; *Schmid*, Pilot in Command or Computer in Command? – Observations on the conflict between technological progress and pilot accountability, A&SL 2000, 281; *Kaiser*, Automation and Limits of Human Performance: Potential Factors in Aviation Accidents, ZLW 2013, 204.

kann daher nicht ohne weiteres von einer Sicherheitssteigerung durch Autonomie ausgegangen werden, wenngleich dies bei künftiger technischer Weiterentwicklung durchaus möglich erscheint.

Ein weiteres Argument für die Vorteilhaftigkeit unbemannter Luftfahrzeugsysteme im Vergleich zu bemannten Luftfahrzeugen ist eine mögliche Kostenersparnis bei Erwerb und Einsatz.[102] Sofern kleinere unbemannte Luftfahrzeuge die Aufgaben von bemannten Luftfahrzeugen übernehmen können, ist dies hinsichtlich der Erwerbskosten sehr wahrscheinlich. Auch der Betrieb kann bei kleineren unbemannten Luftfahrzeugsystemen aufgrund der Verwendung von Elektromotoren oder kraftstoffsparenden Antrieben sowie der ggf. geringeren Anforderungen an den Steuerer günstiger sein.[103] Hinsichtlich größerer unbemannter Luftfahrzeugsysteme kann ebenfalls eine Kostenersparnis vorliegen, wobei dies nicht grundsätzlich der Fall sein muss.[104] Der hohe Entwicklungs- und Betriebssaufwand sowie die Fähigkeit zu gesteigerter Autonomie kann deutliche Auswirkungen auf die Kosten haben.[105] In Bezug auf die Erfüllung von Aufgaben, die bislang durch Satelliten wahrgenommen wurden, kann der Einsatz von unbemannten Luftfahrzeugsystemen ebenfalls kostengünstiger sein.[106] So wie hinsichtlich einer möglichen Sicherheitssteigerung durch unbemannte Luftfahrzeugsysteme, kann auch hinsichtlich deren Wirtschaftlichkeit bislang keine eindeutige Beurteilung erfolgen.[107] Letztlich ist eine Kostensenkung durch den Einsatz von unbemannten Luftfahrzeugsystemen immer von zahlreichen Faktoren abhängig und kann nicht verallgemeinert werden, wenngleich sie im Grundsatz realisierbar erscheint.

Unbemannte Luftfahrzeugsysteme können außerdem aufgrund geringerer Emissionen im Vergleich zu bemannten Luftfahrzeugen vorzugswürdig sein.[108] Durch den Einsatz von Elektromotoren können einerseits Geräuschemissionen verringert wer-

---

102 *Lange*, Flugroboter statt bemannter Militärflugzeuge, 14; *UAVNET*, European Civil Unmanned Air Vehicle Roadmap – Volume 1: Overview, 2005, 4.2.
103 *Kornmeier*, Der Einsatz von Drohnen zur Bildaufnahme: Eine luftverkehrsrechtliche und datenschutzrechtliche Betrachtung, 19; *Skrzypietz*, Standpunkt zivile Sicherheit – Die Nutzung von UAS für zivile Aufgaben, 10 f.
104 Siehe zu einer kritischen Analyse der möglichen Kostenvorteile bei militärischen unbemannten Systemen *Petermann/Grünwald*, Stand und Perspektiven der militärischen Nutzung unbemannter Systeme, 147 ff.
105 *Petermann/Grünwald*, Stand und Perspektiven der militärischen Nutzung unbemannter Systeme, 10.
106 *Peterson*, JALC 2006, 521 (549 f.).
107 *BMVBS*, Bericht über die Art und den Umfang des Einsatzes von unbemannten Luftfahrtsystemen, 20; *Petermann/Grünwald*, Stand und Perspektiven der militärischen Nutzung unbemannter Systeme, 157; *Skrzypietz*, Standpunkt zivile Sicherheit – Die Nutzung von UAS für zivile Aufgaben, 11.
108 Europäische Kommission, Hearing on Light UAS, 1.2; *González*, UAS technology and applications for the benefit of the European citizens/society – A matter of perception (Präsentation), 3rd EU UAS Panel Workshop on UAS Safety 2011, 1 (5); *Kornmeier*, Der Einsatz von Drohnen zur Bildaufnahme: Eine luftverkehrsrechtliche und datenschutzrechtliche Betrachtung, 20; *Hoffmann*, Eye in the Sky – Assuring the Safe Operation of Unmanned Aircraft Systems, FAA Safety Briefing 2010, 20 (20).

den.[109] Andererseits sinkt allein durch das Gewichtsersparnis, welches mit der Verlagerung des Piloten und der zu seinem Aufenthalt an Bord notwendigen Einrichtungen verknüpft ist, der Energiebedarf des Luftfahrzeugs. Dies kann sowohl den Kraftstoffverbrauch schmälern als auch mitunter den Einsatz von Solarzellen zur Energieerzeugung ermöglichen.[110]

Inwiefern die einzelnen Vorzüge durchgreifen, ist von dem jeweiligen unbemannten Luftfahrzeugsystem abhängig.[111] Sie wirken sich ebenfalls aus, wenn unbemannte Luftfahrzeugsysteme in bestimmten Anwendungen bemannte Luftfahrzeuge zwar nicht gänzlich ersetzen, aber jedenfalls kumulativ zu diesen eingesetzt werden und damit die nachteiligen Auswirkungen Letzterer aufgrund deren geringerer Nutzung herabsetzen.[112]

Über die für die vorliegende Arbeit relevanten technischen Vorzüge hinaus kann die Weiterentwicklung der zivilen unbemannten Luftfahrt die Luftverkehrswirtschaft im Allgemeinen beflügeln.[113] Zudem kann die Erforschung und Entwicklung neuer Technologien gefördert werden, die auch Übertragungseffekte (*spill-over*-Effekte) zugunsten anderer Sektoren haben und ggf. auch die Sicherheit der bemannten Luftfahrt erhöhen können.[114] Eine Zusammenarbeit bei der Entwicklung von beiderseits verwendbaren Produkten (*dual-use*) durch zivile und militärische Hersteller kann ebenso vorangetrieben werden.[115]

---

109 Europäische Kommission, Hearing on Light UAS, 1.2; *Gogarty/Hagger*, JLIS 2008, 74 (86).
110 Wie bspw. bei dem oben erwähnten *Helios*, siehe Fn. 34.
111 In der Literatur werden die Vorteile gerne mit der plakativen Formulierung »dull, dirty, dangerous« (eintönig, schmutzig, gefährlich) umschrieben, *Kaiser*, A&SL 2011, 161 (161); *BMVBS*, Bericht über die Art und den Umfang des Einsatzes von unbemannten Luftfahrtsystemen, 9; *Nonami et al.*, Autonomous Flying Robots: Unmanned Aerial Vehicles and Micro Aerial Vehicles, 3; Europäische Kommission, Hearing on Light UAS, 1.2; *Marshall*, Dull, Dirty, and Dangerous: The FAA's Regulatory Authority Over Unmanned Aircraft Operations, IALP 2007, 10085 (10085); *Kornmeier*, Der Einsatz von Drohnen zur Bildaufnahme: Eine luftverkehrsrechtliche und datenschutzrechtliche Betrachtung, 18; *NASA (Cox et al)*, Civil UAV Capability Assessment (Report), 2004, 2.4.1; *UAVNET*, European Civil Unmanned Air Vehicle Roadmap – Volume 1: Overview, 3.2. Diese Formulierung umfasst allerdings nur die Vorzüge der Entlastung des Piloten und der Verringerung von Gefahren und greift damit zu kurz.
112 So in Bezug auf militärische Luftfahrzeuge *Lange*, Flugroboter statt bemannter Militärflugzeuge, 13 f., wobei dieses Argument auf zivile unbemannte Luftfahrzeugsysteme übertragen werden kann.
113 Europäische Kommission, European strategy for RPAS, 1.1; *González*, 3rd EU UAS Panel Workshop on UAS Safety 2011, 1 (2 u. 6); *UAVNET*, European Civil Unmanned Air Vehicle Roadmap – Volume 1: Overview, 3.2.
114 *Smethers/Tomasello*, UAS – Safe to be flown and flown safely (Discussion Paper), 3rd EU UAS Panel: Safety and Certification 2011, 1 (1.1); Europäische Kommission, Hearing on Light UAS, 1.2; Europäische Kommission, Roadmap for the integration of civil Remotely-Piloted Aircraft Systems into the European Aviation System, Juni 2013, Final Report from the European RPAS Steering Group, 5 (»EU RPAS Roadmap«).
115 Siehe u.a. *UAVNET*, European Civil Unmanned Air Vehicle Roadmap – Volume 1: Overview, 3.4; Europäische Kommission, European strategy for RPAS, 2.2.1.

II. Anwendungsbereiche

Unbemannte Luftfahrzeugsysteme ermöglichen zahlreiche unterschiedliche Anwendungen. Im Einklang mit dem Untersuchungsgegenstand der vorliegenden Arbeit werden im Folgenden nur solche Anwendungsmöglichkeiten genannt, die auch durch zivile unbemannte Luftfahrzeugsysteme ausgeführt werden können. Sowohl militärische als auch andere staatliche Verwendungen von unbemannten Luftfahrzeugsystemen, etwa im Bereich der Polizei oder von Grenzkontrollen, sind grundsätzlich nicht von der Zuständigkeit der ICAO und der EU umfasst.[116]

Im Grundsatz sind zwei wesentliche Arten möglicher Anwendungen zu unterscheiden. Zum einen können unbemannte Luftfahrzeugsysteme bemannte Luftfahrzeuge ersetzen. Aufgaben, die bisher durch bemannte Luftfahrzeuge erfüllt werden, können durch unbemannte Luftfahrzeugsysteme übernommen werden, wobei die oben genannten Vorzüge den Einsatz Letzterer nahelegen können. Zum anderen können unbemannte Luftfahrzeugsysteme neuartige Anwendungen ausführen, denen eine Entsprechung in der bemannten Luftfahrt fehlt. Diese können insbesondere aus den Vorzügen geringerer Größe, längerer Ausdauer oder der Einsetzbarkeit bei Gefahren resultieren.

In Bezug auf Satelliten kann kategorial kein Ersatz durch unbemannte Luftfahrzeugsysteme erfolgen. Dennoch können unbemannte Luftfahrzeugsysteme einzelne Anwendungen abdecken, die bislang durch Satelliten bereitgestellt werden.[117]

Der deutliche Schwerpunkt der möglichen Anwendungen liegt im Bereich der Informationsbeschaffung.[118] Mithilfe unbemannter Luftfahrzeugsysteme und der von ihnen getragenen Nutzlast kann eine Fülle verschiedener Daten gesammelt werden. Neben der Aufzeichnung und Übertragung von Foto-, Video- und Tonaufnahmen können zahlreiche weitere Informationen mithilfe der jeweiligen Ausrüstung, z.B. diversen Messgeräten oder Infrarot- und Wärmebildkameras, erfasst werden.[119] Der Transport,

---

116 Siehe zu den Zuständigkeitsbereichen der ICAO und der EU unten § 4 A. II. und § 7 B. I. 1. b).
117 *Norris*, Watching Earth from Space: How Surveillance Helps Us – and Harms Us, 2010, 262; *González*, Workshop of the European Space Policy Institute: Opening Airspace for UAS in the Civilian Airspace 2010, 1 (11); *Kaiser*, ZLW 2006, 344 (346).
118 Europäische Kommission, EU RPAS Roadmap, 5; *Kontitsis/Valavanis*, A Cost Effective Tracking System for Small Unmanned Aerial Systems, JIRS 2010, 171 (172); *JAA/EUROCONTROL*, UAV Task-Force – Final Report, 2.2. *Tomasello* sieht in unbemannten Luftfahrzeugsystemen den Eintritt der Luftfahrt in die Informationsgesellschaft, »UAS [...] will open the way for aviation to enter the third industrial revolution: i.e. towards the ›information society‹«, *Tomasello*, AMJ 2010, 1 (5); siehe zur Informationsgesellschaft im Zusammenhang mit UAS auch *Roma*, Remotely Piloted Aircraft Systems: Privacy and Data Protection Implications, ASJ 2014, 22 (22 ff.).
119 Einzuordnen sind die Anwendungen dieser Informationsbeschaffung in die Kategorie der sog. »Luftarbeit« (*aerial work*). Gemäß der entsprechenden Definition der ICAO in Annex 6 zum Chicagoer Abkommen umfasst Luftarbeit den Einsatz eines Luftfahrzeugs zum Zwecke spezieller Dienste, wie z.B. in den Bereichen Landwirtschaft, Bau, Fotografie, Vermessung, Überwachung, Such- und Rettungsdiensten oder Luftwerbung (»An aircraft operation in which an aircraft is used for specialized services such as agriculture, construction, photography, surveying, observation and patrol, search and rescue, aerial advertise-

der eine wesentliche Aufgabe der bemannten Luftfahrt ist, spielt bislang innerhalb der Anwendungsmöglichkeiten für unbemannte Luftfahrzeugsysteme noch eine geringere Rolle. Dennoch bestehen auch Bestrebungen zumindest Fracht mithilfe unbemannter Luftfahrzeugsysteme zu transportieren, insbesondere sofern kleinere Einheiten, wie etwa im Versandhandel, transportiert werden sollen.[120] Ob sich eine Beförderung von Passagieren durch unbemannte Luftfahrzeugsysteme realisieren wird, ist hingegen unklar, wenngleich sie auch als mögliche Anwendung hervorgehoben wird.[121] Neben der technischen Sicherheit müsste dazu insbesondere die Akzeptanz der Passagiere gegeben sein. Es ist offen, ob und wann diese vorhanden sein wird.[122]

Durch den Schwerpunkt der Informationsbeschaffung verschiebt sich auch die grundsätzliche Art und Weise der Ausführung des Einsatzes von Punkt-zu-Punkt Verbindungen, die beim Transport anzutreffen sind, hin zu einem Verweilen an bestimmten Orten oder wiederholtem Abfliegen von bestimmten Strecken oder Gebieten.[123]

Nutzungsmöglichkeiten für unbemannte Luftfahrzeugsysteme bestehen in vielen Bereichen und erfahren eine fortwährende Erweiterung.[124] Beispielhaft können folgende Anwendungsgebiete genannt werden: Forschung (z.B. hinsichtlich der Arktis, Hurrikanen, Vulkanen oder des Meeres), Umweltbeobachtung sowie Messungen verschiedenster Art (auch zur Ermittlung von Umweltverschmutzungen, wie der Verklappungen auf See oder dem Freisetzen von Öl oder Chemikalien), Untersuchung von Vulkanaschewolken, Schutz der Tierwelt, Wetterdienste, Infrastrukturüberwachung und Kontrolle von Anlagen (insbesondere Pipeline- und Stromleitungsüberprüfung), Verkehrsmanagement, Landverwaltung und -vermessung, Kartografie, Überwachung von Großveranstaltungen, Beobachtung von Naturkatastrophen und Unglücksereignissen sowie Unterstützung des Katastrophenschutzes, Entdeckung und Beobachtung von Waldbränden, Unterstützung von Such- und Rettungsdiensten, Frachttransport unterschiedlicher Größenordnungen, Passagiertransport, Fischerei, Landwirtschaft (z.B. das Besprühen von Feldern mit Pflanzenschutzmitteln), Aufspüren von natürlichen Ressourcen, Telekommunikation (wobei insbesondere eine Relaisfunktion übernommen

---

ment, etc.«, ICAO, Annex 6 – Operation of Aircraft, Parts I-III, 9. Aufl., Juli 2010 (Part I), 8. Aufl., Juli 2014 (Part II), 7. Aufl., Juli 2010 (Part III) ICAO Doc. AN6, 1., Definitions (ebenso auch in den Definitionen zu Part II und III des Annex 6) (»Annex 6«)); siehe dazu *Janezic*, Luftarbeit – Versuch einer Definition, ZLW 2010, 520.

120 Beispielhaft können hier die Bestrebungen von Online-Versandhändlern zur Auslieferung von Bestellungen mittels unbemannter Luftfahrzeuge genannt werden.

121 So u.a. *Hoppe*, Le statut juridique des drones aéronefs non habités, 463; JAA/EUROCONTROL, UAV Task-Force – Final Report, 1.4; ICAO, Secretary General, UAS Circular, 2.7 und 3.5; *Tomasello*, AMJ 2010, 1 (5).

122 Siehe dazu unten § 11 B.

123 *DeGarmo/Nelson*, Prospective Unmanned Aerial Vehicle Operations in the Future National Airspace System, MITRE Corporation, Center for Advanced Aviation System Development 2004, 1 (2).

124 Hinsichtlich der Vielfältigkeit der zivilen Anwendungsmöglichkeiten heißt es in Europäische Kommission, European strategy for RPAS, 1.1: »Hundreds of potential civil applications have been identified.«

werden kann), Medien (z.B. Fernsehen und Werbung), Schadensbegutachtung sowie Luftbildaufnahmen verschiedenster Art.[125]

125 Auflistungen von möglichen zivilen Anwendungsbereichen für unbemannte Luftfahrzeuge finden sich in nahezu allen Veröffentlichungen zu diesem Thema. Die oben dargestellten Verwendungsmöglichkeiten und einige weitere werden in folgenden Quellen genannt: *Association for Unmanned Vehicle Systems International (AUVSI)*, Fire Fighting Tabletop Excercise 2010, 2010; *BMVBS*, Bericht über die Art und den Umfang des Einsatzes von unbemannten Luftfahrtsystemen, 10; *Borges de Sousa/Andrade Goncalves*, Unmanned vehicles for environmental data collection, CTEP 2008, 1; *Chao*, Cooperative Remote Sensing and Actuation Using Networked Unmanned Vehicles (Diss.), 2010, Bd. PhD; *DeGarmo*, Issues Concerning Integration of Unmanned Aerial Vehicles in Civil Airspace, 1.4.2; *DeGarmo/ Nelson*, MITRE Corporation, Center for Advanced Aviation System Development 2004, 1 (1.2); *Dempsey*, The Future of International Air Law in the 21st Century, ZLW 2015, 215 (220); EASA, Advance-Notice of Proposed Amendment (A-NPA) No. 16/2005 – Policy for Unmanned Aerial Vehicle (UAV) certification, A-NPA No. 16/2005, 11 f. (»A-NPA 16/2005«); Europäische Kommission, European strategy for RPAS, 1.1; Europäische Kommission, Mitteilung zu RPAS, 3; Europäische Kommission, UAV Study 2007 (Second Element), 9 ff., 48 und 50; *Gerold*, UAV: Manned and Unmanned Aircraft: Can They Coexist, Avionics Magazine 2006; *Ginati/Gustafsson/Juusti*, Workshop of the European Space Policy Institute: Opening Airspace for UAS in the Civilian Airspace 2010, 1 (25 u. 30 f.); *Gogarty/Hagger*, JLIS 2008, 74 (2.1); *Hoppe*, Le statut juridique des drones aéronefs non habités, 461 ff.; *Horton/Kempel*, Flight Test Experience and Controlled Impact of a Remotely Piloted Jet Transport Aircraft, NASA Technical Memorandum 4084, 1988, 1; *JAA/EUROCONTROL*, UAV Task-Force – Final Report, 1.4 und 2.2 sowie Appendix 1-1 der Enclosures; *Kaiser*, A&SL 2011, 161 (162); *Kontitsis/Valavanis*, JIRS 2010, 171 (171 f.); *Lange*, Flugroboter statt bemannter Militärflugzeuge, 14; *Marshall*, IALP 2007, 10085 (10085 u. 10091); *Marshall*, IALP 2008, 87 (90); *Martinez-de-Dios et al.*, Multi-UAV Experiments: Application to Forest Fires, in: A. Ollero/I. Maza (Hrsg.), Mult. Hetero. Unmanned Aerial Vehi., STAR 37, 2007; *Masutti*, Proposals for the Regulation of Unmanned Air Vehicle Use in Common Airspace, A&SL 2009, 1 (1); *Mendes de Leon*, Building the regulatory framework for introducing the UAS in the civil airspace European Regulation for light UAS below 150 KG? , AMJ 2010, 1 (2); *NASA*, Earth Observations and the Role of UAVS (diverse Dokumente), <http://www.nasa.gov/centers/dryden/research/civuav/civ_uav_doc-n-ref.html>; *Newcome*, Unmanned Aviation – A Brief History of Unmanned Aerial Vehicles, 127; *Nonami et al.*, Autonomous Flying Robots: Unmanned Aerial Vehicles and Micro Aerial Vehicles, 2; *NLR Air Transport Saftey Institute*, Framework for Unmanned Aircraft Systems Safety Risk Management, 3rd EU UAS Panel Workshop on UAS Safety 2011, 1 (6); *Petermann/Grünwald*, Stand und Perspektiven der militärischen Nutzung unbemannter Systeme, 156 f.; *Peterson*, JALC 2006, 521 (549 f., bezüglich der Übernahme von Anwendungen für Satelliten, und 550); *Quaritsch et al.*, Networked UAVs as aerial sensor network for disaster management applications, Elektrotechnik & Informationstechnik 2010, 56; *Rapp*, Unmanned Aerial Exposure: Civil Liability Concerns Araising from Domestic Law Enforcement Employment of Unmanned Aerial Systems, NDLR 2009, 623 (625); *Ro/Oh/Dong*, Lessons Learned: Application of Small UAV for Urban Highway Traffic Monitoring, 45th AIAA Aerospace Sciences Meeting and Exhibit 2007, 1; ICAO, Secretary General, UAS Circular, 2.7; *Skrzypietz*, Standpunkt zivile Sicherheit – Die Nutzung von UAS für zivile Aufgaben, 12 ff.; *Tomasello*, AMJ 2010, 1 (5); *Vacek*, Civilizing the Aeronautical Wild West: Regulating Unmanned Aircraft, Air & Space Lawyer 2011, 19 (19) sowie in der umfangreichen Aufzählung in van Blyenburgh (Hrsg.), RPAS Yearbook 2014/2015 – RPAS: The Global Perspective, 2014, 142 ff.

C. Zwischenergebnis

Unbemannte Luftfahrzeugsysteme sind durch besondere Merkmale und Nutzungsmöglichkeiten gekennzeichnet. Sie bestehen grundsätzlich aus mehreren für die Funktionsfähigkeit erforderlichen Bestandteilen, wobei das unbemannte Luftfahrzeug, die Kontrolleinheit und die Datenverbindung die zentralen Elemente darstellen. Unbemannte Luftfahrzeugsysteme können sich hinsichtlich ihrer technischen Ausformung und des Grades ihrer Autonomie erheblich unterscheiden. Sie besitzen zahlreiche Vorzüge gegenüber bemannten Luftfahrzeugen, wie etwa geringere Emissionen oder gesteigerte autonome Fähigkeiten, und sind vielseitig einsetzbar.

§ 3 Begriffsbestimmung, Definition und Einordnung

Die folgenden Ausführungen dienen der Begriffsbestimmung, Definition und Einordnung der zentralen Bestandteile des Untersuchungsgegenstandes. Im Anschluss an die vorangegangene weitgehend technische Einführung sollen hier das unbemannte Luftfahrzeug, das unbemannte Luftfahrzeugsystem und das Zulassungskonzept rechtlich und begrifflich eingegrenzt werden, um die nachfolgende Untersuchung auf eine klare Grundlage zu stellen. Die Vorwegnahme zentraler Definitionen und Erklärungen, vor der Erarbeitung der diese hervorbringenden Organisationen in den darauffolgenden Kapiteln, erscheint zum Zwecke der Nachvollziehbarkeit als hilfreich. Das internationale und europäische System des Luftrechts wird im Zusammenhang mit der ICAO und dem sog. EASA-System erläutert.[126]

A. Unbemanntes Luftfahrzeug

Unbemannte Luftfahrzeuge sind unterschiedlich bezeichnet worden, womit auch abweichende rechtliche Einordnungen einhergehen können. Diese Unterschiede sollen dargestellt und inhaltlich abgegrenzt werden, bevor die Definitionen der relevanten Begriffe benannt und untersucht werden.

I. Begriffsvielfalt und Differenzierung

Im Folgenden werden insbesondere die Konzepte des *Unmanned Aerial Vehicle*, des *Unmanned Aircraft* und des *Remotely Piloted Aircraft* voneinander abgegrenzt. Den

---

[126] Siehe für eine ausf. Darstellung des Luftrechts im Allgemeinen u.a. *Diederiks-Verschoor*, An Introduction to Air Law; *Milde*, International Air Law and ICAO, 2. Aufl., 2012; *Dempsey*, Public International Air Law, 2008; *Schladebach*, Luftrecht, 2007; *Balfour*, European Community Air Law, 2. Aufl., 1995; *Mensen*, Handbuch der Luftfahrt, 2. Aufl., 2013; *Schwenk/Giemulla*, Handbuch des Luftverkehrsrechts, 4. Aufl., 2013; Hobe/von Ruckteschell (Hrsg.), Kölner Kompendium des Luftrechts, Bd. 1, 2008; Hobe/von Ruckteschell (Hrsg.), Kölner Kompendium des Luftrechts, Bd. 2, 2009; Hobe/von Ruckteschell (Hrsg.), Kölner Kompendium des Luftrechts, Bd. 3, 2010; Hobe/von Ruckteschell/Heffernan (Hrsg.), Cologne Compendium on Air Law in Europe, 2013; *Bentzien*, Das internationale öffentliche Luftrecht als Teil des Völkerrechts, in: Benkö/Kroll (Hrsg.), Luft- und Weltraumrecht im 21. Jahrhundert, 2001. Nach *Alex Meyer* umfasst das Luftrecht die »Gesamtheit der Sondernormen, welche sich auf die Benutzung des mit Luft angefüllten Raums oberhalb der Erdoberfläche durch Geräte beziehen, die sich kraft der Eigenschaften der Luft im Luftraum halten und deren Unterstellung unter die Sondernorm des Luftrechts nach vernünftiger Verkehrsanschauung geboten erscheint«, *Meyer*, Luftrecht in fünf Jahrzehnten, 1961, 61; siehe auch *Diederiks-Verschoor*, An Introduction to Air Law, 1: »Air Law is a body of rules governing the use of airspace and its benefits for aviation, the general public and the nations of the world.«

sprachlichen Ausgangspunkt bildet hier das Englische, da es zumindest eine der gemeinsamen Amtssprachen der zu untersuchenden ICAO und EU bildet.[127] Sofern Begriffe und Definitionen der EU auch in deutscher Amtssprache vorliegen, werden sie entsprechend zusätzlich angeführt.

1. Unmanned Aerial Vehicle und andere

Lange Zeit war *Unmanned Aerial Vehicle* (UAV) der am häufigsten anzutreffende Terminus im Zusammenhang mit der unbemannten Luftfahrt.[128] Daneben wurden mitunter die Begriffe *Unmanned Air Vehicle*[129], *Uninhabited Air/Aerial Vehicle*[130], *Remotely Operated Vehicle*[131] und *Remotely Piloted Vehicle*[132] verwendet.[133] Allen diesen

---

127 Siehe letzter Absatz des Chicagoer Abkommens (*Signature of Convention*). Die authentischen Sprachen des Chicagoer Abkommens sind demnach Englisch, Arabisch, Chinesisch, Französisch, Russisch und Spanisch. Die Sprachenregelung der EU hat ihren Ursprung bereits in der ersten Verordnung der Europäischen Wirtschaftsgemeinschaft (EWG) aus dem Jahre 1958, Verordnung (EWG) Nr. 1 zur Regelung der Sprachenfrage für die Europäische Wirtschaftsgemeinschaft, ABl. 1958, L 17/1 (»Verordnung (EWG) Nr. 1«).
128 Der Begriff UAV wurde zunehmend ab 2005 durch UA bzw. UAS substituiert (so z.B. durch die ICAO erstmals im Jahre 2007, siehe unten § 6 B. II. 1.). Er ist in zahlreichen älteren Quellen der vorliegenden Arbeit zu finden.
129 Siehe u.a. *JAA/EUROCONTROL*, UAV Task-Force – Final Report, 4; *Masutti*, A&SL 2009, 1 (1). Ein relevanter Unterschied zwischen *Air* und *Aerial* ist in diesem Zusammenhang allerdings nicht zu erkennen.
130 Siehe u.a. *NASA (Cox et al)*, Civil UAV Capability Assessment (Report), 1 ff.; *Handerson*, International Law Concerning the Status and Marking of Remotely Piloted Aircraft, DJILP 2010, 615 (615); *Baxter/Horn*, Controlling Teams of Uninhabited Air Vehicles, WSSAT 2005, 97; *DeGarmo*, Issues Concerning Integration of Unmanned Aerial Vehicles in Civil Airspace, 1.1; *Nonami et al.*, Autonomous Flying Robots: Unmanned Aerial Vehicles and Micro Aerial Vehicles, 1.2.1. *DeGarmo* erwähnt zudem, dass auch »unoccupied« verwendet wurde, *DeGarmo*, Issues Concerning Integration of Unmanned Aerial Vehicles in Civil Airspace, 1.1. Die Verwendung von »uninhabited« statt »unmanned« geht aus dem Bestreben nach einem unzweifelhaft geschlechtsneutralen Begriff hervor, sofern man davon ausgeht, dass das englische *man* nicht bereits hinreichend geschlechtsneutral ist; dazu *Peterson*: »[I]t almost goes without mentioning that the term ›UAV‹ or ›Unmanned Aerial Vehicle‹ is not necessarily gender-neutral. While it could be argued that the term ›man‹ is universally seen as a gender-neutral term, ›unmanned aerial vehicle‹ may actually be a euphemism for an aircraft piloted completely by women.«, *Peterson*, JALC 2006, 521 (Fn. 38). Letztlich hat sich dies aber nicht durchgesetzt.
131 Siehe u.a. *Kaiser*, ZLW 2006, 344 (Fn. 1); *JAA/EUROCONTROL*, UAV Task-Force – Final Report, Annex 2; *Borges de Sousa/Andrade Goncalves*, CTEP 2008, 1 (1); *Peterson*, JALC 2006, 521 (528).
132 Siehe u.a. *Kaiser*, ZLW 2006, 344 (Fn. 1); *Kapnik*, Unmanned but accelerating: navigating the regulatory and privacy challenges of introducing unmanned aircraft into the National Airspace System, JALC 2012, 439 (442); *Peterson*, JALC 2006, 521 (528); *JAA/EUROCONTROL*, UAV Task-Force – Final Report, 4; *Borges de Sousa/Andrade Goncalves*, CTEP 2008, 1 (1); Europäische Kommission, Hearing on Light UAS, 1.1; *Nonami et al.*, Autonomous Flying Robots: Unmanned Aerial Vehicles and Micro Aerial Vehicles, 1.2.1.
133 Zudem existieren noch weitere Begriffe, so z.B. *Remotely Piloted Aerial Vehicle*, *Monash University*, Remote Piloted Aerial Vehicles: An Anthology, <http://www.ctie.

Varianten gemein ist die Bezeichnung »vehicle«, die ins Deutsche übersetzt neben »Beförderungsmittel« auch »Fahrzeug« bedeuten kann.[134] Im Zusammenspiel mit »aerial« bzw. »air« könnte daher auch die Bezeichnung »unbemanntes Luftfahrzeug« naheliegen. Dies würde allerdings außer Acht lassen, dass im internationalen Luftrecht mit *aircraft* eine spezifische Übersetzung für »Luftfahrzeug« existiert. Mit der Verwendung des Begriffs »vehicle« könnte daher vielmehr die Absicht zum Ausdruck gebracht werden, dass das in Frage stehende Objekt nicht den Luftfahrzeugen zuzurechnen sei.[135] Während im militärischen Umfeld, aus dem die zivile unbemannte Luftfahrt im Wesentlichen hervorgegangen ist, eine eindeutige Trennung zwischen »vehicle« und »aircraft« nicht essenziell ist, erstrecken sich Vorgaben der ICAO sowie die Vorschriften der EU hauptsächlich auf Luftfahrzeuge, weshalb eine entsprechende Zuordnung von Bedeutung ist.

Gemäß der Definition der ICAO bedeutet *aircraft*: »[a]ny machine that can derive support in the atmosphere from the reactions of the air other than the reactions of the air against the earth's surface«[136]. Die Definition der EU ist im Englischen wortgleich und definiert in ihrer deutschen offiziellen Fassung ein Luftfahrzeug als »eine Maschine, die sich aufgrund von Reaktionen der Luft, die keine Reaktionen der Luft gegenüber der Erdoberfläche sind, in der Atmosphäre halten kann«[137]. Diese Definition ist

---

monash.edu/hargrave/rpav_home.html>, zuletzt besucht am 30. November 2015. Siehe zu einer Auseinandersetzung mit den Begrifflichkeiten auch *Mezi*, Unmanned Aircraft System: a Difficult Introduction in the International Aviation Regulatory Framework, ASJ 2013, 10 (10 ff.).

134 Siehe »vehicle« in *Langenscheidt*, Großwörterbuch Englisch-Deutsch, 2008.
135 Zu berücksichtigen ist aber, das diese Frage nicht grds. bei der Verwendung von »vehicle« aufkommen muss, da mitunter zwar UAV verwendet wird, inhaltlich aber »aircraft« gemeint wird; so u.a. in *JAA/EUROCONTROL*, UAV Task-Force – Final Report, 4; *Masutti*, A&SL 2009, 1 (1).
136 Das Chicagoer Abkommen selbst enthält keine Definition von *aircraft*, obgleich sich die Mehrheit seiner Vorschriften darauf bezieht. Die Definition findet sich allerdings in den Annexen zum Chicagoer Abkommen, u.a. in ICAO, Annex 7, 1. Definitions. Siehe zum Chicagoer Abkommen und dessen Annexe unten §§ 4 und 5. Die Frage, ob die Mitgliedstaaten von dieser Definition abweichen können – siehe dazu *Marshall*, Unmanned Aerial Systems and International Civil Aviation Organization Regulations, NDLR 2009, 693 (700 ff.) – wird vorliegend nicht relevant, da alle Mitgliedstaaten der EU ebenfalls Mitgliedstaaten der ICAO sind und in der EU die Definition der ICAO wortgleich übernommen wurde.
137 Art. 2 lit. a der Verordnung (EU) Nr. 1321/2014 der Kommission vom 26. November 2014 über die Aufrechterhaltung der Lufttüchtigkeit von Luftfahrzeugen und luftfahrttechnischen Erzeugnissen, Teilen und Ausrüstungen und die Erteilung von Genehmigungen für Organisationen und Personen, die diese Tätigkeiten ausführen, zuletzt geändert durch Verordnung (EU) 2015/1536 der Kommission vom 16. September 2015 zur Änderung der Verordnung (EU) Nr. 1321/2014 in Bezug auf die Angleichung der Vorschriften für die Aufrechterhaltung der Lufttüchtigkeit der Verordnung (EG) Nr. 216/2008, kritische Instandhaltungsarbeiten und Überwachung der Aufrechterhaltung der Lufttüchtigkeit von Luftfahrzeugen, ABl. 2014, L 362/1 (»Verordnung (EU) Nr. 1321/2014«).

sehr weit gefasst und beinhaltet keine Unterscheidung danach, ob das in Frage stehende Objekt bemannt oder unbemannt ist.[138]

Die in den vorangegangenen Ausführungen bereits als solche bezeichneten unbemannten Luftfahrzeuge sind Maschinen, die sich aufgrund von Reaktionen der Luft, die keine Reaktionen der Luft gegenüber der Erdoberfläche sind, in der Atmosphäre halten können. Unbemannte Luftfahrzeuge sind damit folglich »aircraft« bzw. Luftfahrzeuge im Sinne der Vorgaben der ICAO und der Vorschriften der EU. Die Bezeichnung als »vehicle« ist daher bezüglich der zivilen unbemannten Luftfahrt zu unpräzise und entspricht nicht dem wesentlichen Regelungsinhalt des Luftrechts. Sie ist daher zu Recht überkommen und wird mithin auch in der vorliegenden Arbeit nicht mehr verwendet.[139]

2. Unmanned Aircraft

Das unbemannte Luftfahrzeug wird im internationalen Kontext mehrheitlich mit dem Begriff *Unmanned Aircraft* (UA[140]) bezeichnet.[141] *Unmanned* bedeutet diesbezüglich, dass sich kein Pilot an Bord des Luftfahrzeuges befindet.[142] Daraus folgt, dass auch der Personentransport durch ein UA umfasst ist, sofern sich jedenfalls der Pilot nicht innerhalb des UA aufhält.[143] Der Begriff des UA ist zudem weit gefasst und umschließt alle Stufen der Autonomie, von nicht-autonomen bis vollständig autonomen UA.

---

138 Siehe auch oben § 2 A. I. 1. a) für die entsprechend Klassifikation von Luftfahrzeugen durch die ICAO unabhängig davon, ob diese bemannt oder unbemannt sind. Aufgrund der Anforderung »Maschine« ist davon auszugehen, dass Tiere deren Bewegungen ferngesteuert mithilfe von Implantaten beeinflusst werden können, nicht unter den Luftfahrzeugbegriff fallen. Siehe z.B. zu einer ferngesteuerten Taube: *Stöcker*, Gehirn-Implantate: Chinesen steuern Tauben fern, 28. Februar 2007, <http://www.spiegel.de/wissenschaft/mensch/gehirn-implantate-chinesen-steuern-tauben-fern-a-469108.html>, zuletzt besucht am 30. November 2015.
139 Vereinzelt wurde geäußert, dass es vorteilhafter sein könnte, insb. kleine UA nicht dem Luftfahrzeugbegriff unterfallen zu lassen, damit sie aus dem Regulierungsbereich für »aircraft« ausgenommen würden, siehe *Peterson*, JALC 2006, 521 (529 f.). Da sie jedoch eindeutig den Luftfahrzeugen zuzuordnen sind, ist den Besonderheiten von (kleinen) unbemannten Luftfahrzeugen grds. innerhalb der für Luftfahrzeuge geltenden Vorgaben und Vorschriften Rechnung zu tragen.
140 Die Abkürzungen der vorliegenden Arbeit werden in ihrer Ausgangsform (z.B. UA) gleichsam für Singular und Plural verwendet. Eine Pluralbildung durch ein Plural-s (z.B. UAs) erfolgt grds. nicht.
141 Dieser Begriff wird nahezu universal gebraucht und insb. auch von der ICAO und der EU sowie von zahlreichen Mitgliedstaaten der ICAO verwendet. Er ist zudem in zahlreichen Literaturangaben (ab ca. 2007) der vorliegenden Arbeit zu finden.
142 Gleiches gilt für die zuvor beschriebenen UAV. Siehe die entsprechende Definition zu UA bzw. RPA unten § 3 A. II.
143 So auch *JAA/EUROCONTROL*, UAV Task-Force – Enclosures, Enclosure 3, 3.2.2.1.

3. Remotely Piloted Aircraft

Den unterschiedlichen Abstufungen der Autonomie Rechnung tragend, beinhaltet der Begriff *Remotely Piloted Aircraft* (RPA) eine Qualifikation des UA. *Remotely piloted*, was mit »fern-pilotiert« oder »ferngesteuert« übersetzt werden kann und ebenfalls auch im Zusammenhang mit dem oben genannten »vehicle« verwendet wurde, bedeutet eine Eingrenzung von UA auf solche Varianten, für die eine Steuerungsnotwendigkeit bzw. -möglichkeit besteht.[144] UA ist folglich der Oberbegriff für RPA und vollständig autonome UA. Jedes RPA ist mithin ein UA, aber nur nicht-autonome und teilweise autonome UA sind RPA.

4. »Drohne«

Insbesondere in der allgemeinen Öffentlichkeit findet auch der Begriff »Drohne« Verwendung. Der ursprünglich der Tierwelt zugeordnete Ausdruck wurde wohl aufgrund der Namensgebung eines militärischen unbemannten Luftfahrzeugs (*DeHavilland Queen Bee*) zunächst mit der militärischen Anwendung in Verbindung gebracht und seit der Weiterentwicklung der zivilen unbemannten Luftfahrt auch diesbezüglich gebraucht.[145] Unabhängig von der Frage, ob der Begriff in Bezug auf die unbemannte Luftfahrt positiv oder negativ konnotiert ist, ist er jedenfalls in rechtlicher Hinsicht ungeeignet. Er gibt keinen eindeutigen Aufschluss darüber, worauf er sich bezieht (fliegendes Objekt oder System), welche luftrechtliche Einordnung damit einhergeht (*aircraft* oder nicht) und welche weiteren Eigenschaften das damit bezeichnete Objekt oder System (Grad der Autonomie) aufweist. Der Begriff wird daher in der juristischen Auseinandersetzung mit der unbemannten Luftfahrt eher zurückhaltend verwendet.[146] In die Terminologie der ICAO hat er keinen unmittelbaren Eingang gefunden.

Seit 2014 verwendet allerdings die EU den Begriff »Drohne« in einzelnen Veröffentlichungen. Beachtenswert ist insbesondere, dass sich ein Vorschlag der EASA für eine künftige Regulierung von UAS in der EU ausdrücklich auf Drohnen bezieht und

---

144 Daneben existiert u.a. auch der Begriff *Remotely Operated Aircraft* (ROA), siehe *DeGarmo*, Issues Concerning Integration of Unmanned Aerial Vehicles in Civil Airspace, 1.1; *JAA/EUROCONTROL*, UAV Task-Force – Final Report, 4; *Peterson*, JALC 2006, 521 (528). Zu den RPA können auch sog. *Optionally Piloted Aircraft* (OPA) gehören. Ihrem Namen entsprechend, können diese entweder durch einen Piloten an Bord gesteuert oder aber ferngelenkt werden. In der zweiten Nutzungsvariante handelt es sich grds. um RPA. In diesem Fall ist die Steuerbarkeit von Bord eine zusätzliche Funktion, rechtfertigt aber keine andere Betrachtung gegenüber »reinen« RPA. Auf OPA wird daher vorliegend nicht gesondert eingegangen.

145 *Newcome*, Unmanned Aviation – A Brief History of Unmanned Aerial Vehicles, 4; die DeHavilland Queen Bee war eine Zieldarstellungsdrohne zur Ausbildung von Flugabwehrschützen.

146 Siehe aber die Verwendung u.a. bei *Kornmeier*, Der Einsatz von Drohnen zur Bildaufnahme: Eine luftverkehrsrechtliche und datenschutzrechtliche Betrachtung (siehe dazu auch *Plücken*, Kornmeier, Claudia, Der Einsatz von Drohnen zur Bildaufnahme. Eine luftverkehrsrechtliche und datenschutzrechtliche Betrachtung (Buchbesprechung), ZLW 2012, 499).

diese den beabsichtigten Vorschriften unterwerfen will.[147] Unter Drohnen werden dabei einerseits vollständig autonome UA und RPA verstanden, während andererseits neben der kommerziellen Verwendung auch ferngesteuerte Flugmodelle[148] einbezogen werden können.[149] Unter Drohne ist jedoch stets nur das unbemannte Luftfahrzeug zu verstehen, nicht allerdings die übrigen Elemente des Systems, also nicht das gesamte UAS bzw. RPAS. Als Begründung hierfür wurde angegeben, dass damit eine flexiblere Regulierung der einzelnen Elemente ermöglicht würde.[150] Wenngleich dieses Verständnis von »Drohne« den Vorteil hat, möglichst viele Varianten zu erfassen, wird damit jedoch auf eine sachgerechte und genaue Differenzierung von UA und RPA sowie ihrer Verwendungen zugunsten einer griffigen und allgemeingebräuchlichen Bezeichnung verzichtet. Während dies im Zuge politischer Stellungnahmen[151], die mitunter auch an die Unionsbürger gerichtet sind, zwecks Verständlichkeit durchaus reizvoll erscheint, ist die Verwendung durch die EASA angesichts der mangelnden begrifflichen Präzision nur schwer nachvollziehbar.

II. Definitionen

Die ICAO definiert UA als »[a]n aircraft which is intended to operate with no pilot on board«[152], wobei diese Definition nicht verbindlich ist. RPA wird hingegen in den eingeschränkt verbindlichen Annexen[153] zum Chicagoer Abkommen als »[a]n unmanned aircraft which is piloted from a remote pilot station«[154] definiert.[155] Während die Definition für UA lediglich beinhaltet, dass sich kein Pilot an Bord befindet, folgt aus der

---

147 EASA, Advance Notice of Proposed Amendment (A-NPA) 2015-10 – Introduction of a regulatory framework for the operation of drones, A-NPA 2015-10 (»A-NPA 2015-10«). Siehe dazu ausführlich unten § 9 C. III.
148 Siehe dazu und zur Abgrenzung von UA unten § 3 B. III. 2.
149 EASA, A-NPA 2015-10, Proposal 1.
150 EASA, A-NPA 2015-10, 2.1.: »This definition has significant consequences. It encompasses the two main groups of command and control systems, thus addressing the fast-growing development of drones operating autonomously. By defining only the drone (the flying part), it allows to treat regulatory-wise the drone and, for example, the command and control station separately thus providing flexibility. Consequently, rules need to address both the case of the drone and the case of the associated parts not attached to it.«
151 Siehe in Europäische Kommission, Mitteilung zu RPAS; Europäische Kommission, Quick Policy Insight – Drones: Engaging in debate and accountability, Karock, Ulrich, DG EXPO/B/PolDep/Note/2013_144 (»Quick Policy Insight – Drones«).
152 ICAO, Secretary General, UAS Circular, Glossary. Der diese Definition enthaltende UAS Circular der ICAO wird in § 6 B. IV. untersucht.
153 Siehe zu den Annexen des Chicagoer Abkommens sowie zur Frage deren völkerrechtlicher Verbindlichkeit unten § 5 A. II. 1.
154 ICAO, Annex 2, 1. Definitions; ICAO, Annex 7, 1. Definitions.
155 Im ICAO UAS Circular wurde RPA noch als »[a]n aircraft where the flying pilot is not on board the aircraft« definiert, ICAO, Secretary General, UAS Circular, Glossary. Die eingeschränkt verbindliche Definition in Annex 2 und Annex 7 ersetzt die Definition des ICAO UAS Circular. Im ICAO UAS Circular wird *remotely-piloted* zudem definiert als »[c]ontrol of an aircraft from a pilot station which is not on board the aircraft«, ICAO, Secretary General, UAS Circular, Glossary.

Definition für RPA, dass dieses gesteuert wird (*piloted*) und dass diese Steuerung von einer *remote pilot station* aus erfolgt, womit Letztere als erforderliches weiteres Element statuiert wird. In der EU soll eine wortgleiche Übernahme der genannten Definitionen für UA und RPA in Unionsrecht erfolgen.[156]

Die Definition von »Drohne« in einem Regulierungsvorschlag der EASA aus 2015 lautet: »Drone shall mean an aircraft without a human pilot on board, whose flight is controlled either autonomously or under the remote control of a pilot on the ground or in another vehicle.«[157] Wie bereits zuvor dargestellt, werden von dieser Definition UA, RPA und ferngesteuerte Flugmodelle umfasst, nicht allerdings die übrigen Elemente des Systems.[158]

B. Unbemanntes Luftfahrzeugsystem

Unbemannte Luftfahrzeugsysteme bedürfen für die weitere Untersuchung ebenfalls einer Differenzierung und entsprechender Definitionen.[159]

I. Differenzierung

Bei unbemannten Luftfahrzeugsystemen erfolgt eine Unterscheidung zwischen *Unmanned Aircraft Systems* und *Remotely Piloted Aircraft Systems*, die sich maßgeblich an der Abgrenzung zwischen UA und RPA orientiert.

1. Unmanned Aircraft System

Das unbemannte Luftfahrzeugsystem wird im internationalen Kontext mit dem Begriff *Unmanned Aircraft System* (UAS) bezeichnet.[160] Es besteht zum einen aus dem UA,

---

156 Siehe dazu EASA, Notice of Proposed Amendment (NPA) 2014-09 – Transposition of Amendment 43 to Annex 2 to the Chicago Convention on remotely piloted aircraft systems (RPAS) into common rules of the air, NPA 2014-09 (»NPA 2014-09«). Diese dient der Umsetzung der Änderungen des die Definitionen enthaltenden ICAO Annex 2 in Unionsrecht, d.h. in die Durchführungsverordnung (EU) Nr. 923/2012 der Kommission vom 26. September 2012 zur Festlegung gemeinsamer Luftverkehrsregeln und Betriebsvorschriften für Dienste und Verfahren der Flugsicherung und zur Änderung der Durchführungsverordnung (EG) Nr. 1035/2011 sowie der Verordnungen (EG) Nr. 1265/2007, (EG) Nr. 1794/2006, (EG) Nr. 730/2006, (EG) Nr. 1033/2006 und (EU) Nr. 255/2010, ABl. 2012, L 281/1 (»Durchführungsverordnung (EU) Nr. 923/2012«). Siehe zur NPA 2014-09 der EASA unten § 9 C. I.
157 EASA, A-NPA 2015-10, 2.1.
158 Siehe oben § 3 A. I. 4.
159 Da die vorliegende Arbeit die internationalen Vorgaben und Vorschriften zur Zulassung von UAS untersucht, ist die deutsche Terminologie (»unbemannte Luftfahrtsysteme« in § 1 Abs. 2 S. 3 Luftverkehrsgesetz, vom 1. August 1922 (RGBl. 1922 I S. 681), zuletzt geändert durch Art. 2 Abs. 175 des Gesetzes vom 7. August 2013 (BGBl. I, 3154)) nicht maßgeblich.

weshalb die Bedeutungen von *unmanned* und *aircraft* den diesbezüglich oben erfolgten Darstellungen entsprechen. Zum anderen besteht das UAS aus den bereits erläuterten weiteren Elementen des Systems, allen voran der Datenverbindung und der Kontrolleinheit. Es beschreibt mithin das grundsätzlich die unbemannte Luftfahrt charakterisierende besondere Merkmal des *Systems*. Vor der Verwendung der Begriffe UA und UAS wurde dem Systemcharakter mitunter durch eine Kombination aus UAV und System (*UAV System*, UAVS) Rechnung getragen.[161] Ebenso wie das UAV ist auch dieses Konzept in Anbetracht der nicht mehr in Frage gestellten Luftfahrzeugeigenschaft überholt.

2. Remotely Piloted Aircraft System

Entsprechend dem RPA, stellt das *Remotely Piloted Aircraft System* (RPAS), eine Eingrenzung von UAS auf ferngesteuerte – also nicht-autonome und nur teilweise autonome – Varianten dar.[162] Folglich ist UAS der Oberbegriff für RPAS und vollständig autonome UAS.

II. Definitionen

Hinsichtlich der folgenden Definitionen ist zwischen UAS und RPAS sowie den sie konstituierenden Elementen zu trennen.

---

160 Er wird von der ICAO und der EU sowie von zahlreichen Mitgliedstaaten der ICAO verwendet, u.a. den Vereinigten Staaten von Amerika (*FAA*, Unmanned Aircraft Systems (UAS), <http://www.faa.gov/uas/>, zuletzt besucht am 30. November 2015; siehe zur einem Überblick über die Regulierung von UAS in den Vereinigten Staaten von Amerika *Marshall*, IALP 2007, 10085; *Marshall*, Civil, Public, or State Aircraft: The FAA's Regulatory Authority Over Governmental Operations of Remotely Piloted Aircraft in U.S. National Airspace, IALP 2011, 307). Er ist zudem in zahlreichen Literaturangaben (ab ca. 2007) der vorliegenden Arbeit zu finden. Daneben finden sich u.a. auch die Begriffe *Unmanned Air System, Masutti*, A&SL 2009, 1 (1) und *Unmanned Aerial Systems*, u.a. Europäische Kommission, Study Analysing the Current Activities in the Field of UAV – First Element: Status (Frost & Sullivan), ENTR/2007/065, 93 (»UAV Study 2007 (First Element)«), die jedoch wie in den Erläuterungen zum UA oben dargelegt, begrifflich zu unpräzise sind.
161 Die *JAA/EUROCONTROL UAV Task-Force* definiert ein *UAV System* wie folgt: »A UAV System comprises individual UAV System elements consisting of the flight vehicle (UAV), the ›Control Station‹ and any other UAV System Elements necessary to enable flight, such as a ›Communication link‹ and ›Launch and Recovery Element‹. There may be multiple UAVs, Control Stations, or Launch and Recovery Elements within a UAV System.«, *JAA/EUROCONTROL*, UAV Task-Force – Final Report, 4.
162 In einem der wenigen offiziell ins Deutsche übersetzten Dokumente der EU zu UAS werden RPAS mit »pilotenferngesteuerter Luftfahrtsysteme« übersetzt, Europäische Kommission, Mitteilung zu RPAS.

1. System

Die ICAO definiert UAS als »[a]n aircraft and its associated elements which are operated with no pilot on board«[163], wobei auch diese Definition nicht verbindlich ist. RPAS hingegen wird in dem eingeschränkt verbindlichen Annex 2 zum Chicagoer Abkommen definiert.[164] Die Definition für RPAS lautet: »A remotely piloted aircraft, its associated remote pilot station(s), the required command and control links and any other components as specified in the type design«[165].[166]

Gegenüber der Definition von UA liegt die systembedingte Erweiterung der Definition von UAS in der allgemeinen Ergänzung von »and its associated elements«[167]. Die Definition von RPAS erweitert diejenige von RPA dahingehend, dass eine nicht abschließende Aufzählung der übrigen Elemente des Systems erfolgt (»associated remote pilot station(s), the required command and control links and any other components«), wobei das RPA, die Kontrolleinheit und die C2-Datenverbindung die zwingend erforderlichen Elemente des RPAS sind.

Eine wortgleiche Übernahme der Definitionen der ICAO für RPAS in Unionsrecht soll erfolgen.[168] Eine Definition für UAS ist allerdings bereits in einem unverbindlichen Dokument der EASA enthalten. Sie lautet wie folgt:

An Unmanned Aircraft System (UAS) comprises individual system elements consisting of an »unmanned aircraft«, the »control station« and any other system elements necessary to enable flight, i.e. »command and control link« and »launch and recovery elements«. There may be multiple control stations, command & control links and launch and recovery elements within a UAS.[169]

Im Gegensatz zur Definition der ICAO für UAS ist diese Definition ausführlicher. Sie enthält eine Aufzählung der Elemente des Systems die durch Anführungszeichen nochmals hervorgehoben werden (»unmanned aircraft«, »control station«, »command and control link« und »launch and recovery elements«). Das UA und die Kontrolleinheit werden als zwingende Elemente des UAS dargestellt, während sodann durch »and any other system elements necessary to enable flight« zum Ausdruck gebracht wird,

---

163 ICAO, Secretary General, UAS Circular, Glossary. Der diese Definition enthaltende ICAO UAS Circular wird in § 6 B. IV. untersucht.
164 Siehe zur Untersuchung des Annex 2 hinsichtlich der Zulassung von UAS unten § 5 B. II.
165 ICAO, Annex 2, 1. Definitions.
166 Im ICAO UAS Circular wurde RPAS noch als »[a] set of configurable elements consisting of a remotely-piloted aircraft, its associated remote pilot station(s), the required command and control links and any other system elements as may be required, at any point during flight operation.« definiert, ICAO, Secretary General, UAS Circular, Glossary. Die eingeschränkt verbindliche Definition in Annex 2 ersetzt die Definition des ICAO UAS Circular.
167 Eine weiterer Unterschied besteht darin, dass die Definition für UA von »intended to operate with no pilot on board« spricht, während es bei UAS nur »operated with no pilot on board« heißt.
168 Siehe dazu EASA, NPA 2014-09. Diese dient der Umsetzung der Änderungen des die Definitionen enthaltenden ICAO Annex 2 in Unionsrecht, d.h. in die Durchführungsverordnung (EU) Nr. 923/2012. Siehe zur NPA 2014-09 der EASA unten § 9 C. I.
169 EASA, Policy Statement Airworthiness Certification of Unmanned Aircraft Systems (UAS)-, E.Y013-01 (»UAS Policy«). Die diese Definition enthaltende sog. UAS Policy der EASA wird in § 8 B. untersucht.

dass die Aufzählung der Elemente nicht abschließend ist. Systematisch widersprüchlich ist allerdings, dass nach der offenen Formulierung (»any other«) hinsichtlich der weiteren Elemente durch ein Komma abgetrennt der »command and control link« und die »launch and recovery elements« zwar benannt aber durch ein »i.e.« (*id est*: das heißt) eingeleitet werden. Eine nicht abschließende Aufzählung dergestalt zu erläutern ist jedoch unschlüssig. Die Aufzählung mit »i.a.« (*inter alia*: unter anderem) zu ergänzen wäre daher kongruenter. Darüber hinaus weist die Definition deutliche Ähnlichkeit zur ICAO Definition für RPAS auf. Dies gilt nicht nur hinsichtlich ihrer Ausführlichkeit, sondern auch hinsichtlich ihrer inhaltlichen Ausgestaltung. Durch die Verwendung von »*control* station«[170] und »*command and control* link«[171] kann das Erfordernis zumindest einer Steuerungsmöglichkeit zum Ausdruck gebracht werden. Bei einer dementsprechend engen Auslegung wären vollständig autonome UAS nicht von der Definition erfasst. Inwieweit dieser mögliche Ausschluss Auswirkungen auf Zulassungsvorschriften der EU für UAS bzw. RPAS hätte, wird im Rahmen der weiteren Untersuchung behandelt. Aus dem Zusatz »[t]here may be multiple control stations, command & control links and launch and recovery elements within a UAS« folgt darüber hinaus, dass zwar die übrigen Elemente mehrfach vorkommen können, ein UAS auf der Ebene der EU aber nur ein einziges UA beinhaltet.

2. Weitere Elemente

Die weiteren Elemente des RPAS werden von der ICAO ebenfalls in dem eingeschränkt verbindlichen Annex 2 zum Chicagoer Abkommen definiert. Demgemäß wird die Kontrolleinheit (*Remote Pilot Station*, RPS) als »[t]he component of the remotely piloted aircraft system containing the equipment used to pilot the remotely piloted aircraft«[172] definiert.[173] Hinsichtlich der Datenverbindung findet sich folgende Definition für die steuerungsrelevante Verbindung (C2): »The data link between the remotely piloted aircraft and the remote pilot station for the purposes of managing the flight.«[174] Die Datenverbindung zur Kommunikation ist nicht spezifisch für RPAS definiert, unterfällt aber den allgemeinen diesbezüglichen Definitionen.[175]

---

170 Hervorhebung durch den Verfasser.
171 Hervorhebung durch den Verfasser.
172 ICAO, Annex 2, 1. Definitions.
173 Im UAS Circular der ICAO wurde RPS noch als »[t]he station at which the remote pilot manages the flight of an unmanned aircraft.« definiert, ICAO, Secretary General, UAS Circular, Glossary. Die eingeschränkt verbindliche Definition in Annex 2 ersetzt die Definition des ICAO UAS Circular.
174 ICAO, Annex 2, 1. Definitions. Im ICAO UAS Circular wurde C2 noch als »[t]he data link between the remotely-piloted aircraft and the remote pilot station for the purposes of managing the fligh.« definiert, ICAO, Secretary General, UAS Circular, Glossary. Die eingeschränkt verbindliche Definition in Annex 2 ersetzt die Definition des ICAO UAS Circular.
175 *Controller-pilot data link communications* (CPDLC): »A means of communication between controller and pilot, using data link for ATC communications«, *Data link communications*: »A form of communication intended for the exchange of messages via a data link«, ICAO, Annex 2, 1. Definitions.

§ 3 Begriffsbestimmung, Definition und Einordnung

Die Definition der ICAO für RPS soll wortgleich in Unionsrecht übernommen werden.[176]

Aufgrund der jedenfalls eingeschränkten Verbindlichkeit[177] zumindest der Definitionen der ICAO für RPA, RPAS, RPS und C2-Datenverbindung sowie der bevorstehenden wortgleichen Übernahme der Definitionen für UA, RPA, RPAS und RPS in Unionsrecht, werden in der weiteren Untersuchung diese Definitionen zugrunde gelegt und die entsprechenden Begrifflichkeiten und Abkürzungen (UA, RPA, RPAS, RPS, C2)[178] verwendet. Die in ihrer inhaltlichen Ausführlichkeit voneinander abweichenden unverbindlichen Definitionen der ICAO und der EU für UAS werden der Untersuchung in den jeweiligen Kapiteln zugrunde gelegt.

III. Abgrenzung

UAS bzw. RPAS sind von unbemannten Raketen und ferngesteuerten Flugmodellen abzugrenzen.

1. Unbemannte Raketen

Raketen fliegen unbemannt und besitzen eine autonome Steuerungsfähigkeit oder werden ferngesteuert.[179] UA werden vereinzelt durch das Merkmal der Wiederverwendbarkeit charakterisiert, auch um sie von in der Regel nur einmal verwendbaren unbemannten Raketen abzugrenzen.[180] Ein solcher Begründungsaufwand ist jedoch bei Betrachtung der ICAO und der EU nicht erforderlich.[181] Unbemannte Raketen unterfallen bereits nicht den entsprechenden Definitionen für *aircraft* bzw. Luftfahrzeug, da sie sich zur Fortbewegung im Wesentlichen der »Reaktionen der Luft gegenüber der Erdoberfläche«[182] bedienen. Eine unbemannte Rakete ist daher in den Zuständigkeits-

---

176 Siehe dazu EASA, NPA 2014-09. Diese dient der Umsetzung der Änderungen des die Definitionen enthaltenden ICAO Annex 2 in Unionsrecht, d.h. in die Durchführungsverordnung (EU) Nr. 923/2012. Siehe zur NPA 2014-09 der EASA unten § 9 C. I.
177 Siehe zur Verbindlichkeit der ICAO Annexe unten § 5 A. II. 1. b).
178 Nur die Abkürzungen für RPA und RPAS der ICAO sind offiziell, ICAO, Annex 2, 1. Definitions und ICAO, Annex 7, 1. Definitions (bzgl. RPA).
179 Bspw. Marschflugkörper (*cuise missiles*), *Klußmann/Malik*, Lexikon der Luftfahrt, 3. Aufl., 2012.
180 *Dalamagkidis/Valavanis/Piegl*, On Integrating Unmanned Aircraft Systems into the National Airspace System, 4 (Fn. 1): »The characterization reusable is used to differentiate unmanned aircraft from guided weapons and other munition delivery systems.«; siehe auch *Chao/Cao/Chen*, Autopilots for Small Unmanned Aerial Vehicles: A Survey, International Journal of Control, Automation, and Systems 2010, 36 (36); *Lange*, Flugroboter statt bemannter Militärflugzeuge, 9; *Dietz*, Der Krieg der Zukunft und das Völkerrecht der Vergangenheit?, DÖV 2011, 465 (468). Wenngleich diese Quellen mitunter auf »vehicles« Bezug nehmen, werden diese darin als Luftfahrzeuge qualifiziert.
181 Anders jedoch z.B. in Deutschland, wo gem. § 1 Abs. 2 S. 2 LuftVG Raumfahrzeuge, Raketen und ähnliche Flugkörper als Luftfahrzeuge *gelten*, solange sie sich im Luftraum befinden.
182 ICAO, Annex 7, 1. Definitions; Art. 2 lit. a der Verordnung (EU) Nr. 1321/2014.

bereichen der ICAO und der EU weder ein UA noch konstituiert sie zusammen mit ihren ggf. vorhandenen übrigen Bestandteilen ein UAS bzw. RPAS.[183]

2. Ferngesteuerte Flugmodelle

Schwieriger gestaltet sich die Abgrenzung von UAS bzw. RPAS zu ferngesteuerten Flugmodellen.[184] Die Modellfliegerei ist in der Regel besonderen nationalen Vorschriften unterworfen, die sich unter anderem in Betriebsbeschränkungen äußern können. Durch entsprechende Beschränkungen kann die Gefahr, die von ferngesteuerten Flugmodellen ausgeht, minimiert werden und eine übermäßige Regulierung vermieden werden.[185] Da aus technischer Sicht insbesondere kleine UAS mit ferngesteuerten Flugmodellen vergleichbar sein können, ist die Frage von Bedeutung, ob und inwieweit die Vorgaben und Vorschriften für UAS auch auf ferngesteuerte Flugmodelle anwendbar sein können.

Ein ferngesteuertes Flugmodell ist ebenfalls »eine Maschine, die sich aufgrund von Reaktionen der Luft, die keine Reaktionen der Luft gegenüber der Erdoberfläche sind, in der Atmosphäre halten kann«[186] und damit ein Luftfahrzeug im Sinne dieser weit gefassten Definition.[187] Da sich kein Pilot an Bord befindet, ist es zudem unbemannt. Das fliegende Element genügt folglich den Anforderungen an ein UA. Die Fernsteuerung erfüllt darüber hinaus die Voraussetzungen einer RPS[188] und die Funkverbindung zwischen dem Flugmodell und der Fernsteuerung ist eine Datenverbindung zur Steuerung und Kontrolle des Fluges.[189] Gemäß den oben genannten Definitionen läge ein UAS vor, welches aufgrund der gegebenen Steuerungsnotwendigkeit als RPAS qualifiziert werden könnte.

Die ICAO schließt ferngesteuerte Flugmodelle allerdings ausdrücklich aus dem Anwendungsbereich des Chicagoer Abkommens und den Weiterentwicklungsbemühungen der Organisation aus.[190] Dieser Ausschluss hat keinen Eingang in die einge-

---

183 Unbemannte Raketen fallen allerdings unter den Begriff »vehicle«.
184 Siehe weiterführend zu ferngesteuerten Flugmodellen *Felling*, Chancen und Grenzen des Rechts auf freie Nutzung des Luftraums durch Flugmodelle, 2008.
185 Die *JAA/EUROCONTROL UAV Task-Force* konstatiert dazu: »Pilotless aircraft in the form of ›model aircraft‹ have been flying within these limitations for many years and have achieved an acceptable safety record. Most nations currently have provisions within their national legislation to allow model aircraft to operate with no or limited airworthiness requirements in place, provided operational constraints in terms of where and when the model aircraft is operated are enforced«, *JAA/EUROCONTROL*, UAV Task-Force – Final Report, Annex 1, 1.
186 ICAO, Annex 7, 1. Definitions; Art. 2 lit. a der Verordnung (EU) Nr. 1321/2014.
187 Siehe oben § 3 A. I. 1.
188 Siehe oben § 3 B. II. 2. (»[t]he component of the remotely piloted aircraft system containing the equipment used to pilot the remotely piloted aircraft«, ICAO, Annex 2, 1. Definitions).
189 Siehe oben § 3 B. II. 2. (»[t]he data link between the remotely piloted aircraft and the remote pilot station for the purposes of managing the flight«, ICAO, Annex 2, 1. Definitions).
190 Siehe ICAO, Secretary General, UAS Circular, 2.4: »Model aircraft, generally recognized as intended for recreational purposes only, fall outside the provisions of the Chicago Convention« sowie den Ausschluss von Flugmodellen aus dem RPAS Manual in ICAO, Secretary General, RPAS Manual, 1.5.2 d). Siehe ausführlich zum RPAS Manual der ICAO unten § 6 B. V.

schränkt verbindlichen Annexe zum Chicagoer Abkommen gefunden, sondern ist bislang nur unverbindlich erfolgt.[191] Die Bezeichnung von Flugmodellen als »model aircraft«[192] seitens der ICAO bestätigt dabei deren Luftfahrzeugeigenschaft. Als Begründung für den Ausschluss kann die Beschreibung ferngesteuerter Flugmodelle herangezogen werden. Diese werden als »generally recognized as intended for recreational purposes only«[193] bzw. »those used for recreational purposes only«[194] dargestellt. Ferngesteuerte Flugmodelle zeichnen sich demgemäß seitens der ICAO durch eine (beabsichtigte) Verwendung ausschließlich zu Freizeitzwecken aus.

Auch die EU grenzt ferngesteuerte Flugmodelle von UAS ab. Gemäß dem Entwurf einer bevorstehenden Verordnungsänderung werden »model aircraft« als »a non-human-carrying aircraft capable of sustained flight in the atmosphere and used exclusively for air display, recreational, sport or competition activity« definiert.[195] Demnach wird auf eine ausschließliche Verwendung zu Schauflügen sowie zu Freizeit-, Sport- oder Wettbewerbszwecken abgestellt, wobei hinzukommt, dass Modellflugzeuge keine Menschen transportieren. Dass diese Abgrenzung aber in Zukunft nicht zwangläufig den Ausschluss ferngesteuerter Flugmodelle aus den Vorschriften der EU bedeuten muss, zeigen neuere Vorschläge der EASA, deren Umsetzungsfähigkeit sich allerdings noch beweisen muss.[196]

Eine kommerzielle Verwendung, die der wesentliche Grund des Interesses an der unbemannte Luftfahrt ist, führt gemäß den Definitionen der ICAO und der EU jedenfalls stets dazu, dass das in Frage stehende Luftfahrzeug und die weiteren Elemente als UAS zu qualifizieren sind und damit den entsprechenden Vorgaben und Vorschriften für UAS unterfallen.

Wie dargestellt, erfolgt die Abgrenzung seitens der ICAO und durch die EU anhand des Zwecks der Nutzung. Eine allein auf die Zweckbestimmung abstellende Entscheidung über die Anwendbarkeit der Vorgaben und Vorschriften für UAS könnte eine Rechtsunsicherheit innewohnen, da sich der Zweck der Nutzung ändern kann, während das in Frage stehende Luftfahrzeug unverändert bleibt. Einerseits könnte ein Modellflieger beispielsweise sein ferngesteuertes Flugmodell mit einer Kamera ausrüsten und damit Luftbilder aufnehmen und zwar sowohl zu seinem Freizeitvergnügen als auch zum Anbieten der Fotos gegen Entgelt. Andererseits wäre es denkbar, dass ein RPAS welches beispielsweise gewöhnlich zu Zwecken der Leitungsüberwachung eingesetzt

---

191 Siehe vorangegangene Fn.
192 Hervorhebung durch den Verfasser.
193 ICAO, Secretary General, UAS Circular, 2.4.
194 ICAO, Secretary General, RPAS Manual, 1.5.2 d).
195 Siehe dazu EASA, NPA 2014-09. Die darin vorgeschlagene Änderung der Durchführungsverordnung (EU) Nr. 923/2012 enthält zudem eine Definition von »toy aircraft« (»a product designed or intended, whether or not exclusively, for use in play by children under 14 years of age and falling under the definition of aircraft«) sowie grundlegende Anforderungen an den Betrieb von Flugmodellen und Spielzeugluftfahrzeugen. Siehe dazu unten § 9 C. I. Die oben genannte Definition von »model aircraft« findet sich auch in der sog. EU RPAS Roadmap, die in § 9 B. II. 2. untersucht wird. Eine frühere Abgrenzung fand sich bereits in Europäische Kommission, Hearing on Light UAS, 1.1: »Unmanned aircraft must be differentiated from aircraft used for recreational purposes and designated as model aircraft, unmanned aircraft being used only for commercial or aerial work purposes.«
196 Siehe dazu unten § 9 C. III.

wird, auch außerhalb dieser Verwendung durch seinen Piloten zum Vergnügen betrieben wird. Die Definitionen der ICAO und der EU verhindern allerdings, dass ein solcher Wechsel des Zwecks Auswirkungen auf das anwendbare Recht hat. Aus den Zusätzen »only« bzw. »exclusively« folgt, dass als ferngesteuerte Flugmodelle nur solche Luftfahrzeuge aus der Regulierung von UAS ausgenommen sind, die *allein* zu Freizeitzwecken genutzt werden. Sobald eine andere, insbesondere kommerzielle Verwendung, hinzutritt sind sie hingegen als UAS bzw. RPAS zu qualifizieren.

Fraglich ist zudem, ob eine alternative Abgrenzungsmöglichkeit zwischen ferngesteuerten Flugmodellen und RPAS überhaupt naheliegender wäre. Die *JAA/ EUROCONTROL UAV Task-Force*, auf die im Rahmen der Untersuchung weiter eingegangen wird,[197] hat sich bereits vor einiger Zeit umfassender mit den Vorschriften zu ferngesteuerten Flugmodellen auseinandergesetzt und diesbezüglich festgestellt, dass *model aircraft* in der Regel mithilfe folgender Merkmale, die einzeln oder in Kombination Anwendung finden, klassifiziert werden:

– maximum weigh/mass (12, 20, 25, 30, 35 or 150 kg MTOW),
– engine under 50cc
– developed and used for recreation / sport / leisure / private use
– build in accordance with rules for model aircraft
– operated in direct view of the (external) pilot
– other then a balloon or a kite
– mechanically driven and not designed to carry persons or other living creatures[198]

Zu untersuchen ist, ob diejenigen Kriterien, die nicht an den Verwendungszweck anknüpfen, für eine Differenzierung von ferngesteuerten Flugmodellen und RPAS geeigneter wären. Dazu müssten diese Merkmale ausschließlich auf ferngesteuerte Flugmodelle zutreffen. Die herangezogenen Gewichtsgrenzen, die Motorengröße, der VLOS-Betrieb, die Typisierung und die mechanische Funktionsweise können ebenso Merkmale von UAS sein. Die Möglichkeit Modelle allein mit der Eigenschaft »not designed to carry persons or other living creatures«, wie dies als *zusätzliches* Merkmal auch in der vorgesehene Definition der EU erfolgt, abzugrenzen, würde nur hinsichtlich der Fälle der in näherer Zukunft ohnehin nicht vorgesehenen Möglichkeit des Personentransports durch RPAS durchgreifen. Das vage Kriterium »build in accordance with rules for model aircraft« würde zum einen die Existenz eines entsprechenden Anforderungskataloges voraussetzen, knüpft aber zum anderen auch an die technischen Eigenschaften an, die bei ferngesteuerten Flugmodellen und RPAS gerade identisch sein können.[199] Der Zweck des Einsatzes kann daher in vielen Fällen der einzige Unterschied zwischen einem ferngesteuerten Flugmodell und einem (kleinen) RPAS

---

197 Siehe insb. unten § 8 B. I.
198 *JAA/EUROCONTROL*, UAV Task-Force – Enclosures, Enclosure 1, 1.1.3.6.
199 Ob an die Eigenschaft als »Modell«, d.h. als Abbild eines bemannten Luftfahrzeuges, angeknüpft werden könnte, ist fraglich. *Giemulla* hebt im Hinblick auf Flugmodelle hervor, dass UA im Gegensatz zu diesen gerade keine verkleinerten Abbilder eines bemannten »Mutterluftfahrzeuges« seien, *Giemulla*, Unbemannte Luftfahrzeugsysteme – Probleme ihrer Einfügung in das zivile und militärische Luftrecht, ZLW 2007, 195 (201). Eine darauf gestützte Abgrenzung wäre allerdings ebenfalls zu vage, da auch ferngesteuerte Modellflugzeuge realen Luftfahrzeugen grds. nicht (exakt) nachgebildet sind und sich daher die Frage stellen würde, wann die Eigenschaft eines »Modells« erfüllt ist und wann nicht.

sein. Die Heranziehung des Nutzungszwecks als Unterscheidungskriterium erscheint daher als einzig gangbarer Weg.[200]

Die nur kursorische Befassung der ICAO mit dieser Abgrenzungsfrage liegt wohl in der Natur der Organisation begründet. Das Chicagoer Abkommen und die Zuständigkeit der ICAO betreffen den internationalen Luftverkehr.[201] Der weit überwiegende Teil der ferngesteuerten Flugmodelle die von UAS bzw. RPAS abgegrenzt werden müssten, wird wohl eher selten international verwendet werden. Die hingegen etwas ausführlichere Beschäftigung der EU mit diesem Thema ist vor allem vor dem Hintergrund einer möglichen Erweiterung der Zuständigkeit der EU auch auf kleine UAS zu sehen, auf die im Rahmen dieser Untersuchung weiter eingegangen wird.[202]

Festzuhalten bleibt, dass UAS und Flugmodelle mithilfe der oben genannten Kriterien von UAS abzugrenzen sind. Im Grundsatz sind die Vorgaben und Vorschriften für UAS bzw. RPAS nicht auf Flugmodelle anwendbar. In der EU allerdings, könnten künftig mitunter auch fernsteuerte Flugmodelle einzelnen Vorschriften für »Drohnen« unterfallen.

C. Flugsicherheit und Zulassung

Die Flugsicherheit ist ein wesentliches Ziel des öffentlichen Luftrechts. Die Zulassung von Luftfahrzeugen dient der Flugsicherheit.

Im Folgenden werden zunächst das Konzept der Flugsicherheit und die aus der Verwendung von UAS resultierenden Gefahren thematisiert. Dies dient einerseits dazu, die Zulassung von Luftfahrzeugen funktionell einzuordnen und andererseits, die Schutzrichtung zu konkretisieren, der die vorhandenen und künftigen Vorgaben und Vorschriften Rechnung tragen sollten. Sodann wird die »Zulassung« von Luftfahrzeugen näher bestimmt. Im Vorgriff auf die Ausführungen in den weiteren Kapiteln erscheint dies zum Zwecke der Schaffung eines systematischen Verständnisses für die Untersuchung der Zulassungsvorgaben und -vorschriften der ICAO und der EU als förderlich.

I. Flugsicherheit

Flugsicherheit bedeutet die Abwehr von Gefahren, die aus der Verwendung von Luftfahrzeugen resultieren. Im Englischen wird sie als *safety* bzw. *aviation safety* bezeich-

---

200 Vergleichbar erfolgt die Unterscheidung von Zivil- und Staatsluftfahrzeugen gemäß der h.M. für nicht ausdrücklich geregelte Fälle anhand der konkreten Nutzung. Siehe dazu unten § 4 A. II. und § 7 B. I. 1. b).
201 Siehe dazu unten § 4 A. II.
202 Siehe dazu unten § 7 B. I. 1. c und § 9. Die EU ist derzeit nur für UA mit einer Betriebsmasse von mehr als 150 kg zuständig. Modellflugzeuge, die von UA abgegrenzt werden müssen, sind in dieser Größenordnung kaum vorhanden.

net. Die Flugsicherheit wird als zentraler Regelungsgehalt des Luftrechts angesehen.[203] Die ICAO definiert *safety* als:

The state in which risks associated with aviation activities, related to, or in direct support of the operation of aircraft, are reduced and controlled to an acceptable level.[204]

Diese Definition ist allgemein gehalten und bringt zwei grundsätzliche Aspekte zum Ausdruck.

Zum einen ist anzuerkennen, dass eine absolute Flugsicherheit nicht möglich ist.[205] Sofern Luftfahrzeuge betrieben werden, besteht immer das Risiko eines Unfalls oder Zwischenfalls. Maßgeblich für die Flugsicherheit ist daher, dass zumindest ein annehmbarer Grad an Sicherheit (*Acceptable Level of Safety*, ALOS) erreicht wird.[206] Dieser wird grundsätzlich durch die Wahrscheinlichkeit eines Schadenseintritts und in Verbindung mit dem jeweiligen Luftfahrzeugtyp, seinen Eigenschaften und ggf. weiteren Umständen bestimmt. Festgelegt wird, mit welcher Wahrscheinlichkeit welcher Schaden bei welchen Luftfahrzeugen eintreten darf. So kann etwa die Anforderung bestehen, dass sich ein Unfall mit tödlichen Folgen bei einem bestimmten Flugzeugtyp durchschnittlich nur einmal innerhalb einer bestimmten Anzahl an Flugstunden ereignet und damit eine bestimmte Wahrscheinlichkeit aufweist.[207] Das ALOS bestimmt folglich den quantifizierten maximal hinnehmbaren Wert der Gefahr.

---

203 *Kamp*, Air Safety, in: Hobe/von Ruckteschell/Heffernan (Hrsg.), Cologne Compendium on Air Law in Europe, 2013, 826 und 827.
204 ICAO, Secretary General, RPAS Manual, Definitions. Weitere Definitionen der ICAO lauten: »the state in which the possibility of harm to persons or of property damage is reduced to, and maintained at or below, an acceptable level through a continuous process of hazard identification and risk management«, ICAO, Secretary General, Safety Management Manual (SMM), ICAO Doc. 9859 AN/474, 3. Aufl., 2.1.1 (»Safety Management Manual«) und »the state of freedom from unacceptable risk of injury to persons or damage to aircraft and property«, ICAO, Air Navigation Commission, Determination of a Definition of Aviation Safety, Working Paper AN-WP/7699 (»Definition of Aviation Safety«) sowie »[a] condition in which the risk of harm or damage is limited to an acceptable level«, ICAO, Secretary General, Safety Oversight Audit Manual, ICAO Doc. 9735 AN/960, 1.5 (»Safety Oversight Audit Manual«). Siehe zu Frage der Bedeutung von »safety« auch *Huang*, Aviation Safety and ICAO, 2009, 3 ff.
205 Vgl. *DeGarmo*, Issues Concerning Integration of Unmanned Aerial Vehicles in Civil Airspace, 2.1: »Safety risks are pervasive in the design and operations of any complex system.«
206 Siehe dazu auch *Quinn*, Acceptable Levels of Safety for the Commercial Space Flight Industry, in: (IAC) (Hrsg.), 63. International Astronautical Congress, 2012. Hier kann auch die vereinfachte Beschreibung *Wassenberghs* genannt werden: »Safety also means: ›no (avoidable) accidents‹. Or more realistically: ›as few accidents as possible‹«, *Wassenbergh*, Safety in Air Transportation and Market Entry – National Licensing and Safety Oversight in Civil Aviation, A&SL 1998, 74 (74).
207 Bspw. wird gemäß EASA, AMC 25.1309 für große Flugzeuge durchschnittlich *ein* Unfall der Kategorie »catastrophic« (d.h.: »Failure Conditions, which would result in multiple fatalities, usually with the loss of the aeroplane.«) alle 10 Millionen Flugstunden als hinnehmbar erachtet. Bei kleineren Luftfahrzeugen sinkt diese Sicherheitsanforderung, d.h. ein solcher Unfall darf sich innerhalb weniger Flugstunden (z.B. alle 100 Tausend Flugstunden) ereignen. Siehe zum »1309-Ansatz« unten § 8 B. III. 3. b) bb).

Für die bemannte Luftfahrt sind diese Anforderungen zur Erreichung des jeweiligen ALOS in umfassenden Vorschriften festgelegt und einer fortwährenden Anpassung unterworfen. Hinsichtlich der Flugsicherheit von UAS besteht einerseits die allgemeine Auffassung, dass diese einen mit der Flugsicherheit von bemannten Luftfahrzeugen vergleichbaren Grad an Sicherheit (*Equivalent Level of Safety*, ELOS) erreichen soll, damit durch das Hinzutreten von UAS das Niveau der Flugsicherheit insgesamt nicht herabgesetzt wird.[208] Zum anderen wird jedoch vertreten, dass die Anforderungen an die Flugsicherheit von UAS nicht allein deshalb höher angesetzt werden sollen, weil dies technisch möglich wäre.[209] Diese beiden Grundprinzipien des ELOS bringen den Ausgangspunkt der Voraussetzungen für UAS im Rechtsrahmen der Flugsicherheit zum Ausdruck.

Zum anderen wird deutlich, dass die Flugsicherheit eine ganzheitliche Herangehensweise ist. Ihre umfassende Ausrichtung wird unter anderem im Bericht der *JAA/EUROCONTROL UAV Task-Force* wie folgt anschaulich umschrieben:

---

208 *DeGarmo*, Issues Concerning Integration of Unmanned Aerial Vehicles in Civil Airspace, 2.1; Europäische Kommission, UAV Study 2007 (Second Element), 2; *INOUI*, D1.4 Harmonised Proposal for the Integration of UAS, 2009, 2.1; Europäische Kommission, Hearing on Light UAS, 11; *Masutti*, A Regulatory Framework to introduce Unmanned Aircraft Systems in Civilian Airspace – Liability issues (Präsentation), 4th EU UAS Panel Workshop on Secietal Impacts of UAS 2011, 1 (9); *Masutti*, Liability aspects of the operation of RPAS, UAS/RPAS Workshop (EASA, Institut für Luft- und Weltraumrecht) 2013, 1 (9); *Clothier et al.*, Definition of an airworthiness certification framework for civil unmanned aircraft systems, Safety Science 2011, 1 (3); *Clothier/Wu*, A Review of System Safety Failure Probability Objectives for Unmanned Aircraft Systems, Eleventh Probabilistic Safety Assessment and Management Conference (PSAM11) and the Annual European Safety and Reliability Conference (ESREL 2012), 25th – 29th June, Helsinki, Finland 2012, 1 (2); *JAA/EUROCONTROL*, UAV Task-Force – Final Report, 5.2. und 7.6; *JAA/ EUROCONTROL*, UAV Task-Force – Enclosures, 3.9.2.2; Europäische Kommission, UAV Study 2007 (Second Element), 2.1. Siehe u.a. in EASA, UAS Policy, 4.1: »A civil UAS must not increase the risk to people or property on the ground compared with manned aircraft of equivalent category.« In Bezug auf Luftverkehrsmanagement und Luftverkehrskontrolle äußert die Europäische Kommission diesbezüglich: »RPAS must not have a negative impact to overall aviation safety objectives, must not require changes to ATM procedures and must not have an impact on the air traffic control capacity of the Air Navigation Service Providers«, Europäische Kommission, European strategy for RPAS, 2.2. Siehe auch folgende anschauliche Beschreibung dieser Anforderung (allerdings bzgl. des Vereinigten Königreiches) in *UK Civil Aviation Authority*, CAP 722 – Unmanned Aircraft System Operations in UK Airspace – Guidance, Chapter 1, 1.1: »It is CAA policy that UAS operating in the UK must meet at least the same safety and operational standards as manned aircraft. Thus, UAS operations must be as safe as manned aircraft insofar as they must not present or create a greater hazard to persons, property, vehicles or vessels, whilst in the air or on the ground, than that attributable to the operations of manned aircraft of equivalent class or category.«

209 Siehe dazu in EASA, UAS Policy, 4.1: »Airworthiness standards should be set to be no less demanding than those currently applied to comparable manned aircraft nor should they penalise UAS by requiring compliance with higher standards simply because technology permits.« Siehe auch *JAA/EUROCONTROL*, UAV Task-Force – Final Report, 5.2.

An aircraft is only allowed to fly if it has been designed, manufactured, operated and maintained in accordance with relevant regulation and if its crew is also qualified in accordance with relevant regulations. Such principle is usually incorporated in high level regulations. It is also necessary to develop safety regulations for Air Transport Infrastructure (airports, navigation aids) and for Air Navigation Services.[210]

Die Flugsicherheit folgt damit einem umfassenden Ansatz, der alle sicherheitsrelevanten Elemente des Luftverkehrs betrifft.[211] Ihre Hauptbereiche können vereinfacht in *Betrieb*[212], *Personal*[213] und *Zulassung* eingeteilt werden.[214] Sowohl der Zuständigkeitsbereich der ICAO als auch die Kompetenzen der EU umschließen neben zahlreichen anderen Aspekten der Zivilluftfahrt diese zentralen Regelungsgegenstände der Flugsicherheit.[215]

---

210 *JAA/EUROCONTROL*, UAV Task-Force – Final Report, 2.3.1. Zudem wird hervorgehoben, dass die Flugsicherheit eine geteilte Verantwortlichkeit (*shared responsibility*) sei: »Aviation safety is a shared responsibility between the various actors involved in aviation. The authorities are responsible for adopting and enforcing safety regulations. Operators, manufacturers, maintenance organizations, airports, crew, and ATC service providers have the primary responsibility to comply with aviation safety regulations«, *JAA/EUROCONTROL*, UAV Task-Force – Final Report, 2.3.1. Die Schaffung und Durchsetzung von Vorschriften durch den Gesetzgeber und ihre Befolgung durch die Normadressaten ist jedoch i.d.R. ein Grundprinzip jedes Rechtssystems und keine luftrechtsspezifische Besonderheit, die einer Hervorhebung bedürfte. Siehe die nahezu gleichlautenden Formulierungen dieser Grundsätze in *Sulocki/Cartier*, Continuing Airworthiness in the Framework of the Transition from the Joint Aviation Authorities to the European Aviation Safety Agency, A&SL 2003, 311 (317 f.).

211 Vereinfacht, aber anschaulich, wird dies durch das Motto »Safe to be flown and flown safely« illustriert, u.a. in *Smethers/Tomasello*, 3rd EU UAS Panel: Safety and Certification 2011, 1 (1); *Brewer*, Development of UAS Regulation »An Authority's viewpoint« (Präsentation), 3rd EU UAS Panel Workshop on UAS Safety 2011, 1 (4); *Corbett*, Unmanned Aircraft Systems – National Challenges, UAS/RPAS Workshop (EASA, Institut für Luft- und Weltraumrecht) 2013, 1 (37).

212 Der Bereich des Betriebs (*operations*, OPS) von Luftfahrzeugen wird i.d.R. mit dem Hinweis auf den Regelungsumfang des Annex 6 beschrieben, *Kamp*, in: Hobe/von Ruckteschell/Heffernan (Hrsg.), 827 f. Siehe zum Bereich des Betriebs u.a. *Dettling-Ott/Kamp*, Betrieb, in: Hobe/von Ruckteschell (Hrsg.), Kölner Kompendium des Luftrechts, Bd. 1, 2008, 428 ff.; *Schwenk/Giemulla*, Handbuch des Luftverkehrsrechts, 147 ff.

213 Siehe zum Bereich des Personals (*personnel*) u.a. *Diederiks-Verschoor*, An Introduction to Air Law, 267; *Schäfer*, Aviation Personnel, in: Hobe/von Ruckteschell/Heffernan (Hrsg.), Cologne Compendium on Air Law in Europe, 2013, 351 ff.; *Schwenk/Giemulla*, Handbuch des Luftverkehrsrechts, 319 ff.

214 So auch Europäische Kommission, European strategy for RPAS, 2.2: »Following amendment 43 to Annex 2 to the Convention on International Civil Aviation (ICAO) the three essential domains of airworthiness, crew licensing and air operations are a pre-requisite for airspace insertion.« *DeFlorio* umschreibt die wesentlichen Faktoren der Flugsicherheit mit »man« (Pilot, Instandhaltungstechniker, Fluglotse, etc.), »environment« (Wetter, Verkehr, Kommunikation, Flugplätze, etc.) und »machine« (Luftfahrzeug), *De Florio*, Airworthiness: An Introduction to Aircraft Certification, 2. Aufl., 2011, 1.

215 Hinsichtlich der ICAO fasst *Kamp* dies wie folgt zusammen: »The design of the Chicago Convention (and in particular its 18 annexes) divides aviation into segments. This applies to air navigation, personnel licensing, design and maintenance and certainly to the opera-

Zu berücksichtigen ist, dass diese Bereiche hinsichtlich des gemeinsamen Ziels der Flugsicherheit in einer gegenseitigen Abhängigkeit stehen. Die Flugsicherheit kann grundsätzlich nur gewährleistet sein, wenn keiner der Bereiche ein signifikantes Defizit aufweist. Bildhaft vergleichbar mit einer Kette, genügt *ein* schwaches Glied um die Flugsicherheit insgesamt zu gefährden.[216] Die einzelnen Bereiche der Regulierung der Flugsicherheit lassen sich zwar, wie vorliegend in Bezug auf die Zulassung, getrennt untersuchen, sind aber neben der tatsächlichen Verbundenheit auch rechtlich durch Wechselwirkungen gekennzeichnet. Auf diese Wechselwirkungen der Zulassungsvorgaben und -vorschriften der ICAO bzw. EU für UAS mit den übrigen Bereichen ist daher im Rahmen der weiteren Untersuchung Rücksicht zu nehmen und ggf. einzugehen.

Abzugrenzen von der Flugsicherheit ist stets die Luftsicherheit (*security, aviation security*).[217] Diese Abgrenzungsnotwendigkeit resultiert unter anderem aus der Mehrdeutigkeit des Begriffes »Sicherheit« im Deutschen.[218] Im Gegensatz zur *Flug*sicherheit, die die Beherrschung luftfahrtspezifischer Gefahren zur Aufgabe hat, dient die *Luft*sicherheit der Abwendung von Gefahren, die von Außen hervorgerufen werden und dem Luftverkehr an sich nicht immanent sind.[219] Zu diesen Gefahren gehören insbesondere Flugzeugentführungen, Sabotage und andere kriminelle Handlungen.[220] Die

> tion of aircraft. These segments are each covered by one Annex of the Convention, but almost all Annexes share the same goal: safety. For the sake of completeness, security (Annex 17) and facilitation (Annex 9) of civil aviation shall be mentioned as the other objectives, although closely related to safety.«, *Kamp*, in: Hobe/von Ruckteschell/Heffernan (Hrsg.), 827.

216 *De Florio*, Airworthiness: An Introduction to Aircraft Certification, 2.
217 Anderer Auffassung ist diesbezüglich *Huang*, nach dem die Luftsicherheit ein Teil der Flugsicherheit sei: »[s]afety also includes security«, »aviation security is but one important aspect of aviation safety«, *Huang*, Aviation Safety and ICAO, 5. Die Trennung von »safety« und »security« in der hier dargestellten Form ist jedoch schon allein deshalb für die vorliegende Untersuchung maßgeblich, da sie von der ICAO und der EU gleichermaßen so vorgenommen wird.
218 Im Englischen erfolgt die Unterscheidung bereits begrifflich durch die Verwendung von »safety« und »security«. Da im Deutschen beides mit Sicherheit übersetzt werden könnte, bedarf es einer Unterscheidung mithilfe der Begriffe *Flug*sicherheit und *Luft*sicherheit. Die Zusätze »Flug« und »Luft« tragen zwar zur Differenzierung bei, sind aber nicht selbsterklärend, sodass weiterer Begründungsaufwand erforderlich ist.
219 *Schwenk/Giemulla*, Handbuch des Luftverkehrsrechts, 761; Giemulla/Rothe (Hrsg.), Handbuch Luftsicherheit, 2011, 10.
220 Siehe für eine nicht abschließende Aufzählung möglicher Eingriffe die Definition der ICAO von »acts of unlawful interference« in ICAO, Annex 17 – Security, 9. Aufl., März 2011, zuletzt geändert durch Änderung Nr. 14 (in Kraft getreten am 14. November 2014), ICAO Doc. AN17/9, 1. (»Annex 17«). In der Folge insb. vermehrten Aufkommens von Flugzeugentführungen wurde eine Reihe völkerrechtlicher Abkommen geschlossen; Abkommen über strafbare und bestimmte andere an Bord von Luftfahrzeugen begangene Handlungen, 14. September 1963, BGBl. 1969 II, 121, in Kraft getreten am 4. Februar 1969 (Deutschland) (»Tokioter Abkommen«); Übereinkommen zur Bekämpfung der widerrechtlichen Inbesitznahme von Luftfahrzeugen, 16. Dezember 1970, BGBl. 1972 II, 1505, in Kraft getreten am 10. November 1974 (»Den Haager Übereinkommen«); Übereinkommen zur Bekämpfung widerrechtlicher Handlungen gegen die Sicherheit der Zivil-

Verordnung (EG) 300/2008 definiert Luftsicherheit als »die Kombination von Maßnahmen und personellen und materiellen Ressourcen, die dazu dienen, die Zivilluftfahrt vor unrechtmäßigen Eingriffen zu schützen, die die Sicherheit der Zivilluftfahrt gefährden«[221]. Der Untertitel des Namens des ICAO Annexes 17 (*Security*) lautet »Safeguarding International Civil Aviation Against Acts of Unlawful Interference«.[222] In der unbemannten Luftfahrt besteht die Gefahr eines Eingriffs von Außen grundsätzlich gleichermaßen. Insbesondere hinsichtlich der Datenverbindung besteht eine Gefahr des Eindringens (*hacking*) zum Zwecke der Steuerungsübernahme oder des Störens (*jamming*) derselben zur Herbeiführung eines Verbindungsverlustes.[223] Die Luftsicherheit ist nicht Gegenstand der vorliegenden Untersuchung.[224]

luftfahrt, 23. September 1971, BGBl. 1977 II, 1229, in Kraft getreten am 5. März 1978 (»Montrealer Übereinkommen (Sicherheit)«); Protokoll zur Bekämpfung widerrechtlicher gewalttätiger Handlungen auf Flughäfen, die der internationalen Zivilluftfahrt dienen, in Ergänzung des am 23. September 1971 in Montreal beschlossenen Übereinkommens zur Bekämpfung widerrechtlicher Handlungen gegen die Sicherheit der Zivilluftfahrt, 24. Februar 1988 (»Montrealer Protokoll (Sicherheit)«); Übereinkommen über die Markierung von Plastiksprengstoffen zum Zwecke des Aufspürens, 1. März 1991, BGBl. 1998 II, 2301, in Kraft getreten am 15. Februar 1999 (»Montrealer Übereinkommen (Sprengstoff)«); sowie das noch nicht in Kraft getretene Abkommen (sowie ein dazugehöriges Protokoll) von Peking aus 2010 Convention on the Suppression of Unlawful Acts Relating to International Civil Aviation, 10. September 2010, ICAO Doc. 9960, in Kraft getreten am noch nicht in Kraft getreten (»Beijing Convention«); Protocol Supplementary to the Convention for the Suppression of Unlawful Seizure of Aircraft, 10. September 2010, ICAO Doc. 9959, in Kraft getreten am noch nicht in Kraft getreten (»Beijing Protocol«).
221 Verordnung (EG) Nr. 300/2008 des Europäischen Parlaments und des Rates vom 11. März 2008 über gemeinsame Vorschriften für die Sicherheit in der Zivilluftfahrt und zur Aufhebung der Verordnung (EG) Nr. 2320/2002, ABl. 2008, L 97/72 (»Verordnung (EG) Nr. 300/2008«).
222 ICAO, Annex 17, u.a. auf dem Deckblatt.
223 *Humphreys*, Statement on the Vulnerability of Civil Unmanned Aerial Vehicles and other Systems to Civil GPS Spoofing, 2012; *Tony Murfin*, The System: Fly the Pilotless Skies: UAS and UAV, <http://www.gpsworld.com/gnss-system/system-fly-pilotless-skies-uas-and-uav-13274>; *JAA/EUROCONTROL*, UAV Task-Force – Final Report, 6.3.2; *Peterson*, JALC 2006, 521 (565); *DeGarmo*, Issues Concerning Integration of Unmanned Aerial Vehicles in Civil Airspace, 2.2.3; *Yochim*, The Vulnerabilities of Unmanned Aircraft System Common Data Links to Electronic Attack (Thesis), 2010, Bd. Master of Military Art and Science; *Gogarty/Hagger*, JLIS 2008, 74 (11.14.13); *Kaiser*, ZLW 2006, 344 (Fn. 37); *Kaiser*, ZLW 2008, 229 (234); Europäische Kommission, EU RPAS Roadmap, 3.3.2.
224 Siehe zur Luftsicherheit u.a. *Diederiks-Verschoor*, An Introduction to Air Law, 391; *Rothe*, Safety und Security, in: Giemulla/Rothe (Hrsg.), Handbuch Luftsicherheit, 2001; Giemulla/Rothe (Hrsg.), Recht der Luftsicherheit, 2008; *Cartier/van Fenema*, Straftaten und Ordnungswidrigkeiten, in: Hobe/von Ruckteschell (Hrsg.), Kölner Kompendium des Luftrechts, Bd. 2, 2009, 1288 ff.; *Cartier-Guitz*, Crimes and Misdemeanors, in: Hobe/von Ruckteschell/Heffernan (Hrsg.), Cologne Compendium on Air Law in Europe, 2013, 859; *Richter*, Luftsicherheit – Einführung in die Aufgaben und Maßnahmen zum Schutz vor Angriffen auf die Sicherheit des zivilen Luftverkehrs, 3. Aufl., 2013; *Abeyratne*, Aviation Security Law, 2010.

§ 3 Begriffsbestimmung, Definition und Einordnung

II. Gefährdungsschwerpunkt unbemannter Luftfahrzeugsysteme

Während der Grad der Flugsicherheit durch das Hinzutreten von UAS nicht beeinträchtigt werden soll, erfolgt innerhalb der Flugsicherheit eine Schwerpunktverschiebung. Die Gefahren, die durch die Flugsicherheit abgewehrt bzw. minimiert werden sollen, sind jedenfalls in absehbarer Zukunft in der bemannten und unbemannten Luftfahrt nicht gänzlich deckungsgleich.

In den Anfängen der bemannten Luftfahrt diente das sich in der Entwicklung befindliche Luftrecht zuvörderst der Sicherheit Dritter.[225] Die damaligen Luftfahrzeuge wiesen einen vergleichsweise geringen Grad an Sicherheit auf und waren grundsätzlich als gefährlich anzusehen. Mit der kommerziellen Nutzung der Luftfahrt und der erheblichen Steigerung ihres Sicherheitsniveaus erweiterte sich das Ziel der Flugsicherheit vom Schutz von Personen am Boden auf den Schutz von Passagieren und Besatzungsmitgliedern.[226] Der Schutz von Personen an Bord kann heute sogar als die primäre Funktion der Sicherheitsvorschriften angesehen werden.[227] Begründet liegt dies

---

225 *Clothier et al.*, Safety Science 2011, 1 (2.3); *JAA/EUROCONTROL*, UAV Task-Force – Final Report, 2.3.1; *Huang*, Aviation Safety and ICAO, 6 f. Dies kommt ebenfalls im Vorwort zu Annex 8 zum Ausdruck, dessen erste Fassung am 1. März 1949 verabschiedet wurde: »the objective of international airworthiness Standards is to define [...] the minimum level of airworthiness [...] for the recognition [...] of certificates of airworthiness [...] thereby achieving, among other things, protection of other aircraft, third parties and property«, ICAO, Annex 8 – Airworthiness of Aircraft, 11. Aufl., Juli 2010, zuletzt geändert durch Änderung Nr. 104 (in Kraft getreten am 14. November 2013), ICAO Doc. AN8/11, Foreword (»Annex 8«). Siehe dazu *Haddon/Whittaker*, Aircraft Airworthiness Certification Standards for Civil UAVs, 2002, 5. Siehe zur historischen Entwicklung von Sicherheitsanforderungen an Luftfahrzeuge *Huang*, Aviation Safety and ICAO, 6 ff.
226 *Clothier et al.*, Safety Science 2011, 1 (2.3); *JAA/EUROCONTROL*, UAV Task-Force – Final Report, 2.3.1.
227 *Tomasello*, AMJ 2010, 1 (5 f.); *Clothier/Wu*, Eleventh Probabilistic Safety Assessment and Management Conference (PSAM11) and the Annual European Safety and Reliability Conference (ESREL 2012), 25th – 29th June, Helsinki, Finland 2012, 1 (2.3.1); *Clothier et al.*, Safety Science 2011, 1 (2.3). Auch wenn die Bereiche des öffentlichen Luftrechts und des Luftprivatrechts voneinander zu trennen sind, spiegelt sich der Vorrang des Schutzes von Personen an Bord jedoch auch in den Haftungsabkommen wider (auch wenn diese die Besatzungsmitglieder i.d.R. nicht mit einbeziehen). Gegenüber dem Haftungsregime des Luftprivatrechts, das die Haftung für Schäden von Personen oder Sachen an Bord betrifft (Abkommen zur Vereinheitlichung von Regeln über die Beförderung im internationalen Luftverkehr, 12. Oktober 1929, RGBl. 1933 II, 1039, in Kraft getreten am 13. Febuar 1933 (»Warschauer Abkommen«) und die diesem nachfolgenden Änderungen bzw. Erweiterungen: Abkommen zur Vereinheitlichung von Regeln über die Beförderung im internationalen Luftverkehr in der Fassung des Haager Protokolls zur Änderung des Warschauer Abkommens, 12. Oktober 1929, RGBl. 1933 II S. 1039, geändert durch Protokoll vom 28. September 1955, BGBl. 1958 II S. 292, in Kraft getreten am 28. September 1955 (Protokoll) (»Warschauer Abkommen i.d.F. des Haager Protokolls«); Montrealer Protokolle 1–4 zum Warschauer Abkommen, 25. September 1975 (»Montrealer Protokolle 1–4«) sowie das Übereinkommen zur Vereinheitlichung bestimmter Vorschriften über die Beförderung im internationalen Luftverkehr, 28. Mai 1999, ICAO Doc. 9740, in Kraft getreten am

auch darin, dass statistisch die größte Gefahr für Personen an Bord besteht.[228] Zu berücksichtigen ist zudem, dass durch die Förderung des Schutzes von Personen an Bord in der Konsequenz auch immer eine (mittelbare) Erhöhung der Sicherheit Dritter erreicht wird.[229]

Jeder Unfall oder Zwischenfall in der bemannten Luftfahrt bedeutet in der Regel eine mehr oder weniger intensive Gefährdung von Personen und Sachen. Die Verwendung eines bemannten Luftfahrzeugs gefährdet zunächst die Sicherheit von Personen an Bord. Zudem werden Personen in anderen Luftfahrzeugen im Luftraum und solche Personen, die sich am Boden befinden, gefährdet, sowie das jeweilige Eigentum. Selbst wenn das Luftfahrzeug mit nur einem Piloten bemannt ist, sich in ausreichender Entfernung zu anderen Luftfahrzeugen befindet und sich der Unfall oder Zwischenfall zu einem Zeitpunkt ereignet, in dem das Luftfahrzeug über unbesiedeltem Gebiet unterwegs ist, sieht sich zumindest der Pilot einer Gefahr für sein Leben oder seine körperliche Unversehrtheit ausgesetzt.[230]

Bei der Verwendung eines UAS entsteht grundsätzlich keine Gefährdung des Piloten.[231] In absehbarer Zukunft werden UAS zudem nicht zur Personenbeförderung eingesetzt, sodass bis dahin ebenfalls kein Risiko für Menschen an Bord besteht.[232] Der Schwerpunkt der Flugsicherheit in Bezug auf UAS verlagert sich daher (wieder) zugunsten Dritter am Boden und im Luftraum.[233]

Sofern sich das UA in einem Bereich des Luftraums bewegt, der auch von bemannten Luftfahrzeugen genutzt wird und dieser über bewohntem Gebiet liegt, ändert sich

---

4. November 2003 (»Montreal Convention«)), lässt sich bezüglich der Drittschadenshaftung auf internationaler Ebene ein entsprechender Regelungs- und Harmonisierungswillen nur in deutlich vermindertem Ausmaß wahrnehmen. Nach dem vergleichsweise erfolglosen Römer Haftungsabkommen von 1952 (Convention on Damage Caused by Foreign Aircraft to Third parties on the Surface, 7. Oktober 1952, ICAO Doc. 7364, in Kraft getreten am 4. Februar 1958 (»Rome Convention«)) ruht die Hoffnung auf den noch nicht in Kraft getretenen Abkommen von Montreal aus 2009, Convention on Compensation for Damage Caused by Aircraft to Third Parties, 2. Mai 2009, ICAO Doc. 9919, in Kraft getreten am noch nicht in Kraft getreten (»General Risks Convention«); Convention on Compensation for Damage to Third Parties, Resulting from Acts of Unlawful Interference Involving Aircraft, 2. Mai 2009, ICAO Doc. 9920, in Kraft getreten am noch nicht in Kraft getreten (»Unlawful Interference Compensation Convention«). Siehe zur Drittschadenshaftung in Bezug auf UAS u.a. *Kaiser*, ZLW 2008, 229 (229 ff.); *Masutti*, A&SL 2009, 1 (8 ff.)

228 *Clothier et al.*, Safety Science 2011, 1 (2.3).
229 So u.a. *Clothier et al.*, Safety Science 2011, 1 (2.3); *Haddon/Whittaker*, Aircraft Airworthiness Certification Standards for Civil UAVs, 5.
230 Siehe dazu auch *Clothier et al.*, Safety Science 2011, 1 (2.3).
231 Der Pilot könnte allenfalls dann durch das UAS gefährdet werden, wenn er durch einen Unfall oder Zwischenfall des UAS beim Betrieb desselben beeinträchtigt wird, z.B. wenn das UA auf den Piloten stürzt. In dieser Konstellation unterscheidet sich der Pilot aber, jedenfalls im Hinblick auf die Gefährdung, nicht von Dritten.
232 Ein anderes Szenario allerdings könnte z.B. die Rettung von Menschen im Unglücksfall durch ein UAS darstellen, welche die Retter selbst wiederum keiner Gefahr aussetzt; siehe dazu auch unten § 11 B.
233 *Tomasello*, AMJ 2010, 1 (6); *Schwenk/Giemulla*, Handbuch des Luftverkehrsrechts, 213.

zwar der Schwerpunkt der abzuwehrenden Gefahren, nicht allerdings das grundsätzliche Ziel der Flugsicherheit. Etwas anderes könnte jedoch gelten, wenn ein UA weit abseits bewohnter Gebiete und ohne bemannte Luftfahrzeuge im selben Luftraum betrieben wird. In diesem Fall ist mit an Sicherheit grenzender Wahrscheinlichkeit niemand gefährdet. Ein Unfall oder Zwischenfall könnte (nur) einen Sachschaden am UA zur Folge haben, der vollständig in den Risikobereich des Betreibers des UAS fallen würde.[234] Eine Abwehr von Gefahren mithilfe der Regelungsbereiche der Flugsicherheit könnte in diesem Fall nicht mehr in gleichem Maße erforderlich sein.

Ob und inwieweit die Zulassungsvorgaben und -vorschriften der ICAO bzw. der EU diese grundsätzliche Schwerpunktverschiebung berücksichtigen, ist innerhalb der folgenden Kapitel der vorliegenden Arbeit zu untersuchen.

III. Zulassung von Luftfahrzeugen

Im Folgenden wird die »Zulassung« von Luftfahrzeugen als Grundlage der weiteren Untersuchung näher bestimmt.

1. Funktion und Zulassungsarten

Im Einklang mit den obigen Ausführungen leistet die Zulassung von Luftfahrzeugen einen wesentlichen Beitrag zur Flugsicherheit. Sie ist dabei auf die technische Sicherheit des Luftfahrzeugs gerichtet.[235] Die Zulassung betrifft die technische Einsatzfähig-

---

234 Ein durch einen Unfall oder Zwischenfall entstehender Schaden am UAS selbst, stellt einen wirtschaftlichen Schaden dar, der bspw. mittels Versicherung abgedeckt werden könnte, *Tomasello*, AMJ 2010, 1 (6). Die Verordnung (EG) Nr. 785/2004 dient der Festlegung von Mindestversicherungsanforderungen für Luftfahrtunternehmen und Luftfahrzeugbetreiber in Bezug auf Fluggäste, Reisegepäck, Güter und Dritte und gilt mit Ausnahmen (Art. 2 Abs. 2) für Luftfahrzeuge im Luftraum der EU, Verordnung (EG) Nr. 785/2004 des Europäischen Parlaments und des Rates vom 21. April 2004 über Versicherungsanforderungen an Luftfahrtunternehmen und Luftfahrzeugbetreiber, ABl. 2004, L 138/1 (»Verordnung (EG) Nr. 785/2004«). Zur Problematik der Versicherung von UAS siehe u.a. *Rapp*, NDLR 2009, 623 (646 f.); *Gaus*, UAS – Insurance contribution to protect citizens/ environment (Präsentation), ICAO/CERG Warsaw Air Law Conference 2012, 1 (1 ff.) sowie insb. Europäische Kommission, Study on the Third-Party Liability and Insurance Requirements of Remotely Piloted Aircraft Systems (Steer Davies Gleave), 22603201, SI2.661592 (»Third-Party Liability and Insurance«).
235 Abzugrenzen von der Zulassung von Luftfahrzeugen ist die Aufrechterhaltung der Lufttüchtigkeit (*continued airworthiness*) die mittels Instandhaltung (*maintenance*) dem fortwährenden Erhalt der Lufttüchtigkeit über die gesamte Betriebsdauer dient. In Verordnung (EU) Nr. 1321/2014 wird die »Aufrechterhaltung der Lufttüchtigkeit« in Art. 2 lit. d entsprechend als »alle Prozesse, durch die sichergestellt wird, dass das Luftfahrzeug die geltenden Anforderungen an die Lufttüchtigkeit erfüllt und sicher betrieben werden kann« und die Instandhaltung in Art. 2 h) als: »eine oder eine Kombination der folgenden Tätigkeiten: Überholung, Reparatur, Inspektion, Austausch, Änderung oder Fehlerbehebung bei einem Luftfahrzeug oder einer Komponente, mit Ausnahme der Vorflugkontrolle« definiert, Verordnung (EU) Nr. 1321/2014. Siehe zur Aufrechterhaltung der Lufttüchtigkeit

keit, nicht den tatsächlichen Einsatz des Luftfahrzeugs, der in den Bereich des Betriebs fällt.[236] Diese Verkehrssicherheit des Luftfahrzeugs wird als Lufttüchtigkeit (*airworthiness*) bezeichnet.[237] Ebenso wie bezüglich des Konzeptes der Flugsicherheit besteht auch hinsichtlich der Lufttüchtigkeit eine umfangreiche rechtliche Ausgestaltungsnotwendigkeit.[238] Die Definition der ICAO beschreibt »lufttüchtig« (*airworthy*) nur allgemein als »[t]he status of an aircraft, engine, propeller or part when it conforms to its approved design and is in a condition for safe operation«[239]. Entscheidend für das Vorliegen der Lufttüchtigkeit ist daher der Inhalt der jeweiligen Zulassungsvorschriften. Über diese primäre Funktion der Abwehr von Gefahren hinaus können die Zulassungsvorschriften für Luftfahrzeuge auch der Verwirklichung von Zielen des Umweltschutzes, d.h. der Beschränkung von Lärm und Emissionen, dienen, indem beispielsweise im Rahmen der Zulassung auch Umweltschutzvorschriften erfüllt werden müssen.[240]

Die Zulassung erfolgt im Wege verschiedener Zulassungsarten, die den unterschiedlichen Stadien der Entwicklung und Herstellung von Luftfahrzeugen bzw. besonderen Umständen oder Eigenschaften des zuzulassenden Luftfahrzeugs Rechnung tragen. Neben dem Luftfahrzeug selbst können auch einzelne Bestandteile, z.B. Motoren und Propeller, einer gesonderten Zulassung unterworfen sein.

Im Grundsatz erfolgt für Luftfahrzeuge eine Musterzulassung und eine Verkehrszulassung. Die Musterzulassung (*type certification*) erfolgt im Wesentlichen für Luftfahrzeuge, für die eine Serienproduktion vorgesehen ist, wobei das die technische Grundlage dafür bildende Muster auf seine Übereinstimmung mit den Zulassungsvoraussetzungen überprüft wird. Der Herstellung reihenweise unsicherer Luftfahrzeuge kann damit bereits auf dieser Ebene vorgebeugt werden. Je nach zuzulassendem Luft-

---

von UAS u.a. *JAA/EUROCONTROL*, UAV Task-Force – Final Report, 7.11; *INOUI*, D3.3: Regulatory Roadmap for UAS Integration in the SES, 2009, 4.3.7. Siehe zur Aufrechterhaltung der Lufttüchtigkeit im Allgemeinen u.a. *Sulocki/Cartier*, A&SL 2003, 311 (311 ff.); *Auer/Mick*, Instandhaltungsbetriebe, in: Hobe/von Ruckteschell (Hrsg.), Kölner Kompendium des Luftrechts, Bd. 2, 2009, 750 ff.; *Penedo del Rio/Mick*, Continuing airworthiness of aircraft: maintenance, in: Hobe/von Ruckteschell/Heffernan (Hrsg.), Cologne Compendium on Air Law in Europe, 2013, 521 ff.; *Schwenk/Giemulla*, Handbuch des Luftverkehrsrechts, 243 ff.

236 *Schiller*, Zulassung des Luftfahrtgeräts, in: Hobe/von Ruckteschell (Hrsg.), Kölner Kompendium des Luftrechts, Bd. 1, 2009, 357.
237 *Schwenk/Giemulla*, Handbuch des Luftverkehrsrechts, 248.
238 So auch in *JAA/EUROCONTROL*, UAV Task-Force – Enclosures, 3.2.2.2:»Airworthiness is therefore not a fixed concept, but the levels will vary from state to state«.
239 ICAO, Annex 8, 1. Definitions.
240 Bspw. besteht im Zuständigkeitsbereich der EASA gem. Art. 6 der sog. »Grundverordnung« (siehe dazu unten § 7 B. I. 1.) das Erfordernis der Erfüllung der Umweltschutzanforderungen des Annex 16. Aus Art. 20 lit. d der EASA Grundverordnung folgt sodann die Notwendigkeit eines dementsprechenden Umweltzeugnisses. Wie bereits in der Eingrenzung des Untersuchungsgegenstandes dargelegt, sind die umweltschutzrelevanten Zulassungsvorschriften nicht Bestandteil der vorliegenden Arbeit. Siehe dazu EASA, Comment Response Document to A-NPA-16-2005, CRD to A-NPA No. 16/2005, passim (»CRD 16/2005«): »There is no principal reason why one should distinguish between a manned and an unmanned aircraft when considering environmental protection measures.«

fahrzeug werden unterschiedliche Anforderungen gestellt, wobei in der Regel individuelle Merkmale und andere Besonderheiten mittels flexibler Vorschriften Beachtung finden können. Es erfolgt eine intensive Prüfung des Musters anhand der detaillierten Zulassungsvoraussetzungen um sicherzustellen, dass es alle spezifischen Anforderungen erfüllt und dass das Muster keine Eigenschaften aufweist, die die technische Sicherheit gefährden. Ein erfolgreiches Musterzulassungsverfahren resultiert in der Erteilung eines Musterzulassungsscheines (*Type Certificate*, TC), welcher durch den Entwicklungsstaat bzw. die zuständige Zulassungsbehörde ausgestellt wird.[241]

Die Verkehrszulassung ist hingegen auf die Bescheinigung der sicheren Teilnahme am Luftverkehr ausgerichtet und mündet in ein durch den Registerstaat erteiltes Lufttüchtigkeitszeugnis (*Certificate of Airworthiness*, CofA) für das einzelne Luftfahrzeug. Das Lufttüchtigkeitszeugnis ist in der Regel Voraussetzung für den Betrieb des Luftfahrzeuges. Die Verkehrszulassung setzt grundsätzlich das Vorhandensein einer Musterzulassung für dasjenige Muster voraus, gemäß dem das in Frage stehende Luftfahrzeug hergestellt wurde. Da in diesem Fall das Muster bereits einer intensiven Überprüfung der Übereinstimmung mit den Zulassungsvorschriften unterzogen wurde, kann sich das Prüfungsverfahren der Verkehrszulassung auf die Übereinstimmung des einzelnen Luftfahrzeugs mit der zugelassenen Musterbauart beschränken. Trotz der Bedeutung der Verkehrszulassung als Voraussetzung für den Betrieb des einzelnen Luftfahrzeugs, ist die Musterzulassung die entscheidende Stufe für die Entwicklung neuer Luftfahrzeuge und damit für die in der Entstehung befindliche unbemannte Luftfahrt von primärer Bedeutung.

Neben der Muster- und Verkehrszulassung können weitere Zulassungsarten bestehen, die an besondere Umstände des Luftfahrzeugs oder seiner Verwendung anknüpfen und besondere Zulassungsvoraussetzungen aufweisen können. So ermöglicht ein sog. »eingeschränkter« Musterzulassungsschein (*Restriced Type Certificate*, R-TC) bzw. ein »eingeschränktes« Lufttüchtigkeitszeugnis (*Restriced Certificate of Airworthiness*, R-CofA) ein Abweichen von bestimmten Zulassungsvoraussetzungen, sofern die Flugsicherheit durch andere Maßnahmen, insbesondere Betriebsbeschränkungen, gewährleistet ist. Diese Zulassungsarten stellen gegenüber der Muster- und Verkehrszulassung allerdings einen Ausnahmefall dar. Zudem besteht die Möglichkeit, für ein Luftfahrzeug, dass die entsprechenden Zulassungsvoraussetzungen nicht erfüllt, eine Fluggenehmigung (*Permit to Fly*, PtF bzw. *special flight approval/ authorization/permit*) zum Betrieb unter bestimmten besonderen Voraussetzungen zu erlangen.

2. Zulassungsvorgaben und -vorschriften sowie behördliche Zulassung

Für eine sachgerechte Untersuchung sind die Zulassungsvorgaben, die Zulassungsvorschriften sowie die behördliche Zulassung zu differenzieren. Dies ist notwendig, da sich ICAO und EU zwar mit der »Zulassung« von Luftfahrzeugen befassen, hinsichtlich ihrer diesbezüglichen Kompetenz aber fundamental unterscheiden. Die grundle-

---

241 Siehe zur Musterzulassung durch die EASA unten § 7 C. II. 2. Zur Frage der Übertragung der Prüftätigkeit auf Private siehe u.a. *Baumann*, Private Luftfahrtverwaltung – Die Delegation hoheitlicher Befugnisse an Private und privatrechtsförmig organisierte Verwaltungsträger im deutschen Luftverkehrsrecht, 2002, 261 ff.

genden Unterschiede sollen hier zum Zwecke des Verständnisses den nachfolgenden Kapiteln vorweggenommen werden.

Wie in der Einleitung dargestellt, sind die *Zulassungsvorgaben* die von der ICAO zuvörderst durch Annex 8 aufgestellten Anforderungen an die Lufttüchtigkeit. Als *Zulassungsvorschriften* werden vorliegend die Vorschriften zu Zulassungsvoraussetzungen und -verfahren bezeichnet, die auf der Ebene der EU geschaffen werden, wobei solche Zulassungsvorschriften zu unterscheiden sind, die in Form von Verordnungen und Durchführungsverordnungen durch die Gesetzgebungsorgane der Union erlassen werden und solche, die unmittelbar durch die EASA als sog. »EASA Soft Law« erarbeitet werden.

Abzugrenzen von diese Zulassungsvorgaben und -vorschriften ist die *Zulassung als behördliches Handeln*. Diese umfasst den behördlichen Akt der Überprüfung der Übereinstimmung des Luftfahrzeugs mit den gesetzlichen Anforderungen, die für einen technisch sicheren Einsatz des Luftfahrzeuges erfüllt werden müssen und der Bescheinigung dessen durch Ausstellung eines Zeugnisses bzw. Zertifikats (TC, CofA oder andere). In der EU ist die Zulassung »jede Form der Anerkennung, dass ein Erzeugnis, ein Teil oder eine Ausrüstung, eine Organisation oder eine Person die geltenden Vorschriften, einschließlich der Bestimmungen dieser Verordnung und ihrer Durchführungsbestimmungen, erfüllt, sowie die Ausstellung des entsprechenden Zeugnisses, mit dem diese Übereinstimmung bescheinigt wird«[242]. Diese Definition ist sehr weit gefasst und bringt zum Ausdruck, dass in der EU auch eine »Zulassung« von Organisationen und Personen erfolgt, was nicht von der vorliegenden Arbeit erfasst wird.

Die ICAO, als internationale Organisation, kann weder unmittelbar in ihren Mitgliedstaaten geltende Gesetze erlassen, noch ist sie eine Zulassungsbehörde und kann ein Zeugnis oder Ähnliches ausstellen.[243] Eine »Zulassung durch die ICAO« oder gemäß den »Vorschriften der ICAO« ist daher nicht möglich.

In der EU, die eine Kompetenz für Zulassungsvorschriften erhalten hat, wurde mit der EASA allerdings auch eine europäische »Zulassungsbehörde« geschaffen, die grundsätzlich auch für die Musterzulassung von Luftfahrzeugen zuständig ist.[244] Eine Zulassung als behördliches Handeln erfolgt daher im Rahmen der vorliegenden Untersuchung nur durch die EU, d.h. durch die EASA.[245]

D. Zwischenergebnis

Unbemannte Luftfahrzeuge (*Unmanned Aircraft*, UA) sind Luftfahrzeuge bzw. »aircaft« im Sinne der Vorgaben der ICAO und der Vorschriften der EU. UA untergliedern sich weiter in ferngesteuerte UA (d.h. *Remotely Piloted Aircraft*, RPA) und vollständig autonome UA. Hinsichtlich des »Systems« umfasst der Oberbegriff des

---

242 Art. 3 e) der Grundverordnung der EASA (siehe dazu unten § 7 B. I. 1.).
243 Siehe unten § 5 A.
244 Siehe unten § 7 C.
245 Außerhalb der Zuständigkeit der EASA sind die nationalen Luftfahrtbehörden für die Zulassung zuständig.

unbemannten Luftfahrzeugsystems (*Unmanned Aircraft System*, UAS) dementsprechend ferngesteuerte UAS (*Remotely Piloted Aircraft System*, RPAS) und vollständig autonome UAS. Abzugrenzen sind UAS bzw. RPAS von unbemannten Raketen und ferngesteuerten Flugmodellen. Eine im Jahr 2015 vorgeschlagene Definition von »Drohne« umfasst UA, RPA und ferngesteuerte Flugmodelle, nicht allerdings die übrigen Elemente des Systems.

Die Flugsicherheit umfasst die Abwehr von Gefahren, die aus der Verwendung von Luftfahrzeugen resultieren. Bezüglich der Flugsicherheit von UAS wird gefordert, dass diese grundsätzlich einen mit bemannten Luftfahrzeugen vergleichbaren Grad an Sicherheit (*Equivalent Level of Safety*, ELOS) erreichen sollen.

Die Abwesenheit eines Piloten an Bord und die Annahme, dass in absehbarer Zukunft keine Passagiere mit UAS befördert werden, führen zu einer Schwerpunktverschiebung der durch die Flugsicherheit abzuwendenden Gefahren von Personen an Bord zugunsten Dritter am Boden und im Luftraum.

Die Zulassung dient der Flugsicherheit und ist auf die Lufttüchtigkeit (*airworthiness*) von Luftfahrzeugen gerichtet. Zu diesem Zweck erfolgt grundsätzlich eine Musterzulassung und eine Verkehrszulassung, die jeweils in einen Musterzulassungsschein (*Type Certificate*, TC) bzw. ein Lufttüchtigkeitszeugnis (*Certificate of Airworthiness*, CofA) münden.

Begrifflich und inhaltlich ist zwischen *Zulassungsvorgaben* der ICAO, *Zulassungsvorschriften* der EU und der *Zulassung* durch die EASA zu unterscheiden.

Zweites Kapitel **Die internationalen Vorgaben für Zulassungsvorschriften für unbemannte Luftfahrzeugsysteme und diesbezügliche Weiterentwicklungen**

Die Luftfahrt eignet sich besonders zur Überwindung größerer Distanzen. Luftfahrzeuge überschreiten dabei meistens Staatsgrenzen. Der Luftraum über dem Staatsgebiet unterliegt grundsätzlich der Souveränität des jeweiligen Staates. Dieses Grundprinzip der »Lufthoheit« ist Bestandteil des Völkergewohnheitsrechts.[246] Aufgrund der Internationalität der Luftfahrt wäre eine rein nationale Herangehensweise an die rechtlichen Fragestellungen jedoch nur bedingt erfolgversprechend. Vielmehr hat sich ein internationales System des Luftrechts entwickelt.[247] Völkerrechtliche Verträge und weitere internationale Rechtsinstrumente dienen dabei dem Ziel einer harmonisierten Regulierung des Luftverkehrs. Der wichtigste völkerrechtliche Vertrag des öffentlichen Luftrechts ist das Abkommen über die Internationale Zivilluftfahrt (Chicagoer Abkommen). Es regelt die wesentlichen Prinzipien der internationalen Zivilluftfahrt und ist zugleich das Statut der ICAO, die wiederum auf dieser Grundlage weitere internationale Vorgaben in Form von Richtlinien und Empfehlungen erarbeitet hat. Die Zuständigkeit der ICAO erstreckt sich dabei nicht ausschließlich, aber in bedeutendem Umfang auch auf die Flugsicherheit.[248]

Dem internationalen Luftrecht und seinen Vorgaben zur Zulassung von Luftfahrzeugen unterfällt grundsätzlich auch die unbemannte Luftfahrt. Die internationalen Vorgaben sind daher von besonderer Bedeutung für die (supra-)nationalen Zulassungsvorschriften. Im vorliegenden Kapitel erfolgt die Untersuchung der Vorgaben

---

246 Siehe zur Lufthoheit und ihrer völkergewohnheitsrechtlichen Geltung, sowie zur Theorie der »Luftfreiheit«, u.a.: *Lübben*, Das Recht auf freie Benutzung des Luftraums, 1993; *Bentzien*, in: Benkö/Kroll (Hrsg.), 3 f.; *Meili*, Das Luftschiff und die Rechtswissenschaft, 23; *Hobe*, Luftraum und Lufthoheit, in: Hobe/von Ruckteschell (Hrsg.), Kölner Kompendium des Luftrechts, Bd. 1, 2008, 267 ff.; *Schladebach*, Lufthoheit: Kontinuität und Wandel, 2014. Auf die umstrittene Frage nach der vertikalen Abgrenzung des Luftraums zum Weltraum wird vorliegend nicht eingegangen, siehe dazu u.a. *Hobe*, Airspace and Sovereignty over Airspace, in: Hobe/von Ruckteschell/Heffernan (Hrsg.), Cologne Compendium on Air Law in Europe, 2013, 206 f. m.w.N.
247 Siehe dazu die Verweise zum Luftrecht im Allgemeinen in Fn. 126.
248 Siehe dazu *Huang*, Aviation Safety and ICAO, 20: »Safety matters are also international by their nature. From the history of civil aviation, one could observe the clear and continuous movement from national to international regulation. Due to the changes which have taken place since the conclusion of the Chicago Convention, including the expansion of the international civil aviation community, the liberalization of the aviation industry, the introduction of new technology, and the existing as well as the new and emerging threats by terrorism, aviation safety has already become a global issue and could not be adequately and effectively addressed within the limits of national boundaries.«

des Chicagoer Abkommens zu UAS und deren Zulassung (§ 4) sowie der internationalen Richtlinien und Empfehlungen der ICAO für Zulassungsvorschriften für UAS (§ 5). Zudem werden die diesbezüglichen Weiterentwicklungsbestrebungen der ICAO analysiert (§ 6).

§ 4 Vorgaben des Chicagoer Abkommens zu unbemannten Luftfahrzeugsystemen und deren Zulassung

Im Folgenden wird zunächst kurz auf das Chicagoer Abkommen eingegangen, bevor dessen Vorgaben zu UAS und deren Zulassung untersucht werden.

A. Chicagoer Abkommen

Das internationale System des Luftrechts basiert maßgeblich auf dem Chicagoer Abkommen.[249]

I Entstehung und Bedeutung

Im November 1944 versammelten sich die Vertreter von 54 Luftfahrtnationen in Chicago mit der Absicht ein globales Abkommen zur Regelung der internationalen Zivilluftfahrt auszuarbeiten.[250] Am 7. Dezember 1944 schloss die Konferenz mit der Unterzeichnung der »Convention on International Civil Aviation«[251] (Abkommen über die Internationale Zivilluftfahrt), die vereinfacht als sog. *Chicagoer Abkommen* bezeichnet wird und am 4. April 1947 in Kraft getreten ist.[252] Gegenwärtig zählt das Chicagoer

---

249 Siehe ausf. zum Chicagoer Abkommen statt vieler *Erler*, Rechtsfragen der ICAO, 1967; *Milde*, International Air Law and ICAO, 17 ff.; *Münz*, 50 Jahre Abkommen über die internationale Zivilluftfahrt – Rückschau und Ausblick, ZLW 1994, 383; *Weber*, Convention on International Civil Aviation – 60 Years, ZLW 2004, 289; jeweils m.w.N.
250 *Schäffer*, Von Kitty Hawk nach Montreal – Der Weg zur International Civil Aviation Organisation (ICAO), TranspR 2003, 377 (382); *Milde*, International Air Law and ICAO, 14.
251 Convention on International Civil Aviation, 7. Dezember 1944, ICAO Doc. 7300/9, 15 UNTS 295 (Abkommen über die Internationale Zivilluftfahrt , BGBl. 1956 II, 411; zuletzt geändert durch Protokoll vom 10. Mai 1984, BGBl. 1996 II, 210; 1999 II, 307 (Übersetzung)), in Kraft getreten am 4. April 1947 (»Chicagoer Abkommen«). Da Deutsch keine der authentischen Sprachen des Abkommens und keine Amtssprache der ICAO ist (siehe zur Amtssprache auch oben Fn. 127), wird vorliegend der authentische englische Text als Grundlage der Untersuchung und Auslegung herangezogen. In einzelnen Fällen wird dennoch die Übersetzung (BGBl. 1996 II, 210; 1999 II, 307) ergänzend in den Fn. genannt.
252 Siehe zur Geschichte des Chicagoer Abkommens und dessen Vorgänger, dem Pariser Abkommen von 1919, *Milde*, International Air Law and ICAO, 5 ff. und 17 ff. und die allgemeinen Werke in Fn. 126. In Bezug auf die rechtliche Entwicklungsgeschichte der Flugsicherheit entlang dieser und weiterer Abkommen siehe *Huang*, Aviation Safety and ICAO, 6 ff.

Abkommen 191 Vertragsstaaten und hat damit universelle Geltung.[253] Das Chicagoer Abkommen ist der erste auf weltweiter Ebene wirkende völkerrechtliche Vertrag des öffentlichen internationalen Luftrechts und dessen wichtigste multilaterale Rechtsquelle.

Das Abkommen enthält einerseits grundlegende luftverkehrsbezogene Prinzipien und definiert die Rechte und Pflichten der Mitgliedsstaaten in Angelegenheiten der Zivilluftfahrt.[254] Andererseits sieht es die Gründung der ICAO vor und enthält die sie betreffenden wesentlichen Regelungen.

II. Anwendungsbereich

Der grundsätzliche Anwendungsbereich des Chicagoer Abkommens wird bereits durch seinen Titel (»International Civil Aviation«) beschrieben und bringt zwei bedeutsame Grenzen zum Ausdruck.

Zum einen findet das Chicagoer Abkommen nur auf die *internationale* – also die in der Regel grenzüberschreitende – Zivilluftfahrt Anwendung.[255] Rein nationaler Luftverkehr ist grundsätzlich nicht vom Chicagoer Abkommen erfasst. In Art. 1 des Chicagoer Abkommens wird der völkergewohnheitsrechtliche Grundsatz der Lufthoheit des Staates hinsichtlich des Luftraums über seinem Staatsgebiet[256] kodifi-

---

253 Siehe *ICAO*, Current lists of parties to multilateral air law treaties, Chicago Convention, <http://www.icao.int/secretariat/legal/List%20of%20Parties/Chicago_EN.pdf>, zuletzt besucht am 30. November 2015. Das Chicagoer Abkommen steht nur dem Beitritt durch Staaten offen. Die EU ist nicht Vertragspartei des Chicagoer Abkommens. Allerdings sind alle Mitgliedstaaten der EU auch Vertragsstaaten des Chicagoer Abkommens.
254 *Schäffer*, TranspR 2003, 377 (382).
255 Art. 96 lit. b des Chicagoer Abkommens definiert *international air service* als »an air service which passes through the air space over the territory of more than one State.« Allerdings ist *air service* in Art. 96 lit. a wiederum als »any scheduled air service performed by aircraft for the public transport of passengers, mail or cargo« definiert. Die Definition von Art. 96 lit. b kann daher nicht als allgemeine Definition für die internationale Zivilluftfahrt i.S.d. Abkommens herangezogen werden. Insgesamt findet sich in keinem ICAO Dokument eine Definition für »international civil aviation«, *Huang*, Aviation Safety and ICAO, 67. Gemäß *Westphal* erfolge zwar keine ausdrückliche Begriffsbestimmung von »international civil aviation«, das Abkommen sei aber auf die gesamte Luftfahrt zwischen den beteiligten Staaten anwendbar, soweit nicht ausdrücklich Ausnahmen dazu vorlägen (z.B. bzgl. Staatsluftfahrzeugen), *Westphal*, ZLW 1959, 25 (27). Siehe für eine ausführlichere Auseinandersetzung mit der Frage nach der »Internationalität« von Flügen, *Maleev*, Internationales Luftrecht: Fragen der Theorie und Praxis, 1990, 90 ff.
256 In Art. 2 des Chicagoer Abkommens wird das Staatsgebiet wie folgt definiert: »For the purposes of this Convention the territory of a State shall be deemed to be the land areas and territorial waters adjacent thereto under the sovereignty, suzerainty, protection or mandate of such State.« Siehe hinsichtlich des Luftraums über dem Küstenmeer auch Art. 2 Abs. 2 des Seerechtsübereinkommens (United Nations Convention on the Law of the Sea, 10. Dezember 1982, 1833 UNTS 3, in Kraft getreten am 16. November 1994 (»UNCLOS«)) sowie bezüglich des Transitüberflugs von Meerengen die Art. 38 und 39 dieses Übereinkommens.

ziert.²⁵⁷ Der Luftraum über der Hohen See, der im Gegensatz dazu keiner nationalen Souveränität unterfällt, steht grundsätzlich den Luftfahrzeugen aller Staaten offen.²⁵⁸ Der die Luftverkehrsregeln betreffende Art. 12 des Chicagoer Abkommens bestimmt diesbezüglich, dass über der Hohen See die auf Grund dieses Abkommens aufgestellten Regeln gelten, womit insbesondere auf die in Annex 2 enthaltenen Vorgaben Bezug genommen wird.²⁵⁹

Zum anderen betrifft das Abkommen grundsätzlich nur *zivile* Luftfahrzeuge (*civil aircraft*). Art. 3 des Chicagoer Abkommens (*civil and state aircraft*) lautet diesbezüglich:

(a) This Convention shall be applicable only to civil aircraft, and shall not be applicable to state aircraft.
(b) Aircraft used in military, customs and police services shall be deemed to be state aircraft.
(c) No state aircraft of a contracting State shall fly over the territory of another State or land thereon without authorization by special agreement or otherwise, and in accordance with the terms thereof.
(d) The contracting States undertake, when issuing regulations for their state aircraft, that they will have due regard for the safety of navigation of civil aircraft.²⁶⁰

---

257 Art. 1 des Chicagoer Abkommens (*sovereignty*) lautet: »The contracting States recognize that every State has complete and exclusive sovereignty over the airspace above its territory.« Dieser Artikel ist nahezu wortgleich mit Art. 1 des Pariser Abkommens von 1919 (»The High Contracting Parties recognise that every Power has complete and exclusive sovereignty over the air space above its territory«). Durch die Formulierung »[t]he contracting States recognize that every State [...]« wird deutlich, dass die Souveränität des Staates über den Luftraum über seinem Staatsgebiet für alle Staaten anerkannt wird, unabhängig davon, ob sie Vertragsstaaten des Chicagoer Abkommens sind. Aufgrund der völkergewohnheitsrechtlichen Eigenschaft dieses Grundprinzips und der Tatsache, dass heute nahezu alle Staaten der Welt Mitglieder der ICAO sind, kommt dieser Anerkennung für nicht Vertragsstaaten inhaltlich keine besondere Bedeutung mehr zu. Während Art. 1 des Chicagoer Abkommens die Souveränität der Staaten bekräftigt, stellen die übrigen Artikel des Abkommens wiederum eine Einschränkung dieser Souveränität dar.

258 Siehe Art. 87 und 89 UNCLOS. Gleiches gilt grds. für andere staatenlose Gebiete *Milde*, International Air Law and ICAO, 41 f.; *Hobe*, in: Hobe/von Ruckteschell (Hrsg.), Bd. 1, 266

259 Siehe zur Frage, welche anderen Annexen ebenfalls davon umfasst sein können u.a. *Abeyratne*, Regulating unmanned aerial vehicles – Issues and challenges, European Transport Law 2009, 503 (509 ff.); *Diederiks-Verschoor*, An Introduction to Air Law, 14; *Kaiser*, Infrastructure, Airspace and Automation – Air Navigation Issues for the 21st Century, AASL 1995, 447 (455); *Erler*, Rechtsfragen der ICAO, 143 ff. Dass über der Hohen See u.a. die Luftverkehrsregeln der ICAO Annexe gelten, bedeutet allerdings nicht, dass dort kein staatliches Handeln erfolgt. Vielmehr ist der Luftraum auch über der Hohen See in Fluginformationsgebiete (*flight information regions*, FIRs) eingeteilt. Aufgrund von Vereinbarungen im Rahmen der ICAO sind dort die Flugsicherungsbehörden bestimmter Staaten zuständig, wobei dies allerdings keine Ausübung staatlicher Souveränität darstellt. Siehe dazu auch ICAO, Annex 2, 2.1. Siehe zu UA im internationalen Luftraum *Marshall*, IALP 2008, 87, sowie den nahezu identischen Artikel *Marshall*, NDLR 2009, 693.

260 Art. 3 des Chicagoer Abkommens (deutsche Übersetzung): »(a) Dieses Abkommen findet nur auf Privatluftfahrzeuge Anwendung; auf Staatsluftfahrzeuge ist es nicht anwendbar. (b) Luftfahrzeuge, die im Militär-, Zoll- und Polizeidienst verwendet werden, gelten als Staatsluftfahrzeuge. (c) Staatsluftfahrzeuge eines Vertragsstaats dürfen das Hoheitsgebiet eines

Demgemäß sind Staatsluftfahrzeuge (*state aircraft*) grundsätzlich nicht vom Anwendungsbereich des Chicagoer Abkommens erfasst.[261] Eine entsprechende Definition von Staatsluftfahrzeugen ist allerdings weder im Chicagoer Abkommen noch in seinen Annexen zu finden. Aus Art. 3 (b) folgt zunächst, dass Luftfahrzeuge, die von Militär, Zoll oder Polizei verwendet werden, als Staatsluftfahrzeuge gelten. Aus der Formulierung »shall be deemed to be« kann außerdem geschlossen werden, dass die Aufzählung der möglichen Staatsluftfahrzeuge in Art. 3 (b) nicht abschließend ist. Die Frage, welche weiteren Luftfahrzeuge als Staatsluftfahrzeuge i.S.d. Art. 3 (b) zu qualifizieren sind, ist umfassend diskutiert worden.[262] Die herrschende Meinung knüpft dabei an das Wort »used« an, das mit »verwendet« übersetzt werden kann, und folgert daraus, dass es grundsätzlich weder auf die Eigentumsverhältnisse, die Kennzeichnung bzw. den Registereintrag noch die Art und Ausstattung des Luftfahrzeugs[263] ankommt, da diese Elemente nicht unmittelbar für die Verwendung entscheidend sind.[264] Vielmehr erfolgt die Qualifikation nach funktionalen Kriterien, insbesondere nach dem Einsatzzweck.[265] Dient der Einsatz einer öffentlichen Aufgabe und wird das Luftfahrzeug von einer staatlichen Stelle eben dazu betrieben, liegt ein Staatsluftfahrzeug i.S.d. Art. 3 des Chicagoer Abkommens vor.[266]

Im Ergebnis enthält das Abkommen daher einerseits nur Vorgaben für UAS, die international betrieben werden. Anders als bei bemannten Luftfahrzeugen, kann eine »internationale« Verwendung von UAS allerdings auch dann vorliegen, wenn sich

---

anderen Staates nur auf Grund einer durch besondere Vereinbarung oder auf andere Weise erteilten Ermächtigung und nur nach Maßgabe der in dieser festgesetzten Bedingungen überfliegen oder dort landen. (d) Die Vertragsstaaten verpflichten sich, bei dem Erlass von Vorschriften für ihre Staatsluftfahrzeuge auf die Sicherheit des Verkehrs der Privatluftfahrzeuge gebührend Rücksicht zu nehmen.«

261 Interessanterweise folgen dann entgegnen dieses Grundsatzes dennoch Regelungen zu Staatsluftfahrzeugen in den Art. 3 lit. c und d, siehe dazu auch *Abeyratne*, European Transport Law 2009, 503 (514); *Diederiks-Verschoor*, An Introduction to Air Law, 23.

262 Siehe dazu insb. *Milde*, International Air Law and ICAO, 62 ff., sowie u.a. *Baumann*, Staatsluftfahrzeuge, in: Hobe/von Ruckteschell (Hrsg.), Kölner Kompendium des Luftrechts, Bd. 1, 2008, 458 ff.; *Handerson*, DJILP 2010, 615 (616 ff.); *Abeyratne*, Air Navigation Law, 2012, 20 ff.; *Abeyratne*, European Transport Law 2009, 503 (514 ff.); *Huang*, Aviation Safety and ICAO, 107; *Diederiks-Verschoor*, An Introduction to Air Law, 20 ff.; *Bartlik*, State Aircraft, in: Hobe/von Ruckteschell/Heffernan (Hrsg.), Cologne Compendium on Air Law in Europe, 2013, 302 ff.; *Schwenk/Giemulla*, Handbuch des Luftverkehrsrechts, 220 ff.

263 Die Eigenschaft als militärisches Kampfflugzeug oder die Bewaffnung eines Luftfahrzeugs durch den Staat können allerdings als deutliche Indizien für die Qualifikation als Staatsluftfahrzeug gelten, *Baumann*, in: Hobe/von Ruckteschell (Hrsg.), Bd. 1, 461.

264 *Schwenk/Giemulla*, Handbuch des Luftverkehrsrechts, 3. Aufl., 2005, 222; *Baumann*, in: Hobe/von Ruckteschell (Hrsg.), Bd. 1, 461.

265 *Schwenk/Giemulla*, Handbuch des Luftverkehrsrechts, 222; *Baumann*, in: Hobe/von Ruckteschell (Hrsg.), Bd. 1, 461.

266 Für diese gelten insb. die Anforderungen der Art. 3 lit. c und d des Chicagoer Abkommens. Siehe dazu auch die Ausführungen zu Staatsluftfahrzeugen in Art. 8 unten § 4 B. I. 1.

insbesondere Kontrollstation und UA in unterschiedlichen Staaten befinden.²⁶⁷ Andererseits werden vom Chicagoer Abkommen nur solche UAS erfasst, die nicht als Staatsluftfahrzeuge zu qualifizieren sind.²⁶⁸

B. Vorgaben zu unbemannten Luftfahrzeugsystemen und deren Zulassung

Das Chicagoer Abkommen enthält die wesentlichen Prinzipien der Regulierung der internationalen Zivilluftfahrt, während die detaillierten Vorgaben von der ICAO in den Annexen zum Chicagoer Abkommen ausgearbeitet werden. Die im Abkommen zum Ausdruck gebrachten Grundsätze sind von besonderer Bedeutung, da sie einerseits völkerrechtlich verbindliche Verpflichtungen für die Vertragsstaaten darstellen und andererseits den grundsätzlichen Rahmen der Tätigkeit der ICAO vorgeben.

Unterschieden werden im Folgenden die Vorgaben zu UAS einerseits und zu deren Zulassung andererseits.

I. Vorgaben zu unbemannten Luftfahrzeugsystemen

Hinsichtlich des Chicagoer Abkommens ist zunächst hervorzuheben, dass einzig Art. 8 des Chicagoer Abkommens speziell die unbemannte Luftfahrt betrifft. Alle anderen Artikel des Abkommens unterscheiden grundsätzlich nicht zwischen bemannten und unbemannten Luftfahrzeugen. Wie aus der oben genannten Definition der ICAO folgt, sind UA ebenfalls »aircraft« im Sinne des Chicagoer Abkommens.²⁶⁹ Mithin sind alle übrigen »aircraft« betreffenden Artikel des Abkommens grundsätzlich für bemannte und unbemannte Luftfahrzeuge gleichermaßen anwendbar.

1. Art. 8 des Chicagoer Abkommens

Art. 8 des Chicagoer Abkommens (*pilotless aircraft*) ist für die internationale unbemannte Luftfahrt bedeutsam und lautet wie folgt:

No aircraft capable of being flown without a pilot shall be flown without a pilot over the territory of a contracting State without special authorization by that State and in accordance with the

---

267 ICAO, Secretary General, RPAS Manual, 2.3.2: »In manned aviation, international operations are considered to be those in which the aircraft crosses an international border or operates in high seas airspace. RPAS present additional scenarios for consideration in which the RPA only, the RPS only or both the RPA and RPS are operated in other than the territory of the State of the Operator such as: a) the RPA is operating in the airspace of only one State (State X) while it is being remotely piloted from an RPS located in any other State (State Y); b) either the RPA or the RPS is operated in high seas airspace; or c) the RPA and RPS are both being operated in territory of a State other than the State of the Operator.« Siehe zum RPAS Manual der ICAO unten § 6 B. V.
268 Siehe zur Abgrenzung von Staatsluftfahrzeugen in Bezug auf UAS auch *Handerson*, DJILP 2010, 615 (616 ff.).
269 Siehe oben § 3 A. I. 1.

terms of such authorization. Each contracting State undertakes to insure that the flight of such aircraft without a pilot in regions open to civil aircraft shall be so controlled as to obviate danger to civil aircraft.[270]

Der Begriff »pilotless aircraft« der Überschrift ist weder im Chicagoer Abkommen noch in dessen Annexen definiert. Die in Art. 8 enthaltene Erklärung »aircraft capable of being flown without a pilot«[271] hilft bei der Frage nach dessen Bedeutung nur begrenzt weiter. Dass ein »pilotless aircraft« die Fähigkeit besitzt, ohne einen Piloten geflogen zu werden, kann sowohl dahingehend verstanden werden, dass sich der Pilot lediglich nicht an Bord des Luftfahrzeugs befindet, als auch dahingehend, dass der Flug des Luftfahrzeugs ohne jegliche direkte Interventionsmöglichkeit eines Piloten stattfindet. Mithin könnte der Begriff des »pilotless aircraft« sowohl RPA als auch vollständig autonome UA erfassen. Zur Zeit der Schaffung des Chicagoer Abkommen existierten sowohl ferngesteuerte als auch vollständig autonome UA,[272] wenngleich diese mit den heutigen Formen und Fähigkeiten kaum vergleichbar waren.[273] Aus

---

270 Art. 8 des Chicagoer Abkommens (deutsche Übersetzung): »Ein Luftfahrzeug, das ohne Pilot geflogen werden kann, darf ohne Pilot das Hoheitsgebiet eines Vertragsstaates nur mit besonderer Ermächtigung dieses Staates und gemäß den Bedingungen dieser Ermächtigung überfliegen. Jeder Vertragsstaat verpflichtet sich, dafür zu sorgen, dass der Flug eines solchen Luftfahrzeuges ohne Pilot in Gebieten, die Zivilluftfahrzeugen offenstehen, so überwacht wird, dass eine Gefährdung von Zivilluftfahrzeugen vermieden wird.« Der Vorgänger dieses Artikels ist mittels eines Protokolls vom 15. Juni 1929 zur Änderung des Pariser Abkommens von 1919, in Kraft getreten am 17. Mai 1933, in einen Unterabsatz des Art. 15 des Pariser Abkommens integriert worden und lautet: »No aircraft of a contracting State capable of being flown without a pilot shall, except by special authorisation, fly without a pilot over the territory of another contracting State« (»Aucun aéronef d'un Etat contractant, susceptible d'être dirigé sans pilote, ne peut sans autorisation spéciale, survoler sans pilote le territoire d'un autre Etat contractant«).
271 Diesbezüglich ist das Wort »capable« zu beachten, womit zum Ausdruck gebracht wird, dass auch solche UA darunter fallen, die sowohl unbemannt als auch bemannt geflogen werden können, *Westphal*, ZLW 1959, 25 (29).
272 ICAO, Secretary General, RPAS Manual, 1.2.4. Wobei die vollständig autonomen UA dieser Zeit über keine autonomen Fähigkeiten im oben genannten Sinne verfügten, sondern vielmehr insoweit autonom waren, als dass sie nach dem Start weitgehend unkontrolliert flogen.
273 Siehe zur historischen Entwicklung der unbemannten Luftfahrt oben Fn. 83. Als zeitgeschichtliche Begründung für Art. 8 führt *Marshall* an: »Article 8 was presumably included in recognition of the destruction of persons and property precipitated by Nazi Germany's deployment of guided missiles and bombs over England during the war that was still raging over Europe and the Pacific at the time the Convention participants first met«, *Marshall*, NDLR 2009, 693 (699). *Peterson* bringt entsprechend vor, dass es seinerzeit nur militärische UA gegeben habe (»Moreover, the previous chapter showed that Article 8 was drafted at a time when the only use of UAVs had been for military missions«), *Peterson*, JALC 2006, 521 (555). Fraglich wäre aber, bei Unterstellung der Richtigkeit dieser Vermutung, warum es des Art. 8 überhaupt bedurft hätte. Staatsluftfahrzeuge benötigen gem. Art. 3 des Chicagoer Abkommens stets einer Erlaubnis für den Ein- und Überflug. Wäre es den Verfassern des Abkommens nur um militärische UA gegangen, hätte das entsprechende Erfordernis aus Art. 3 daher ausgereicht. Selbst wenn den Verfassern des Abkommens nur militärische UAS bekannt waren, müsste ihnen jedenfalls die Möglichkeit ziviler UAS als Notwendigkeit für Art. 8 bewusst gewesen sein.

diesem Entstehungshintergrund kann geschlossen werden, dass die Verfasser des Chicagoer Abkommens beide Varianten erfassen wollten.[274] Eine entsprechende Sichtweise der ICAO ist im Jahre 2003 im Rahmen der *Eleventh Air Navigation Conference*, wie folgt geäußert worden:

An unmanned aerial vehicle is a pilotless aircraft, in the sense of Article 8 of the Convention on International Civil Aviation, which is flown without a pilot-in-command on-board and is either remotely and fully controlled from another place (ground, another aircraft, space) or programmed and fully autonomous.[275]

Etwas anderes könnte sich diesbezüglich aber aus der Formulierung »shall be so controlled« aus Art. 8 S. 2 des Chicagoer Abkommens ergeben. Das darin zum Ausdruck kommende Erfordernis einer Kontrolle, könnte eine Ausrichtung des Art. 8 auf RPA nahelegen. Sowohl im *Circular 328 – Unmanned Aircraft Systems* (UAS Circular) aus dem Jahr 2011 als auch im *Manual on Remotely Piloted Aircraft Systems* (RPAS Manual) aus dem Jahr 2015 – auf beide Dokumente wird im weiteren Verlauf ausführlich eingegangen – werden zwar *alle* UA als von Art. 8 erfasst angesehen,[276] dennoch wird aber folgende Aussage zum Erfordernis der Kontrolle getroffen:

Emphasis was placed on the significance of the provision that aircraft flown without a pilot on board »should be so controlled as to obviate danger to civil aircraft«, indicating that the drafters recognized that »pilotless aircraft« must have a measure of control applied to them in relation to a so-called »due regard« obligation, similar to that of State aircraft.[277]

Im UAS Circular wird dies zudem durch den Zusatz »[i]n order for a UAS to operate in proximity to other civil aircraft, a remote pilot is therefore essential«[278] ergänzt. Das zentrale Kontrollerfordernis wird in beiden Dokumenten durch eine notwendige »measure of control« umschrieben. Die Ergänzung des Circular fügt zudem hinzu, dass UA, die in der Nähe von anderen Zivilluftfahrzeugen betrieben werden, einen »remote pilot« unbedingt erfordern. Diese Auslegung könnte eine Zentrierung des Art. 8 auf RPA nahelegen.

Wenngleich der Zuschnitt des Chicagoer Abkommens unzweifelhaft auf die Erforderlichkeit eines Piloten gerichtet ist und insbesondere aus den Anforderungen für den Betrieb von Luftfahrzeugen folgt, da u.a. ein verantwortlicher Luftfahrzeugführer (*Pilot-in-Command*, PIC) die Verantwortung für die sichere Navigation des Luftfahr-

---

274 ICAO, Secretary General, RPAS Manual, 1.2.7.
275 So zitiert in ICAO, Secretary General, UAS Circular, 4.5; ICAO, Secretary General, RPAS Manual, 1.2.5. Die Konferenz tagte vom 22. September bis 3. Oktober 2003 in Montreal (Kanada).
276 ICAO, Secretary General, UAS Circular, 2.2.
277 Anzumerken ist, dass der Wortlaut des Art. 8 in Anführungszeichen falsch wiedergegeben wird, da es im Chicagoer Abkommen »shall« und nicht »should« heißt. Die Aussage des UAS Circular unterscheidet sich von der des RPAS Manual, insb. durch den zweiten Satz: »emphasis was placed on the significance of the provision that aircraft flown without a pilot ›shall be so controlled as to obviate danger to civil aircraft‹, indicating that the drafters recognized that ›pilotless aircraft‹ must have a measure of control being applied to them in relation to a so-called ›due regard‹ obligation similar to that of State aircraft. In order for a UAS to operate in proximity to other civil aircraft, a remote pilot is therefore essential.«, ICAO, Secretary General, UAS Circular, 4.4.
278 Siehe vorangegangene Fn.

§ 4 Vorgaben des Chicagoer Abkommens zu UAS und deren Zulassung

zeugs tragen muss,[279] kann eine solche RPA präferierende Lesart des Art. 8 hingegen aus zwei Gründen nicht uneingeschränkt überzeugen. Zum einen wird sowohl im zuvor zitierten Absatz, als auch in anderen Stellungnahmen der ICAO auf das Kontrollerfordernis des Art. 8 mit der Formulierung »aircraft flown without a pilot ›shall be so controlled as to obviate danger to civil aircraft‹« Bezug genommen.[280] Dies entspricht allerdings nicht dem Wortlaut des Art. 8, aus dem nicht hervorgeht, dass das Luftfahrzeug einer entsprechenden Kontrolle unterworfen werden muss, sondern nur, dass der *Flug* entsprechend kontrolliert werden muss (»the flight of such aircraft without a pilot [...] shall be so controlled«). Die Kontrolle des Fluges ist allerdings auch als wesentliche Eigenschaft der Verwendung von vollständig autonomen UA anzusehen, da diese nicht willkürlich umherfliegen. Zum anderen, und mit dem vorherigen Aspekt verknüpft, ist anzumerken, dass Art. 8 zwar die Kontrolle des Fluges voraussetzt, allerdings nicht ausdrücklich einen Piloten verlangt.[281] Auch ohne einen Piloten kann ein autonomes System selbstständig den Flug des UA kontrollieren, was gerade dessen Funktion entspricht. Im Ergebnis sind von Art. 8 des Chicagoer Abkommens sowohl RPA als auch vollständig autonome UA erfasst, ohne dass aus Art. 8 *für sich genommen* eine schwerpunktmäßige Erfassung von RPA folgt.

Der zweite Satz des Art. 8 bringt zudem den Grundsatz zum Ausdruck, dass der Betrieb von UA in einer Weise erfolgen muss, die Zivilluftfahrzeuge nicht gefährdet. Bemerkenswert ist dabei die Formulierung »in regions open to civil aircraft« in Bezug auf den Ausschluss von Staatsluftfahrzeugen aus dem Anwendungsbereich des Chicagoer Abkommens in dessen Art. 3. Wenn von Art. 8 gemäß dem Grundsatz aus Art. 3 nur zivile UA erfasst wären, wäre dieser Zusatz unnötig, da Zivilluftfahrzeuge ohnehin nur in den Regionen verkehren dürfen, die für die Zivilluftfahrt freigegeben sind. Folglich erscheint diese Formulierung nur sinnvoll, wenn von Art. 8 S. 2 auch UA erfasst wären, die als Staatsluftfahrzeuge zu qualifizieren sind.[282]

Die Formulierung »each contracting State undertakes to insure« des zweiten Satzes bringt die Verpflichtung der Mitgliedstaaten zum Ausdruck, für die Sicherheit des Fluges von UA mithilfe nationaler Gesetze zu sorgen. Im Zusammenspiel mit dem Umstand, dass UA einzig in Art. 8 des Chicagoer Abkommens geregelt werden, könnte dies auch als Bevorzugung individueller nationaler Vorschriften gegenüber harmonisierten Vorschriften auf der Grundlage internationaler Vorgaben des Chicagoer Abkommens und der ICAO verstanden werden.[283] Zu berücksichtigen ist dabei allerdings, dass einerseits das Chicagoer Abkommen und die ICAO weder unmittelbar geltende

---

279 Siehe zum UAS Circular auch unten § 6 B. IV.
280 So u.a. in ICAO, Secretary General, UAS Circular, 4.4; ICAO, Secretary General, State Letter: Proposal for the amendment of Annexes 2 and 7 concerning remotely-piloted aircraft (RPA), AN 13/1.8-11/55 (»State Letter: Amendment of Annexes 2 and 7«); *Cary*, International Civil Aviation Organization UAS Study Group, in: UVS International (Hrsg.), UAS Yearbook – UAS: The Global Perspective, 2010, 52; ICAO, Secretary General, RPAS Manual, 1.2.7.
281 Die Begriffswahl »pilotless« könnte dies zudem unterstreichen.
282 Damit stellt Art. 8 S. 2 des Chicagoer Abkommens eine weitere Durchbrechung des Grundsatzes dar, dass das Chicagoer Abkommen auf Staatsluftfahrzeuge gem. Art. 3 lit. a nicht anwendbar sei (siehe auch oben Fn. 261). So auch *Kaiser*, ZLW 2006, 344 (349).
283 So *Kaiser*, ZLW 2006, 344 (349).

Gesetze in den Mitgliedstaaten schaffen können und daher grundsätzlich nationale Gesetze zur Umsetzung erforderlich sind. Andererseits war zur Zeit der Entstehung des Chicagoer Abkommens der Bedeutungszuwachs der unbemannten Luftfahrt wohl kaum absehbar und daher die begrenzte Berücksichtigung von UAS verständlich. Selbst wenn man unterstellt, dass ein Primat nationaler Gesetze jedenfalls zur Zeit der Entstehung des Chicagoer Abkommens bestanden habe, kann derartiges heute nicht mehr aus Art. 8 herausgelesen werden. Spätestens seit Beginn der intensiven Befassung der ICAO mit UAS im Jahre 2007, hat sich die Zielsetzung umfassender internationaler Vorgaben für UAS manifestiert.[284]

Aus Art. 8 des Chicagoer Abkommens könnte weiterhin eine Bestätigung der Feststellung entnommen werden, dass UA »aircraft« im Sinne der oben genannten Definition der ICAO sind.[285] Das einzige, was aus dem Wortlaut des Art. 8 diesbezüglich folgt, ist, dass »aircraft capable of being flown without a pilot« sog. »pilotless aircraft« sind. Aus Art. 8 geht aber, ebenso wenig wie aus den übrigen Artikeln des Chicagoer Abkommens, hervor, wann das in Frage stehende fliegende (unbemannte) Objekt ein Luftfahrzeug ist. Zu einer entsprechenden Qualifikation als Luftfahrzeug ist weiterhin die Definition von »aircraft« aus den Annexen heranzuziehen.[286]

Letztlich enthält Art. 8 zudem das zentrale Erfordernis einer »special authorization«, d.h. einer besonderen Erlaubnis, für den Flug eines UA über fremdes Staatsgebiet, sowie die Verpflichtung sich an die Bedingungen dieser Erlaubnis zu halten. Gegenüber Art. 5, der nicht planmäßige Flüge und Landungen in fremdem Staatsgebiet mit bestimmten Einschränkungen erlaubt, stellt Art. 8 eine *lex specialis* dar, da er erfordert, dass sämtliche Flüge von UA über fremdes Staatsgebiet einer besonderen Erlaubnis bedürfen.[287] In der Folge, kann jeder Staat individuell über den Ein- und Durchflug von UA anderer Staaten entscheiden sowie die Bedingungen der Erlaubnis individuell bestimmen. Dies gilt selbst dann, wenn allen übrigen Anforderungen des Chicagoer Abkommens und seiner Annexe Genüge getan wird.[288]

Im Ergebnis kann Art. 8 des Chicagoer Abkommens angesichts des technischen Entwicklungsstandes der unbemannten Luftfahrt im Jahre 1944 als sehr weitsichtige Vorschrift angesehen werden.[289] Er hat jedoch erst mit der Fortentwicklung der unbemannten Luftfahrt in der jüngeren Vergangenheit an Aufmerksamkeit gewonnen.[290] Er beinhaltet die Anerkennung der unbemannten Luftfahrt als Bestandteil der internationalen Zivilluftfahrt. Zudem enthält er insbesondere das betriebliche Erfordernis einer

---

284 Siehe dazu § 6 B. II. 1.
285 So *Kaiser*, ZLW 2006, 344 (348).
286 Siehe oben § 3 A. I. 1.
287 *Kaiser*, ZLW 2006, 344 (348 f.). Art. 5 des Chicagoer Abkommen ist wiederum eine vertragliche Ausnahme vom völkergewohnheitsrechtlichen Prinzip der Lufthoheit.
288 Die Transit- und Transportvereinbarungen (International Air Transport Agreement, 7. Dezember 1944, 171 UNTS 387 (»Transport Agreement«); International Air Services Transit Agreement, 7. Dezember 1944, 84 UNTS 389 (»Transit Agreement«)) beziehen sich nur auf den planmäßigen internationalen Luftverkehr und enthalten keine besonderen Bestimmungen zu UAS bzw. UA.
289 *Kaiser*, ZLW 2006, 344 (349).
290 Eine der wenigen frühen Auseinandersetzungen mit Art. 8 des Chicagoer Abkommens (allerdings im Wesentlichen in Bezug auf unbemannte Ballone) erfolgte durch *Westphal*, ZLW 1959, 25.

besonderen Erlaubnis für den Einflug. Darüber hinaus kommt ihm allerdings kein weitergehender Regelungsgehalt zu. Er enthält insbesondere keine Vorgaben für Zulassungsvorschriften für UA und ist daher im Hinblick auf die Untersuchung der vorliegenden Arbeit nur von nachgeordneter Bedeutung. Wesentlich ist dennoch, dass Art. 8 nur das *pilotless aircraft* regelt, also das UA, nicht jedoch das grundsätzlich vorliegende System, das neben dem UA aus weiteren Elementen besteht. Im Hinblick auf den Regelungszweck des Erlaubniserfordernisses wäre eine Erfassung des gesamten UAS auch nicht notwendig, da es für die Einflugerlaubnis grundsätzlich nur auf das fliegende Element ankommt, da nur dieses tatsächlich einfliegt. Es wird allerdings im weiteren Verlauf zu untersuchen sein, inwieweit sich diese ausschließliche Betrachtung des UA auch in den weiteren Vorgaben des Chicagoer Abkommens und der Annex der ICAO wiederfindet.

2. Andere Vorgaben des Chicagoer Abkommens

Wie bereits erläutert, sind, mit Ausnahme des Art. 8, die Artikel des Chicagoer Abkommens auf die bemannte und unbemannte internationale Zivilluftfahrt grundsätzlich gleichermaßen anwendbar. Im Folgenden werden drei weitere Artikel des Chicagoer Abkommens beispielhaft hinsichtlich ihrer Erfassung von UAS erläutert, die für die Zulassung bedeutsam sein können oder anschaulich die Ausrichtung des Abkommens verdeutlichen.

Art. 12 des Chicagoer Abkommens, der bereits im Zusammenhang mit dessen Anwendungsbereich genannt wurde, hat die Luftverkehrsregeln (*rules of the air*) zum Gegenstand.[291] Er ist damit ein zentraler Artikel zum Betrieb von Luftfahrzeugen und mithin grundsätzlich von den Zulassungsvorgaben zu trennen. Dennoch könnte seine Ausgestaltung durch die ICAO von Bedeutung für die Zulassung sein. Die Luftverkehrsregeln müssen grundsätzlich durch den Piloten eingehalten werden.[292] Diesbezüglich besteht unter anderem auch die Anforderung des sog. *See and Avoid* (S&A), d.h. eine Kollisionsverhinderung durch »Sehen und Vermeiden«[293] von insbesondere anderen Luftfahrzeugen im Luftraum und Hindernissen im Gelände. Im Falle von RPAS gilt dies gleichermaßen, ist jedoch dadurch erschwert, dass sich der Pilot selbst nicht an Bord befindet und daher mithilfe technischer Mittel in die Lage versetzt werden muss, die Verkehrsregeln einhalten zu können. Die dafür erforderlichen technischen Mittel werden oftmals in RPA und RPS integriert sein und könnten daher auch die zulassungsrelevanten Eigenschaften des RPAS betreffen. Fraglich und in der wei-

---

291 Siehe zur Frage, ob UA diese Luftverkehrsregeln erfüllen können u.a. *Marshall*, IALP 2008, 87 (97 ff.).
292 Die entsprechenden ICAO Richtlinien sind grds. auf den Piloten zugeschnitten. Siehe insb. ICAO, Annex 2, 2.3.1 (*responsibility of pilot-in-command*): »The pilot-in-command of an aircraft shall, whether manipulating the controls or not, be responsible for the operation of the aircraft in accordance with the rules of the air, except that the pilot-in-command may depart from these rules in circumstances that render such departure absolutely necessary in the interests of safety«, sowie Richtlinie 2.4 des Annex 2 und Richtlinie 4.5.1, ICAO, Annex 6. Siehe dazu auch unten § 11 A.
293 Da ein UA nicht »sehen« kann hat sich das Konzept von *Sense bzw. Detect and Avoid* (S&A, D&A) entwickelt. Siehe dazu unten Fn. 470.

teren Untersuchung zu berücksichtigen ist daher, ob und inwieweit diese technischen Mittel zur Einhaltung der Verkehrsregeln entweder den betrieblichen Anforderungen zuzurechnen sind oder den Zulassungsvorgaben unterfallen.

Art. 29 des Chicagoer Abkommens betrifft die in der internationalen Luftfahrt an Bord mitzuführenden Dokumente. Für UAS ergeben sich diesbezüglich zwei Schwierigkeiten. Zum einen werden UA mit nur sehr geringer Größe kaum den notwendigen Stauraum zum Transport der geforderten Dokumentation zur Verfügung stellen können. Dabei ist aber zu berücksichtigen ist, dass UA dieser Größe wohl eher selten international betrieben werden. Zum anderen kann aus der Möglichkeit einer wesentlichen Steigerung der Einsatzdauer und Reichweite gerade größerer UA folgen, dass sich die an dem Betrieb beteiligen Personen während des Fluges ändern. Bei einer Steuerungsübergabe zwischen verschiedenen RPS, die sich ggf. auch in verschiedenen Staaten befinden, wird dies sogar die Regel sein. Die im UA mitgeführten Lizenzen für das Personal wären dann nicht mehr aktuell.[294] Insgesamt wird offenkundig, dass Art. 29 des Chicagoer Abkommens im Lichte bemannter Luftfahrzeuge abgefasst wurde. Die ICAO hat diese Schwierigkeiten allerdings inzwischen erkannt und berücksichtigt sie jedenfalls auf der Ebene der eingeschränkt verbindlichen Annexe.[295]

Art. 36 des Chicagoer Abkommens bestimmt, dass jeder Vertragsstaat die Verwendung von »photographic apparatus« in Luftfahrzeugen über seinem Staatsgebiet regeln oder verbieten kann (»Each contracting State may prohibit or regulate the use of photographic apparatus in aircraft over its territory.«). Für UAS hat er besondere Relevanz, da einerseits Bildaufnahmen durch UAS oftmals ein wesentlicher Bestandteil der beabsichtigen Informationsbeschaffung darstellen und andererseits viele UA allein zur Navigation auf Bildaufzeichnungsgeräte an Bord angewiesen sind.[296] Fraglich ist in diesem Zusammenhang allerdings, was genau unter »photographic apparatus« zu verstehen ist. Würde man den Begriff eng auslegen und damit nur Fotokameras als erfasst ansehen, wären viele der heutigen Technologien (z.B. Video- oder Wärmebildkameras) nicht von Art. 36 erfasst. Diese Auslegung würde aber außer Acht lassen, das die Verfasser des Chicagoer Abkommens im Jahre 1944 nicht den technischen Fortschritt voraussehen konnten. Vielmehr ist Art. 36 des Chicagoer Abkommens entwicklungsoffen dahingehend zu verstehen, dass zumindest alle Apparaturen, die Bilder jedweder Art aufnehmen oder übertragen können, einbezogen sind. Mithin kann Art. 36, sofern die Mitgliedstaaten der ICAO von der Regelungsmöglichkeit Gebrauch gemacht haben, ein weiteres Hindernis für einen internationalen Betrieb von UAS sein, das auf das besondere technische Merkmal der Bilderfassung in der unbemannten Luftfahrt zurückzuführen ist, welches in der bemannten Luftfahrt zur Navigation nicht erforderlich ist.

II. Vorgaben zu Zulassung, Lufttüchtigkeit und Anerkennung

Im Folgenden werden die beiden zentralen Artikel des Chicagoer Abkommens zur Zulassung von UAS untersucht. Diese Artikel bilden die Grundlage für die später de-

---

294 *Abeyratne*, European Transport Law 2009, 503 (506).
295 Siehe unten § 5 B. II.
296 Siehe auch *Abeyratne*, European Transport Law 2009, 503 (505).

taillliert untersuchten Zulassungsvorgaben der ICAO in den Annexen zum Chicagoer Abkommen.

1. Art. 31 des Chicagoer Abkommens

Den Ausgangspunkt für die Zulassung von Luftfahrzeugen im internationalen Luftverkehr bildet Art. 31 des Chicagoer Abkommens (*certificate of airworthiness*). Er lautet wie folgt:

Every aircraft engaged in international navigation shall be provided with a certificate of airworthiness issued or rendered valid by the State in which it is registered.[297]

Art. 31 setzt demnach ein Lufttüchtigkeitszeugnis (*Certificate of Airworthiness*, CofA) für alle international betriebenen Luftfahrzeuge voraus. Eine Prüfung der Lufttüchtigkeit und das aus ihr folgende Lufttüchtigkeitszeugnis sind daher für den internationalen Einsatz von Luftfahrzeugen essenziell. Das CofA muss von dem Staat ausgestellt oder als gültig anerkannt werden in dem das Luftfahrzeug registriert ist. Art. 31 nimmt damit Bezug auf die in den Art. 17 ff. des Chicagoer Abkommens geregelte Staatszugehörigkeit und Registrierung von Luftfahrzeugen und weist grundsätzlich dem Registerstaat die Verantwortung für das CofA zu.[298] Ein Musterzulassungsschein (*Type Certificate*, TC) als wesentlicher Bestandteil der grundsätzlichen Zulassungssystematik für Luftfahrzeuge wird von Art. 31 hingegen nicht vorausgesetzt.

Art. 31 des Chicagoer Abkommens gilt gleichermaßen für die unbemannte Luftfahrt. Da sich Art. 31 nur auf das Luftfahrzeug bezieht, wird hiervon jedoch nur das UA, nicht hingegen das gesamte System, erfasst. Dies erscheint allerdings in Bezug auf das CofA hinnehmbar, denn nur das als »aircraft« i.S.d. der oben genannten Definition zu qualifizierende UA ist letztlich ein »fliegendes« Element und kann daher *luft*tüchtig sein.[299]

Art. 31 stellt den Grundsatz der Notwendigkeit eines CofA auf. Er regelt allerdings nicht dessen Voraussetzungen. Diese sind vielmehr in den Annexen des Chicagoer Abkommen enthalten.

---

297 Art. 31 des Chicagoer Abkommens (deutsche Übersetzung): »Jedes in der internationalen Luftfahrt verwendete Luftfahrzeug muss mit einem Lufttüchtigkeitszeugnis versehen sein, das von dem Staat, in dem das Luftfahrzeug eingetragen ist, ausgestellt oder als gültig anerkannt ist.«

298 Art. 17 des Chicagoer Abkommens (*nationality of aircraft*) lautet: »Aircraft have the nationality of the State in which they are registered.« Siehe zur Staatszugehörigkeit und Registrierung von Luftfahrzeugen u.a. in *Milde*, International Air Law and ICAO, 77 ff.; *Schwenk/Giemulla*, Handbuch des Luftverkehrsrechts, 260 ff. Beachte hierzu auch Art. 83bis des Chicagoer Abkommens.

299 So auch *Tomasello*: »[...] only the Remotely Piloted ›Aircraft‹ (RPA: the ›flying part‹ of the system), according to Article 31 of the Chicago Convention needs an individual certificate of airworthiness (CofA) [...]«, *Tomasello*, EASA – European Aviation Safety Agency – A Coordinated International Approach to Small UAS Rulemaking, in: UVS International (Hrsg.), UAS Yearbook – UAS: The Global Perspective, 2012.

2. Art. 33 des Chicagoer Abkommens

Von Bedeutung für die internationale Verwendung von Luftfahrzeugen ist zudem Art. 33 des Chicagoer Abkommens. Dieser lautet wie folgt:

> Certificates of airworthiness and certificates of competency and licenses issued or rendered valid by the contracting State in which the aircraft is registered, shall be recognized as valid by the other contracting States, provided that the requirements under which such certificates or licenses were issued or rendered valid are equal to or above the minimum standards which may be established from time to time pursuant to this Convention.[300]

Art. 33 enthält folglich eine Anerkennungspflicht hinsichtlich des CofA und weiterer Zeugnisse durch die übrigen Vertragsstaaten des Abkommens. Voraussetzung ist allerdings, dass die Anforderungen, aufgrund derer die Zeugnisse ausgestellt oder für gültig erklärt worden sind, den Mindestanforderungen, die auf der Grundlage des Abkommens jeweils aufgestellt werden, entsprechen oder darüber hinausgehen. Die Mindestanforderungen (*minimum standards*), auf die dabei Bezug genommen wird, sind in den Annexen zum Chicagoer Abkommen erarbeitet worden. Ebenso wie Art. 31, der nur ein CofA verlangt, bezieht sich auch die Anerkennungspflicht aus Art. 33 nur auf ein CofA, nicht allerdings auf ein im Chicagoer Abkommen selbst nicht geregeltes TC.[301]

In Bezug auf UA hat dieser Artikel des Abkommens zur Folge, dass die Vorschriften, nach denen eine Verkehrszulassung erfolgen und aufgrund derer ein CofA für das UA ausgestellt werden soll, grundsätzlich den Mindestanforderungen der Annexe des Chicagoer Abkommens entsprechen oder darüber hinausgehen müssen, sofern eine internationale Anerkennungspflicht gemäß Art. 33 herbeigeführt werden soll.

C. Zwischenergebnis

Das Chicagoer Abkommen ist die Grundlage des internationalen Luftrechtssystems und enthält die wesentlichen Vorgaben zu den zentralen Bereichen des öffentlichen Luftrechts. Sein Anwendungsbereich umfasst die internationale Zivilluftfahrt, womit eine rein nationale Verwendung von UAS ebenso wenig erfasst ist wie diejenigen UAS, die als Staatsluftfahrzeuge qualifiziert werden können.

---

300 Art. 33 des Chicagoer Abkommens (deutsche Übersetzung): »Lufttüchtigkeitszeugnisse, Befähigungszeugnisse und Erlaubnisscheine, die von dem Vertragsstaat, in dem das Luftfahrzeug eingetragen ist, ausgestellt oder als gültig anerkannt worden sind, werden von den anderen Vertragsstaaten als gültig anerkannt, vorausgesetzt, dass die Anforderungen, nach denen die Zeugnisse und Erlaubnisscheine ausgestellt oder für gültig erklärt worden sind, den Mindestanforderungen, die auf Grund dieses Abkommens jeweils aufgestellt werden, entsprechen oder darüber hinausgehen.«

301 Siehe zur Frage der internationalen Anerkennung von Musterzulassungsscheinen und zu einer Diskussion der dementsprechenden Möglichkeiten, etwa der Änderung des Chicagoer Abkommens, der Ergänzung des Annex 8 oder der Schaffung eines unabhängigen multilateralen Übereinkommens, *Weber*, ZLW 2004, 289 (291 ff.). Siehe zum TC in den ICAO Annexen unten § 5 B. I. 3. a).

Art. 8 ist der einzige spezielle Artikel zur unbemannten Luftfahrt im Chicagoer Abkommen. Er betrifft RPA und vollständig autonome UA. Sein wesentlicher Regelungsgehalt ist das Erfordernis einer besonderen Erlaubnis für den Einflug von UA in den Luftraum eines anderen Vertragsstaates. Vorgaben zur Zulassung von UA enthält Art. 8 nicht. Aus beispielhaft untersuchten weiteren Vorgaben des Chicagoer Abkommens ergibt sich, dass diese zwar allgemein »aircraft« und damit auch UA betreffen, inhaltlich aber im Lichte bemannter Luftfahrzeuge geschaffen wurden.

Art. 31 ist der zentrale Artikel des Chicagoer Abkommens zur Zulassung von Luftfahrzeugen. Er setzt für alle international betriebenen Luftfahrzeuge ein CofA voraus, welches vom Registerstaat ausgestellt oder als gültig anerkannt werden muss. Art. 31 begründet daher den Grundsatz der Notwendigkeit eines CofA auch für das UA, regelt allerdings nicht die Voraussetzungen, unter denen ein CofA von den Vertragsstaaten ausgestellt oder als gültig anerkannt werden soll. Art. 33 betrifft die Zulassung indirekt, indem er für eine internationale Anerkennung des CofA voraussetzt, dass dieses in Übereinstimmung mit den in den Annexen enthaltenen Mindestanforderungen erteilt wird.

Alle Vorgaben des Chicagoer Abkommens betreffen grundsätzlich nur das UA, nicht jedoch das System. Hinsichtlich des CofA für das UA steht dies dem Systemcharakter von UAS allerdings nicht grundsätzlich entgegen, da nur das UA als fliegendes Element *luft*tüchtig sein kann.

Das Erfordernis des CofA aus Art. 31 ist allerdings nur die völkervertragsrechtliche Grundlage der Zulassung von Luftfahrzeugen. Unter welchen Voraussetzen ein CofA von den Vertragsstaaten des Chicagoer Abkommens erteilt werden soll, d.h. welche Zulassungsvoraussetzungen und -verfahren die nationalen Zulassungsvorschriften mindestens beinhalten sollen, wird von den Annexen zum Chicagoer Abkommen vorgegeben. Inwieweit diese Mindeststandards als Vorgaben für (supra-)nationale Zulassungsvorschriften auch für UAS geeignet sind, wird im Folgenden untersucht.

§ 5 Vorgaben der ICAO für Zulassungsvorschriften für unbemannte Luftfahrzeugsysteme

Das Chicagoer Abkommen statuiert in Art. 31 das grundsätzliche Erfordernis eines Lufttüchtigkeitszeugnisses (*Certificate of Airworthiness*, CofA) für den internationalen Betrieb von Luftfahrzeugen. Es enthält allerdings keine nähere Ausgestaltung dieser Anforderung. Die Voraussetzungen, unter denen ein CofA erteilt werden kann, sind im Chicagoer Abkommen nicht geregelt. Entsprechende Vorgaben für nationale Zulassungsvorschriften wurden hingegen durch die ICAO, als der durch das Chicagoer Abkommen geschaffenen internationalen Organisation, insbesondere in Form von Richtlinien und Empfehlungen erarbeitet und in den Annexen zum Chicagoer Abkommen zusammengefasst. Im Folgenden werden die für die Zulassungsvorschriften maßgeblichen Richtlinien und Empfehlungen untersucht, jedoch wird zunächst auf die ICAO und ihre diesbezüglich »rechtsetzende« Tätigkeit eingegangen.

Im Zentrum steht die Frage, inwieweit die Annexe des Chicagoer Abkommens geeignete Vorgaben für Zulassungsvorschriften für UAS zur Umsetzung in das Recht der Vertragsstaaten des Chicagoer Abkommens enthalten. Ein Handlungsbedarf der ICAO entsteht, wenn die vorhandenen Vorgaben nicht hinreichend in der Lage sind die Besonderheiten von UAS im Rahmen der Zulassung zu berücksichtigen oder sich die Vorgaben sogar als Hemmnis für eine entsprechende Zulassung erweisen.

A. Internationale Zivilluftfahrtorganisation (ICAO)

Die Errichtung der Internationalen Zivilluftfahrtorganisation (*International Civil Aviation Organization*, ICAO) ist in Art. 43 des Chicagoer Abkommens vorgesehen. Mit Inkrafttreten des Abkommens am 4. April 1947 nahm sie ihre Arbeit auf.[302] Die ICAO ist eine internationale Organisation mit Sitz in Montreal (Kanada) und besitzt gemäß Art. 47 des Chicagoer Abkommens in jedem Mitgliedstaat die zur Ausübung ihrer Tätigkeiten notwendige Rechtspersönlichkeit.[303] Die ICAO ist eine Sonderorganisation der Vereinten Nationen.[304]

---

302 Das Chicagoer Abkommen wurde am 7. Dezember 1944 von 52 Staaten unterzeichnet. Für die Zeit bis zum Erreichen der erforderlichen 26 Ratifikationen wurde die *Provisional International Civil Aviation Organization* (PICAO) errichtet, die im Zeitraum vom 6. Juni 1945 bis 4. April 1947 tätig war. Nach Hinterlegung der 26. Ratifikationsurkunde am 5. März 1947 ersetzte die ICAO ab dem 4. April 1947 die PICAO.

303 Siehe zur Regelung der Sitzfrage Art. 45 des Chicagoer Abkommens.

304 Agreement between the United Nations and the International Civil Aviation Organization, 13. Mai 1947, ICAO Doc. 7970, in Kraft getreten am 3. Oktober 1947 (»UN ICAO Agreement«). Grundlage dafür ist Art. 63 Abs. 1 i.V.m. Art. 57 der Charta der Vereinten Nationen.

Im Folgenden wird lediglich die »rechtsetzende« Tätigkeit der ICAO ausführlicher betrachtet, da sie die Grundlage insbesondere der im Anschluss zu untersuchenden Richtlinien und Empfehlungen für Zulassungsvorschriften bildet.[305]

I. Ziele und Organe

Die wesentlichen Ziele der Organisation folgen aus Art. 44 des Chicagoer Abkommens.[306] Sein Kerngehalt ist die Förderung der wirtschaftlichen, technischen und sicherheitsrelevanten Weiterentwicklung der internationalen Zivilluftfahrt. Neben den einzelnen Bereichen in Art. 44 lit. a bis h enthält lit. i das generalklauselartig formulierte Ziel, allgemein die Entwicklung der internationalen Zivilluftfahrt in jeder Hinsicht zu fördern. Die ICAO besitzt damit grundsätzlich die Kompetenz, sich mit allen Fragen der internationalen Zivilluftfahrt zu befassen.[307] Vorliegend ist der Handlungsauftrag des Art. 44 lit. h von besonderer Bedeutung, da er, im Zusammenhang mit dem allgemeinen Teil des Artikels gelesen, die Ausarbeitung der Grundsätze und technischen Methoden zur Förderung der Flugsicherheit in der internationalen Luftfahrt vorsieht. Die Flugsicherheit ist zudem von der ICAO selbst als eines ihrer Hauptziele statuiert worden.[308] Die Zulassung als wesentlicher Bestandteil der Flugsicherheit ist damit von den Zielen der ICAO umfasst.

---

305 Siehe ausf. zur ICAO u.a. *Mendes de Leon*, International Civil Aviation Organization (ICAO), in: Wolfrum (Hrsg.), The Max Planck Encyclopedia of Public International Law, Vol. V, 2012, 413 ff.; *Erler*, Rechtsfragen der ICAO; *Münz*, ZLW 1994, 383; *Milde*, International Air Law and ICAO, 17 ff.; *Diederiks-Verschoor*, An Introduction to Air Law, 32 ff.; *Dempsey*, Public International Air Law, 49 ff.; *Dempsey*, ZLW 2015, 215; *Schwenk/ Giemulla*, Handbuch des Luftverkehrsrechts, 71 ff.; *Weber*, ZLW 2004, 289; *Weber*, International Civil Aviation Organization – An Introduction, 2007; *Weber*, International Civil Aviation Organization (ICAO), in: Hobe/von Ruckteschell (Hrsg.), Kölner Kompendium des Luftrechts, Bd. 1, 2008, 32 ff.; *Weber*, International Civil Aviation Organization (ICAO), in: Hobe/von Ruckteschell/Heffernan (Hrsg.), Cologne Compendium on Air Law in Europe, 2013, 28 ff.
306 Art. 44 des Chicagoer Abkommens (deutsche Übersetzung): »Ziel und Aufgaben der Organisation sind, die Grundsätze und die Technik der internationalen Luftfahrt zu entwickeln sowie die Planung und Entwicklung des internationalen Luftverkehrs zu fördern, um (a) ein sicheres und geordnetes Wachsen der internationalen Zivilluftfahrt in der ganzen Welt zu gewährleisten; (b) den Bau und den Betrieb von Luftfahrzeugen friedlichen Zwecken zu fördern; (c) die Entwicklung von Luftstraßen, Flughäfen und Luftfahrteinrichtungen für die internationale Zivilluftfahrt zu fördern; (d) den Bedürfnissen der Völker der Welt nach einem sicheren, regelmäßigen, leistungsfähigen und wirtschaftlichen Luftverkehr zu entsprechen; (e) wirtschaftlicher Verschwendung, die durch übermäßigen Wettbewerb verursacht wird, vorzubeugen; (f) zu gewährleisten, dass die Rechte der Vertragsstaaten voll beachtet werden und dass für jeden Vertragsstaat eine angemessene Möglichkeit besteht, internationale Luftverkehrsunternehmen zu betreiben; (g) eine unterschiedliche Behandlung von Vertragsstaaten zu vermeiden; (h) die Flugsicherheit in der internationalen Zivilluftfahrt zu fördern; (i) allgemein die Entwicklung der internationalen Zivilluftfahrt in jeder Hinsicht zu fördern.«
307 *Erler*, Rechtsfragen der ICAO, 13.
308 ICAO, Assembly, A35, Assembly Resolutions in Force (as of 8 October 2004), ICAO Doc. 9848 (»Assembly Resolutions A35«), Resolution A35-7, nunmehr in ICAO, Assembly,

Den Organen der ICAO obliegt die Umsetzung der zuvor genannten Zielvorgaben. Die Hauptorgane sind die Versammlung, der Rat, die Ausschüsse und das Sekretariat.[309] In der grundsätzlich alle drei Jahre abgehaltenen *Versammlung* sind gem. Art. 48 lit. a und b des Chicagoer Abkommens sämtliche Mitgliedsstaaten vertreten und im Regelfall stimmberechtigt.[310] Die Versammlung entscheidet über die Tätigkeiten der ICAO und überwacht die Arbeit der anderen Organe.[311] Ihre Beschlüsse werden gem. Art. 48 lit. c des Abkommens in der Regel mit der Mehrheit der abgegebenen Stimmen gefasst.[312] Darüber hinaus besitzt die Versammlung gem. Art. 49 lit. k des Chicagoer Abkommens in Anlehnung an die Generalklausel des Art. 44 (i) die Befugnis sich mit allen Angelegenheiten zu befassen, die in den Aufgabenbereich der Organisation fallen, soweit diese nicht ausdrücklich dem Rat zugewiesen sind. Der *Rat* ist das ständige Exekutivorgan der ICAO.[313] Ihm gehören 36 Mitglieder an, die von der Versammlung gem. Art. 50 lit. a des Chicagoer Abkommens für eine Dauer von drei Jahre gewählt werden.[314] Die Aufgaben des Rates[315] sind vielfältig und beinhalten,

---

A38, Assembly Resolutions in Force (as of 4 October 2013), ICAO Doc. 10022 (»Assembly Resolutions A38«), Resolution A38-5: »[...] a primary objective of the Organization continues to be that of ensuring the safety of international civil aviation worldwide.«

309 Siehe zu den Hauptorganen sowie zu weiteren Organen u.a. *Diederiks-Verschoor*, An Introduction to Air Law, 33 ff.; *Milde*, International Air Law and ICAO, 138 ff.; *Weber*, International Civil Aviation Organization – An Introduction, 19 ff.; *Weber*, in: Hobe/von Ruckteschell (Hrsg.), Bd. 1, 34 ff.

310 Sondertagungen können gemäß Art. 48 lit. a zu jeder Zeit durch den Rat oder durch einen Antrag von einem Fünftel der Vertragsstaaten einberufen werden. Eine Aussetzung des Stimmrechts kann gemäß den Art. 62 und 88 des Chicagoer Abkommens erfolgen.

311 Die Rechte und Pflichten der Versammlung sind in Art. 49 des Chicagoer Abkommens niedergelegt. Sie umfassen u.a. die Wahl des Rats, die Rechnungsprüfung, die Bewilligung der Haushaltsmittel und den Beschluss von Abkommensänderungen sowie die Wahl des Präsidenten der Versammlung und die Bildung verschiedener Ausschüsse.

312 Ausnahmen davon gelten in den Fällen der Art. 45, 93 und 94.

313 Aufgrund der Übertragung zahlreicher Aufgaben seitens der Versammlung auf den Rat und bedingt durch den Umstand, dass der Rat ständig tagt, während die Versammlung mit ihren 191 Mitglieder nur alle drei Jahre zusammentritt, hat der Rat gegenüber der Versammlung eine deutlich stärkere Position. *Hunag* beschreibt dies drastisch mit den Worten »If one compares ICAO to an aircraft, the Council is like a pilot-in-command and the Assembly is like a group of passengers.«, *Huang*, Aviation Safety and ICAO, 233.

314 Bei der Wahl der Ratsmitglieder sind drei Gruppen von Staaten zu unterscheiden. Die erste Kategorie umfasst die im Luftverkehr bedeutendsten Staaten (Art. 50 lit. b (1)). Die zweite Gruppe bilden die nicht in der ersten Gruppevertretenen Staaten, die den größten Beitrag zur Unterhaltung von Verkehrseinrichtungen der internationalen Zivilluftfahrt leisten (Art. 50 lit. b (2)). Die dritte Gruppe enthält schließlich die nicht bereits anderweitig repräsentierten Staaten, deren Mitgliedschaft dafür Gewähr leistet, dass alle wichtigen geographischen Gebiete der Welt im Rat vertreten sind (Art. 50 lit. b (3)).

315 Die Hauptaufgaben des Rates sind in Art. 54 des Chicagoer Abkommens geregelt. Zudem enthält Art. 55 des Chicagoer Abkommens weitere mögliche Betätigungen des Rates. Zusätzliche Aufgaben ergeben sich auch aus anderen Artikeln des Abkommens.

neben verwaltenden[316] und schiedsrichterlichen[317] Tätigkeiten, insbesondere eine zentrale Stellung im Rahmen der »rechtsetzenden« Tätigkeit der ICAO. Die *Ausschüsse* der ICAO sind Hilfsorgane des Rats.[318] Sie sind ihm gegenüber verantwortlich und dienen im Wesentlichen vorbereitenden Arbeiten.[319] Die Luftfahrtkommission[320] (*Air Navigation Commission*, ANC) ist dabei von besonderer Bedeutung für die »rechtsetzende« Tätigkeit des Rates, da es zu ihren Hauptaufgaben gehört, die internationalen Richtlinien, Empfehlungen und Verfahren für den Rat vorzubereiten und ihn in dieser Hinsicht zu beraten.[321] Die Luftfahrtkommission kann wiederum selbst weitere Ausschüsse (*panels*) einsetzten.[322] Das *Sekretariat*[323] ist den Weisungen des Rats unterworfen.[324] Dem Sekretariat können zur Unterstützung seiner Tätigkeiten Arbeitsgruppen (*study groups*) zugeordnet sein.[325] In ihrer regionalen Arbeit werden die Organe der ICAO zudem durch sieben Regionalbüros unterstützt, die dem Sekretariat unterstellt sind.[326] Die Hauptbeamten der Organisation sind gem. Art. 51 und 54 lit. h des

316 Die verwaltenden Aufgaben beinhalten u.a. die Aufstellung einer Geschäftsordnung des Rats (Art. 54 lit. c) und die Einberufung der Versammlung sowie die Vorlegung jährlicher Rechenschaftsberichte an die Versammlung (Art. 54 lit. a) und die Ausarbeitung des Haushaltsplans (Art. 54 lit. a). Zudem ist der Rat mit der Registrierung von zwischen den Mitgliedsstaaten geschlossenen Luftfahrtabkommen und mit Forschungsaufgaben betraut (Art. 81 und 83).
317 Die schiedsrichterlichen Aufgaben des Rats umfassen die Schlichtung von Meinungsverschiedenheiten zwischen zwei oder mehreren Mitgliedsstaaten bezüglich der Auslegung oder Anwendung des Abkommens oder seiner Annexe (Art. 84 ff. des Chicagoer Abkommens). Die Entscheidungen des Rats werden mit einfacher Mehrheit getroffen, wobei die streitbeteiligten Mitglieder von der Abstimmung ausgeschlossen sind (Art. 84). Die Entscheidungen sind bindend. Allerdings können die beteiligten Staaten beim Internationalen Gerichtshof Berufung einlegen (Art. 86).
318 So Art. 54 lit. d bezüglich des Luftverkehrsausschusses (*Air Transport Committee*).
319 Art. 54 lit. d, *Erler*, Rechtsfragen der ICAO, 24.
320 Art. 54 lit. e und Art. 56 f.
321 Art. 57 lit. a. Die Luftfahrtkommission besteht aus 15 technischen Experten, die aufgrund ihrer Kenntnisse und Fähigkeiten vom Rat ernannt werden (Art. 56). Ihr obliegt zudem die Planung und Durchführung aller technischen Konferenzen, insb. der regionalen Flugnavigationskonferenzen. Als weitere Ausschüsse sind u.a. der Lufttransportausschuss, der Rechtsausschuss, der Ausschuss für die gemeinsame Unterhaltung von Luftfahrteinrichtungen, der Finanzausschuss, der Umweltausschuss und der Ausschuss gegen den ungesetzlichen Eingriff in den internationalen Luftverkehr zu nennen.
322 Art. 57 lit. b.
323 Das Sekretariat ist als solches nicht im Chicagoer Abkommen erwähnt. Seine Errichtung kann allerdings u.a. aufgrund der Art. 58 ff. (*personnel*) und Art. 54 lit. h (betreffend die Ernennung des Generalsekretärs durch den Rat) vorausgesetzt werden.
324 Seine Tätigkeitsschwerpunkte liegen in der Erstellung von Gutachten, der Ausarbeitung von Vorschlägen, der Vorbereitung, Veröffentlichung und Verbreitung von Publikationen, der Überwachung der Durchführung der Entscheidungen der ICAO durch die Mitgliedsstaaten sowie der Unterhaltung der Beziehungen zu anderen internationalen Organisationen.
325 Siehe zur Unmanned Aircraft Systems Study Group (UASSG) unten § 6 B. II.
326 Bangkok, Dakar, Kairo, Lima, Mexiko-Stadt, Nairobi und Paris, *ICAO*, Regional Offices, <http://www.icao.int/secretariat/Pages/regional-offices.aspx>, zuletzt besucht am 30. November 2015.

Chicagoer Abkommen der Präsident des Rates und der Generalsekretär. Die ICAO unterhält intensive Beziehungen zu anderen internationalen Organisationen[327], Nichtregierungsorganisationen[328] und weiteren Institutionen. Davon umfasst ist auch eine enge Zusammenarbeit mit der EU.[329]

II. »Rechtsetzende« Tätigkeit der ICAO

Die ICAO ist eine staatliche internationale Organisation, die auf der Basis des Chicagoer Abkommens als völkerrechtlichem Gründungsvertrag auf Dauer angelegt ist und mithilfe eigener Organe den gemeinschaftlichen Interessen der Mitgliedstaaten auf dem Gebiet der internationalen Zivilluftfahrt dient.[330] Die Organisation ist durch das Chicagoer Abkommen *nicht* mit einer ausdrücklichen Ermächtigung zur Setzung allgemeiner Rechtsakte mit uneingeschränkt rechtlich bindender Wirkung für die Vertragsstaaten ausgestattet worden.[331]

Dennoch können einzelne Handlungsformen der ICAO unter bestimmten Voraussetzungen jeweils unterschiedlich ausgeprägte Rechtswirkungen für die Mitgliedstaaten entfalten. Aufgrund des Umstandes, dass einige Handlungsformen keine Rechtsverbindlichkeit besitzen, während bei anderen die jeweilige Rechtwirkungen nicht unumstritten sind – was im Folgenden zu untersuchen ist –, wird vorliegend die Bezeichnung »rechtsetzende« Tätigkeit in Anführungszeichen verwendet. In der Literatur werden zumindest einzelne dieser Handlungsformen auch als »technische Rechtsetzung«[332] oder

---

327 Zu den staatlichen Internationalen Organisationen zu denen die ICAO Beziehungen unterhält gehören u.a. die World Meteorological Organization (WMO), die International Telecommunication Union (ITU), die Universal Postal Union (UPU), die World Health Organization (WHO) und die International Maritime Organization (IMO).
328 Zu den Nichtregierungsorganisationen zu denen die ICAO Beziehungen unterhält gehören u.a. die International Air Transport Association (IATA), der Airports Council International (ACI), die International Federation of Air Line Pilots' Associations (IFALPA) und der International Council of Aircraft Owner and Pilot Associations (IAOPA).
329 Siehe dazu unten § 7 D.
330 Siehe allgemein zu internationalen Organisationen u.a. *Hobe*, Einführung in das Völkerrecht, 10. Aufl., 2014, 121 ff.
331 *Schwenk/Giemulla*, Handbuch des Luftverkehrsrechts, 73; *Weber*, in: Hobe/von Ruckteschell (Hrsg.), Bd. 1, 46. Die Schaffung von Vorschriften mit unmittelbare Wirkung innerhalb der Mitgliedstaaten durch die Organisation ist ebenfalls nicht möglich. Zur innerstaatlichen Geltung der im Chicagoer Abkommen enthaltenen und vor der ICAO geschaffenen Vorgaben bedarf es i.d.R. nationaler Umsetzungsakte bzw. entsprechender genereller Übernahmevorschriften. Diese können innerhalb der Vertragsstaaten der ICAO allerdings sehr unterschiedlich ausgestaltet sein. Siehe zum Verhältnis von Völkerrecht und innerstaatlichen Recht u.a *Hobe*, Einführung in das Völkerrecht, 239 ff.
332 *Buergenthal*, Law-Making in the International Civil Aviation Organisation, 1969, 57 ff.; *Erler*, Rechtsfragen der ICAO, 112 ff.; *Huang*, Aviation Safety and ICAO, 58 ff.; *Weber*, in: Hobe/von Ruckteschell (Hrsg.), Bd. 1, 46 ff.

»quasi-rechtsetzende« bzw. »quasi-legislative«[333] Tätigkeit bezeichnet. Im Folgenden wird auf die in den Annexen zum Chicagoer Abkommen zusammengefassten internationalen Richtlinien und Empfehlungen sowie deren Rechtswirkung näher eingegangen, da diese die wesentlichen Vorgaben der ICAO für Zulassungsvorschriften beinhalten.[334]

1. Internationale Richtlinien und Empfehlungen

Die ICAO leistet ihren Beitrag zur Verwirklichung der oben genannten Ziele zuvörderst durch die Harmonisierung nationaler Gesetze, welche die internationale Zivilluftfahrt betreffen. Dies erfolgt im Wesentlichen mithilfe internationaler Richtlinien und Empfehlungen (*Standards and Recommended Practices*, SARPs), die grundlegende Vorgaben zur Ausgestaltung nationaler Vorschriften darstellen. Das Ziel der Harmonisierung und der Handlungsauftrag der ICAO zur Erarbeitung der dazu notwendigen Werkzeuge in Form von SARPs werden in Art. 37 des Chicagoer Abkommens (*adoption of international standards and procedures*) formuliert:

Each contracting State undertakes to collaborate in securing the highest practicable degree of uniformity in regulations, standards, procedures, and organization in relation to aircraft, personnel, airways and auxiliary services in all matters in which such uniformity will facilitate and improve air navigation.
To this end the International Civil Aviation Organization shall adopt and amend from time to time, as may be necessary, international standards and recommended practices and procedures dealing with:
(a) Communications systems and air navigation aids, including ground marking;
(b) Characteristics of airports and landing areas;
(c) Rules of the air and air traffic control practices;
(d) Licensing of operating and mechanical personnel;
(e) Airworthiness of aircraft;
(f) Registration and identification of aircraft;
(g) Collection and exchange of meteorological information;
(h) Log books;
(i) Aeronautical maps and charts;
(j) Customs and immigration procedures;
(k) Aircraft in distress and investigation of accidents;
and such other matters concerned with the safety, regularity, and efficiency of air navigation as may from time to time appear appropriate.[335]

---

333 U.a. in *Abeyratne*, Law Making and Decision Making Powers of the ICAO Council – a Critical Analysis, ZLW 1992, 387 (388); *Klein*, United Nations, Specialized Agencies, in: Wolfrum (Hrsg.), The Max Planck Encyclopedia of Public International Law, Vol. IV, 2000, Rn. 74; *Milde*, International Air Law and ICAO, 171. Siehe zu einer umfangreichen Befassung mit Fragen der Setzung von »quasi-law« durch die ICAO *Huang*, Aviation Safety and ICAO, 196 ff.
334 Die in Art. 37 S. 2 des Chicagoer Abkommens genannten Verfahren (*procedures*) werden im Rahmen der weiteren Handlungsformen unter § 5 A. II. 2. dargestellt.
335 Art. 37 des Chicagoer Abkommens (deutsche Übersetzung): »Jeder Vertragsstaat verpflichtet sich, daran mitzuarbeiten, dass für Vorschriften, Richtlinien, Verfahren und Organisation in Bezug auf Luftfahrzeuge, Personal, Luftstraßen und Hilfsdienste der höchst-

Die Vertragsstaaten des Chicagoer Abkommens verpflichten sich folglich zur Mitarbeit an der Erlangung eines höchstmöglichen Grades an Einheitlichkeit von verschiedenen Rechtsnormen in allen Angelegenheiten, in denen eine solche Einheitlichkeit die Luftfahrt erleichtert und verbessert. Die genannten Bereiche, in denen SARPs erarbeitet und aktualisiert werden sollen, umfassen zahlreiche wesentliche Aspekte der Luftfahrt. Zudem geht aus der Formulierung des letzten Halbsatzes hervor, dass die Aufzählung nicht abschließend ist, womit der Organisation die Möglichkeit eröffnet wird, weitere Bereiche einer Harmonisierung durch SARPs zugänglich zu machen. Die SARPs sollen allen Mitgliedsstaaten in sämtlichen Bereichen der Luftfahrt zur Verfügung stehen und mit der technischen und gesellschaftlichen Entwicklung Schritt halten.[336]

Die ICAO hat den Auftrag zur Annahme und Änderung von SARPs bislang umfänglich ausgeführt. Ungefähr 10.000 SARPs sind in den inzwischen 19 Annexen zum Chicagoer Abkommen enthalten.[337]

Auch wenn die SARPs als »Mindeststandards«[338] bezeichnet werden, bedeutet dies nicht, dass sie grundsätzlich nur Minimalvorgaben enthalten. Die Mitgliedstaaten, die grundsätzlich ein Interesse an einem höheren Vorgabeniveau haben, sind oftmals auch die Mitgliedstaaten mit dem größten Anteil an der weltweiten Luftfahrt und dem größten Einfluss im Rat und seinen Ausschüssen, womit sie die Ausgestaltung der SARPs

---

mögliche Grad an Einheitlichkeit in allen Angelegenheiten erreicht wird, in denen dies die Luftfahrt erleichtert und verbessert. Zu diesem Zweck wird die Internationale Zivilluftfahrt-Organisation jeweils, soweit erforderlich, internationale Richtlinien, Empfehlungen und Verfahren annehmen und ergänzen in Bezug auf (a) Fernmeldesysteme und Flugnavigationseinrichtungen einschließlich der Bodenkennzeichnung; (b) Merkmale der Flughäfen und Landeplätze; (c) Luftverkehrsregeln und Flugsicherungskontrollverfahren; (d) Zulassung von Betriebs- und technischem Personal; (e) Lufttüchtigkeit der Luftfahrzeuge; (f) Eintragung und Kennzeichnung der Luftfahrzeuge; (g) Sammlung und Austausch von meteorologischen Nachrichten; (h) Bordbücher; (i) Luftfahrtkarten aller Art; (j) Zoll- und Einreiseverfahren; (k) in Not befindliche Luftfahrzeuge und Unfalluntersuchung; ferner sonstige Angelegenheiten, die sich auf die Sicherheit, Regelmäßigkeit und Leistungsfähigkeit der Luftfahrt beziehen, soweit dies jeweils angebracht erscheint.«

336 Erler, Rechtsfragen der ICAO, 107 f.
337 Annex 1 – Personnel Licensing, Annex 2 – Rules Of The Air, Annex 3 – Meteorological Service For International Air Navigation, Annex 4 – Aeronautical Charts, Annex 5 – Units Of Measurement To Be Used In Air And Ground Operations, Annex 6 – Operation Of Aircraft, Annex 7 – Aircraft Nationality And Registration Marks, Annex 8 – Airworthiness Of Aircraft, Annex 9 – Facilitation, Annex 10 – Aeronautical Telecommunications, Annex 11 – Air Traffic Control Service Flight Information Service Alerting Service, Annex 12 – Search And Rescue, Annex 13 – Aircraft Accident And Incident Investigation, Annex 14 – Aerodromes, Annex 15 – Aeronautical Information Services, Annex 16 – Environmental Protection, Annex 17 – Security Safeguarding International Civil Aviation Against Acts Of Unlawful Interference, Annex 18 – The Safe Transport of Dangerous Goods By Air sowie der am 14. November 2013 in Kraft getretene Annex 19 – Safety Management. Soweit ersichtlich existiert keine Übersetzung der Annexe ins Deutsche. Ausgangspunkt der Untersuchung und Auslegung der Annexe ist, wie auch hinsichtlich des Chicagoer Abkommens, die englische Fassung.
338 So u.a der Wortlaut (»minimum standards«) des Art. 33 des Chicagoer Abkommens.

entsprechend beeinflussen können.[339] Die Mindeststandards sind daher zwar diejenigen Vorgaben, die durch nationale Vorschriften wenigstens umgesetzt werden sollen, aber nicht zwangläufig auch die geringsten hinnehmbaren Vorgaben.

Die in den Annexen zum Chicagoer Abkommen enthaltenen SARPs umfassen oftmals nur Vorgaben genereller Natur, wobei einzelne Annexe auch detaillierte Ausarbeitungen aufweisen können. Die spezifischen verbindlichen Gesetze werden grundsätzlich auf nationaler Ebene durch die Vertragsstaaten erlassen.[340] Die SARPs sind daher im Regelfall eher als Rahmenanforderungen an nationale Vorschriften zu verstehen.[341]

a) Definition, Entstehung und Wirksamwerden

Obgleich die Erarbeitung der SARPs durch die ICAO in Art. 37 des Chicagoer Abkommens vorgesehen ist, enthält das Abkommen keine entsprechenden Definitionen. Allerdings sind in nahezu allen Annexen sowie in den Resolutionen der Generalversammlung der ICAO folgende Definitionen für *standards* und *recommended practices* zu finden:

Standard – any specification for physical characteristics, configuration, material, performance, personnel or procedure, the uniform application of which is recognized as necessary for the safety or regularity of international air navigation and to which Contracting States will conform in accordance with the Convention; in the event of impossibility of compliance, notification to the Council is compulsory under Article 38 of the Convention.[342]

---

339 *Milde*, International Air Law and ICAO, 176. *Huang* hebt hervor, dass die Vereinigten Staaten von Amerika und die Mitgliedstaaten der EU besonders großen Einfluss auf die Arbeit der ICAO haben, insb. in Bezug auf die rechtliche Weiterentwicklung, *Huang*, Aviation Safety and ICAO, 223 f. Er fasst dies wie folgt zusammen: »no major motion with legal implications may survive in ICAO without the endorsement, acquiescence or tolerance of the United States and member States of the European Community« und wählt dafür die Bezeichnung »North Atlantic Formula«, *Huang*, Aviation Safety and ICAO, 224. Nach *Huang* steht die Machtfülle des Rates (siehe oben Fn. 313) in engem Zusammenhang mit der deutlichen Präsenz der nordatlantischen Staaten im Rat, *Huang*, Aviation Safety and ICAO, 238.
340 Anders im EASA-System, siehe unten § 7 A.
341 Ebenso wie das Chicagoer Abkommen richten sich auch die in den Annexen enthaltenen SARPs an die Mitgliedstaaten der ICAO. Unmittelbare Rechtswirkungen für natürliche oder juristische Personen innerhalb der Mitgliedstaaten entfalten die Handlungsformen der ICAO grds. nicht.
342 So z.B. in ICAO, Annex 8, Foreword, Status of Annex components, 1. a) und zuletzt in ICAO, Secretary General, A37, Assembly Resolutions in Force (as of 8 October 2010), ICAO Doc. 9958 (»Assembly Resolutions A37«), Resolution A37-15, Appendix A (die Resolutionen der 38. Generalversammlung aus 2013 enthalten diese Definitionen hingegen nicht). Die deutsche Übersetzung lautet: »jede Bestimmung über äußere Merkmale, Konfiguration, Material, Leistung, Personal oder Verfahren, deren einheitliche Anwendung für die Sicherheit oder Regelmäßigkeit der internationalen Luftfahrt als *notwendig anerkannt wird* und nach denen sich die Vertragsstaaten in Übereinstimmung mit diesem Abkommen *richten*.« (Hervorhebung durch den Verfasser).

Recommended Practice – is any specification for physical characteristics, configuration, material, performance, personnel or procedure, the uniform application of which is recognized as desirable in the interest of safety, regularity or efficiency of international air navigation, and to which Contracting States will endeavour to conform in accordance with the Convention. States are invited to inform the Council of non-compliance.[343]

Die Anwendung von Richtlinien wird demnach für »notwendig«, die von Empfehlungen nur für »wünschenswert« gehalten. Weiterhin sollen sich die Vertragsstaaten grundsätzlich nach den *standards* »in Übereinstimmung mit diesem Abkommen richten«, während sie um die Umsetzung der *recommended practices* nur »bemüht sein werden«. Bedeutsam ist zudem die Bezugnahme auf Art. 38 des Chicagoer Abkommens bei der Definition der Richtlinien, nicht allerdings bei der Definition der Empfehlungen. Die Auswirkungen dieser Unterschiede auf die jeweiligen Rechtswirkungen werden im weiteren Verlauf untersucht.

Für die Entstehung der SARPs sind der Rat und die ANC von besonderer Bedeutung. Gemäß Art. 54 lit. l des Chicagoer Abkommens gehört es zu den wesentlichen Aufgaben des Rates internationale Richtlinien und Empfehlungen anzunehmen, sie aus Zweckmäßigkeitsgründen als »Annexe«[344] zum Chicagoer Abkommen zu bezeichnen und allen Mitgliedstaaten die getroffenen Maßnahmen bekanntzugeben. Die ANC ist dazu berufen, die internationalen Richtlinien, Empfehlungen und Verfahren für den Rat vorzubereiten und entsprechende Empfehlungen auszusprechen, zu deren Behandlung sowie zu einer Beschlussfassung auf deren Grundlage der Rat gemäß Art. 54 lit. m berechtigt ist.[345] Aus Art. 90 des Chicagoer Abkommen folgt, dass zur Annahme eines Annex oder dessen Änderung eine Zweidrittelmehrheit im Rat erforderlich ist und dass der Annex oder dessen Änderung sodann jedem Mitgliedstaat, vorzulegen ist.[346] Grundsätzlich werden allerdings zur Erweiterung der späteren Akzeptanz der Annexe bzw. Annexänderungen durch die Mitgliedstaaten, diesen im Vorfeld Entwürfe mit der Aufforderung zur Überprüfung und Kommentierung zugeleitet.[347] Sofern ein Annex oder eine Änderung schließlich durch den Rat angenommen wurde, tritt er bzw. sie drei Monate nach Übermittlung an die Mitgliedsstaaten in Kraft, sofern nicht die Mehrheit der Mitgliedsstaaten in der Zwischenzeit ihre Ablehnung bekanntgegeben

---

343 So z.B. in ICAO, Annex 8, Foreword, Status of Annex components, 1. a) und zuletzt in ICAO, Secretary General, Assembly Resolutions A37, Resolution A37-15, Appendix A (die Resolutionen der 38. Generalversammlung aus 2013 enthalten diese Definitionen hingegen nicht). Die deutsche Übersetzung lautet: »jede Bestimmung über äußere Merkmale, Konfiguration, Material, Leistung, Personal oder Verfahren, deren einheitliche Anwendung im Interesse der Sicherheit, der Regelmäßigkeit oder der Leistungsfähigkeit der internationalen Luftfahrt *als wünschenswert anerkannt* wird und um deren Beachtung die Vertragsstaaten in Übereinstimmung mit dem Abkommen *bemüht sein werden*.« (Hervorhebung durch den Verfasser).
344 Im Deutschen werden sie als »Anhänge« bezeichnet.
345 Art. 57 lit. a und Art. 54 lit. m des Chicagoer Abkommens. Letzterer verweist auf Kapitel XX des Abkommens, das ausschließlich Art. 90 enthält.
346 *Erler* leite die Notwendigkeit einer Zweidrittelmehrheit der *Gesamtzahl* der Ratsmitglieder aus Art. 52 des Chicagoer Abkommens ab, der dies für die einfache Mehrheit vorsieht, *Erler*, Rechtsfragen der ICAO, 124.
347 *Erler*, Rechtsfragen der ICAO, 120. Siehe zu dem diesbezüglich von der ICAO ausgearbeiteten Ablauf *Weber*, in: Hobe/von Ruckteschell (Hrsg.), Bd. 1, 47.

haben.³⁴⁸ In diesem Stadium obliegt es folglich der Mehrheit der Mitgliedstaaten, ob die SARPs oder deren Änderungen wirksam werden, nicht allerdings dem einzelnen Mitgliedstaat.³⁴⁹

Nach dem allgemeinen Wirksamwerden eines Annex oder einer Änderung ergibt sich aus Art. 38 des Chicagoer Abkommens die Verpflichtung der Mitgliedsstaaten, Abweichungen von einer Richtlinie oder einem Verfahren, die bei der Übernahme in das innerstaatliche Recht entstehen, der ICAO unverzüglich anzuzeigen.³⁵⁰ Dem einzelnen Mitgliedstaat wird damit die Möglichkeit eröffnet, von den Richtlinien oder Verfahren eines Annex abzuweichen, falls er ihre Anwendung für undurchführbar erachtet oder aus anderen Gründen eine Abweichung für notwendig hält.³⁵¹ Diese Abweichungsmöglichkeit des Art. 38 wird als »opt(ing)-out« oder»contract(ing)-out«³⁵²-Möglichkeit bezeichnet.³⁵³ Im Falle der Änderung einer Richtlinie ist für die Notifizierung der Nichtausführung einer entsprechenden Änderung im jeweiligen nationalen Recht in Art. 38 S. 2 eine Frist von zwei Monaten vorgesehen.³⁵⁴

---

348 Art. 90 lit. a S. 2.
349 *Alexandrowicz* nennt dieses Verfahren »negative collective intervention«, *Alexandrowicz*, The law making functions of the specialised agencies of the United Nations, 1973, 46. *Hailbronner* wählt die Bezeichnung »spezielles Vetorecht«, *Hailbronner*, International Civil Aviation Organisation, in: Bernhardt (Hrsg.), EPIL, 1995, 1072. *Milde* bezeichnet diese Handlungsmöglichkeit der Vertragsstaaten als »collective veto« und gibt an, dass es in der bisherigen Geschichte der ICAO noch keinen solchen Fall gegeben habe, *Milde*, International Air Law and ICAO, 168. Siehe dazu auch *Cheng*, The law of international air transport, 1962, 64 ff.
350 In den Annexen wird darauf im jeweiligen Vorwort nochmals hingewiesen: »Notification of differences. The attention of Contracting States is drawn to the obligation imposed by Article 38 of the Convention by which Contracting States are required to notify the Organization of any differences between their national regulations and practices and the International Standards contained in this Annex and any amendments thereto. Contracting States are invited to keep the Organization currently informed of any differences which may subsequently occur or of the withdrawal of any differences previously notified. A specific request for notification of differences will be sent to Contracting States immediately after the adoption of each Amendment to this Annex.«, bspw. in ICAO, Annex 8 Foreword, Action by Contracting States.
351 Art. 38 des Chicagoer Abkommens; *Erler*, Rechtsfragen der ICAO, 134. In Art. 38 des Chicagoer Abkommens wird nur auf die Richtlinien, nicht allerdings die Empfehlungen Bezug genommen. Siehe dazu unten Fn. 359.
352 Die Bezeichnung »contracting« als solche ist in diesem Zusammenhang zweifelhaft, da sie den Eindruck erwecken könnte, dass ein völkerrechtlicher Vertrag vorliege, was im Falle von Richtlinien bzw. Annexen gerade nicht der Fall ist.
353 So u.a. in *Alexandrowicz*, The law making functions of the specialised agencies of the United Nations, 46; *Giesecke*, Nachtflugbeschränkung und Luftverkehrsrecht, 2006, 31 f.; *Huang*, Aviation Safety and ICAO, 202.
354 Spätere Abweichungen, die dann allerdings »unverzüglich« nach ihrer Kenntnis bekanntzugeben sind, werden aber ebenso als zulässig erachtet. Siehe dazu *Erler*, Rechtsfragen der ICAO, 139 f.; *Giesecke*, Nachtflugbeschränkung und Luftverkehrsrecht, 32 (beide m.w.N.).

b) Rechtswirkungen

Die Rechtswirkungen der SARPs sind für die vorliegende Untersuchung von Bedeutung, da im Falle der Verbindlichkeit der SARPs, die in ihnen zum Ausdruck gebrachten Vorgaben für die nationalen Zulassungsvorschriften für UAS zwingend maßgeblich wären. Die Mitgliedstaaten der ICAO unterlägen dann der Verpflichtung, die von der Organisation geschaffenen Zulassungsvorgaben für UAS entsprechend in nationales Recht zu überführen.

Zunächst lässt sich hinsichtlich der Rechtswirkungen der SARPs feststellen, dass sie aufgrund ihrer Veröffentlichung in den Annexen zum Chicagoer Abkommen nicht denselben völkerrechtlichen Status wie das Abkommen besitzen.[355] Sie entfalten gegenüber den Mitgliedstaaten damit im Regelfall keine unmittelbare völkervertragliche Verbindlichkeit.[356] Über der Hohen See allerdings gelten gemäß Art. 12 ausnahmsweise die auf Grund des Chicagoer Abkommens in Form von Richtlinien aufgestellten Flugregeln, womit insbesondere auf die in Annex 2 enthaltenen *Rules of the Air* Bezug genommen wird.[357] Eine Abweichung von den Richtlinien, die die Flugregeln über der Hohen See betreffen, ist daher nicht zulässig.[358] Sodann folgt bereits allgemein aus den definitorischen Unterschieden zwischen Richtlinien und Empfehlungen, dass Letztere ihrer Wortbedeutung entsprechend nicht verbindlich sind, da ihre Befolgung nur als »wünschenswert« angesehen wird.[359]

Fraglich bleibt aber, inwieweit die *standards* – außerhalb des Anwendungsbereiches des Art. 12 – Rechtwirkungen für die Vertragsstaaten des Chicagoer Abkommens entfalten können. Der Wortlaut des Art. 37 des Chicagoer Abkommens könnte zunächst gegen eine Rechtswirkung der Richtlinien sprechen. Die Verwendung der Formulie-

---

355 *Weber*, International Civil Aviation Organization – An Introduction, 35; *Weber*, in: Hobe/von Ruckteschell (Hrsg.), Bd. 1, 47; *Milde*, International Air Law und ICAO, 168. Anders wäre dies zu beurteilen, wenn die Annexe durch alle Vertragsstaaten wie ein völkerrechtlicher Vertrag unterzeichnet und ratifiziert werden müssten. Da dies aber in der Praxis sehr zeitaufwändig wäre und damit dem Bestreben nach Aktualität der Annexe widerstreben würde, stellt das in Art. 90 lit. a S. 2 vorgesehene Verfahren einen effektiveren Ansatz dar. Im Gegenzug resultieren daraus allerdings die vorliegend untersuchten Schwierigkeiten in Bezug auf die Rechtswirkungen der Annexe.

356 So geht es auch aus den *travaux préparatoires* des Chicagoer Abkommens hervor: »the Annexes are given no compulsary force«, *Government Printing Office*, Proceedings of the International Civil Aviation Conference, Vol. 1, 1948, 92, so ebenfalls in *Whiteman*, Digest of International Law, 1963-1973, 404.

357 Siehe zu den übrigen in Frage kommenden Annexen oben Fn. 259. *Erler* leitet zudem aus dem Wortlaut »established« des Art. 12 ab, dass von dessen Bindungswirkung nur Richtlinien erfasst seien, da nur diese »established« würden, nicht allerdings Empfehlungen, *Erler*, Rechtsfragen der ICAO, 142. Diese Ansicht stimmt im Ergebnis damit überein, dass die Empfehlungen, wie oben dargelegt, nicht verbindlich sind.

358 Siehe u.a. *Abeyratne*, European Transport Law 2009, 503 (509 f.); *Kaiser*, AASL 1995, 447 (455); *Cheng*, The law of international air transport, 148; *Milde*, International Air Law and ICAO, 168.

359 Siehe »desirable« in der oben genannten Definition. Aufgrund dieser untergeordneten Bedeutung sind die Empfehlungen auch nicht von der Pflicht zur Notifizierung von Abweichungen gem. Art. 38 des Chicagoer Abkommens umfasst, *Erler*, Rechtsfragen der ICAO, 139.

rungen »undertake« und »to the highest practicable degree« widerspricht jedenfalls einer strikten Verbindlichkeit. Ebenso vermag der Wortlaut des Art. 38 unter Verwendung von »finds it impractible« sowie »deems it necessary« nicht für eine solche Verbindlichkeit zu sprechen.[360] Insbesondere die Abweichungsmöglichkeit des Art. 38 könnte eine allgemeine Unverbindlichkeit nahelegen.[361] Eine gänzlich die Bindungswirkung negierende Auslegung des Wortlauts ist jedoch nicht zwingend. Vielmehr handelt es sich bei den Formulierungen der Art. 37 und 38 um Ermessensklauseln.[362] Demnach sind die Vertragsstaaten verpflichtet die Richtlinien nach Möglichkeit umzusetzen, wobei ihnen ein diesbezügliches Ermessen zusteht, dass jedoch wiederum durch den Grundsatz von Treu und Glauben begrenzt ist.[363]

Dafür, den Richtlinien eine Rechtswirkung zuzusprechen, jedenfalls solange und soweit keine Notifizierung einer Abweichung gemäß Art. 38 durch den jeweiligen Mitgliedstaat erfolgt ist, sprechen zudem zwei weitere Erwägungen. Einerseits wäre die Unterscheidung von *standards* und *recommended practices* im Falle einer grundsätzlichen Unverbindlichkeit der Richtlinien überflüssig, da die Empfehlungen ohnehin nicht verbindlich sind.[364] Andererseits ist zu berücksichtigen, dass aus teleologischen Erwägungen die Harmonisierungsfunktion der SARPs nur dann erfüllbar erscheint, wenn jedenfalls die Richtlinien nicht grundsätzlich jeglicher Rechtswirkungen entbehren.[365] Dieser Einschätzung entspricht auch der Charakter des Art. 38 als Ausnahmeregelung.[366] Zwar ermöglicht Art. 38 des Chicagoer Abkommens eine individuelle Abweichung der jeweiligen Vertragsstaaten, er vermag aber nicht das Inkrafttreten des Annex oder seiner Änderung insgesamt zu beeinträchtigen. Gemäß Art. 90 des Chicagoer Abkommens treten nämlich die Annex bzw. deren Änderungen zunächst gänzlich in Kraft, sofern die Mehrheit der Vertragsstaaten nicht zuvor ihre Ablehnung mitgeteilt hat.[367]

---

360 Siehe zu einer Untersuchung der Bedeutungen von »practicable« bzw. »impracticable«, *Huang*, Aviation Safety and ICAO, 60 f.
361 Siehe zu den Argumenten gegen eine Bindungswirkung auch *Giesecke*, Nachtflugbeschränkung und Luftverkehrsrecht, 32 f.
362 *Erler*, Rechtsfragen der ICAO, 132 ff.
363 *Milde*, International Air Law and ICAO, 172; *Giesecke*, Nachtflugbeschränkung und Luftverkehrsrecht, 34.
364 Siehe auch *Giesecke*, Nachtflugbeschränkung und Luftverkehrsrecht, 34.
365 *Giesecke*, Nachtflugbeschränkung und Luftverkehrsrecht, 35; *Rosenthal*, Umweltschutz im internationalen Luftrecht, 1989, 155.
366 *Giesecke*, Nachtflugbeschränkung und Luftverkehrsrecht, 36; *Huang*, Aviation Safety and ICAO, 62. Während ursprünglich eine Abweichungsnotifizierung ohne Angabe von Gründen für die Nichtbefolgung möglich war, hat die ICAO im Jahr 2007 ein entsprechendes Begründungserfordernis aufgestellt: »If a Member State finds itself unable to comply with any SARPs, it should inform ICAO of the reason for non-implementation, including any applicable national regulations and practices which are different in character or in principle.«, aktuell niedergelegt in ICAO, Assembly, Assembly Resolutions A38, Resolution A38-11, Associated practices, 7.
367 So auch *Hobe*, Der offene Verfassungsstaat zwischen Souveränität und Interdependenz – Eine Studie zur Wandlung des Staatsbegriffs der deutschsprachigen Staatslehre im Kontext internationaler institutionalisierter Kooperation, 1998, der demnach einen »bindenden Character« jedenfalls der Richtlinien annimmt.

Dieser Bewertung steht auch nicht der die Annexe betreffende Unterschied des Chicagoer Abkommens zu seinem Vorgängervertrag, dem Pariser Abkommen [368] von 1919, entgegen. Dessen Art. 39 i.V.m Art. 34 bestimmte hinsichtlich der Rechtswirkung der Annexe, dass diese denselben Status wie das Abkommen erlangen, also zu völkervertraglichem Recht erwachsen sollten.[369] Diese Differenz zum Pariser Abkommen ist der Entstehungsgeschichte und den Umständen des internationalen Luftverkehrs geschuldet.[370] Sie bekräftigt zwar das Fehlen einer strengen Bindungswirkung, steht allerdings einer beschränkten Rechtswirkung der Richtlinien nicht entgegen. Wenngleich es die Absicht der Gründungsväter des Chicagoer Abkommens war, eine unmittelbare völkervertragliche Verbindlichkeit der Annexe im Gegensatz zum Pariser Abkommen gerade nicht herbeizuführen,[371] wird aus oben genannten Gründen deutlich, dass sie jedoch ebenso wenig den Richtlinien jegliche Rechtwirkung abzusprechen beabsichtigten.[372]

Im Ergebnis erzeugen die Art. 37 und 38 des Chicagoer Abkommens eine begrenzte Rechtswirkung der Richtlinien dahingehend, dass eine Umsetzung in nationales Recht im Grundsatz verpflichtet ist, allerdings durch die Anwendung der Abweichungsmöglichkeit des Art. 38 begrenzt werden kann. Diese Rechtswirkung der Richtlinien wird in der vorliegenden Arbeit als *eingeschränkte* Verbindlichkeit bezeichnet.

Anzumerken ist an dieser Stelle, dass die Besonderheiten der Entstehung und Bindungswirkung der Richtlinien zu Schwierigkeiten hinsichtlich der Sicherstellung ihrer tatsächlichen Umsetzung durch die Vertragsstaaten des Chicagoer Abkommens geführt

---

368 Convention portant Réglementation de la Navigation Aérienne, in Kraft getreten am 19. Oktober 1919 (»Pariser Abkommen«).
369 Siehe dazu *Huang*, Aviation Safety and ICAO, 202; *Milde*, International Air Law and ICAO, 167.
370 Das Pariser Abkommen wurde insb. aufgrund der starken Rechtswirkungen seiner Annexe nicht von den Vereinigen Staaten von Amerika ratifiziert und war damit praktisch zum Scheitern verurteilt, *Riese*, Luftrecht, 1949, 127. Dies wurde bei der Erarbeitung des Chicagoer Abkommens berücksichtigt. Durch die Abweichungsmöglichkeit sollte eine ähnliche Ablehnung des Chicagoer Abkommen verhindert werden, *Giesecke*, Nachtflugbeschränkung und Luftverkehrsrecht, 35. Zum Zeitpunkt der Entstehung des Abkommens waren zahlreiche Staaten zudem auf dem Sektor des Luftverkehrs unterentwickelt, *Erler*, Rechtsfragen der ICAO, 112 ff. Dennoch sollten sie zumindest verpflichtet werden, das ihnen Mögliche zu tun, *Erler*, Rechtsfragen der ICAO, 112 ff. Die im Chicagoer Abkommen erfolgte Regelung sollte daher die unterschiedliche wirtschaftliche Leistungsfähigkeit der jeweiligen Staaten berücksichtigen, *Giesecke*, Nachtflugbeschränkung und Luftverkehrsrecht, 35.
371 *Erler*, Rechtsfragen der ICAO, 133.
372 Der im Chicagoer Abkommen gewählte Ansatz aus einem zentralen Harmonisierungsauftrag gepaart mit einer Anpassungsfähigkeit durch die Abweichungsmöglichkeit des Art. 38 hat sich gerade dem Pariser Abkommen als überlegen herausgestellt und kann als besonderer Vorteil des Chicagoer Abkommens angesehen werden, so *Huang*, Aviation Safety and ICAO, 54: »This system, which aims at uniformity while permitting certain flexibility, has overcome the weakness of the Paris Convention and proven to be a very valuable asset of ICAO.« Anderer Ansicht ist diesbezüglich *Stiehl*, für den das Fehlen einer unmittelbaren Verbindlichkeit der Vorgaben der ICAO eine Schwäche der Organisation darstellt, *Stiehl*, Die Europäische Agentur für Flugsicherheit (EASA) – Eine moderne Regulierungsagentur und Modell für eine europäische Luftfahrtbehörde, ZLW 2004, 312 (313).

haben. Bedingt ist dies durch die Möglichkeit der Inaktivität der Mitgliedstaaten im Zuge des Verfahrens des Wirksamwerdens der SARPs bzw. ihrer Änderungen. Wie dargelegt, kann sowohl die Mehrheit der Mitgliedstaaten das Inkrafttreten des Annex bzw. dessen Änderungen gänzlich verhindern als auch der einzelne Mitgliedstaat eine individuelle Bindung an eine Richtlinie gemäß Art. 38 des Chicagoer Abkommens ausschließen. Dennoch können die Mitgliedstaaten auch schlicht untätig bleiben, wobei die jeweiligen Gründe dafür sehr unterschiedlich sein können.[373] Zwar enthält Art. 38 die vertragliche Verpflichtung der Mitgliedstaaten eine Abweichung zu notifizieren. Eine Verletzung dieser Pflicht offenbart sich allerdings nicht unmittelbar, da bei einem Nichthandeln grundsätzlich von einer Befolgung ausgegangen wird. Die *standards* entwickeln zwar eine eingeschränkte Verbindlichkeit für die sich passiv verhaltenden Mitgliedstaaten. Aufgrund der großen Anzahl der Richtlinien, der 191 Mitgliedstaaten und der bisweilen erheblich differierenden Rechtssysteme ist es jedoch schwierig, vollständige Gewissheit hinsichtlich der tatsächlichen Umsetzung der Richtlinien zu erlangen.[374]

Um diesem Problem zu begegnen, haben sowohl einige Mitgliedstaaten individuelle oder regionale Maßnahmen ergriffen[375] als auch die ICAO zur Überprüfung der Umsetzung der SARPs das *Universal Safety Oversight Audit Programme* (USOAP) und das *Universal Security Audit Programme* (USAP) ins Leben gerufen.[376] Oftmals können zudem auch wirtschaftliche Erwägungen für die Befolgung der Richtlinien maßgeblich sein, wenn etwa die großen Luftverkehrsmärkte, z.B. die Vereinigten Staaten von Amerika oder die EU, die Umsetzung der Vorgaben als Voraussetzung für eine Marktteilnahme verlangen.[377] Die Nichtbefolgung der SARPs durch den jeweiligen

---

373 Die unterschiedlichen Interessen der 191 Mitgliedstaaten auf wirtschaftlichem, sozialem und politischem Gebiet erschweren es der ICAO Lösungen zu finden, die gleichermaßen hilfreich und praktikabel für alle Mitgliedsstaaten sind, *Koester*, ICAO and the Economic Environment of Civil Aviation, ZLW 2003, 322; *Münz*, ZLW 1994, 383. Oftmals bleiben daher Mitgliedstaaten den Tagungen zur Entwicklung der SARPs fern, geben ihre Abweichungen nicht bekannt oder reagieren überhaupt nicht, da die erarbeiteten SARPs mitunter nicht ihrem Entwicklungsstand und ihren praktischen Bedürfnissen entsprechen, *Milde*, International Air Law and ICAO, 176.
374 Im Jahr 1995 räumte das Sekretariat der ICAO diesbezüglich sogar ein: »it is at the present time impossible to indicate with any degree of accuracy or certainty what the state of implementation of regulatory Annex material really is, because a large number of [states] have not notified ICAO of their compliance with or differences to the Standards in the Annexes for some considerable time.«, ICAO C-WP/10218, zitiert in *Milde*, Aviation Safety Oversight: Audits and the Law, AASL 2001, 165 (170).
375 Zu diesen Maßnahmen gehören u.a. Betriebsuntersagungen. Siehe dazu und zu anderen Instrumenten auf nationaler und regionaler Ebene u.a. *Milde*, International Air Law and ICAO, 177 ff.; *Kamp*, in: Hobe/von Ruckteschell/Heffernan (Hrsg.), 843 ff.
376 Siehe zum USOAP und USAP *ICAO*, Universal Safety Oversight Audit Programme (USOAP), <http://www.icao.int/safety/cmaforum/Pages/default.aspx>; *ICAO*, The Universal Security Audit Programme (USAP) and its Objective, <http://www.icao.int/Security/Usap/Pages/default.aspx>, beide zuletzt besucht am 30. November 2015, sowie zu diesen Programmen und ihren Rechtwirkungen u.a. *Huang*, Aviation Safety and ICAO, 69 ff. sowie allgemein Durchsetzung der SARPs mithilfe verschiedener Instrumente *Milde*, International Air Law and ICAO, 175 ff.
377 *Giesecke*, Nachtflugbeschränkung und Luftverkehrsrecht, 37.

Staat kann diesen praktisch von der bedeutsamen Teilnahme an der internationalen Zivilluftfahrt größtenteils ausschließen.[378]

Vorliegend ist in diesem Zusammenhang der bereits oben untersuchte Art. 33 des Chicagoer Abkommens relevant.[379] Die durch ihn statuierte Anerkennungspflicht hinsichtlich des Lufttüchtigkeitszeugnisses und weiterer Zeugnisse durch die übrigen Vertragsstaaten des Abkommens setzt voraus, dass die Anforderungen, nach denen die Zeugnisse ausgestellt oder für gültig erklärt worden sind, den auf der Grundlage des Abkommens aufgestellten Mindestanforderungen entsprechen oder darüber hinausgehen. Art. 33 ändert nichts an der eingeschränkten Verbindlichkeit der Richtlinie als solche, erzeugt aber keine Anerkennungspflicht, wenn die Zeugnisse des jeweiligen Mitgliedstaates aufgrund einer Abweichung von den Richtlinien gemäß Art. 38 nicht mehr den Mindeststandards der Annexe entsprechen. Sofern die Vertragsstaaten des Chicagoer Abkommens eine internationale Anerkennung des CofA und anderer Zeugnisse beabsichtigen, wofür beim internationalen Betrieb von Luftfahrzeugen gemeinhin eine Notwendigkeit besteht, sind sie gehalten von den diesbezüglichen Mindestanforderungen der Annexe nicht abzuweichen.[380]

Aufgrund der zuvor dargestellten Umstände wird die aus dem Abkommen folgende lediglich eingeschränkte Verbindlichkeit durch die Besonderheiten der internationalen Luftfahrt und des Art. 33 wiederum eingeschränkt.[381] Die Richtlinien haben daher als Vorgaben für nationale Vorschriften maßgebliche Bedeutung.[382]

---

378 *Milde*, International Air Law and ICAO, 172. So können die Mitgliedstaaten, die die Richtlinien entsprechend umgesetzt haben, den Verkehr über ihrem Staatsgebiet von der Einhaltung der Richtlinien abhängig machen. Siehe u.a. folgendes Beispiel bei *Huang*, Aviation Safety and ICAO, 204: »For instance, after the events of 11 September 2001, a standard was introduced to strengthen the cockpit doors of certain categories of aircraft. Any member State may file difference to render this standard inapplicable in its territory. But if its aircraft do not comply with this standard, they may encounter difficulties in their operation and admission to other States where that standard is in force.«

379 Siehe oben § 4 B. II. 2.

380 So auch *Milde*, International Air Law and ICAO, 172.

381 *Kirgis* relativiert vor diesem Hintergrund die Bedeutung der umfangreichen Auseinandersetzung mit den Rechtswirkungen der Richtlinien: »The debate is largely academic. Whether or not ICAO standards are formally binding in the treaty law sense, they are highly authoritative in practice. This reflects their recognized importance fort he safety and efficiency of civil air travel and the thorough process by which they are promulgated.«, *Kirgis*, Specialized Law-making Processes, in: Oscar Schachter/Joyner (Hrsg.), United Nations Legal Order, Bd. 1, 1995, 126.

382 Hinsichtlich der unverbindlichen Empfehlungen gilt, dass deren Inhalt erst durch Umsetzung seitens der Vertragsstaaten in nationales Recht Verbindlichkeit erlangen kann. Dies kann als »opt(ing)-in« bezeichnet werden, *Huang*, Aviation Safety and ICAO, 202. Der jeweilige Mitgliedstaat muss dabei hinsichtlich der Empfehlungen aktiv tätig werden, wodurch die Empfehlung zwar unverbindlich bleibt, der Mitgliedstaat ihr aber durch individuelle Übernahme innerstaatliche Rechtsverbindlichkeit zuteil werden lässt. *Huang* räumt diesem aktiven Tätigwerden der Mitgliedstaaten der ICAO eine besondere Bedeutung gegenüber dem durch Passivität gekennzeichneten Wirksamwerden der Richtlinien ein: »There is a predominant view that standards are more binding than recommended practices, but the actual difference between them is that standards are opt-out provisions, while recommended practices are opt-in. In the case of standards, silence means consent; in the

Die Mitgliedstaaten der ICAO sind folglich auch hinsichtlich der Zulassungsvorgaben in den Annexen zum Chicagoer Abkommen grundsätzlich verpflichtet diese in nationales Recht umzusetzen, es sei denn, sie notifizieren eine Abweichung, die praktisch allerdings mit Nachteilen behaftet sein kann. Welche entsprechend umzusetzenden Vorgaben für Zulassungsvorschriften für UAS die Annexe im Einzelnen enthalten, wird in § 5 untersucht.

2. Weitere Handlungsformen

Neben den SARPs, die in den Annexen zum Chicagoer Abkommen enthalten sind, stehen der ICAO weitere Handlungsformen zur Verwirklichung ihrer Ziele zur Verfügung.

Zu nennen sind dabei zunächst die ebenfalls in den Art. 37 und 38 des Chicagoer Abkommens genannten Verfahren (*procedures*), die in zwei Arten eingeteilt werden können. Während die *Procedures for Air Navigation Services* (PANS) grundsätzlich auf eine weltweite Anwendbarkeit gerichtet sind, sind die *Regional Supplementary Procedures* (SUPPS) ihrem Namen entsprechend auf die regionale Anwendung begrenzt.[383] Diese Verfahren weisen eine im Vergleich zu den Annexen erhöhte Detailtiefe auf, betreffen aber im Wesentlichen den Bereich des Betriebs.[384] Daneben kann der Rat der ICAO gemäß Art. 69 des Chicagoer Abkommens Konsultationen durchführen und Empfehlungen aussprechen. Diese Betreffen Flughäfen und andere Flugnavigationseinrichtungen und sind daher für die vorliegende Untersuchung, ebenso wie die PANS und SUPPS, nicht relevant. Aus den Aufgaben der Organe können sich zudem weitere Handlungsformen ergeben.[385] Ebenso umfasst sind die Vorbereitung und der Beschluss von Änderungen des Chicagoer Abkommens gemäß Art. 94. Zudem betätigt sich die Organisation bei der Vorbereitung und Begleitung diplomatischer Konferenzen zum Zwecke des Abschlusses völkerrechtlicher Verträge im Bereich des

---

case of recommenced practices, consent has to be expressed. Once they are opted in, the effect would for all practical purposes be the same. An international standard for which half of ICAO member States file differences is not more effective or binding than a recommended practice which is incorporated into domestic law by more than half of the member States. Standards may become binding due to the passive inaction by States, while recommended practices could only be binding through active commitment by States. Because of this, the conscious acceptance of recommended practices may even display a stronger will to implement them.«, *Huang*, Aviation Safety and ICAO, 202 f.

383 Siehe zu SUPPS und PANS sowie deren Rechtswirkungen u.a. *Milde*, International Air Law and ICAO, 174 f; *Erler*, Rechtsfragen der ICAO, 128 ff. sowie im Zusammenhang mit UAS *Marshall*, IALP 2008, 87 (101).

384 Diese werden nicht in die Anhänge aufgenommen, sondern als separate Instrumente erlassen.

385 Eine weitere Handlungsform des Rates ergibt sich bspw. aus Art. 54 lit. j des Chicagoer Abkommens. Demgemäß hat der Rat die Aufgabe den Vertragsstaaten jede Verletzung dieses Übereinkommens sowie jede Nichtausführung von Empfehlungen oder Beschlüssen des Rates zu berichten. Siehe dazu und zu den diesbezüglichen Rechtswirkungen *Huang*, Aviation Safety and ICAO, 197 ff.

internationalen Luftrechts.[386] Die Generalversammlung der ICAO kann, wie in Internationalen Organisationen üblich, insbesondere durch Generalversammlungsresolutionen tätig werden.

Von besonderer Bedeutung für die vorliegende Arbeit ist weiterhin das von der Organisation herausgegebene Anleitungsmaterial (*guidance material*). Anleitungsmaterial dient der Erklärung der SARPs und PANS sowie zur Unterstützung ihrer Umsetzung.[387] Es wird entweder als Anhang zu den Annexen oder in separaten Dokumenten erlassen und erscheint in der Regel zeitgleich mit den SARPs auf die es sich bezieht.[388] Die wichtigsten Anleitungsmaterialien sind die sog. Handbücher (*manuals*) und Rundschreiben (*circulars*).[389] *Manuals* enthalten weiterführende oder unterstützende Informationen zu den jeweiligen SARPs und PANS. Ihr wesentlicher Zweck besteht in der Vereinfachung der Umsetzung der Vorgaben in nationales Recht, wozu sie ebenfalls regelmäßig aktualisiert werden.[390] *Circulars* betreffen in der Regel besondere Aspekte der internationalen Zivilluftfahrt, die für die Mitgliedstaaten der ICAO von Interesse sein können.[391] Sie werden im Gegensatz zu den Manuals grundsätzlich nicht aktualisiert.[392] Während, wie oben dargelegt, sowohl die Versammlung als auch der Rat ausdrücklich mit Kompetenzen im Rahmen der »rechtsetzenden« Tätigkeit der Organisation ausgestattet sind und insbesondere der Rat eingeschränkt verbindliche Richtlinien erlassen kann, fehlt eine vergleichbare Ermächtigung der übrigen Organe der ICAO.[393] Die vom Sekretariat veröffentlichten Anleitungsmaterialien sind daher unverbindlich.

Die von der ICAO bezüglich UAS erarbeiteten Anleitungsmaterialien werden im Rahmen der Untersuchung der Weiterentwicklung von Zulassungsvorgaben durch die ICAO in § 6 ausführlich behandelt.

---

386 Die Organisation fungiert dabei allerdings in erster Linie als Forum. Siehe für eine Liste der völkerrechtlichen Verträge, zu deren Entstehung die ICAO zumindest beigetragen hat *ICAO*, Treaty Collection, <http://www.icao.int/secretariat/legal/Pages/TreatyCollection.aspx>, zuletzt besucht am 30. November 2015.
387 *ICAO*, Making an ICAO Standard, <http://www.icao.int/safety/airnavigation/pages/standard.aspx>, zuletzt besucht am 30. November 2015.
388 *ICAO*, Making an ICAO Standard, <http://www.icao.int/safety/airnavigation/pages/standard.aspx>, zuletzt besucht am 30. November 2015.
389 In der deutschen Literatur werden i.d.R. auch die englischen Begriffe verwendet. Im Folgenden werden daher ebenfalls ausschließlich die betreffenden Anleitungsmaterialien ebenfalls als »Manual« und »Circular« bezeichnet.
390 *ICAO*, Making an ICAO Standard, <http://www.icao.int/safety/airnavigation/pages/standard.aspx>, zuletzt besucht am 30. November 2015.
391 *ICAO*, Making an ICAO Standard, <http://www.icao.int/safety/airnavigation/pages/standard.aspx>, zuletzt besucht am 30. November 2015.
392 *ICAO*, Making an ICAO Standard, <http://www.icao.int/safety/airnavigation/pages/standard.aspx>, zuletzt besucht am 30. November 2015.
393 *Huang*, Aviation Safety and ICAO, 201.

B. Richtlinien und Empfehlungen der ICAO für Zulassungsvorschriften für unbemannte Luftfahrzeugsysteme

Die SARPs der ICAO haben maßgeblichen Einfluss auf die Zulassungsvorschriften der Vertragsstaaten des Chicagoer Abkommens und damit auch auf die Mitgliedstaaten der EU. Vorliegend werden die Vorgaben der ICAO für Zulassungsvorschriften für UAS untersucht, wobei insbesondere die eingeschränkt verbindlichen Richtlinien zweier Annexe maßgeblich sind. Ausgangspunkt ist zunächst Annex 8, der die zentralen Vorgaben zur Lufttüchtigkeit von Luftfahrzeugen enthält. Zusätzlich hat Annex 2 für UAS an Bedeutung gewonnen. Grundsätzlich betrifft dieser die Flugregeln und ist damit dem Bereich des Betriebs von Luftfahrzeugen zuzuordnen. Im November 2012 ist jedoch eine UAS betreffende Änderung des Annex 2 wirksam geworden, die auch Vorgaben zur deren Zulassung enthält.

I. Annex 8

Annex 8 des Chicagoer Abkommens trägt die Bezeichnung *Airworthiness of Aircraft* und enthält folglich SARPs zur Lufttüchtigkeit von Luftfahrzeugen. Der Annex wurde am 1. März 1949 gemäß Art. 37 des Chicagoer Abkommens vom Rat der ICAO angenommen und hat seither zahlreiche Änderungen erfahren.[394]

1. Aufbau

Im Grundsatz enthalten alle Annexe zum Chicagoer Abkommen Definitionen (*definitions*), SARPs, Appendizes (*appendices*) sowie Tabellen (*tables*) und Schaubilder (*figures*).[395] Die Definitionen haben keine eigenständige Stellung innerhalb des Annex, sondern sind Teil der jeweiligen Richtlinie oder Empfehlung, in der sie Verwendung finden.[396] Die Appendizes enthalten zusätzliche detaillierte Vorgaben, die grundsätzlich thematisch zusammengefasst werden und Bestandteil der SARPs sind, sofern dies in einer auf sie bezogenen Richtlinie als Ermächtigungsgrundlage bestimmt wird.[397] Die SARPs werden regelmäßig durch Vorworte (*forewords*), Einführungen (*introductions*), Anmerkungen (*notes*) und Anhänge[398] (*attachments*) ergänzt, die vorwiegend Erklärungen oder weitere Informationen zu den SARPs enthalten, aber nicht Bestand-

---

[394] ICAO, Annex 8, Foreword, sowie darin Table A. Amendments to Annex 8. Die maßgebliche letzte Fassung ist die 11. Auflage aus dem Juli 2010, zuletzt geändert durch Änderung Nr. 104 vom 14. November 2013.
[395] ICAO, Annex 8, Foreword, Status of Annex components, 1. Siehe zum Aufbau der Annexe auch *Milde*, International Air Law and ICAO, 172 f.
[396] ICAO, Annex 8, Foreword, Status of Annex components, 1. c).
[397] ICAO, Annex 8, Foreword, Status of Annex components, 1. b); *Milde*, International Air Law and ICAO, 173.
[398] Diese Anhänge sind von den Annexen (die ebenfalls als »Anhänge« bezeichnet werden) abzugrenzen.

teil dieser sind.³⁹⁹ Annex 8 entspricht im Grundsatz diesem formalen Aufbau, enthält allerdings keine Appendizes.

Inhaltlich besteht Annex 8 aus sieben Teilen (*Parts*): *Definitions* (Part I), *Procedures for Certification and Continuing Airworthiness* (Part II.), *Large Aeroplanes* (Part III.), *Helicopters* (Part IV.), *Small Aeroplanes* (Part V.), *Engines* (Part VI.) und *Propellers* (Part VII.). Einzelne Teile sind mehrfach vorhanden (z.B. Part III., IIIA. und IIIB.), wobei sich die Auswahl des maßgeblichen Parts nach dem Zeitpunkt der Antragstellung für eine Muster- oder Verkehrszulassung richtet. Die diesbezüglich entscheidungserheblichen Daten liegen in den Jahren 1960, 1991, 2004 und 2007. Für die vorliegende Untersuchung werden nur die zeitlich jüngst anwendbaren Teile untersucht, da grundsätzlich nur diese für UAS relevant werden können. Jeder Teil ist zudem in weitere Kapitel (*Chapter*) untergliedert.

2. Grundsätze

Die Vorgaben des Annex 8 zur Lufttüchtigkeit von Luftfahrzeugen unterliegen bestimmten Grundsätzen, die die Funktion und Reichweite des Annex kennzeichnen. Sie sind im Wesentlichen im Vorwort des Annex zusammengefasst.

Darin wird zunächst bekräftigt, dass die Richtlinien des Annex 8 diejenigen Mindeststandards festlegen, die für eine internationale Anerkennung von Lufttüchtigkeitszeugnissen gemäß Art. 33 des Chicagoer Abkommens eingehalten werden müssen.⁴⁰⁰ Diesbezüglich wird hervorgehoben, dass diese vom Rat angenommenen Richtlinien für die Funktion des Art. 33 auch abschließend sind.⁴⁰¹ Folglich sind für das Entstehen einer Anerkennungspflicht aus Art. 33 ausschließlich die in Annex 8 enthaltenen Mindestvoraussetzungen maßgeblich, wobei die Vorgaben der Musterzulassung im Einklang mit den Art. 31 und 33 des Chicagoer Abkommens nicht zu den für Art. 33 relevanten Mindestvoraussetzungen gehören.⁴⁰² Diese Grundsätze werden zwar in Annex 8 genannt, ergeben sich aber bereits aus der Auslegung der Art. 31 und 33 des Chicagoer Abkommens.⁴⁰³

Darüber hinaus geht aus Annex 8 deutlich hervor, welche Funktion den in ihm enthaltenen Richtlinien zukommen soll. Der entsprechende Abschnitt des Vorworts lautet:

[...] the technical airworthiness Standards in Annex 8 shall be presented as broad specifications stating the objectives rather than the means of realizing these objectives; ICAO recognizes that

---

399 ICAO, Annex 8, Foreword, Status of Annex components, 2. In formaler Hinsicht werden Richtlinien und Empfehlungen durch eine unterschiedliche Wortwahl und Druckweise differenziert; siehe dazu ICAO, Annex 8, Foreword, Editorial practice. Alle Annexe werden entsprechend den authentischen Sprachen des Chicagoer Abkommens in Englisch, Arabisch, Chinesisch, Französisch, Russisch und Spanisch veröffentlicht.
400 ICAO, Annex 8, Foreword, Historical background.
401 ICAO, Annex 8, Foreword, Historical background.
402 ICAO, Annex 8, Foreword, Historical background: »Accordingly, the requirements governing the issuance of Type Certificates in accordance with applicable provisions of Annex 8 are not part of ›the minimum standards‹ which govern the issuance or validation of Certificates of Airworthiness, and lead to the recognition of their validity pursuant to Article 33 of the Convention.«
403 Siehe oben § 4 B. II.

national codes of airworthiness containing the full scope and extent of detail considered necessary by individual States are required as the basis for the certification by individual States of airworthiness of each aircraft.

Folglich dienen die in Annex 8 enthaltenen Richtlinien eher als Rahmenvorgabe bzw. Zielbestimmung, als zur Regelung konkreter Mittel zur Erreichung dieser Ziele. Damit einhergehend erkennt die ICAO an, dass nationale Zulassungsvorschriften notwendig sind, die das Zulassungsverfahren und die Zulassungsvoraussetzungen detailliert regeln.[404] Daraus folgt auch bezüglich der Zulassungsvorgaben der ICAO für UAS, dass diese nicht jede Einzelheit von UAS behandeln, sondern vielmehr nur allgemein die Eigenschaften von UAS berücksichtigen müssen. Dieser Grundsatz wird allerdings durch den Annex selbst teilweise wieder eingeschränkt. So werden die Mitgliedstaaten unter der Überschrift »[u]se of the text of the Annex in national regulations« dazu aufgefordert, nach Möglichkeit den Wortlaut des Part II. (*Procedures for Certification and Continuing Airworthiness*) weitgehend unverändert in nationales Recht zu übernehmen.[405] Im selben Abschnitt werden allerdings wiederum dem Grundsatz entsprechend bezüglich der Teile IIIA. und IIIB. ausdrücklich nationale Vorschriften erweiterter Komplexität gefordert.[406]

Als Hilfestellung zur Ausgestaltung nationaler Vorschriften verweist Annex 8 in diesem Zusammenhang auf Anleitungsmaterial in Form eines *Airworthiness Manual*.[407] Diese Handlungsform ist allerdings, wie oben dargestellt, durch die allgemeine Unverbindlichkeit von Anleitungsmaterialien gekennzeichnet.[408] Im Vorwort des Annexe befindet sich dazu folgende Formulierung:

[...] the material in the Airworthiness Manual is intended to guide them in the development of their detailed and comprehensive national codes with a view to introducing uniformity in those national codes. The material has no mandatory status and Contracting States are quite free to differ from it either in detail or in methods.[409]

---

404 ICAO, Annex 8, Foreword, Historical background.
405 ICAO, Annex 8, Foreword, Action by Contracting States: »The Council, on 13 April 1948, adopted a resolution inviting the attention of Contracting States to the desirability of using in their own national regulations, as far as practicable, the precise language of those ICAO Standards which are of a regulatory character and also of indicating departures from the Standards, including any additional regulations that are important for the safety or regularity of air navigation. Wherever possible, the provisions of Part II of this Annex have been written in such a way as would facilitate incorporation, without major textual changes, into national legislation.«
406 ICAO, Annex 8, Foreword, Action by Contracting States: »The provisions of Parts IIIA and IIIB of this Annex, on the other hand, are applicable to aeroplanes through the medium of national codes more comprehensive and detailed than the Standards, so that the Council Resolution of 13 April 1948 does not apply to Parts IIIA and IIIB.«
407 ICAO, Annex 8, Foreword, Action by Contracting States zu ICAO, Secretary General, Airworthiness Manual, ICAO Doc. 9760, 3. Aufl. (»Airworthiness Manual«).
408 Siehe zu den ursprünglich erarbeiteten, aber letztlich aufgegebenen *Acceptable Means of Compliance* (AMC) des Annex 8 als Vorgänger des entsprechenden Anleitungsmaterials zu Annex 8, ICAO, Annex 8 Foreword.
409 ICAO, Annex 8, Foreword, Action by Contracting States. Vergleichbares findet sich im *Airworthiness Manual* selbst: »Although this Manual provides guidance on the suggested content of various State airworthiness regulations, no attempt has been made to formulate

Die im Vorwort genannten Prinzipien enthalten zudem eine Aussage von besonderer Bedeutung in Bezug auf die Verschiebung des Gefährdungsschwerpunktes bei der Verwendung von UAS.[410] Obgleich der Schutz von Personen an Bord gegenwärtig als die primäre Funktion der Sicherheitsvorschriften angesehen werden kann,[411] entspricht die in Annex 8 geäußerte Schutzrichtung nicht dieser Bewertung. Ausweislich des Vorwortes dienen die erstmals im Jahre 1949 angenommenen Richtlinien des Annex 8 zuvörderst dem Ziel der »protection of other aircraft, third parties and property«.[412] Die Schutzrichtung des Annex 8 entspricht damit – jedenfalls gemäß dem Vorwort – derjenigen, die in absehbarer Zukunft für Zulassungsvorschriften für UAS als maßgeblich zu erachten ist.[413]

3. Vorgaben für das Zulassungsverfahren und die Zulassungsarten

Die Vorgaben des Annex 8 zum Zulassungsverfahren und den Zulassungsarten sind in Part II. (*Procedures for Certification and Continuing Airworthiness*) enthalten.[414] Dieser Teil des Annex ist den übrigen Teilen vorangestellt und gilt allgemein.

---

specific regulations. A Contracting State should establish and implement a system that enables it to satisfactorily discharge its international obligations and responsibilities.«, ICAO, Secretary General, Airworthiness Manual, Foreword. *Huang* betont, dass das Anleitungsmaterial zwar oftmals aufgrund seiner sachlichen Überzeugungskraft von den Mitgliedstaaten der ICAO verwendet wird, dennoch aber aufgrund seines unverbindlichen Status die Frage bestehen bleibt, ob die von der ICAO gewünschte Einheitlichkeit auch dann realisiert werden kann, wenn einzelne Staaten dem Anleitungsmaterial nicht folgen: »Clearly, in the absence of such guidance material, it would be difficult to implement this standard uniformly. However, the guidance material has no formal legal status and lacks mandatory effect. While many States voluntarily follow guidance material on the basis of its professionally persuasive value, a question may be raised as to whether there will be no uniformity if other States do not follow the guidance material.«, Huang, Aviation Safety and ICAO, 64 f.

410 Siehe oben § 3 C. II.
411 *Tomasello*, AMJ 2010, 1 (5 f.); *Clothier/Wu*, Eleventh Probabilistic Safety Assessment and Management Conference (PSAM11) and the Annual European Safety and Reliability Conference (ESREL 2012), 25th – 29th June, Helsinki, Finland 2012, 1 (2.3.1); *Clothier et al.*, Safety Science 2011, 1 (2.3). Siehe dazu auch oben Fn. 225.
412 ICAO, Annex 8, Foreword, Historical background.
413 Dies ändert sich erst bei der Beförderung von Personen mithilfe von UAS. Wie oben dargelegt, ist dies allerdings in absehbarer Zukunft nicht zu erwarten.
414 Part II. enthält auch Vorgaben zu anderen Bereichen, insb. zur Aufrechterhaltung der Lufttüchtigkeit (*continuing airworthiness*). Wie oben dargelegt, ist diese nicht Bestandteil der vorliegenden Untersuchung. *Huang* fasst dies wie folgt zusammen: »[a] notable feature of Annex 8 is that it imposes obligations on the State of registry to develop or adopt requirements and procedures to ensure the continuing airworthiness of the aircraft during its service life, including requirements to ensure that the aircraft continues to comply with the appropriate airworthiness requirements after modification, repair or installation of a replacement part. It further lays down requirements for the exchange of mandatory continuing airworthiness information between the State of design and the State of registry of the aircraft. These obligations naturally require the State of registry to maintain a close link with the aircraft and consequently impose constraints on the State of registry, thereby reducing the possibility of ›flags of convenience‹.«, *Huang*, Aviation Safety and ICAO, 48. Siehe zur Aufrechterhaltung der Lufttüchtigkeit auch oben Fn. 235.

a) Musterzulassung

Die Vorgaben zum Musterzulassungsverfahren finden sich in Kapitel 1 des Part II. Entsprechend dem Vorwort und der Änderungshistorie des Annex wurde der Bereich der Musterzulassung erst im Jahre 2001 ergänzt, wobei dies nicht auf eine originäre Handlungsinitiative der ICAO zurückzuführen ist, sondern vielmehr als Reaktion auf eine entsprechende Praxis der Vertragsstaaten erfolgte.[415] Gemessen am Gesamtumfang des Annex von über 200 Seiten ist das Ausmaß der Vorgaben zum Musterzulassungsverfahren mit etwa zwei Seiten vergleichsweise gering. Das Kapitel 1 des Part II. enthält keine Empfehlungen, sondern ausschließlich Richtlinien, die bisweilen durch Anmerkungen (*notes*) ergänzt werden.

Zum Musterzulassungsschein (*Type Certificate*, TC), der am Ende eines erfolgreichen Musterzulassungsverfahrens[416] steht, enthält Annex 8 insbesondere folgende Richtlinie:

The State of Design, upon receipt of satisfactory evidence that the aircraft type is in compliance with the design aspects of the appropriate airworthiness requirements, shall issue a Type Certificate to define the design and to signify approval of the design of the aircraft type.[417]

Dementsprechend definiert Part. I des Annex das TC als »[a] document issued by a Contracting State to define the design of an aircraft type and to certify that this design meets the appropriate airworthiness requirements of that State.«[418] Der Entwurfsstaat (*State of Design*) soll demnach ein TC ausstellen um das Muster zu bestimmen und zu genehmigen, sofern der Nachweis erbracht wurde, dass das Muster den entsprechenden Lufttüchtigkeitsanforderungen genügt.[419] Innerhalb der Definitionen des Annex 8

---

415 Siehe dazu die Ausführungen im Vorwort des Annex 8: »On 6 June 2000, the Air Navigation Commission reviewed the recommendation of the Continuing Airworthiness Panel and the Airworthiness Study Group, in light of the introduction of the type certification process, to introduce the Type Certificate concept. It came to the conclusion that this internationally used and known certificate was already introduced in the *Airworthiness Technical Manual* (Doc 9051) and that its introduction complements the type certification process, making the text of Annex 8 consistent with its international airworthiness use.«, ICAO, Annex 8, Foreword, sowie u.a. *Weber*, ZLW, 289 (291 ff.).
416 ICAO, Annex 8 Anmerkung zu Standard 1.1.: »Normally, a request for a Type Certificate is submitted by the aircraft manufacturer when the aircraft is intended for serial production.«
417 ICAO, Annex 8, Part II., Standard 1.4.1.
418 ICAO, Annex 8, Part I., Definitions.
419 Die Definition für »lufttüchtig« (*airworthy*) lautet: »The status of an aircraft, engine, propeller or part when it conforms to its approved design and is in a condition for safe operation.«, ICAO, Annex 8, Part I., Definitions. Die JAA/EUROCONTROL UAV Task-Force konstatiert hinsichtlich der »Lufttüchtigkeit«: »There is currently no accepted definition of airworthiness. Authorities often adopt a working definition that considers an aircraft is airworthy if it is in compliance with all applicable airworthiness requirements as specified by the State of Registration. The State of Registration will issue an airworthiness approval, including an International Certificate of Airworthiness if compliance with the minimum standards defined in ICAO Annex 8 have been demonstrated, if it is satisfied that an aircraft is fit to fly having regard to its design, construction, workmanship, materials a equipment and such flying qualities which are considered necessary for the airworthiness of the

B. Richtlinien und Empfehlungen der ICAO für Zulassungsvorschriften für UAS

wird der Entwurfsstaat als »[t]he State having jurisdiction over the organization responsible for the type design«[420] definiert. Der Entwurfsstaat ist demnach der Staat, in dessen Rechtshoheit der Entwicklungsbetrieb fällt. Der Entwurfsstaat kann sich damit von dem Registerstaat unterscheiden, in welchem das Luftfahrzeug eingetragen ist und der das CofA ausstellt. Dies wird den heutigen Realitäten der Entwicklung und Herstellung[421] von Luftfahrzeugen gerecht, im Rahmen derer der das TC haltende Entwicklungsbetrieb grundsätzlich in einem bestimmten Staat bzw. mehreren bestimmten Staaten ansässig ist, während die in Serie hergestellten Luftfahrzeuge letztendlich in einer Vielzahl von Staaten registriert sein können.[422]

Die Vorgaben zu den »design aspects of the appropriate airworthiness requirements«[423] sind in den Richtlinien 1.2.1 ff. geregelt, während die Vorgaben zur Erbringung entsprechender Nachweise in den Richtlinien 1.3.1 ff. enthalten sind. Die Richtlinien sind sehr kurz und allgemein gehalten und verweisen hinsichtlich der konkreten Zulassungsvoraussetzungen auf die weiteren Teile des Annex.

---

aircraft. The airworthiness standards applied by individual States will often exceed the minimum levels set by ICAO and will reflect individual experiences and the safety culture adopted. In terms of design, for example, the airworthiness standards would normally comprise the Type Certification standards applied by the State of Design but can, and often does, include additional national design requirements specific to the State of Registration. Airworthiness is therefore not a fixed concept, but the levels will vary from state to state.«, *JAA/EUROCONTROL*, UAV Task-Force – Enclosures, 3.2.2.2.

420 ICAO, Annex 8, Part I., Definitions.
421 Vom Entwurfsstaat und dem Registerstaat ist zudem der Herstellungsstaat (*State of Manufacture*) zu unterscheiden. Dieser wird als »[t]he State having jurisdiction over the organization responsible for the final assembly of the aircraft.« definiert und beheimatet folglich den die Endmontage vornehmenden Herstellungsbetrieb. Er ist für die Sicherstellung der Lufttüchtigkeit der durch den Herstellungsbetrieb und ggf. seine Subunternehmen bzw. Zulieferer produzierten Luftfahrzeuge und Teile verantwortlich, ICAO, Annex 8, Part II., Standard 2.2.
422 Die Richtlinien des Kapitels 1 des Teils II. enthalten daher Vorgaben die grds. den Entwurfsstaat betreffen. Wie oben dargelegt, wird die Musterzulassung nicht im Chicagoer Abkommen erwähnt und damit nicht Bestandteil der von der Anerkennungspflicht des Art. 33 des Chicagoer Abkommens umfassten Zeugnisse. Die Vorgaben zur Musterzulassung sind daher nicht Bestandteil der von den Vertragsstaaten grds. umzusetzenden »minimum standards«. Im Vorwort des Annex 8 wird dies wie folgt erläutert: »It was further noted that the State of Registry, which is in charge of the issuance or validation of Certificates of Airworthiness by virtue of Article 31 of the Convention, and the State of Design may be different States, with separate functions and duties, and two independent responsibilities. Accordingly, the requirements governing the issuance of Type Certificates in accordance with applicable provisions of Annex 8 are not part of the ›minimum standards‹ which govern the issuance or validation of Certificates of Airworthiness, and lead to the recognition of their validity pursuant to Article 33 of the Convention.«, ICAO, Annex 8, Foreword, Historical background.
423 Die *appropriate airworthiness requirements* werden als »[t]he comprehensive and detailed airworthiness codes established, adopted or accepted by a Contracting State for the class of aircraft, engine or propeller under consideration [...]« definiert, ICAO, Annex 8, Part I., Definitions.

Die einzige materielle Vorgabe zur Sicherheit des Musters enthält Richtlinie 1.2.2: »The design shall not have any features or characteristics that render it unsafe under the anticipated operating conditions.«[424] Diese Vorgabe stellt nur einen allgemeinen Grundsatz dar, der inhaltlich eine Selbstverständlichkeit ist. Da er in Part II. enthalten ist, gilt er allgemein als Vorgabe zur Musterzulassung und ist nicht an die Anwendbarkeitsvoraussetzungen der weiteren Teile des Annex geknüpft.[425]

Die Vorgaben zum Musterzulassungsverfahren unterscheiden nicht zwischen der bemannten und unbemannten Luftfahrt und sind damit grundsätzlich auch auf letztere anwendbar. Dennoch beziehen sich die Richtlinien des Kapitels 1 des Part II. nur auf das Luftfahrzeug bzw. auf die »class of aircraft«[426] oder den »aircraft type«[427]. In Bezug auf UAS ist daher nur das UA erfasst, nicht allerdings die weiteren Elemente des Systems. In einer unverbindlichen Anmerkung wird darauf hingewiesen, dass einige Vertragsstaaten auch ein TC für Motoren oder Propeller vorsehen.[428] Zwar kann dadurch der Umfang möglicher Objekte eines Musterzulassungsverfahrens erweitert werden, die übrigen besonderen Bestandteile eines UAS können damit allerdings nicht erfasst werden, da sie nicht als Motor oder Propeller qualifiziert werden können.

Das UA ist daher im Grundsatz von den Richtlinien des Annex zum TC umfasst. Die Vorgaben zur Musterzulassung ermöglichen allerdings weder, dass das UAS als ganzes erfasst wird, da sie sich ausdrücklich nur auf das Luftfahrzeug beziehen, noch sehen sie vor, dass individuelle Musterzulassungsscheine für die weiteren Elemente des UAS ausgestellt werden.

b) Verkehrszulassung

Die Vorgaben zum Verfahren der Verkehrszulassung finden sich in Kapitel 3 des Part II.[429] Auch dieses Kapitel hat einen sehr begrenzten Umfang und enthält ausschließlich Richtlinien und keine Empfehlungen.[430] Die Vorgaben betreffen die Ausstellung des CofA und der Aufrechterhaltung seiner Gültigkeit, Betriebsbeschränkungen und entsprechende Informationen, den zeitweisen Verlust der Lufttüchtigkeit und

---

424 Die *anticipated operating conditions* werden als »[t]hose conditions which are known from experience or which can be reasonably envisaged to occur during the operational life of the aircraft taking into account the operations for which the aircraft is made eligible, the conditions so considered being relative to the meteorological state of the atmosphere, to the configuration of terrain, to the functioning of the aircraft, to the efficiency of personnel and to all the factors affecting safety in flight. Anticipated operating conditions do not include: a) those extremes which can be effectively avoided by means of operating procedures; and b) those extremes which occur so infrequently that to require the Standards to be met in such extremes would give a higher level of airworthiness than experience has shown to be necessary and practical.« definiert, ICAO, Annex 8, Part I., Definitions.
425 Siehe unten § 5 B. I. 4. a).
426 ICAO, Annex 8, Part II., Standard 1.2.1.
427 ICAO, Annex 8, Part II., Standard 1.4.1.
428 ICAO, Annex 8, Part II., Anmerkung zu Standard 1.4.1.
429 Kapitel 2 des Part II. enthält Vorgaben für den Herstellungsstaat, die die Herstellung und die Herstellungsbetriebe betreffen.
430 Kapitel 3 des Part II. nimmt lediglich drei Druckseiten mit wenigen Standards ein.

den Fall der Beschädigung des Luftfahrzeugs. Zudem enthält Kapitel 3 des Part II. eine Mustervorlage für ein CofA.

Vorliegend von Bedeutung sind insbesondere folgende Richtlinien:

A Certificate of Airworthiness shall be issued by a Contracting State on the basis of satisfactory evidence that the aircraft complies with the design aspects of the appropriate airworthiness requirements.[431]

A Contracting State shall not issue or render valid a Certificate of Airworthiness for which it intends to claim recognition pursuant to Article 33 of the Convention on International Civil Aviation unless it has satisfactory evidence that the aircraft complies with the applicable Standards of this Annex through compliance with appropriate airworthiness requirements.[432]

Demgemäß ist ein Lufttüchtigkeitszeugnis auszustellen, wenn ein hinreichender Nachweis der Erfüllung der entsprechenden Lufttüchtigkeitsanforderungen erbracht wurde. Gemäß Art. 31 des Chicagoer Abkommens liegt die Zuständigkeit für das CofA beim Registerstaat.[433] Soll das CofA gemäß Art. 33 des Chicagoer Abkommens im internationalen Luftverkehr anerkannt werden, so darf es nur dann ausgestellt werden, wenn durch die Erfüllung der jeweiligen Lufttüchtigkeitsanforderungen auch die Richtlinien des Annex 8 erfüllt werden. Diese Vorgaben entsprechen inhaltlich im Wesentlichen den Art. 31 und 33 des Chicagoer Abkommens. Die übrigen Richtlinien des Kapitels 3 des Part II. betreffen die oben genannten Bereiche und sind ebenfalls sehr allgemein abgefasst.

Ebenso wie die Vorgaben zur Musterzulassung unterscheiden die Richtlinien zur Verkehrszulassung nicht zwischen der bemannten und unbemannten Luftfahrt. Gleichsam bezieht sich die Verkehrszulassung aber ebenfalls nur auf das Luftfahrzeug. Ein CofA steht, wie oben in Bezug auf Art. 31 des Chicagoer Abkommens erläutert, allerdings grundsätzlich den Besonderheiten von UAS nicht entgegen.[434] Das UA ist das fliegende Element des Systems und muss daher lufttüchtig sein. Dies wird durch ein die Lufttüchtigkeit bescheinigendes Zeugnis nachgewiesen.

Problematisch könnte diesbezüglich aber zum einen sein, dass das UA für seine Flugfähigkeit und damit auch seine Lufttüchtigkeit auf die übrigen Elemente des Systems angewiesen ist. Dies müsste auch hinsichtlich der Erteilung des CofA für das UA berücksichtigt werden. Die Frage unter welchen Voraussetzungen ein CofA erteilt wird, ist allerdings Bestandteil der materiellen Zulassungsvoraussetzungen, die in den übrigen Teilen des Annex enthalten sind und spricht nicht gegen ein allgemeines Erfordernis eines CofA für ein UA, das sich bereits aus Art. 31 des Chicagoer Abkommens ergibt.

Zum anderen stellt sich die Frage, inwieweit die übrigen Elemente des Systems als solche berücksichtigt werden können. Das CofA bezieht sich eindeutig nur auf das Luftfahrzeug. Ein »RPS-CofA« oder ein ähnliches individuelles Zeugnis für die Kontrolleinheit und die weiteren Elemente des Systems, dass deren »Lufttüchtigkeit« bzw. sichere Funktionstüchtigkeit darlegen könnte, kann daher nicht aus Annex 8 entnom-

---

431 ICAO, Annex 8, Part II., Standard 3.2.1.
432 ICAO, Annex 8, Part II., Standard 3.2.2.
433 Siehe oben § 6 B. II.
434 Siehe oben § 4 B. II. 1.

men werden.[435] Ebenso wie bei der Musterzulassung können daher auch die Vorgaben der ICAO zum Verfahren der Verkehrszulassung zwar im Grundsatz das UA erfassen, nicht allerdings die weiteren Bestandteile des UAS.

c) Weitere Zulassungsarten

Die Vorgaben des Annex 8 zum Zulassungsverfahren und den Zulassungsarten betreffen nur die Musterzulassung und die Verkehrszulassung. SARPs zu weiteren Zulassungsarten, z.B. einer eingeschränkten Musterzulassung oder einer eingeschränkten Verkehrszulassung, sowie Vorgaben zur Fluggenehmigung finden sich nicht. Das *Airworthiness Manual* hingegen enthält Leitlinien für die Ausgestaltung nationaler Vorschriften für eine Fluggenehmigung, die als *special flight approval/authorization/ permit* bezeichnet wird und in den Fällen ausgestellt werden soll, in denen die jeweiligen Lufttüchtigkeitsanforderungen nicht erfüllt werden.[436] Die Szenarien, in denen eine Fluggenehmigung erteilt werden könnte, umfassen die Verlegung zur Wartungsbasis, die Auslieferung und die Entfernung aus einem Gefahrenbereich, wobei die Aufzählung nicht abschließend ist.[437] Dabei sollen verschiedene Betriebsbeschränkungen eingehalten werden.[438] Diese Leitlinien sind, wie das *Airworthiness Manual* im Allgemeinen, unverbindlich und entfalten damit keine den Richtlinien vergleichbare Rechtswirkung. Aber auch inhaltlich wäre eine Fluggenehmigung grundsätzlich nicht für die Verwendung von UAS geeignet. Sie ist nur als Ausnahmemöglichkeit in den zuvor genannten Szenarien vorgesehen und mit besonderen Betriebsbeschränkungen versehen, wodurch sie jedenfalls für eine reguläre Nutzung eines UAS nicht passend wäre. Zu berücksichtigen ist zudem, dass sich die Leitlinien zur Fluggenehmigung ebenso wie die Vorgaben des Annex 8 zum Zulassungsverfahren und den Zulassungsarten nur auf das Luftfahrzeug beziehen und die weiteren Elemente des Systems nicht erfassen können. Letztlich ist die Fluggenehmigung kein CofA und genügt daher nicht den Anforderungen der Art. 31 und 33 des Chicagoer Abkommens. Sie würde daher auch keinen regulären internationalen Betrieb von Luftfahrzeugen im Allgemeinen und UA im Besonderen ermöglichen.[439]

4. Vorgaben für die Zulassungsvoraussetzungen

Die Vorgaben des Annex 8 für die Zulassungsvoraussetzungen sind in den Teilen III. (*Large Aeroplanes*), IV. (*Helicopters*), V. (*Small Aeroplanes*), VI. (*Engines*) und VII. (*Propellers*) enthalten. Annex 8 enthält hunderte Richtlinien aber nur zehn Emp-

---

435 Siehe zu ehemaligen Bestrebungen dieser Art unten § 10 B. I.
436 ICAO, Secretary General, Airworthiness Manual, Part III., 5.1.1.
437 ICAO, Secretary General, Airworthiness Manual, Part III., 5.1.1. a) – d).
438 ICAO, Secretary General, Airworthiness Manual, Part III., 5.3.
439 Bei einem internationalen Betrieb von UAS wären dann individuelle Einfluggenehmigungen der betroffenen Staaten erforderlich. Siehe dazu auch ICAO, Secretary General, Airworthiness Manual, Part III., 5.3.2: »If the aircraft is not in compliance with Annex 8 and the flight involves operations over States other than the State of Registry, the air operator of the aircraft should obtain the necessary overfly authorizations from the respective authorities of each of those States prior to undertaking the flight.«

fehlungen. Dies unterstreicht die besondere Bedeutung der Vorgaben des Annex 8 für die Flugsicherheit, da die Richtlinien gegenüber den Empfehlungen zumindest eine eingeschränkte Verbindlichkeit besitzen.[440]

Während die Grundzüge des Muster- und Verkehrszulassungsverfahrens in Teil II. geregelt sind, enthalten die weiteren Teile die materielle Zulassungsvorgaben, die zur Ausstellung eines entsprechenden TC bzw. CofA mindestens erfüllt werden sollen. Sie geben den Mitgliedstaaten der ICAO die Grundzüge nationaler Zulassungsvorschriften vor und bestimmen den Kanon der für eine gegenseitige Anerkennung gemäß Art. 33 des Chicagoer Abkommens umzusetzenden Anforderungen.

Vorweggenommen werden kann bereits, dass die SARPs des Annex 8 *keine* speziellen Vorgaben zu UAS bzw. UA enthalten. Die unbemannte Luftfahrt wird in Annex 8 nicht erwähnt.

Die Auslegung der Artikel des Chicagoer Abkommens und die Definition des Luftfahrzeugs hat allerdings gezeigt, dass grundsätzlich von den Vorgaben des Abkommens und der Annexe sowohl bemannte als auch unbemannte Luftfahrzeuge umfasst sind.[441] Es ist daher im Folgenden zu untersuchen, inwieweit die im Grundsatz nicht differenzierenden Zulassungsvorgaben UAS auch ohne deren ausdrückliche Nennung erfassen können.

a) Anwendbarkeit

Zunächst ist zu bestimmen, welche Anwendbarkeitsvoraussetzungen für die Zulassungsvorgaben des Annex 8 gelten. Fraglich ist also, für welche UAS bzw. UA die jeweiligen Teile des Annex überhaupt Vorgaben für Zulassungsvorschriften enthalten können. Die folgenden Voraussetzungen der Anwendbarkeit sind den Vorgaben zu Zulassungsvoraussetzungen der jeweiligen Teile vorangestellt.

Teil IIIB. (*Large Aeroplanes, Aeroplanes over 5 700 kg for which application for Certification was submitted on or after 2 March 2004*):

Except for those Standards and Recommended Practices which specify a different applicability, the Standards and Recommended Practices of this part shall apply to all aeroplanes with a maximum certificated take-off mass greater than 5 700 kg and intended for the carriage of passengers or cargo or mail in international air navigation.[442]

Teil IVB. (*Helicopters, Helicopters for which application for certification was submitted on or after 13 December 2007*):

Except for those Standards and Recommended Practices which specify a different applicability, the Standards and Recommended Practices of this part shall apply to helicopters greater than 750 kg maximum certificated take-off mass intended for the carriage of passengers or cargo or mail in international air navigation.[443]

Part V. (*Small Aeroplanes, Aeroplanes over 750 kg but not exceeding 5 700 kg for which application for certification was submitted on or after 13 December 2007*):

440 Siehe oben § 5 A. I. 1. b)
441 Eine Ausnahme davon ist der nur für UA geltende Art. 8 des Chicagoer Abkommens. Siehe dazu oben § 4 B. I. 1.
442 ICAO, Annex 8, Part IIIB., Standard 1.1.2.
443 ICAO, Annex 8, Part IVB., Standard 1.1.2.

Except for those Standards and Recommended Practices which specify a different applicability, the Standards and Recommended Practices of this part shall apply to all aeroplanes having a maximum certificated take-off mass greater than 750 kg but not exceeding 5 700 kg intended for the carriage of passengers or cargo or mail in international air navigation.[444]

Folglich enthält Annex 8 grundsätzlich Zulassungsvorgaben für Flugzeuge (*aeroplanes*) und Hubschrauber (*helicopter*) ab einem MTOW von 750 kg, sofern diese für den Transport von Passagieren, Fracht oder Post im internationalen Zivilluftverkehr vorgesehen sind.

Besonders hervorzuheben ist zunächst, dass sich die Vorgaben gemäß diesen Anwendbarkeitsvoraussetzungen nur auf *aeroplanes* bzw. *helicopter* beziehen und damit wiederum ausschließlich am Luftfahrzeug anknüpfen. Die übrigen Elemente von UAS können weder als *aeroplane* – definiert als »[a] power-driven heavier-than-air aircraft, deriving its lift in flight chiefly from aerodynamic reactions on surfaces which remain fixed under given conditions of flight«[445] – oder als *helicopter* – definiert als »[a] heavier-than-air aircraft supported in flight chiefly by the reactions of the air on one or more power-driven rotors on substantially vertical axes«[446] – angesehen werden. Die Definitionen von *aicraft*, *aeroplane* und *helicopter* sind insoweit eindeutig, als dass sie allein das fliegende Element des UAS erfassen können. Die Teile IIB., IVB. und V. des Annex 8 enthalten daher ebenso wie Teil II. ausschließlich Vorgaben zum UA. Weitere Elemente wie die RPS oder die Datenverbindung und besondere Eigenschaften von UAS wie unterschiedliche Stufen der Autonomie können keine Berücksichtigung finden.

Weiterhin betreffen die Vorgaben nur Flugzeuge und Hubschrauber, sodass sämtliche übrigen Typen von Luftfahrzeugen nicht erfasst sind.[447] Dazu zählen unter anderem jegliche Luftfahrzeuge mit einer geringeren Dichte als Luft (*lighter-than-air aircraft*), wozu insbesondere Frei- und Fesselballone sowie Luftschiffe gehören.[448] Weiterhin sind nicht motorisierte Luftfahrzeuge wie Segelflugzeuge und Drachen ebenso ausgeschlossen wie Tragschrauber und Ornithopter.[449] Für UA, die diesen Luftfahrzeugtypen zuzurechnen sind, enthält Annex 8 daher keine Zulassungsvorgaben.

Zudem dient als weiteres Ausschlusskriterium ein MTOW von über 750 kg. Wenngleich UA diese Gewichtsgrenze durchaus überschreiten können, bestehen zahlreiche Verwendungsmöglichkeiten von UAS auch dann, wenn das UA ein MTOW von 750 kg oder weniger aufweist.[450] Ein geringeres MTOW von UA gegenüber bemannten Luftfahrzeugen und unterhalb der 750 kg Grenze kann oftmals mit den besonderen Vorzügen von UAS verbunden sein.[451] Annex 8 enthält folglich keine Zulassungsvorgaben für kleine UA sowie große UA mit einem MTOW von 750 kg oder weniger.

---

444 ICAO, Annex 8, Part V., Standard 1.1.2.
445 ICAO, Annex 8, Part I., Definitions.
446 ICAO, Annex 8, Part I., Definitions.
447 Siehe zu den Luftfahrzeugtypen ICAO, Annex 7, 2.1 (Table 1) sowie oben § 2 A. I. 1. a).
448 Siehe dazu ICAO, Annex 7, 2.1 (Table 1); siehe zu Ballonen auch unten § 5 B. II. 3.
449 Siehe dazu ICAO, Annex 7, 2.1 (Table 1).
450 Siehe oben § 2 B.
451 Siehe oben § 2 B. I.

Die verbleibenden, nicht aufgrund dieser technischen Kriterien ausgenommenen Luftfahrzeuge, müssen letztlich auch der Anwendbarkeitsvoraussetzung des Nutzungszwecks genügen, um von den Zulassungsvorgaben des Annex 8 umfasst zu sein. Die Anforderung »intended for the carriage of passengers or cargo or mail« schließt viele UAS aus dem Anwendungsbereich der Vorgaben des Annex 8 aus. Wie oben dargestellt, ist in absehbarer Zukunft kein Passagiertransport durch UAS zu erwarten.[452] Der Transport von Fracht oder Post ist zwar eine beabsichtigte Anwendung für UAS. Sie ist allerdings bislang nur in geringerem Umfang Bestandteil der Bemühungen um UAS. Die meisten gegenwärtigen und vorgesehenen Verwendungen von UAS sind auf *aerial work*, insbesondere in Form der Informationsbeschaffung, gerichtet.[453] Viele Vorzüge von UAS gegenüber bemannten Luftfahrzeugen äußern sich gerade im Bereich der Luftarbeit.[454]

Von den Zulassungsvorgaben der Teile IIB., IVB. und V. des Annex 8 können daher im Ergebnis nur diejenigen UA erfasst werden, die zum Transport von Passagieren, Fracht oder Post vorgesehen sind bzw. sein werden und als Flugzeuge oder Hubschrauber ein MTOW von über 750 kg erreichen.

Die Teile des Annex 8 zu Motoren (Teil VI.) und Propellern (Teil VII.) betreffen die in den Teilen IIB., IVB. und V. genannten Motoren bzw. in den Teilen IIB., und V. genannten Propellern. Sie sind daher nur für Motoren und Propeller derjenigen UA relevant, die von den zuvor genannten Teilen erfasst sind.

b) Inhaltliche Ausrichtung der Zulassungsvorgaben

Die SARPs der einzelnen Teile folgen einem nahezu identischen Aufbau und enthalten Zulassungsvorgaben, die jeweils in folgende Kapitel eingeteilt sind: *General*, *Flight*, *Structure*, *Design and construction*, *Powerplant*[455], *Systems and equipment*, *Operating limitations and information*, *Crashworthiness and cabin safety*, *Operating environment and Human factors* und *Security*.[456]

Eine Untersuchung sämtlicher Vorgaben würde den Rahmen der vorliegenden Arbeit überdehnen und wäre letztlich auch nicht zielführend. Wie dargelegt, können die SARPs des Annex 8 lediglich das UA, nicht allerdings die übrigen Elemente des UAS erfassen, wobei die demnach verbleibenden erfassbaren UA zum Transport von Passagieren, Fracht oder Post vorgesehen sein müssen und als Flugzeuge oder Hubschrauber ein MTOW von über 750 kg erreichen müssen.

Selbst wenn man die Vorgaben nur für diese UA heranziehen würde, was in Anbetracht der Besonderheit des Systems bereits unvollständig wäre, kann zusätzlich die inhaltliche Ausrichtung der vorhandenen Zulassungsvorgaben problematisch sein. Zwar sind die meisten Zulassungsvorgaben eher allgemein formuliert und könnten daher auch für UA in nationales Recht übernommen werden, allerdings erschweren einzelne Richtlinien eine dementsprechende Zulassung von UA.

---

452 Siehe oben § 2 B. II. und unten § 11 B.
453 Siehe oben § 2 B. II.
454 Siehe oben § 2 B. I.
455 Im Hubschrauber betreffenden Teil IVB. heißt dieses Kapitel »Rotors and powerplant«, ICAO, Annex 8, Part IVB., 5.
456 Siehe jeweils die Kapitel der Teile IIB., IVB. und V.

So fordert beispielsweise Richtlinie 4.2 lit. d (*Pilot vision*) des Teil IIIB.[457]:

The arrangement of the flight crew compartment shall be such as to afford a sufficiently extensive, clear and undistorted field of vision for the safe operation of the aeroplane, and to prevent glare and reflections that would interfere with the pilot's vision. The design features of the windshield shall permit, under precipitation conditions, sufficient vision for the normal conduct of flight and for the execution of approaches and landings.

Das »flight crew compartment«, also das Cockpit, soll so beschaffen sein, dass es einen weitreichenden, klaren und unverzerrten Sichtbereich zum Zwecke des sicheren Betriebs des Flugzeugs ermöglicht und Blendungen und Reflexionen vorbeugt, die die Sicht des Piloten behindern könnten.[458] Die Richtlinie legt daher zugrunde, dass sich ein Pilot an Bord befindet. Sofern die Vorgabe in nationale Zulassungsvorschriften für UA umgesetzt würde, wäre ihre Erfüllung unmöglich, da sich weder der Pilot noch ein Cockpit an Bord eines UA befinden.

Sofern kein Personentransport durch UA erfolgt, wovon jedenfalls in absehbarer Zeit auszugehen ist, können zudem zahlreiche weitere Vorgaben Schwierigkeiten bereiten, da sie auf die Anwesenheit von Passgieren an Bord ausgerichtet sind. Sie betreffen unter anderem Schutz vor Feuer an Bord[459], Notlandungen[460], Evakuierungen[461] und Überlebensausrüstungen[462].[463]

---

457   Ähnlich auch bzgl. *helicopter* (»Crew vision«, ICAO, Annex 8, Part IVB., 4.2 c)) sowie *small aeroplanes* (»Pilot vision«, ICAO, Annex 8, Part V., 4.1 d)).
458   Eine entsprechende Erklärung findet sich auch in ICAO, Secretary General, Annexes 1 to 18, online abrufbar, Annex 8 (»Annexes Booklet«): »Special consideration is given to requirements dealing with design features which affect the ability of the flight crew to maintain controlled flight. The layout of the flight crew compartment must be such as to minimize the possibility of incorrect operation of controls due to confusion, fatigue or interference. It should allow a sufficiently clear, extensive and undistorted field of vision for the safe operation of the aeroplane.«
459   ICAO, Annex 8, Part IIIB., 4.2 f) (*Fire precautions*), unpassend für UA wäre z.B. die Vorgaben zu Waschräumen: »Lavatories installed in aeroplanes shall be equipped with a smoke detection system and a built-in fire extinguisher system for each receptacle intended for the disposal of towels, paper or waste.« und 8.3 (*Cabin fire protection*). Die Parts zu *helicopter* und *small aeroplanes* enthalten ähnliche Vorgaben.
460   ICAO, Annex 8, Part IIIB., 4.6 (*Emergency landing provisions*). Die Teile zu *helicopter* und *small aeroplanes* enthalten ähnliche Vorgaben.
461   ICAO, Annex 8, Part IIIB., 8.4 (*Evacuation*). Die Teile zu *helicopter* und *small aeroplanes* enthalten ähnliche Vorgaben.
462   ICAO, Annex 8, Part IIIB., 8.6 (*Survival equipment*). Die Teile zu *helicopter* und *small aeroplanes* enthalten ähnliche Vorgaben.
463   Diesbezüglich führt das ICAO, Secretary General, Annexes Booklet, Annex 8, aus: »Aeroplane design features also provide for the safety, health and well being of occupants by providing an adequate cabin environment during the anticipated flight and ground and water operating conditions, the means for rapid and safe evacuation in emergency landings and the equipment necessary for the survival of the occupants following an emergency landing in the expected external environment for a reasonable time-span.« Trotz der Unterscheidung von *safety* und *security* (siehe dazu oben § 3 C. I.) und der grds. Ausrichtung des Annex 8 auf Erstere, enthält Annex 8 auch einzelne Vorgaben zum Schutz vor äußeren Gefahren. Das ICAO, Secretary General, Annexes Booklet, Annex 8, fasst die Beweggründe und Inhalte der Vorgaben wie folgt zusammen: »Following the recent events of highjack-

Trotz der im Grundsatz allgemeinen Abfassung der SARPs des Annex 8, bestätigen einzelne Vorgaben daher, dass Annex 8 inhaltlich einerseits auf eine Anwesenheit eines Piloten an Bord und andererseits auf die Nutzung der internationalen Zivilluftfahrt zum Transport, insbesondere von Personen, ausgerichtet ist.

5. Zwischenergebnis

Annex 8 enthält die wesentlichen Zulassungsvorgaben der ICAO. Die in ihm enthaltenen Richtlinien bilden grundsätzlich die Mindeststandards, deren Erfüllung nach Umsetzung in nationale Zulassungsvorschriften der Vertragsstaaten für eine Begründung der Anerkennungspflicht des Art. 33 des Chicagoer Abkommens erforderlich und damit für einen internationalen Betrieb grundsätzlich notwendig ist. Annex 8 beinhaltet im Wesentlichen Rahmen- bzw. Zielvorgaben, die einer detaillierten Ausgestaltung durch Zulassungsvorschriften auf (supra-)nationaler Ebene bedürfen.

Annex 8 enthält insbesondere Vorgaben zum Zulassungsverfahren und den Zulassungsarten sowie zu den materiellen Zulassungsvoraussetzungen. Spezielle SARPs zu UAS bzw. UA beinhaltet Annex 8 nicht.

Hinsichtlich der Richtlinien zum Zulassungsverfahren und den Zulassungsarten ist zwischen den Vorgaben zum Musterzulassungsverfahren und zum Verkehrszulassungsverfahren zu unterscheiden. Die Richtlinien zu Ersterem beziehen sich ausschließlich auf das Luftfahrzeug und können daher nur das UA, nicht allerdings die übrigen Elemente des Systems erfassen. Da der Musterzulassungsschein nicht von Art. 31 und 33 des Chicagoer Abkommens umfasst ist und daher die Vorgaben zur Musterzulassung nicht zu den Mindestanforderungen (*minimum standards*) des Art. 33 gehören, hat dies jedenfalls auf eine dementsprechende Anerkennungspflicht keine Auswirkungen. Die Vorgaben zum Verkehrszulassungsverfahren können ebenfalls nur das UA erfassen. Da Art. 31 des Chicagoer Abkommens nur das Luftfahrzeug betrifft und auch letztendlich nur das UA als fliegendes Element des UAS *luft*tüchtig sein kann, stehen die Vorgaben einer entsprechenden Zulassung des UA nicht grundsätzlich entgegen. Keine Berücksichtigung finden allerdings wiederum die übrigen Elemente des Systems. Wenngleich ein *Luft*tüchtigkeitszeugnis z.B. für eine Kontrollstation unpassend erscheint, sind die weiteren Bestandteile ebenfalls für die Flugsicherheit des UAS essenziell. Diesen Umstand berücksichtigende Erfordernisse können nicht aus Annex 8 entnommen werden. Vorgaben zu weiteren Zulassungsarten finden sich in Annex 8 zudem nicht.

Obgleich Annex 8 keine explizite Mindestmasse für seine Anwendbarkeit nennt, enthält er grundsätzlich nur Zulassungsvoraussetzungen für Flugzeuge und Hubschrauber ab einem MTOW von 750 kg, die für den Transport von Passagieren, Fracht

ing and terrorist acts on board aircraft, special security features have been included in aircraft design to improve the protection of the aircraft. These include special features in aircraft systems, identification of a least-risk bomb location, and strengthening of the cockpit door, ceilings and floors of the cabin crew compartment.« Einerseits sollen gemäß diesbezüglicher Empfehlung die Vorgaben nur für »aeroplanes engaged in domestic commercial operations (air services)« Anwendung finden. Andererseits betrifft der Schutz des Cockpits unter Verweis auf Annex 6, Part I, 13. nur Passagierflugzeuge und steht daher in keinem Widerspruch zu UA, bei denen sich keine Personen an Bord befinden.

oder Post im internationalen Zivilluftverkehr vorgesehen sind. Die Zulassungsvoraussetzungen können ebenso wie das Chicagoer Abkommen nur das UA erfassen, nicht jedoch die weiteren Elemente, wie die RPS oder die Datenverbindung oder besondere Eigenschaften, wie unterschiedliche Stufen der Autonomie. Aufgrund des erforderlichen Nutzungszwecks können sie insbesondere den Großteil der vorhandenen und vorgesehenen UA nicht berücksichtigen, die auf Luftarbeit (*aerial work*), insbesondere in Form der Informationsbeschaffung, ausgerichtet und gerade nicht zum Transport von Passagieren, Fracht oder Post vorgesehen sind.

Bezüglich der wenigen erfassbaren UA stellen sich zudem einzelne Vorgaben des Annex 8 als problematisch dar. Obgleich die Schutzrichtung des Annex 8 ausweislich des Vorworts auf die »protection of other aircraft, third parties and property« gerichtet ist, basieren verschiedene Richtlinien auf der Anwesenheit von Besatzungsmitgliedern oder Passagieren an Bord und verdeutlichen damit die Ausrichtung des Annex auf die bemannte Luftfahrt.

Aus der derzeitigen Fassung des Annex 8 ergeben sich für die Zulassung von UAS im internationalen Zivilluftverkehr zwei wesentliche Konsequenzen. Zum einen sind die SARPs des Annex 8 nicht als Vorgaben für nationale Zulassungsvorschriften für UAS geeignet. Sie können das UAS nicht insgesamt erfassen und die neben dem UA vorhandenen Elemente nicht einbeziehen. Selbst wenn nur die Richtlinien für das UA selbst herangezogen würden und die Vorgaben unberücksichtigt blieben, die sich auf Personen an Bord beziehen, so würde die funktionale Abhängigkeit des UA von den übrigen Elementen des Systems dabei unberücksichtigt bleiben.[464] Zwar könnte damit die Ausrichtung des Annex auf die bemannte Luftfahrt überwunden werden, die Besonderheiten von UAS würden jedoch nach wie vor nicht erfassbar sein. Das *System* als besonderes Merkmal von UAS ist mit den Vorgaben des Annex 8 nicht in Einklang zu bringen. Nationale Zulassungsvorschriften, die ausschließlich auf den Vorgaben des Annex 8 beruhen, können demgemäß ebenfalls keine Muster- und Verkehrszulassung von UAS ermöglichen.

Zum anderen – und aus dem zuvor Dargelegten folgend – kann auf dieser Grundlage keine internationale Anerkennungspflicht für Lufttüchtigkeitszeugnissen ausgelöst werden. Die Vertragsstaaten des Chicagoer Abkommens, denen aufgrund der ungeeigneten SARPs des Annex 8 keine einheitlichen Vorgaben zur Ausgestaltung ihrer nationalen Zulassungsvorschriften für UAS zur Verfügung stehen, sind nicht gehindert entsprechende adäquate nationale Zulassungsvorschriften selbst zu entwickeln. Die aufgrund dieser individuellen Zulassungsvorschriften erteilten Lufttüchtigkeitszeugnisse für das UA können allerdings die Wirkung des Art. 33 des Chicagoer Abkommen grundsätzlich nicht herbeiführen, wenn sie nicht den dafür notwendigen Mindestvoraussetzungen des Annex 8 genügen, was aufgrund der oben untersuchten Besonderheiten von UAS einerseits und den Vorgaben des Annex 8 andererseits nicht

---

464 Siehe einen entsprechenden Vorschlag des unter § 6 B. IV. näher erläuterten ICAO UAS Circular: »Relief from regulations may be possible given the policy that should a condition not exist, then the requirement(s) do(es) not apply. As an example, the absence of the flight crew and passengers from the on-board environment will provide relief from seat belt requirements, life vests and life rafts. Conversely, while the pilot windshield becomes irrelevant, the necessity for an undistorted field of vision may still have to be addressed in some way.«, ICAO, Secretary General, UAS Circular, 6.11.

möglich ist. In der Folge müsste das CofA des betreffenden UA grundsätzlich von den zu überfliegenden Mitgliedstaaten individuell anerkannt werden. Dies würde eine internationale Verwendung von UAS erheblich behindern.

a) Generalversammlungsresolution A38-12, Appendix C

Hinsichtlich der internationalen Anerkennungsverpflichtung für Lufttüchtigkeitszeugnisse bietet allerdings die Generalversammlungsresolution A38-12, Appendix C[465] eine Lösung im Falle des Nichtvorhandenseins geeigneter Vorgaben. Die Resolution hat folgenden Wortlaut:

1. certificates of airworthiness and certificates of competency and licences of the flight crew of an aircraft issued or rendered valid by the Member State in which the aircraft is registered shall be recognized as valid by other Member States for the purpose of flight over their territories, including landings and take-offs, subject to the provisions of Articles 32 (b) and 33 of the Convention; and

2. pending the coming into force of international Standards respecting particular categories of aircraft or flight crew, and certificates issued or rendered valid, under national regulations, by the Member State in which the aircraft is registered shall be recognized by other Member States for the purpose of flight over their territories, including landings and take-offs.

Demnach sollen auch im Falle (noch) nicht vorhandener Richtlinien Lufttüchtigkeitszeugnisse, die vom Registerstaat aufgrund nationaler Vorschriften ausgestellt oder anerkannt worden sind, auch von anderen Vertragsstaaten des Chicagoer Abkommens anerkannt werden. Die Generalversammlungsresolution wurde allgemein gefasst und ist nicht mit Blick auf UAS erlassen worden. Sie betrifft dennoch unmittelbar die vorliegende Problematik fehlender geeigneter Richtlinien für die Zulassung von UAS.[466] Aufgrund ihrer Begrenzung auf »certificates of airworthiness« und »particular categories of aircraft« kann sich ihre Wirkung allerdings nur auf das UA erstrecken. Wie dargelegt, ist das UA allerdings das Element des UAS, dessen Lufttüchtigkeit durch ein CofA bescheinigt werden könnte, welches gemäß Art. 31 des Chicagoer Abkommens für den internationalen Betrieb von Luftfahrzeugen erforderlich ist. Die Generalversammlungsresolution A38-12, Appendix C überwindet daher die aufgrund fehlender SARPs für UAS nicht ausgelöste Anerkennungspflicht des Art. 33 des Chicagoer Abkommens, indem sie jedenfalls hinsichtlich des UA auch ohne geeignete Richtlinien eine Anerkennung eines entsprechenden Lufttüchtigkeitszeugnisses fordert. Sie ermöglicht damit den Mitgliedstaaten der ICAO Lufttüchtigkeitszeugnisse aufgrund individueller, von Annex 8 abweichender nationaler Zulassungsvorschriften zu erteilen, ohne dass eine internationale Verwendung des UA an Art. 33 des Chicagoer Abkommens scheitert.

---

465 ICAO, Assembly, Assembly Resolutions A38, Resoultion A38-12.
466 Siehe auch die Erklärung des in § 6 B. IV. näher erläuterten ICAO UAS Circular: »While ICAO is developing SARPs for RPAS, States are encouraged to develop national regulations that will facilitate mutual recognition of certificates for unmanned aircraft, thereby providing the means to authorize flight over their territories, including landings and take-offs by new types and categories of aircraft.«, ICAO, Secretary General, UAS Circular, 4.15.

Zu berücksichtigen sind allerdings zwei bedeutsame Einschränkungen. Zunächst und zuvörderst entfalten die Resolutionen der Generalversammlung der ICAO nach herrschender Ansicht keine völkerrechtliche Verbindlichkeit für die Mitgliedstaaten der Organisation.[467] Die Mitgliedstaaten müssen die Generalversammlungsresolution A38-12, Appendix C zwar dementsprechend grundsätzlich berücksichtigen, sind aber zu deren Anwendung nicht verpflichtet. Aufgrund der besonderen Bedeutung der SARPs für die internationale Zivilluftfahrt ist eher nicht davon auszugehen, dass viele Staaten ein Lufttüchtigkeitszeugnis anerkennen werden, wenn dieses nicht auf entsprechenden SARPs basiert. Zudem kann der internationale Einsatz von UA nur unter Erfüllung weiterer betrieblicher Voraussetzungen stattfinden. Insbesondere ist die von Art. 8 des Chicagoer Abkommens statuierte *special authorization* für jeden Einflug eines UA in fremdes Staatsgebiet erforderlich,[468] und zwar zusätzlich zur Erfüllung der übrigen Voraussetzungen des Chicagoer Abkommens. Die Generalversammlungsresolution A38-12, Appendix C bietet daher zwar im Falle ihrer Befolgung die Möglichkeit der Überwindung der Anerkennungsvoraussetzungen des Art. 33 des Chicagoer Abkommens, vermag aber allein damit, insbesondere aufgrund der *lex specialis* des Art. 8, keinen internationalen Betrieb von UA zu ermöglichen.

b) Bedeutung der Vorgaben des Annex 8 für Zulassungsvorschriften für unbemannte Luftfahrzeugsysteme

Im Ergebnis enthält Annex 8, wie oben dargelegt, keine geeigneten Vorgaben für nationale Zulassungsvorschriften für UAS. Den Vertragsstaaten des Chicagoer Abkommens stehen mithin grundsätzlich keine eingeschränkt verbindlichen internationalen Richtlinien des Annex 8 zur Ausgestaltung nationaler Zulassungsvorschriften für UAS zur Verfügung. Der Harmonisierungsauftrag der ICAO wird daher in dieser Hinsicht nicht erfüllt. Die Möglichkeit der internationalen Anerkennung von Lufttüchtigkeitszeugnissen mithilfe der Generalversammlungsresolution A38-12, Appendix C kann die internationale Verwendung von UA erleichtern und einen entsprechenden Betrieb aufgrund nationaler Zulassungsvorgaben bereits dann ermöglichen, wenn noch keine SARPs der ICAO für die Zulassung von UAS vorliegen. Wenngleich diese Möglichkeit reizvoll und gegenwärtig notwendig sein kann, so widerstrebt sie doch auch einer internationale Vereinheitlichung der Zulassungsvorschriften. Wenn nicht nur entsprechende Vorgaben der ICAO fehlen, sondern zudem die Hinnahme dieses Defizits erleichtert wird, besteht die Gefahr, dass nationale Regelungen auseinanderdriften.

Dieses im Grundsatz ernüchternde Ergebnis hinsichtlich der Zulassungsvorgaben des Annex 8 für UAS bedarf jedoch einer relativierenden Einordnung. Annex 8 ist im Jahre 1949 in Kraft getreten. Auch die deutlich überwiegende Anzahl seiner Änderungen fällt in eine Zeit, in der ein wachsendes Interesse an der zivilen unbemannten Luftfahrt nur schwerlich antizipiert werden konnte. Wie im Weiteren noch näher erläutert wird, begann die Befassung der ICAO mit der unbemannten Luftfahrt erst in den letz-

---

467 Siehe für eine ausführliche Auseinandersetzung mit den Rechtswirkungen der Resolutionen der Generalversammlung der ICAO statt vieler *Huang*, Aviation Safety and ICAO, 182 ff.
468 Siehe oben § 4 B. I. 1.

ten Jahren.[469] Annex 8 wurde im Lichte der bemannten Luftfahrt geschaffen und fortentwickelt. Dass sich Annex 8 auf die Regelung von Luftfahrzeugen, Motoren und Propellern beschränkt, ist vor diesem Hintergrund nachvollziehbar. In der bemannten Luftfahrt steht das Luftfahrzeug als einziges, alle notwendigen Bestandteile beinhaltendes Objekt im Mittelpunkt. Der Systemgedanke von UAS kann daher nicht aus den bestehenden Regelungen entliehen werden.

Die mangelnde Eignung der SARPs des Annex 8 als Vorgaben für nationale Zulassungsvorschriften für UAS bleibt jedoch ein Faktum. Die Besonderheiten von UAS, allen voran der Systemcharakter, können von Annex 8 nicht berücksichtigt werden. Die durch Annex 8 zum Ausdruck gebrachten wesentlichen Merkmale der Zulassung können allerdings in Anbetracht ihres Beitrags zur Flugsicherheit nicht in Zweifel gezogen werden. Das Verfahren aus Musterzulassung und Verkehrszulassung einerseits, sowie die über Jahrzehnte fortentwickelten Anforderungen an die Lufttüchtigkeit von Luftfahrzeugen können jedoch sowohl aus inhaltlichen als auch aus praktischen Erwägungen heraus das Grundgerüst der Vorgaben zur Zulassung von UAS bilden. Die Bedeutung des Annex 8 darf daher, trotz der gegenwärtigen Ungeeignetheit seiner Vorgaben für nationale Zulassungsvorschriften für UAS, für die künftige Entwicklung von Vorgaben für die Zulassung von UAS nicht verkannt werden.

II. Annex 2

Annex 2 des Chicagoer Abkommens ist mit *Rules of the Air* betitelt und enthält demgemäß Richtlinien zu Flugregeln, die in allgemeine Flugregeln, Sichtflugregeln und Instrumentenflugregeln unterteilt sind.[470] Der Annex wurde am 15. April 1948 vom Rat der ICAO angenommen und hat seitdem eine Vielzahl von Änderungen erfahren.[471]

1. Anwendungsbereich

Die Flugregeln betreffend spezifiziert Annex 2 die Regelungen des Art. 12 des Chicagoer Abkommens.[472] Die am 15. November 2012 in Kraft getretene 43. Änderung in-

---

469 Siehe dazu unten § 6.
470 Annex 2 enthält ausschließlich Richtlinien und keine Empfehlungen. Der Annex ist aufgrund seiner Vorgaben zum Betrieb von Luftfahrzeugen auch für UAS in vielseitiger Hinsicht von Bedeutung. Unter anderem ist er Ausgangspunkt der Problematik des sog. *See and Avoid* (S&A) bzw. im Falle von UAS *Detect and Avoid* (D&A). D&A wird definiert als »[t]he capability to see, sense or detect conflicting traffic or other hazards and take the appropriate action.«, ICAO, Annex 2, 1. Definitions. Die Erfüllung dieser Anforderung im Falle von UAS stellt sich als besondere Herausforderung dar. Diese ist aber im Wesentlichen dem Bereich des Betriebs zuzuordnen und daher nicht unmittelbar Gegenstand der vorliegenden Arbeit. Auf diese Problematik wird im Weiteren nur eingegangen, wenn sie in Bezug auf Zulassungsvorgaben oder Vorschriften relevant wird.
471 ICAO, Annex 2, Foreword, sowie darin Table A. Amendments to Annex 2. Die maßgebliche letzte Fassung ist die 10. Auflage aus dem Juli 2005, zuletzt geändert durch Änderung Nr. 44 vom 13. November 2014.
472 Siehe dazu oben § 4 A. II. und § 5 A. II. 1. b).

tegriert RPAS ausdrücklich in Annex 2. Die *definitions* im ersten Kapitel des Annex wurden um die Definitionen von *C2, detect and avoid, remote pilot, RPS, RPA, RPAS, RPA observer* und *VLOS operation* erweitert.[473] Darüber hinaus enthält der Annex in Kapitel 3 nun eine Richtlinie speziell zu RPAS sowie einen neu geschaffenen Appendix 4.

Aufgrund des Regelungsgehalts der Flugregeln, die ein wichtiger Bereich des *Betriebs* von Luftfahrzeugen sind, wären Zulassungsvorgaben in Annex 2 eigentlich nicht zu erwarten. Dennoch enthält Appendix 4 auch Vorgaben zur Zulassung von RPAS. Annex 2 ist damit zum einzigen Annex geworden, der spezifische Zulassungsvorgaben für UAS enthält. Er ist damit für die vorliegende Arbeit von besonderer Bedeutung. Zu berücksichtigen ist weiterhin, dass Annex 2 auch Vorgaben zu unbemannten Freiballonen beinhaltet und damit einen Bereich der unbemannten Luftfahrt unmittelbar betrifft. Die entsprechenden Richtlinien und Appendizes werde im Folgenden untersucht.

2. Richtlinie 3.1.9 und Appendix 4

Die neu eingeführte Richtlinie 3.1.9 des Kapitels 3 des Annex 2 lautet wie folgt:

Remotely piloted aircraft

A remotely piloted aircraft shall be operated in such a manner as to minimize hazards to persons, property or other aircraft and in accordance with the conditions specified in Appendix 4.

Die Richtlinie bezieht sich ausweislich ihrer Überschrift nur auf RPA. Vollständig autonome UA sind durch diese Qualifizierung nicht von den spezifischen Vorgaben des Annex 2 erfasst.[474] Als materielle Vorgabe enthält Richtlinie 3.1.9 die Anforderung, dass RPA in einer Weise betrieben werden sollen, die sowohl Gefahren für Personen, Eigentum und andere Luftfahrzeuge minimiert als auch im Einklang mit den Bedingungen des Appendix 4 steht. Die Minimierung von Gefahren für Personen, Eigentum und andere Luftfahrzeuge ist ein grundsätzliches Anliegen von Annex 2 sowie der Flugsicherheit im Allgemeinen und daher inhaltlich eine Selbstverständlichkeit. Die Formulierung »operated« entspricht der den Betrieb betreffenden Natur des Annex. Die Richtlinie selbst enthält daher keine Vorgaben zu Zulassungsvorschriften für RPA bzw. RPAS. Allerdings verweist sie auf den ebenfalls am 15. November 2012 in Kraft getretenen Appendix 4, der durch diese Bezugnahme zum Bestandteil der Richtlinien des Annex 2 wird.[475]

Appendix 4 trägt den Titel *Remotely Piloted Aircraft Systems* und bezieht sich daher über Richtlinie 3.1.9 hinausgehend auf das gesamte System, betrifft aber im Einklang

---

473 Zudem wurde zur Definition von *operator* eine Anmerkung hinzugefügt (»Note.110 In the context of remotely piloted aircraft, an aircraft operation includes the remotely piloted aircraft system.«), ICAO, Annex 2, 1. Definitions.
474 Dass sich die Vorgaben nicht auf vollständig autonome UAS erstrecken, ist u.a. auf die übrigen Richtlinien des Annex 2 zurückzuführen (insb. zum Pilot-in-Command, 2., Standard 2.3.1). Siehe dazu und zur Problematik vollständig autonomer UAS unten § 11 A.
475 So findet sich im Vorwort jedes Annex die Formulierung: »Appendices comprising material grouped separately for convenience but forming part of the Standards and Recommended Practices adopted by the Council.« Siehe dazu oben § 5 B. I. 1.

mit Richtlinie 3.1.9 keine vollständig autonomen UAS. Der Appendix ist in drei Abschnitte gegliedert.[476]

a) Zulassungsvorgaben

Der vorliegend bedeutsame zweite Abschnitt (*Certificates and licensing*) des Appendix 4 enthält – entgegen der grundsätzlichen Ausrichtung des Annex 2 – auch Vorgaben zur Zulassung und Lizenzierung in Bezug auf RPAS. Der Abschnitt besteht lediglich aus drei Richtlinien, wobei nur Richtlinie 2.1 Zulassungsvorgaben für RPAS enthält. Die Richtlinien 2.2 und 2.3 betreffen das Betreiberzeugnis für RPAS bzw. die Lizenzierung von *remote pilots*. Der Abschnitt enthält zudem drei unverbindliche *notes*, die aufgrund ihrer erklärenden Funktion den Richtlinien vorangestellt sind.

Die Anmerkung 1 wiederholt den wesentlichen Inhalt der Generalversammlungsresolution A37-15, Appendix G[477], die weitgehend der neueren Generalversammlungsresolution A38-12, Appendix C[478] entspricht.[479] Hingewiesen wird damit auf die Anerkennung von nationalen Zulassungsscheinen im Falle des Nichtvorhandenseins von entsprechenden SARPs.[480] Anmerkung 2 erläutert zunächst: »Certification and licensing Standards are not yet developed«. Diese undifferenzierte Aussage ist allerdings gerade in Bezug auf Appendix 4 nicht zutreffend, da dieser zwar nur wenige, aber jedenfalls spezielle Vorgaben zu RPAS enthält. Sodann erfolgt die Erklärung, dass bis zur Schaffung besonderer Vorgaben für UAS bzw. RPAS diese betreffende Zulassungen und Lizenzierungen nicht automatisch als mit den Vorgaben der Annexe 1, 6 und 8 übereinstimmend angesehen werden müssen. Die dritte Anmerkung erläutert abschließend, dass ungeachtet der Generalversammlungsresolution A37-15, Appendix G (nunmehr A38-12, Appendix C) das Erfordernis der besonderen Erlaubnis aus Art. 8 des Chicagoer Abkommens den Staaten weiterhin die volle Souveränität hinsichtlich des Einflugs von RPA sichert.

Die Richtlinie 2.1 des Appendix 4 hat sodann folgenden Wortlaut:

An RPAS shall be approved, taking into account the interdependencies of the components, in accordance with national regulations and in a manner that is consistent with the provisions of related Annexes. In addition:
a) RPA shall have a certificate of airworthiness issued in accordance with national regulations and in a manner that is consistent with the provisions of Annex 8; and

---

476 Den Richtlinien des Appendix ist eine Anmerkung vorangestellt, die auf den ICAO UAS Circular verweist. Dieser wird in § 6 B. IV. untersucht.
477 ICAO, Secretary General, Assembly Resolutions A37, Resolution A37-15.
478 ICAO, Assembly, Assembly Resolutions A38, Resolution A38-12; siehe oben § 5 B. I. 5. a).
479 In Abs. 2, der größtenteils dem Abs. 2 der Generalversammlungsresolution A37-15, Appendix G entspricht, wurde der zuvor vorhandene Passus »classes of airmen« durch »flight crew« ersetzt. Dies kann zweierlei Gründe haben. Einerseits ist dieser Begriff der ICAO eigentlich fremd und vielmehr der FFA Terminologie zuzuordnen (siehe u.a. FAA, Airmen Certification, <http://www.faa.gov/licenses_certificates/airmen_certification/>, zuletzt besucht am 30. November 2015). Andererseits umfasst »airmen« keine *remote pilots*, weshalb diese Formulierung bei der Anerkennung von entsprechenden Pilotenlizenzen nicht weitergeholfen hätte.
480 Siehe zur grds. Anerkennungspflicht oben § 4 B. II. 2.

b) the associated RPAS components specified in the type design shall be certificated and maintained in accordance with national regulations and in a manner that is consistent with the provisions of related Annexes.

Satz 1 enthält demnach die Vorgabe, dass ein RPAS »approved« werden soll, wobei die gegenseitigen Abhängigkeiten der Elemente Berücksichtigung finden sollen. Dies soll in Übereinstimmung mit nationalen Vorschriften erfolgen sowie der Art und Weise nach mit den Vorgaben der ICAO Annexe vereinbar sein. Damit kommt die Anerkennung des besonderen Merkmals des »Systems« zum Ausdruck. Das RPAS als solches ist Gegenstand der Zulassung. Unklar bleibt dabei allerdings, was genau unter »approved« zu verstehen ist. Die Bedeutungsunsicherheit resultiert zunächst daraus, dass die Richtlinie keine weiteren Angaben zu der Form einer solchen Genehmigung enthält. Die Verwendung des Begriffes »approved« und die fehlende Nennung eines spezifischen Zeugnisses, z.B. eines Musterzulassungsscheines, könnten dafür sprechen, dass das RPAS zwar überprüft werden muss, dies aber nicht in einen eigenständigen Zulassungsschein münden soll. Der Wortlaut der lit. b der Richtlinie 2.1 und die Definition von RPAS[481] ermöglicht allerdings durch die Formulierung »specified in the type design« die Sichtweise, dass ein RPAS auch eine Musterbauart aufweisen könnte und einer eigenen Musterzulassung zugänglich wäre. Erschwert wird die Auslegung zusätzlich durch die insgesamt uneinheitliche Verwendung der diesbezüglichen Begriffe. Während die Überschrift des Abschnitts »Certificates and licensing« lautet, wird in Bezug auf das RPAS »approved« gebraucht, während unter lit. b der Terminus »certificated« Verwendung findet. Wenngleich damit nicht zwangläufig eine andere inhaltliche Bedeutung einhergehen muss, könnte dies durch die Wortwahl durchaus naheliegend sein. Der Appendix vermag dahingehend keine Klarheit herzustellen. Letztendlich beantwortet die Richtlinie die Frage des »Ob« der Zulassung bzw. Überprüfung des RPAS als solchem, lässt aber eine eindeutige Aussage hinsichtlich des »Wie« der Zulassung vermissen.

Ebenfalls nicht zweifelsfrei beantwortet wird die Frage, unter welchen Voraussetzungen ein RPAS zuzulassen ist. Maßgeblich ist dafür die Formulierung »in accordance with national regulations and in a manner that is consistent with the provisions of related Annexes.« Die Anforderung, dass die Zulassung aufgrund nationaler Vorschriften erfolgen soll, ergibt sich aus der Tatsache, dass die ICAO in ihren Mitgliedstaaten keine unmittelbar geltenden Gesetze schaffen kann.[482] Die nationalen Zulassungsvorschriften sollen jedoch zusätzlich in ihrer Art und Weise den Vorgaben der Annexe entsprechen. Wie oben gezeigt, sind die Vorgaben des Annex 8 nur sehr begrenzt für die Zulassung von UAS geeignet. Spezifische Vorgaben zur Zulassung von RPAS, mit Ausnahme derjenigen aus Annex 2, Appendix 4, sind zudem nicht vorhanden, wie es die ICAO in der zweiten Anmerkung zur in Frage stehenden Richtlinie auch selbst benennt. Die Übereinstimmung in der »Art und Weise« der Annexe bezieht sich daher im Wesentlichen auf die Zulassungssystematik aus Muster- und Verkehrszulassung sowie auf die grundlegenden Sicherheitsanforderungen an Luftfahrzeuge, soweit sie sich auf RPA übertragen lassen. Die Richtlinie 2.1 verlangt daher

---

481 Die Definition von RPAS lautet: »A remotely piloted aircraft, its associated remote pilot station(s), the required command and control links and any other components as specified in the type design«, ICAO, Annex 2, 1. Definitions.
482 Siehe oben § 5 A.

nationale Zulassungsvorschriften für das RPAS, die zwar der grundsätzlichen Ausrichtung der Annexe entsprechen sollen, liefert aber keine spezifischen inhaltlichen Zulassungsvorhaben für RPAS. Vielmehr gewährt sie den Vertragsstaaten diesbezüglich einen weiten Ermessensspielraum, der über den Ermessenspielraum hinausgeht, der den Staaten ohnehin schon aufgrund des Charakters der SARPs als Rahmenvorgaben zukommt.[483]

Zusätzlich (»in addition«) zu Satz 1, wird sodann in Satz 2 unter lit. a gefordert, dass für das RPA ein CofA ausgestellt werden soll. Wie oben dargelegt, folgt dies bereits aus Art. 31 des Chicagoer Abkommens. Die inhaltliche Anforderung, dass dies aufgrund nationaler Vorschriften erfolgen und der Art und Weise nach den Vorgaben des Annexe 8 entsprechen soll, eröffnet aufgrund der nur teilweise geeigneten Vorgaben des Annex 8 einen ähnlich weiten Ermessenspielraum hinsichtlich nationaler Zulassungsvorschriften wie bezüglich der zuvor untersuchen Zulassungsanforderung für RPAS. Die Richtlinie 2.1 lit. a enthält ebenfalls keine neuen Vorgaben zu Zulassungsvoraussetzungen für RPA.

In lit. b werden sodann Vorgaben zu Zulassungsvorschriften hinsichtlich der Elemente des RPAS niedergelegt. Diejenigen Bestandteile des RPAS, die in der Musterbauart spezifiziert wurden, sollen zugelassen und instand gehalten werden (»certificated and maintained[484]«). Die Wortwahl »certificated« macht lediglich deutlich, dass die übrigen Bestandteile des RPAS allgemein von der Zulassung umfasst sein müssen. Ebenso wie hinsichtlich des RPAS als solchem, bleibt allerdings offen, ob die Elemente einzelne Zulassungsscheine erhalten können oder nur Bestandteil einer »allgemeinen« Zulassung des RPAS oder RPA sein sollen. Ein Lufttüchtigkeitszeugnis für die übrigen Elemente ist jedenfalls schlüssigerweise nicht vorgesehen. Die zu berücksichtigenden Merkmale ergeben sich nicht unmittelbar aus der Richtlinie, folgen aber aus der entsprechenden Definition von RPAS. Demnach sind die Elemente des RPAS: die RPS, die C2 Datenverbindungen und »any other components as specified in the type design«[485]. Hinsichtlich der Zulassung von RPS ist dabei zu beachten, dass die Definition von RPAS die Formulierung »its associated remote pilot station(s)« enthält. Damit können einem RPAS mehrere RPS zugeordnet sein. Wie sich mehrere RPS hinsichtlich der Zulassung in das RPAS integrieren sollen und wie eine Austauschbarkeit der RPS – sowohl grundsätzlich als auch während des Fluges (*handover*[486]) – erfasst werden kann, bleibt allerdings offen. Die Zulassung der »command and control links« ist ebenfalls nicht eindeutig. Die Datenverbindung als solche kann, wie bereits dargelegt wurde, als reines »Signal im Raum« betrachtet werden.[487] Inwieweit die Besonderheiten der Datenverbindung von einer an das grundsätzliche Zulassungssystem angelehnten Zulassung erfasst werden können, bleibt unklar. Aufgrund der nicht abschließenden Aufzählung (»and any other components as specified in the type design«) bezüglich der übrigen zuzulassenden Bestandteile des RPAS legt die Richtlinien zudem nicht fest, welche Elemente einer Zulassung zugänglich sein sollen.

---

483 Siehe oben § 5 A. I. 1.
484 Der Zusatz zur Instandhaltung (»maintained«) betrifft die vorliegend nicht untersuchte Aufrechterhaltung der Lufttüchtigkeit.
485 ICAO, Annex 2, 1. Definitions.
486 Siehe dazu oben § 2 A. I. 3.
487 Siehe oben § 2 A. I. 3.

Letztlich enthält lit. b inhaltlich ebenfalls keine Vorgaben zu den Voraussetzungen der Zulassung der weiteren Bestandteile des RPAS. Die Bedeutung der Anforderung, dass sich die Zulassung der Elemente nach nationalen Vorschriften richten und in ihrer Art und Weise den Vorgaben des Annex entsprechen soll, entspricht der zuvor erläuterten Bedeutung des Satz 1 der Richtlinie 2.1 des Appendix 4. Da gerade die weiteren Elemente des RPAS der unbemannten Luftfahrt eigentümlich und daher mit den Vorgaben der Annexe nur schwerlich zu erfassen sind, ist diesbezüglich gleichfalls ein sehr weiter Ermessensspielraum bei der Frage der Vereinbarkeit mit den Annexen anzunehmen.

b) Weitere Vorgaben

Neben den Vorgaben zur Zulassung und Lizenzierung in Bezug auf RPAS im zweiten Abschnitt, enthält der erste Abschnitt (*General operating rules*) des Appendix 4 Vorgaben zum internationalen Betrieb von RPAS. Er spezifiziert damit vornehmlich das Erfordernis der besonderen Erlaubnis des Art. 8 des Chicagoer Abkommens. Der dritte Abschnitt (*Request for authorization*) enthält darauf Bezug nehmend Vorgaben zu den Bestandteilen eines entsprechenden Antrags auf eine solche besondere Erlaubnis. Beide Abschnitte betreffen betriebliche Anforderungen und sind daher vorliegend für die Untersuchung der Zulassungsvorgaben für UAS nicht relevant.

3. Richtlinie 3.1.10 und Appendix 5

Die Annahme, spezifische SARPs zu UAS hätten erst in jüngerer Vergangenheit in die Annexe zum Chicagoer Abkommen Eingang gefunden, ist jedenfalls hinsichtlich einer begrenzten Gruppe von UA bzw. UAS nicht gerechtfertigt. Seit der am 26. November 1981 in Kraft getretenen 22. Änderung des Annex 2 sind unbemannte Freiballone (*unmanned free balloons*) Bestandteil des Annex. Sie sind als »[a] non-power-driven, unmanned, lighter-than-air aircraft in free flight«[488] definiert und stellen damit UA dar. Sie finden beispielsweise als Wetterballone oder Forschungsballone Verwendung.

Unbemannte Freiballone können nicht in die oben genannten Stufen der Autonomie eingeordnet werden.[489] Sie sind einerseits unabhängig, da keine Kontrollmöglichkeit durch einen Piloten besteht und damit nicht »remotely piloted«, weshalb sie auch nicht zusätzlich unter die RPAS in Richtlinie 3.1.9 und Appendix 4 fallen. Andererseits besitzen sie aber auch nicht die autonome Fähigkeit, eigene operative Entscheidungen zu treffen. Sie sind schlichtweg nicht steuerungsfähig – weder von außen noch durch eigene technische Vorrichtungen an Bord.

Sofern sie die durch die Nutzlast gesammelten Informationen während des Fluges mithilfe einer Datenverbindung an eine Bodenstation übermitteln, liegt auch ein »System«, also ein UAS, vor. Die Bodenstation ist in diesem Fall allerdings keine *Kontroll*einheit, da diese mangels Steuerbarkeit keine Kontrollsignale übermittelt. Sie ist

---

488 ICAO, Annex 2, 1. Definitions.
489 Siehe oben § 2 A. II.

vielmehr eine Empfangsstation. Aus demselben Grund fällt auch die Datenverbindung nicht unter die Definition von C2.[490]

Die sie betreffende Richtlinie 3.1.10 des dritten Kapitels des Annex 2 lautet:

Unmanned free balloons

An unmanned free balloon shall be operated in such a manner as to minimize hazards to persons, property or other aircraft and in accordance with the conditions specified in Appendix 5.

Sie ist damit in gleicher Weise abgefasst wie die Richtlinie 3.1.9 zu RPAS und nimmt ebenfalls auf einen Appendix Bezug, der in diesem Fall als Appendix 5 dem Annex 2 angehängt ist.[491] Unbemannte Freiballone werden darin zunächst in drei verschiedene Gewichtsklassen eingeteilt, bevor zahlreiche Vorgaben zu ihrem Betrieb aufgestellt werden. Die Richtlinien beziehen sich im Wesentlichen auf die Erforderlichkeit besonderer Betriebserlaubnisse, auf Betriebsbeschränkungen sowie auf Notifizierungs- und Überwachungserfordernisse. Im Zusammenspiel mit den in Bezug auf Ballone geltenden Flugregeln wird deutlich, dass unbemannte Freiballone eher als Hindernisse im Luftraum betrachtet werden.[492] Die Richtlinien tragen der Vermeidung möglicher Gefährdungen Rechnung, beabsichtigen aber nicht, unbemannte Freiballone in den gewöhnlichen Zivilluftverkehr aktiv zu integrieren – wozu Freiballone aufgrund mangelnder Steuerbarkeit auch nicht geeignet sind.

Dem Zweck des Annex 2 entsprechend enthält Appendix 5 den Betrieb betreffende Richtlinien. Vorgaben zur Zulassung als solche finden sich in Appendix 5 nicht.[493] Allerdings enthält Appendix 5 Vorgaben zu Sekundärradartranspondern bzw. Vorrichtungen der automatischen bordabhängigen Überwachung[494], zur Beleuchtung[495] sowie zu »payload flight-termination devices or systems«, also Geräte oder Systeme zur Beendigung des Fluges[496]. Damit kommen bestimmte technische Anforderungen zum Ausdruck, die möglicherweise auch im Rahmen einer Zulassung von RPAS relevant werden könnten.[497] Wie oben dargelegt, enthält der für RPAS geschaffene Appendix 4 dementsprechende Anforderungen allerdings nicht.

Trotz ihrer Zugehörigkeit zur unbemannten Luftfahrt und des Vorhandenseins spezifischer Vorgaben sind unbemannte Freiballone nur eine sehr kleine Gruppe unbemannter Luftfahrzeuge und nicht Bestandteil der jüngeren Entwicklung sowie des gesteigerten Interesses an zivilen UAS. Insbesondere aufgrund der fehlenden Steuer-

---

490 Die Definition der C2 Datenverbindung lautet: »The data link between the remotely piloted aircraft and the remote pilot station for the purposes of managing the flight.«, ICAO, Annex 2, 1. Definitions.
491 Der Appendix zu unbemannten Freiballonen war ursprünglich Appendix 4 zu Annex 2, wurde aber mit Ergänzung des Appendix zu RPAS umnummeriert.
492 Die *right-of-way* Regeln des Annex 2 bestimmen u.a., dass bei einer Annäherung auf ungefähr gleicher Höhe Ballonen stets auszuweichen ist, ICAO, Annex 2, Standard 3.2.2.3.
493 Die Festlegung der Gewichtsklassen für unbemannte Freiballone dient nur der Spezifizierung der anwendbaren Betriebsvorgaben.
494 ICAO, Annex 2, Appendix 5, Standard 3.4.
495 ICAO, Annex 2, Appendix 5, Standard 3.6.
496 ICAO, Annex 2, Appendix 5, Standard 3.3.
497 In einem vor der Schaffung des neuen Appendix 4 veröffentlichten Artikel stellt *Abeyrathe* einen solche Bezug bereits her: »It may well be argued that such devises or systems are required for UAVs as well.«, *Abeyratne*, European Transport Law 2009, 503 (507).

barkeit sind sie nicht mit den oben in § 2 beschriebenen UAS vergleichbar. Im weiteren Verlauf der Untersuchung wird daher nicht nochmals gesondert auf sie eingegangen.

4. Zwischenergebnis

Annex 2 des Chicagoer Abkommens enthält nahezu ausschließlich Richtlinien zu Flugregeln. Durch eine am 15. November 2012 in Kraft getretene Änderung wurde jedoch eine Richtlinie zur Zulassung von RPAS in einem neuen Appendix sowie entsprechende Definitionen im Annex ergänzt. Die in Appendix 4 zu Annex 2 enthaltenen Vorgaben für nationale Zulassungsvorschriften betreffen nur RPA bzw. RPAS und keine vollständig autonomen UAS. Sie enthalten drei wesentliche Anforderungen: das RPAS als solches soll zugelassen werden, das RPA soll ein CofA erhalten, die übrigen Elemente des RPAS unterfallen ebenfalls einer Zulassung. Hinsichtlich jeder dieser Anforderungen gilt, dass sie mithilfe nationaler Zulassungsvorschriften verwirklicht werden sollen, die in ihrer Art und Weise mit den Annexen des Chicagoer Abkommens vereinbar sein sollen.

Aufgrund des sehr begrenzten Umfangs der Richtlinie, die keine Details enthält, lassen die Vorgaben vieles im Unklaren. Mit Ausnahme der Erforderlichkeit eines CofA für das RPA – welche sich schon aus dem Chicagoer Abkommen ergibt – bleibt fraglich, wie das RPAS als solches und dessen übrige Elemente im Rahmen der Zulassung erfasst werden sollen. Materielle Zulassungsvorgaben enthält die Richtlinie zudem nicht. Es bleibt daher weitgehend den Vertragsstaaten des Chicagoer Abkommens überlassen unter welchen Voraussetzungen etwaige Zulassungsscheine zu erteilen sind. Die Anforderung, dass die nationalen Zulassungsvorschriften in ihrer Art und Weise mit den Annexen, insbesondere mit Annex 8, vereinbar sein sollen, macht einerseits deutlich, dass die durch die Annexe vorgegebene grundsätzliche Zulassungssystematik auch auf RPAS angewendet werden soll. In Bezug auf die einzelnen Zulassungsvoraussetzungen eignen sich die SARPs der Annexe andererseits allerdings nur eingeschränkt als entsprechende Vorgaben, da sie, wie oben dargelegt, das RPA nur begrenzt, das RPAS und die übrigen Elemente kaum erfassen können. Den Mitgliedstaaten der ICAO steht daher in Bezug auf nationale Zulassungsvoraussetzungen für RPAS ein erhebliches Ermessen zu.

Eine nationale Zulassung von RPAS muss letztendlich in einem vergleichbaren Sicherheitsniveau zu bemannten Luftfahrzeugen resultieren. Dieser Grundforderung des ELOS wird durch die geforderte Ausrichtung an den Zulassungsvorgaben der Annexe zum Ausdruck gebracht.[498]

---

498 So auch *Cary/Coyne/Tomasello*: »It will be incumbent on the State authority to determine what the intent is of provisions for manned aviation and reflect a similar outcome for the corresponding unmanned element. For example, when the State of Registry inspects a manned aircraft to determine if it is airworthy, a certain process is followed. The same process cannot be followed exactly for an RPA and the elements of the system that will allow it to fly, however the outcome must remain an RPA that, supported by its system, is airworthy.«, *Cary/Coyne/Tomasello*, ICAO – International Civil Aviation Organization – The UAS Study Group (UASSG), in: UVS International (Hrsg.), UAS Yearbook – UAS: The Global Perspective, 2012. Siehe zum ELOS oben § 3 C. I.

Unbemannte Freiballone werden bereits seit längerem von Annex 2 bzw. dessen Appendix 5 erfasst. Dieser enthält allerdings ausschließlich betriebliche Vorgaben und keine die Zulassung betreffenden Richtlinien. Unbemannte Freiballone sind zwar als UA bzw. UAS zu qualifizieren, konstituieren allerdings nur einen eng begrenzten Teil der unbemannten Luftfahrt und sind nicht Bestandteil des gesteigerten Interesses an zivilen UAS.

Die Änderung des Annex 2 hat zur Folge, dass mit ihr die ersten spezifischen Zulassungsvorgaben der ICAO für UAS bzw. RPAS vorhanden sind, die aufgrund ihrer Einbeziehung in Annex 2 auch für die Mitgliedstaaten der ICAO eingeschränkte Verbindlichkeit entfalten. Sofern keine Abweichungen gemäß Art. 38 des Chicagoer Abkommens notifiziert werden, sind die Staaten verpflichtet, die Zulassungsvorgaben in nationale Zulassungsvorschriften umzusetzen. Aufgrund von Art. 12 des Chicagoer Abkommens gilt über der Hohen See ein Abweichungsverbot, welches sich zwar zentral auf Annex 2 bezieht aber inhaltlich nur die Vorgaben zur Flugregeln betrifft. Da es sich bei den Vorgaben der Richtlinie 2.1 des Appendix 4 allerdings um Zulassungsvorgaben handelt, erstreckt sich das Abweichungsverbot nicht auf diese Vorgaben.

Die auf der Grundlage nationaler Zulassungsvorschriften, die wiederum auf Annex 2 basieren, erteilten Zulassungsscheine lösen jedoch nicht die Anerkennungsverpflichtung des Art. 33 des Chicagoer Abkommens aus, da insbesondere die Vorgaben des Annex 8, wie oben dargelegt, nicht bzw. nicht hinreichend erfüllbar sind. Eine Anerkennung kann allerdings auf die diesbezügliche Generalversammlungsresolution gestützt werden, wobei hierbei bestimmte Einschränkungen gelten. Nach wie vor ist für den Einflug in fremdes Staatsgebiet eine besondere Erlaubnis in Übereinstimmung mit Art. 8 des Chicagoer Abkommens erforderlich, deren Voraussetzungen und inhaltliche Ausgestaltung jedoch durch die Vorgaben des Appendix 4 spezifiziert werden.

Inhaltlich enthalten die Vorgaben des Appendix 4 eine Grundsatzentscheidung zur Zulassung von UAS bzw. RPAS. Das *System* als besonderes Merkmal von UAS wird anerkannt und soll, ebenso wie seine Elemente, Bestandteil der Zulassung sein. Wie diese getroffene Grundsatzentscheidung allerdings im Einzelnen umzusetzen ist, lässt der Appendix weitgehend offen. Er enthält keine detaillierten Vorgaben, sondern weist den Vertragsstaaten des Chicagoer Abkommens auch die inhaltliche Ausgestaltungsverpflichtung zu.

Die Vorgaben des Annex 2, Appendix 4 sind im Ergebnis als wichtiger Ausgangspunkt spezifischer Zulassungsvorgaben für UAS bzw. RPAS zu werten, wenngleich sie nur eine grobe Richtung vorzeichnen. Sie können als skizzenhafte Vorausschau künftiger Änderungen oder Ergänzungen der Annexe angesehen werden.

III. Weitere Annexe

Entsprechend der Eingrenzung des Untersuchungsgegenstandes in der Einleitung, werden vorliegend in Bezug auf die ICAO die Zulassungsvorgaben für UAS untersucht. Diese sind im Wesentlichen in Annex 8 enthalten. Durch die Änderung des Annex 2 enthält nun auch dieser Annex spezielle Vorgaben zur Zulassung von UAS und ist damit zusätzlich von besonderer Relevanz. Die Flugsicherheit erstreckt sich, wie oben dargelegt, auf mehrere Bereiche, die allerdings durch Wechselwirkungen gekennzeichnet sind. Weitere Vorgaben, die jedenfalls in Verbindung zu den Zulassungsvorgaben des Annex 8 stehen, sind daher ebenfalls in anderen Annexen, insbesondere in Annex 6 (*Operation of Aircraft*) und Annex 10 (*Aeronautical Telecommunications*) und Annex 16 (*Environmental Protection*) enthalten.[499] Die Einbeziehung allein dieser drei Annexe – die insgesamt mehr als 2000 Seiten umfassen – würde den Prüfungsumfang der vorliegenden Arbeit überdehnen und für die Untersuchung der Zulassungsvorgaben für UAS auch nicht zielführend sein. Dies gilt umso mehr, als dass diese Annexe, *keine* besonderen Zulassungsvorgaben für UAS enthalten.

C. Zwischenergebnis

Die im Chicagoer Abkommen niedergelegten Prinzipien des internationalen zivilen Luftverkehrs werden von der ICAO als der durch das Chicagoer Abkommen geschaffenen internationalen Organisation insbesondere durch Richtlinien und Empfehlungen spezifiziert, die in den Annexen desselben zusammengefasst werden. Die Richtlinien sind eingeschränkt verbindlich und müssen demgemäß grundsätzlich in nationales Recht transformiert werden soweit nicht eine Abweichung von der Umsetzung durch den betreffenden Mitgliedstaat notifiziert wird.

Für die Zulassung von UAS sind zwei Annexe zum Chicagoer Abkommen maßgeblich. Annex 8 konstituiert die wesentlichen Zulassungsvorgaben der ICAO, enthält allerdings keine speziellen Vorgaben zu UAS. Die allgemein für Luftfahrzeuge geltenden Vorgaben sind jedoch grundsätzlich auch auf UA anwendbar, wobei detaillierte Vorgaben nur zu Flugzeugen und Helikoptern ab einem MTOW von 750 kg für den Transport von Passagieren, Fracht oder Post im internationalen Zivilluftverkehr ausgearbeitet wurden. Die dieser Qualifizierung entsprechend verbleibenden UA sind aufgrund ihrer Besonderheiten, insbesondere der funktionellen Abhängigkeit des UA von den übrigen Elementen des Systems, nur begrenzt von den vorhandenen Vorgaben erfassbar, da diese offenkundig im Lichte bemannter Luftfahrzeuge abgefasst wurden. Das UAS als aus mehreren Elementen bestehendes System als solches sowie die übrigen Elemente neben dem UA können von Annex 8 nicht erfasst werden.

Eine internationale Anerkennungspflicht von Zulassungsscheinen von UA gemäß Art. 33 des Chicagoer Abkommens scheitert an der mangelnden Erfüllbarkeit der Vorgaben des Annex 8. Die Generalversammlungsresolution A-38-12, Appendix C vermag dies zu überwinden, indem sie jedenfalls hinsichtlich des UA auch ohne geeignete Richtlinien eine Anerkennung entsprechender Lufttüchtigkeitszeugnisse fordert. Zu berücksichtigen ist dabei allerdings, dass die Resolutionen der Generalversammlung

---

499 ICAO, Annex 6; ICAO, Annex 10 – Aeronautical Telecommunications, Vol. I-V, 6. Aufl., Juli 2008 (Vol. I), 6. Aufl., Oktober 2001 (Vol. II), 2. Aufl., Juli 2007 (Vol. III), 4. Aufl., Juli 2007 (Vol. IV I), 2. Aufl., Juli 2001 (Vol. V), ICAO Doc. AN10 (»Annex 10«); ICAO, Annex 16 – Environmental Protection, Vol. I-II, 6. Aufl., Juli 2011 (Bd. I), zuletzt geändert durch Änderung Nr. 11-A (in Kraft getreten am 13. November 2014), 3. Aufl., Juli 2008 (Vol. II), zuletzt geändert durch Änderung Nr. 8 (in Kraft getreten am 1. Januar 2015) ICAO Doc. AN16 (»Annex 16«).

der ICAO grundsätzlich keine völkerrechtliche Verbindlichkeit für die Mitgliedstaaten entfaltet und daher eine entsprechende Anerkennung letztlich fakultativ bleibt.

Annex 2 betrifft originär die Flugregeln und damit den Betrieb von Luftfahrzeugen, wurde aber mit Wirkung vom 15. November 2012 erweitert und enthält nun Vorgaben für Zulassungsvorschriften für RPAS. Diese Vorgaben betreffen ausschließlich RPAS und keine vollständig autonomen UAS. Sie statuieren drei Anforderungen: das RPAS als solches soll zugelassen werden, das RPA soll ein CofA erhalten, die übrigen Elemente des RPAS bedürfen ebenfalls einer Zulassung. Mit diesen Vorgaben kommt eine Grundsatzentscheidung hinsichtlich der Anerkennung des *Systems* als dem zulassungsrechtlich signifikantesten Merkmal von UAS zum Ausdruck. Unklar bleibt aber wie genau die »Zulassung« des Systems und der übrigen Elemente erfolgen soll. Bezüglich der Vorgaben gilt, dass sie mithilfe nationaler Zulassungsvorschriften verwirklicht werden sollen, die sich in ihrer Art und Weise grundsätzlich an den Vorgaben der Annexe und insbesondere Annex 8 orientieren sollen. Aufgrund der begrenzten Eignung der Vorgaben des Annex 8 und des geringen Umfangs der diesbezüglichen Vorgaben des Annex 2, Appendix 4, der keine weiteren Zulassungsvoraussetzungen enthält, ist dabei von einem sehr weiten Ermessensspielraum der Mitgliedstaaten auszugehen, der deutlich über den Ermessensspielraum hinausgeht, der den Staaten ohnehin schon aufgrund des Charakters der Richtlinien als Rahmenvorgaben zukommt.

Im Ergebnis lässt sich festhalten, dass die Vorgaben des Annex 8 weder für UAS geschaffen noch von UAS grundsätzlich erfüllbar sind. Durch Annex 2 werden spezielle Zulassungsvorgaben für RPAS aufgestellt, deren Umsetzung in nationales Recht der Art und Weise der Annexe entsprechen soll. Der sich dabei ergebende sehr weite Ermessensspielraum erhöht die Wahrscheinlichkeit voneinander abweichender Zulassungsvorschriften der Mitgliedstaaten. Im Gegenzug besteht allerdings auch keine Anerkennungspflicht hinsichtlich entsprechender Zeugnisse, da weder die diesbezüglichen Voraussetzungen des Chicagoer Abkommens erfüllbar sind noch eine hinreichende Verbindlichkeit der diesen Aspekt adressierenden Generalversammlungsresolution besteht.

Annex 2, Appendix 4 und Annex 8 stellen daher Grundlagen der Zulassungsvorgaben für UAS in internationaler Verwendung dar und bieten einen Ausgangspunkt weiterer Entwicklungen. Sie liefern allerdings nicht annähernd eine der Funktion der Annexe gerecht werdende Vorgabendichte. Vielmehr obliegt es zum Großteil den Mitgliedstaaten auch ohne spezielle Vorgaben entsprechende Zulassungsvorschriften für UAS auszuarbeiten. Sie tragen die inhaltliche Ausgestaltungsverantwortung. Inwieweit die ICAO diesbezüglich sowohl mittels unverbindlicher Anleitungsmaterialien Hilfestellung leistet als auch die eingeschränkt verbindlichen Vorgaben weiter zu entwickeln beabsichtigt wird im Folgenden untersucht.

§ 6 Weiterentwicklung von besonderen internationalen Vorgaben für Zulassungsvorschriften durch die ICAO

Die ICAO beschäftigt sich intensiv mit der Weiterentwicklung von Vorgaben für Zulassungsvorschriften. Die internationalen Richtlinien und Empfehlungen bilden dabei aufgrund ihrer zumindest eingeschränkten Verbindlichkeit das letztendlich maßgebliche Instrumentarium. Bis jedoch schließlich umfassend SARPs für UAS zur Verfügung stehen, bedient sich die Organisation zudem weiterer Handlungsformen, die auch kurz- und mittelfristig einen Einfluss auf (supra-)nationale Zulassungsvorschriften haben können. Ausgehend von den sie prinzipiell hervorbringenden Organen werden vorliegend die verschiedenen Weiterentwicklungsbestrebungen der ICAO untersucht.

A. Generalversammlung

Die grundsätzlich alle drei Jahre tagende Generalversammlung der ICAO hat sich nur in vergleichsweise geringem Ausmaß mit UAS befasst. Von besonderer Relevanz ist die bereits oben untersuchte Generalversammlungsresolution A38-12, Appendix C. Diese Resolution, sowie deren weitgehend inhaltsgleiche Vorgängerin, ist allerdings keine spezifisch für UAS gefasste Resolution, sondern betrifft allgemein die Frage der Anerkennung von Zulassungsscheinen und anderen Zeugnissen solange entsprechende SARPs noch nicht zur Verfügung stehen.[500]

Die 38. Generalversammlung hat einzelne Dokumente und Arbeitspapiere (*working papers*) hervorgebracht, die Handlungsaufträge für die Organisation in Bezug auf UAS bzw. RPAS formulieren. Zunächst sind dabei der *2014-2016 Global Aviation Safety Plan* (GASP)[501] und der *2013-2028 Global Air Navigation Plan* (GANP)[502] in deren überarbeiteter Fassung zu nennen. Beide Dokumente benennen die Integration von RPAS in den nicht-segregierten Luftraum als langfristiges Ziel und fordern die Weiterentwicklung entsprechender Vorgaben zu dessen Realisierung.[503] Über diese allgemeinen Aussagen hinaus sind im GASP und GANP nur wenige Informationen zu UAS

---

500 Siehe oben § 5 B. I. 5. a).
501 ICAO, 2014-2016 Global Aviation Safety Plan, ICAO Doc. 10004 (»Global Aviation Safety Plan«); siehe dazu auch ICAO, Assembly, A Comprehensive Strategy for Aviation Safety: Endorsement of the Global Aviation Safety Plan (Presented by the Council of ICAO), Working Paper, A38-WP/92 (»Endorsement of the Global Aviation Safety Plan«).
502 ICAO, 2013-2028 Global Air Navigation Plan, ICAO Doc. 9750-AN/963, 4. Aufl. (»Global Air Navigation Plan«); siehe dazu auch ICAO, Assembly, A Comprehensive Strategy for Air Navigation: Endorsement of the Global Air Navigation Plan (Presented by the Council of ICAO), Working Paper, A38-WP/39 (»A Comprehensive Strategy for Air Navigation: Endorsement of the Global Air Navigation Plan«).
503 ICAO, Global Air Navigation Plan, 64, 76 und 80; ICAO, Global Aviation Safety Plan, 44.

enthalten. Weitere Arbeitspapiere gehen zwar auch auf UAS bzw. RPAS ein, sind aber ebenfalls ins Reichweite und Detailtiefe sehr begrenzt.[504]

B. Rat und Sekretariat

Der Rat ist als das Exekutivorgan der ICAO für die Erarbeitung der Richtlinien und Empfehlungen zuständig.[505] Die Vorbereitung entsprechender Annexänderungen erfolgt seitens des Rats vornehmlich durch das 2014 ins Leben gerufene *Remotely Piloted Aircraft Systems Panel* (RPAS Panel). Vorgängerin des RPAS Panel war die dem Sekretariat zugeordnete *Unmanned Aircraft Systems Study Group* (UASSG). Bis vermehrt spezielle SARPs vorhanden sein werden, sind die von der UASSG und dem RPAS Panel erarbeiteten Anleitungsmaterialien von besonderer Relevanz.

Im März 2015 wurde von der ICAO zudem ein »RPAS Symposium« abgehalten, dass als erste umfassende und allen Interessierten zugängliche Konferenz zu UAS die gestiegene Bedeutung der unbemannten Luftfahrt für die Organisation unterstrich.[506]

I. Richtlinien und Empfehlungen

Im Hinblick auf spezifische Vorgaben zu UAS ist im Folgenden zwischen bereits wirksamen und künftig vorgesehenen SARPs zu unterscheiden.

1. Bereits vorhandene besondere Richtlinien und Empfehlungen

Bedeutsam für die Zulassung von RPAS ist die oben untersuchte Änderung des Annex 2, die zur Ergänzung neuer Richtlinien, insbesondere in dessen Appendix 4 geführt hat.[507]

Zeitgleich mit den Änderungen des Annex 2 sind am 15. November 2012 auch Anpassungen des ICAO Annex 7 (*Aircraft Nationality and Registration Marks*) wirksam geworden. Die Änderungen betreffen einerseits die Klassifikation von Luftfahrzeugen,

---

504 So u.a. ICAO, Assembly, Agenda Item 36: Air Navigation – Emerging Issues: Integration of Remotely Piloted Aircraft Systems in Civil Controlled Airspace and Self-Organising Airborne Networks (Presented by the Russian Federation), Working Paper, A38-WP/337 (»A38-WP/337«); ICAO, Assembly, Agenda Item 47: Work Programme of the Organization in the legal field (Presented by the Council of ICAO), Working Paper, A38-WP/62 (»A38-WP/62«); ICAO, Assembly, Agenda Item 47: Work Programme of the Organization in the legal field: Legal Framework on Remotely Piloted Aircraft – Liability Matters (Presented by the Republic of Korea), Working Paper, A38-WP/262 (»A38-WP/262«).
505 Siehe oben § 5 A. I.
506 Das Konferenzmaterial (insb. Präsentationen) kann auf der Internetseite der ICAO abgerufen werden, *International Civil Aviation Organization*, Remotely Piloted Aircraft Systems (RPAS) Symposium, <http://www.icao.int/Meetings/RPAS/Pages/default.aspx>, zuletzt besucht am 30. November 2015.
507 Siehe oben § 5 B. II.

die um UA erweitert wurde.[508] Andererseits wurden die Vorgaben zu erforderlichen Markierungen und zum Kennzeichnungsschild ergänzt, um den Besonderheiten von UA bzw. RPA gerecht zu werden.[509]

Bereits am 18. November 2010 ist eine Änderung des ICAO Annex 13 (*Aircraft Accident and Incident Investigation*) wirksam geworden. Sie modifizierte die Definitionen von »accident«[510] sowie »serious incident«[511] und unterscheidet seitdem ausdrücklich zwischen bemannten und unbemannten Luftfahrzeugen.[512]

Mit Ausnahme der Änderung des Annex 2 betreffen die bislang spezifisch für UAS bzw. RPAS erlassenen SARPs *nicht* deren Zulassung.

2. Vorgesehene besondere Richtlinien und Empfehlungen

Die ICAO arbeitet angestrengt an der Entwicklung besonderer Richtlinien und Empfehlungen für RPAS. Sie hat sich dafür einen ehrgeizigen Zeitplan gesetzt. Im Jahr 2018 sollen Anpassungen und erste spezifische SARPs für RPAS in den Annexen 1, 6 und 8 zur Verfügung stehen.[513] Dementsprechend sind dann auch die ersten besonderen

---

508 ICAO, Annex 7, 2.1 (Table 1); siehe dazu oben § 2 A. I. 1. a).
509 Hinsichtlich der notwendigen Markierungen wird insb. eine möglicherweise geringe Größe des UA bzw. RPA berücksichtigt, ICAO, Annex 7, Standards 5.1 und 5.2. Bezüglich des Kennzeichnungsschilds, das für gewöhnlich am Haupteingang des Luftfahrzeugs anzubringen ist, wird für RPA eine Ausnahme dahingehend erlaubt, dass bei Fehlen eines Haupteingangs das Kennzeichnungsschild außen angebracht werden kann, ICAO, Annex 7, Standard 9.2 b). Siehe zur Frage der Markierung von RPAS (allgemein und *vor* Wirksamwerden der Änderung des Annex 7) auch *Handerson*, DJILP 2010, 615.
510 »An occurrence associated with the operation of an aircraft which, in the case of a manned aircraft, takes place between the time any person boards the aircraft with the intention of flight until such time as all such persons have disembarked, or in the case of an unmanned aircraft, takes place between the time the aircraft is ready to move with the purpose of flight until such time as it comes to rest at the end of the flight and the primary propulsion system is shut down [...]«, ICAO, Annex 13 – Aircraft Accident and Incident Investigation, 10. Aufl., Juli 2010, zuletzt geändert durch Änderung Nr. 14 (in Kraft getreten am 14. November 2013), ICAO Doc. AN13/10, Definitions (»Annex 13«).
511 »An incident involving circumstances indicating that there was a high probability of an accident and associated with the operation of an aircraft which, in the case of a manned aircraft, takes place between the time any person boards the aircraft with the intention of flight until such time as all such persons have disembarked, or in the case of an unmanned aircraft, takes place between the time the aircraft is ready to move with the purpose of flight until such time as it comes to rest at the end of the flight and the primary propulsion system is shut down.«, ICAO, Annex 13, Definitions.
512 Vor diesen Änderungen erfassten die entsprechenden Definitionen des Annex 13 nur Fälle, in denen Personen befördert wurden. Zu beachten ist weiterhin, dass diese »älteren« Annexänderungen aus 2010 noch allgemeiner von »unmanned aircraft« sprechen. Strenggenommen würden diese Erweiterungen des Annex damit auch vollständig autonome UA erfassen.
513 *Creamer*, Next steps and conclusions, ICAO RPAS Symposium 2015, 1 (9 f.); *Willis/Gadd/Cary*, International Civil Aviation Organisation – The ICAO RPAS Panel, in: UVS International (Hrsg.), RPAS Yearbook 2015/2016 – RPAS: The Global Perspective, 2015, 23. Zudem soll auch das unten untersuchte RPAS Manual in 2018 überarbeitet und

Zulassungsvorgaben für RPAS zu erwarten. In 2020 sollen sodann weitere spezifische SARPs in die Annexe 2, 3, 6, 8, 10, 11, 14 und 19 aufgenommen worden sein.[514] Im Jahr 2022 sollen einige der genannten Annexe in Bezug auf UAS weiter überarbeitet und ergänzt worden sein.[515]

Da die ICAO oftmals dazu neigt, selbstgesetzte Zeitvorgaben mitunter erheblich zu überschreiten, sind diese Zieldaten als optimistisch zu werten. Die Erarbeitung spezifischer Vorgaben zu RPAS seitens der ICAO ist insgesamt als langfristiges Vorhaben mit verschiedenen Entwicklungsstufen zu betrachten, deren letztendlicher Abschluss noch viele Jahre in Anspruch nehmen wird.

Bis entsprechende SARPs entwickelt und wirksam geworden sind, kommt den unter der Ägide des Sekretariats und des Rates erarbeiteten Anleitungsmaterialien eine besondere Bedeutung zu. Da diese Anleitungsmaterialien wohl noch einige Jahre maßgeblich sein werden, werden sie im Anschluss an die Darstellung der UASSG und des RPAS Panel eingehend untersucht.

II. Unmanned Aircraft Systems Study Group

Die *Unmanned Aircraft Systems Study Group* (UASSG) war eine spezifisch für den Problemkreis von UAS geschaffene Arbeitsgruppe, die dem Sekretariat zugeordnet war. Bis zu ihrer Überführung in das RPAS Panel konnte sie als der Mittelpunkt der Bemühungen der Organisation um die Erfassung der unbemannten Luftfahrt angesehen werden.

1. Entstehung

Die Schaffung der UASSG hatte ihren Ursprung nicht im Sekretariat selbst, sondern geht auf die Initiative der Luftverkehrskommission (*Air Navigation Commission*, ANC) des Rates zurück.[516]

---

erweitert worden sein. Siehe zu früheren Planungen auch *Huang*, ICAO and UAS: Current and Future (Präsentation), ICAO/CERG Warsaw Air Law Conference 2012, 1 (15) sowie *Petras*, The Legal Framework for RPAS/UAS – Suitability of the Chicago Convention and its Annexes (Präsentation), RPAS/UAS – A challenge for international, European and national air law 2013, 1 (25).

514 *Creamer*, ICAO RPAS Symposium 2015, 1 (9 und 12); *Willis/Gadd/Cary*, in: UVS International (Hrsg.), 23.

515 *Creamer*, ICAO RPAS Symposium 2015, 1 (9). Zuvor (noch mit anderen zeitlichen Zielen für die oben genannten Annexänderungen) wurde angekündigt, dass ab ungefähr 2028 letztendlich alle Vorgaben zum sicheren Betrieb von RPA in allen Luftraumklassen und an Flugplätzen vorliegen sollen, *Huang*, ICAO/CERG Warsaw Air Law Conference 2012, 1 (15); *Petras*, RPAS/UAS – A challenge for international, European and national air law 2013, 1 (25).

516 Siehe zur Entwicklung der Befassung der ICAO mit UAS und zur Gründung der UASSG und des RPAS Panel auch ICAO, Secretary General, UAS Circular, 1.1 und ICAO, Secretary General, RPAS Manual, 1.2. Beide Dokumente werden unten (§ 6 B. IV. und § 6 B. V.) gesondert untersucht.

Die offizielle Befassung der ICAO mit UAS begann am 12. April 2005, als die ANC den Generalsekretär ersuchte, ausgewählte Mitgliedstaaten und Internationale Organisationen in Bezug auf gegenwärtige und erwartete Problemstellungen ziviler UAS zu konsultieren.[517] Ein entsprechender Fragebogen wurde von 22 Staaten sowie vier Internationalen Organisationen beantwortet.[518] Er brachte die Erwartung eines deutlichen Bedeutungsgewinns der zivilen unbemannten Luftfahrt zum Ausdruck. Damit einhergehend wurden bereits zu diesem Zeitpunkt erhebliche Schwierigkeiten bei der Integration von UAS antizipiert.[519] Die Mehrheit der Befragten äußerte das Vorhandensein eines »*urgent* need for the development of ICAO provisions and guidance material related to international civil UAV operations, beyond what is currently available«[520]. In den folgenden zwei Jahren fanden auf Veranlassung der ICAO zwei informelle Treffen zu UAS statt. Das erste Treffen (2006) schloss u.a. mit der Feststellung, dass von der großen Bandbreite eventueller technischer Spezifikationen nur für einen Teil die Notwendigkeit bestünde in die SARPs der Annexe überführt zu werden.[521] Die ICAO wurde als »not the most suitable body«[522] für die Entwicklung besonderer technischer Spezifikationen angesehen. Dennoch sollte die Organisation als Zentrum für die Bemühungen um UAS dienen und zur Harmonisierung von Begrifflichkeiten, Strategien und Prinzipien beitragen.[523] Der Befassung mit UAS sollte zudem ein hoher Stellenwert innerhalb der Arbeit der ICAO eingeräumt werden.[524] Das zweite Treffen (2007) stellte zwar fest, dass in diesem frühen Stadium noch kein Bedarf für besondere SARPs bestünde.[525] Dennoch wurde hinsichtlich der weiteren Entwicklung Folgendes festgehalten:

ICAO should coordinate the development of a strategic guidance document that would guide the regulatory evolution that, even though non-binding, would be used as the basis for development of regulations by the various organizations and States.[526]

Das angesprochene Dokument, auf das unten näher eingegangen wird, sollte insbesondere auch als Basis zur Erreichung eines Konsenses der Mitgliedstaaten in Bezug auf die spätere Entwicklung von SARPs dienen.[527] Die Ausarbeitung technischer Spezifi-

---

517 ICAO, Air Navigation Commission, Results of a Consultation with Selected States and International Organization with Regard to Unmanned Aerial Vehicle (UAV), AN-WP/8065, 1.1 f. (»Questionnaire Results«).
518 ICAO, Air Navigation Commisson, Questionnaire Results, 1.2 und 2.2.
519 Diese Schwierigkeiten wurden insb. mit dem Fehlen der Technologie für die Erfüllung der Anforderung des *See and Avoid* (S&A) begründet, ICAO, Air Navigation Commission, Questionnaire Results, 2.3.
520 ICAO, Air Navigation Commission, Questionnaire Results, 2.6; Hervorhebung durch den Verfasser.
521 ICAO, Air Navigation Commission, Progress Report on Unmanned Aerial Vehicle Work and Proposal for Establishment of a Study Group, Working Paper, AN-WP/8221, 2.1 (»Progress Report/Establishement of UASSG«).
522 ICAO, Air Navigation Commission, Progress Report/Establishement of UASSG, 2.1.
523 ICAO, Air Navigation Commission, Progress Report/Establishement of UASSG, 2.1.
524 ICAO, Air Navigation Commission, Progress Report/Establishement of UASSG, 2.2.
525 ICAO, Air Navigation Commission, Progress Report/Establishement of UASSG, 3.2.
526 ICAO, Air Navigation Commission, Progress Report/Establishement of UASSG, 3.2.
527 ICAO, Air Navigation Commission, Progress Report/Establishement of UASSG, 3.2.

kationen allerdings sollte der *Radio Technical Commission on Aeronautics* (RTCA)[528] und der *European Organization for Civil Aviation Equipment* (EUROCAE)[529] überlassen bleiben.[530] Neben der Übereinkunft, den Begriff UAS (statt UAV[531]) zu verwenden, ist die getroffene Einschätzung besonders hervorzuheben, dass eine einzigartige Möglichkeit bestünde, eine Harmonisierung und Einheitlichkeit bereits in einem frühen Stadium sicherzustellen.[532] Im Anschluss an diese beiden informellen Treffen wurde 2007 die UASSG durch die ANC ins Leben gerufen.[533]

2. Auftrag und Zusammensetzung

Im Allgemeinen zeichnen sich Arbeitsgruppen dadurch aus, dass sie aus einer begrenzten Anzahl von Experten bestehen, die von Mitgliedstaaten oder Internationalen Organisationen entsendet werden und das Sekretariat in beratender Funktion unterstützen.[534] Ihr Auftrag und Arbeitsprogramm wird durch die ANC bestimmt.[535]

Die UASSG bestand zuletzt aus mehr als 20 Mitgliedstaaten und über 10 Internationalen Organisationen.[536] Sie trat im Jahre 2008 zum ersten Mal zusammen und tagte zwei bis dreimal jährlich.[537] Der Auftrag der UASSG wurde in ihren *Terms of Reference* wie folgt festgelegt:

In light of rapid technological advances, to assist the Secretariat in coordinating the development of ICAO Standards and Recommended Practices (SARPS), Procedures and Guidance material for civil unmanned aircraft systems (UAS), to support a safe, secure and efficient integration of UAS into non-segregated airspace and aerodromes.[538]

---

528 Die *Radio Technical Commission on Aeronautics* (RTCA) beschreibt sich selbst als »a private, not-for-profit corporation that develops consensus-based recommendations regarding communications, navigation, surveillance, and air traffic management system issues, *RTCA*, RTCA, <www.rtca.org>, zuletzt besucht am 30. November 2015; siehe zur Arbeit der RTCA bezüglich UAS u.a. *Guglieri et al.*, JIRS 2011, 399 (3.6).
529 Die *European Organization for Civil Aviation Equipment* (EUROCAE) ist eine Non-Profit Organisation, die 1963 in Luzern (Schweiz) gegründet wurde und sich als europäisches Forum zur Lösung von Problemen elektronischer Ausrüstung für den Luftverkehr versteht, *EUROCAE*, EUROCAE, <www.eurocae.net>, zuletzt besucht am 30. November 2015. Siehe dazu auch unten § 9 D.
530 ICAO, Air Navigation Commission, Progress Report/Establishement of UASSG, 3.3.
531 Siehe dazu oben § 3 A. I. 1.
532 ICAO, Air Navigation Commission, Progress Report/Establishement of UASSG, 3.3: »[...] it was felt that there was a unique opportunity to ensure harmonization and uniformity at an early stage [...]«. Siehe dazu auch unten § 6 B. II. 1.
533 ICAO, Air Navigation Commission, Progress Report/Establishement of UASSG, 3.3.
534 ICAO, UASSG, First Meeting – Summary of Discussions, UASSG/1-SD, Appendix B, 1.1 (»First Meeting«). Siehe auch oben § 6 B. II. 1.
535 ICAO, UASSG, First Meeting, Appendix B, 1.2 und 2.1.
536 So z.B. in *Cary/Coyne/Tomasello*, ICAO Unmanned Aircraft Systems Study Group, in: UVS International (Hrsg.), RPAS Yearbook – RPAS: The Global Perspective, 2013, 25.
537 *Cary/Coyne/Tomasello*, in: UVS International (Hrsg.), 25; ICAO, UASSG, First Meeting, 1.1.
538 ICAO, UASSG, First Meeting, Appendix C.

Zusammenfassend war die UASSG gemäß ihrem Arbeitsprogramm für die Entwicklung bzw. die Koordinierung und Förderung der Entwicklung des gesamten regulativen Rahmens für UAS seitens der Organisation verantwortlich.[539] Dies umfasste insbesondere die Vorbereitung der Änderungen von Annexen für den Rat sowie der Ausarbeitung von Anleitungsmaterialien. Entsprechend der Zuständigkeit der ICAO erstreckte sich ihre Arbeit nur auf Regelungsbereiche mit internationaler Dimension, da die ICAO nur für die internationale Zivilluftfahrt einen Harmonisierungsauftrag hat.[540]

Zur Bearbeitung ihres umfassenden Mandats bildete die UASSG Arbeitsgruppen, die den verschiedenen Zuständigkeitsbereichen der ICAO Rechnung trugen und jeweils für die Weiterentwicklung bestimmter Annexe zuständig waren.[541] Eine »Airworthiness Working Group« übernahm dementsprechend die zulassungsrelevanten Bereiche der Anleitungsmaterialien sowie die Vorbereitung von Änderungen des Annex 8.[542] Entgegen ihrer Bezeichnung und ihrem ursprünglichen Arbeitsauftrag begrenzte die UASSG ihre Bemühungen bereits in ihrem dritten Treffen (September 2009) auf RPAS, da sie nur diese als zur Integration Seite an Seite mit bemannten Luftfahrzeugen geeignet ansah.[543]

Wesentliche Ergebnisse der Arbeit der UASSG sind die Vorbereitung der Änderung des Annex 2 und die Erarbeitung des UAS Circular sowie des ersten Entwurfs des RPAS Manual.

III. Remotely Piloted Aircraft Systems Panel

Das *Remotely Piloted Aircraft Systems Panel* (RPAS Panel) ist der Nachfolger der UASSG. Es wurde am Mai 2014 geschaffen und trat im November 2014 erstmalig zusammen.[544] Sein Aufgabenbereich deckt sich im Wesentlichen mit dem der UASSG, wobei die Zentralisierung aller auf RPAS bezogenen Arbeiten der ICAO und die Erarbeitung von Vorschlägen für Annexänderungen sowie die Schaffung entsprechenden

---

539 Das Arbeitsprogramm der UASSG lautete: »1. Serve as the focal point and coordinator of all ICAO UAS related work, with the aim of ensuring global interoperability and harmonization; 2. Develop a UAS regulatory concept and associated guidance material to support and guide the regulatory process; 3. Review ICAO SARPS, propose amendments and coordinate the development of UAS SARPS with other ICAO bodies; 4. Contribute to the development of technical specifications by other bodies (e.g., terms, concepts), as requested; and 5. Coordinate with the ICAO Aeronautical Communications Panel (ACP), as needed, to support development of a common position on bandwidth and frequency spectrum requirements for command and control of UAS for the International Telecommunications Union (ITU) World Radio Conference (WRC) negotiations.«, ICAO, UASSG, First Meeting, Appendix C.
540 Siehe oben § 4 A. II.
541 *Cary/Coyne/Tomasello*, in: UVS International (Hrsg.), 25.
542 *Cary/Coyne/Tomasello*, in: UVS International (Hrsg.), 25.
543 So in ICAO, Secretary General, RPAS Manual, 1.2.14.
544 ICAO, Secretary General, RPAS Manual, 1.2.16; *George/Moitre*, Workshop 1, ICAO RPAS Panel Working Group 1 – Airworthiness, ICAO RPAS Symposium 2015, 1 (1.2); *Willis/Gadd/Cary*, in: UVS International (Hrsg.), 23.

Anleitungsmaterials im Vordergrund stehen.[545] Die Zusammensetzung des RPAS Panel entspricht ebenfalls im Grundsatz der der UASSG, allerdings erweitert um einige neue Mitglieder und Beobachter.[546] Das Panel hat sechs Arbeitsgruppen zur Bewältigung seiner Aufgaben etabliert.[547] Der wesentliche Unterschied zwischen UASSG und RPAS Panel ist die jeweilige organisatorische Einordnung. Während die UASSG, wie oben dargestellt, dem Sekretariat zuzuordnen war, gehört das RPAS Panel über die ANC zum Rat. Durch die Anknüpfung an den Rat als dem neben der Versammlung wichtigsten Organ der Organisation kann die Überführung der Aufgaben der UASSG an das RPAS Panel als eine »Aufwertung« der Bestrebungen der Organisation um RPAS betrachtet werden. Inhaltlich stellt das RPAS Panel letztlich jedoch (nur) die Fortsetzung der UASSG dar. Insbesondere hat es die Arbeit der UASSG am RPAS Manual übernommen und ist nun maßgeblich an der Vorbereitung künftiger Annexänderungen beteiligt.

IV. Circular 328 – Unmanned Aircraft Systems

Im März 2011 wurde mit dem *Circular 328 – Unmanned Aircraft Systems* (UAS Circular) das erste umfassende Anleitungsmaterial der ICAO zu UAS veröffentlicht.[548] Es verkörpert das oben angesprochene, bereits auf dem zweiten informellen Treffen 2007 angekündigte Dokument zu UAS. Ausweislich seiner Einleitung dient der UAS Circular zuvörderst der Unterrichtung der Staaten über die Sichtweise der ICAO in Bezug auf die Integration von UAS in nicht-segregierten Luftraum[549] und an Flughäfen. Zu-

---

545 Folgende Ziele werden im RPAS Manual der ICAO für das RPAS Panel angegeben: »a) serve as the focal point and coordinator of all ICAO RPAS-related work, with the aim of ensuring global interoperability and harmonization; b) develop an RPAS regulatory concept and associated guidance material to support and guide the regulatory process; c) review ICAO SARPs, propose amendments and coordinate the development of RPAS SARPs with other ICAO expert groups; d) assess impacts of proposed provisions on existing manned aviation; and e) coordinate, as needed, to support development of a common position on bandwidth and frequency spectrum requirements for command and control of RPAS for the International Telecommunication Union (ITU)/World Radio Communication Conference (WRC) negotiations.«, ICAO, Secretary General, RPAS Manual, 1.2.16.
546 Siehe für eine Auflistung der Mitglieder und Beobachter *Cary/Willis*, RPAS Panel, ICAO RPAS Symposium 2015, 1 (4).
547 *Airworthiness, Communications, Detect and Avoid, Licensing, Operations* und *ATM*, *Cary/Willis*, ICAO RPAS Symposium 2015, 1 (5); *Willis/Gadd/Cary*, in: UVS International (Hrsg.), 23.
548 ICAO, Secretary General, UAS Circular (siehe oben Fn. 65). Auf den UAS Circular wurde bereits oben im Zusammenhang mit der Auslegung von Art. 8 des Chicagoer Abkommens Bezug genommen; siehe oben § 4 B. I. 1.
549 Unter nicht-segregiertem Luftraum (*non-segregated airspace*) ist der der Luftfahrt grds. uneingeschränkt zugängliche Luftraum zu verstehen. Der UAS Circular definiert *segregated airspace* wiederum als: »Airspace of specified dimensions allocated for exclusive use to a specific user(s).«, ICAO, Secretary General, UAS Circular, Definitions. Durch Segregation können demnach Teile des Luftraums für bestimmte Verwendungen abgegrenzt werden, z.B. um Testflüge durchzuführen und dabei eine Gefährdung des übrigen Luftverkehrs auszuschließen.

dem dient er der Erörterung der grundlegenden Unterschiede zur bemannten Luftfahrt sowie der Ermunterung der Staaten, die Vorhaben der ICAO mit Informationen und eigenen Erfahrungen in Bezug auf UAS zu unterstützen.[550] Entsprechend dieser Zielbestimmung hebt der UAS Circular die Besonderheiten von UAS hervor und erläutert deren mögliche Auswirkungen auf bestehende und noch zu schaffende Vorgaben. Der UAS Circular ist in sieben Kapitel unterteilt und wird durch einen Appendix ergänzt.[551] Im Rahmen des zweiten und vierten Kapitels wird die bereits oben untersuchte Sichtweise der ICAO zu Art. 8 des Chicagoer Abkommens erläutert.[552]

Der Circular erfasst der Ausrichtung der ICAO entsprechend keine vollständig autonomen UAS.[553] Ebenso wenig betrifft er unbemannte Freiballone sowie sonstige, nicht in Echtzeit kontrollierbare Luftfahrzeuge.[554] Des Weiteren wird der Ausschluss von unbemannten Flugmodellen aus dem Anwendungsbereich des Chicagoer Abkommens hervorgehoben,[555] welche daher ebenfalls nicht Gegenstand des UAS Circular sind.

1. Informationen zur Zulassung unbemannter Luftfahrzeugsysteme

Die für die Zulassung von UAS relevanten Informationen sind im sechsten Kapitel des UAS Circular enthalten, wobei die Unterkapitel »Certification«, »Airworthiness« und »Remote Pilot Station(s)« für die vorliegende Untersuchung interessant sind.[556]

Im Rahmen des Abschnitts zur Zulassung (*Certification*) wird zunächst die gegenseitige Abhängigkeit der Elemente des Systems erläutert und auf eine mögliche Austauschbarkeit dieser Elemente hingewiesen, wobei insbesondere die Steuerungsübergabe während des Fluges[557] – auch zwischen Kontrollstationen in verschiedenen Staaten – thematisiert wird.[558] Dabei wird auch auf die den Bereich des Betriebs betreffende Möglichkeit hingewiesen, dass Kontrollstationen auch gesondert durch darauf spezialisierte Unternehmen betrieben werden könnten, welche dann als »remote pilot station operators« zu qualifizieren wären.[559]

---

550 ICAO, Secretary General, UAS Circular, 1.6.
551 Der Appendix enthält Beispiele von Initiativen zur Erfassung von UAS auf staatlicher und regionaler Ebene.
552 ICAO, Secretary General, UAS Circular, 2.1 ff. und 4.3 ff.
553 ICAO, Secretary General, UAS Circular, 2.2.
554 ICAO, Secretary General, UAS Circular, 2.2.
555 ICAO, Secretary General, UAS Circular, 2.4.
556 Des Weiteren enthält das sechste Kapitel Erläuterungen zu folgenden Bereichen: »Nationality and registration marks«, »Radio navigation aids and airborne navigation equipment«, »Surveillance systems«, »Aeronautical communications«, »Aeronautical radio frequency spectrum«, »Aeronautical charts« und »Environmental protection«.
557 Siehe dazu oben § 2 A. I. 3.
558 ICAO, Secretary General, UAS Circular, 6.1 f.
559 Hieraus könnten weitere Rechtsfragen resultieren, z.B. wenn der Betreiber des UAS und der Betreiber der Kontrollstation verschiedenen Staaten zuzurechnen wären, ICAO, Secretary General, UAS Circular, 6.3.

Hinsichtlich der grundsätzlichen Zulassungssystematik für RPAS werden zwei mögliche Varianten vorgestellt.[560] Eine Variante bestünde darin, die Zulassung des gesamten RPAS in die Musterzulassung des RPA als dessen Bestandteil einzubeziehen.[561] Die RPS könnte in dieser Konstellation – ähnlich zu Motoren und Propellern – auch ein eigenes TC erhalten.[562] Die Konfiguration aus RPA und RPS würde gemeinsam vom Entwicklungsstaat geprüft und im Datenblatt (*Type Certificate Data Sheet*, TCDS) des RPA TC dokumentiert.[563] Ein RPAS könnte mehrere RPS umfassen, solange deren Konfiguration im TC des RPA beschrieben ist.[564] Die RPS wäre folglich ein Teil des RPAS, wobei die RPS und das RPAS letztendlich von der Zulassung des RPA mit umfasst würden. Das RPA wäre in dieser Variante der maßgebliche Anknüpfungspunkt für die Zulassung. Allein das RPA erhielte ein CofA, wovon die RPS umfasst wäre.[565] Konsequenterweise würde nur das RPA registriert werden.[566]

Die zweite Variante bestünde darin für die RPS auch eine individuelle Zulassung und entsprechende Zulassungsscheine zu entwickeln, die vergleichbar mit dem TC und dem CofA des RPA wären.[567] Die RPS wäre damit vollkommen unabhängig vom RPA zuzulassen. Über die besonderen Zulassungsscheine für die RPS hinaus wären ähnliche Instrumente auch für das RPAS als solches erforderlich, wobei diesbezügliche Details noch unklar seien.[568] Jedenfalls würde diese Variante eine grundlegende Änderung der Zulassungssystematik des Annex 8 erforderlich machen.[569] Da in dieser Variante neben dem CofA für das RPA auch noch weitere Zulassungsscheine entstünden, müssten zudem neue Wege für deren Registrierung gefunden werden.[570]

Hinsichtlich des Data-Link hebt der UAS Circular für beide Varianten hervor, dass eine entsprechende Methode zur Prüfung der Datenverbindung entwickelt werden müsse.[571] In der bemannten Luftfahrt werden nur die Ausrüstung, die die Datenverbindung herstellt, zugelassen, nicht allerdings die Datenverbindung selbst.[572] Im Falle von RPAS, bei denen die Datenverbindung die Funktion der Kabel zwischen den Kontrolleinrichtungen erfülle, solle entsprechend die Leistung des Data-Link im Zuge der Zulassung des RPAS bzw. RPA Berücksichtigung finden.[573] Eine »Zulassung« der Datenverbindung selbst ist folglich im UAS Circular nicht vorgesehen.

Im Unterkapitel zur Lufttüchtigkeit (*Airworthiness*) erfolgt zunächst eine eher allgemein formulierte Einschätzung hinsichtlich der für UAS geltenden bzw. zu schaffenden

---

560 Daneben wird auch ein »UAS operator certificate« angesprochen (ICAO, Secretary General, UAS Circular, 6.9), welches aber eine Betriebsvoraussetzung ist und nicht zur vorliegend untersuchten Zulassung gehört.
561 ICAO, Secretary General, UAS Circular, 6.5.
562 ICAO, Secretary General, UAS Circular, 6.5.
563 ICAO, Secretary General, UAS Circular, 6.5.
564 ICAO, Secretary General, UAS Circular, 6.5.
565 ICAO, Secretary General, UAS Circular, 6.5 und 6.7.
566 ICAO, Secretary General, UAS Circular, 6.7.
567 ICAO, Secretary General, UAS Circular, 6.6.
568 ICAO, Secretary General, UAS Circular, 6.6.
569 ICAO, Secretary General, UAS Circular, 6.6.
570 ICAO, Secretary General, UAS Circular, 6.7.
571 ICAO, Secretary General, UAS Circular, 6.8.
572 ICAO, Secretary General, UAS Circular, 6.8.
573 ICAO, Secretary General, UAS Circular, 6.8.

Zulassungsvorgaben. Während in den meisten Bereichen auf die vorhandenen Vorgaben für bemannte Luftfahrzeuge zurückgegriffen werden könne, sei nur in *einigen wenigen UAS eigentümlichen Bereichen* ein Anpassungsbedarf gegeben, der dafür aber besonders tiefgreifend sei.[574] Bezüglich der konkreten Vorgaben wird geäußert, dass »[m]any existing SARPs are applicable to UAS; others may require interpretive or innovative solutions.«[575] Dementsprechend wird dargelegt, dass im Falle nicht vorhandener Bedingungen auch die entsprechenden Anforderungen zu vernachlässigen seien – z.B. solle aufgrund der Abwesenheit von Personen an Bord auf Sicherheitsgurte, Rettungswesten und -floße verzichtet werden können.[576] Sodann erfolgt ein Überblick über den Regelungsgehalt des Annex 8 sowie eine kursorische Auflistung derjenigen Aspekte, die von den bisherigen SARPs nicht umfasst sind (Luftfahrzeuge mit weniger als 750 kg MTOW und solche, die nicht für den Transport von Passagieren, Fracht oder Post bestimmt sind sowie Kontrolleinheiten und C2-Datenverbindungen).[577] Zudem soll gefährlichen Situationen, in denen die Steuerungsfähigkeit aus unterschiedlichen Gründen insbesondere dem Verlust der Datenverbindung nicht mehr gegeben ist, mithilfe von Vorrichtungen und entsprechenden Standards begegnet werden.[578]

Letztlich geht der UAS Circular auch gesondert auf die Kontrolleinheit in einem entsprechenden Unterkapitel (*Remote Pilot Station(s)*) ein. Zunächst wird festgestellt, dass diese ebenso wie andere sicherheitsrelevante Bestandteile einer Einbeziehung in die Regulierung zur Flugsicherheit bedürfe, wobei die Details dazu noch zu erarbeiten seien.[579] In diesem Zusammenhang wird auf die Schwierigkeiten hingewiesen, die aus der Auslagerung des Cockpits resultieren, aber in ihrer Komplexität noch nicht hinreichend erfasst seien.[580] Ebenso wichtig, aber gleichfalls weiterer Nachforschungen bedürfend, wird auf die Notwendigkeit redundanter Systeme hingewiesen, wobei der Grad der Redundanz dem bemannter Luftfahrzeuge entsprechen oder darüber hinausgehen solle.[581] Erneut wird zudem die Notwendigkeit der regulativen Erfassung der Besonderheiten von UAS hervorgehoben.[582]

2. Bedeutung des UAS Circular

In formeller Hinsicht ist die Bedeutung des UAS Circular deutlich begrenzt. Charakterisierend ist zuvörderst, dass der UAS Circular als vom Sekretariat erlassenes Anleitungsmaterial (*guidance material*) gänzlich unverbindlich ist. Den Mitgliedstaaten der ICAO steht es also frei, die im Circular enthaltenen Anregungen umzusetzen. Zudem

---

574 ICAO, Secretary General, UAS Circular, 6.10. So im englischen Wortlaut: »the small number of areas unique to UAS«, ICAO, Secretary General, UAS Circular, 6.10.
575 ICAO, Secretary General, UAS Circular, 6.11.
576 ICAO, Secretary General, UAS Circular, 6.11.
577 ICAO, Secretary General, UAS Circular, 6.16.
578 ICAO, Secretary General, UAS Circular, 6.18.
579 ICAO, Secretary General, UAS Circular, 6.19.
580 ICAO, Secretary General, UAS Circular, 6.20.
581 ICAO, Secretary General, UAS Circular, 6.21.
582 ICAO, Secretary General, UAS Circular, 6.22 f.

werden Rundschreiben nicht aktualisiert,[583] weshalb eine Anpassung an neue Erkenntnisse ausgeschlossen ist – ein Umstand, der sich angesichts der rasanten Entwicklung der unbemannten Luftfahrt nachteilig auswirken kann.

In Bezug auf seinen materiellen Gehalt sind zudem weitere Einschränkungen zu berücksichtigen. Zunächst bezieht sich der UAS Circular nur auf RPAS und liefert damit keine Informationen oder Anleitungen für den Umgang mit vollständig autonomen UA. Die Bezeichnung »UAS« Circular ist daher zwar zutreffend, wird jedoch durch den tatsächlichen Inhalt des Circulars nicht vollständig ausgefüllt. Des Weiteren werden unbemannte Flugmodelle unter Verweis auf den Anwendungsbereich des Chicagoer Abkommens ebenfalls ausgeschlossen. Wenngleich dies aus oben genannten Gründen im Ergebnis sachdienlich ist,[584] so unternimmt der Circular bedauerlicherweise keinen Versuch mögliche Abgrenzungsschwierigkeiten entgegenzuwirken, sondern gibt lediglich das Abgrenzungskriterium des »recreational purpose« vor.

Keine Auslegungshilfe bietet der UAS Circular im Bereich der Zulassungssystematik des Annex 2, Appendix 4. Da er den Annexänderungen zeitlich vorausgeht, wäre eine direkte Bezugnahme nicht möglich. Aber auch inhaltlich enthält er mit den zwei vorgeschlagenen Zulassungsvarianten ebenfalls keine eindeutige Festlegung, die ein besseres Verständnis der Richtlinie 2.1 des Appendix 4 ermöglichen würde.

Allgemein ist die optimistische Aussage des UAS Circular, dass nur in einigen wenigen Bereichen ein erheblicher Anpassungsbedarf der Zulassungsvorgaben besteht, mit einer gewissen Skepsis zu betrachten. Wenngleich die bestehenden Vorgaben in den SARPs auch für die Zulassungsvorgaben für UAS weiterhin von grundlegender Bedeutung sind und einzelne Vorgaben aufgrund mangelnder Relevanz für UAS andererseits auch vernachlässigt werden können, so hat die bisherige Untersuchung gezeigt, dass durchaus erheblicher Weiterentwicklungsbedarf besteht; jedenfalls hinsichtlich der Erfassung des Systems und seiner Elemente. Hervorzuheben ist hingegen, dass zumindest die im Circular vorgeschlagenen Definitionen zwischenzeitlich in die eingeschränkt verbindlichen Annexe 2 und 7 Eingang gefunden haben.

Im Ergebnis stellt der UAS Circular einen ersten wichtigen Schritt der ICAO zur Einbeziehung von UAS in die internationale Zivilluftfahrt dar. Er informiert über die zu erwartenden Probleme und bringt alle Mitgliedstaaten der Organisation auf einen gemeinsamen Wissensstand als Basis für die weitere Entwicklung. Seinem selbst gesetzten Ziel wird der UAS Circular damit gerecht. Für die übergeordneten Aufgabe der seinerzeit bestehenden UASSG (»to assist the Secretariat in coordinating the development of ICAO Standards and Recommended Practices (SARPS), Procedures and Guidance material for civil unmanned aircraft systems (UAS)«[585]) leistet er jedoch nur einen kleinen Beitrag. Über eine – bisweilen oberflächliche[586] – Unterrichtung der Mitgliedstaaten geht der Circular kaum hinaus. Eine »Anleitung« zur Lösung der angesprochenen Probleme bietet er umso weniger. Als Hilfestellung für die Entwicklung nationaler Zulassungsvorschriften ist er damit nur sehr begrenzt tauglich. Letztlich hat

---

583 *ICAO*, Making an ICAO Standard, <http://www.icao.int/safety/airnavigation/pages/standard.aspx>, zuletzt besucht am 30. November 2015.
584 Siehe oben § 3 B. III. 2.
585 ICAO, UASSG, First Meeting, Appendix C; siehe dazu oben § 6 B. II. 2.
586 So werden z.B. die Zulassungsaspekte nur auf drei Seiten erarbeitet.

der UAS Circular insbesondere aber auch durch das im Folgenden zu untersuchende RPAS Manual weitgehend an Bedeutung verloren.

V. *Manual on Remotely Piloted Aircraft Systems*

Das *Manual on Remotely Piloted Aircraft Systems*[587] (RPAS Manual) wurde durch die UASSG bzw. das RPAS Panel erarbeitet und schließlich im Vorfeld des RPAS Symposiums im März 2015 veröffentlicht.[588]

Manuals im Allgemeinen enthalten Informationen zur Unterstützung oder Erweiterung von SARPs und PANS.[589] Sie haben dabei insbesondere die Aufgabe die Umsetzung der SARPs und PANS zu vereinfachen.[590] Das RPAS Manual im Besonderen dient der Zurverfügungstellung von Anleitungen zu technischen und betrieblichen Angelegenheiten in Bezug auf die Integration von RPA in nicht-segregierten Luftraum und an Flughäfen.[591] Es richtet sich primär an die ICAO Mitgliedstaaten im Rahmen der Entwicklung nationaler Vorschriften für RPAS und ist als Ergänzung der in den Annexen enthaltenen SARPs zu verstehen.[592] Darüber hinaus dient es als Hilfestellung für die Entwicklung künftiger spezifischer SARPs für RPAS.[593] Das Manual soll Informationen für die gesamte »UAS community« enthalten und will damit neben den Gesetzgebern der Mitgliedstaaten u.a. auch Hersteller, Betreiber, Piloten und Anbieter von Flugnavigationsdiensten ansprechen.[594] Im Gegensatz zum UAS Circular soll das Manual mit zunehmender Erfahrung und Entwicklung aktualisiert und erweitert werden.[595]

Nicht Gegenstand des RPAS Manual sind Staatsluftfahrzeuge, vollständig autonome UAS, unbemannte Freiballone und sonstige, nicht in Echtzeit kontrollierbare Luftfahr-

---

587 ICAO, Secretary General, RPAS Manual (siehe oben Fn. 37).
588 Die Veröffentlichung des RPAS Manual wurde mehrfach verschoben, von zunächst 2013 auf 2014 und letztlich auf 2015. Siehe zu den verschiedentlichen Ankündigungen, insb. durch die ICAO bzw. Mitglieder der/des UASSG Study Group/RPAS Panel u.a. *Tomasello*, AMJ 2010, 1 (8); *Cary/Coyne/Tomasello*, in: UVS International (Hrsg.); *Huang*, ICAO/ CERG Warsaw Air Law Conference 2012, 1; *Cary/Coyne/Tomasello*, in: UVS International (Hrsg.).
589 *ICAO*, Making an ICAO Standard, <http://www.icao.int/safety/airnavigation/pages/ standard.aspx>, zuletzt besucht am 30. November 2015.
590 *ICAO*, Making an ICAO Standard, <http://www.icao.int/safety/airnavigation/pages/ standard.aspx>, zuletzt besucht am 30. November 2015.
591 ICAO, Secretary General, RPAS Manual, 1.4. Siehe dazu auch ICAO, Secretary General, RPAS Manual, 1.5.1: »The scope of ICAO provisions in the next 5 to 10 years is to facilitate integration of RPAS operating in accordance with instrument flight rules (IFR) in controlled airspace and at controlled aerodromes. While not excluding visual line-of-sight operations from consideration, these are viewed to be a lower priority for global harmonization of international flights.« Siehe zur Integration in den nicht-segregierten Luftraum die Prinzipien in ICAO, Secretary General, RPAS Manual, 14.2.
592 ICAO, Secretary General, RPAS Manual, 1.5.
593 ICAO, Secretary General, RPAS Manual, 1.5.4.
594 ICAO, Secretary General, RPAS Manual, 1.5.5.
595 ICAO, Secretary General, RPAS Manual, 1.4.

zeuge sowie der simultane Betrieb mehrerer RPA durch nur eine RPS.⁵⁹⁶ Auch unbemannte Flugmodelle sind vom Anwendungsbereich des Manual ausgenommen.⁵⁹⁷ Diesbezüglich wird positiv formuliert, dass das Manual auf alle RPAS Anwendung findet, die zu anderen als zu Freizeitzwecken verwendet werden.⁵⁹⁸

Das einführende Kapitel des Manual bringt verschiedene Leitprinzipien zum Ausdruck, die das übergeordnete Ziel der Flugsicherheit⁵⁹⁹ in Bezug auf RPAS spezifizieren.⁶⁰⁰ Der Schutz vor Abstürzen und Kollisionen mit anderen Luftfahrzeugen steht demnach an erster Stelle.⁶⁰¹ Da diese Gefahren als unabhängig von der Art der Verwendung angesehen werden, gelten die Anleitungen des Manual grundsätzlich für alle Nutzungsarten.⁶⁰²

Bedeutsam ist zudem folgendes Prinzip:

In order for RPAS to be widely accepted, they will have to be integrated into the existing aviation system without negatively affecting manned aviation (e.g. safety or capacity reduction). If that cannot be achieved (e.g. due to intrinsic limitations of RPAS design), the RPA may be accommodated by being restricted to specific conditions or areas (e.g.: visual line-of-sight (VLOS), segregated airspace, or away from heavily populated areas).⁶⁰³

Damit kommt die grundsätzliche Forderung nach einem mit der Flugsicherheit von bemannten Luftfahrzeugen vergleichbaren Grad an Sicherheit (ELOS) zum Ausdruck.⁶⁰⁴ Bis dieses erforderliche Niveau der Flugsicherheit durch RPAS nicht allgemein erreicht werden kann, muss die Verwendung von RPAS durch bestimmte Bedingungen oder Einsatzgebiete beschränkt werden.

---

596 ICAO, Secretary General, RPAS Manual, 1.5.2 a) - c). Das RPAS Manual enthält lediglich Definitionen für »autonomous aircraft« (»An unmanned aircraft that does not allow pilot intervention in the management of the flight.«) und »autonomous operation« (»An operation during which a remotely piloted aircraft is operating without pilot intervention in the management of the flight.«) ohne jedoch weiter darauf einzugehen.

597 ICAO, Secretary General, RPAS Manual, 1.5.2 d): »and model aircraft, which many States identify as those used for recreational purposes only, and for which globally harmonized standards are not considered necessary«.

598 ICAO, Secretary General, RPAS Manual, 1.5.3. Siehe dazu auch ICAO, Secretary General, RPAS Manual, 2.3.6: »RPA designed and built for other than recreational purposes may be regulated under the jurisdiction of the civil aviation authority even if used for recreational purposes. Conversely, model aircraft designed and built for recreational purposes, if used for any purpose other than recreation, may be regulated under the jurisdiction of the civil aviation authority.«

599 Anleitungsmaterial zur davon abzugrenzenden Luftsicherheit (*security*) von RPAS findet sich in ICAO, Secretary General, RPAS Manual, 9.11.

600 ICAO, Secretary General, RPAS Manual, 1.6.

601 ICAO, Secretary General, RPAS Manual, 1.6.2: »[...] the main purpose of RPAS regulations is to address the protection of society from mid-air collisions (MACs) with aircraft and crashes«.

602 ICAO, Secretary General, RPAS Manual, 1.6.3.

603 ICAO, Secretary General, RPAS Manual, 1.6.4.

604 Siehe zum ELOS oben § 3 C. I. Ausdrücklich findet sich dies auch in Kapitel 10 des Manual: »RPAS will have to be as safe as, or safer than, present manned operations.«, ICAO, Secretary General, RPAS Manual, 10.1.5.

§ 6 Weiterentwicklung von besonderen internationalen Zulassungsvorgaben durch die ICAO

In den weiteren Kapiteln des RPAS Manual werden im Anschluss an eine einführende Erläuterung von RPAS (*Introduction to RPAS* (Chapter 2)) folgende Bereiche behandelt: *Special authorization* (Chapter 3), *Type and airworthiness approvals* (Chapter 4), *RPA registration* (Chapter 5), *Responsibilities of the RPAS operator* (Chapter 6), *Safety management* (Chapter 7), *Licensing and competencies* (Chapter 8), *RPAS operations* (Chapter 9), *Detect and avoid (DAA)* (Chapter 10), *Command and control (C2) link* (Chapter 11), *ATC communications* (Chapter 12), *Remote pilot station (RPS)* (Chapter 13), *Integration of RPAS operations into ATM and ATM procedures* (Chapter 14) und *Use of aerodromes* (Chapter 15).[605]

1. Zulassungssystematik

Das vierte Kapitel (*Type and airworthiness approvals*) des RPAS Manual widmet sich den Muster- und Verkehrszulassungen für RPAS bzw. deren Elemente.

Zu Beginn des Kapitels wird bereits verdeutlicht, dass die Ausführungen keine abschließende Anleitung zur Ausgestaltung von Zulassungsvorschriften beinhalten, sondern vielmehr eine Auseinandersetzung mit den regulativen Herausforderungen entsprechender Zulassungen darstellen.[606] Anleitungsmaterialien zu Zulassungsvorgaben werden daher von der ICAO als in der Entwicklung befindlich begriffen. Zudem wird darauf hingewiesen, dass es bestimmte technische und betriebliche Ausgestaltungen gäbe, die auch mithilfe des Manual nicht erfassbar seien und es diesbezüglich weiterer Aufklärung und Erfahrung bedürfe.[607]

In einführenden und allgemeinen Abschnitten zu Beginn des Kapitels wird der Grundsatz herausgestellt, dass bisherige Vorgaben und Vorschriften für bemannte

---

[605] Der Zusammenhang dieser Kapitel (und des Systems der Flugsicherheit) wird durch *Tomasello* wie folgt anschaulich erläutert (die Kapitelzahlen, auf die Bezug genommen wird, entsprechen einem früheren Entwurf des Manual und stimmen z.T. nicht mehr mit der veröffentlichten Fassung überein): »First States and stakeholders have to comply with the ICAO regulatory framework (Chapter 1) and with the basic features of RPAS (Chapter 2). Than general requirements apply (Chapter 3; e.g. Art. 8 of Chicago Convention) to international civil flights. Once this is clear, the safety of the entire RPAS has to be certified (Chapter 4), the RPA registered (Chapter 5) and the RPAS operator certified as well (Chapter 6). The latter will employ licensed personnel (Chapter 7) to carry out flight operations (Chapter 8), using RPA with ›Detect and Avoid‹ (Chapter 9) and communication systems (Chapter 10), governed by an RPS (Chapter 11) equipped as necessary (Chapter 12). Once all this will be in place, the RPAS operator may apply to enter non- segregated airspace on the basis of applicable ATM rules and procedures (Chapter 13) and take-off and land at aerodromes (Chapter 14). Finally, some RPA (if not the majority) will operate in volumes not accessible to ›manned‹ aviation (very low level; proximity of obstacles; dangerous clouds, etc.) and also this has to be considered (Chapter 15)«, *Tomasello*, in: UVS International (Hrsg.), 40.
[606] Dies wird insb. durch die Verwendung des Wortes »discussion« deutlich (»This chapter provides a discussion of the regulatory challenges and considerations for type and airworthiness approvals for remotely piloted aircraft (RPA), remote pilot stations (RPS) and the remotely piloted aircraft system (RPAS) as a complete system.«), ICAO, Secretary General, RPAS Manual, 4.1.1.
[607] ICAO, Secretary General, RPAS Manual, 4.1.3.

Luftfahrzeuge so weit auf RPAS angewendet werden sollen, wie dies im Rahmen der Praktikabilität möglich sei.[608] Zudem wird das oben erläuterte Prinzip für den Bereich der Zulassung wie folgt spezifiziert: »Any limitation associated with the type design that affects the function and operation of the RPAS may require specific restrictions, operating limitations and supplemental operational controls or provisions to achieve an acceptable level of safety for operation in international airspace.«[609] Sodann erfolgt eine Auflistung der leitenden Grundsätze der Zulassung von RPAS, die in den weiteren Ausführungen des Kapitels 4 des RPAS Manual ausgearbeitet werden.[610]

Insbesondere die Unterkapitel 4.4 (*Initial certification*), 4.5 (*C2 link*) und 4.13 (*Airworthiness certification*) verkörpern die Zulassungssystematik und damit auch die Auslegung des Annex 2, Appendix 4 seitens der ICAO. Die Untersuchung erfolgt vorliegend entlang der Elemente des RPAS.

a) RPA

Das RPA steht im Zentrum der Zulassungssystematik. An ihm richtet sich die »Zulassung« des RPAS und der übrigen Elemente aus.

Ein RPA soll zunächst ein TC erhalten, welches alle anderen Elemente umfasst, die für einen kontrollierten Flug erforderlich sind.[611] Dies entspricht im Grundsatz der Zulassungssystematik bemannter Luftfahrzeuge, wonach das Luftfahrzeug als solches der wesentliche Anknüpfungspunkt der Zulassungsvorgaben und -vorschriften ist.[612] Diese Anbindung an das RPA wird bereits im UAS Circular als eine Möglichkeit für die Zulassung von RPAS vorgeschlagen.[613] Im RPAS Manual wird das RPA zwar, wie auch in allen anderen untersuchten Dokumenten der Organisation, als *ein* Element des RPAS angesehen, dennoch folgt die ICAO ihrem übergeordneten Grundsatz, die Erfassung von RPAS so weit wie möglich an den bestehenden Vorgaben für bemannte Luftfahrzeuge auszurichten.[614] Daher wird das RPA – als das Luftfahrzeug – zu demjenigen Element bestimmt, für das das maßgebliche TC erteilt wird.[615]

---

608 ICAO, Secretary General, RPAS Manual, 4.1.2. Zudem wird auf die Anwendbarkeit des *Airworthiness Manual* (siehe dazu oben § 5 B. I. 2.) für die Zulassung des RPA hingewiesen. Für das System werden aber auch diesbezüglich Schwierigkeiten antizipiert, ICAO, Secretary General, RPAS Manual, 4.2.1.
609 ICAO, Secretary General, RPAS Manual, 4.2.3.
610 ICAO, Secretary General, RPAS Manual, 4.3.
611 ICAO, Secretary General, RPAS Manual, 4.4.1.
612 ICAO, Secretary General, RPAS Manual, 4.4.5: »In manned aviation, the aircraft is the single entity in which all aircraft components are integrated. Therefore, the airworthiness approach for manned aviation focuses on the aircraft.«.
613 Siehe oben § 6 B. IV. 1.
614 Siehe ICAO, Secretary General, RPAS Manual, 4.2.3: »The certification basis would include applicable requirements adopted or adapted from traditional manned aircraft in all appropriate areas of design and construction, for example, structures and materials, electrical and mechanical systems, propulsion and fuel systems, and flight testing.«
615 ICAO, Secretary General, RPAS Manual, 4.4.5.

§ 6 Weiterentwicklung von besonderen internationalen Zulassungsvorgaben durch die ICAO

Da vorgesehen ist, dass das RPAS *ein* RPA, aber mehrere RPS, Datenverbindungen und andere Elemente enthalten kann,[616] folgt für das RPA TC, dass es aufgrund seiner übergeordneten Funktion für ein bestimmtes RPA ausgestellt wird, aber zahlreiche andere Elemente umfassen kann.[617] In jedem Fall aber muss die Funktionsfähigkeit sämtlicher möglicher Elemente sowie ihre Austauschbarkeit zum sicheren Betrieb im Rahmen des RPA TC Berücksichtigung finden.[618] Der Halter des RPA TC ist für die sichere Integration der übrigen Elemente des RPAS verantwortlich.[619]

Bezüglich des Musterzulassungsverfahrens gibt das RPAS Manual die allgemeine Anforderung wieder, dass »[t]he original issuance of an aircraft TC by the State of Design provides satisfactory evidence that the design and details of such aircraft type have been reviewed and found to comply with the applicable airworthiness standards«[620]. Im RPAS Manual wird dies dahingehend ergänzt, dass die jeweiligen Vorgaben grundsätzlich auch von der RPS und den übrigen Elementen erfüllt werden müssen.[621]

Die Verkehrszulassung des RPA mündet wie bei bemannten Luftfahrzeugen in die Ausstellung eines CofA. Als Luftfahrzeug ist das RPA das Element des RPAS für das die Bescheinigung der *Luft*tüchtigkeit naheliegt.[622] Da das Erfordernis eines CofA für RPA bereits aus dem Chicagoer Abkommen hervorgeht, setzt sich das RPAS Manual nur kurz damit auseinander.[623] Grundsätzlich stellt der Registerstaat[624], bei dem das RPA eingetragen wird, ein CofA für das RPA aus, sofern ihm ausreichende Nachweise dafür vorliegen, dass das RPA, die RPS und die übrigen Elemente mit der Musterbauart des RPA TC übereinstimmen und sich in einem für den Betrieb sicheren Zustand befinden.[625] Ebenso wie das RPA TC erfasst konsequenterweise auch das RPA CofA das ge-

---

616 So u.a. ICAO, Secretary General, RPAS Manual, 4.4.6, siehe dazu auch im Folgenden b).
617 ICAO, Secretary General, RPAS Manual, 4.4.6.
618 ICAO, Secretary General, RPAS Manual, 4.4.7: »Like manned aircraft, multiple RPAS configurations (e.g. RPA model variants, RPS types/models and other essential components) can be defined within the type design definition documents (e.g. type certificate data sheet (TCDS), as long as the individual approved RPAS configuration is clear. When an RPA is issued a type , the functionality of the various types of engines, propellers, RPS and components and their interchangeability to safely operate the aircraft will need to be considered and appropriately reflected in the approved type design.«
619 ICAO, Secretary General, RPAS Manual, 4.4.5 und 4.4.2.
620 ICAO, Secretary General, RPAS Manual, 4.4.8.
621 ICAO, Secretary General, RPAS Manual, 4.4.8.
622 Siehe oben § 5 B. I. 5.
623 Das entsprechende Unterkapitel (ICAO, Secretary General, RPAS Manual, 4.13) umfasst nur einen Absatz.
624 Ausschließlich das RPA wird registriert, ICAO, Secretary General, RPAS Manual, 4.3.1 a); siehe zur Verantwortlichkeit des Registerstaates auch ICAO, Secretary General, RPAS Manual, 4.17.5 f.
625 ICAO, Secretary General, RPAS Manual, 4.13. Siehe allgemein zu den Anforderungen an mitzuführende Dokumente, die ggf. auch in elektronischer Form vorliegen können, ICAO, Secretary General, RPAS Manual, 6.6.

samte RPAS.⁶²⁶ Um die dieses konstituierenden Elemente zu definieren, soll ein Konfigurationsmanagementnachweis (*configuration management record*) in ausreichender Detailtiefe die gesamte Konfiguration des RPA beschreiben und alle Elemente des RPAS umfassen.⁶²⁷ Inhaltlich soll sich dieser Nachweis an entsprechenden Nachweisen für bemannte Luftfahrzeuge anlehnen – allerdings um die besonderen Elemente von RPAS erweitert.⁶²⁸

Neben der allgemeinen Typeneinteilung enthält das Manual keine weitere Klassifikation von RPA, betont aber, dass entsprechende Klassifikationen in anderen Foren erarbeitet werden.⁶²⁹

b) RPS

Wie zuvor dargelegt schließen das TC und das CofA des RPA alle weiteren Elemente des RPAS ein. Die Kontrolleinheit wird daher grundsätzlich im Zuge der Muster- und Verkehrszulassung des RPA geprüft. Ein RPA TC bzw. CofA kann dabei mehrere RPS umfassen.⁶³⁰ Eine Steuerungsübergabe während des Fluges wird damit im Grundsatz ermöglicht.

Besonders hervorzuheben ist, dass eine RPS trotz seiner Anknüpfung an das RPA auch ein eigenes TC erhalten kann.⁶³¹ Die Kontrolleinheit wird damit, wie Motoren und Propeller als luftfahrttechnisches Erzeugnis (*aeronautical product*) anerkannt, für das besondere Zulassungsvorschriften entwickelt werden können und das eine eigene

---

626 ICAO, Secretary General, RPAS Manual 4.2.4 »Whilst associated with the aircraft (and thus pertaining to the State of Registry of the RPA), the CofA attests that the RPAS, as a complete system, conforms to the RPA type design and is in a condition for safe operation.« Ebenso ist diese Aussage in den übergeordneten Prinzipien enthalten: »b) the RPA will hold a CofA, issued by the State of Registry, which will encompass all required components of the RPAS« und »e) [...] Similarly, the RPA receives an individual airworthiness approval through a CofA which includes the RPS(s) and C2 link(s). In conclusion, the RPA receives the CofA for the entire RPAS based on the RPA TC and associated type design«, ICAO, Secretary General, RPAS Manual, 4.3.1.
627 ICAO, Secretary General, RPAS Manual, 4.14.1.
628 ICAO, Secretary General, RPAS Manual, 4.14.2.
629 ICAO, Secretary General, RPAS Manual, 2.2.7: »Categorization of RPA may be useful for the purpose of a proportionate application of safety risk management, certification, operational and licensing requirements. RPA may be categorized according to criteria such as: maximum take-off mass (MTOM), kinetic energy, various performance criteria, type/area of operations, capabilities. Work is underway in many forums to develop a categorization scheme.«
630 ICAO, Secretary General, RPAS Manual, 4.3.1. h) und 4.4.6. In betrieblicher Hinsicht geht aus Kapitel 4 u.a. hervor, dass andererseits ein RPS nur steuernde Kontrolle über *ein* RPA haben soll, ICAO, Secretary General, RPAS Manual, 4.3.1. c). Entsprechend findet sich in einer Anmerkung in Kapitel 13 des Manual: »While swarms of RPA are a likely scenario, they are not within the scope of this manual«, ICAO, Secretary General, RPAS Manual, Anmerkung zu 13.5.1. Die simultane Steuerung mehrerer RPA von einer RPS ist daher nicht vorgesehen. Dies entspricht auch dem Ausschluss dieser Möglichkeit aus dem Anwendungsbereich des Manual; siehe oben § 6 B. V.
631 ICAO, Secretary General, RPAS Manual, 4.4.1 und 4.4.9.

Zulassung erhalten kann.[632] Gleichsam wie im Falle von Motoren und Propellern ist diese RPS TC letztendlich aber wiederum nur ein Bestandteil des gesamten RPA TC.[633] Wie oben dargelegt, ist der Halter des RPA TC als dem übergeordneten Zulassungsschein für die sichere Integration aller das RPAS konstituierenden Elemente und damit auch der RPS verantwortlich – unabhängig davon, ob dieses RPS ein eigenes TC hat oder nicht. Der Entwicklungsstaat des RPA trägt darüber hinaus die Verantwortung für die gesamten Musterzulassungsaktivitäten, auch wenn das RPS, der Motor oder der Propeller einen davon abweichenden Entwicklungsstaat hat.[634] Alternativ zu einem RPS TC kann die RPS auch als Teil des RPA qualifiziert werden und z.B. auf der Grundlage einer sog. Technischen Standardzulassung (*Technical Standard Order*, TSO)[635] oder einem vergleichbaren Verfahren im Rahmen der Zulassung des RPA genehmigt werden.

Das Kapitel 13 (*Remote pilot station (RPS)*) des RPAS Manual enthält sodann weitere Einzelheiten zur RPS, wobei ausgehend von der Feststellung, dass die RPS grundsätzlich die Funktion des Cockpits in bemannten Luftfahrzeugen übernimmt, die Besonderheiten im Falle von RPAS dargestellt werden.[636] In Bezug auf Anleitungen zu Zulassungsvoraussetzungen werden die technischen Grundanforderungen an die RPS dargestellt, wobei ausdrücklich auf Annex 8, Teil IIIB. Bezug genommen wird. Der überwiegende Teil des Kapitels befasst sich allerdings mit Ausführungen zu RPS im Zusammenhang mit dem Betrieb von RPAS.

In seiner Funktion als Auslegungshilfe des Annex 2, Appendix 4 ergibt sich aus dem RPAS Manual, dass die Anforderung der Richtlinie 2.1 des Appendix 4 (»b) the associated RPAS component[s] specified in the type design shall be certificated«) in Bezug auf die RPS dahingehend verstanden werden kann, dass für diese Elemente, wie oben dargelegt, eine Anerkennung als luftfahrttechnisches Erzeugnis und damit ein eigenes TC möglich wäre, welches aber letztlich Bestandteil des RPA TC werden würde. Die RPS wird mithin nicht als vollkommen selbstständig betrachtet, kann aber jedenfalls in

---

632 ICAO, Secretary General, RPAS Manual, 4.4.9.1.
633 Siehe dazu ICAO, Secretary General, RPAS Manual, 4.4.9.1: »The RPS, if holding a TC, would be considered a new aeronautical product, but its TC would be part of the RPA TC, similar to those for engines and propellers.« Dementsprechend gilt: »Prior to issuing a TC for the RPA, the State of Design will have to ensure compliance with all applicable certification requirements and the integration of all components for safe flight, including those major components that hold separate TCs or design approvals.«, ICAO, Secretary General, RPAS Manual, 4.4.12.
634 ICAO, Secretary General, RPAS Manual, 4.17.3. Siehe auch allgemein ICAO, Secretary General, RPAS Manual, 4.2.2: »Compared with manned aircraft, there may also be new multinational aspects due to the distributed nature of RPAS regarding the States of Design, Manufacture, Registry and the Operator and their respective oversight requirements.«
635 Siehe ICAO, Secretary General, RPAS Manual, 4.4.11: »There are only two ways of approving the design of an RPS: through an RPA TC or through an RPS TC. The RPA TC holder will demonstrate the integration of all the various types of engines, propellers, RPS and components that could be used with the RPA. Within this demonstration, the technical standard order (TSO) process may be applied to parts of the RPAS by the TC holder to reduce the burden of verification at the RPA level.« In der EU wäre eine *European Technical Standard Order* (ETSO) denkbar, siehe dazu insb. unten § 8 A. I. 2. b) dd).
636 ICAO, Secretary General, RPAS Manual, 13.1.1 ff.

einem eigenen Verfahren geprüft werden und damit letztlich den Prüfungsaufwand im Rahmen des RPA TC verringern. Diese Variante wird im RPAS Manual allerdings nur als *eine* Möglichkeit dargestellt. Ebenso kann die RPS als unselbstständiges Teil des RPA angesehen werden und gänzlich im Rahmen des RPA TC geprüft werden. Beide Varianten können gemäß dem RPAS Manual die demnach weit auslegbare Voraussetzung »certificated« der Richtlinie 2.1 des Appendix 4 erfüllen.[637]

c) Data-Link

Ebenso wie die RPS kann auch die Datenverbindung in der Ausprägung des C2-Data-Link mehrfacher Bestandteil eines RPAS und damit des RPA TC bzw. CofA sein.[638] Diese Austauschbarkeit der Datenverbindung ist nicht nur zum Zwecke der betrieblichen Flexibilität geboten, sondern essenzielle Voraussetzung für eine sichere Verwendung des RPAS. Eine ausgefallene Datenverbindung muss grundsätzlich durch eine funktionierende Datenverbindung substituiert werden, um die Steuerbarkeit des RPA zu gewährleisten.[639] Selbst wenn das RPA über autonome Fähigkeiten verfügt, die im Falle des Ausfalls der Datenverbindung einen jedenfalls zeitweiligen eigenständigen Betrieb des RPAS ermöglichen, werden diese Fähigkeiten durch das RPAS Manual als vorübergehende Maßnahmen in einer Ausnahmesituation angesehen.[640]

Die C2-Datenverbindung als für die Flugsicherheit relevantes Element des RPAS muss im Rahmen der Zulassung Berücksichtigung finden.[641] Sie wird durch das RPAS Manual nicht als luftfahrttechnisches Erzeugnis angesehen und kann damit kein eigenes TC erhalten.[642] Die Datenverbindung wird zwar geprüft, aber als solche letztendlich nicht unmittelbar zugelassen. Sie ist strenggenommen, wie oben dargelegt, nur ein »Signal im Raum« und damit als solche kaum durch ein Zulassungsverfahren erfassbar.[643] Daher sieht es auch das Manual ebenso wie der UAS Circular als einzig möglich an, die die Datenverbindung erzeugende Kommunikationstechnologie als Teil des gesamten Systems im Rahmen des RPA TC zuzulassen.[644] Gemeint sind damit insbesondere Sende-Empfangsgeräte sowie andere damit verbundene technische Vorrichtungen, die sowohl Teile des RPA als auch der RPS sind. Zu beachten ist, dass die

---

637 Siehe oben § 5 B. II. 2. a).
638 ICAO, Secretary General, RPAS Manual, 4.4.6.
639 Siehe dazu auch oben § 2 A. I. 3.
640 ICAO, Secretary General, RPAS Manual, 4.3.1 d): »[...] An interruption of the C2 link is considered an abnormal operating condition. RPAS design should, therefore, take into account potential interruption of the C2 link. Duration of the interruption or the phase of flight may elevate the situation to an emergency. Appropriate abnormal or emergency procedures should be established to cope with any C2 link interruption commensurate with the probability of occurrence [...]«.
641 ICAO, Secretary General, RPAS Manual, 4.4.2 und 4.5.2.
642 ICAO, Secretary General, RPAS Manual, 4.5.1: »The C2 link is not a ›product‹, therefore it will not need to be type certificated.«
643 Siehe oben § 2 A. I. 3.
644 ICAO, Secretary General, RPAS Manual, 4.4.2.

§ 6 Weiterentwicklung von besonderen internationalen Zulassungsvorgaben durch die ICAO

Datenverbindung für die Nutzlast (*payload*) als solche nicht vom Manual und der Zulassung erfasst ist.[645]

Der RPA TC Halter muss das erforderliche Sicherheitsniveau der Datenverbindung nachweisen.[646] Er trägt die Verantwortung für die sichere Integration des Data-Link in das gesamte RPAS auch dann, wenn die C2-Datenverbindung durch einen Dritten, insbesondere einen Dienstanbieter auf vertraglicher Grundlage, bereitgestellt werden.[647] Letzteres kommt insbesondere in Betracht, wenn eine BRLOS[648] Verbindung notwendig ist, also die Datenverbindung nicht direkt zwischen RPA und RPS erfolgt (RLOS[649]),[650] sondern z.B. mithilfe von Satelliten durch einen entsprechenden Anbieter zur Verfügung gestellt wird.[651] Die Dokumente zum RPA TC müssen dabei alle genehmigten BRLOS Datenverbindungen und deren Leistungsanforderungen als Teil der gesamten genehmigten RPAS-Konfiguration definieren.[652]

Das RPAS Manual gibt zu erkennen, dass der gegenwärtige Stand der Technik möglicherweise nicht die notwendige Zuverlässigkeit und Integrität der Datenverbindung unter allen Betriebsbedingungen gewährleisten kann.[653] Daher wird im Einklang mit dem oben erläuterten Prinzip auf das mögliche Erfordernis von Betriebsbeschränkungen oder Beschränkungen auf Entwicklungsebene hingewiesen, die ein ALOS hin-

---

645 Siehe dazu ICAO, Secretary General, RPAS Manual, 11.1.4: »It is anticipated that any payload data link requirements will normally need to be provided by an independent data link which does not use aeronautical protected spectrum.« Dadurch, dass nur die C2-Datenverbindung für die Zulassung relevant wird, sollten auch keine Probleme hinsichtlich größerer Datenmengen auftreten, da die Steuerungsbefehle i.d.R. nur geringes Datenaufkommen erzeugen.
646 ICAO, Secretary General, RPAS Manual, 4.4.2.
647 ICAO, Secretary General, RPAS Manual, 4.4.2. Die Anforderungen an die Aufsicht über Anbieter von Kommunikationsdiensten sind in Kapitel 6.5 (*Oversight of communications service providers*) aufgeführt.
648 Das RPAS Manual enthält eine entsprechende Erklärung, die allerdings nicht in die Definitionen zum Beginn des Manual Eingang gefunden hat. Sie lautet: »BRLOS: refers to any configuration in which the transmitters and receivers are not in RLOS. BRLOS thus includes all satellite systems and possibly any system where an RPS communicates with one or more ground stations via a terrestrial network which cannot complete transmissions in a timeframe comparable to that of an RLOS system.«, ICAO, Secretary General, RPAS Manual, 2.2.5 b) und 11.3.3.
649 Die Erklärung des RPAS Manual lautet: »RLOS: refers to the situation in which the transmitter(s) and receiver(s) are within mutual radio link coverage and thus able to communicate directly or through a ground network provided that the remote transmitter has RLOS to the RPA and transmissions are completed in a comparable timeframe [...]«, ICAO, Secretary General, RPAS Manual, 2.2.5 a) und 11.3.2.
650 Zu beachten ist, dass RLOS und BRLOS nicht mit VLOS und BVLOS in einen zwingenden Zusammenhang gesetzt werden dürfen. VLOS und BVLOS sind Varianten des Betriebs und müssen sich nicht mit den Varianten der Datenverbindung überschneiden. So kann ein BVLOS-Betrieb grds. auch über eine RLOS-Verbindung erfolgen. Regelmäßig wird jedoch eine BRLOS-Verbindung nur bei einem BVLOS-Betrieb vorliegen, da sie jedenfalls bei einem reinen VLOS-Betrieb nicht erforderlich sein dürfte.
651 Siehe dazu auch oben § 2 A. I. 3.
652 ICAO, Secretary General, RPAS Manual, 4.5.3.
653 ICAO, Secretary General, RPAS Manual, 4.5.4.

sichtlich aller über die Datenverbindung ausgeführten Funktionen gewährleisten sollen.[654] Defizite in der Sicherheit der Datenverbindung sind daher durch technische oder betriebliche Beschränkungen auszugleichen.

Neben der Bezugnahme auf die Datenverbindung im Rahmen der Zulassung erfährt der C2-Data-Link in Kapitel 11 (*Command and control (C2) link*) des RPAS Manual nochmals eine gesonderte Befassung. Die Grundanforderung – »[t]he RPA should therefore use data links that can be assured to meet communication transaction time, continuity, availability and integrity levels appropriate for the airspace and operation«[655] – wird darin spezifiziert. Im Hinblick auf die Zulassung des RPAS bzw. RPA werden die Grundsätze der Einbeziehung des Data-Link aufgegriffen.[656] Zahlreiche weitere Unterpunkte des Kapitels betreffen insbesondere die betrieblichen Anforderungen an die Datenverbindung und werden daher vorliegend nicht untersucht.

In Bezug auf das Verständnis der Richtlinien 2.1 des Appendix 4 (»b) the associated RPAS component[s] specified in the type design shall be certificated«) ergibt sich aus dem Manual eine andere Auslegung des Annex 2 hinsichtlich der Datenverbindung, als bezüglich der RPS. Obgleich die Datenverbindung gemäß der Definition[657] aus Annex 2 ebenso wie die RPS ein grundsätzlich unabdingbares Element des Systems ist und entsprechend der zuvor genannten Richtlinie »certificated« werden muss, erfolgt keine Zulassung oder Genehmigung der Datenverbindung als solche. Dies ist, wie oben dargelegt, auch kaum möglich. Vielmehr wird die Datenverbindung indirekt über die Einbeziehung der die Datenverbindung herstellenden Vorrichtungen in die Zulas-

---

654 ICAO, Secretary General, RPAS Manual, 4.5.4.
655 ICAO, Secretary General, RPAS Manual, 11.2.1.
656 Siehe insb. ICAO, Secretary General, RPAS Manual, 11.2.2; »[...] The type certification must verify that all combinations of RPA and RPS that will become involved in such operations can coexist, interwork, i.e. exchange C2 protocol syntax, and interoperate, i.e. act correctly on C2 protocol semantics«; 11.3.24: »When all the components of the link are under the direct control of the TC holder or RPAS operator, the components of the communication system will be certified by the civil aviation authority as part of the system. The type certification may be limited to certain types of operation and combinations of RPA, RPS and communication systems.«, 11.3.25: »When some of the components are controlled by a C2 service provider, the C2 service provider will either need to be under safety oversight of a recognized civil aviation authority, or the safety aspects of the C2 link must be under the SMS of the RPAS operator who has contracted the service. In both cases, the C2 service provider must be acceptable to the State of Registry. This will be necessary to ensure that the end-to-end performance of the C2 link application, as required by the applicable RCP type, is achieved and maintained.«, 11.6.3: »In order to allow RPA to fly without undue restrictions, the RPA total system design must be such that loss of the C2 link, while it may restrict the operation of the RPA, should not result in a hazardous or catastrophic event (e.g. collision with another aircraft or uncontrolled collision with the ground or obstacle)« sowie 11.6.4: »C2 link loss is considered to be any situation in which the RPA can no longer be controlled by the remote pilot due to the degradation or failure of the communication channel between the RPS and RPA. The degradation or failure may be temporary or permanent and can result from a wide range of factors. RPA or RPS faults, such as failure of flight control systems, are not considered as a loss of C2 link.«
657 »Remotely piloted aircraft system (RPAS). A remotely piloted aircraft, its associated remote pilot station(s), the required command and control links and any other components as specified in the type design.« ICAO, Annex 2, Chapter 1, Definitions.

sung des RPA einbezogen. »Certificated« ist hinsichtlich der Datenverbindung daher weder als individuelle Zulassung zu verstehen noch als direkte Adressierung des Elements »Data-Link«, sondern vielmehr als Genehmigung des den Anforderungen an die Flugsicherheit genügenden »Systems« der jeweiligen Sende-Empfangseinrichtungen und der sie verbindenden Data-Link.

Der *handover* wird im Kapitel zur Zulassung nicht gesondert herausgestellt.[658] Da es sich bei der Steuerungsübergabe im Wesentlichen um einen Vorgang des Betriebs von RPAS handelt, wird er schlüssigerweise in Kapitel 9 des Manual behandelt. Seine Voraussetzungen mit Zulassungsrelevanz werden allerdings vereinzelt im Kapitel zur Zulassung erwähnt und im Rahmen der Erläuterungen zum Data-Link zusammengefasst. Demnach ist der Wechsel der Komponenten des RPAS während des Fluges grundsätzlich zulässig, solange dies in Übereinstimmung mit den dafür im RPA TC entwickelten Verfahren erfolgt und der Austausch eines Elements nicht die Gültigkeit des RPA CofA beeinträchtigt.[659] Dabei müssen alle für einen Austausch vorgesehenen Elemente vorab auch bereits von dem RPA TC umfasst sein.

d) RPAS

Das RPAS wird nicht in einem individuellen Verfahren zugelassen, sondern erfährt eine implizite Zulassung bzw. Genehmigung durch die Zulassung des RPA.[660] Aus der Anknüpfung der Muster- und Verkehrszulassung an das RPA folgt, dass das RPAS nur *ein* RPA aber mehrere RPS, Datenverbindungen und andere Elemente enthalten kann.[661]

Das Manual befasst sich mit zahlreichen Aspekten der Zulassung des RPA, der RPS und der Datenverbindung. Die Rolle des RPAS im Rahmen des Zulassungsverfahrens wird neben dem zuvor genannten Grundsatz der impliziten Überprüfung deutlich weniger konkretisiert. Das RPAS Manual verwendet hinsichtlich der Erfassung des RPAS dabei stets den Terminus »approved«.[662] Es spiegelt mithin den Wortlaut des Annex 2, Appendix 4 wieder und kann als diesbezügliche Auslegungshilfe fungieren. Während, wie oben untersucht, in Annex 2, Appendix 4 »certificated« und »approved«

---

658 Grundsätze zum *handover* enthalten ICAO, Secretary General, RPAS Manual, 2.2.8: »Unlike in manned aviation where the cockpit is integral to the aircraft, RPA can be piloted from any approved RPS. When more than one RPS is used for a flight, they may be collocated or they may be spread across the globe. In either case, the safe and effective handover of piloting control from one station to another must be assured.« und 2.2.3: »An RPA can be piloted from one of many RPS during a flight; however, only one RPS should be in control of the RPA at a given moment in time.«
659 ICAO, Secretary General, RPAS Manual, 4.5.6. Siehe zu den zwei Grundkonstellationen der Steuerungsübergabe ICAO, Secretary General, RPAS Manual, 9.6.1: »RPS handovers may happen in two common scenarios: a) handover of piloting control to a collocated, but not coupled, RPS. This handover may be to a second remote pilot or, in the event of an RPS malfunction, the remote pilot moving to a standby RPS; or b) handover of piloting control to an RPS at another location.«
660 ICAO, Secretary General, RPAS Manual, 4.3.1. e).
661 So u.a. ICAO, Secretary General, RPAS Manual, 4.4.6, siehe dazu auch den folgenden Gliederungspunkt.
662 ICAO, Secretary General, RPAS Manual, 4.1.1 und 4.3.1. e).

ohne weitere Erklärung verwendet werden, könnte sich aus dem RPAS Manual ergeben, dass die qualitative Abstufung der Zulassung (*certifcation*) des RPA und der inzidenten Genehmigung (*approval*) des RPAS, die sich in der Einbeziehung des RPAS in die Zulassung des RPA manifestiert, bereits aus dem Wortlaut des Annex 2, Appendix 4 abzulesen sei.[663] Andererseits ist zu berücksichtigen, dass das RPAS Manual bereits in der Kapitelüberschrift die Formulierung »Type and airworthiness approvals« verwendet und sodann wiederholt auch in Bezug auf das RPA hinsichtlich der verschiedenen Elemente von »approval« spricht. Dies legt daher den Schluss nahe, dass »approval« der Oberbegriff ist, unter den die besondere »certification« fällt. Während »approval« demnach allgemein die (inzidente) Genehmigung des RPAS und der übrigen Elemente einschließt, umfasst es im Besonderen auch die eigenständige Zulassung (*certification*) des RPA. Für die Richtlinie 2.1 des Appendix 4 zu Annex 2 folgt daher, dass das RPAS zwar genehmigt werden, aber nicht zwangsläufig eine dem RPA vergleichbare Zulassung erhalten muss.

Es wäre nicht mit dem Chicagoer Abkommen vereinbar, wenn das RPAS ein CofA erhalten würde, da Art. 31 des Chicagoer Abkommens dieses für ein Luftfahrzeug fordert.[664] Das Chicagoer Abkommen würde allerdings einer Zulassung des RPAS auch nicht entgegenstehen, solange die Lufttüchtigkeit des RPA weiterhin durch ein CofA bescheinigt würde. Die Annexe könnten diese Anforderungen unabhängig vom Chicagoer Abkommen aufstellen, wie es ebenfalls bezüglich der erst im Jahr 2001 ergänzten Musterzulassung der Fall war.[665]

Zusammengenommen mit den obigen Ausführungen ergibt sich insgesamt, dass der Systemcharakter des RPAS und die grundsätzliche Trennbarkeit der Elemente zwar anerkannt werden, aber eine individuelle Zulassung als gleichrangige Bestandteile nicht erfolgt. Das RPA ist vielmehr das einzige Element des RPAS, welches einer vollwertigen individuellen Zulassung zugänglich ist und in Übereinstimmung mit dem Chicagoer Abkommen ein CofA erhält. Die »Zulassung« der übrigen Elemente ist grundsätzlich als Bestandteil der Zulassung des RPA zu bewerten. Hierbei *kann* für die RPS eine gesonderte Musterzulassung vorgesehen werden, wobei diese allerdings wie bei Motoren und Propellern letztlich auch dann Bestandteil des RPA TC wird.

Das RPAS stellt letztlich die Integration aller Elemente des Systems dar. Es definiert und umfasst die einzelnen Bestandteile, die insgesamt die Flugsicherheit des RPAS gewährleisten müssen. Über diese Integrationsfunktion hinaus kommt dem RPAS als solchem allerdings in zulassungsrechtlicher Hinsicht keine wesentliche Bedeutung zu. Durch die Anknüpfung der gesamten Zulassung an das RPA einerseits und die dennoch bestehende Eigenständigkeit der Elemente andererseits, bleibt das RPAS (nur) das das System – als besonderes Merkmal der unbemannten Luftfahrt – beschreibende Konzept.

---

663 Siehe oben § 5 B. II. 2. a).
664 Siehe oben § 4 B. II. 1.
665 Siehe oben § 5 B. I. 3. a).

e) Andere Elemente

Im einführenden Kapitel des Manual werden folgende mögliche weitere Elemente (*Other components*) des RPAS genannt:
a) ATC communications and surveillance equipment (e.g. voice radio communication, controller/ pilot data link communications (CPDLC), automatic dependent surveillance – broadcast (ADS-B), secondary surveillance radar (SSR) transponder);
b) navigation equipment;
c) launch and recovery equipment – equipment for RPA take-off and landing (e.g. catapult, winch, rocket, net, parachute, airbag);
d) flight control computer (FCC), flight management system (FMS) and autopilot;
e) system health monitoring equipment; and
f) flight termination system – allowing the intentional process to end the flight in a controlled manner in case of an emergency.[666]

Im Rahmen der Anleitungen zur Zulassung werden diese Elemente nicht gesondert behandelt, sondern nur vereinzelt in die Ausführungen zu den zuvor genannten Hauptelementen einbezogen.

2. Weitere Bereiche

Das vierte Kapitel beinhaltet weitere Unterkapitel zu den folgenden Bereichen: *Continuing airworthiness* (4.7), *Configuration deviation list (CDL) and master minimum equipment list (MMEL)* (4.8), *Design oversight* (4.9), *Design organization approval* (4.10), *Production* (4.11), *RPAS product integration* (4.12), *RPAS configuration management records* (4.14), *Continuing validity of certificates* (4.15), *Operation* (4.16) und *Responsibility of States of design, production, registry and operator* (4.17).

Schließlich enthält das vierte Kapitel das Unterkapitel 4.18 (*Considerations for the future*). Darin wird in Ergänzung zu der im Vorwort vorgenommenen Einschätzung die Reife des Anleitungsmaterials in Bezug auf die Zulassung verdeutlicht. Zunächst wird festgestellt, dass bislang zu wenig Erfahrung in den Bereichen Betrieb und Zulassung von RPAS gesammelt werden konnte, um spezifische Anleitungen zum Verfahren der Muster- und Verkehrszulassung geben zu können.[667] Sodann werden die Mitgliedstaaten aufgefordert, entsprechende Verfahren zu entwickeln, die dann ggf. wiederum in künftigen SARPs und Anleitungsmaterialien Niederschlag finden könnten.[668] Die Mitgliedstaaten sollen demnach die Weiterentwicklung der Vorgaben der Organisation aktiv durch nationale Vorschriften fördern. Vorherzusehen sei zudem, dass die Komplexität, die aus einer Verteilung der Elemente des Systems resultiert, aufgrund der Anknüpfung an das Luftfahrzeug zu Schwierigkeiten führen könnte.[669]

---

666 ICAO, Secretary General, RPAS Manual, 2.2.6.
667 ICAO, Secretary General, RPAS Manual, 4.18.
668 ICAO, Secretary General, RPAS Manual, 4.18.
669 ICAO, Secretary General, RPAS Manual, 4.18.

Ein künftiges Verlangen der Luftverkehrsindustrie nach mehr Flexibilität könnte es daher erforderlich machen, die RPS eigenständiger zu betrachten.[670]

3. Bedeutung des RPAS Manual

Das RPAS Manual ist das wichtigste bislang zu UAS geschaffene Dokument der ICAO. Im Gegensatz zum UAS Circular enthält es wesentlich detailliertere Anleitungen zu RPAS im Allgemeinen und zu deren Zulassung im Besonderen. Es wurde im Anschluss an die Änderung des Annex 2 veröffentlicht und dient u.a. der inhaltlichen Ausgestaltung dessen neuer Richtlinien zu RPAS.[671]

Formell teilt das RPAS Manual das Schicksal des UAS Circular. Es ist unverbindliches Anleitungsmaterial. Es steht daher grundsätzlich im Belieben der Mitgliedstaaten die Anleitungen bei der Schaffung nationaler Vorschriften für UAS zu berücksichtigen.

Materiell kann dem RPAS Manual bei der Zulassung von RPAS hingegen deutlich mehr Bedeutung zuteil werden. Obgleich die Ausgangslage angesichts der nur sehr eingeschränkt tauglichen Vorgaben des Annex 8 und der sehr spärlichen zulassungsrelevanten Richtlinien in Annex 2, Appendix 4 nicht sonderlich ergiebig ist, enthält das Manual wichtige Weichenstellungen und Informationen. Insbesondere zeichnet sich die Zulassungssystematik durch eine übergeordnete Stellung des RPA aus, von dessen Zulassung die übrigen Elemente des RPAS und das RPAS als solches letztendlich umfasst werden. Dieses Verständnis der Zulassung von RPAS ist dem Prinzip der größtmöglichen Ausrichtung an den Vorgaben für bemannte Luftfahrzeuge verpflichtet.

Die unterschiedliche Bedeutung des RPAS Manual in formeller und materieller Hinsicht ist jedoch jeweils in gewissem Umfang zu nivellieren. Trotz seiner Unverbindlichkeit stellt das Manual eine Vorausschau möglicher künftiger SARPs für RPAS dar und dient damit auch dem Ziel, die Mitgliedstaaten bereits im Vorfeld eingeschränkt verbindlicher Vorgaben auf eine einheitliche Linie zu bringen, die einen Konsens in Bezug auf diese späteren SARPs erleichtern kann. Die Mitgliedstaaten können demnach davon ausgehen, dass künftige Vorgaben – jedenfalls in ihrer grundsätzlichen Ausrichtung – mit den Anleitungen des Manual übereinstimmen werden und daher ihre nationalen Vorschriften entsprechend ausgestalten. Diese Wirkung wird dadurch verstärkt, dass aufgrund der Mitarbeit zahlreicher an der unbemannten Luftfahrt interessierter Mitgliedstaaten im Rahmen der UASSG bzw. des RPAS Panel eine grundsätzliche Vereinbarkeit bestehender und geplanter (supra-)nationaler Vorschriften mit den Anleitungen des Manual gegeben sein sollte. In Bezug auf die EU wird dies im weiteren Verlauf der Arbeit noch näher zu untersuchen sein. Der materielle Gehalt des Manual ist andererseits wiederum dadurch begrenzt, dass das Manual in vielen Punk-

---

670 ICAO, Secretary General, RPAS Manual, 4.18: »It is therefore expected that as the industry matures and demands greater flexibility, a need will arise to enable configuration management and maintenance management of RPS across multiple States based on international principles and standards.«
671 Selbstredend darf das Manual dabei nicht den SARPs widersprechend ausgelegt werden. Siehe dazu ICAO, Secretary General, RPAS Manual, Foreword: »Nothing in this manual should be construed as contradicting or conflicting with the SARPs and procedures contained in the Annexes and PANS.«

ten, auch nach Ansicht der ICAO, nur Anleitungen grundsätzlicher Natur enthält und der Diskussion und Entwicklung im Laufe der Zeit weiterhin zugänglich sein soll. Trotz seiner zuvor herausgestellten Grundlagenbedeutung kann es den Mitgliedstaaten daher nur eine Orientierung, nicht allerdings die Vorgabendichte und Verlässlichkeit der Annexe bieten. Die nicht nur formell eingeschränkt verbindlichen, sondern auch materiell gänzlich ausgestalteten Vorgaben werden dementsprechend erst die künftigen SARPs enthalten.

C. Zwischenergebnis

Die Weiterentwicklung besonderer internationaler Zulassungsvorgabenvorgaben für UAS durch die ICAO zeichnet sich zwar durch wichtige Fortschritte aus, befindet sich allerdings insgesamt noch in einem frühen Stadium.

Die Generalversammlung der Organisation hat sich bisher kaum mit UAS befasst. Der Rat hingegen hat insbesondere mit der Ergänzung neuer Richtlinien in Annex 2 einen ersten Vorstoß in Bezug auf die Zulassung von RPAS unternommen. Wenngleich die neuen Richtlinien im Umfang sehr eingeschränkt sind, enthalten sie dennoch die Anerkennung des besonderen Merkmals des »Systems« von UAS und das Erfordernis der Zulassung bzw. Überprüfung des RPAS und seiner Elemente. Die Erarbeitung ausführlicherer SARPs zu den Hauptbereichen der Flugsicherheit und damit auch für Zulassung von RPAS soll im Jahr 2018 erste Ergebnisse liefern. Mit dem Vorhandensein umfassender Richtlinien und Empfehlungen in allen Zuständigkeitsbereichen der ICAO ist jedoch erst deutlich später zu rechnen.

Die wesentlichen Fortschritte der Organisation wurden auf der Ebene des Sekretariats bzw. des Rates durch die UASSG und das RPAS Panel erzielt. Nachdem im Jahr 2011 mithilfe des UAS Circular seitens der ICAO ein erster Überblick über die Herausforderungen der Integration von RPAS erfolgte, steht seit 2015 vergleichsweise umfangreiches Anleitungsmaterial in Form des RPAS Manual zur Verfügung. Das Manual ist das wichtigste bislang zu UAS geschaffene Dokument der ICAO und enthält Hinweise zur Ausarbeitung nationaler Vorschriften durch die Mitgliedstaaten der Organisation. Es befasst sich dementsprechend auch mit der Zulassung von RPAS. Diesbezüglich entwickelt das Manual in Ausgestaltung der Richtlinie 2.1 des Annex 2, Appendix 4 eine Zulassungssystematik für RPAS. Diese Zulassungssystematik basiert auf der Entscheidung bei der Weiterentwicklung von Zulassungsvorgaben für RPAS so weit wie möglich auf die bereits vorhandenen Zulassungsvorgaben für bemannte Luftfahrzeuge zurückzugreifen. Dieser Ansatz resultiert in einer maßgeblichen Anknüpfung der Zulassungssystematik für RPAS an dem RPA als dem Luftfahrzeug und dem damit am ehesten mit der bemannten Luftfahrt verwandten Element des Systems. Das RPA wird als ein Teil des RPAS anerkannt und soll ein TC und ein CofA erhalten. Das RPAS und die übrigen Bestanteile, die ebenfalls als grundsätzlich eigenständige Elemente des Systems begriffen werden, erfahren (nur) eine inzidente Prüfung im Rahmen der Zulassung des RPA. Lediglich für die RPS hält das Manual die Möglichkeit bereit, ein eigenes TC – vergleichbar zu dem von Motoren und Propellern – zu erteilen, welches aber ebenfalls letztendlich im TC des RPA aufgeht. Die im Manual erarbeitete Zulassungssystematik mit einer qualitativen Abstufung der Zulassung des RPA und der größtenteils inzidenten Prüfung der übrigen Elemente und des RPAS insgesamt kann als von der ICAO bevorzugte Auslegung der Richtlinie 2.1 des Appendix 4 des Annex 2 verstanden werden. Ein Eingang dieser Zulassungssystematik in die späteren SARPs ist naheliegend, jedoch nicht zwingend. Jedenfalls bis eingeschränkt verbindliche SARPs zur Verfügung stehen, können die Mitgliedstaaten ihr Umsetzungsermessen hinsichtlich der vagen Vorgaben der Richtlinie 2.1. auch anders ausüben.

Trotz der grundlegenden Vorgaben in Annex 2, Appendix 4 und der wesentlich ausführlicheren Anleitungen im RPAS Manual stehen noch keine detaillierten Zulassungsvorgaben für RPAS zur Verfügung. Diese sind erst in künftigen SARPs zu erwarten.

Gänzlich aus den bisherigen Weiterentwicklungsbemühungen ausgeschlossen sind vollständig autonome UAS. Nur RPAS werden von der Organisation als zur Integration geeignet angesehen und sind dementsprechend Gegenstand der Weiterentwicklungen. Ob und, wenn ja, wann auch vollständig autonome UAS einbezogen werden sollen, geht aus den entsprechenden Dokumenten der Organisation nicht hervor.

Im Hinblick auf konkrete Verwendungsmöglichkeiten erfolgt zwar kein Ausschluss bestimmter Nutzungen, allerdings sind bislang auch keine dieser Verwendungsmöglichkeiten gesondert erfasst worden. Klassifizierungen von RPAS über die Typenklassifikation hinaus und ggf. daran anknüpfende Unterschiede im Rahmen der Zulassung sind durch die ICAO im Manual nicht vorgesehen.

Der UAS Circular und das RPAS Manual sind als Anleitungsmaterialien unverbindlich und bieten daher nur eine freiwillige Harmonisierungsoption. Besondere und eingeschränkt verbindliche Vorgaben sind hinsichtlich der Zulassung von RPAS nur in Annex 2, Appendix 4 in Form eines grundsätzlichen Zulassungserfordernisses für das RPAS und seine Elemente enthalten. Die allgemeinen Zulassungsvorgaben des Annex 8 vermögen nur das RPA und selbst dieses nur teilweise zu erfassen. Von einem »complete regulatory framework«[672] für RPAS ist die Organisation daher noch weit entfernt. Nationale bzw. supranationale Zulassungsvorschriften der Mitgliedstaaten der ICAO können sich daher bislang nur begrenzt auf internationale Vorgaben stützen. Das Manual enthält sogar den Appell an die Mitgliedstaaten, die Weiterentwicklung der Vorgaben der Organisation aktiv durch nationale Vorschriften zu fördern.

Aufgrund der Mitarbeit zahlreicher in der unbemannten Luftfahrt aktiver Staaten und Organisationen in der UASSG bzw. dem RPAS Panel kann das Manual jedoch als eine von einem Konsens getragene Vorausschau künftiger SARPs dienen und entsprechend eine über seine formelle Unverbindlichkeit hinausgehende materielle Bedeutung entfalten. Das Manual kann insbesondere bei der Schaffung nationaler Zulassungsvorschriften als Hilfe bei der Auslegung des Annex 2, Appendix 4 und bei der auf RPAS zugeschnittenen Umsetzung der Vorgaben des Annex 8 dienen.

Inwieweit auf der Ebene der EU entsprechend UAS bzw. RPAS durch allgemeine oder besondere Zulassungsvorschriften erfasst werden können und inwieweit diese mit den Vorgaben und Anleitungsmaterialen der ICAO übereinstimmen wird im weiteren Verlauf der Arbeit untersucht.

---

672 *Cary/Coyne/Tomasello*, in: UVS International (Hrsg.), 25.

Drittes Kapitel Die Zulassungsvorschriften der EU und ihre Anwendung auf unbemannte Luftfahrzeugsysteme sowie diesbezügliche Weiterentwicklungen

Die Flugsicherheit wird auf internationaler, weltweiter Ebene erheblich von den Vorgaben der ICAO beeinflusst. Die detaillierten, verbindlichen und daher letztlich für die Akteure im Luftverkehr maßgeblichen Zulassungsvorschriften einerseits sowie die Zulassung von Luftfahrzeugen als behördliches Handeln andererseits, verwirklichen sich allerdings auf Ebene der Staaten. Dies gilt auch unabhängig davon, ob (geeignete) Vorgaben seitens der ICAO vorhanden sind oder nicht. Die EU nimmt als supranationale Organisation dabei in Europa eine besondere Rolle ein.[673] Ihre Mitgliedstaaten haben der Union weitreichende luftrechtliche Kompetenzen übertragen.[674] In vielen Regelungsbereichen ist die EU für die Erarbeitung unionsweiter Vorschriften für die mitgliedstaatliche Luftfahrt zuständig. Die EU setzt im Rahmen dessen auch für ihre Mitgliedstaaten, die zugleich Mitgliedstaaten der ICAO sind, die Vorgaben Letzterer in Unionsrecht um. Die Umsetzung ist allerdings beidseitig begrenzt durch die Reichweite der Vorgaben der ICAO und der Übertragung der Regelungszuständigkeit an die Union. Neben der Normsetzung wurden der EU in einigen Bereichen auch Exekutivaufgaben übertragen. Die EASA bildet das Zentrum der Flugsicherheitsregulierung und -verwaltung der EU. Sie hat maßgeblichen Einfluss auf die Erstellung entsprechender Vorschriften und zugleich die Funktion einer europäischen Flugsicherheitsbehörde.

Das Erkenntnisinteresse des vorliegenden Kapitels richtet sich vornehmlich auf die Frage, ob und inwieweit die Zulassungsvorschriften der EU eine Zulassung von UAS auf europäischer Ebene durch die EASA ermöglichen. Angesichts der vergleichsweise jungen unbemannten Zivilluftfahrt und der zuvor untersuchten eingeschränkten Geeignetheit internationaler Vorgaben, ist dabei die Erwartung nicht auf ein spezifisches und kohärentes Regelwerk für UAS gerichtet. Vielmehr ist zu ermitteln, ob und wie das vorhandene Zulassungsrecht für die Zulassung von UAS nutzbar gemacht werden kann, sofern nicht die besonderen Merkmale von UAS einer Zulassung im Einklang mit den bestehenden Zulassungsvorschriften strikt entgegenstehen. Die Untersuchung zeichnet damit gleichsam ein Bild des Regulierungsbedarfs und ermöglicht so eine Einordnung der Weiterentwicklungsbestrebungen der EU.

Im Weiteren erfolgt zunächst eine Darstellung des EASA-Systems, aus dem die für UAS maßgeblichen Vorschriften auf europäischer Ebene hervorgehen (§ 7). Im Zentrum

---

673 Auf eine allgemeine Darstellung des Europarechts und der EU wird vorliegend verzichtet.
674 Siehe allgemein zur schrittweisen Einbeziehung des Luftverkehrs in das Europarecht, insb. im Wege der sog. Liberalisierungspakete, u.a. *Lenz*, Die Luftfahrt im Recht der EG, in: Hobe/von Ruckteschell (Hrsg.), Kölner Kompendium des Luftrechts, Bd. 1, 2008, 178 ff. m.w.N.

Drittes Kapitel Zulassungsvorschriften der EU sowie deren Anwendung und Weiterentwicklung

der Untersuchung stehen sodann die im EASA-System auf UAS anwendbaren Zulassungsvorschriften der EU (§ 8). Neben der Analyse der materiellen Vorschriften soll auch die Vorgehensweise der EASA bei der »Zulassung« von UAS als behördlichem Handeln betrachtet werden. Anders als im Falle der ICAO, deren Aufgabe die internationale Harmonisierung des Luftrechts mittels eingeschränkt verbindlicher Vorgaben ist, ist die Kompetenz der EU nicht auf den Erlass unionsweiter Vorschriften beschränkt. Die Union ist vielmehr, unter Zuhilfenahme der EASA, auch für die Erteilung bestimmter Zulassungsscheine zuständig, die nicht mehr den nationalen Verwaltungsaufgaben der Mitgliedstaaten unterfallen. Schließlich werden die im EASA-System bestehenden Weiterentwicklungsbestrebungen zur zulassungsrechtlichen Erfassung von UAS untersucht (§ 9).

§ 7 EASA-System

Das »EASA-System« beschreibt die Regulierung der zivilen Flugsicherheit in der EU, die im Wesentlichen auf der Verordnung (EG) Nr. 216/2008[675] basiert. Die Bezeichnung »System« resultiert sowohl aus der Verteilung der dazugehörigen Rechtsnormen auf die Ebenen der europarechtlichen Normenhierarchie, als auch aus dem Zusammenspiel der Organe der EU und der EASA als Europäische Agentur einerseits und der Mitgliedstaaten der EU andererseits. Aufgrund der Involvierung der EASA in alle Bereichen der Flugsicherheit ist sie zu Recht namensgebend für das EASA-System. Trotz ihrer besonderen Bedeutung für die Flugsicherheitsregulierung der EU ist sie jedoch keinesfalls der einzig maßgebliche Akteur. Zum einen haben die Mitgliedstaaten der EU – ungeachtet der luftrechtlichen Kompetenzen der Union – nach wie vor wesentliche Regulierungs- und Verwaltungsaufgaben behalten. Zum anderen wird das unmittelbar verbindliche Unionsrecht – ungeachtet des Einflusses der EASA – letztlich durch die Organe der EU erlassen.

Die folgenden Erläuterungen der Einbindung des EASA-Systems in die Luftverkehrsregulierung der EU, der entsprechenden Rechtssystematik sowie der Bedeutung der EASA als europäische Flugsicherheitsbehörde sind Voraussetzung der Untersuchung der unionsweiten Zulassungsvorschriften für UAS und der Einordnung möglicher Defizite und angestrebter Weiterentwicklungen.

A. Einbindung in die Luftverkehrsregulierung der EU

Die Zuständigkeit der EU für den Luftverkehr ist in Art. 100 Abs. 2 des Vertrages über die Arbeitsweise der Europäischen Union[676] (AEUV) niedergelegt.[677] Dieser lautet:

---

675   Verordnung (EG) Nr. 216/2008 des Europäischen Parlaments und des Rates vom 20. Februar 2008 zur Festlegung gemeinsamer Vorschriften für die Zivilluftfahrt und zur Errichtung einer Europäischen Agentur für Flugsicherheit, zur Aufhebung der Richtlinie 91/670/EWG des Rates, der Verordnung (EG) Nr. 1592/2002 und der Richtlinie 2004/36/EG, zuletzt geändert durch Verordnung (EU) Nr. 6/2013 der Kommission vom 8. Januar 2013 zur Änderung der Verordnung (EG) Nr. 216/2008 des Europäischen Parlaments und des Rates zur Festlegung gemeinsamer Vorschriften für die Zivilluftfahrt und zur Errichtung einer Europäischen Agentur für Flugsicherheit, zur Aufhebung der Richtlinie 91/670/EWG des Rates, der Verordnung (EG) Nr. 1592/2002 und der Richtlinie 2004/36/EG, ABl. 2008, L 79/1 (»Grundverordnung«).
676   Vertrag über die Arbeitsweise der Europäischen Union, 13. Dezember 2007, ABl. 2012, C 326/47 (Konsolidierte Fassung), in Kraft getreten am 1. Dezember 2009 (26. Oktober 2012) (»AEUV«).
677   Einige Rechtsakte des EASA-Systems, u.a. die Grundverordnung, nehmen noch Bezug auf die Vorgängernorm des Art. 80 Abs. 2 des Vertrages zur Gründung der Europäischen Gemeinschaft (»EGV«).

Das Europäische Parlament und der Rat können gemäß dem ordentlichen Gesetzgebungsverfahren geeignete Vorschriften für die Seeschifffahrt und die Luftfahrt erlassen. Sie beschließen nach Anhörung des Wirtschafts- und Sozialausschusses und des Ausschusses der Regionen.

Auf dieser primärrechtlichen Grundlage hat die EU den *Gemeinschaftlichen Besitzstand hinsichtlich des Luftverkehrs* (»air transport acquis«[678]) geschaffen. Seine Regelungsbereiche umfassen zahlreiche Facetten, wie z.B. Fluggastrechte, Luftverkehrsmanagement, Umweltschutz, Luftsicherheit und die Flugsicherheit im Allgemeinen. Letztere ist demnach nur ein Teil des unionsrechtlichen Zuständigkeitsbereiches und kann selbst wiederum in verschiedene Teilbereiche untergliedert werden. Zu diesem *Gemeinschaftlichen Besitzstand der Flugsicherheit* (»air safety acquis«[679]) gehören insbesondere folgende Regelungsgegenstände: Meldung von Ereignissen,[680] Untersuchung und Verhütung von Unfällen und Störungen,[681] Haftung von Luftfahrtunternehmen bei der Beförderung von Fluggästen und deren Gepäck,[682] Luftfahrzeuge aus Drittstaaten, die Flughäfen in der Gemeinschaft anfliegen[683] und die sog. »civil aviation

---

678 So hinsichtlich der deutschen und englischen Bezeichnung zu finden in Europäischer Wirtschafts- und Sozialausschuss, Stellungnahme des Wirtschafts- und Sozialausschusses zum Thema Verkehr/Erweiterung, 2003/C 61/26, 3.1.5. (»Stellungnahme Verkehr/Erweiterung«) sowie in *Lohl/Gerhard*, The European Aviation Safety Agency (EASA), in: Hobe/von Ruckteschell/Heffernan (Hrsg.), Cologne Compendium on Air Law in Europe, 2013, 167.
679 So hinsichtlich der englischen Bezeichnung ausdrücklich in Europäische Kommission, Report from the Commission to the Council and the European Parliament on the application of Regulation (EC) No. 2111/2005 regarding the establishment of a Community list of air carriers subject to an operating ban within the Community and informing air transport passengers of the identity of the operating air carrier, and repealing Article 9 of Directive 2004/36/EC, KOM(2009)710 endg. (»Operating Ban«) sowie in *Lohl/Gerhard*, in: Hobe/von Ruckteschell/Heffernan (Hrsg.), 166.
680 Verordnung (EU) Nr. 376/2014 des Europäischen Parlaments und des Rates vom 3. April 2014 über die Meldung, Analyse und Weiterverfolgung von Ereignissen in der Zivilluftfahrt, zur Änderung der Verordnung (EU) Nr. 996/2010 des Europäischen Parlaments und des Rates und zur Aufhebung der Richtlinie 2003/42/EG des Europäischen Parlaments und des Rates und der Verordnungen (EG) Nr. 1321/2007 und (EG) Nr. 1330/2007 der Kommission, ABl. 2014, L 129/1 (»Verordnung (EU) Nr. 376/2014«).
681 Verordnung (EU) Nr. 996/2010 des Europäischen Parlaments und des Rates vom 20. Oktober 2010 über die Untersuchung und Verhütung von Unfällen und Störungen in der Zivilluftfahrt und zur Aufhebung der Richtlinie 94/56/EG, ABl. 2010, L 295/35 (»Verordnung (EU) Nr. 996/2010«).
682 Verordnung (EG) Nr. 2027/97 des Rates vom 9. Oktober 1997 über die Haftung von Luftfahrtunternehmen bei Unfällen, zuletzt geändert durch Verordnung (EG) Nr. 889/2002 des Europäischen Parlaments und des Rates vom 13. Mai 2002 zur Änderung der Verordnung (EG) Nr. 2027/97 des Rates über die Haftung von Luftfahrtunternehmen bei Unfällen, ABl. 2002, L 140/2 (»Verordnung (EG) Nr. 2027/97«).
683 Richtlinie 2004/36/EG des Europäischen Parlaments und des Rates vom 21. April 2004 über die Sicherheit von Luftfahrzeugen aus Drittstaaten, die Flughäfen in der Gemeinschaft anfliegen, zuletzt geändert durch Verordnung (EG) Nr. 596/2009 des Europäischen Parlaments und des Rates vom 18. Juni 2009 zur Anpassung einiger Rechtsakte, für die das Verfahren des Artikels 251 des Vertrags gilt, an den Beschluss 1999/468/EG des Rates in Bezug auf das Regelungsverfahren mit Kontrolle Anpassung an das Regelungsverfahren mit Kontrolle – Vierter Teil, ABl. 2004, L 143/76 (»Richtlinie 2004/36/EG«).

safety«, d.h. die *zivile Flugsicherheit*, deren Ausgangpunkt die Verordnung (EG) Nr. 216/2008 ist und deren Regelungsumfang das EASA-System im Grundsatz charakterisiert.

B. Rechtssystematik

Die Rechtssystematik des EASA-Systems folgt der im Unionsrecht begründeten Normenhierarchie.[684] Durch die Verteilung der Normen auf die verschiedenen Ebenen europäischer Rechtstexte ist ein Grad an Flexibilität möglich, der mit Blick auf die technisch geprägten und detaillierten Vorschriften der Flugsicherheit unerlässlich ist.[685] Alle Vorschriften auf der Verordnungsebene zu kulminieren hätte eine regulative Unbeweglichkeit zur Folge, die mit den fortwährenden technischen Weiterentwicklung der Luftfahrt schlicht unvereinbar wäre.

Vier Regelungsebenen können unterschieden werden:[686] die bereits genannte primärrechtliche Ermächtigungsgrundlage, die Verordnungen und die Durchführungsverordnungen sowie das sog. EASA Soft Law.

I. Verordnungen und Durchführungsverordnungen

Das für die zivile Flugsicherheit verbindliche Gemeinschaftsrecht ist, ausgehend von der primärrechtlichen Grundlage in Art. 100 Abs. 2 AEUV, in der Verordnung (EG) Nr. 216/2008 und den auf ihr basierenden Durchführungsverordnungen der Europäischen Kommission enthalten. Die Verordnungen der EU haben gemäß Art. 288 Abs. 2 AEUV allgemeine Geltung. Sie sind in allen ihren Teilen verbindlich und gelten unmittelbar in jedem Mitgliedstaat der EU. Demnach bedarf es zu ihrer Geltung keines Umsetzungsaktes in nationales Recht.

1. Grundverordnung

Der Ausgangspunkt des unionsweiten Luftrechts im Bereich der zivilen Flugsicherheit ist die bereits genannte »Verordnung (EG) Nr. 216/2008 des Europäischen Parlaments und des Rates vom 20. Februar 2008 zur Festlegung gemeinsamer Vorschriften für die Zivilluftfahrt und zur Errichtung einer Europäischen Agentur für Flugsicherheit, zur Aufhebung der Richtlinie 91/670/EWG des Rates, der Verordnung (EG) Nr. 1592/2002 und der Richtlinie 2004/36/EG«[687]. Sie ersetzt die ursprünglich das EASA-System

---

684 Siehe dazu statt vieler *Hobe*, Europarecht, 8. Aufl., 2014, 89 ff.
685 *Stiehl*, ZLW 2004, 312 (323); *Stiehl*, Europäische Agentur für Flugsicherheit (EASA), in: Hobe/von Ruckteschell (Hrsg.), Kölner Kompendium des Luftrechts, Bd. 1, 2008, 191.
686 So auch *Sulocki/Cartier*, A&SL 2003, 311 (314 f.). Alternativ können auch nur drei Ebenen genannt werden, sofern man die primärrechtliche Ermächtigungsgrundlage nicht zu den eigentlichen Regelungsebenen des EASA-Systems zählt.
687 Siehe oben Fn. 675.

hervorbringende Verordnung (EG) Nr. 1592/2002[688] und wurde seit ihrem Erlass im Jahr 2008 mehrfach geändert.[689] Die Verordnung (EG) Nr. 216/2008, ebenso wie seinerzeit ihre Vorgängerin, wird als »Grundverordnung« (*Basic Regulation*) bezeichnet. Sie stellt nach der Rechtsgrundlage des Art. 100 Abs. 2 AEUV, die zweite Regelungsebene dar.

a) Zielsetzung und Aufbau

Ausweislich des Art. 2 Abs. 1 der Grundverordnung ist ihr Hauptziel die Schaffung und die Aufrechterhaltung eines einheitlichen, hohen Niveaus der zivilen Flugsicherheit in Europa.

Die weiteren Ziele sind sodann in Art. 2 Abs. 2 wie folgt aufgelistet:

a) die Sicherstellung eines einheitlichen und hohen Niveaus des Umweltschutzes;
b) die Erleichterung des freien Waren-, Personen- und Dienstleistungsverkehrs;
c) die Steigerung der Kostenwirksamkeit bei den Regulierungs- und Zulassungsverfahren und die Vermeidung von Doppelarbeit auf nationaler und europäischer Ebene;
d) die Unterstützung der Mitgliedstaaten bei der Erfüllung ihrer Verpflichtungen, die sich aus dem Abkommen von Chicago ergeben, indem eine Grundlage für die gemeinsame Auslegung und einheitliche Durchführung seiner Bestimmungen geschaffen und gewährleistet wird, dass die Bestimmungen des Abkommens in dieser Verordnung und den entsprechenden Durchführungsvorschriften gebührend berücksichtigt werden;
e) die weltweite Verbreitung der Standpunkte der Gemeinschaft zu zivilen Flugsicherheitsstandards und -vorschriften durch Aufnahme einer geeigneten Zusammenarbeit mit Drittländern und internationalen Organisationen;
f) die Schaffung gleicher Ausgangsbedingungen für alle Beteiligten im Luftverkehrsbinnenmarkt.

Vorliegend sind insbesondere die Zielsetzungen der lit. c und d, wobei Letztere den Auftrag zur gemeinschaftlichen Umsetzung der Vorgaben des Chicagoer Abkommens und der ICAO enthält, sowie lit. e von Bedeutung. Die Beweggründe und die detaillierten Zielsetzungen der Grundverordnung, und damit einhergehen auch die des EASA-System, sind zudem in den Erwägungsgründen der Verordnung niedergelegt.

Die Grundverordnung ist in vier Kapitel unterteilt. Kapitel I betrifft Grundsätzliches (Geltungsbereich, Ziele und Begriffsbestimmungen). In Kapitel II werden die grundlegenden Anforderungen in den verschiedenen Regelungsbereichen des EASA-Systems festgelegt. Kapitel III befasst sich sodann mit der Agentur selbst, bevor in Kapitel IV die Schlussbestimmungen enthalten sind. Die Verordnung wird durch acht Anhänge (I, II, III, IV, V, Va, Vb und VI) ergänzt.

---

688 Verordnung (EG) Nr. 1592/2002 des Europäischen Parlaments und des Rates vom 15. Juli 2002 zur Festlegung gemeinsamer Vorschriften für die Zivilluftfahrt und zur Errichtung einer Europäischen Agentur für Flugsicherheit, ABl. 2002, L 240/1 (»Grundverordnung a.F.«).
689 Siehe zu einer anstehenden Revision der Verordnung unten § 9 C. II.

b) Räumlicher und sachlicher Geltungsbereich

Der *räumliche Geltungsbereich* der Grundverordnung erstreckt sich zunächst auf das Gebiet der EU.[690] Auf die Einbeziehung von Norwegen, Island, Liechtenstein und der Schweiz in das EASA-System wird im Zuge der Erläuterungen zur Mitgliedschaft in der EASA eingegangen.[691]

Der *sachliche Geltungsbereich* wird im Wesentlichen von Art. 1 der Grundverordnung vorgegeben.[692] Vorliegend relevant ist insbesondere dessen Abs. 1 lit. a, der bestimmt, dass die Grundverordnung für »die Konstruktion, die Herstellung, die Instandhaltung und den Betrieb von luftfahrttechnischen Erzeugnissen, Teilen und Ausrüstungen sowie für Personen und Organisationen, die mit der Konstruktion, Herstellung und Instandhaltung dieser Erzeugnisse, Teile und Ausrüstungen befasst sind« einschlägig ist. Des Weiteren gilt die Grundverordnung für Personen und Organisationen, die mit dem Betrieb von Luftfahrzeugen befasst sind (lit. b), die Gestaltung, die Instandhaltung und den Betrieb von Flugplätzen (lit. c), die Konstruktion, die Herstellung und die Instandhaltung von Flugplatzausrüstungen (lit. d), die Konstruktion, die Herstellung und die Instandhaltung von Systemen und Komponenten für Flugverkehrsmanagement und Flugsicherungsdienste (*Air Traffic Management/Air Navigation Services*, ATM/ANS) (lit. e) und für ATM/ANS selbst (lit. f) sowie die jeweils mit diesen Bereichen befassten Personen und Organisationen.

Keine Geltung entfaltet die Verordnung gemäß Art. 1 Abs. 2 lit. a hingegen für »Erzeugnisse, Teile, Ausrüstungen, Personen und Organisationen beim Einsatz durch Militär, Zollbehörden, Polizei, Such- und Rettungsdienste, Feuerwehr und Küstenwache oder im Rahmen der Tätigkeiten ähnlicher Stellen.« Gleiches gilt für Flugplätze und ATM/ANS in militärischer Verwendung.[693] Das EASA-System umfasst demnach, ebenso wie das Chicagoer Abkommen, keine Staatsluftfahrzeuge. Auch in der Grundverordnung ist, neben den ausdrücklich genannten Fallgruppen, die konkrete Verwendung (»beim Einsatz durch«) des in Frage stehenden Luftfahrzeuges das maßgebliche Kriterium für die Bestimmung der Eigenschaft als »Staatsluftfahrzeug«.[694]

---

690 Auf ggf. bestehende Sonderregelungen für entfernte (Übersee-)Gebiete einzelner Mitgliedstaaten wird vorliegend nicht eingegangen.
691 Siehe unten § 7 C. I.
692 Siehe zu den Einschränkungen des Anwendungsbereichs der Verordnung auch den unmittelbar folgenden Gliederungspunkt.
693 Art. 1 Abs. 2 lit. b und c der Grundverordnung.
694 Die EASA erklärt dazu auf ihrer Internetseite unmissverständlich: »The common element between these operations are that they serve a public interest and/or exercise a public service or duty of care, which assumes that the service is provided by or under the control and responsibility of a government or public authority of the Member States pursuing the fulfilment of public interest. Some activities such as mountain rescue are not particularly mentioned in Article 1(2) of the Basic Regulation. Nevertheless, applying the criterion described above, it is assumed that mountain rescue is outside the scope of EASA. The determining factor to exclude a given aircraft from the scope of the Basic Regulation is the concrete nature of the operation performed – not the aircraft itself, its registry, its owner or its operator. In this sense, the distinction between ›State aircraft‹/›State Operations‹ and civil aircraft/operations, which was traditionally based on the registry of the aircraft (civil or military/State) or the nature of the owner/operator (private or public entity), is no longer

c) Substantive und Essential Requirements

Um die insbesondere in Art. 2 genannten Ziele zu erreichen, enthält Kapitel II der Grundverordnung entsprechende »Grundlegende Anforderungen« (*Substantive Requirements*). Ihre Erfüllung ist für die Schaffung und Aufrechterhaltung eines einheitlichen, hohen Niveaus der zivilen Flugsicherheit in Europa unerlässlich. Die Substantive Requirements sind den Regelungsbereichen des EASA-Systems entsprechend in jeweils einem Artikel zusammengefasst. Sie betreffen die Lufttüchtigkeit (Art. 5), Grundlegende Anforderungen für den Umweltschutz (Art. 6), Piloten (Art. 7), den Flugbetrieb (Art. 8), Flugplätze (Art. 8a) sowie ATM/ANS (Art. 8b).

Vorliegend von Bedeutung ist zudem der den einzelnen Anforderungen vorangestellte Art. 4, der insbesondere deren Anwendbarkeit regelt. Sein Abs. 1 bestimmt im Wesentlichen, dass Luftfahrzeuge, einschließlich eingebauter Erzeugnisse, Teile und Ausrüstungen, mit einem zumindest faktischen Bezug zu einem Mitgliedstaat, der Verordnung genügen müssen.[695] Weiterhin müssen mit dem Betrieb von Luftfahrzeugen befasste Personen (Abs. 2), der Betrieb von Luftfahrzeugen als solcher (Abs. 3), Flugplätze (Abs. 3a und die diesbezügliche Ausnahmeregelung in Abs. 3b) sowie ATM/ANS (Abs. 3c) der Vorordnung entsprechen.

In Bezug auf die materielle Reichweite ist der Ausnahmetatbestand des Abs. 4 hervorzuheben, der die in Anhang II der Grundverordnung (*Luftfahrzeuge gemäß Artikel 4 Absatz 4*) aufgeführten Luftfahrzeuge aus dem Anwendungsbereich des Abs. 1 ausschließt. Diese Luftfahrzeuge des Anhangs umfassen u.a.:

> relevant for the purpose of excluding an aircraft from the scope of the Basic Regulation.« *EASA*, FAQ: EASA as competent Authority, <https://easa.europa.eu/faq/19236>, zuletzt besucht am 30. November 2015. *Tomasello* regt die Frage nach der Schaffung des Begriffs »EU public flights« für Fälle an, in denen etwa eine Agentur der EU ein RPAS betreibt. Bspw. werde diese Frage hinsichtlich der Europäische Agentur für die operative Zusammenarbeit an den Außengrenzen der Mitgliedstaaten der Europäischen Union (*European Agency for the Management of Operational Cooperation at the External Borders of the Member States of the European Union*, Frontex) relevant, da der Sitz von Frontex zwar in Warschau (Polen) sei, Frontex aber keine polnische Entität sei und Frontex beim Einsatz im Gebiet der jeweiligen Mitgliedstaaten auch diesen nicht zugerechnet werden könne. Siehe *Tomasello*, Challenges for the regulation of RPAS (Präsentation), RPAS/UAS – A challenge for international, European and national air law 2013, 1 (10). Siehe zur Revision der Grundverordnung unten § 9 C. II.

695 *Stiehl*, ZLW 2004, 312 (324). Art. 4 Abs. 1 der Grundverordnung lautet: »(1) Luftfahrzeuge, einschließlich eingebauter Erzeugnisse, Teile und Ausrüstungen, die a) von einer Organisation konstruiert oder hergestellt werden, über die die Agentur oder ein Mitgliedstaat die Sicherheitsaufsicht ausübt, oder b) in einem Mitgliedstaat registriert sind, es sei denn, die behördliche Sicherheitsaufsicht hierfür wurde an ein Drittland delegiert und sie werden nicht von einem Gemeinschaftsbetreiber eingesetzt, oder c) in einem Drittland registriert sind und von einem Betreiber eingesetzt werden, über den ein Mitgliedstaat die Betriebsaufsicht ausübt, oder von einem Betreiber, der in der Gemeinschaft niedergelassen oder ansässig ist, auf Strecken in die, innerhalb der oder aus der Gemeinschaft eingesetzt werden, oder d) in einem Drittland registriert sind oder in einem Mitgliedstaat registriert sind, der die behördliche Sicherheitsaufsicht hierfür an ein Drittland delegiert hat, und von einem Drittlandsbetreiber auf Strecken in die, innerhalb der oder aus der Gemeinschaft eingesetzt werden, müssen dieser Verordnung entsprechen.«

i) unbemannte Luftfahrzeuge mit einer Betriebsmasse von nicht mehr als 150 kg.[696]

Demnach finden die Anforderungen für Luftfahrzeuge, einschließlich eingebauter Erzeugnisse, Teile und Ausrüstungen und mit ihr alle auf dieser Basis erlassenen weiteren Vorschriften keine Anwendung auf UA die eine MTOM von 150 kg oder weniger haben. Die Gewichtsgrenze bezieht sich nur auf das UA als fliegendes Element und nicht auch auf die übrigen Bestandteile des UAS. Kleine UA sind damit insbesondere aus dem die Lufttüchtigkeit betreffenden Bereich der Grundverordnung ausgeschlossen. Auch die für die Zulassung von Luftfahrzeugen geschaffenen Vorschriften der EU umfassen demnach grundsätzlich keine kleinen UA. Dieser Ausschluss bewirkt, dass die Muster- und Verkehrszulassung dieser UA in die individuelle Zuständigkeit der Mitgliedstaaten der EU unterfällt und keine entsprechenden verbindlichen Unionsnormen existieren. Die weitere Untersuchung der Zulassungsvorschriften des EASA-Systems beschränkt sich folglich auf die Zulassungsvorschriften für UA, die schwerer als 150 kg sind. Inwieweit kleine UA *in Zukunft* erfasst werden sollen, wird im Rahmen der Weiterentwicklungsbestrebungen der EU und des vierten Kapitels der vorliegenden Arbeit untersucht.

Zur weiteren Konkretisierung der sowohl begrifflich als auch inhaltlich *grundlegenden* Anforderungen wurden sog. »Essential Requirements« in Form von Anhängen zur Grundverordnung geschaffen. Diese spezifizieren die einzelnen Artikel der Substantive Requirements, wobei jedem Artikel ein dementsprechender Anhang zugeordnet ist. Auch die Anhänge enthalten jedoch im Wesentlichen Basisanforderungen an Lufttüchtigkeit (Anhang I), Pilotenlizenzen (Anhang III), Flugbetrieb (Anhang IV), Flugplätze (Anhang Va) und ATM/ANS sowie Fluglotsen (Anhang Vb) und keine detaillierten Spezifikationen.

Lediglich im Bereich des Umweltschutzes wurden keine Essential Requirements niedergelegt. Vielmehr enthält Art. 6 der Grundverordnung[697] einen direkten Verweis auf die Bände I und II des ICAO Annex 16[698] und erhebt damit deren Inhalt zu verbindlichem Unionsrecht.[699] Der Unionsgesetzgeber wählt damit einen anderen und einfacheren Weg zur Umsetzung der Vorgaben der ICAO. Die statische Verweisung auf eine bestimmte Version des Annex erweist sich dabei allerdings angesichts der von

---

696 Ebenfalls in Anhang II der Grundverordnung aufgeführt sind u.a. speziell für Forschungszwecke, Versuchszwecke oder wissenschaftliche Zwecke ausgelegte oder veränderte Luftfahrzeuge, die wahrscheinlich in sehr begrenzten Stückzahlen produziert werden (lit. b); Luftfahrzeuge, die zu mindestens 51 % von einem Amateur oder einer Amateurvereinigung ohne Gewinnzweck für den Eigengebrauch ohne jegliche gewerbliche Absicht gebaut werden (lit. c); sonstige Luftfahrzeuge mit einer höchstzulässigen Leermasse (einschließlich Kraftstoff) von nicht mehr als 70 kg (lit. j).
697 Art. 6 Abs. 1 der Grundverordnung: »Erzeugnisse, Teile und Ausrüstungen müssen den Umweltschutzanforderungen der Änderung 10 von Band I und Änderung 7 von Band II des Anhangs 16 des Abkommens von Chicago in der am 17. November 2011 geltenden Fassung, mit Ausnahme der Anlagen zu Anhang 16, entsprechen.«
698 ICAO, Annex 16.
699 Gem. Art. 20 Abs. 1 lit. d gehört es zu den Aufgaben der Agentur für jedes Erzeugnis, für das gemäß Art. 6 ein Umweltzeugnis erforderlich ist, die jeweiligen Umweltvorschriften zu erstellen.

Zeit zu Zeit erfolgenden Annexänderungen als eher unpraktisch.[700] Da die Umweltschutzanforderungen an UAS nicht Gegenstand der vorliegenden Arbeit sind, wird auch auf die entsprechenden Vorschriften der EU nicht weiter eingegangen.

Sprachlich unglücklich werden die Essential Requirements in den Anhängen der deutschen Fassung der Grundverordnung, ebenso wie die Substantive Requirements als »Grundlegende Anforderungen« bezeichnet.

Insgesamt beschreibt der Umfang der Substantive Requirements und Essential Requirements auch den sog. *Total System Approach* (TSA) des EASA-Systems: alle wesentlichen Bereiche der Flugsicherheit sind von der Zuständigkeit der EU erfasst und unterliegen einer unionsweiten Regulierung.[701] Die einzelnen Bereiche beeinflussen sich dabei gegenseitig und sind Bestandteile eines Gesamtsystems der Flugsicherheit. Der TSA bringt einen ganzheitlichen Ansatz zum Ausdruck, der alle flugsicherheitsrelevanten Aspekte in einem einzigen kohärenten Gesetzeskorpus vereinen soll.[702] Das Ziel des TSA ist es, Lücken oder Überlappungen in der Regulierung der einzelnen Bereiche sowie gegensätzliche Bestimmungen und unklare Zuständigkeiten zu vermeiden.[703] Damit soll der Schutz der Bevölkerung gefördert und gleiche Ausgangsvoraussetzungen für das Funktionieren des gemeinsamen Marktes geschaffen werden.[704]

Hervorzuheben ist, dass die Grundverordnung zwar die Zuständigkeit der EU in vielen Bereichen der Flugsicherheit begründet, im Übrigen aber nach wie vor die Mitgliedstaaten selbst weitreichende Kompetenzen behalten haben. Alle Aspekte der zivilen Flugsicherheit, und damit auch alle Aspekte der Zulassung von Luftfahrzeugen, die

---

700 Siehe dazu die Regelungen in Art. 6 Abs. 2 und 3 der Grundverordnung.
701 Der TSA wurde insb. durch die Verordnung (EG) Nr. 1108/2009 des Europäischen Parlaments und des Rates vom 21. Oktober 2009 zur Änderung der Verordnung (EG) Nr. 216/2008 in Bezug auf Flugplätze, Flugverkehrsmanagement und Flugsicherungsdienste sowie zur Aufhebung der Richtlinie 2006/23/EG, ABl. 2009, L 309/51 (»Verordnung (EG) Nr. 1108/2009«) verwirklicht, die die Zuständigkeit der EASA deutlich erweiterte. In Erwägungsgrund 1 der Verordnung (englisch Fassung) wird dies deutlich hervorgehoben: »the Commission announced its intention to progressively extend the tasks of the European Aviation Safety Agency (the Agency), with a view towards a ›total system approach‹«. Die Entscheidung der schrittweisen Erweiterung der Zuständigkeit der Agentur zugunsten eines umfassenden TSA wurde bereits in einer Mitteilung der Kommission vom 15. November 2005 verkündet (Europäische Kommission, Mitteilung der Kommission an den Rat, das Europäische Parlament, den Europäischen Wirtschafts- und Sozialausschuss und den Ausschuss der Regionen: Erweiterung der Aufgaben der Europäischen Agentur für Flugsicherheit – Blick auf 2010, KOM(2005) 578 endg. (»Mitteilung der Kommission – Blick auf 2010«)). Siehe zum TSA insb. *Tomasello*, Total System Approach, ASJ 2014, 2, sowie auch *Goudou*, European Safety Regulatory System and the Single European Sky, in: Calleja Crespo/Mendes de Leon (Hrsg.), Achieving the Single European Sky: Goals and Challenges, 2011, 92 f.
702 *Goudou*, Single European Sky – The role of EASA, Skyway 52, Summer & Autumn 2009, 34 (35). So u.a. auch in EASA, Business Plan 2012-2016, adopted by Decision 12-2011, 6.2 (»Business Plan 2012-2016«).
703 *Goudou*, Skyway 52, Summer & Autumn 2009, 34 (35); Crespo/Leon (Hrsg.), Achieving the Single European Sky: Goals and Challenges, 2011, 92 f.
704 Crespo/Leon (Hrsg.), Achieving the Single European Sky: Goals and Challenges, 2011, 93. Siehe dazu bereits Erwägungsgrund 1 der Grundverordnung.

nicht von den Vorschriften der EU umfasst sind, obliegen weiterhin den einzelnen Mitgliedstaaten.

2. Durchführungsverordnungen

Detaillierte Vorschriften zu allen Regelungsbereichen des EASA-Systems finden sich auf der Ebene der Durchführungsverordnungen[705] (*Implementing Regulations,* IR). Diese werden von der Europäischen Kommission erlassen, die allerdings nur dann entsprechend tätig werden darf, wenn sie durch die Grundverordnung dazu ermächtigt wurde. Im Einzelnen wird die Kommission in Art. 5 Abs. 5, Art. 6 Abs. 2 und 3, Art. 7 Abs. 2 und 6, Art. 8 Abs. 5, Art. 8a Abs. 5, Art. 8b Abs. 6, Art. 8c Abs. 10, Art. 9 Abs. 4, Art. 10 Abs. 5, Art. 14 Abs. 3 und 7, Art. 15 Abs. 2, Art. 24 Abs. 5, Art. 25 Abs. 3 und Art. 64 Abs. 1. mit dem Erlass von Durchführungsverordnungen betraut.

Die Durchführungsverordnungen dienen der Ausgestaltung und Umsetzung der Substantive Requirements und Essential Requirements. Dementsprechend liegen zu den Bereichen Lufttüchtigkeit, Pilotenlizenzen, Flugbetrieb, Flugplätze und ATM/ANS umfassende Durchführungsverordnungen vor, die insbesondere in ihren jeweiligen Anhängen die maßgeblichen Vorschriften enthalten.[706] Die Durchführungsverordnungen können als die dritte Ebene der Rechtsystematik des Unionsrechts zur Flugsicherheit angesehen werden. Auf die Durchführungsverordnung zur Lufttüchtigkeit wird im Rahmen der Untersuchung der Zulassungsvorschriften für UAS weiter eingegangen.[707]

II. EASA Soft Law

Eine besondere Rolle innerhalb der Rechtssystematik des EASA-Systems nimmt das sog. »EASA Soft Law« ein, das die vierte Regulierungsebene darstellt. Die Bezeichnung als *Soft Law* ist dabei Bestandteil der Terminologie der EASA selbst.[708] Inwieweit diese Soft Law eine Verbindlichkeit entfalten kann, wird im Anschluss an die Erläuterung seiner Rechtsgrundlagen und Funktion sowie seiner Arten erläutert.

---

705 Grundsätzlich sind gem. Art. 291 Abs. 1 AEUV die Mitgliedstaaten für den Erlass entsprechender Durchführungsbestimmungen zuständig. Bedarf es allerdings einheitlicher Bedingungen für die Durchführung der Unionsrechtsakte, kann gem. Art. 291 Abs. 2 AEUV die Kommission oder in Sonderfällen der Rat ermächtigt werden Durchführungsverordnungen zu erlassen.
706 Siehe zu den stets aktuellen Fassungen der Durchführungsverordnungen die Sammlung auf der Internetseite der Agentur, *EASA*, Regulations, <https://www.easa.europa.eu/regulations>, zuletzt besucht am 30. November 2015.
707 Siehe unten § 8 A. I. 2.
708 So u.a. auf der Internetseite (u.a. *EASA*, Document Library, <https://www.easa.europa.eu/document-library>, zuletzt besucht am 30. November 2015) und in zahlreichen Veröffentlichungen der EASA.

1. Rechtsgrundlagen und Funktion

Gemäß Art. 18c und 19 der Grundverordnung erarbeitet die EASA »Zulassungsspezifikationen«, »zulässige Nachweisverfahren« sowie »sonstige Anleitungen«.[709] Diese dienen der einheitlichen und sachgerechten Anwendung der Grundverordnung und der Durchführungsverordnungen. Sie richten sich im Grundsatz sowohl an die EASA selbst als auch an die mitgliedstaatlichen Luftfahrtbehörden bei der Anwendung des Unionsrechts. Sie enthalten detaillierte technische Normen und dienen damit der Erläuterung sowie konkreten Umsetzung der vergleichsweise abstrakten Substantive Requirements und Essential Requirements sowie der Durchführungsverordnungen. Gemäß Art. 19 Abs. 2 lit. b spiegeln »[d]iese Unterlagen [...] den Stand der Technik und die bestbewährten Verfahren in den betreffenden Bereichen wider [und] werden unter Berücksichtigung der weltweiten Erfahrungen im Flugbetrieb sowie des wissenschaftlichen und technischen Fortschritts aktualisiert.« Das EASA Soft Law ermöglicht in der unionsrechtlichen Normenhierarchie die notwendige Flexibilität, um auf technische Weiterentwicklungen zügig reagieren zu können. Während Änderungen der Durchführungsverordnungen durch die Europäische Kommission und erst recht die Änderungen der Grundverordnung durch Rat und Parlament erheblichen (zeitlichen) Aufwand erfordern, kann die Agentur mithilfe von Zulassungsspezifikationen, zulässigen Nachweisverfahren und Anleitungsmaterialien vergleichsweise rasch einem Weiterentwicklungsbedürfnis der spezifischen Anforderungen an die Flugsicherheit Rechnung tragen. Das EASA Soft Law muss dabei stets im Einklang mit der Grundverordnung und den Durchführungsverordnungen stehen.

2. Arten

Das EASA Soft Law lässt sich grundsätzlich in drei Arten unterteilen. Zunächst sind die Zulassungsspezifikationen (*Certification Specifications*, CS) zu nennen. Sie stellen technische Standards dar, die im Zulassungsverfahren Verwendung finden. Werden die jeweiligen CS erfüllt, nimmt die EASA an, dass damit gleichsam den Substantial Requirements und Essential Requirements der Grundverordnung Genüge getan ist.[710] Die Zulassungsspezifikationen bilden den wesentlichen Prüfungskanon der Zulassungsgrundlage im Rahmen der Muster- und Verkehrszulassung der zuständigen Zulassungsbehörde.[711]

Annehmbare Nachweisverfahren (*Acceptable Means of Compliance*, AMC) sind Mittel, mithilfe derer die Vorschriften der Grundverordnung und insbesondere der

---

709 Das EASA Soft Law selbst, sowie auch die übrigen von der EASA erarbeiteten Materialien, werden grds. nur in englischer Sprache veröffentlicht. Dennoch gilt hinsichtlich jeglicher Anfragen an die Agentur weiterhin Art. 58 Abs. 3 der Grundverordnung: »Jede natürliche oder juristische Person kann sich in jeder der in Artikel 314 des Vertrags genannten Sprachen schriftlich an die Agentur wenden. Die natürliche oder juristische Person hat Anspruch auf eine Antwort in derselben Sprache.«
710 *Lohl/Gerhard*, in: Hobe/von Ruckteschell/Heffernan (Hrsg.), 180.
711 Siehe dazu auch unten § 8 B. III. 2.

Durchführungsverordnungen erfüllt werden können.[712] Im Bereich der Lufttüchtigkeit bestehen zudem auch AMC, die der weitergehenden Erläuterung und als Mittel zur Erfüllung der entsprechenden Zulassungsspezifikationen dienen. Die AMC stellen *ein* Mittel, aber nicht das einzige Mittel zur Erfüllung der Vorschriften der Durchführungsverordnungen bzw. der CS dar.[713] Verwendet ein Antragsteller allerdings ein zulässiges Nachweisverfahren, wird ihm die Anerkennung der Konformität mit den Zulassungsvorschriften zugesichert.[714] Es wird demnach die Erfüllung der Anforderungen der Grundverordnung und der Durchführungsverordnungen vermutet, sofern sich ein Antragsteller erfolgreich der dazugehörigen AMC bedient. Da die AMC nur eine Nachweismöglichkeit darstellen, kann ein Antragsteller die Erfüllung der Durchführungsverordnungen bzw. der Zulassungsspezifikationen auch durch Verwendung eines anderen Mittels darlegen.[715] Wenngleich der Antragsteller in diesem Fall seine Mittelwahl nicht begründen muss, so obliegt ihm jedoch die volle Nachweispflicht, dass die Voraussetzungen der Durchführungsverordnungen bzw. der Zulassungsspezifikationen auch mithilfe des von ihm gewählten Mittels erfüllt sind.[716] Entsprechend akzeptierte Alternative Annehmbare Nachweisverfahren (*Alternative Means of Compliance*, AltMOCs) kommen allerdings nur dem in Frage stehenden Antragsteller zugute. Andere Antragsteller, falls diese sich nicht der AMC bedienen, bedürfen der individuellen Anerkennung ihrer alternativen Nachweisverfahren durch die Agentur bzw. die zuständige Behörde.[717] Die AMC dienen letztlich der Vereinfachung der einheitlichen Anwendung und Umsetzung der Grundverordnung und ihrer Durchführungsbestimmungen.

Schließlich erarbeitet die Agentur vielfältiges Anleitungsmaterial (*Guidance Material*, GM), welches der Erläuterung der Durchführungsverordnung, AMC und CS dient.

3. Bindungswirkung

Das von der Agentur erarbeitete EASA Soft Law ist ein wichtiger Bestandteil der Flugsicherheitsregulierung im EASA-System. Fraglich ist, inwieweit die Zulassungsspezifikationen, zulässigen Nachweisverfahren und Anleitungsmaterialien allgemein rechtsverbindlich sind. Auch wenn das Ergebnis – jedenfalls im Grundsatz – vorliegend bereits durch die gewählte Bezeichnung »EASA Soft Law« vorweggenommen

---

712 Siehe zu den AMC auch *EASA*, Acceptable Means of Compliance (AMCs) and Alternative Means of Compliance (AltMOCs), <https://www.easa.europa.eu/document-library/acceptable-means-compliance-amcs-and-alternative-means-compliance-altmocs>, zuletzt besucht am 30. November 2015.
713 *Lohl/Gerhard*, in: Hobe/von Ruckteschell/Heffernan (Hrsg.), 180.
714 *Lohl/Gerhard*, in: Hobe/von Ruckteschell/Heffernan (Hrsg.), 180.
715 *Lohl/Gerhard*, in: Hobe/von Ruckteschell/Heffernan (Hrsg.), 180.
716 *Lohl/Gerhard*, in: Hobe/von Ruckteschell/Heffernan (Hrsg.), 180. Sofern von den AMC abgewichen wird, muss ein gleichwertigen Sicherheitsniveau (ELOS) nachgewiesen werden.
717 *EASA*, FAQ: Acceptable Means of Compliance (AMCs) and Alternative Means of Compliance (AltMOCs), <https://easa.europa.eu/the-agency/faqs/acceptable-means-compliance-amc-and-alternative-means-compliance-altmoc>, zuletzt besucht am 30. November 2015.

wurde, soll im Folgenden dennoch kurz auf die Besonderheiten seiner Rechtswirkungen eingegangen werden.

Für eine Rechtsverbindlichkeit der Zulassungsspezifikationen, zulässigen Nachweisverfahren und Anleitungsmaterialien könnte angeführt werden, dass der Agentur bewusst eine gegenüber den *Joint Aviation Authorities*[718] – als der eindeutig ohne verbindliche Normsetzungsmacht ausgestatteten »Vorgängerin« der EASA – stärkere Stellung für die Regulierung der Flugsicherheit in Europa zuteilwerden sollte.[719] Dies könnte in Bezug auf CS, AMC, und GM dadurch gestützt werden, dass das im ursprünglichen Entwurf zur Grundverordnung enthaltene Wort »unverbindlich«, in den letztendlichen Verordnungstext nicht aufgenommen wurde.[720] Außerdem wird vorgebracht, dass eine Verbindlichkeit, zumindest der CS und AMC, aus einzelnen der EASA in der Grundverordnung eingeräumten Befugnissen resultiere.[721]

Das Bestreben nach einer starken, unabhängigen EASA und die ihr damit angetragene Kompetenzen spricht zwar für eine besondere Bedeutung der CS, AMC und GM, es vermag sich jedoch nicht über Unionsrecht hinwegzusetzen. Art. 288 Abs. 2 AEUV lässt eine unmittelbare Geltung und Verbindlichkeit nur den Verordnungen der EU angedeihen, die von den legitimierten Unionsorganen erlassen werden. Eine strikte Bindungswirkung des EASA Soft Law kann daher nicht unmittelbar aus dem Primärrecht abgeleitet werden. Auch eine Delegation von verbindlichen Regelungstätigkeiten auf in den Verträgen nicht vorgesehene Einrichtungen ist kompetenzrechtlich nicht zulässig.[722] Umso weniger wirkt sich das Weglassen des Wortes »unverbindlich« im

---

718 Siehe zur Arbeitsgemeinschaft der europäischen Luftfahrtverwaltungen (*Joint Aviation Authorities*, JAA) unten § 7 C.
719 *Riedel*, Die Gemeinschaftszulassung für Luftfahrtgerät – Europäisches Verwalten durch Agenturen am Beispiel der EASA, 2006, 122.
720 Siehe Art. 14 Abs. 2 in Europäische Kommission, Vorschlag der Kommission für eine Verordnung des Europäischen Parlaments und des Rates zur Festlegung gemeinsamer Vorschriften für die Zivilluftfahrt und zur Errichtung einer Europäischen Agentur für Flugsucherheit vom 27. September 2000, KOM(2000) 595 endg. (»Vorschlag der Kommission«); *Riedel*, Die Gemeinschaftszulassung für Luftfahrtgerät – Europäisches Verwalten durch Agenturen am Beispiel der EASA, 122.
721 *Schwenk/Giemulla*, Handbuch des Luftverkehrsrechts, 231 ff.
722 Ausgangspunkt dieser Feststellung ist die viel diskutierte »Meroni-Doktrin«, die ihren Ursprung in Urteilen des Gerichtshofs der EU (EuGH) hat (EuGH, Urteil v. 13. Juni 1958, Rs. 9/56, Slg. 1958, 11 (Meroni I) und EuGH, Urteil v. 13. Juni 1958, Rs. 10/56, Slg. 1958, 53 (Meroni II)). Diese betreffen jeweils die Übertragung von der Europäische Gemeinschaft für Kohle und Stahl (EGKS) anvertrauten Entscheidungsbefugnissen auf eine von der Hohen Behörde der EGKS gegründete privatrechtliche Organisation. Die Meroni-Urteile brachten hinsichtlich der Übertragung von Hoheitsbefugnissen insb. die Anforderungen zum Ausdruck, dass keine weiterreichenden Befugnisse übertragen werden, als sie der übertragenden Behörde nach dem Vertrag selbst zustehen. Nur Ausführungsbefugnisse dürfen übertragen werden, die genau umgrenzt sind und deren Ausübung von dem zuständigen Gemeinschaftsorgan beaufsichtigt wird. Zudem darf der Anspruch auf gerichtlichen Rechtsschutz durch die Übertragung von Aufgaben auf nachgeordnete Stellen nicht verletzt werden und die Übertragungsentscheidung muss ausdrücklich erfolgen. Da sich die Meroni-Rechtsprechung jedoch einerseits auf den Vertrag der EGKS und andererseits auf die Übertragung von Befugnissen auf eine privatrechtliche Organisation bezieht, wird von einer strengen Anwendung der Anforderungen auf die Agenturen zunehmend Abstand ge-

Verordnungstext aus. Mithin wurden der Agentur zwar ausdrücklich Kompetenzen für verbindliche Entscheidungen – wie etwa die Erteilung eines Musterzulassungsscheins – übertragen,[723] eine Befugnis zur allgemeinen Schaffung verbindlicher Rechtsnormen besteht aber nach h.M. nicht.[724]

Das Fehlen einer rechtlichen Verbindlichkeit muss jedoch nicht mit einer gänzlich mangelnden Rechtswirksamkeit einhergehen.[725] Die EASA zieht das im Grundsatz unverbindliche EASA Soft Law als Ausgangspunkt der Beurteilung der Erfüllung der übergeordneten Substantiv und Essential Requirements heran, wenn im Einzelfall eine entsprechende Entscheidung der Agentur, z.B. eine Musterzulassungsentscheidung, beantragt wird. In diesem Einzelfall entwickeln die angewendeten Zulassungsvoraussetzungen eine rechtliche Verbindlichkeit.[726] In allen nachfolgenden, gleichgelagerten Fällen gilt sodann aber eine diesbezügliche Selbstbindung, die es der EASA versagt, ohne sachliche Gründe von ihnen abzuweichen.[727]

---

nommen. Siehe zur Meroni-Doktrin und ihrer Entwicklung u.a. *Wittinger*, »Europäische Satelliten«: Anmerkungen zum Europäischen Agentur(un)wesen und zur Vereinbarkeit Europäischer Agenturen mit dem Gemeinschaftsrecht, EuR 2008, 609 (617 ff.); *Fischer-Appelt*, Agenturen der Europäischen Gemeinschaft – Eine Studie zu Rechtsproblemen, Legitimation und Kontrolle europäischer Agenturen mit interdisziplinären und rechtsvergleichenden Bezügen, 1999, 78 ff.; *Calliess*, Art. 13 EUV, in: Calliess/Ruffert (Hrsg.), EUV/AEUV – Das Verfassungsrecht der Europäischen Union mit Europäischer Grundrechtecharta, 2011, Rn. 47 ff. sowie zur jüngeren Entwicklung der Meroni-Doktrin (u.a. durch das Urteil des EuGH v. 22. Januar 2014, Rs. C-270/12, Rn. 27 ff. (ESMA) *Kohtamäki*, Die ESMA darf Leerverkäufe regeln – Anmerkung zum Urteil des EuGH vom 22. Januar 2014, EuR 2014, 321; *Ohler*, Übertragung von Rechtsetzungsbefugnissen auf die ESMA, Anmerkung zu EuGH, Urt. v. 22. Januar 2014, Rs. C-270/12, JZ 2014, 249; *Saurer*, Die Errichtung von Europäischen Agenturen auf Grundlage der Binnenmarkt-harmonisierungs-kompetenz des Art. 114 AEUV – Zum Urteil des EuGH über die Europäische Wertpapier- und Marktaufsichtsbehörde (ESMA) vom 22. Januar 2014 (Rs. C-270/12), DÖV 2014, 549. Siehe zu einer spezifischen Befassung mit der Meroni-Doktrin im Falle der EASA *Simoncini*, The Erosion of the Meroni Doctrine: The Case of the European Aviation Safety Agency, European Public Law 2015, 309.

723 Siehe dazu unten § 7 C. II. 2.
724 *Riedel*, Die EASA, ihre Aufgaben und Befugnisse – Eine Einführung, German Aviation News 2006, 14 (16); *Riedel*, Die Gemeinschaftszulassung für Luftfahrtgerät – Europäisches Verwalten durch Agenturen am Beispiel der EASA, 123; *Giemulla/van Schyndel*, Die Joint Aviation Requirements (JAR) und deren Überleitung in Vorschriften der EU und der Agentur für Flugsicherheit (EASA), VdL-Nachrichten 2003, 14 (15); *Sulocki/Cartier*, A&SL 2003, 311 (322); *Stiehl*, ZLW 2004, 312 (328); *Lohl/Gerhard*, in: Hobe/von Ruckteschell/Heffernan (Hrsg.), 180; *Stiehl*, in: Hobe/von Ruckteschell (Hrsg.), Bd. 1, 192.
725 Siehe dazu insb. *Riedel*, Die Gemeinschaftszulassung für Luftfahrtgerät – Europäisches Verwalten durch Agenturen am Beispiel der EASA, 123 ff.
726 *Riedel*, Die Gemeinschaftszulassung für Luftfahrtgerät – Europäisches Verwalten durch Agenturen am Beispiel der EASA, 124; *Stiehl*, ZLW 2004, 312 (328); *Sulocki/Cartier*, A&SL 2003, 311 (322); *Giemulla/van Schyndel*, VdL-Nachrichten 2003, 14 (15); *Stiehl*, in: Hobe/von Ruckteschell (Hrsg.), Bd. 1, 192.
727 *Riedel*, Die Gemeinschaftszulassung für Luftfahrtgerät – Europäisches Verwalten durch Agenturen am Beispiel der EASA, 125 f; *Stiehl*, ZLW 2004, 312 (328); *Riedel*, German Aviation News 2006, 14 (16); *Stiehl*, in: Hobe/von Ruckteschell (Hrsg.), Bd. 1, 192 f. Die Mitgliedstaaten der EU bzw. deren nationale Behörden – sofern sie zur Ausführung des

Im Ergebnis entfaltet das von der Agentur erarbeitete und in ein Verfahren einbezogene EASA Soft Law damit faktische Rechtswirkungen.[728] Sofern Soft Law in dem Sinne verstanden wird, dass es sich dabei um zwar nicht förmlich verbindliche aber dennoch mit Rechtswirkungen ausgestattete Normen handelt,[729] ist die Bezeichnung »EASA Soft Law« gerechtfertigt. Die EASA wählt diese Bezeichnung bewusst zur Darstellung der CS, AMC und GM, wobei sie dennoch stets betont, dass Zulassungsspezifikationen, zulässigen Nachweisverfahren und Anleitungsmaterialen unverbindlich seien.[730] Es kann daher davon ausgegangen werden, dass die Agentur gleichfalls faktische Rechtwirkungen des EASA Soft Law annimmt. Interessanterweise stützt sich die EASA bei der Ausarbeitung des Soft Law auf eine »Rulemaking Procedure«[731], die ebenfalls für die Vorbereitung von Gesetzesentwürfen für verbindliches Unionsrecht verwendet wird, wenngleich die Bezeichnung dieses Verfahrens als solche keine Auswirkungen auf die tatsächliche Rechtsnatur der erarbeiteten CS, AMC und GM hat.

C. Europäische Agentur für Flugsicherheit (EASA)

Die Europäische Agentur für Flugsicherheit (*European Aviation Safety Agency*, EASA) wurde durch die Verordnung (EG) Nr. 1592/2002 geschaffen. Die für sie wesentlichen organisationsrechtlichen Bestimmungen finden sich in Kapitel III der Grundverordnung. Die EASA gilt als Nachfolgerin der Arbeitsgemeinschaft der euro-

---

Unionsrechts berufen sind – müssen auch die Konkretisierungen dieses Unionsrechts in Form des EASA Soft Law beachten, z.B. im Zuges eines Antrags auf ein Lufttüchtigkeitszeugnis, wobei ein Abweichen ohne sachlichen Grund unter Umständen eine Verletzung des Grundsatzes der loyalen Zusammenarbeit aus Art. 4 Abs. 3 des Vertrages über die Europäische Union (Vertrag über die Europäische Union, 13. Dezember 2007 Abl. 2012, C 326/13 (Konsolidierte Fassung), in Kraft getreten am 1. Dezember 2009 (26. Oktober 2012) (»EUV«)) begründen kann, siehe dazu *Riedel*, Die Gemeinschaftszulassung für Luftfahrtgerät – Europäisches Verwalten durch Agenturen am Beispiel der EASA, 126 ff.

728 So i.E. auch *Simoncini*, die sich jüngst mit der Bedeutung der EASA im Zuge der Entwicklung der Meroni-Doktrin eingehend auseinandergesetzt hat, *Simoncini*, European Public Law 2015, 309 (321).

729 Siehe zum »Soft Law« im völkerrechtlichen Verständnis *Ipsen*, Völkerrecht, 6. Aufl., 2014; *Hobe*, Einführung in das Völkerrecht, 228 ff. Siehe auch *Thürer*: »These instruments and norms all share a certain proximity to law and have a certain legal relevance, but at the same time they are not legally binding per se as a matter of law.«, *Thürer*, Soft Law, in: Wolfrum (Hrsg.), The Max Planck Encyclopedia of Public International Law (online), 2009, Rn. 2. Siehe zum Soft Law in der EU u.a. *Schwarze*, Soft Law im Recht der Europäischen Union, EuR 2011, 3. Auf die Problematik des Soft Law im Allgemeinen wird nicht eingegangen, da vorliegend ausschließlich die Rechtwirkungen des EASA Soft Law im Speziellen für die Untersuchung der Zulassungsvorschriften des EASA-Systems für UAS von Interesse sind. Siehe zur Kategorie des Soft Law in Bezug auf die »Rechts-«Akte der ICAO, *Huang*, Aviation Safety and ICAO, 195 ff.

730 So u.a. auf ihrer Internetseite, siehe *EASA*, Regulations, <https://www.easa.europa.eu/regulations> und *EASA*, Document Library, <https://www.easa.europa.eu/document-library>, zuletzt besucht am 30. November 2015.

731 Siehe dazu unten § 8 B. III. 2.

C. Europäische Agentur für Flugsicherheit (EASA)

päischen Luftfahrtverwaltungen (*Joint Aviation Authorities*, JAA), die eine freiwillige Zusammenarbeit zahlreicher europäischer Luftfahrtbehörden zur Erstellung harmonisierter Vorschriften darstellte.[732] Die Agentur nahm ihre Arbeit am 28. September 2003 auf.[733] Ihr Sitz ist Köln.[734] Grundsätzlich sind die nationalen Luftfahrtbehörden der exekutive Arm der EU, da sie insbesondere die lokale Präsenz haben und das nationale Durchsetzungssystem initiieren können. Ausnahmsweise ist jedoch die Europäische Kommission in solchen Bereichen zuständig, die nur auf Unionsebene sinnvoll behandelt werden können.[735] Da die Europäische Kommission in den überwiegend technischen Bereichen kaum mehr selbst die gestellten Aufgaben erfüllen kann, erfolgt wiederum eine Delegation an die Agenturen der EU.[736] Insbesondere soll durch die

---

732 Die JAA wurde auf Anregung der Europäischen Zivilluftfahrtkonferenz (*European Civil Aviation Conference*, ECAC) gegründet und bestand zuletzt aus 34 europäischen Staaten. Die freiwillige Zusammenarbeit der nationalen Luftfahrtbehörden, deren Grundlage die Vereinbarung von Zypern war (Vereinbarungen über die Ausarbeitung, Anerkennung und Durchführung gemeinsamer Lufttüchtigkeitsvorschriften (JAR) (Vereinbarungen von Zypern, Cyprus Arrangement), 11. September 1990 (»Vereinbarungen von Zypern«)), bestand insb. in der Schaffung von technischen Vorschriften (*Joint Aviation Requirements*, JAR) und Verwaltungsverfahren (*Joint Implementation Procedures*, JIP). Der Freiwilligkeit der Zusammenarbeit entsprechend, bestand keine Verpflichtung der Mitglieder, diese Spezifikationen und Verfahren in nationales Rechts umzusetzen. Die JAA besaß zudem keine eigene Rechtspersönlichkeit, die es ihr ermöglicht hätte, selbst Musterzulassungsscheine zu erteilen. Siehe zur JAA u.a. *Manuhutu*, Aviation Safety Regulation in Europe – Towards a European Aviation Safety Authority, A&SL 2000, 264 (266 ff.); *Arrigoni*, Joint Aviation Authorities – Development of an International Standard for Saftey Regulation: The First Steps are being taken by the JAA, A&SL 1992, 130; *Sousa Uva*, EASA's new fields of competence in the certification of aerodromes, Airport Management 2010, 60; *Giemulla/van Schyndel*, Spannende Zeiten, Die »Joint Aviation Authorities« (JAA) und deren Überleitung »Europäische Agentur für Flugsicherheit« (EASA), VdL-Nachrichten 2003, 22; *Stiehl*, ZLW 2004, 312 (313 f.); *Sulocki/Cartier*, A&SL 2003, 311 (312 ff.).
733 Art. 67 Abs. 1 der Grundverordnung.
734 Obgleich die Artikelüberschrift des Art. 28 der Grundverordnung (*Rechtsstellung, Sitz und Außenstellen*) es vermuten lässt, geht der Sitz der Agentur nicht aus der Grundverordnung hervor. Der endgültige Sitz in Köln – provisorisch war die Agentur zunächst in Brüssel tätig – wurde am 13. Dezember 2003 durch den Europäischen Rat der Staats- und Regierungschefs festgelegt, Beschluss 2004/97/EG, Euratom, Einvernehmlicher Beschluss der auf Ebene der Staats- und Regierungschefs vereinigten Vertreter der Mitgliedstaaten vom 13. Dezember 2003 über die Festlegung der Sitze bestimmter Ämter, Behörden und Agenturen der Europäischen Union, ABl. 2004, L 29/15 (»Beschluss 2004/97/EG«). Obwohl diese Entscheidungsform in Sitzfragen üblich ist, begegnet sie in Bezug auf Agenturen europarechtlichen Bedenken, da Art. 341 AEUV nur auf »Organe der Union« abstellt, *Stiehl*, ZLW 2004, 312 (318).
735 *Stiehl*, ZLW 2004, 312 (317). Auf das europarechtliche Subsidiaritätsprinzip Bezug nehmend, siehe auch den Erwägungsgrund 29 der Grundverordnung.
736 *Stiehl*, ZLW 2004, 312 (317); *Fehling*, Europäische Verkehrsagenturen als Instrumente der Sicherheitsgewährleistung und Marktliberalisierung insbesondere im Eisenbahnwesen, EuR 2005, 41 (44). *Fehling* beschreibt diesbezüglich die »Befürchtung, nationale Stellen würden aufgrund nationaler Egoismen ohne europäische Koordinierung keine Vereinheitlichung der Sicherheitsstandards zuwege bringen«, *Fehling*, EuR 2005, 41 (44).

§ 7 EASA-System

Agenturen auch eine sektorspezifische fachliche Spezialisierung erreicht werden.[737] Hinsichtlich der EASA beförderte zudem die Erfahrung mit der JAA und die Absicht der Schaffung eines Gegenpols zur amerikanischen FAA die Entscheidung, die EASA als starke unabhängige Agentur ins Leben zu rufen.[738]

Die EASA ist seit ihrem Bestehen Gegenstand verschiedener Untersuchung geworden, auf die an dieser Stelle verwiesen sei, wobei insbesondere die Dissertation von *Riedel*[739] hervorzuheben ist.[740] Im Folgenden wird nur auf die Grundzüge ihrer Rechtsstellung, Mitglieder, Aufgaben und Organisation eingegangen.

I. Rechtsstellung und Mitglieder

Die EASA ist eine *Agentur* der Europäischen Union.[741] Sie hat keine unmittelbare Rechtsgrundlage in den Verträgen, sondern wurde vom Europäischen Gesetzgeber durch die Grundverordnung geschaffen. Die Agenturen der Union können grundsätzlich in Exekutivagenturen und Regulierungsagenturen unterteilt werden, wobei Exekutivagenturen dabei reine Verwaltungsaufgaben zur Unterstützung der Europäischen Kommission ausführen, während Regulierungsagenturen zur Regelung eines bestimmten Sektors beitragen sollen und insofern an der Wahrnehmung von Exekutivfunktio-

---

737 So u.a. in Erwägungsgrund 12 der Grundverordnung.
738 *Stiehl*, ZLW 2004, 312 (328).
739 *Riedel*, Die Gemeinschaftszulassung für Luftfahrtgerät – Europäisches Verwalten durch Agenturen am Beispiel der EASA, 2006.
740 Siehe u.a. *Manuhutu*, A&SL 2000, 264; *Sousa Uva*, Airport Management 2010, 60; *Giemulla/van Schyndel*, VdL-Nachrichten 2003, 22; *Stiehl*, ZLW 2004, 312; *Sulocki/ Cartier*, A&SL 2003, 311 (siehe darin insbesondere die Ausführungen zum direkten Vergleich von JAA und EASA, 314 f.); *Lohl/Gerhard*, in: Hobe/von Ruckteschell/ Heffernan (Hrsg.); *Stiehl*, in: Hobe/von Ruckteschell (Hrsg.), Bd. 1, sowie zu den künftigen Entwicklungen *Manuhutu/Gerhard*, Perspectives of the European Aviation Safety Agency – Further Development of the European Civil Aviation Safety System: a Medium and Long Term Outlook, ZLW 2015, 310.
741 Eine Definition ist in den Verträgen (EUV/AEUV) nicht enthalten. Siehe zu den Agenturen der EU im Allgemeinen u.a. *Fehling*, EuR 2005, 41; *Schmidt-Aßmann*, European Administrative Law, in: Wolfrum (Hrsg.), The Max Planck Encyclopedia of Public International Law (online), 2011, Rn. 11 ff.; *Brenner*, Die Agenturen im Recht der Europäischen Union – Segen oder Fluch?, in: Ipsen/Stüer (Hrsg.), Europa im Wandel: Festschrift für Hans-Werner Rengeling, 2008; *Lenski*, Art. 13 EUV, in: Lenz/Borchardt (Hrsg.), EU-Verträge, 2012, Art. 13 EUV, Rn. 18 ff.; *Calliess*, in: Calliess/Ruffert (Hrsg.), Art. 13 EUV, Rn. 31 ff. sowie umfassend schon früh *Fischer-Appelt*, Agenturen der Europäischen Gemeinschaft – Eine Studie zu Rechtsproblemen, Legitimation und Kontrolle europäischer Agenturen mit interdisziplinären und rechtsvergleichenden Bezügen. Siehe zur Entwicklung der Agenturen auch Europäische Kommission, Mitteilung der Kommission an das Europäische Parlament und den Rat: Europäische Agenturen – Mögliche Perspektiven, KOM(2008) 135 endg. (»Mitteilung der Kommission – Europäische Agenturen«). Siehe allgemein zu Agenturen der EU sowie speziell zur EASA auch *Riedel*, Die Gemeinschaftszulassung für Luftfahrtgerät – Europäisches Verwalten durch Agenturen am Beispiel der EASA, 184 ff. und 223 ff.

nen – auch der Entlastung der Kommission – mitwirken.[742] Alle Agenturen verfügen über eine eigene Rechtspersönlichkeit und gewisse organisatorische und finanzielle Selbstständigkeit.[743] Die EASA ist mit der Regelung der Flugsicherheit in der EU betraut und damit als Regulierungsagentur (mit Entscheidungsbefugnis[744]) anzusehen, die eine Rolle als Fachinstanz einnimmt und weitgehend unabhängig agiert.[745] Der Erwägungsgrund 12 der Grundverordnung beschreibt dies deutlich:

> In allen Bereichen, die unter diese Verordnung fallen, sind bessere Verfahren erforderlich, so dass bestimmte Aufgaben, die derzeit auf Gemeinschaftsebene oder auf nationaler Ebene durchgeführt werden, von einer einzigen speziellen Fachinstanz wahrgenommen werden sollten. Es besteht daher die Notwendigkeit, innerhalb der bestehenden institutionellen Struktur der Gemeinschaft und im Rahmen der bestehenden Aufteilung der Befugnisse eine Europäische Agentur für Flugsicherheit (im Folgenden als »Agentur« bezeichnet) zu schaffen, die in technischen Fragen unabhängig und rechtlich, verwaltungstechnisch und finanziell autonom ist. Notwendigerweise sollte es sich hierbei um eine Einrichtung der Gemeinschaft mit eigener Rechtspersönlichkeit handeln, die die Durchführungsbefugnisse ausübt, die ihr durch diese Verordnung verliehen werden.

Die *Mitglieder* der EASA sind zunächst die 28 Mitgliedstaaten der EU.[746] Darüber hinaus steht die Agentur gemäß Art. 66 der Grundverordnung auch »der Beteiligung europäischer Drittländer offen, die Vertragsparteien des Abkommens von Chicago sind und mit der Europäischen Gemeinschaft Übereinkünfte geschlossen haben, nach denen sie das Gemeinschaftsrecht auf dem von dieser Verordnung und ihren Durchführungsbestimmungen erfassten Gebiet übernehmen und anwenden.«[747] Als solche Drittländer sind Norwegen, Island, Liechtenstein und die Schweiz Mitglieder der EASA. Hinsichtlich Norwegen, Island und Liechtenstein als Mitglieder der Europäischen Freihandelsassoziation[748] (*European Free Trade Association*, EFTA), erfolgte eine entsprechende Übereinkunft mit der damals Europäischen Gemeinschaft (EG) im

---

742 *Lenski*, in: Lenz/Borchardt (Hrsg.), Art. 13 EUV, Rn. 18 ff.; *Calliess*, in: Calliess/Ruffert (Hrsg.), Art. 13 EUV, Rn. 33 ff.; Europäische Kommission, Mitteilung der Kommission: Europäisches Regieren – Ein Weißbuch, KOM(2001) 428 endg., ABl. 2001, C 287/1, 4 (»Mitteilung – Europäisches Regieren«).
743 Europäische Kommission, Mitteilung der Kommission: Rahmenbedingungen für die europäischen Regulierungsagenturen, KOM(2002) 718 endg., 3 (»Mitteilung – Europäische Regulierungsagenturen«); *Calliess*, in: Calliess/Ruffert (Hrsg.), Art. 13 EUV, Rn. 35.
744 Europäische Kommission, Mitteilung – Europäische Regulierungsagenturen, 9.
745 Siehe zur Rechtsstellung und Rechtspersönlichkeit Art. 28 Abs. 1 und 2 der Grundverordnung.
746 Die EASA bezeichnet sie bisweilen als »Mitgliedstaaten« (»Member States«). Strenggenommen kann eine Agentur der EU aber keine Mitglied*staaten* haben, weshalb diese Bezeichnung ungenau ist. So auch *Lohl/Gerhard*, in: Hobe/von Ruckteschell/Heffernan (Hrsg.), 184.
747 Da sich Art. 66 der Grundverordnung auf die Beteiligung europäischer Drittländer an der Agentur selbst bezieht, erscheint es naheliegend, diese Frage hier und nicht im Rahmen des Geltungsbereichs der Grundverordnung zu behandeln.
748 Convention establishing the European Free Trade Association, 4. Januar 1960, in Kraft getreten am 3. Mai 1960 (eine Überarbeitung des Abkommens, die sog. Vaduz Convention, wurde am 21. Juni 2001 unterzeichnet und trat am 1. Juni 2002 in Kraft) (»EFTA Convention«). Siehe dazu die Internetseite der EFTA, *EFTA*, European Free Trade Association, <http://www.efta.int>, zuletzt besucht am 30. November 2015.

Jahr 1992 im Wege des Abschlusses des »Abkommens über den Europäischen Wirtschaftraum«[749]. Dieser erstreckte das Recht der EG weitgehend auf die Mitgliedstaaten des Europäischen Wirtschaftsraums (EWR) und enthält in Art. 47 Abs. 2 i.V.m. Anhang XIII eine dementsprechende Regelung für den Luftverkehr. Im Jahr 2004 erfolgte durch Beschluss des Gemeinsamen EWR-Ausschusses Nr. 179/2004 die Aufnahme der Verordnung (EG) Nr. 1592/2002 in ebendiesen Anhang.[750] Durch den Beschluss des Ausschusses Nr. 163/2011 vom 19. Dezember 2011 wurde der Anhang um die neue Grundverordnung (Verordnung (EG) Nr. 216/2008) ergänzt.[751] Mit der Schweiz wurde im Jahr 1999 das »Abkommen zwischen der Schweizerischen Eidgenossenschaft und der Europäischen Gemeinschaft über den Luftverkehr«[752] geschlossen, in das im Jahr 2006 durch den Beschluss Nr. 3/2006[753] des Gemischten Luftverkehrsausschusses Gemeinschaft/Schweiz auch die Verordnung (EG) Nr. 1592/2002 einbezogen wurde. Mit dem Beschluss Nr. 2/2010 vom 26. November 2010 des Ausschusses wurde die neue Grundverordnung ebenfalls in den Anhang des Abkommens mit der Schweiz aufgenommen.[754]

II. Aufgaben

Der EASA wurden durch die Grundverordnung verschiedene Aufgaben übertragen. Ausgangspunkt sind die durch die Agentur gemäß Art. 17 Abs. 2 der Grundverordnung zu erfüllenden Funktionen, aus denen sich die einzelnen Aufgaben der Agentur ergeben, die wiederum in zahlreichen weiteren Artikeln spezifiziert werden. Die Auf-

749 Abkommen über den Europäischen Wirtschaftsraum, 17. März 1993, ABl. 1994, L 1/3, in Kraft getreten am 3. Januar 1994 (»EWR-Abkommen«), siehe dazu den Beschluss des Rates und der Kommission vom 13. Dezember 1993 über den Abschluss des Abkommens über den Europäischen Wirtschaftsraum zwischen den Europäischen Gemeinschaften und ihren Mitgliedstaaten sowie der Republik Österreich, der Republik Finnland, der Republik Island, dem Fürstentum Liechtenstein, dem Königreich Norwegen, dem Königreich Schweden und der Schweizerischen Eidgenossenschaft ABl. 1994, L 1/1 (»EWR-Beschluss«).
750 Gemeinsamer EWR-Ausschuss, Beschluss des Gemeinsamen EWR-Ausschusses Nr. 179/2004 vom 9. Dezember 2004 zur Änderung des Anhangs XIII (Verkehr) des EWR-Abkommens, ABl. 2005, L 133/37 (»EWR-Beschluss Nr. 179/2004«).
751 Gemeinsamer EWR-Ausschuss, Beschluss des Gemeinsamen EWR-Ausschusses Nr. 163/2011 vom 19. Dezember 2011 zur Änderung von Anhangs XIII (Verkehr) des EWR-Abkommens, ABl. 2012, L 76/51 (»EWR-Beschluss Nr. 163/2011«).
752 Abkommen zwischen der Europäischen Gemeinschaft und der Schweizerischen Eidgenossenschaft über den Luftverkehr, abgeschlossen am 21. Juni 1999, in Kraft getreten am 1. Juni 2002, ABl. 2002, L 114/73 (»Abkommen EG-Schweiz«).
753 Luftverkehrsausschuss Gemeinschaft/Schweiz, Beschluss Nr. 3/2006 des Luftverkehrsausschusses Gemeinschaft/Schweiz vom 27. Oktober 2006 zur Änderung des Abkommens zwischen der Europäischen Gemeinschaft und der Schweizerischen Eidgenossenschaft über den Luftverkehr, ABl. 2006, L 318/31 (»Beschluss Nr. 3/2006«).
754 Luftverkehrsausschuss Gemeinschaft/Schweiz, Beschluss Nr. 2/2010 des Luftverkehrsausschusses Gemeinschaft/Schweiz vom 26. November 2010 zur Ersetzung des Anhangs des Abkommens zwischen der Europäischen Gemeinschaft und der Schweizerischen Eidgenossenschaft über den Luftverkehr, ABl. 2010, L 347/54 (»Beschluss Nr. 2/2010«).

gaben der EASA lassen sich allgemein in Aufgaben unterteilen, die die Agentur im Zuge der Rechtssetzung der EU übernimmt und Aufgaben, die zur Rechtsanwendung zu zählen sind.

1. Aufgaben im Zuge der Rechtssetzung

Die Aufgaben im Zuge der Rechtssetzung der EU umfassen insbesondere die Ausarbeitung von Stellungnahmen (*opinions*) gemäß Art. 18 lit. a i.V.m. Art. 19 Abs. 1 der Grundverordnung zur Unterstützung der Europäischen Kommission in ihrer gesetzgeberischen Tätigkeit. Diese Stellungnahmen beziehen sich einerseits auf Änderungen der Grundverordnung, die sodann als Grundlage von Gesetzesvorschlägen dienen, welche von der Europäischen Kommission im Gesetzgebungsverfahren des Parlaments und des Rates eingebracht werden.[755] Andererseits erarbeitet die EASA auch Stellungnahmen zur Weiterentwicklung der Durchführungsverordnungen der Kommission.[756] Hervorzuheben ist diesbezüglich, dass, obgleich es sich nur um Stellungnahmen der Agentur handelt und die Kommission die Kompetenz zum Erlass der Durchführungsverordnungen innehat, die Kommission aufgrund von Art. 17 Abs. 2 lit. b der Grundverordnung inhaltliche Änderungen dieser Entwürfe nicht ohne vorherige Koordination mit der Agentur vornehmen darf, sofern es sich um technische Vorschriften und insbesondere um Bau- und Konstruktionsvorschriften sowie um Vorschriften in Bezug auf betriebliche Aspekte handelt.

Die EASA hat gemäß Art. 52 der Grundverordnung zum Zwecke der Ausarbeitung der Stellungnahme eine diesbezügliche Rulemaking Procedure entwickelt.[757] Diese gliedert das entsprechende Verfahren in sechs Schritte. In einem ersten Schritt (*Programming*) wird jährlich das sog. 4-jährige Rulemaking-Programm durch den Exekutivdirektor nach Konsultationen erarbeitet und als Anhang zum jährlichen Arbeitsprogramm vom Verwaltungsrat angenommen.[758] Das Rulemaking-Programm beinhaltet eine abstrakte Erläuterung des Inhaltes der geplanten Aktivitäten im Zuge der Rechtssetzung sowie hinsichtlich der Erstellung des EASA Soft Law und benennt die damit verbundenen Arbeitsverfahren und Planungsinformationen.[759] Der zweite Schritt (*Initiation*) besteht insbesondere aus der zur Initiierung der jeweiligen Normsetzungsaufgabe erforderlichen Erstellung der *Terms of Reference* (ToR), die unter anderem Inhalt und Ziel der Aufgabe konkretisieren und einen Zeitplan beinhalten, sowie die Ar-

---

755 Art. 19 Abs. 1 der Grundverordnung.
756 Art. 19 Abs. 1 der Grundverordnung.
757 EASA, Decision of the Management Board Amending and Replacing Decision 08-2007 Concerning the Procedure to be Applied by the Agency for the Issuing of Opinions, Certification Specifications and Guidance Material (»Rulemaking Procedure«), Angenommen durch den Verwaltungsrat (MB 01/2012) am 13. März 2012 (»Rulemaking Procedure«). Siehe dazu auch EASA, Procedure: Rules programming, 11. Juli 2013, PR.RPRO.00002-002 (»Rules programming«) und EASA, Procedure: Rules development, 26. August 2013, PR.RPRO.00001-002 (»Rules development«).
758 Art. 3 Abs. 1 und 6 der Rulemaking Procedure. Siehe zur Organisation der EASA unten § 7 C. III.
759 Siehe zum *Rulemaking Programme* auch unten § 9 C.

beitsmethodik festlegen.⁷⁶⁰ Im dritten Schritt (*Drafting*) erfolgt die Erarbeitung eines Entwurfs der geforderten Bestimmungen und die Erstellung einer entsprechenden *Notice of Proposed Amendment* (NPA), die oftmals ein *Regulatory Impact Assessment*⁷⁶¹ (RIA) mit einschließt.⁷⁶² Ausnahmsweise kann auch eine *Advance-Notice of Proposed Amendment* (A-NPA) erlassen werden, wenn eine umfassendere Diskussion neuer Konzepte oder die Sammlung weiterer Informationen notwendig erscheint.⁷⁶³ Die (A-)NPA wird sodann auf der Internetseite der Agentur veröffentlicht.⁷⁶⁴ Dies leitet den vierten Schritt (*Consultation*), die öffentliche Konsultation, ein. Innerhalb der vorgegeben Frist und unter Verwendung eines entsprechenden Formulars⁷⁶⁵ können sämtliche Personen oder Organisationen, die ein Interesse an der betroffenen Bestimmung haben, ihre Kommentare zur (A-) NPA übermitteln.⁷⁶⁶ Im fünften Schritt (*Review of comments*) werden die Kommentare ausgewertet und beantwortet.⁷⁶⁷ Ein *Comment Response Document* (CRD), welches die (zusammengefassten) Kommentare und die Antworten der Agentur enthält, wird auf der Internetseite der Agentur veröffentlicht.⁷⁶⁸ Im sechsten und letzten Schritt (*Adoption and publication*) verabschiedet der Exekutivdirektor die erarbeitete Bestimmung per Entscheidung (*decision*).⁷⁶⁹ Damit einhergehend wird sie in Form einer Stellungnahme gemäß Art. 18 lit. a i.V.m. Art. 19 Abs. 1 der Grundverordnung an die Europäische Kommission gerichtet.

Bei der Erarbeitung von Stellungnahmen, Zulassungsspezifikationen und Anleitungen kann die Agentur zudem Arbeitsgruppen erschaffen.⁷⁷⁰ Im Zuge der Bestimmung der Prioritäten und der Beratung während des Rulemaking-Verfahrens wird die Agentur zunächst vom *Safety Standards Consultative Committee*⁷⁷¹ (SSCC) und seinen Unterausschüssen unterstützt. Mitglieder des SSCC sind die Normadressaten der Grundverordnung und Durchführungsverordnungen, also insbesondere Personen und

---

760 Art. 4 Abs. 2 und 3 der Rulemaking Procedure.
761 Ein RIA wird definiert als »an assessment of the safety or environmental benefit expected from the proposed rule as well as its implementation cost for national administrations and those subject to its provisions, measured in relation to the option to not issue a rule. The aim of the RIA shall be to improve the quality of regulation by helping to ensure that decisions are well substantiated, by clarifying the positive and negative safety, economic, environmental, social or other non-safety impacts of a proposed rule.«, Art. 1 der Rulemaking Procedure.
762 Art. 5 der Rulemaking Procedure.
763 Art. 14 der Rulemaking Procedure. Für die A-NPA gelten auch Besonderheiten bzgl. des weiteren Verfahrens, siehe Art. 14 der Rulemaking Procedure.
764 Art. 5 Abs. 3 der Rulemaking Procedure.
765 Die Abgabe der Kommentare erfolgt mithilfe des internetbasierten *Comment-Response Tool* (CRT), *EASA*, Comment-Response Tool, <http://hub.easa.europa.eu/crt/>, zuletzt besucht am 30. November 2015.
766 Art. 6 der Rulemaking Procedure
767 Art. 7 der Rulemaking Procedure.
768 Art. 7 Abs. 3 der Rulemaking Procedure.
769 Art. 8 der Rulemaking Procedure.
770 Art. 52 Abs. 2 S. 2 der Grundverordnung.
771 Art. 9 der Rulemaking Procedure. Siehe zum SSCC auch EASA, EASA further adapts its Rulemaking process, EASA News, 13 (»EASA further adapts its Rulemaking process«) sowie *EASA*, Consultative bodies, <http://easa.europa.eu/easa-and-you/consultative-bodies>, zuletzt besucht am 30. November 2015.

Organisationen der Luftfahrtindustrie.[772] Sodann werden der Agentur die Beratungsgremien der *Regulatory Advisory Group* (RAG) und den *Thematic Advisory Groups* (TAGs) zu Seite gestellt.[773] In der RAG und den TAGs sind die nationalen Luftfahrtbehörden vertreten.[774] Unterstützung bei der Erarbeitung der konkreten Regelungen erhält die EASA zudem oftmals durch dafür geschaffene *ad hoc*-Arbeitsgruppen.

Die EASA ist kein Gesetzgeber. Ihre Aufgaben im Zuge der Rechtssetzung resultieren in Vorschlägen für Gesetzesentwürfe, die im Anschluss von der Europäischen Kommission in den Gesetzgebungsprozess durch Europäisches Parlament und Rat eingebracht oder die von der Kommission in Durchführungsverordnungen überführt werden. Das sog. »Rulemaking« der EASA, das im Rulemaking-Programm festgelegt wird, umfasst allerdings auch die Erstellung der Zulassungsspezifikationen, zulässigen Nachweisverfahren und Anleitungsmaterialien.[775] Da diese aber, wie oben dargelegt, im Grundsatz nur faktische Rechtwirkung entfalten, werden sie vorliegend nicht als Aufgabe im Zuge der Rechtssetzung, sondern vielmehr als solche der Rechtsanwendung verstanden.

2. Aufgaben bei der Rechtsanwendung

Die Aufgaben bei der Rechtsanwendung sind vielfältig und spiegeln die Rolle der EASA als europäische Flugsicherheitsbehörde wider. Es bleibt jedoch zu berücksichtigen, dass grundsätzlich die Mitgliedstaaten der EU für die Anwendung des Unionsrechts zuständig sind.[776] Nur in den Fällen, in denen innerhalb der für das EASA-System maßgeblichen Rechtsakte eine entsprechende Delegation an die Agentur enthalten ist, kann diese für ihre Mitglieder tätig werden. Die Übertragung von Aufgaben

---

772 Art. 9 Abs. 2 der Rulemaking Procedure.
773 Art. 10 der Rulemaking Procedure. Siehe dazu auch *EASA*, Consultative bodies, <http://easa.europa.eu/easa-and-you/consultative-bodies>, zuletzt besucht am 30. November 2015.
774 Art. 10 Abs. 2 der Rulemaking Procedure. Die RAG ist als Beratungsorgan zu verstehen, dass sich insb. mit strategischen Fragen, Auslegungsfragen bezüglich der Grundverordnung und horizontalen Fragen befasst und in sämtlichen Phasen des Normerstellung eingreifen können soll und dabei insb. bei der Überwindung von Schwierigkeiten behilflich sein soll, Art. 10 Abs. 3 der Rulemaking Procedure. Die TAGs umfassen insb. technischen Experten der mitgliedstaatlichen Luftfahrtbehörden und sollen der Agentur im Verlauf des gesamten Rulemaking-Verfahrens spezifisches Fachwissen zur Verfügung stellen. Zudem werden sie auch bei strategischen Fragen hinsichtlich der einzelnen Regelungsbereiche zu Rate gezogen, Art. 10 Abs. 4 der Rulemaking Procedure.
775 Art. 1 der Rulemaking Procedure; »Rulemaking« wird darin zudem als »the development and issuance of rules for the implementation of the Basic Regulation.« definiert.
776 Vornehmlich in Bezug auf die Zulassung wird dies auch in Erwägungsgrund 13 der Grundverordnung hervorgehoben: »Im Rahmen des institutionellen Systems der Gemeinschaft ist die Durchführung des Gemeinschaftsrechts in erster Linie Sache der Mitgliedstaaten. Die von dieser Verordnung und ihren Durchführungsvorschriften verlangten Zulassungsaufgaben sind deshalb auf einzelstaatlicher Ebene auszuführen. In bestimmten, klar umrissenen Fällen jedoch sollte die Agentur ebenfalls befugt sein, Zulassungsaufgaben gemäß dieser Verordnung durchzuführen.«

an die Agentur dient dabei zuvörderst der einheitlichen Anwendung der Vorschriften der EU.[777]

Zu ihren Hauptaufgaben gehört zunächst gemäß Art. 20 Abs. 1 der Grundverordnung, die Musterzulassung von Erzeugnisse, Teilen und Ausrüstungen.[778] Diese für die vorliegende Arbeit zentrale Aufgabe der Agentur wird im Rahmen der Untersuchung der Zulassungsvorschriften für UAS und deren Anwendung erweitert behandelt.[779] Dabei wird auch auf die Aufgaben der Agentur im Zusammenhang mit andern Zulassungsarten eingegangen. Weiterhin obliegt der EASA gemäß Art. 20 Abs. 2 lit. b i) die Ausstellung und Verlängerung der Zeugnisse für Entwurfsorganisationen (*Design Organisations*). Zudem erteilt und verlängert sie gemäß Art. 22a lit. c Zeugnisse für Organisationen, die im Bereich ATM/ANS europaweite Dienste (»Pan-European Services«) anbieten. Zuständig ist die Agentur auch in den Fällen, in denen sich die betreffenden Organisationen oder Personen außerhalb des Gebiets und der Hoheitsgewalt der Mitglieder der EASA befinden. Die EASA erteilt und verlängert demnach Zeugnisse für außerhalb des Hoheitsgebiets der Mitgliedstaaten ansässige Produktions- und Instandhaltungsorganisationen (Art. 20 Abs. 2 lit. b iii)), Ausbildungseinrichtungen für Piloten und flugmedizinische Zentren sowie ggf. deren Personal (Art. 21 Abs. 1 lit. b), Organisationen, die dafür zuständig sind, im Luftraum über dem Geltungsgebiet des Vertrags Dienstleistungen zu erbringen (Art. 22a lit. b) und für Ausbildungseinrichtungen für Fluglotsen sowie ggf. deren Personal (Art. 22b lit. b). Darüber hinaus ist sie gemäß Art. 23 Abs. 2 lit. b für die Genehmigungen von Drittlandsbetreibern (*third-country operator*) zuständig.

Gemäß Art. 11 Abs. 1 der Grundverordnung erkennen die Mitgliedstaaten grundsätzlich ohne weitere technische Anforderungen oder Bewertungen Zulassungen bzw. Zeugnisse an, die gemäß der Grundverordnung erteilt wurden.[780] Die Grundverordnung dient hiermit auch der Verwirklichung des Europäischen Binnenmarktes und der Grundfreiheiten des freien Warenverkehrs, der Personenfreizügigkeit und der Dienstleistungsfreiheit.

Als weitere wichtige Aufgabe ist die Erstellung der oben untersuchten Zulassungsspezifikationen, zulässigen Nachweisverfahren und Anleitungsmaterialien zu nennen.[781] Da der EASA eine Kompetenz zur Schaffung unmittelbar verbindlichen Unions-

---

777 Dahingehend auch die Aussage der EASA auf ihrer Internetseite: »Past experience has suggested that common rules do not ensure uniform implementation in domains where technical discretion must be given to the certificating entities. In such cases the centralisation of certification tasks is the only effective way to achieve the desired uniform level of protection.«, *EASA*, FAQ: About EASA, <https://easa.europa.eu/faq/19229>, zuletzt besucht am 30. November 2015.
778 Siehe allgemein zur Zulassungstätigkeit der EASA *Riedel*, Die Gemeinschaftszulassung für Luftfahrtgerät – Europäisches Verwalten durch Agenturen am Beispiel der EASA, 95 ff.
779 Siehe unten § 8 B.
780 Diesbezügliche Ausnahmeregelungen finden sich in den übrigen Absätzen des Art. 11 der Grundverordnung. Die Regelung des Art. 11 entspricht – jedenfalls hinsichtlich des Lufttüchtigkeitszeugnisses und innerhalb der EU – der Anerkennungsverpflichtung aus Art. 33 des Chicagoer Abkommens (siehe dazu oben § 4 B. II. 2). Siehe zur Anerkennung von Zulassungen bzw. Zeugnissen aus Drittländern Art. 12 der Grundverordnung.
781 Siehe dazu oben § 7 B. II.

rechts fehlt, kann die Erarbeitung des EASA Soft Law nicht als Aufgabe der Rechtssetzung betrachtet werden. Vielmehr dient das EASA Soft Law letztlich der einheitlichen und sachgerechten Erfüllung der Substantial und Essential Requirements der Grundverordnung sowie der Vorschriften der Durchführungsverordnungen. Insoweit zieht die Agentur die im Grundsatz unverbindlichen CS und AMC als Ausgangspunkt der Beurteilung der Erfüllung der übergeordneten Substantiv und Essential Requirements, z.B. eine Musterzulassungsentscheidung, heran, wobei sie in diesem Einzelfall dann eine rechtliche Verbindlichkeit entwickeln.[782] Folglich ist die Ausarbeitung von CS, AMC und GM als Tätigkeit der EASA bei der Rechtsanwendung zu verorten. Bei dieser Tätigkeit stützt sich die Agentur allerdings ebenfalls auf die oben erläuterte Rulemaking Procedure.[783] Die CS, AMC und GM durchlaufen damit grundsätzlich dieselben Schritte wie die für die Europäische Kommission erarbeiteten Stellungnahmen. Einzig der letzte Schritt mündet naturgemäß nicht in eine Stellungnahme an die Kommission, sondern stellt mit der abschließenden Entscheidung der EASA auch sogleich die Verabschiedung der entsprechenden CS, AMC und GM dar.

Die Agentur ist zudem zur Überwachung der Anwendung der Grundverordnung und ihrer Durchführungsverordnungen durch die Mitgliedstaaten berufen.[784] Sie agiert damit als verlängerter Arm der Europäischen Kommission, die als »Hüterin des Unionsrechts« gilt.[785] Trotz der beachtlichen Kompetenzen der EASA, obliegt die Durchführung eines großen Teils der das EASA-System kennzeichnenden Normen weiterhin den Mitgliedern der EASA. Um eine einheitliche und sachgerechte Anwendung sicherzustellen, wurde die Agentur gemäß Art. 24 und 54 der Grundverordnung zur Durchführung von »Inspektionen zur Kontrolle der Normung« (*standardisation inspections*) ermächtigt.[786] Im Zuge dessen können die Luftfahrtbehörden der Mitgliedstaaten durch die Agentur überprüft werden, wobei davon auch durch nationale Luftfahrtbehörden betraute Unternehmen in diese Prüfung mit einbezogen werden können.[787] Sofern ein an die Europäische Kommission zu übermittelnder Bericht entsprechende Missstände aufweist und diese auch in einer Nachbereitungsphase nicht

---

782 Siehe oben § 7 B. II. 3.
783 Siehe oben § 7 C. II. 1.
784 *Riedel* hebt diesbezüglich hervor, dass aufgrund der fehlenden Befugnisse jedoch nicht von einer »(Fach-)Aufsicht« der EASA über nationale Luftfahrtbehörden ausgegangen werden könne (»Insbesondere ist weder die EASA im Rahmen ihrer Aufsichtsfunktion noch die Kommission befugt, ein irgendwie geartetes Weisungsrecht auszuüben. Von einer regelrechten (Fach-)Aufsicht im Sinne des deutschen Verständnisses kann daher keine Rede sein.«), *Riedel*, German Aviation News 2006, 14.
785 So u.a. in *Hobe*, Europarecht, 69.
786 Siehe dazu die Durchführungsverordnung (EU) Nr. 628/2013 der Kommission vom 28. Juni 2013 über die Arbeitsweise der Europäischen Agentur für Flugsicherheit bei Inspektionen zur Kontrolle der Normung und für die Überwachung der Anwendung der Bestimmungen der Verordnung (EG) Nr. 216/2008 des Europäischen Parlaments und des Rates und zur Aufhebung der Verordnung (EG) Nr. 736/2006 der Kommission, ABl. 2013, L 179/46 (»Durchführungsverordnung (EU) Nr. 628/2013«). Siehe zu Geldbußen und Zwangsgeldern, die die Kommission auf Anforderung der Agentur verhängen kann, Art. 25 der Grundverordnung.
787 Art. 24 Abs. 2 und 55 der Grundverordnung.

§ 7 EASA-System

beseitigt werden, kann die Kommission schließlich ein Vertragsverletzungsverfahren einleiten.[788]

Von Bedeutung sind zudem die Aufgaben, die der Agentur im Rahmen der Sicherheit von Luftfahrzeugen aus Drittstaaten (*Saftey Assessment of Foreign Aircraft*, SAFA), die Flughäfen in der Union anfliegen, sowie der Flugunfalluntersuchung und der Meldung von Ereignissen in der Zivilluftfahrt obliegen.[789] Aufgaben in diesen Regelungsbereichen ergeben sich nicht aus der Grundverordnung selbst, sondern haben ihren Ursprung in anderen Verordnungen oder Richtlinien des gemeinschaftlichen Besitzstands der Flugsicherheit.[790]

3. Weitere Aufgaben

Zu den weiteren Aufgaben der EASA gehören sowohl Forschungs- und Entwicklungstätigkeiten gemäß Art. 26 als auch die von Art. 27 der Grundverordnung erfassten »internationalen Beziehungen«, auf die bei Betrachtung des Verhältnisses der EU bzw. EASA zur ICAO näher eingegangen wird.[791]

III. Organisation

Die Organisation der EASA ist in Kapitel III Abschnitt II der Grundverordnung geregelt.[792] Demnach verfügt die EASA mit dem Verwaltungsrat (*Management Board*) und dem Exekutivdirektor (*Executive Director*) über zwei Hauptorgane. Der Verwaltungsrat hat dem Exekutivdirektor darüber hinaus weitere Direktoren zu dessen Unterstützung zur Seite gestellt. Zusätzlich besteht eine Beschwerdekammer.

Der *Verwaltungsrat*[793] besteht aus jeweils einem Vertreter jedes Mitgliedes der EASA sowie einem Vertreter der Europäischen Kommission.[794] Die Hauptaufgaben

---

788 Art. 22 Abs. 4 lit. d der Durchführungsverordnung (EU) Nr. 628/2013.
789 Siehe dazu die Richtlinie 2004/36/EG der folgenden Fußnote sowie *EASA*, Ramp Inspection Programmes (SAFA/SACA), <http://easa.europa.eu/easa-and-you/air-operations/ramp-inspection-programmes-safa-saca>, zuletzt besucht am 30. November 2015.
790 Richtlinie 2004/36/EG; Verordnung (EU) Nr. 996/2010; Richtlinie 2003/42/EG des Europäischen Parlaments und des Rates vom 13. Juni 2003 über die Meldung von Ereignissen in der Zivilluftfahrt, zuletzt geändert durch Verordnung (EG) Nr. 596/2009 des Europäischen Parlaments und des Rates vom 18. Juni 2009 zur Anpassung einiger Rechtsakte, für die das Verfahren des Artikels 251 des Vertrags gilt, an den Beschluss 1999/468/EG des Rates in Bezug auf das Regelungsverfahren mit Kontrolle Anpassung an das Regelungsverfahren mit Kontrolle – Vierter Teil, ABl. 2003, L 167/23 (»Richtlinie 2003/42/EG«). Zu den Meldungen von Ereignissen gehören jedoch auch die in der Grundverordnung und den Durchführungsverordnungen vorgesehenen Fälle, in denen Halter von Zeugnissen, der EASA Meldungen erstatten müssen (z.B. 21 A.3.b des Annex 21 zu Verordnung (EG) Nr. 1702/2003 bzgl. der Berichtspflichten des Halters eines Musterzulassungsscheins).
791 Siehe unten § 7 D.
792 Siehe zur Organistaion der EASA auch *Riedel*, Die Gemeinschaftszulassung für Luftfahrtgerät – Europäisches Verwalten durch Agenturen am Beispiel der EASA, 66 ff.
793 Art. 33 Abs. 1 der Grundverordnung.
794 Art. 34 Abs. 1 der Grundverordnung.

des Verwaltungsrates sind die Festlegung der wesentlichen Leitlinien der Arbeit der Agentur und die Ernennung des Exekutivdirektors sowie der Beschluss des Haushalts und derjenigen Verfahren gemäß derer der Exekutivdirektor seiner Aufgabenerfüllung nachkommen muss.[795] Daneben ist der Verwaltungsrat auch für die Ernennung der weiteren Direktoren und der Mitglieder der Beschwerdekammer zuständig.[796] Der Verwaltungsrat ist damit nicht nur ein Kontrollorgan, sondern übt auch wesentlichen Einfluss auf die interne Struktur und Regelungsbefugnis der Agentur aus.[797] Die Beschlüsse des Verwaltungsrats werden grundsätzlich mit Zweidrittelmehrheit seiner Mitglieder gefasst.[798]

Der *Exekutivdirektor*[799] leitet die Verwaltung der Agentur und agiert als Vertreter der EASA nach Außen.[800] Dabei ist er für die Abgabe von Stellungnahmen und Entscheidungen der Agentur zuständig. Entscheidungsbefugnis kommt ihm auch hinsichtlich der Übertragung von Aufgaben an die mitgliedstaatlichen Luftfahrtbehörden zu.[801] Zur sachgerechten Erfüllung der ihm zugewiesenen Aufgaben schreibt ihm die Grundverordnung eine größtmögliche Unabhängigkeit zu.[802]

Die *Direktoren* werden durch den Verwaltungsrat auf Vorschlag des Exekutivdirektors zu seiner Unterstützung benannt.[803] Vier Direktoren leiten ihre jeweiligen Direktorate – *Strategy and Safety Management, Certification, Flight Standards* und *Resources & Support*.[804]

Vor der *Beschwerdekammer* können natürliche oder juristische Personen die gegen sie ergangenen Entscheidungen der EASA anfechten.[805] Nach Ausschöpfung des internen Beschwerdeverfahrens der Agentur kann schließlich auch der Gerichtshof der EU (EuGH) in Form einer Nichtigkeitsklage angerufen werden.[806] Die Beschwerdekammer besteht aus einem Vorsitzenden sowie zwei Mitgliedern und kann bei Bedarf

---

795 Art. 33 Abs. 2 lit. a, c, e und f der Grundverordnung.
796 Art. 33 Abs. 2 lit. a und g der Grundverordnung.
797 *Stiehl*, ZLW 2004, 312 (330).
798 Art. 37 der Grundverordnung. In der JAA galt hingegen das Konsensprinzip. Siehe zur JAA oben § 7 C.
799 Art. 38 der Grundverordnung. Seit dem 1. September 2013 ist *Patrick Ky* Exekutivdirektor der EASA.
800 Art. 38 Abs. 1 und 28 Abs. 4 der Grundverordnung.
801 Art. 38 Abs. 3 lit. c der Grundverordnung.
802 Art. 38 Abs. 1 der Grundverordnung.
803 Art. 33 Abs. 2 lit. a i.V.m. 39 der Grundverordnung.
804 Diese Organisation der Direktorate besteht seit dem 1. September 2014, EASA, EASA announces new organisation, 1. September 2014, Pressemitteilung (»EASA announces new organisation«). Siehe dazu *EASA*, Agency organisation structure, <http://www.easa.europa.eu/the-agency/agency-organisation-structure>, zuletzt besucht am 30. November 2015.
805 Art. 45 der Grundverordnung. Gem. Art. 44 Abs. 1 sind die Entscheidungen der Agentur aus den Art. 20, 21, 22, 22a, 22b, 23, 55 und 64 anfechtbar.
806 Art. 50 der Grundverordnung. Mitgliedstaaten und Organe der EU können gegen Entscheidung der Agentur unmittelbar beim Gerichtshof Klage erheben.

um zwei zusätzliche Mitglieder erweitert werden.[807] Die Amtszeit der unabhängigen Mitglieder ist bei zulässiger Wiederernennung auf fünf Jahre begrenzt.[808]

D. Verhältnis der EU und der EASA zur ICAO

Die *grenzüberschreitende* Zivilluftfahrt innerhalb der EU ist durch zwei verschiedene, sich aber dennoch überlagernde Rechtssysteme gekennzeichnet. Die ICAO und die EU sind, wenngleich Letztere in Ansehung ihrer Kompetenzen zudem als supranational gilt, aus völkerrechtlicher Sicht internationale Organisationen. Beide gehen auf sie konstituierende völkerrechtliche Verträge (Chicagoer Abkommen bzw. EUV und AEUV) zurück. Da das Chicagoer Abkommen gemäß Art. 92 nur dem Beitritt von Staaten offensteht, kann die EU nicht Vertragspartei dieses Abkommens und Mitglied der ICAO sein. Eine Änderung des Chicagoer Abkommens zur Aufnahme der EU ist grundsätzlich möglich. Eine entsprechende Änderung wäre aber an die strenge Anforderung einer Zweidrittelmehrheit der Versammlung gemäß Art. 94 des Chicagoer Abkommens geknüpft und daher in der Regel, soweit überhaupt ausreichender politischer Wille besteht, wohl nur langfristig realisierbar.[809]

Die maßgebliche Überschneidung von EU und ICAO resultiert aus den gemeinsamen Vertragsstaaten des Chicagoer Abkommens und des EUV/AEUV. Alle Mitgliedstaaten der EU sind Mitgliedstaaten der ICAO.[810] Die Verpflichtungen aus dem Chicagoer Abkommen und die eingeschränkt verbindlichen Vorgaben der Annexe richten sich an die Mitgliedstaaten der ICAO und damit auch an die Mitgliedstaaten der EU. Das Chicagoer Abkommen verbietet seinen Vertragsstaaten allerdings nicht, die Verpflichtungen und Vorgaben gemeinschaftlich umzusetzen. Dementsprechend übernimmt die EU deren unionsweite Umsetzung für ihre Mitgliedstaaten. Eine dementsprechend koordinierte und einheitliche Umsetzung durch eine größere Anzahl von Staaten begünstigt letztlich auch eine wesentliche Aufgabe der ICAO – die internationalen Harmonisierung der Regulierung der Luftfahrt.[811] Anders als die ICAO adressiert

---

807 Art. 41 Abs. 1 und 4 der Grundverordnung.
808 Art. 42 Abs. 1 der Grundverordnung.
809 *Weber* schätzt, dass das Erreichen der erforderlichen Ratifikationen wahrscheinlich bis zu 20 Jahre dauern würde, *Weber*, ZLW 2004, 289 (308). Eine entsprechende Initiative wurde zwar bereits 2002 ergriffen, ist aber bislang ohne Ergebnis geblieben, siehe Europäische Kommission, Recommendation from the Commission to the Council in order to authorise the Commission to open and conduct negotiations with the International Civil Aviation Organization (ICAO) on the conditions and arrangements for accession by the European Community, SEC(2002)381 endg. (»Recommendation for accession«). Siehe allgemein zur Frage der Mitgliedschaft der EU und anderer regionaler Organisationen in der ICAO *Weber*, ZLW 2004, 289 (308 f.).
810 Zudem sind die Mitglieder der EASA, die nicht Mitgliedstaaten der EU sind (Norwegen, Island, Liechtenstein und die Schweiz), ebenfalls Mitgliedstaaten der ICAO.
811 Die Delegation von Verpflichtungen aus dem Chicagoer Abkommen wird auch von der ICAO grds. anerkannt. So z.B. in ICAO, Secretary General, Airworthiness Manual, Foreword: »It is also recognized that a group of States may elect to discharge their responsibilities through a multinational organization or agency.«

die EU dabei grundsätzlich die betroffenen Personen und Organisationen unmittelbar, ohne dass es nationaler Gesetze bedarf.[812] Die Umsetzung ist dabei durch die der EU verliehenen Kompetenzen im Rahmen des EASA-Systems begrenzt. Andererseits darf das Unionsrecht auch nicht gegen die Verpflichtungen der Mitgliedstaaten aus dem Chicagoer Abkommen verstoßen. Gemäß dessen Art. 82 sind die Staaten gehalten, keine den Verpflichtungen des Abkommens zuwiderlaufenden Vereinbarungen einzugehen. Die Zuständigkeit der EU wird daher auch mittelbar durch die von den Mitgliedstaaten aus dem Chicagoer Abkommen übernommen Verpflichtungen bestimmt. Anschaulich wird dies unter anderem bei Betrachtung der für Luftfahrzeuge zu erteilenden Zulassungsscheine. Während der nur in den Annexen erwähnte Musterzulassungsschein (TC) als Abschluss des Musterzulassungsverfahrens durch die EASA erteilt werden kann, muss das Lufttüchtigkeitszeugnis (CofA) weiterhin – selbst wenn dafür unionsweite Vorschriften bestehen – gemäß Art. 31 des Chicagoer Abkommens durch den zuständigen Register*staat* ausgestellt werden.[813] Für die Mitgliedstaaten der ICAO, die zugleich Mitgliedstaaten der EU sind, treffen die Verpflichtungen aus dem Chicagoer Abkommen und die Vorschriften der EU daher zusammen, wobei die Vorgaben der ICAO durch die EU europarechtskonform ausgestaltet, komplementiert und umgesetzt werden können, ohne die Verpflichtungen ihrer Mitgliedstaaten aus dem Chicagoer Abkommen beeinträchtigen zu dürfen.[814]

Wenngleich die EU nicht Mitglied der ICAO ist, so unterhält sie zu dieser jedoch enge Beziehungen. Gemäß Art. 220 Abs. 1 und 2 EUV betreibt die EU jede zweckdienliche Zusammenarbeit mit den Organen der Vereinten Nationen und ihren Sonderorganisationen, wofür der Hohe Vertreter der Union für Außen- und Sicherheitspolitik sowie die Europäische Kommission zuständig sind. Bereits im Jahre 1989 wurde die damals noch Europäische Gemeinschaft in eine entsprechende Liste[815] aufgenommen und kann seitdem, vertreten durch die Europäische Kommission, als Beobachter (*observer*) an der Generalversammlung sowie unter anderem an Panels und Arbeitsgruppen teilnehmen. Auf Einladung des Rates der ICAO kann sie auch an dessen Sitzungen als Beobachter partizipieren. Seit 2005 unterhält die Europäische Kommission

---

812 Die Verordnungen der EU haben gemäß Art. 288 Abs. 2 AEUV allgemeine Geltung, sind in allen ihren Teilen verbindlich und gelten unmittelbar in jedem Mitgliedstaat.
813 Siehe zur Frage eines künftigen gemeinsamen Luftfahrzeugregisters der EU auch Punkt 3.3.6. des EASA, Advance-Notice of Proposed Amendment (A-NPA) No. 2014-12 – European Commission policy initiative on aviation safety and a possible revision of Regulation (EC) No. 216/2008, A-NPA 2014-12 (»A-NPA 2014-12, Revision of Regulation (EC) No. 216/2008«). Siehe zur Revision der Grundverordnung unten § 9 C. II.
814 Von Bedeutung ist in diesem Zusammenhang auch die Verpflichtung der Mitgliedstaaten der ICAO zur Notifizierung von Abweichungen von den Richtlinien gem. Art. 38 des Chicagoer Abkommens (siehe oben § 5 A. II. 1. a)). Während auf der einen Seite diese Abweichungen von den Mitgliedstaaten der EU *einzeln* notifiziert werden müssen, ist auf der anderen Seite die EU (mithilfe der EASA) im Rahmen ihrer Zuständigkeit zur *gemeinschaftlichen* Umsetzung der ICAO Vorgaben und für die Überprüfung der Vereinbarkeit der Umsetzung durch die Mitgliedstaaten mit den Regeln des EASA-Systems berufen. Siehe dazu *Sousa Uva*, Airport Management 2010, 60 (69).
815 ICAO, List of Organizations that may be invited to attend suitable ICAO meetings, online abrufbar (»List of Organizations«).

ein ständiges Büro in Montreal und entsendet einen Repräsentanten zur ICAO.[816] Die Beziehungen zwischen EU und ICAO werden seit 2011 zudem durch die »Kooperationsvereinbarung zwischen der Europäischen Union und der Internationalen Zivilluftfahrt-Organisation zur Schaffung eines Rahmens für die verstärkte Zusammenarbeit«[817] weiter intensiviert. Diese dient dem Ziel die »Beziehungen zu stärken und eine engere Zusammenarbeit in den Bereichen Flugsicherheit, Luftsicherheit, Flugverkehrsmanagement und Umweltschutz einzurichten und gemäß den festgelegten Verfahrensregeln ihre Beteiligung an Aktivitäten und die Teilnahme an Sitzungen als Beobachter durch die Unterzeichnung dieser Kooperationsvereinbarung im Interesse der internationalen Zivilluftfahrt zu erleichtern.«[818] Zur Verwirklichung diese Ziels enthält die Kooperationsvereinbarung Bestimmungen zu den Formen der Zusammenarbeit und den einzelnen Kooperationstätigkeiten. Zur Umsetzung der Kooperationsvereinbarung und ihrer Anhänge wurde ein gemeinsamer Ausschuss geschaffen, der seither weitere Beschlüsse gefasst hat.[819]

Die EASA kann als Agentur der EU nicht Mitglied der ICAO sein. Daneben gehört sie auch nicht der Liste einzuladender Organisationen an. Gemäß Art. 27 der Grundverordnung gehören jedoch auch »internationale Beziehungen« zum Aufgabenbereich der EASA. Die Artikelüberschrift ist dabei allerdings nicht wörtlich zu verstehen. Der Agentur kann die Wahrnehmung formeller internationaler Beziehung nicht übertragen werden, wie dies etwa hinsichtlich der Europäischen Kommission gemäß Art. 220 Abs. 2 AEUV möglich ist. Aus Art. 27 folgt allerdings, dass die Agentur die EU und ihre Mitgliedstaaten in Beziehungen zu Drittstaaten unterstützen soll.[820] Die EASA kann zudem gemäß Art. 27 der Grundverordnung mit vorheriger Zustimmung der Kommission entsprechende Arbeitsvereinbarung mit Drittstaaten und Internationalen Organisationen treffen.[821] Zahlreiche solcher *working arrangements* wurden bereits abgeschlossen.[822] Die EASA entsendet darüber hinaus auch einen eigenen Repräsentanten (*External Representative*) nach Montreal, der dort insbesondere die Beziehungen der Agentur zur ICAO pflegt.[823] Vorliegend von Relevanz ist zudem, dass die EASA selbst Mitglied der UASSG war und nunmehr des RPAS Panel ist, wodurch sie direkten Einfluss auf die Weiterentwicklung der Zulassungsvorgaben der ICAO für UAS nehmen kann.[824]

---

816 Siehe *Europäische Kommission*, The European Union at ICAO, <http://ec.europa.eu/transport/modes/air/international_aviation/european_community_icao/index_en.htm>, zuletzt besucht am 30. November 2015.
817 Kooperationsvereinbarung zwischen der Europäischen Union und der Internationalen Zivilluftfahrt-Organisation zur Schaffung eines Rahmens für die verstärkte Zusammenarbeit, 31. März 2011 (Beschluss des Rates über die Unterzeichnung), Abl. 2011, L232/2, in Kraft getreten am 9. September 2011 (»Kooperationsvereinbarung EU ICAO«).
818 Kooperationsvereinbarung EU ICAO, 1.
819 Kooperationsvereinbarung EU ICAO, 7.
820 Art. 27 Abs. 1 der Grundverordnung.
821 Art. 27 Abs. 2 der Grundverordnung.
822 Siehe *EASA*, Working Arrangements, <http://easa.europa.eu/document-library/working-arrangements>, zuletzt besucht am 30. November 2015.
823 Siehe EASA, EASA's worldwide representations, EASA News, 12, 1 f. (»EASA's worldwide representations«).
824 Siehe oben § 6 B. II. und § 6 B. III.

Die »Überlagerung« der Kompetenzen von ICAO und EU mündet im Ergebnis weniger in eine Konfrontation, sondern vielmehr in eine Kooperation und gegenseitige Beeinflussung. Einerseits erfolgt eine direkte Zusammenarbeit durch die engen Beziehungen zwischen EU und ICAO, wobei zu berücksichtigen ist, dass die EASA dabei einen erheblichen Einfluss innehat und damit indirekt auch das Verhältnis zur ICAO prägt. Andererseits haben die einzelnen Mitgliedstaaten der EU, und dadurch mittelbar auch die EU selbst, als wirtschaftlich und politisch in der Luftfahrt bedeutsame Staaten, zudem erheblichen Einfluss auf die Arbeit der ICAO.[825]

E. Zwischenergebnis

Das »EASA-System« basiert auf der Verordnung (EG) Nr. 216/2008 und beschreibt die Regulierung der *zivilen Flugsicherheit* durch die EU, die durch ihre Mitgliedstaaten die Kompetenz zu Schaffung und teilweisen Anwendung unionsweiter Vorschriften für die mitgliedstaatliche Luftfahrt erhalten hat. Die Union setzt im Zuge dessen auch für ihre Mitgliedstaaten, die zugleich Mitgliedstaaten der ICAO sind, die Vorgaben Letzterer in Unionsrecht um.

Die Rechtssystematik des EASA-Systems folgt der im Unionsrecht begründeten Normenhierarchie und ermöglicht damit im Grundsatz die notwendige Flexibilität zur Erfassung der entwicklungsreichen Luftfahrt. Ausgehend von der primärrechtlichen Ermächtigungsgrundlage wurde die Verordnung (EG) Nr. 216/2008 durch Parlament und Rat geschaffen, die als »Grundverordnung« bezeichnet wird. Sie statuiert die Grundlagen des EASA-Systems und bestimmt Organisation und Kompetenzen der EASA. Die Grundverordnung bzw. ihre Anhänge enthalten insbesondere *Substantive* und *Essential Requirements*, die »grundlegenden Anforderungen« an Lufttüchtigkeit, Umweltschutz, Piloten, Flugbetrieb, Flugplätze und ATM/ANS zum Ausdruck bringen. Sie umfasst damit die wesentlichen Bestandteile der Flugsicherheit, die im Sinne eines ganzheitlichen Ansatzes in einem einzigen kohärenten Gesetzeskorpus vereint werden sollen. Hervorzuheben ist, dass nicht nur Staatsluftfahrzeuge aus dem Anwendungsbereich der Grundverordnung ausgenommen sind, sondern insbesondere, dass sich die Vorschriften der EU bislang ausschließlich auf solche UA erstrecken, die schwerer als 150 kg sind. Kleine UA sind daher nicht von den Regelungen des EASA-Systems umfasst, sondern unterfallen der flugsicherheitsrechtliche Zuständigkeit der einzelnen Mitgliedstaaten. Zur Ausgestaltung und Umsetzung der Substantive und Essential Requirements dienen die von der Europäischen Kommission erlassenen Durchführungsverordnungen und insbesondere deren Anhänge. Eine besondere Rolle nimmt zudem das EASA Soft Law ein, welches durch die Agentur in Form von Zulassungsspezifikationen, zulässigen Nachweisverfahren und Anleitungsmaterialien erlassen wird. Dieses ist mangels entsprechender Kompetenzen zwar nicht formell verbindlich, entfaltet aber faktische Rechtswirkungen.

Die EASA nimmt als Agentur der EU die Rolle einer Fachinstanz ein und agiert dabei weitgehend unabhängig. Sie erfüllt zahlreiche Aufgaben im Zuge der Rechtssetzung

---

825 Siehe dazu oben § 5 A. I.

und bei der Rechtsanwendung. Durch die Ausarbeitung von Gesetzesvorschlägen in Form von Stellungnahmen hat die EASA erheblichen Einfluss auf die europäische Gesetzgebung auf den Ebenen der Verordnungen und Durchführungsverordnungen. Mithilfe des von ihr geschaffenen EASA Soft Law konkretisiert sie wiederum selbst diese Vorschriften. Darüber hinaus übt sie die Funktion einer europäischen Flugsicherheitsbehörde aus und ist u.a. für die Musterzulassung von Luftfahrzeugen im Anwendungsbereich der Grundverordnung zuständig. Die EASA ist damit nicht nur maßgeblich an der Vorschriftenerstellung, sondern auch an der Anwendung dieser Vorschriften beteiligt. Sie nimmt daher eine besonders starke Stellung in der europäischen Flugsicherheitsregulierung ein.

Obgleich die EU kein Mitglied der ICAO ist, unterhalten beide Organisationen intensive Beziehung zueinander. Dies äußert sich im Hinblick auf UAS insbesondere in der Mitarbeit der EASA in der UASSG bzw. dem RPAS Panel.

§ 8 Zulassungsvorschriften der EU für unbemannte Luftfahrzeugsysteme und deren Anwendung durch die EASA

Auf der Ebene der EU bestehen umfangreiche Zulassungsvorschriften für luftfahrttechnische Erzeugnisse, Teile und Ausrüstungen, wobei die EASA sowohl erheblichen Einfluss auf den Inhalt des verbindlichen Unionsrechts hat als auch selbst das EASA Soft Law erarbeitet. Zugleich ist die EASA insbesondere für die Musterzulassung von Luftfahrzeugen die grundsätzlich zuständige Zulassungsbehörde.

Im Hinblick auf die Zulassung von UAS ergeben sich daraus zwei wesentliche Untersuchungsrichtungen. Zunächst ist zu ermitteln, inwieweit die vorhandenen Zulassungsvorschriften auf UAS anwendbar sind, ob bestimmte Anforderungen einer Zulassung von UAS strikt entgegenstehen und inwieweit die besonderen Merkmale von UAS Berücksichtigung finden können. Sodann ist zu ergründen, wie vor diesem zulassungsrechtlichen Hintergrund eine behördliche Zulassung von UAS durch die EASA erfolgen kann. Dieser zweigliedrige Weg folgt aus der Zuständigkeit der EASA sowohl hinsichtlich der Erarbeitung als auch Anwendung der Zulassungsvorschriften. Das Erkenntnisinteresse des vorliegenden Gliederungsabschnitts ist mithin auf die Frage gerichtet, inwieweit UAS durch die vorhandenen Zulassungsvorschriften der EU erfasst und durch die EASA zugelassen werden können – und zwar insbesondere auch, sofern noch keine oder nur wenige besonderen Zulassungsvorschriften für UAS vorhanden sind. Die Untersuchung des vorliegenden Abschnitts offenbart gleichsam die Defizite der zulassungsrechtlichen Erfassung von UAS durch die EU und ermöglich damit, die im nächsten Gliederungsabschnitt zu untersuchenden Weiterentwicklungsbestrebungen einzuordnen.

Dementsprechend werden im Folgenden zunächst die Zulassungsvorschriften der EU für luftfahrttechnische Erzeugnisse, Teile und Ausrüstungen im Hinblick auf UAS untersucht, bevor die Hinweise der EASA zur (Muster-)Zulassung von UAS analysiert werden.

A. Zulassungsvorschriften für unbemannte Luftfahrzeugsysteme

Im Unionsrecht des EASA-Systems sind die Zulassungsvorschriften für luftfahrttechnische Erzeugnisse, Teile und Ausrüstungen auf verschiedene Regelungsebenen verteilt. Dementsprechend sind auch unterschiedliche Gesetzgebungsorgane sowie die EASA für ihren Erlass zuständig. Im Folgenden werden die relevanten Zulassungsvorschriften entlang der Normenhierarchie auf ihre Vereinbarkeit mit und Nutzbarkeit für UAS untersucht.

I. Verbindliches Unionsrecht

Das verbindliche Unionsrecht zur Zulassung[826] von luftfahrttechnischen Erzeugnissen, Teilen und Ausrüstungen ist in der Grundverordnung und der zu ihrer Durchführung geschaffenen Verordnung (EU) Nr. 748/2012[827] enthalten.

1. Grundverordnung

Als Ausgangspunkt der unionsrechtlichen Zulassungsvorschriften für luftfahrttechnische Erzeugnisse, Teile und Ausrüstungen enthält die Grundverordnung sog. »Grundlegende Anforderungen«, die als *Substantive Requirements* in Art. 5 und als *Essential Requirements* in Anhang I ebendieser niedergelegt sind.[828]

a) Substantive Requirements in Art. 5 der Grundverordnung

Art. 5 Abs. 1 der Grundverordnung verlangt zunächst, dass die in Art. 4 Abs. 1 lit. a, b und c genannten Luftfahrzeuge[829], also solche mit einem mindestens faktischen Bezug zur EU, die Essential Requirements des Anhangs I erfüllen. Aufgrund ihrer Luftfahrzeugeigenschaft müssen UA im Anwendungsbereich der Grundverordnung folglich ebenfalls den Anforderungen des Anhangs genügen.[830]

---

826 Die Zulassung im Allgemeinen wird durch die Grundverordnung (Art. 3 lit. e) als »jede Form der Anerkennung, dass ein Erzeugnis, ein Teil oder eine Ausrüstung, eine Organisation oder eine Person die geltenden Vorschriften, einschließlich der Bestimmungen dieser Verordnung und ihrer Durchführungsbestimmungen, erfüllt, sowie die Ausstellung des entsprechenden Zeugnisses, mit dem diese Übereinstimmung bescheinigt wir.« definiert.
827 Verordnung (EU) Nr. 748/2012 der Kommission vom 3. August 2012 zur Festlegung der Durchführungsbestimmungen für die Erteilung von Lufttüchtigkeits- und Umweltzeugnissen für Luftfahrzeuge und zugehörige Produkte, Bau- und Ausrüstungsteile sowie für die Zulassung von Entwicklungs- und Herstellungsbetrieben, zuletzt geändert durch Verordnung (EU) 2015/1039 der Kommission vom 30. Juni 2015 zur Änderung der Verordnung (EU) Nr. 748/2012 in Bezug auf Flugprüfungen, ABl. 2012, L224/1 (»Verordnung (EU) Nr. 748/2012«).
828 Die Bezeichnungen »Substantive Requirements« und »Essential Requirements« finden sich in der englischen Fassung der Verordnung bzw. der dazugehörigen Anhänge.
829 Art. 4 Abs. 1 der Grundverordnung lautet: »Luftfahrzeuge, einschließlich eingebauter Erzeugnisse, Teile und Ausrüstungen, die a) von einer Organisation konstruiert oder hergestellt werden, über die die Agentur oder ein Mitgliedstaat die Sicherheitsaufsicht ausübt, oder b) in einem Mitgliedstaat registriert sind, es sei denn, die behördliche Sicherheitsaufsicht hierfür wurde an ein Drittland delegiert und sie werden nicht von einem Gemeinschaftsbetreiber eingesetzt, oder c) in einem Drittland registriert sind und von einem Betreiber eingesetzt werden, über den ein Mitgliedstaat die Betriebsaufsicht ausübt, oder von einem Betreiber, der in der Gemeinschaft niedergelassen oder ansässig ist, auf Strecken in die, innerhalb der oder aus der Gemeinschaft eingesetzt werden, müssen dieser Verordnung entsprechen.«
830 Siehe zur Luftfahrzeugeigenschaft von UAS bzw. UA oben § 3 A. I. 1.

In Abs. 2 des Art. 5 der Grundverordnung wird sodann festgelegt, *wie* der Nachweis der Erfüllung der grundlegenden Anforderungen zu erbringen ist.[831] Dies wird nicht nur für das Luftfahrzeug bestimmt, sondern auch für weitere »Erzeugnisse, Teile und Ausrüstungen« (*products, parts and appliances*) geregelt.

Für *Erzeugnisse* ist gemäß Art. 5 Abs. 2 lit. a der Grundverordnung grundsätzlich eine Musterzulassung erforderlich. Gemäß Art. 3 lit. c ist ein »Erzeugnis« (*product*) ein Luftfahrzeug, ein Motor oder ein Propeller. Aus diesem Musterzulassungserfordernis für Erzeugnisse folgt allgemein für UAS, dass das UA sowie ggf. dessen Motoren und Propeller einer Musterzulassung bedürfen. Gleichsam ergibt sich aus den Vorschriften aber auch, dass die RPS, die Datenverbindung sowie mögliche weitere Elemente und das UAS als gesamtes System keine Erzeugnisse i.S.d. Art. 3 sind und daher für sie auch keine individuelle Musterzulassung gemäß Art. 5 der Grundverordnung vorgesehen ist.

Alle übrigen Elemente des UAS, könnten daher nur als *Teile und Ausrüstungen* angesehen werden. In Art. 3 lit. d der Grundverordnung werden diese Teile und Ausrüstungen definiert als:

ein Instrument, eine Vorrichtung, einen Mechanismus, ein Teil, ein Gerät, eine Armatur, eine Software oder ein Zubehörteil, einschließlich Kommunikationseinrichtungen, der/die/das für den Betrieb oder die Kontrolle eines Luftfahrzeugs im Flugbetrieb verwendet wird oder verwendet werden soll; dazu gehören auch Teile einer Flugzeugzelle, eines Motors oder eines Propellers, Vorrichtungen zur Steuerung des Luftfahrzeugs vom Boden aus.

Teile und Ausrüstungen umfassen daher grundsätzlich alles, was zum Betrieb oder zur Kontrolle des Luftfahrzeugs erforderlich ist. Ein UAS als System umfasst neben dem UA ebenfalls alle zum Betrieb oder zur Kontrolle des UA erforderlichen Elemente. Diese können mithin im Rahmen des Art. 5 der Grundverordnung als Teile und Ausrüstungen des UA verstanden werden. Beachtenswert ist, dass Art. 3 lit. d ausdrücklich auch »Vorrichtungen zur Steuerung des Luftfahrzeugs vom Boden aus« benennt. Während diese Vorrichtungen bei bemannten Luftfahrzeugen eher selten Verwendung finden, sind sie im Falle von UAS die Regel.[832] Außerdem kann dieser Teilabschnitt der Definition auch dahingehend verstanden werden, dass sich Teile und Ausrüstungen nicht zwangsläufig an Bord des Luftfahrzeugs befinden müssen, womit auch mögliche andere Elemente des UAS außerhalb des UA als Teile und Ausrüstungen angesehen werden können.

Hinsichtlich der Teile und Ausrüstungen gilt, dass der Musterzulassungsschein (*Type Certificate*, TC) »für das Erzeugnis einschließlich aller eingebauten Teile und Ausrüstungen«[833] gilt. Mithin umschließt eine Musterzulassung für das Erzeugnis (UA) auch die übrigen Elemente des UAS. Der maßgebliche Anknüpfungspunkt für die Musterzulassung ist daher auch im Unionsrecht grundsätzlich das Luftfahrzeug.

Aus Art. 5 Abs. 2 lit. b der Grundverordnung folgt, dass für Teile und Ausrüstungen ebenfalls eine individuelle Zulassung mithilfe von Durchführungsverordnungen statuiert

---

831 Art. 5 Abs. 2 gilt nur für die Luftfahrzeuge i.S.d. Art. 4 Abs. 1 lit. b. der Grundverordnung. Gem. Art. 5 Abs. 3 finden jedoch die lit. a, b und e des Abs. 2 auch auf Luftfahrzeuge i.S.d. Art. 4 Abs. 1 lit. a Anwendung.
832 Die Kontrolleinheit muss sich bei UAS jedoch nicht zwangsläufig am Boden befinden sondern kann bspw. auch in einem anderen Luftfahrzeug untergebracht sein.
833 Art. 5 Abs. 2 lit. a S. 3 der Grundverordnung.

werden kann. Dies ist durch die Schaffung der sog. Europäischen Technischen Standardzulassung (*European Technical Standard Order Authorisation*, ETSO-Zulassung) erfolgt, die eine Zulassung von bestimmten Teilen und Ausrüstungen ermöglicht, um deren Einbau und Überprüfung zu vereinfachen.[834] Es handelt sich bei diesen Zulassungen nicht um Musterzulassungen i.S.d. Art. 5 Abs. 2 lit. a der Grundverordnung, da diese nur Erzeugnissen vorbehalten sind. Auch mithilfe einer ETSO zugelassene Teile und Ausrüstungen bleiben letztlich Bestandteile der Musterzulassung des Luftfahrzeugs.

Das Erfordernis eines Lufttüchtigkeitszeugnisses (*Certificate of Airworthiness*, CofA) für den Betrieb eines Luftfahrzeuges ist in Art. 5 Abs. 2 lit. c der Grundverordnung festgeschrieben.[835] Ein CofA wird ausgestellt, »wenn der Antragsteller nachgewiesen hat, dass das Luftfahrzeug der in seiner Musterzulassung genehmigten Musterbauart entspricht und dass die einschlägigen Unterlagen, Inspektionen und Prüfungen belegen, dass das Luftfahrzeug die Voraussetzungen für einen sicheren Betrieb erfüllt.«[836] Auch für ein UA besteht damit grundsätzlich das Erfordernis eines CofA. Obgleich das Lufttüchtigkeitszeugnis eine wesentliche Voraussetzung für den – auch internationalen[837] – Betrieb eines Luftfahrzeugs darstellt, ist der für die Zulassung im Lichte der technischen Weiterentwicklung maßgebliche Schritt jedoch die vorgelagerte Musterzulassung. Auf der Ebene der Musterzulassung erfolgt die Überprüfung des Erzeugnisses auf seine Vereinbarkeit mit den Substantive Requirements und Essential Requirements. Die Verkehrszulassung beschränkt sich im Anschluss auf die Überprüfung der Übereinstimmung des einzelnen Luftfahrzeugs mit dem zugelassenen Muster. In Bezug auf UAS gilt auch hinsichtlich des CofA, dass sich dieses nur auf das UA bezieht und – spiegelbildlich zum TC – die übrigen Elemente des UAS nur als Teile und Ausrüstungen des UA erfassen kann. Eine selbstständige Genehmigung insbesondere der Kontrolleinheit ist daher auch auf der Ebene der Verkehrszulassung nicht möglich. Diesbezüglich gilt jedoch, dass ein CofA, welches zur Bescheinigung der *Luft*tüchtigkeit dient, als solches zunächst nur für ein *Luft*fahrzeug sinnvoll erscheint. Andere Zeugnisse allerdings, die in vergleichbarer Weise eine individuelle Tauglichkeit der übrigen Elemente des UAS bescheinigen könnten, lassen sich aus der Grundverordnung nicht ableiten.

Ausnahmsweise kann gemäß Art. 5 Abs. 4 der Grundverordnung auch von der Notwendigkeit von TC und CofA abgesehen werden. Unter bestimmten Voraussetzungen kann im EASA-System auch eine Fluggenehmigung (*Permit to Fly*, PtF), ein eingeschränktes Lufttüchtigkeitszeugnis (*Restricted Certificate of Airworthiness*, R-CofA) und ein eingeschränkter Musterzulassungsschein (*Restricted Type Certificate*, R-TC) ausgestellt werden.

Eine Fluggenehmigung kann gemäß Art. 5 Abs. 4 lit. a erteilt werden, wenn nachgewiesen wird, dass mit dem Luftfahrzeug Flüge unter Normalbedingungen sicher durchgeführt werden können. Das PtF wird dabei mit angemessenen Beschränkungen

---

834 Siehe dazu unten § 8 A. I. 2. a) dd).
835 Art. 5 Abs. 2 lit. c S. 1 der Grundverordnung bestimmt, dass »[o]hne Lufttüchtigkeitszeugnis [...] kein Luftfahrzeug betrieben werden [darf]«, bevor im Anschluss daran die Ausnahmen dazu genannt werden.
836 Art. 5 Abs. 2 lit. c S. 2 der Grundverordnung.
837 Siehe oben § 4 A. II. 1. zum Erfordernis eines CofA aus Art. 31 des Chicagoer Abkommens.

erteilt, insbesondere zum Schutz der Sicherheit Dritter. Ein UA kann daher als Luftfahrzeug gemäß der Grundverordnung auch mithilfe eines PtF verwendet werden. Auch hier gilt, dass dieses PtF wiederum nur für das Luftfahrzeug gilt und die übrigen Elemente des UAS über das UA in die Genehmigung einbezogen werden müssen. Voraussetzung für den Betrieb eines UAS mithilfe eines PtF wäre, dass die Flüge entsprechend sicher durchgeführt werden können und Dritte – die im Falle von UAS die einzig Gefährdeten sind[838] – mithilfe von Beschränkungen angemessen geschützt wären. Bei Betrachtung allein des Art. 5 der Grundverordnung wäre das PtF daher ebenfalls eine Möglichkeit zur Nutzung von UAS. Ein internationaler Betrieb in Übereinstimmung mit dem Chicagoer Abkommen ist auf der Grundlage eines PtF allerdings nicht möglich, da das Abkommen in Art. 31 unzweideutig ein CofA fordert, das die Lufttüchtigkeit des Luftfahrzeugs bescheinigt.

Ein eingeschränktes Lufttüchtigkeitszeugnis kann gemäß Art. 5 Abs. 4 lit. b der Grundverordnung für solche Luftfahrzeuge ausgestellt werden, für die kein Musterzulassungsschein erteilt wurde. Für ein R-CofA muss »nachgewiesen werden, dass das Luftfahrzeug besondere Spezifikationen für die Lufttüchtigkeit erfüllt, wobei Abweichungen von den grundlegenden Anforderungen gemäß Absatz 1 dennoch eine angemessene Sicherheit im Verhältnis zu dem jeweiligen Zweck gewährleisten.«[839] In Durchführungsverordnungen sollen die in Frage kommenden Luftfahrzeuge und die Beschränkungen des Betriebs spezifiziert werden.[840] Auch ein R-CofA kommt grundsätzlich als Zulassungsschein für ein UA in Betracht, wobei das Zeugnis auch hier nur für das UA ausgestellt wird und die übrigen Elemente des UAS mit einschließen muss. Voraussetzung für seine Erteilung ist zunächst, dass kein TC für das UA ausgestellt wurde, wobei mögliche Gründe einer fehlenden Musterzulassung aus Art. 5 Abs. 4 lit. b selbst nicht hervorgehen. Bei UA könnte ein Grund in der Nichterfüllung bzw. Nichterfüllbarkeit der Vorschriften für die Musterzulassung liegen, etwa weil diese für bemannte Luftfahrzeuge geschaffen wurden. Das R-CofA würde demnach in diesen Fällen eine Möglichkeit der Zulassung von UAS darstellen. Erforderlich ist weiterhin, dass das UA Besondere Spezifikationen für die Lufttüchtigkeit (*Specific Airworthiness Specifications*, SASs) erfüllt.[841] Sofern diesen besonderen Spezifikationen genüge getan ist, ist gemäß Art. 5 Abs. 4 lit. b der Grundverordnung eine Abweichung von den grundlegenden Anforderungen des Abs. 1 – also von den Essential Requirements des Anhangs I – möglich. Voraussetzung ist sodann aber, dass eine angemessene Sicher-

---

838 Dies ändert sich, sofern auch Personen mit UAS befördern werden, wovon jedoch in absehbarer Zukunft nicht auszugehen ist.
839 Art. 5 Abs. 4 lit. b S. 2 der Grundverordnung.
840 Art. 5 Abs. 4 lit. b S. 3 der Grundverordnung.
841 Besondere Spezifikationen für die Lufttüchtigkeit werden für einzelne Luftfahrzeuge von der EASA individuell aufgestellt. Dies gilt insb. auch für sog. »Waisen-Luftfahrzeuge« (*orphan aircraft*), also solche, deren ursprüngliches TC aus verschiedenen Gründen nicht mehr gültig ist. Siehe dazu *EASA*, Specific Airworthiness Specifications (SASs) information, <https://www.easa.europa.eu/specific-airworthiness-specifications-sass-information>, zuletzt besucht am 30. November 2015. Bereits erlassene SASs sind auf der Internetseite der Agentur abrufbar, siehe *EASA*, Specific Airworthiness Specifications, <https://www.easa.europa.eu/document-library/specific-airworthiness-specifications>, zuletzt besucht am 30. November 2015.

heit im Verhältnis zu dem jeweiligen Zweck gewährleistet wird. Es kommt also für das Niveau der auch unter Abweichung von Anhang I zu erreichenden Sicherheit auf die vorgesehene Nutzung des Luftfahrzeugs an. Dies stellt einen Unterschied zu den in Art. 5 Abs. 2 lit. a und c der Grundverordnung vorgesehenen TC und CofA dar. Während diese für ein bestimmtes Luftfahrzeug aber weitgehend losgelöst von einem bestimmten Zweck erteilt werden, ist die Zulassung in Form eines R-CofA stets von der konkreten Verwendung des Luftfahrzeugs abhängig. Die Beschränkung auf solche Zwecke, bei denen ein geringeres Sicherheitsniveau hinnehmbar ist, ermöglicht es demnach, ein R-CofA für ein Luftfahrzeug auszustellen, dem ein allgemeines TC und CofA versagt werden würde.

Als Konsequenz des R-CofA kann gemäß Art. 5 Abs. 4 lit. c der Grundverordnung zudem ein eingeschränkter Musterzulassungsschein erteilt werden, sofern dies die Anzahl an Luftfahrzeugen des gleichen Typs rechtfertigt, für die ein R-CofA ausgestellt werden kann. Damit wird es möglich – allerdings mit allen Einschränkungen die mit dem R-TC und dem R-CofA verbunden sind – eine den Normalfall (TC und CofA) widerspiegelnde Zulassungssystematik aus R-TC und R-CofA zu schaffen. Die Grundverordnung bietet damit eine Flexibilität, die auch UAS grundsätzlich zugute kommen kann.

Über die »Grundlegenden Anforderungen« zu Zulassungsvoraussetzungen und Zulassungsarten für luftfahrttechnische Erzeugnisse, Teile und Ausrüstungen hinaus, ist in Art. 5 der Grundverordnung detailliert die Ermächtigung der Europäischen Kommission zum Erlass von entsprechenden Durchführungsverordnungen bestimmt (Abs. 5 und Abs. 6), die im weiteren Verlauf dieser Arbeit untersucht werden.

Zusammenfassend folgt aus Art. 5 der Grundverordnung, dass ein UA grundsätzlich einer Musterzulassung und einer Verkehrszulassung bedarf, wobei ihm unter bestimmten Voraussetzungen ebenfalls die Zulassungsarten der eingeschränkten Muster- und Verkehrszulassung und ebenso die Möglichkeit einer Fluggenehmigung offen steht. Der Wortlaut des Art. 5 der Grundverordnung differenziert nicht zwischen bemannten und unbemannten Luftfahrzeugen und enthält keine Voraussetzungen, die zwingend nur von bemannten Luftfahrzeugen erfüllt werden könnten. Die Grundverordnung steht damit der Erfüllung des Substantive Requirements durch UA nicht entgegen. Die Zulassungsvorschriften knüpfen dabei aber hauptsächlich an das UA als fliegendes Element des UAS an. Die übrigen Elemente des UAS müssen als Teile und Ausrüstungen des UA betrachtet werden, die von der Zulassung des UA umfasst werden. Auch wenn für bestimmte Teile und Ausrüstungen auch die Möglichkeit einer individuellen Standardzulassung bestehen kann, so geht diese jedoch letztlich ebenfalls in der (Muster-) Zulassung des Luftfahrzeugs auf. Die Elemente des UAS, die in einer gegenseitigen Abhängigkeit zueinander stehen und in ihrer Bedeutung für das Gesamtsystem »UAS« im Grundsatz nicht durch eine qualitative Abstufung gekennzeichnet sind, müssen sich im Unionsrecht allesamt dem UA – als dem unbemannten Äquivalent zum bemannten Luftfahrzeug – unterordnen. Insbesondere die Kontrolleinheit, als das neben dem Luftfahrzeug besonders wichtige, aber von diesem räumlich getrennte Element des UAS, kann nur als »Teil« des UA betrachtet werden. Eine Zulassung des UAS als gesamtes *System* kann aus der Grundverordnung nicht abgeleitet werden. Dem Systemcharakter kann allenfalls indirekt durch die Zulassung der einzelnen Elemente unter dem Primat des UA Rechnung getragen werden.

b) Essential Requirements in Anhang I der Grundverordnung

Anhang I enthält die *Essential Requirements*[842] zur Lufttüchtigkeit. Art. 5 Abs. 1 der Grundverordnung verlangt, dass die in Art. 4 Abs. 1 lit. a, b und c genannten Luftfahrzeuge die Anforderungen des Anhangs I erfüllen. Die Essential Requirements des Anhangs I, die in der deutschen Fassung unglücklicherweise ebenso wie die Substantive Requirements des Art. 5 als »Grundlegenden Anforderungen« übersetzt werden, sind in drei Abschnitte gegliedert, wobei der dritte Abschnitt die Organisationen betrifft und daher nicht Gegenstand der Untersuchung ist.

Der erste Abschnitt (*Integrität des Erzeugnisses*) enthält zunächst die folgende allgemeine Anforderung:

Die Integrität des Erzeugnisses muss für alle vorgesehenen Flugbedingungen während der Betriebslebensdauer des Luftfahrzeugs sichergestellt sein. Die Einhaltung aller Anforderungen muss durch Bewertung oder Analyse, erforderlichenfalls durch Prüfungen gestützt, nachgewiesen werden.

In den nachfolgenden Anforderungen wird diese Integritätsvoraussetzung sodann spezifiziert, wobei jeweils die Bereiche *Tragende Teile und Werkstoffe*, *Antrieb*, *Systeme und Ausrüstungen* sowie *Erhaltung der Lufttüchtigkeit* in weiteren Unterabschnitten geregelt werden.[843] Die Anforderungen an tragende Teile und Werkstoffe (Nr. 1.a.) sowie an den Antrieb (Nr. 1.b.), sind allgemein und abstrakt formuliert und enthalten unter anderem Essential Requirements zu Belastungen, Leistungserfordernissen und Herstellungsverfahren.[844]

Die Anforderungen des Unterabschnitts »Systeme und Ausrüstungen« (Nr. 1.c.) sind ebenfalls allgemein und abstrakt formuliert, liefern jedoch mehr Anknüpfungspunkte für die besonderen Merkmale von UA bzw. UAS. Hervorzuheben ist diesbezüglich zunächst Nr. 1.c.2.:

Das Luftfahrzeug und alle Systeme, Ausrüstungen und Geräte, die für die Musterzulassung oder aufgrund von Betriebsvorschriften erforderlich sind, müssen unter allen vorhersehbaren Betriebsbedingungen über den gesamten Betriebsbereich des Luftfahrzeugs und in hinreichendem Maße darüber hinaus bestimmungsgemäß funktionieren, wobei dem Betriebsumfeld des Systems, der Ausrüstung oder des Geräts gebührend Rechnung zu tragen ist. Andere Systeme, Ausrüstungen und Geräte, die für die Musterzulassung oder aufgrund von Betriebsvorschriften nicht erforderlich sind, dürfen – auch im Falle einer Fehlfunktion – die Sicherheit nicht verringern und das ordnungsgemäße Funktionieren anderer Systeme, Ausrüstungen oder Geräte nicht beeinträchtigen. Systeme, Ausrüstungen und Geräte müssen ohne außergewöhnliche Fähigkeiten mit normalem Kraftaufwand bedienbar sein.[845]

Für UAS ist diese Anforderung insbesondere im Hinblick auf die übrigen Elemente des Systems bedeutsam. Zunächst folgt aus S. 1, dass auch alle Systeme, Ausrüstungen und Geräte bestimmungsgemäß funktionieren müssen, wovon im Falle von UAS auch andere Elemente als das UA umfasst werden können, die gemäß der Grundver-

---

842 In der deutschen Fassung lautet der Name des Anhangs I »Grundlegende Anforderungen an die Lufttüchtigkeit gemäß Artikel 5«.
843 Eine Definition von »Integrität« enthalten weder die Grundverordnung noch ihre Anhänge.
844 Der Unterabschnitt zur Erhaltung der Lufttüchtigkeit (*continuing airworthiness*) (1.d.) ist nicht Gegenstand dieser Untersuchung.
845 Siehe zum »Kraftaufwand« die Ausführungen weiter unten.

ordnung als Teile und Ausrüstungen des UA im Rahmen der Zulassung angesehen werden. Die gilt allerdings nur, wenn diese »Systeme, Ausrüstungen und Geräte, [...] für die Musterzulassung oder aufgrund von Betriebsvorschriften erforderlich sind«. Sodann folgt aus S. 2, dass Systeme, Ausrüstungen und Geräte, die für die Musterzulassung oder aufgrund von Betriebsvorschriften nicht erforderlich sind, die Sicherheit nicht herabsetzen dürfen. Dies kann auch für UAS relevant werden, sofern die weiteren Elemente für die Musterzulassung nicht als erforderlich erachtet werden, aber dennoch Bestandteile des UAS sind. Die Anforderung kann daher eine Abhängigkeit der Elemente des UAS im Grundsatz abbilden.

In Nr. 1.c.3. wird sodann auf das Zusammenspiel von Systemen, Ausrüstungen und zugehörigen Geräten von Luftfahrzeugen eingegangen:

Systeme, Ausrüstungen und zugehörige Geräte von Luftfahrzeugen müssen sowohl einzeln als auch in Beziehung zueinander so konstruiert sein, dass ein einzelner Ausfall, bei dem nicht nachgewiesen wurde, dass er äußerst unwahrscheinlich ist, nicht zu einem verhängnisvollen Totalausfall führen kann, und die Wahrscheinlichkeit eines Ausfalls muss umgekehrt proportional zur Schwere seiner Auswirkungen auf das Luftfahrzeug und seine Insassen sein. In Bezug auf das genannte Einzelausfall-Kriterium wird anerkannt, dass hinsichtlich der Größe und der allgemeinen Auslegung des Luftfahrzeugs eine angemessene Toleranz vorzusehen ist und dass dies möglicherweise dazu führt, dass einige Teile und Systeme von Hubschraubern und Kleinflugzeugen dieses Einzelausfall-Kriterium nicht erfüllen können.

Auch dieses Essential Requirement ermöglicht die Berücksichtigung der besonderen Eigenschaften von UAS. Mit dem Erfordernis, dass ein einzelner Ausfall von Systemen, Ausrüstungen und zugehörige Geräte nicht zu einem Totalausfall führen darf, kann ebenfalls der gegenseitigen Abhängigkeit der Elemente eines UAS Rechnung getragen werden. Zudem wird mit der Ergänzung, dass »die Wahrscheinlichkeit eines Ausfalls [...] umgekehrt proportional zur Schwere seiner Auswirkungen auf das Luftfahrzeug und seine Insassen sein« muss, ein Grundsatz zur Bewertung der Sicherheit des Zusammenspiels von verschiedenen Systemen, Ausrüstungen und Geräte beschrieben (sog. *System Safety Assessment*).[846] Durch die Bezugnahme auf »Insassen« könnte zudem eine andere Beurteilung der Sicherheit von UAS ermöglicht werden. Sofern im Falle von UAS keine Insassen vorhanden sind, kann sich ein Ausfall im Rahmen dieser Grundlegenden Anforderung nur auf das Luftfahrzeug auswirken. Da die Vorschriften zur Flugsicherheit im Allgemeinen zumindest auch dem Schutz von Personen an Bord dienen,[847] könnte dieses Essential Requirement auch dahingehend ausgelegt werden, dass das Nichtvorhandensein von Insassen die Anforderung an die Wahrscheinlichkeit eines Ausfalls beeinflussen könnte. Schließlich bringt die in S. 2 ausdrücklich genannte »angemessene Toleranz« hinsichtlich des Einzelausfallkriteriums bei bestimmten Luftfahrzeugen eine Flexibilität dieser grundlegenden Anforderung zum Ausdruck, die auch der Zulassung von UAS zugute kommen könnte.

Der zweite Abschnitt (*Auf die Lufttüchtigkeit bezogene Aspekte des Betriebs der Erzeugnisse*) enthält sodann betriebsbezogene Essential Requirements. Insbesondere sind Anforderungen zu Betriebsarten, Betriebsbeschränkungen, Ausfällen des bzw. der

---

846 Siehe dazu insb. unten § 8 B. III. 3. b) bb) sowie zum ALOS insb. oben § 3 C. I.
847 Siehe dazu oben § 3 C. II. sowie u.a. den Erwägungsgrund 20 der Grundverordnung.

Antriebssysteme, Stabilität des Luftfahrzeugs, Betriebszustand, Betriebsgrenzen, zu erwartende Einwirkung von Phänomenen (z.B. schlechtes Wetter) und Notfallsituationen niedergelegt.

Die Essential Requirements des Anhangs I sind dadurch gekennzeichnet, dass sie ihrer Benennung entsprechend (nur) »grundlegende« Anforderungen zur Lufttüchtigkeit enthalten. Sie spezifizieren zwar die Ausgangsvorschrift des Art. 5 der Grundverordnung, sind aber grundsätzlich sehr weit, allgemein und abstrakt formuliert und unterscheiden nicht zwischen bemannten und unbemannten Luftfahrzeugen, selbst wenn sie für bemannte Luftfahrzeuge geschaffen wurden. Vereinzelt wird dennoch ausdrücklich auf Eigenschaften Bezug genommen, die bemannten Luftfahrzeugen anhaften, so etwa hinsichtlich des »Kraftaufwands« (Nr. 1.c.2.) bzw. der »Muskelkraft« des Piloten (Nr. 2.a.2. und 2.a.3.), »Personen an Bord« (Nr. 2.a.), »Insassen« (Nr. 1.c.3., 1.c.5. und 2.c.2.)«, »Fluggasträumen« und »Fluggästen« (Nr. 2.c.2), »Besatzungsmitgliedern« (Nr. 2.b) und »Flugbesatzungsräumen« (Nr. 2.c.3.). Gemeinsam ist diesen Anforderungen allerdings, dass sie auch im Falle von UAS entweder erfüllbar sind – die Bedienung der Kontrolleinheit erfordert in der Regel nur einen geringen Kraftaufwand bzw. nur geringe Muskelkraft – oder so formuliert sind, dass die Anforderung an das Vorhandensein der jeweiligen Personen oder Einrichtungen anknüpft. Die Anforderungen lassen sich also so lesen, dass sie im Falle von UAS nicht erfüllt werden müssen, da die sie betreffenden Eigenschaften nicht vorliegen.[848]

Zusammenfassend ist Anhang I so beschaffen, dass UA, die gemäß Art. 5 Abs. 1 der Grundverordnung zur Übereinstimmung mit ihm verpflichtet sind, trotz ihrer besonderen Merkmale grundsätzlich von den Essential Requirements erfasst werden können. Auch die Erfüllung der Anforderungen durch UA ist nicht durch die Ausgestaltung des Anhangs ausgeschlossen, selbst wenn einzelne Anforderungen auch ausdrücklich auf bemannte Luftfahrzeuge zugeschnitten sind. Die übrigen Elemente des UAS können in einzelnen Anforderungen des Anhangs I besondere Berücksichtigung finden. Außerdem enthält der Anhang verschiedentlich Essential Requirements, die ausdrücklich eine Flexibilität der Anforderungen in Abhängigkeit vom Vorhandensein bestimmter Umstände anordnen und damit insbesondere auch für UAS nutzbar gemacht werden können.

2. Verordnung (EU) Nr. 748/2012

Die Europäische Kommission hat die Verordnung (EU) Nr. 748/2012 »zur Festlegung der Durchführungsbestimmungen für die Erteilung von Lufttüchtigkeits- und Umweltzeugnissen für Luftfahrzeuge und zugehörige Produkte, Bau- und Ausrüstungsteile sowie für die Zulassung von Entwicklungs- und Herstellungsbetrieben«[849] erlassen. Sie basiert auf der Ermächtigung aus Art. 5 Abs. 5 und Art. 6 Abs. 3 der Grundverord-

---

848 Wenn also bspw. »Fluggasträume [...] für die Fluggäste angemessene Beförderungsbedingungen und einen ausreichenden Schutz vor allen erwarteten Gefahren im Flugbetrieb oder bei Notfallsituationen [...] schaffen [müssen]«, dann gilt dies nur, sofern Fluggasträume vorhanden sind.
849 Siehe oben Fn. 827.

nung und ersetzt ihre Vorgängerin Verordnung (EG) Nr. 1702/2003[850]. Die Verordnung ist die für die Zulassung von Luftfahrzeugen im EASA-System maßgebliche Durchführungsverordnung, wobei die Zulassungsvorschriften im Wesentlichen in Anhang I zur Verordnung enthalten sind.

a) Zulassungsvorschriften der Verordnung

Aus Art. 1 Abs. 1 der Grundverordnung ergibt sich der zunächst Inhalt der Verordnung:

Diese Verordnung enthält [...]die gemeinsamen technischen Anforderungen und Verwaltungsverfahren für die Erteilung von Lufttüchtigkeits- und Umweltzeugnissen für Produkte, Bau- und Ausrüstungsteile, einschließlich:
a) Erteilung von Musterzulassungen, eingeschränkten Musterzulassungen, zusätzlichen Musterzulassungen und Änderungsgenehmigungen für solche Zulassungen,
b) Ausstellung von Lufttüchtigkeitszeugnissen, eingeschränkten Lufttüchtigkeitszeugnissen, Flugzulassungen und offiziellen Freigabebescheinigungen,
[...]
g) Zulassung bestimmter Bau- und Ausrüstungsteile,
[...].

Alle für die Zulassung von UAS und ihrer Elemente maßgeblichen »gemeinsamen technischen Anforderungen und Verwaltungsverfahren« auf der Durchführungsebene sind daher in der Verordnung enthalten. Begriffsbestimmungen wichtiger Termini folgen in Abs. 2. Die zentrale Bestimmung der Verordnung ist Art. 2 Abs. 1, gemäß der für Produkte, Bau- und Ausrüstungsteile die in Anhang I (Teil 21) angegebene Zeugnisse ausgestellt werden.

Die weiteren Artikel der Verordnung betreffen hauptsächlich Übergangsbestimmungen hinsichtlich solcher Musterzulassungen, Lufttüchtigkeitszeugnissen, ergänzenden Musterzulassungen und Fluggenehmigungen, die vor dem Inkrafttreten der ursprünglichen Verordnung (EG) Nr. 1702/2003 ausgestellt oder zu anderen Zeitpunkten vor Inkrafttreten der aktuellen Verordnung erteilt wurden. Die Art. 8 und 9 der Grundverordnung enthalten Verweise auf Anhang I (Teil 21) bezüglich der vorliegend nicht zu untersuchenden Entwicklungs- und Herstellungsbetriebe. Art. 10 behandelt schließlich die Ermächtigung zur Erarbeitung von annehmbaren Nachweisverfahren zur Ausgestaltung des Anhangs I (Teil 21) durch die EASA.[851]

Im Wesentlichen benennen die Artikel der Verordnung demnach die in der Grundverordnung genannten Zulassungsarten und ordnen die diesbezügliche Anwendung des Anhangs I (Teil 21) an. Sie sind kurz und allgemein gefasst und enthalten keine Voraussetzungen, die von UA bzw. UAS nicht grundsätzlich erfüllbar wären.

---

850 Verordnung (EG) Nr. 1702/2003 der Kommission vom 24. September 2003 zur Festlegung der Durchführungsbestimmungen für die Erteilung von Lufttüchtigkeits- und Umweltzeugnissen für Luftfahrzeuge und zugehörige Erzeugnisse, Teile und Ausrüstungen sowie für die Zulassung von Entwicklungs- und Herstellungsbetrieben, ABl. 2003, L 243/6, zuletzt geändert durch Verordnung (EG) Nr. 1194/2009 der Kommission vom 30. November 2009, ABl. 2009, L 321/5 (»Verordnung (EG) Nr. 1702/2003«).
851 Siehe dazu im Folgenden.

b) Zulassungsvorschriften des Anhangs I (Teil 21)

Anhang I (*Zertifizierung von Luftfahrzeugen und zugehörigen Produkten, Bau- und Ausrüstungsteilen und von Entwicklungs- und Herstellungsbetrieben*) der Verordnung (EU) Nr. 748/2012 ist das Kernstück der Zulassungsvorschriften des EASA-Systems auf der Ebene des verbindlichen Unionsrechts. Er enthält die Durchführungsbestimmungen zu den Substantive und Essential Requirements der Grundverordnung. Anhang I ist der Klammerzusatz »Teil 21« beigefügt, wobei die Erklärung für diese Bezeichnung nicht aus dem Anhang selbst hervorgeht, sondern sich aus seiner Entstehungsgeschichte ergibt, da Teil 21 im Wesentlichen auf den JAR-21[852] der JAA basiert, die wiederum ihr Vorbild in den *Federal Aviation Regulations* (FAR) Part 21[853] der FAA haben.[854]

Der Anhang ist in zwei Hauptabschnitte mit jeweils 17 (Unter-) Abschnitten gegliedert und enthält als Anlage verschiedene Formblätter. Obgleich der erste Hauptabschnitt den »Technische Anforderungen« gewidmet ist, enthält auch er neben materiellen Zulassungsvorschriften überwiegend Vorschriften zum Verfahren der Zulassung von Luftfahrzeugen und zugehörigen Produkten, Bau- und Ausrüstungsteilen sowie von Entwicklungs- und Herstellungsbetrieben. Der zweite Hauptabschnitt betrifft sodann die »Verfahrensvorschriften für zuständige Behörden«, wobei er im Wesentlichen Vorschriften enthält, die an Behörden der Mitgliedstaaten gerichtete sind.[855]

An dieser Stelle der Untersuchung sind die Vorschriften, die zumindest *auch* materielle Zulassungsvoraussetzungen enthalten oder sich auf diese beziehen, von vorrangiger Bedeutung. Sie entscheiden darüber, inwieweit eine Zulassung von UAS grundsätzlich möglich ist, d.h. inwieweit die vorhandenen Zulassungsvorschriften auf UAS anwendbar sind, ob bestimmte Anforderungen der Zulassung von UAS entgegenstehen und inwieweit die besonderen Merkmale von UAS hinreichend Berücksichtigung finden können. Die Frage, wie die Zulassung von UAS durch die EASA im Einzelnen erfolgen kann, stellt sich erst im Anschluss daran und wird demgemäß erst im nächsten Gliederungsabschnitt untersucht. Im Folgenden werden die Zulassungsvorschriften des Teils 21 entlang der in der Grundverordnung vorgesehenen Zulassungsarten untersucht.

aa) Musterzulassung und eingeschränkte Musterzulassung

Abschnitt B des Hauptabschnitts A betrifft die Musterzulassung und die eingeschränkte Musterzulassung.[856] Diese Zulassungsarten sind gemäß Art. 5 Abs. 2 lit. a der Grund-

---

852 *JAA*, JAR-21: Certification Procedures for Aircraft and Related Products and Parts, 2007.
853 *FAA*, Title 14, Code of Federal Regulations, Part 21 – Certification Procedures for Products and Parts, 2015. Die jeweils aktuelle Fassung findet sich stets auf der Internetseite der *FAA*, Standard Airworthiness Certification, Regulations, <https://www.faa.gov/aircraft/air_cert/airworthiness_certification/std_awcert/std_awcert_regs/regs/>, zuletzt besucht am 30. November 2015.
854 *Schiller*, in: Hobe/von Ruckteschell (Hrsg.), Bd. 1, 357.
855 Sofern die Agentur die Zuständigkeit besitzt, lautet die Aussage des jeweiligen Abschnitts stets »Es kommen die von der Agentur eingerichteten Verwaltungsverfahren zur Anwendung.«
856 Die EASA ist zudem für Änderungen an Musterzulassungen und eingeschränkten Musterzulassungen (Abschnitt D des Hauptabschnitts A) sowie Ergänzungen zur Musterzulassung (*Supplemental Type Certificates*, STC) zuständig, die in Abschnitt E des Hauptabschnitts A geregelt sind. Hierauf wird vorliegend nicht weiter eingegangen.

verordnung nur Produkten (Luftfahrzeuge, Motoren und Propeller) vorbehalten. Die Voraussetzungen unter denen eine *Musterzulassung* erteilt wird, ergeben sich aus Nr. 21.A.21 (Ausstellung von Musterzulassungen):

Antragsteller haben Anspruch auf Ausstellung einer Musterzulassung für ein Produkt durch die Agentur, nachdem sie:
a) ihre Befähigung gemäß Nummer 21.A.14 nachgewiesen,
b) die Erklärung gemäß Nummer 21.A.20 Buchstabe d abgegeben und
c) nachgewiesen haben, dass:
1. das zuzulassende Produkt der einschlägigen Basis der Musterzulassung und den Umweltschutzanforderungen gemäß Nummern 21.A.17 und 21.A.18 genügt,
2. nicht eingehaltene Bestimmungen zur Lufttüchtigkeit durch Faktoren kompensiert werden, die eine gleichwertige Sicherheit bewirken,
3. die Sicherheit des Produkts durch kein Detail oder Merkmal für die Zwecke gefährdet wird, für die die Zertifizierung beantragt wurde, und
4. sie als Antragsteller auf Musterzulassung ausdrücklich erklärt haben, die Pflichten gemäß Nummer 21.A.44 einhalten zu wollen;
d) bei Musterzulassungen für Luftfahrzeuge für den Motor und/oder den Propeller, falls diese im Luftfahrzeug installiert sind, eine Musterzulassung gemäß der vorliegenden Verordnung erhalten haben oder eine solche festgesetzt wird.

Erforderlich ist gemäß lit. a zunächst, dass die Befähigung gemäß Nr. 21.A.14 nachgewiesen wird, wozu grundsätzlich eine Genehmigung als Entwicklungsbetrieb (*Design Organisation Approval*, DOA) gemäß Abschnitt J vorliegen muss. Sodann muss der Antragsteller gemäß lit. b erklären, die Einhaltung der einschlägigen Anforderungen der Basis der Musterzulassung und zum Umweltschutz nachgewiesen zu haben. Ebenfalls sind die Nachweise der lit. c zu erbringen, deren Voraussetzungen sich entweder direkt aus dem Wortlaut ergeben (Nr. 2 und 3) oder wiederum durch Verweis auf andere Nummern des Teils 21 folgen. Hervorzuheben ist zunächst, dass die Vorschriften der Grundverordnung dahingehend ausgestaltet werden, dass auch im Rahmen der Musterzulassung eine Abweichungsmöglichkeit von den Zulassungsvoraussetzungen in Nr. 2 ausdrücklich vorgesehen ist, sofern die Abweichung durch Faktoren kompensiert wird, die eine gleichwertige Sicherheit bewirken. Des Weiteren ergibt sich aus Nr. 3, dass auch die Musterzulassung für bestimmte Zwecke ausgestellt wird. Durch die Durchführungsverordnung wird daher eine Flexibilität und Zweckabhängigkeit der Zulassungsvoraussetzungen zum Ausdruck gebracht, die nicht nur in den Ausnahmefällen des R-TC und R-CofA Bedeutung erlangt, sondern wesentlicher Bestandteil jeder Musterzulassung sein soll und damit auch der Zulassung von UAS zugute kommen kann. Aus lit. d geht hervor, dass eine Musterzulassung von im Luftfahrzeug installierten Motoren bzw. Propeller stets Voraussetzung für die Erteilung einer Musterzulassung für das Luftfahrzeug als solches ist.

Ohne auf die einzelnen Voraussetzungen weiter einzugehen, ist erkennbar, welcher Regelungstechnik sich die Europäische Kommission in dieser Durchführungsverordnung bedient und welche Regelungstiefe die Vorschriften auszeichnet. Besondere technische Anforderungen enthalten die Vorschriften zur Musterzulassung nicht. Grundsätzlich wird auch nicht an bestimmte Luftfahrzeuge oder technische Eigenschaften der Produkte angeknüpft. Vielmehr wird zwar das Erfordernis einer Musterzulassung aus Art. 5 Abs. 2 lit. a der Grundverordnung mithilfe der Durchführungsbestimmungen konkretisiert, dennoch handelt es sich bei den Vorschriften des Teils 21 zur Musterzulassung um generische Zulassungsvorschriften, die grundsätzlich für alle Produkte, die in den Anwendungsbereich der Grundverordnung fallen, gleichsam anwendbar sind. Das UA, welches als Luftfahrzeug ein Produkt i.S.d. Grundverordnung ist, wird ebenso von den Zulassungsvorschriften erfasst wie bemannte Luftfahrzeuge. UA werden von den Zulassungsvorschriften zwar nicht besonders adressiert, die Vorschriften des Teils 21 zur Musterzulassung enthalten aber auch keine Voraussetzungen, die von UA grundsätzlich nicht erfüllbar wären. Die Voraussetzungen verfügen nicht über eine Regelungstiefe, die eine entsprechende Untauglichkeit angesichts der Unterschiede zwischen unbemannten und bemannten Luftfahrzeugen offenbaren könnte.

Die detaillierten technischen Zulassungsvoraussetzungen sollen sich vielmehr aus den von der Agentur geschaffenen Zulassungsvoraussetzungen ergeben. Dementsprechend besteht die für die Musterzulassung gemäß Nr. 21.A.21 lit. c Nr. 1 zu erfüllende Musterzulassungsgrundlage (»Basis der Musterzulassung«) gemäß Nr. 21.A.17 lit. a Nr. 1 und Nr. 2 grundsätzlich aus den Lufttüchtigkeitsvorschriften der Agentur (Nr. 1) und den Sonderbedingungen Sonderbedingungen (*Special Conditions*, SC) der Agentur (Nr. 2).[857] Demgemäß lautet Nr. 21.A.16A zu den »Lufttüchtigkeitskodizes«:

Die Agentur erlässt gemäß Artikel 19 der Verordnung (EG) Nr. 216/2008 Lufttüchtigkeitskodizes als Standardmittel zur Bestätigung der Übereinstimmung von Produkten, Bau- und Ausrüstungsteilen mit den wesentlichen Anforderungen von Anhang I (Teil 21) der Verordnung (EG) Nr. 216/2008. Diese müssen so detailliert und spezifisch sein, dass Antragsteller daraus die Bedingungen erkennen können, unter denen solche Zertifikate ausgestellt werden.[858]

Folglich wird die Ermächtigung der Agentur zum Erlass von Zulassungsspezifikationen wiederholt.[859] Dabei wird deutlich, dass diese Aufgabe der Agentur alle detaillierten technischen Zulassungsvoraussetzungen umfasst. Entgegen der Abschnittsüberschrift »Technische Anforderungen« delegiert die Durchführungsverordnung daher die Verantwortung für materielle Zulassungsvorschriften nahezu gänzlich an die Agentur.

Weiterer Bestandteil der Musterzulassungsgrundlage und von besonderer Bedeutung für UAS sind sodann die in Nr. 21.A.16B geregelten »Sonderbedingungen«:

a) Die Agentur schreibt für ein Produkt ausführliche besondere technische Spezifikationen, die so genannten Sonderbedingungen, vor, wenn die zugehörigen Lufttüchtigkeitskodizes aus den folgenden Gründen keine ausreichenden oder angemessenen Sicherheitsstandards enthalten:
1. das Produkt besitzt neuartige oder ungewöhnliche Konstruktionsmerkmale gegenüber der Konstruktionspraxis, auf der die einschlägigen Lufttüchtigkeitsvorschriften beruhen, oder
2. das Produkt ist für einen ungewöhnlichen Zweck bestimmt, oder
3. Erfahrungen aus dem Betrieb anderer gleichartiger Produkte oder aus Produkten mit gleichartigen Konstruktionsmerkmalen haben gezeigt, dass sich unsichere Bedingungen einstellen können.
b) Die Sonderbedingungen enthalten die Sicherheitsstandards, die die Agentur für erforderlich hält, um einen Sicherheitsstandard entsprechend dem der einschlägigen Lufttüchtigkeitskodizes durchzusetzen.

---

857 Siehe zum Musterzulassungsverfahren unten § 8 B. III. 2.
858 Der Klammerzusatz (»Teil 21«) ist hier wohl fehl am Platze, da Teil 21 den Anhang I der Verordnung (EU) Nr. 748/2012 bezeichnet und nicht den vorliegend genannten Anhang I der Grundverordnung a.F. Derselbe Fehler findet sich auch in der englischen Fassung der Verordnung.
859 Siehe oben § 7 B. II. 1.

Demnach ist vorgesehen, dass »ausführliche besondere technische Spezifikationen« durch die Agentur vorzuschreiben sind, sofern die vorhandenen Zulassungsspezifikationen aus den genannten Gründen ungeeignet sind. Insbesondere die Gründe in Nr. 1 und 2 können auch für UA bzw. UAS relevant werden. Diese besitzen »neuartige oder ungewöhnliche Konstruktionsmerkmale gegenüber der Konstruktionspraxis, auf der die einschlägigen Lufttüchtigkeitsvorschriften beruhen« – etwa ein System aus mehreren Elementen. Zudem können sie auch für einen »ungewöhnlichen Zweck« bestimmt sein. Teil 21 beinhaltet daher die Möglichkeit, besondere Eigenschaften der zuzulassenden Produkte mithilfe spezifischer und einzelfallbezogener Voraussetzungen Rechnung zu tragen. Bereits auf der Ebene des verbindlichen Unionsrechts sind daher entwicklungsoffene und flexible Vorschriften anzutreffen.[860] Sollten also keine geeigneten Zulassungsspezifikationen für UA bzw. UAS vorhanden sein, können mithilfe von Sonderbedingungen gemäß Nr. 21.A.16B die besonderen Merkmale von UAS adressiert werden. Aus lit. b folgt sodann, dass der mithilfe der Sonderbedingung geschaffene Sicherheitsstandard demjenigen der einschlägigen Zulassungsspezifikationen entsprechen soll.

Die Voraussetzungen, unter denen ein eingeschränkter Musterzulassungsschein (R-TC) erteilt wird, sind in Nr. 21.A.23 enthalten. Sie sind ebenso wie die Anforderungen der Musterzulassung generisch formuliert, wobei insbesondere die in Art. 5 Abs. 4 lit. c i.V.m. lit. b Grundverordnung vorgesehene Abhängigkeit der ausreichenden Sicherheit von der beabsichtigen Nutzung des Luftfahrzeugs wiederholt wird. Auch die Vorschriften des Teils 21 zum R-TC stehen ihrer Erfüllung durch UA bzw. UAS nicht grundsätzlich entgegen.[861] Die übrigen Vorschriften des Abschnitts B sind gleichsam abstrakt gefasst.

bb) Lufttüchtigkeitszeugnis und eingeschränktes Lufttüchtigkeitszeugnis

Abschnitt H des Hauptabschnitts A betrifft das Lufttüchtigkeitszeugnis (CofA) und das eingeschränkte Lufttüchtigkeitszeugnis (R-CofA). Art. 5 Abs. 2 lit. b und Abs. 4 lit. b der Grundverordnung entsprechend, werden die Lufttüchtigkeitszeugnisse in Nr. 21.A.173 in CofA (für solche Luftfahrzeuge, die einer Musterzulassung entsprechen,

---

860 So auch zusammenfassend *Sulocki/Cartier*, A&SL 2003, 311 (320): »A type certification exercise must take into account the specificity of the product to be certified. Controlled flexibility in the process is essential to accommodate, for example, new technology, novel features and unusual operations.«

861 Zum Inhalt der (eingeschränkten) Musterzulassungsscheine siehe Nr. 21.A.41 (»Musterzulassungen und eingeschränkte Musterzulassungen schließen normalerweise die Musterbauart, die Betriebsbeschränkungen, das Datenblatt der Musterzulassung für die Lufttüchtigkeit und die Emissionen, die einschlägige Basis der Musterzulassung und die Umweltschutzanforderungen, deren Einhaltung die Agentur feststellt, sowie alle sonstigen Bedingungen oder Beschränkungen ein, die für das betreffende Produkt durch die einschlägigen Zertifizierungsspezifikationen und die Umweltschutzanforderungen vorgeschrieben werden. Musterzulassungen und eingeschränkte Musterzulassungen von Luftfahrzeugen schließen außerdem das Datenblatt der Musterzulassung für die Lärmentwicklung ein. Der Nachweis über die Erfüllung der Emissionsanforderungen ist im Datenblatt der Musterzulassung von Motoren enthalten.«). Im Englischen ist das Datenblatt der Musterzulassung das *Type Certificate Data Sheet* (TCDS).

lit. a), und R-CofA (die entweder einem R-TC entsprechen oder nachweislich besonderen Spezifikationen für die Lufttüchtigkeit entsprechen, die eine adäquate Sicherheit gewährleisten, lit. b) eingeteilt. Sodann werden insbesondere die für den jeweiligen Antrag erforderlichen Unterlagen genannt sowie weitere Vorschriften, insbesondere zur Ergänzung (Nr. 21.A.177), Übertragbarkeit (Nr. 21.A.179) und Laufzeit (Nr. 21.A.181) der Zeugnisse niedergelegt. Auch hierbei handelt es sich im Wesentlichen um allgemeine und abstrakte Vorschriften, die nicht an besondere technische Eigenschaften des Luftfahrzeugs anknüpfen.

Das Lufttüchtigkeitszeugnis und das eingeschränkte Lufttüchtigkeitszeugnis fallen in die nationale Zuständigkeit des Eintragungsstaates. Gemäß Nr. 21.A.174 lit. a sind »Lufttüchtigkeitszeugnisse in einer Form und auf eine Weise gemäß Vorgaben der zuständigen Behörde des Mitgliedstaats zu beantragen, in dem die Eintragung erfolgte.« Wie bereits oben dargelegt, folgt die Zuständigkeit des Registerstaates für das Lufttüchtigkeitszeugnis aus der entsprechenden Verpflichtung des Chicagoer Abkommens.[862] Die EASA erteilt folglich keine CofA und R-CofA.[863] Entsprechend der Zuständigkeit der einzelnen Mitgliedstaaten der EU enthält Hauptabschnitt B (Verfahrensvorschriften für zuständige Behörden), anders als für TC und R-TC auch entsprechende allgemeine Vorschriften für nationale Behörden. Diese betreffen das anzuwendende Verfahren bei der Erteilung von CofA und R-CofA.

Die in Teil 21 enthaltenen Zulassungsvorschriften zu CofA und R-CofA sind auf UA als Luftfahrzeuge gleichsam anwendbar. Es handelt sich bei ihnen ebenfalls um generische Vorschriften, die allgemein und abstrakt gefasst sind. Sie setzen keine besonderen technischen Eigenschaften des Luftfahrzeugs voraus und sind demnach trotz der besonderen Merkmale von UA grundsätzlich durch diese erfüllbar.

cc) Bau- und Ausrüstungsteile

Abschnitt K des Hauptabschnitts A widmet sich in vergleichsweise geringem Umfang den Bau und Ausrüstungsteilen. Nr. 21.A.305 enthält für ihre Zulassung folgende Vorschrift:

In allen Fällen, in denen Bau- oder Ausrüstungsteile gemäß dem Unionsrecht oder den von der Agentur festgelegten Maßnahmen ausdrücklich zugelassen sein müssen, müssen diese Bau- oder Ausrüstungsteile der einschlägigen ETSO oder den Spezifikationen genügen, die die Agentur im Einzelfall als gleichwertig anerkannt hat.

Maßgeblich für die Zulassung sind daher entweder die ETSO, deren Verfahrensvorschriften in Abschnitt O enthalten sind oder wiederum von der EASA im Einzelfall anerkannte Spezifikationen.[864] Materielle Zulassungsvorschriften enthält Abschnitt K nicht.

---

862 Siehe oben § 4 B. II. 1.
863 Allerdings ist sie zuständig für den Erlass der Besonderen Spezifikationen für die Lufttüchtigkeit (SASs), die Bestandteil der Zulassung in Form eines R-CofA werden, wenn dieses nicht auf einem R-TC beruht, Nr. 21.B.327 lit. b. Siehe zu den SASs oben § 8 A. I. 1. a).
864 Neben der ETSO-Zulassung ist auch eine Europäische Teilzulassung (*European Part Approval*, EPA) möglich. Die EPA wird zwar in Art. 1 lit. h der Grundverordnung definiert (»Die Europäische Teilzulassung eines Artikels bedeutet, dass der Artikel gemäß genehmigter Konstruktionsdaten hergestellt wurde, die nicht dem Inhaber der Musterzulassung

dd) Europäische Technische Standardzulassung

Abschnitt O des Hauptabschnitts A enthält die Vorschriften zur Europäischen Technischen Standardzulassung (*European Technical Standard Order Authorisation*, ETSO-Zulassung), die durch Art. 5 Abs. 2 lit. b der Grundverordnung ermöglicht wird und für bestimmte Teile und Ausrüstungen beantragt werden kann, für die eine *European Technical Standard Order* (ETSO) existiert.

Gemäß Nr. 21.A.606 besteht ein Anspruch auf die Ausstellung einer ETSO-Zulassung, wenn die jeweilige Befähigung nachgewiesen wurde (Nr. 21.A.602B),[865] die Erklärung dahingehend abgegeben wurde, die Pflichten des Inhabers einer ETSO-Zulassung (Nr. 21.A.609) zu befolgen und insbesondere, wenn der Nachweis durch Vorlage einer entsprechenden Konformitätserklärung darüber erbracht wurde, dass der betreffende Artikel den technischen Bedingungen der einschlägigen ETSO genügt.

Gemäß der Begriffsbestimmungen in Art. 1 Abs. 2 lit. g der Verordnung (EG) Nr. 748/2012 ist die ETSO eine »detaillierte Lufttüchtigkeitsspezifikation, die von der Europäischen Agentur für Flugsicherheit (die Agentur) herausgegeben wird, um die Einhaltung der Bestimmungen dieser Verordnung als Mindestleistungsstandard für bestimmte Artikel zu gewährleisten.« Bislang wurden über 100 verschiedene ETSO geschaffen, die ein breites Spektrum an Teilen und Ausrüstungen umfassen, wie etwa bestimmte Instrumente, Sensoren, Lichter oder Kommunikationsgeräte. Die Mehrzahl dieser ETSO verweisen allerdings auf andere Standards, etwa die *Technical Standard Orders* (TSO) der FAA.[866] Die ETSO-Zulassung ermöglicht die Zulassung von Teilen und Ausrüstungen unabhängig von dem Erzeugnis, in dem sie installiert werden. Sie ermöglichen damit eine gesteigerte Flexibilität, da eine gesonderte Neuüberprüfung dieser austauschbaren Teile und Ausrüstungen beim Einbau in verschiedene Luftfahrzeuge nicht mehr erforderlich ist.[867] Die Vorzüge einer ETSO-Zulassung für bestimmte Artikel haben zu einer vermehrten Nutzung dieser Zulassungsart geführt.[868]

Aus der genannten Definition folgt, dass die Verantwortung für die jeweilige ETSO, und damit die technischen Zulassungsvoraussetzungen, wiederum bei der Agentur liegt. Die Durchführungsverordnung enthält diesbezüglich keine besonderen materiellen Zulassungsvoraussetzungen.

Auch der Abschnitt zur ETSO-Zulassung umfasst UA gleichermaßen und enthält keine Anforderungen die von UA bzw. UAS prinzipiell nicht erfüllt werden könnten. Da die Möglichkeit der ETSO-Zulassung an das Vorhandensein einer entsprechenden ETSO gebunden ist, ist die konkrete Nutzbarmachung dieser Zulassungen für UAS – z.B. in Form spezifischer ETSO für die übrigen Elemente des UAS – letztlich aber

---

des zugehörigen Produkts gehören, ausgenommen ETSO-Artikel«) erfährt aber darüber hinaus keine weitere inhaltliche Befassung in der Verordnung. In Teil 21 wird sie nur hinsichtlich der Markierung spezifiziert (21.A.804 Kennzeichnung von Bau- und Ausrüstungsteilen).

865 Im Falle einer ETSO-Zulassung für ein Hilfstriebwerk (*Auxiliary Power Unit*, APU) gelten besondere Anforderungen, siehe dazu Nr. 21.A.604.
866 Siehe dazu unten § 8 A. II. 2. c).
867 *Lohl/Gerhard*, in: Hobe/von Ruckteschell/Heffernan (Hrsg.), 260.
868 *Lohl/Gerhard*, in: Hobe/von Ruckteschell/Heffernan (Hrsg.), 260.

davon abhängig, dass entsprechende ETSO überhaupt von der Agentur geschaffen wurden.[869]

ee) Fluggenehmigung

Abschnitt P des Hauptabschnitts A enthält die Vorschriften zur Fluggenehmigung (*Permit to Fly*, PtF). In Übereinstimmung mit Art. 5 Abs. 4 lit. a der Grundverordnung kann diese gemäß Nr. 21.A.701 lit. a 1. Hs. für Luftfahrzeuge erteilt werden »die einschlägigen Lufttüchtigkeitsanforderungen nicht genügen oder bisher nicht nachweislich genügt haben, aber unter definierten Bedingungen gefahrlos fliegen können«. Zudem folgt aus Nr. 21.A.701 lit. a sodann, dass ein PtF nur für folgende Zwecke ausgestellt werden kann:

1. Entwicklung;
2. Nachweis der Einhaltung von Bestimmungen oder Zertifizierungsspezifikationen;
3. Schulung der Flugbesatzung von Entwicklungs- oder Herstellungsbetrieben;
4. Flugprüfungen im Rahmen der Herstellung von Luftfahrzeugen;
5. Flüge von Luftfahrzeugen zwischen den Herstellungsbetrieben im Rahmen ihrer Herstellung;
6. Fluge des Luftfahrzeugs bei der Abnahme durch den Kunden;
7. Lieferung oder Ausfuhr des Luftfahrzeugs;
8. Flüge des Luftfahrzeugs zur Anerkennung durch die Behörde;
9. Marktuntersuchung, auch Schulung der Flugbesatzung des Kunden;
10. Ausstellungen und Flugschauen;
11. Flug des Luftfahrzeugs zu einem Ort, an dem die Instandhaltung oder Prüfung der Lufttüchtigkeit erfolgen soll, oder zu einem Abstellplatz;
12. Flug eines Luftfahrzeugs mit einer Masse über der zertifizierten Starthöchstmasse bei Überschreitung seiner normalen Reichweite über Wasser oder über Land, wenn dort keine angemessene Landemöglichkeit oder kein geeigneter Kraftstoff verfügbar ist;
13. Aufstellen von Rekorden, Luftrennen oder vergleichbare Wettbewerbe;
14. Flug eines Luftfahrzeugs, das den einschlägigen Lufttüchtigkeitsanforderungen genügt, bevor die Einhaltung der Umweltschutzvorschriften nachgewiesen wurde;
15. nicht kommerzielle Flüge mit individuellen technisch nicht komplizierten Luftfahrzeugen oder Luftfahrzeugmustern, für die ein Lufttüchtigkeitszeugnis oder eingeschränktes Lufttüchtigkeitszeugnis nicht angemessen ist.

Ebenso wie hinsichtlich der Vorschriften zu TC, R-TC, CofA und R-CofA knüpfen auch diese Vorschriften nur allgemein an das Luftfahrzeug an, ohne detaillierte technische Anforderungen aufzustellen. Anders als die Vorschriften zu den Zulassungsarten ist jedoch die Fluggenehmigung durch ihre Zweckgebundenheit auch von materiellen Voraussetzungen abhängig, die unmittelbar in der Verordnung enthalten sind und sich nicht erst durch Rückgriff auf die von der Agentur geschaffenen Vorschriften ergeben.

Die Nr. 1 bis 14 enthalten Zwecke, die sich entweder in einem einmaligen Flug erschöpfen oder mehrere Flüge umfassen können, allerdings nur bis der genannte Zweck erreicht ist. Insgesamt beschreiben sie Ausnahmesituationen, die sich von der regelmäßigen zu erwartenden Nutzung von Luftfahrzeugen unterscheiden. Anders verhält es sich allerdings hinsichtlich der Nr. 15, die nicht-kommerziellen Flüge mit individuellen technisch nicht komplizierten Luftfahrzeugen oder Luftfahrzeugmustern er-

---

869 Siehe dazu unten § 8 A. II. 2. c).

möglicht, für die ein CofA oder R-CofA nicht angemessen ist. Entgegen dem Wortlaut »für die folgenden Zwecke« der Nr. 21.A.701 und anders als in den übrigen Nummern, wird in Nr. 15 der eigentliche Zweck des Fluges nicht genannt. Vielmehr wird nur die Qualifikation des Fluges negativ bestimmt (»nicht kommerziell«) und an die abstrakte technische Komplexität des Luftfahrzeugs angeknüpft (»mit individuellen technisch nicht komplizierten Luftfahrzeugen«). Demnach ist die vorgesehene konkrete Nutzung für die Frage irrelevant, ob ein zulässiger »Zweck« gemäß Nr. 15 vorliegt, solange kein kommerzieller Flug eines technisch komplizierten Luftfahrzeugs beabsichtigt ist.

Fraglich ist allerdings, was unter »individuellen technisch nicht komplizierten Luftfahrzeugen oder Luftfahrzeugmustern« zu verstehen ist. Eine entsprechende Definition enthält die Durchführungsverordnung nicht. Allerdings definiert die Grundverordnung in Art. 3 lit. j ein »technisch kompliziertes *motorgetriebenes* Luftfahrzeug«[870] wie folgt:

i) ein Flächenflugzeug
– mit einer höchstzulässigen Startmasse über 5 700 kg oder
– zugelassen für eine höchste Fluggastsitzanzahl von mehr als 19 oder
– zugelassen für den Betrieb mit einer Flugbesatzung von mindestens zwei Piloten oder
– ausgerüstet mit einer oder mehreren Strahlturbinen oder mit mehr als einem Turboprop-Triebwerk oder
ii) einen zugelassenen Hubschrauber
– für eine höchste Startmasse über 3 175 kg oder
– für eine höchste Fluggastsitzanzahl von mehr als 9 oder
– für den Betrieb mit einer Flugbesatzung von mindestens zwei Piloten oder
iii) ein Kipprotor-Luftfahrzeug;

Bei Vorliegen der genannten Voraussetzungen können demnach zumindest diese Luftfahrzeuge nicht unter Nr. 15 fallen. Darüber hinaus könnten aufgrund des allgemeineren Wortlauts der Nr. 15 auch weitere, nicht-motorisierte komplizierte Luftfahrzeuge existieren.[871] Welche dies sein könnten, geht aus der Grundverordnung oder der Durchführungsverordnung allerdings nicht hervor. In Bezug auf UAS lässt sich argumentieren, dass diese stets »kompliziert« sind, da aufgrund des Systems ein deutlich gesteigerter Grad an Technisierung erforderlich ist.[872] Das zuverlässige Zusammenspiel aller Elemente des UAS, insbesondere die Steuerung durch die RPS mithilfe der Datenverbindung, erfordert besondere technische Eigenschaften, deren Qualifikation als »technisch kompliziert« sehr naheliegend erscheint. Andererseits rekurrieren die Voraussetzungen des Art. 3 lit. j der Grundverordnung vornehmlich auf die MTOM

---

870 Hervorhebung durch den Verfasser.
871 Die EASA erläutert auf ihrer Internetseite eher unscheinbar in einer Fußnoten zu den SASs, dass »non-complex aircraft« eine Schreibweise für solche Luftfahrzeuge sei, die nicht als kompliziertes motorgetriebenes Luftfahrzeug klassifiziert sind (»[n]on-complex aircraft is a writing convention for aircraft not classified as complex motor powered aircraft in the Basic Regulation«), *EASA*, Specific Airworthiness Specifications (SASs) information, <https://www.easa.europa.eu/specific-airworthiness-specifications-sass-information>, zuletzt besucht am 30. November 2015. Siehe zu den SASs oben § 8 A. I. 1. a).
872 So auch *INOUI*, D3.2 UAS Certification, 2.6.1 (»unmanned systems are inherently complex«).

und die Anzahl an Fluggästen und Besatzung und nicht auf technische Eigenschaften. Zu berücksichtigen ist allerdings, dass die Größe – jedenfalls bei bemannten Luftfahrzeugen – durchaus mit der technischen Komplexität des Luftfahrzeugs korrelieren kann.

Sofern ein UA bzw. UAS dennoch als *technisch nicht kompliziertes Luftfahrzeug* angesehen wird, führt die Voraussetzung des »nicht kommerziellen« Fluges allerdings dazu, dass der Großteil der UAS schon deshalb nicht unter die Vorschriften fallen kann, da die kommerzielle Nutzung von UAS den wesentlichen Teil ihrer künftigen Verwendungen darstellt. Wird das in Frage stehende Luftfahrzeug zudem (ausschließlich) zu Freizeitzwecken verwendet, liegt schon kein UA bzw. UAS vor, sondern vielmehr nur ein ferngesteuertes Flugmodell (oder eine »Drohne«).[873] Ein entsprechend nicht kommerzieller Flug eines UAS wäre nur im Falle von z.B. Forschungszwecken denkbar, die aber wohl letztlich entweder beim Einsatz durch öffentliche Stellen als Staatsluftfahrzeuge zu qualifizieren wären, oder aber als entsprechende Anhang II-Luftfahrzeuge in die nationale Zuständigkeit fallen würden.[874] Im Ergebnis kommt ein »permanentes« PtF gemäß Nr. 15 für UAS daher wohl nicht in Betracht, auch wenn die Grundverordnung dies zunächst nahelegt.[875]

Im Grundsatz ermöglichen die Vorschriften der Durchführungsverordnung zur Fluggenehmigung ebenfalls eine Erfassung von UA. Auch bezüglich des PtF gilt jedoch wiederum, dass dieses nur für ein Luftfahrzeug, also das UA erteilt werden kann. Die übrigen Elemente des UAS müssen daher als Bestandteile des UA Berücksichtigung finden.

Nochmals hervorzuheben ist in Bezug auf das PtF, dass eine Fluggenehmigung nur dann in Betracht kommt, wenn CofA oder R-CofA (noch) nicht erteilt werden kann bzw. nicht (mehr) gültig ist. Eine PtF ist insbesondere *keine Alternative* zu diesen Zulassungsarten, sondern vielmehr eine Ausnahmemöglichkeit. Eine Anerkennung des PtF über Art. 31 des Chicagoer Abkommens für einen internationalen Betrieb ist ohnehin nicht möglich.[876]

Eine weitere Besonderheit des PtF ist hinsichtlich der Zuständigkeit anzumerken. Während diese für die Muster- und Verkehrszulassungen entweder bei der Agentur oder bei den nationalen Behörden liegt, können im Falle einer Fluggenehmigung beide Akteure beteiligt sein.[877] Sofern ein Luftfahrzeug betroffen ist, das in den Anwen-

---

873 Siehe oben § 3 B. III. 2. und § 3 A. I. 4.
874 Siehe Grundverordnung, Annex II, lit. b: »speziell für Forschungszwecke, Versuchszwecke oder wissenschaftliche Zwecke ausgelegte oder veränderte Luftfahrzeuge, die wahrscheinlich in sehr begrenzten Stückzahlen produziert werden«.
875 Siehe oben § 8 A. I. 1. a).
876 Das Airworthiness Manual der ICAO (siehe oben § 5 B. I. 2.) verlangt dementsprechend, dass für einen internationalen Betrieb mithilfe eines PtF entsprechende Erlaubnisse der überflogenen Staaten vorliegen (»If the aircraft is not in compliance with Annex 8 and the flight involves operations over States other than the State of Registry, the air operator of the aircraft should obtain the necessary overfly authorizations from the respective authorities of each of those States prior to undertaking the flight.«, ICAO, Secretary General, Airworthiness Manual, 5.3.2. Zu beachten ist in jedem Fall das Erfordernis einer Special Authorization aus Art. 8 des Chicagoer Abkommens. Siehe dazu oben § 4 B. I. 1.
877 Wie oben dargelegt, ist die EASA auch im Falle einer R-CofA durch die Aufstellung der SASs beteiligt.

dungsbereich der Grundverordnung fällt, ist grundsätzlich zunächst ein Antrag an die Agentur[878] zur Genehmigung der Flugbedingungen (*flight conditions*) zu richten, sofern die Genehmigung der Flugbedingungen mit der Sicherheit der Konstruktion in Zusammenhang steht.[879] Die Flugbedingungen umfassen Bedingungen und Beschränkungen, die für den sicheren Betrieb des Luftfahrzeugs erforderlich sind.[880] Die genehmigten Flugbedingungen sind dann wiederum Bestandteil eines Antrags an die nationale Behörde auf Ausstellung des PtF.[881] Unterfällt das Luftfahrzeug nicht der Grundverordnung oder ist die Sicherheit der Konstruktion nicht beeinträchtigt, ist ausschließlich die nationale Behörde zuständig, die im Rahmen des PtF auch die Flugbedingungen selbst festlegt.[882] Verfahrensvorschriften für nationale Behörden sind dementsprechend auch in Hauptabschnitt B Abschnitt P des Teils 21 enthalten.

Zusammenfassend sind die Zulassungsvorschriften der Verordnung (EU) Nr. 748/2012 und insbesondere des Anhangs I im Wesentlichen Verfahrensvorschriften, die nur wenige materielle Zulassungsvoraussetzungen enthalten und grundsätzlich nicht zwischen bemannten und unbemannten Luftfahrzeugen unterscheiden. Sofern die Vorschriften materielle Anforderungen enthalten, sind diese generisch formuliert und nicht aufgrund besonderer technischer Voraussetzungen von UA kategorial unerfüllbar. Vereinzelt können auch die besonderen Merkmale von UAS mithilfe der bestehenden Vorschriften besondere Berücksichtigung finden. Im Einklang mit der Grundverordnung knüpfen die Zulassungsarten TC, R-TC, CofA und R-CofA sowie die Möglichkeit der Fluggenehmigung an das Luftfahrzeug – also das UA – an. Alle anderen Elemente des UAS können in diesen Fällen nur als Teile und Ausrüstungen in die Zulassung einbezogen werden.

Wenngleich die Verordnung (EU) Nr. 748/2012 die Vorschriften der Grundverordnung konkretisiert und insbesondere das Zulassungsverfahren ausgestaltet, folgt sie der Grundverordnung allerdings auch insoweit, als dass sie die Verantwortung für die detaillierten materiellen Zulassungsvoraussetzungen fast vollumfänglich an die EASA delegiert. Angesichts des technischen Sachverstandes der Agentur und der größeren Flexibilität in Bezug auf die Änderung von Zulassungsvoraussetzungen, erscheint dies allerdings als naheliegender Weg.[883]

II. EASA Soft Law

Anders als die im Gesetzgebungsverfahren der Union geschaffenen Verordnungen und Durchführungsverordnungen zur Zulassung von Produkten sowie Bau- und Ausrüstungsteilen, wird das EASA Soft Law von der Agentur selbst erlassen.[884] Im Folgenden wird dieses EASA Soft Law, insbesondere die Zulassungsspezifikationen, hinsichtlich der Zulassung von UAS in seinen Grundzügen untersucht.

---

878   Nr. 21.A.709, lit. a Nr. 1.
879   Nr. 21.A.709, lit. a Nr. 1.
880   Nr. 21.A.708.
881   Nr. 21.A.707.
882   Nr. 21.A.709, lit. a Nr. 1.
883   Siehe oben § 7 C. I.
884   Siehe oben § 7 B. II. 1.

1. Grundsätzliche Bedeutung für die Zulassung von unbemannten Luftfahrzeugsystemen

Die EASA wurde in den Art. 18c und 19 der Grundverordnung zur Erarbeitung von Zulassungsspezifikationen (CS), annehmbare Nachweisverfahren (AMC) und Anleitungsmaterialien (GM) berufen. Die Verordnung (EU) Nr. 748/2012 enthält in Art. 10 zudem die Ermächtigung zur Schaffung weiterer AMC, um die Einhaltung der Bestimmungen des Anhangs I (Teil 21) der Verordnung nachzuweisen. In Teil 21 werden sodann in Nr. 21.A.16A die Lufttüchtigkeitskodizes »als Standardmittel zur Bestätigung der Übereinstimmung von Produkten, Bau- und Ausrüstungsteilen mit den wesentlichen Anforderungen von Anhang I (Teil 21) der Verordnung (EG) Nr. 216/2008«[885] nochmals hervorgehoben und für die Musterzulassung grundsätzlich vorgesehen. Die Grundverordnung und Teil 21 geben zudem vor, dass auch für die Zulassung von Bau- und Ausrüstungsteilen, insbesondere in Form der ETSO-Zulassung, die von der Agentur aufzustellenden Zulassungsvoraussetzungen maßgeblich sind.

Die Agentur wird einerseits zur Schaffung detaillierter Zulassungsvoraussetzungen und Nachweisverfahren ermächtigt. Andererseits sind die in der Grundverordnung und der Verordnung (EU) Nr. 748/2012 sowie in deren Anhängen enthaltenen Zulassungsvorschriften, wie oben untersucht, weitgehend generische und abstrakt gefasst und daher zu ihrer Anwendung im besonders technisch geprägten Bereich der Zulassung auf eine detaillierte Ausgestaltung angewiesen. Im Zusammenspiel mit den faktischen Rechtswirkungen[886] der CS und AMC kommt dem EASA Soft Law damit eine besondere Bedeutung für die Zulassung zu.

Es darf jedoch trotz dieser Rolle des EASA Soft Law keinesfalls verkannt werden, dass letztlich die Erfüllung der Voraussetzungen der Grundverordnung und der Verordnung (EU) Nr. 748/2012 sowie deren Anhänge – also das unmittelbar verbindliche Unionsrecht – für die Zulassung von Produkten, Teilen und Ausrüstungen entscheidend ist. Die Lufttüchtigkeitskodizes und das mit ihnen verbundene EASA Soft Law sind zwar das »Standardmittel« zur Erfüllung der wesentlichen Anforderungen, allerdings kann dem verbindlichen Unionsrecht grundsätzlich auch auf andere Weise entsprochen werden.

Neben der Anpassungsfähigkeit der Verordnungen, die ein Abweichen von den Zulassungsvoraussetzungen ausdrücklich ermöglichen, sind auch die CS stets durch eine auf den Einzelfall bezogene Flexibilität charakterisiert. Die AMC sind zudem per Definition nur *ein* mögliches Mittel zum Nachweis der Erfüllung der Voraussetzungen. Das Anleitungsmaterial ist ohnehin nur als Hilfestellung konzipiert.

Die CS und die dazugehörigen AMC und GM bleiben allerdings stets die wichtigste Quelle der heranzuziehenden Zulassungsvoraussetzungen.[887] Auch für die Zulassung von UA bzw. UAS sind sie daher im Folgenden zu untersuchen. Diese Untersuchung kann allerdings nicht in der Überprüfung aller Spezifikationen und Nachweisverfahren auf ihre Vereinbarkeit mit UA bzw. UAS bestehen. Einerseits ist dies angesichts der bloßen Anzahl von einigen tausend CS und AMC kaum möglich. Andererseits wäre dies auch inhaltlich wenig sinnvoll, da die CS und AMC als technische Spezifikationen bzw. Nachweisverfahren stets bei der *praktischen* Zulassung eines bestimmten Luft-

---

885 Siehe zum fehlerhaften Zusatz »Teil 21« oben Fn. 858.
886 Siehe dazu oben § 7 B. II. 3.
887 Siehe entsprechend zum Musterzulassungsverfahren unten § 7 B. III. 2.

fahrzeugs Bedeutung erlangen. Im Folgenden werden die für die Zulassung relevanten CS daher weitgehend abstrakt dahingehend betrachtet und eingeteilt, inwieweit sie bei der Zulassung von UAS und ihrer Elemente grundsätzlich herangezogen werden können.

2. Zulassungsspezifikationen, annehmbare Nachweisverfahren und Anleitungsmaterialien

Die EASA ist ihrem Auftrag zur Erarbeitung von Zulassungsspezifikationen, annehmbaren Nachweisverfahren und Anleitungen umfänglich nachgekommen.[888] Im Bereich der Zulassung von Produkten sowie Bau- und Ausrüstungsteilen wurden jeweils Zulassungsspezifikationen erarbeitet, die durch auf sie bezogene annehmbare Nachweisverfahren und oftmals auch Anleitungsmaterialien begleitet werden. Die AMC werden dabei regelmäßig mit den jeweiligen CS in einem Dokument zusammenfasst. Unter »CS« sind dabei die Lufttüchtigkeitskodizes zu verstehen, also nicht nur die einzelnen Zulassungsspezifikationen, sondern auch ihre Zusammenstellung für ein bestimmtes Produkt bzw. einen bestimmten Bereich (grds. im Format »CS-*Zahl/Name*«). Die CS-23 beschreibt beispielsweise die Gesamtheit der Zulassungsspezifikationen für *Normal, Utility, Aerobatic, and Commuter Category Aeroplanes*. Die CS gliedern sich grundsätzlich in zwei Bücher (*Books*), wobei Buch 1 die einzelnen CS – also die detaillierten Zulassungsspezifikationen – und Buch 2 die AMC beinhalten. Das GM wird in der Regel in gesonderten Dokumenten veröffentlicht, knüpft aber wiederum an einzelne CS und AMC an. Alle diese Veröffentlichungen sowie Altauflagen, Änderungen, Erläuterungen und diesbezügliche Entscheidungen der EASA sind auf der Internetseite der Agentur öffentlich abrufbar.[889] Sie sind in Englisch abgefasst und werden, anders als die Rechtsakte der Gesetzgebungsorgane der EU, nicht übersetzt.

Bereits vorweggenommen werden kann, dass *keine* CS, AMC oder GM speziell für UAS bzw. RPAS vorhanden sind.[890] In Bezug auf das UAS als gesamtes System würde dies im Falle von CS auch nicht zur Regelungstechnik der Grundverordnung passen, da dort nur Produkte (Luftfahrzeuge, Motoren und Propeller) sowie Bau- und Ausrüstungsteile einer Zulassung zugänglich sind. Aber auch für das UA, das als Luftfahrzeug ein Produkt ist, sowie dessen Elemente, die als Bau- und Ausrüstungsteile angesehen werden können, bestehen *keine besonderen* CS, AMC oder GM.

Im Folgenden wird das relevante EASA Soft Law, insbesondere die CS, entlang der Einteilung in Luftfahrzeuge, Motoren und Propeller, sowie weiteres EASA Soft Law betrachtet.

---

888 Zu beachten ist allerdings, dass viele CS ihren Ursprung in den JAR (siehe oben Fn. 732) der JAA und/oder der FARs der FAA haben.
889 Siehe *EASA*, Certification Specifications (CSs), <https://www.easa.europa.eu/document-library/certification-specifications> und *EASA*, Acceptable Means of Compliance (AMC) and Guidance Material (GM), <https://www.easa.europa.eu/document-library/acceptable-means-of-compliance-and-guidance-materials>, jeweils zuletzt besucht am 30. November 2015.
890 Sofern man annimmt, dass die sog. »UAS Policy« selbst kein Guidance Material ist. Siehe dazu unten § 7 B. II.

a) Luftfahrzeuge

Die Zulassungsspezifikationen und annehmbaren Nachweisverfahren für Luftfahrzeuge knüpfen grundsätzlich an Luftfahrzeugtypen, Größen und Verwendungen an. Folgende CS für die Zulassung von Luftfahrzeuge, die jeweils die dazugehörigen AMC enthalten, wurden durch die Agentur geschaffen:[891]

CS-22 (*Sailplanes and Powered Sailplanes*)[892]
CS-23 (*Normal, Utility, Aerobatic, and Commuter Category Aeroplanes*)[893]
CS-25 (*Large Aeroplanes*)[894]
CS-27 (*Small Rotorcraft*)[895]
CS-29 (*Large Rotorcraft*)[896]
CS-31GB (*Free Gas Balloons*)[897]
CS-31TBG (*Tethered Gas Balloons*)[898]
CS-31HB (*Hot Air Balloons*)[899]
CS-LSA (*Light Sport Aeroplanes*)[900]
CS-VLA (*Very Light Aeroplanes*)[901]
CS-VLR (*Very Light Rotorcraft*)[902]

Jede CS enthält zunächst Voraussetzungen zu ihrer Anwendbarkeit, die oftmals von bestimmten Merkmalen, wie unter anderem die Art des Antriebs oder dem MTOW abhängig ist. Die Anwendbarkeitsvoraussetzungen der CS-23 lauten beispielsweise:

---

[891] Ebenfalls vorhanden, aber vorliegend nicht Gegenstand der Untersuchung sind u.a. CS-26 (*Additional airworthiness specifications for operations*), CS-APU (*Auxiliary Power Units*), CS-AWO (*All Weather Operations*), CS-34 (*Aircraft Engine Emissions and Fuel Venting*) und CS-36 (*Aircraft Noise*); siehe für eine umfassende Auflistung EASA, Certification Specifications (CSs), <https://www.easa.europa.eu/document-library/certification-specifications>, zuletzt besucht am 30. November 2015.

[892] EASA, CS-22 – Certification Specifications for Sailplanes and Powered Sailplanes, Juli 2009 (Amendment 2) (»CS-22«).

[893] EASA, CS-23 – Certification Specifications for Normal, Utility, Aerobatic, and Commuter Category Aeroplanes, Juli 2015 (Amendment 4) (»CS-23«).

[894] EASA, CS-25 – Certification Specifications and Acceptable Means of Compliance for Large Aeroplanes, Juli 2015 (Amendment 15) (»CS-25«).

[895] EASA, CS-27 – Certification Specifications for Small Rotorcraft, Dezember 2012 (Amendment 3) (»CS-27«).

[896] EASA, CS-29 – Certification Specifications for Large Rotorcraft, Dezember 2012 (Amendment 3) (»CS-29«).

[897] EASA, CS-31GB – Certification Specifications and Acceptable Means of Compliance for Free Gas Balloons, Dezember 2011 (Initial Issue) (»CS-31GB«).

[898] EASA, CS-31TGB – Certification Specifications and Acceptable Means of Tethered Gas Balloons, Juli 2013 (Initial Issue) (»CS-31TGB«).

[899] EASA, CS-31HB – Certification Specifications and Acceptable Means of Compliance for Hot Air Balloons, Dezember 2011 (Amendment 1) (»CS-31HB«).

[900] EASA, CS-LSA – Certification Specifications and Acceptable Means of Compliance for Light Sport Aeroplanes, Juli 2013 (Amendment 1) (»CS-LSA«).

[901] EASA, CS-VLA – Certification Specifications for Very Light Aeroplanes, Juli 2009 (Amendment 1) (»CS-VLA«).

[902] EASA, CS-VLR – Certification Specifications for Very Light Rotorcraft, Juli 2008 (Amendment 1) (»CS-VLR«).

(a) This airworthiness code is applicable to –
(1) Aeroplanes in the normal, utility and aerobatic categories that have a seating configuration, excluding the pilot seat(s), of nine or fewer and a maximum certificated take-off weight of 5670 kg (12 500 lb) or less; and
(2) Propeller-driven twin-engined aeroplanes in the commuter category that have a seating configuration, excluding the pilot seat(s), of nineteen or fewer and a maximum certificated take-off weight of 8618 kg (19 000 lb) or less.[903]

CS-23 käme daher nur als Zulassungsspezifikation für UA in Form von Flugzeugen in Betracht, die ein MTOW von 5.670 kg bzw. 8.618 kg oder weniger haben. Wird diese Schwelle überschritten, wäre CS-25 für *Large Aeroplanes* heranzuziehen. Andererseits könnte wiederum CS-VLA einschlägig sein, wenn das UA ein MTOW von 750 kg oder weniger hat und die weiteren Anwendungsvoraussetzungen des CS-VLA erfüllt sind.[904] Sofern es sich bei dem UA um einen Drehflügler handelt liegt eine ähnliche Systematik zwischen CS-27 und CS-29 sowie ggf. CS-VLR vor.

Neben CS-23 enthalten auch die CS-22, CS-27, CS-29, CS-LSA, CS-VLA und CS-VLR Anwendungsvoraussetzungen, die auf die Anzahl möglicher Personen an Bord Bezug nehmen. Allerdings setzen diese CS zur Anwendbarkeit nicht voraus, das überhaupt Personen an Bord sind, sondern bestimmen nur, bis zu welcher Personenzahl die jeweiligen CS anwendbar sind. Sie benennen stets eine Maximalanzahl, setzten aber keine Mindestanzahl voraus. Ist demnach, wie im Falle von UA, kein Pilot an Bord und sind – jedenfalls in absehbarere Zukunft – keine Passagiere vorhanden, hindert dies nicht die Anwendbarkeit dieser CS. Sie unterscheiden hinsichtlich ihrer allgemeinen Anwendbarkeit nicht danach, ob das Luftfahrzeug bemannt oder unbemannt ist.

Etwas anderes gilt jedoch hinsichtlich der CS-31GB (*Free Gas Balloons*), CS-31TBG (*Tethered Gas Balloons*) und CS-31HB (*Hot Air Balloons*). Diese setzen ausdrücklich »manned free balloons«[905] bzw.»manned tethered gas balloons«[906] für ihre Anwendbarkeit voraus. Sie können damit nicht für UA vom Typ Ballone herangezogen werden.

Die CS für Luftfahrzeuge unterscheiden sich in ihrem Ausmaß zum Teil erheblich. So ist der Umfang der CS-31GB (21 Seiten), CS-31TGB (33 Seiten), CS-31HB (32 Seiten) und CS-LSA (18 Seiten) nur vergleichsweise gering gegenüber den CS-23 (405 Seiten) und CS-25 (912 Seiten), wobei der Vorschriftendichte regelmäßig mit der Komplexität des betroffenen Luftfahrzeugs korreliert.[907] In nahezu allen CS werden zumindest die Bereiche *General* (Subpart A), *Flight* (Subpart B), *Structure* (Subpart C), *Design and Construction* (Subpart D), *Powerplant* (Subpart E), *Equipment* (Subpart F) sowie *Operating Limitations and Information* (Subpart G) durch ent-

---

903 CS-23.1.
904 »This airworthiness code is applicable to aeroplanes with a single engine (spark- or compressionignition) having not more than two seats, with a Maximum Certificated Take-off Weight of not more than 750 kg and a stalling speed in the landing configuration of not more than 83 km/h (45 knots) (CAS), to be approved for day-VFR only. (See AMC VLA 1).«, CS-VLA 1.
905 CS-31GB.1 und CS-31HB.1.
906 CS-31TGB.1.
907 Die übrigen CS liegen hinsichtlich ihres Umfang eher im Mittelfeld (CS-22: 121 Seiten, CS-27: 91 Seiten, CS-29: 132 Seiten, CS-VLA: 121 Seiten, CS-VLR: 72 Seiten).

sprechende CS und korrespondierende AMC ausgefüllt.[908] Teilweise sind auch weitere Subparts oder ergänzende Appendizes vorhanden.

Die Zulassungsspezifikationen und mit ihnen auch die auf sie bezogenen AMC und GM, die allesamt für bemannte Luftfahrzeuge entwickelt wurden, lassen sich im Hinblick auf ihre Nutzbarmachung für die Zulassung von UA bzw. UAS grundsätzlich in drei verschiedene Gruppen einteilen.

Die *erste Gruppe* beinhaltet solche Zulassungsspezifikationen, die für das UA, als fliegendes Element des UAS, ebenso herangezogen werden können, wie für bemannte Luftfahrzeuge. Sie umfassen in erster Linie CS, die sich auf die technische Beschaffenheit des Luftfahrzeugs beziehen und nicht mit Merkmalen verbunden sind, die im Zusammenhang mit der Anwesenheit von Personen an Bord (Piloten, Crew oder Passagiere) stehen. Hiervon ist ein größerer Teil der Zulassungsspezifikationen umfasst, insbesondere die Mehrzahl der CS zu *Structure* (Subpart C), *Design and Construction* (Subpart D), *Powerplant* (Subpart E) sowie auch *Operating Limitations and Information* (Subpart G).

Die *zweite Gruppe* besteht aus solchen CS, die im Rahmen der Zulassung von UA bzw. UAS aufgrund mangelnder Relevanz unberücksichtigt bleiben können. Sie betreffen solche Eigenschaften und Merkmale, die eindeutig nur bemannte Luftfahrzeuge charakterisieren und bei UA schlichtweg nicht anzutreffen sind. Dies gilt allerdings nur insoweit, wie die Eigenschaften und Merkmale eindeutig abtrennbar sind und ein Weglassen der entsprechenden CS nicht andere Zulassungsspezifikationen der ersten Gruppe beeinträchtigen würde. Als Beispiele aus CS-23[909] können weite Teile der Vorschriften zu Notfallsituationen genannt werde, die auf unterschiedliche Weise dem Schutz von Personen an Bord dienen. Die Vorschriften etwa zu Notlandungen[910], Evakuierung[911], Notausgängen[912], Druckkabinen[913], Sicherheitsausrüstungen[914] usw. sind für die Zulassung von UA bzw. UAS naturgemäß nicht relevant.[915]

Die erste und zweite Gruppe können auch innerhalb einer einzelnen Spezifikation zum Tragen kommen, wenn diese, wie regelmäßig, mehrere Voraussetzungen benennt. In diesem Fall können einzelne Voraussetzungen entweder für die Zulassung von UA bzw. UAS herangezogen werden oder unberücksichtigt bleiben.

Die *dritte Gruppe* umfasst solche CS, die erst mithilfe einer den besonderen Merkmalen von UAS Rechnung tragenden Auslegung oder durch eine analoge Anwendung für die Zulassung von UAS verwendet werden können. Diese Zulassungsspezifikationen sind nach ihrem grundsätzlichen Regelungsinhalt auch für UA bzw. UAS bedeutsam, können in ihrer konkreten Ausgestaltung allerdings nicht auf diese angewendet werden. Die Zulassungsspezifikationen zu Steuersystemen und zum Cockpit etwa,

---

908 Die CS-LSA folgt allerdings einer abweichenden Struktur.
909 Ähnliche Zulassungsspezifikationen finden sich auch in den anderen CS.
910 CS-23.561 ff.
911 CS-23.803.
912 CS-23.805 (*Flight crew emergency exits*), CS-23.807 (*Emergency exits*), CS-23.811 (*Emergency exit marking*), CS-23.812 (*Emergency lighting*), CS-23.813 (*Emergency exit access*).
913 CS-23.841.
914 CS-23.1411 ff.
915 Jedenfalls solange keine Personen durch UAS befördert werden.

können für UA bzw. UAS nicht unmittelbar übernommen werden. Die in ihnen zum Ausdruck kommenden Anforderungen könnten allerdings für die RPS eines UAS nutzbar gemacht werden. So unterliegen die Spezifikationen zu Steuersystemen zwar der Prämisse einer Steuerung des Luftfahrzeugs durch einen Piloten von Bord aus, ihr materieller Gehalt kann allerdings ebenfalls auf die zuverlässige Funktion einer RPS übertragen werden. Anforderungen, z.B. die den ungehinderten Blick aus dem Luftfahrzeug betreffen oder die Eigenschaften von Windschutzscheibe und Fenstern spezifizieren, gehen davon aus, dass sich ein Cockpit an Bord des Luftfahrzeugs befindet.[916] Durch entsprechende Auslegung zugunsten einer RPS, können diese Voraussetzungen aber auch im Grundsatz für die Steuerung mithilfe des »ausgelagerten« Cockpits in Form der RPS und dessen ungehinderte »Sicht« mithilfe von Kameras verwendet werden. Die Zulassungsspezifikationen zum Autopilot[917] (*Automatic pilot system*) können zudem mithilfe einer entsprechenden Auslegung zur Erfassung von autonomen Fähigkeiten von UAS herangezogen werden.

b) Motoren und Propeller

Die Zulassungsspezifikationen und annehmbaren Nachweisverfahren für die Musterzulassung von Motoren und Propellern wurden in den CS-E (*Engines*)[918] und CS-P (*Propellers*)[919] niedergelegt. Wenngleich für sie eigenständige Musterzulassungen vorgesehen sind, handelt es sich bei Motoren und Propellern um Produkte, die wiederum mit einem anderen Produkt (Luftfahrzeug) unmittelbar verbunden werden. Ob es sich bei dem mithilfe von Motoren und Propeller angetriebenen Luftfahrzeug allerdings um ein bemanntes Luftfahrzeug oder um ein UA handelt ist grundsätzlich unerheblich. Die CS-E und CS-P sind daher auch für solche Motoren und Propeller heranzuziehen, die dem Antrieb eines UA dienen.

c) Weitere

Die Agentur hat umfangreiches weiteres Soft Law erarbeitet. Für die Zulassung von Produkten, Bau- und Ausrüstungsteilen sind – neben den zuvor genannten CS für Luftfahrzeuge, Motoren und Propeller – insbesondere auch die CS-ETSO (*European Technical Standard Orders*)[920], CS-Definitions (*Definitions and abbreviations used in Certification Specifications for products, parts and appliances*)[921] sowie als annehm-

---

916 CS-23.773 (*Pilot compartment view*) und CS-23.775 (*Windshields and windows*).
917 CS-23.1329 (*Automatic pilot system*).
918 EASA, CS-E – Certification Specifications for Engines, März 2015 (Amendment 4) (»CS-E«).
919 EASA, CS-P – Certification Specifications for Propellers, November 2006 (Amendment 1) (»CS-P«).
920 EASA, CS-ETSO – Certification Specifications for European Technical Standard Orders, Juni 2014 (Amendment 9) (»CS-ETSO«).
921 EASA, CS-Definitions – Definitions and abbreviations used in Certification Specifications for products, parts and appliances, December 2010 (Amendment 2) (»CS-Definitions«).

baren Nachweisverfahren und Anleitungsmaterialien die *AMC and GM to Part 21*[922] relevant.

Die CS-ETSO ist die Zusammenstellung aller ETSO, auf deren Grundlage die ETSO-Zulassung von bestimmte Bau- und Ausrüstungsteile erfolgt.[923] Jede ETSO ist in fünf Abschnitte untergliedert (*Applicability, Procedures, Technical Conditions, Marking* und *Availability of Referenced Document*), wobei der Abschnitt »Technical Conditions« die für die Zulassung maßgeblichen technischen Anforderungen betrifft. Ein Großteil der ETSO enthält in diesem Abschnitt allerdings keine von der Agentur erarbeiteten detaillierten Zulassungsvoraussetzungen, sondern vielmehr Verweise auf Standards, die durch die FAA, das *Department of Defense* (DoD) oder andere Akteure geschaffen wurden. Zu Letzteren zählen die *European Organisation for Civil Aviation Equipment* (EUROCAE)[924], die *Radio Technical Commission for Aeronautics* (RTCA), die *Society of Automotive Engineers* (SAE), die *Aerospace Industries Association* (AIA) sowie die *American Society for Testing and Materials* (ASTM). Sofern die von den ETSO umfassten Bau- und Ausrüstungsteile auch in UA Verwendung finden, können die ETSO die Zulassung von UA bzw. UAS ebenso erleichtern und flexibilisieren, wie dies bei bemannten Luftfahrzeugen der Fall ist. Wie bereits oben vorangestellt, bestehen allerdings keine spezifischen CS für UAS und damit auch keine spezifischen ETSO für Bau- und Ausrüstungsteile die UA bzw. UAS eigentümlich sind. Die Erfassung der Elemente des UAS mithilfe der ETSO-Zulassung ist daher (noch) nicht möglich.

Die CS-Definitions enthalten erwartungsgemäß Definitionen sowie Abkürzungen für zahlreiche in den Verordnungen und dem EASA Soft Law verwendeten Begriffe. Definitionen speziell für die unbemannte Luftfahrt finden sich nicht.

Die »AMC and GM to Part 21«, d.h. die Acceptable Means of Compliance and Guidance Material for the airworthiness and environmental certification of aircraft and related products, parts and appliances, as well as for the certification of design and production organisations, folgen der Ermächtigung aus Art. 10 der Verordnung (EU) Nr. 748/2012. Sie enthalten AMC und Anleitungen zu zahlreichen Nummern des Teils 21, beispielsweise auch zum PtF. Die Anleitung GM 21.A.701(a) betrifft die Zwecke, für die gemäß Nr. 21.A.701 lit. a des Teils 21 eine Fluggenehmigung ausgestellt werden kann. Zu den jeweiligen Nummern enthält die Anleitung weitere Erläuterungen und typische Beispiele für die einzelnen Zwecke. Hinsichtlich des »Zwecks« der Nr. 15 betreffend nicht kommerzielle Flüge mit individuellen technisch nicht komplizierten Luftfahrzeugen,[925] nennt das GM 21.A.701(a) die Beispiele der »Waisen-Luftfahrzeuge« (*orphan aircraft*), also solche Luftfahrzeuge, deren ursprüngliches TC nicht mehr gültig ist und folglich kein CofA mehr ausgestellt werden kann,[926] so-

---

922 EASA, AMC and GM to Part 21 – Acceptable Means of Compliance and Guidance Material for the airworthiness and environmental certification of aircraft and related products, parts and appliances, as well as for the certification of design and production organisations, (Issue 2, Amendment 4) November 2015 (»AMC and GM to Part 21«).
923 Siehe oben § 8 A. I. 2. b) dd).
924 Siehe dazu auch unten § 9 D.
925 Siehe dazu oben § 8 A. I. 2. b) ee).
926 Für ein Waisen-Luftfahrzeug kommt im Allgemeinen aber vornehmlich ein R-TC in Betracht, siehe oben Fn. 841.

wie Luftfahrzeuge »which have been under national systems of Permit to Fly and have not been demonstrated to meet all applicable requirements«. Für diese Luftfahrzeuge enthält die Anleitung folgenden Hinweis:

> The option of a permit to fly for such an aircraft should only be used if a certificate of airworthiness or restricted certificate of airworthiness cannot be issued due to conditions which [are] outside the direct control of the aircraft owner, such as the absence of properly certified spare parts.[927]

Die Ausstellung eines PtF soll demnach nur in Fällen erfolgen, in denen die Nichterfüllbarkeit der Voraussetzungen für ein CofA oder R-CofA außerhalb des unmittelbaren Einflussbereiches des Antragstellers liegt. Das GM 21.A.701(a) könnte als Einschränkung der Reichweite des PtF im Falle der Nr. 21.A.701 lit. a Nr. 15 des Teils 21 – jedenfalls für die in Frage stehenden Luftfahrzeuge – über den Wortlaut der Verordnung hinaus verstanden werden. Zu berücksichtigen ist allerdings, dass dies einerseits als Ausprägung des Grundsatzes gelesen werden kann, wonach das PtF keine Alternative für ein CofA oder R-CofA darstellen soll und andererseits, dass das GM letztlich unverbindlich ist.

B. Anwendung der Zulassungsvorschriften durch die EASA (Policy Statement E.Y013-01)

Die EASA ist für zivile UAS bzw. UA über 150 kg MTOM die zuständige Zulassungsbehörde.[928] Die Untersuchung der Zulassungsvorschriften der Grundverordnung, der Verordnung (EU) Nr. 748/2012 und deren jeweiliger Anhänge – also des unmittelbar verbindlichen Unionsrechts – sowie des EASA Soft Law, hat diesbezüglich zweierlei ergeben. Zum einen sind UAS bzw. UA grundsätzlich mithilfe der verbindlichen Zulassungsvorschriften erfassbar, insbesondere weil diese weitgehend abstrakt und generisch gefasst sind, ohne dabei grundsätzlich zwischen bemannten und unbemannte Luftfahrzeugen zu unterscheiden. Auf das unmittelbar verbindliche Unionsrecht gestützt, unterfallen UA demnach den gleichen Vorschriften wie bemannte Luftfahrzeuge, wobei die übrigen Elemente des UAS als Teile und Ausrüstungen des UA betrachtet werden müssen. Die normierten Zulassungsarten (TC, CofA, R-TC, R-CofA) sowie das PtF sind daher grundsätzlich auch UA bzw. UAS zugänglich. Zum anderen folgt aus der Untersuchung des EASA Soft Law, welches die detaillierten technischen Spezifikationen enthält, dass dieses Soft Law weder UA bzw. UAS besonders adressiert noch uneingeschränkt für UAS nutzbar gemacht werden kann. Selbst wenn ein Teil dieser Spezifikationen entweder unmittelbar oder mithilfe entsprechender Auslegung auch für UAS herangezogen werden kann, mangelt es an sämtlichen Vorgaben für die besonderen Merkmale von UAS, denen eine Entsprechung in der bemannten Luftfahrt fehlt.

Das verbindliche Unionsrecht enthält allerdings Bestimmungen, die gerade in Fällen der Nichterfüllbarkeit oder des Nichtvorhandenseins von Spezifikationen eingreifen

---

927 In GM 21.A.701(a) heißt es »our«, obwohl nur »are« hier sinnvoll erscheint.
928 Siehe oben § 7 B. I. 1. c).

sollen. Insbesondere sind die Berücksichtigung besonderer Eigenschaften mithilfe von Sonderbedingungen (*Special Conditions*, SC) im Zuge der Musterzulassung sowie die Möglichkeiten eines R-TC (und R-CofA) zu nennen.[929]

Mit dem Ziel, die Zulassung von UAS bereits in diesem bestehenden unionsrechtlichen Rahmen zu fördern und anzuleiten, hat die EASA das *Policy Statement Airworthiness Certification of Unmanned Aircraft Systems (UAS) – E.Y013-01*[930] (UAS Policy) entwickelt.[931] Bis sich die Weiterentwicklungsbestrebungen der EASA in Form von entsprechenden Änderungen oder besonderen Zulassungsvorschriften für UAS verwirklicht haben, ist die UAS Policy die maßgebliche »Anleitung« zur Musterzulassung von UAS durch die EASA.

Im Folgenden wird zunächst auf ihre Entstehung sowie ihre Rechtsqualität und Funktion eingegangen, bevor die Hinweise der Policy zur Zulassung von UAS untersucht werden.

I. Entstehung

Die UAS Policy wurde im Jahr 2009 veröffentlicht und ist das Ergebnis einer langjährigen Entwicklung. Als Ausgangspunkt der UAS Policy gilt der Abschlussbericht der sog. »UAV Task-Force«. Die UAV Task-Force wurde durch gemeinsames Bestreben der JAA und EUROCONTROL (»Joint JAA/EUROCONTROL Initiative on UAVs«) im Jahr 2002 ins Leben gerufen, um auf das wachsende kommerzielle Interesse an UAS in Europa zu reagieren und die Regulierung der zivilen unbemannten Luftfahrt zu fördern, deren Mangel als wesentliches Hindernis der Weiterentwicklung von UAS in Europa angesehen wurde.[932] Die UAV Task-Force bestand aus Delegierten verschiedener europäischer Mitgliedstaaten und der FAA sowie Interessenvertretern der europäischen Industrie um UAS.[933] Das Ergebnis ihrer Bemühungen wurde im Mai 2004 als »Final Report: A Concept for European Regulations for Civil Unmanned Aerial Vehicles (UAVs)«[934] veröffentlicht. Nach einer Bestandsaufnahme und der Aufstellung von Grundprinzipien setzt sich der Abschlussbericht sowohl allgemein mit einer möglichen Regulierungsstruktur als auch im Besonderen mit verschiedenen Regelungs-

---

929 Siehe oben § 8 A. I. 2. b) aa) und § 8 A. I. 2. b) bb).
930 EASA, UAS Policy. Siehe oben Fn. 169.
931 Siehe zur UAS Policy auch *Tomasello*, EASA policy for UAS regulation and certification (Präsentation), 2009; *INOUI*, D3.3: Regulatory Roadmap for UAS Integration in the SES, 3; *Smethers*, UAS: Regulatory developments in EASA (Präsentation), 2nd EU UAS Panel Workshop on UAS insertion into airspace and radio frequencies 2011, 1; *Morier*, UAS: EASA activities and EASA Extension of Scope (Präsentation), 2008; *Hobe*, Rechtsprobleme unbemannter Flugobjekte, in: Delbrück *et al.* (Hrsg.), Aus Kiel in die Welt: Kiel's Contribution to International Law – Festschrift zum 100-jährigen Bestehen des Walther-Schücking-Instituts für Internationales Recht. Essays in Honour of the 100th Anniversary of the Walther Schücking Institute for International Law, 2014, 257 f.
932 *JAA/EUROCONTROL*, UAV Task-Force – Final Report, 1.1. Siehe zu Hintergrund, Zusammensetzung und Arbeitsweise der UAV Task-Force auch *JAA/EUROCONTROL*, UAV Task-Force – Enclosures, 1.3.
933 *JAA/EUROCONTROL*, UAV Task-Force – Final Report, 1.3.
934 *JAA/EUROCONTROL*, UAV Task-Force – Final Report.

bereichen auseinander, deren Einbeziehung durch das Hinzutreten von UAS als notwendig erachtet wurde. Der Bericht endet mit Empfehlungen für eine künftige Regulierung von UAS in Europa.[935] Er wird durch sog. *Enclosures*[936] ergänzt, die insbesondere weitere Informationen zu den wesentlichen Punkten des Abschlussberichts sowie konkrete Gesetzesvorschläge enthalten. Wenngleich die Thematik schon zuvor Gegenstand der Diskussion und des Handelns nationaler Behörden war, kann der Bericht der UAV Task-Force einschließlich seiner Enclosures als erste umfassende Auseinandersetzung mit der Frage der Regulierung von UAS auf europäischer Ebene betrachtet werden. Viele der Ausarbeitungen des Abschlussberichts finden sich – wenn auch meist in verkürzter Form – in der UAS Policy wieder, zu deren besserem Verständnis er herangezogen werden kann. Die Arbeit der UAV Task-Force kann als Grundsteinlegung aller weiteren Bemühungen um die rechtliche Erfassung der zivilen unbemannten Luftfahrt in Europa angesehen werden.

Bereits vor der Gründung der UAV Task-Force beschäftigte sich insbesondere die Luftfahrtbehörde des Vereinigten Königreiches (*UK Civil Aviation Authority*, UK CAA intensiv mit UAS und veröffentlichte dazu bereits 2002 eine entsprechende Anleitung (»CAP 722: Unmanned Air Vehicle Operation in UK Airspace – Guidance«[937]) die seitdem vielfach überarbeitet wurde.[938] Ergänzt wurde diese Anleitung ebenfalls im Jahr 2002 durch ein Dokument mit dem Titel »Aircraft Airworthiness Certification Standards for Civil UAVs«[939], welches weitere Informationen zum Kapitel »Civil Certification« des CAP 722 enthält. Wenngleich dieses Dokument mit einem Umfang von 15 Seiten vergleichsweise kurz ist und entsprechend der Zuständigkeit der Behörde und der Ausrichtung der Dokumente nur die nationale Verwendung von UAS betrifft, enthält es jedoch einige wesentliche Ausarbeitungen zur Zulassung von UAS, die in den Abschlussbericht der UAV Task-Force und die UAS Policy eingeflossen sind. Unter anderem finden sind die Hinweise zur Auswahl der damals anzuwendenden JAR sowie entsprechende Beispiele dieser Auswahl anhand existierender UAS nahezu identisch auch in der letztendlichen UAS Policy.[940]

Die EASA, die ihre Arbeit offiziell erst kurz vor dem Erscheinen des Abschlussberichts der UAV Task-Force aufnahm, widmete sich sogleich der Thematik und veröffentlichte im Jahr 2005 ein im Wesentlichen auf der Grundlage des Abschlussberichts basierende A-NPA Nr. 16/2005 (*Policy for Unmanned Aerial Vehicle (UAV) certification*[941]), die entsprechend der Rulemaking Procedure der Agentur den Entwurf der künftigen Regulierung nebst entsprechender Erklärungen enthält.[942] Im Anhang dazu

---

935 *JAA/EUROCONTROL*, UAV Task-Force – Final Report, 8.
936 *JAA/EUROCONTROL*, UAV Task-Force – Enclosures.
937 *UK Civil Aviation Authority*, CAP 722 – Unmanned Aircraft System Operations in UK Airspace – Guidance, 2002.
938 Die letzte Fassung ist *UK Civil Aviation Authority*, CAP 722 – Unmanned Aircraft System Operations in UK Airspace – Guidance, 5. Aufl. 2015.
939 *Haddon/Whittaker*, Aircraft Airworthiness Certification Standards for Civil UAVs.
940 Siehe *Haddon/Whittaker*, Aircraft Airworthiness Certification Standards for Civil UAVs, Appendix 1 und UAS Policy, Appendix 1.
941 EASA, A-NPA 16/2005. Seinerzeit wurde noch die Terminologie »UAV System« verwendet.
942 Siehe oben § 7 C. II. 1.

B. Anwendung der Zulassungsvorschriften durch die EASA (Policy Statement E.Y013-01)

befindet sich auch der Abschlussbericht der UAV Task-Force. In der sich anschließenden öffentlichen Konsultation wurde eine Vielzahl von Kommentaren zu sämtlichen Bereichen des Entwurfs abgegeben, mit der Folge, dass das die Antworten der Agentur enthaltende CRD mit einem Umfang von 270 Seiten erst im Jahre 2007 veröffentlicht werden konnte.[943] Nach Berücksichtigung der Kommentare und der Vornahme einiger Änderungen wurde die UAS Policy schließlich im August 2009 veröffentlicht.

II. Rechtsqualität und Funktion

Gemäß ihrer Benennung ist die UAS Policy ein »Policy Statement«. Die Internetseite der Agentur enthält zu Policy Statements, für die sie eine eigene Kategorie vorhält, folgende Erklärung:

> In the course of its certification duties, the Agency communicates with Type Certificate holders about ongoing developments in certification policy, typically on specific subjects.[944]

Bislang wurden einschließlich der UAS Policy erst drei Policy Statements veröffentlicht.

Die UAS Policy ist unverbindlich. Die in ihr enthaltene Aussage »[w]here existing certification procedures are at variance to this policy, the policy will take precedence and certification procedures will be amended accordingly«[945] vermag hieran nichts zu ändern. Vielmehr kann dies nur so verstanden werden, dass der UAS Policy entsprechende Änderungen der Vorschriften im EASA-System nachfolgen sollen, worauf die EASA auch erheblichen Einfluss hat.[946] Den Inhalt von verbindlichem Unionsrechts kann die Agentur durch die UAS Policy allerdings nicht anordnen.

Ihre wesentliche Funktion wird in der UAS Policy selbst erläutert:

> The policy represents a first step in the development of comprehensive civil UAS regulation and may be regarded as providing guidance to Part-21 Subpart B of Regulation (EC) No 1702/2003: Type-certificates and restricted type-certificates. This policy statement is therefore an interim solution to aid acceptance and standardisation of UAS certification procedures and will be replaced in due course by AMC and guidance material to Part-21 when more experience has been gained.[947]

Demgemäß wird die UAS Policy von der Agentur als Zwischenlösung betrachtete, die zu gegebener Zeit (»in due course«) durch eine umfassende Regulierung ziviler UAS abgelöst werden soll, sobald entsprechende Erfahrungen gesammelt wurden. Sie dient

---

943 EASA, CRD 16/2005. Siehe auch die Erklärung dazu, die die Standardantworten zu den häufigsten Fragen enthält, EASA, Comment Response Document (CRD) to Notice of Proposed Amendment (NPA) 16-2005, Explanatory Note (»CRD Explanatory Note«). Im dreimonatigen Kommentierungszeitraum gingen bei der Agentur 320 Kommentare von 45 Organisationen und Personen ein, EASA, CRD Explanatory Note, 2.
944 *EASA*, Policy Statements, <https://www.easa.europa.eu/document-library/policy-statements>, zuletzt besucht am 30. November 2015.
945 UAS Policy, 1.
946 Siehe dazu oben§ 7 E.
947 UAS Policy, 1.

als Hilfestellung zu Part 21 Abschnitt B des Hauptabschnitts A (Musterzulassung und eingeschränkte Musterzulassung) von Verordnung (EG) Nr. 1702/2003, nunmehr Verordnung (EU) Nr. 748/2012. Die UAS Policy kann zwar als Anleitung aufgefasst werden (»may be regarded as providing guidance«[948]) soll aber wiederum durch AMC und Anleitungsmaterial ersetzt werden, woraus folgt, dass es sich bei der Policy nicht bereits um Anleitungsmaterial im Sinne des EASA Soft Law handelt.[949] Die UAS Policy richtet sich vornehmlich an die Mitarbeiter der EASA im Zuge der Zulassung von UAS.[950] Daneben verschafft sie potentiellen Antragstellen einen Überblick über die entsprechende Vorgehensweise der Agentur.

III. Zulassung von unbemannten Luftfahrzeugsystemen mithilfe der UAS Policy

Um die Zulassung von UAS durch die EASA anzuleiten, stellt die UAS Policy neben allgemeinen Grundsätzen insbesondere Hinweise zur Anwendung des Teils 21 der Verordnung (EU) Nr. 748/2012 für die Zulassung von UAS zur Verfügung.[951]

Die »UAS« im Anwendungsbereich der Policy, sind solche, die von der oben untersuchten Definition der UAS Policy umfasst sind.[952] Demnach sind auch hier letztlich nur RPAS aber keine vollständig autonomen UAS gemeint, wenngleich die UAS Policy dazu nicht ausdrücklich Stellung nimmt. Entsprechend der von der Policy durchgehend verwendeten Bezeichnung wird auch im Folgenden allerdings weiter der Oberbegriff UAS verwendet.[953]

1. Grundsätze der Zulassung

Die allgemeine Zielsetzung der UAS Policy (»Objectives of the Policy Statement«) wird durch folgende Aussage hervorgehoben:

The overall objective of this policy is to facilitate acceptance of UAS civil airworthiness applications, while upholding the Agency's principle objective of establishing and maintaining a high uniform level of civil aviation safety in Europe together with the additional objectives stated in Article 2 of the Basic Regulation.[954]

Die Grundsätze, an denen sich die Musterzulassung von UAS ausrichten soll (»Airworthiness objective«), werden sodann wie folgt benannt:

---

948 UAS Policy, 1.
949 Aus diesem Grund wurde oben festgestellt, dass noch keine speziellen CS, AMC und GM für UAS vorhanden sind. In der Explanatory Note des CRD zum A-NPA der Policy hieß es dazu allerdings noch »This policy may be seen as guidance material to Part-21 to address the specific case of UAV«, EASA, CRD Explanatory Note, 2.
950 »This policy shall be used by the Agency's staff when certificating UAS.«, UAS Policy, 1.
951 Wiederholt wird zudem der Ausschluss bestimmter Luftfahrzeuge aus dem Anwendungsbereich der Grundverordnung und damit auch der Policy, UAS Policy, 1.
952 Siehe oben § 3 B. II. 1.
953 Die Bezeichnungen »RPAS« oder »RPA« sind der UAS Policy gänzlich fremd. Siehe zur Frage der Autonomie allerdings unten § 8 B. III. 3. b) aa).
954 UAS Policy, 4.

With no persons onboard the aircraft, the airworthiness objective is primarily targeted at the protection of people and property on the ground. A civil UAS must not increase the risk to people or property on the ground compared with manned aircraft of equivalent category.

Airworthiness standards should be set to be no less demanding than those currently applied to comparable manned aircraft nor should they penalise UAS by requiring compliance with higher standards simply because technology permits.[955]

Im ersten Absatz wird zunächst die Schwerpunktverschiebung der Flugsicherheit als Folge des Fehlens von Personen an Bord zum Ausdruck gebracht, bevor die Grundforderung des ELOS genannt wird.[956] Der zweite Absatz überträgt sodann dieses allgemeine Forderung des ELOS auf die Zulassungsspezifikationen für UAS und hebt hervor, dass auch diese hinsichtlich ihrer Anforderungen im Grundsatz äquivalent zu denen für bemannte Luftfahrzeuge sein sollen. Die genannten Grundsätze spiegeln die bereits im Abschlussbericht der UAV Task-Force genannten Prinzipien *Fairness*[957], *Equivalence*[958] und *Responsibility/Accountability*[959] wider.[960] Die Grundsätze bekunden die allgemeine Festlegung, dass UAS in das bestehende luftrechtliche Zulassungssystem zu integrieren sind und keinem gesonderten Regime unterfallen sollen.[961]

955 UAS Policy, 4.1.
956 Siehe dazu oben § 3 C. I.
957 »Any regulatory system must provide fair, consistent and equitable treatment of all those it seeks to regulate.« und den Ausführungen »Developing concepts specifically targeted at one sector of the aviation community (i.e. UAV) would be open to criticism that the spirit of this principle has been breached. A concept of regulation for UAV Systems should therefore start from the basis that existing regulations and procedures developed for and applicable to manned aircraft should be applied wherever practicable and not simply discarded in favour of a regulatory framework tailored specifically for UAV Systems.«, *JAA/EUROCONTROL*, UAV Task-Force – Final Report, 5.1.
958 »Regulatory standards should be set to be no less demanding than those currently applied to comparable manned aircraft nor should they penalise UAV Systems by requiring compliance with higher standards simply because technology permits.«, *JAA/EUROCONTROL*, UAV Task-Force – Final Report, 5.2, mit den Unterpunkten »Equivalent Risk« (»UAV Operations shall not increase the risk to other airspace users or third parties.«, 5.2.1) und »Equivalent Operations« (»UAV operators should seek to operate within existing arrangements.«, 5.2.2).
959 »The legal basis should be clearly defined in a similar manner as for manned aircraft.«, *JAA/EUROCONTROL*, UAV Task-Force – Final Report, 5.3.
960 Zudem enthält der Abschlussbericht der UAV Task-Force auch das Prinzip »Transparency« (»The provision of an Air Traffic Service (ATS) to a UAV must be transparent to the Air Traffic Control (ATC) controller and other airspace users.«, *JAA/EUROCONTROL*, UAV Task-Force – Final Report, 5.4), welches allerdings den Bereich des Betriebs betrifft und daher für die Zulassung nicht unmittelbar relevant ist.
961 Unter »Environmental protection objectives« (UAS Policy, 4.2) wird zudem die Übereinstimmung mit den Umweltschutzanforderungen des Art. 6 der Grundverordnung gefordert, was allerdings schon unmittelbar aus dieser folgt. Zur Umweltschutz enthält die UAS Policy zudem folgenden eindeutigen Hinweis: »From an environmental protection standpoint, there is very little difference between a manned and an unmanned aircraft. The essential requirements for environmental protection (ICAO Annex 16, Volumes I and II) make no distinction between manned or unmanned aircraft. Thus, in principle the normal environmental protection requirements are applicable.«, UAS Policy, 6. (21.A.18).

2. Zulassungsverfahren

Wie sich bereits aus der Untersuchung des verbindlichen Unionsrechts ergeben hat, findet auch für UAS grundsätzlich das in Teil 21 der Verordnung (EU) Nr. 748/2012 vorgesehene Verfahren der Musterzulassung Anwendung. Die UAS Policy weist darauf ausdrücklich hin (»Procedure for UAS certification«).[962]
Auf der Grundlage der Ermächtigung in den Art. 53 Abs. 1, 18 lit. d und 20 Abs. 1 der Grundverordnung wurde das Musterzulassungsverfahren durch die EASA ausgehend von einer Entscheidung des Verwaltungsrats[963] (MB Decision 12/2007) ist in der EASA Type Certification Procedure (»Airworthiness of type design – PR.CERT.00001-001«[964]) geregelt.[965]
Das wesentliche Zulassungsverfahren ist in fünf Phasen unterteilt, wobei dabei den vier Phasen der eigentlichen Zulassung (I.-IV.) eine weitere Phase (»0.«) vorangestellt wird. Diese Phase 0. dient der Prüfung der Anspruchsberechtigung, der Einschätzung des Zulassungsvorhabens und der Zusammenstellung eines sog. *Certification Team* (auch *Team of experts*) der Agentur.[966] Die erste Phase (I.) umfasst sodann insbesondere die Erstellung der Musterzulassungsgrundlage, bestehend aus den Zulassungsspezifikationen und den Sonderbedingungen.[967] Dies ist der für die vorliegende Untersuchung maßgebliche Schritt, da hier die konkreten Zulassungsanforderungen formuliert werden und sich der überwiegende Teil der UAS Policy dementsprechend auch mit der Ausgestaltung der Musterzulassungsgrundlage für UAS befasst. In der zweiten Phase (II.) einigt sich das Certification Team mit dem Antragsteller auf das Zulassungsprogramm, welches auch die Mittel bestimmt, mit denen die Einhaltung der Voraussetzungen aus der Musterzulassungsgrundlage gezeigt werden soll.[968] In der dritten Phase (III.) ist sodann die Erfüllung der Voraussetzungen der Musterzulassungsgrundlage mithilfe der zuvor bestimmten Mittel darzulegen.[969] Die vierte und letzte Phase (IV.) umfasst den Abschluss des Verfahrens und die Erteilung der Musterzulassung durch die Agentur.[970]

---

962 UAS Policy, 4.5.
963 EASA, Decision of the Management Board amending Decision of the Management Board No 07-2004 concerning the General Principles related to the Certification Procedures to be applied by the Agency for the Issuing of Certificates for Products, Parts and Appliances (»Products Certification Procedures«), Decision of the Management Board No 12/2007, 1. Oktober 2007 (»MB Decision 12/2007«).
964 EASA, Airworthiness of type design, 2. September 2013, PR.CERT.00001-001 (»Type Certification Procedure«).
965 Siehe zum Zulassungsverfahren auch *Lohl/Gerhard*, in: Hobe/von Ruckteschell/Heffernan (Hrsg.), 247 ff.
966 EASA, Type Certification Procedure, Basic Principles; EASA, MB Decision 12/2007, Art. 4 bis 6.
967 EASA, Type Certification Procedure, Basic Principles; EASA, MB Decision 12/2007, Art. 7.
968 EASA, Type Certification Procedure, Basic Principles; EASA, MB Decision 12/2007, Art. 8.
969 EASA, Type Certification Procedure, Basic Principles; EASA, MB Decision 12/2007, Art. 9.
970 EASA, Type Certification Procedure, Basic Principles; EASA, MB Decision 12/2007, Art. 11.

B. Anwendung der Zulassungsvorschriften durch die EASA (Policy Statement E.Y013-01)

3. Besondere Hinweise zu Teil 21 der Verordnung (EU) Nr. 748/2012

Die UAS Policy enthält sodann einen Abschnitt, der spezifische Anleitungen zur Erfüllung des Unterabschnitts B des Teils 21 bereithält. Die Hinweise sind jeweils einzelnen Nummern des Teils 21 zugeordnet und gleichen damit sehr den gewöhnlichen Anleitungsmaterialien (GM), obwohl die UAS Policy nicht formell zu diesen zu zählen ist.[971]

Im Hinblick auf den Anwendungsbereich des Abschnitts B des Teils 21 (Nr. 21.A.11), stellt die UAS Policy zunächst fest, dass die Terminologie der Grundverordnung (Erzeugnisse, Teile und Ausrüstungen) für bemannte Luftfahrzeuge entwickelt wurde. Die sich bereits aus der Grundverordnung ergebende Folge, dass die übrigen Elemente des UAS daher (nur) als Teile und Ausrüstungen des UA betrachtet werden können, wird in der UAS Policy ausdrücklich genannt:

[...] it has been concluded that the control station and any other equipment remote from the aircraft can be considered as a »part and appliance« on the grounds that it is functionally attached to the aircraft and has the same characteristics as parts and appliances installed in an aircraft. Accordingly, UAS control stations and other remote equipment performing functions that can prejudice take-off, continued flight, landing or environmental protection, shall be considered as part of the aircraft and included in the type-certification basis.[972]

Aus S. 2 dieses Hinweises folgt zudem, dass auch im Rahmen der Musterzulassung ein UAS zwar nur ein UA beinhalten, da die gesamte Zulassung an diesem »Erzeugnis« anknüpft, allerdings mehrere RPS als Teile umfassen kann (»UAS control station*s* [...] shall be considered as part of *the aircraft*«[973]).[974] Dies stimmt daher mit der allgemeinen Definition der UAS Policy überein (»[...]. There may be multiple control stations, command & control links and launch and recovery elements within a UAS«).[975] Spiegelbildlich gilt dies gemäß der UAS Policy auch für das von der nationalen Behörde

---

971 Siehe oben § 8 B. II.
972 UAS Policy, 6. In einer dazugehörigen Fußnote wird eine entsprechende Klarstellung in einer künftigen Änderung der Grundverordnung in Aussicht gestellt, UAS Policy, Fn. 2. Die Explanatory Note zum CRD führt dazu weiter aus: »The policy uses a specific interpretation of the definition of parts and appliance to be able to certify UAV as a complete system: parts of the UAV that are not in the air vehicle (e.g. control station) are accepted as part of the whole system (and therefore may be certificated) because they are used for functions that in manned aircraft are on board the aircraft. This interpretation is used for the short term but the Agency plans to update the definition of parts and appliances in due time.«, EASA, CRD Explanatory Note, 4.
973 Hervorhebung durch den Verfasser.
974 In der A-NPA wurde diese Frage entsprechend aufgeworfen (»However the UAV System includes in particular the flying vehicle and the control station. When one or several control stations control one UAV this is not a problem, as the certificate of airworthiness can cover several identical control stations for one flying vehicle. The situation is different when only one control station controls two or more UAV. In such case, should the control station be included in the two certificate of airworthiness or should a specific certificate of airworthiness be created for the control station? The latter seems difficult to achieve under the EASA Basic regulation as it currently stands.«, EASA, A-NPA 16/2005, 8.
975 UAS Policy, 2. (21A.11).

zu erteilenden CofA.[976] Eine Zulassung mehrerer RPS als Teile eines UA schafft zudem grundsätzlich die Möglichkeit eines *handover*, also einer Steuerungsübergabe während des Fluges, zwischen den zugelassenen RPS. Die UAS Policy enthält dazu bedauerlicherweise keine Informationen, wobei die Frage der Steuerungsübergabe im Flug allerdings im Wesentlichen dem Bereich des Betriebs angehört.

Zentral ist sodann die Anleitung zur Musterzulassungsgrundlage, die die Hinweise zu Lufttüchtigkeitskodizes (Nr. 21A.16A) und Sonderbedingungen (Nr. 21A.16B) inhaltlich einschließt und den Bezug zu den Anhängen der Policy herstellt. Die Musterzulassungsgrundlage[977] besteht gemäß Part 21 (Nr. 21.A.17) aus den anwendbaren Lufttüchtigkeitskodizes (CS) und individuellen Sonderbedingungen (SC). Im Falle von UAS umfasst die Musterzulassungsgrundlage gemäß der UAS Policy in Anlehnung daran:

a. Certification specifications selected and tailored from the applicable manned aircraft airworthiness code or codes

b. Special Conditions & interpretative material related to UAS specifics, added in accordance with 21A.16B, where the existing requirements do not contain adequate or appropriate safety standards.[978]

Die Anleitung zur Ausgestaltung dieser sich aus Teil 21 ergebenden Voraussetzungen ist der wesentliche Beitrag der UAS Policy zur Zulassung von UAS durch die Agentur.

a) Lufttüchtigkeitskodizes

In Bezug auf die Lufttüchtigkeitskodizes stellt die Agentur klar, dass bis zum Zeitpunkt der Veröffentlichung der UAS Policy noch keine CS speziell für UAS geschaffen wurden, dies aber bei ausreichender Erfahrung erfolgen soll.[979]

Die für die Musterzulassungsgrundlage heranzuziehenden Lufttüchtigkeitskodizes sind durch den Antragsteller vorzuschlagen.[980] Die Auswahl der maßgeblichen CS erfolgt in zwei Schritten, die in den zwei Anhängen zur Policy im Einzelnen dargestellt werden. Zunächst sind die im Grundsatz anwendbaren Zulassungsspezifikationen aus dem Repertoire vorhandener Lufttüchtigkeitskodizes auszuwählen, die für be-

---

976 »A UAS certificate of airworthiness may include multiple control stations and other system elements necessary to enable flight, provided they have been identified as part of the type design in accordance with 21A.31, or have been approved under a Major change or STC.«, UAS Policy, 8.1.
977 Die Bezeichnung in Nr. 21.A.17 des Part 21 lautet »Basis der Musterzulassung«.
978 UAS Policy, 6. (21A.17). Alternativ zu den unter Anleitung der UAS Policy aufgestellten Zulassungsvoraussetzungen erkennt die EASA unter bestimmten Bedingungen auch die Zulassungsvoraussetzungen an, die ursprünglich von den Französischen Militärbehörden (als Unmanned Systems Airworthiness Requirements, USAR) geschaffen und nachfolgend durch die NATO aktualisiert und als STANAG 4671 (*NATO*, STANAG 4671, 2009) veröffentlicht wurden, UAS Policy, 6. (21A.17). Siehe zu den NATO STANAG auch unten § 9 D.
979 UAS Policy, 6. (21.A.16A).
980 UAS Policy, 6. (21A.17).

mannte Luftfahrzeuge geschaffen wurden.[981] Anhang 1 der UAS Policy enthält eine Methode zur entsprechenden Auswahl dieser CS. Im Kern erfolgt dabei ein Vergleich der durch das UAS gegebenen Gefahr mit der von bemannten Luftfahrzeugen ausgehenden Gefahr, wobei aufgrund des Fehlens von Personen an Bord im Falle von UAS ausschließlich die Gefährdung Dritter maßgeblich ist. Ausgangspunkt ist die Annahme, dass die von einem Luftfahrzeug für Dritte ausgehende Gefahr im Allgemeinen proportional zur kinetischen Energie des Luftfahrzeugs beim Aufschlag ist.[982] Diesbezüglich werden von der UAS Policy zwei Szenarien differenziert, die in unterschiedlichen kinetischen Energien resultieren. Zum einen wird das »Unpremeditated Descent Scenario« zugrunde gelegt, welches die Situation abbildet, in der aufgrund einer oder mehrere Fehlfunktionen die Flughöhe nicht mehr aufrechterhalten werden kann, etwa bei Ausfall des Antriebs.[983] Zum anderen beschreibt das »Loss of Control Scenario« den Fall, indem eine oder mehrere Fehlfunktionen einen gänzlichen Kontrollverlust zur Folge haben und einen Aufschlag bei hoher Geschwindigkeit erwarten lassen.[984] Für beide Szenarien, die sich insbesondere durch die Sinkgeschwindigkeit unterscheiden, wurde jeweils für 28 verschiedene bemannte Luftfahrzeugtypen (denen wiederum bestimmte CS zugeordnet sind) die jeweiligen kinetischen Energien beim Aufschlag ermittelt.[985] Um die der Zulassung von UAS zugrunde zu legenden Lufttüchtigkeitskodizes zu bestimmen, ist sodann die kinetische Energie des UA in denselben Szenarien zu berechnen und mit den Werten der bemannten Luftfahrzeuge zu vergleichen.[986] Im Ergebnis sind die CS auszuwählen, die bei bemannten Luftfahrzeugen und dem in Frage stehenden UA des gleichen Typs zu ähnlichen kinetischen Energien beim Aufschlag führen (z.B. CS-23).[987] Sofern die Berechnungen in den zwei Szenarien in unterschiedlichen CS resultieren, ist für das UAS eine Kombination aus den ermittelten CS zu entwickeln (z.B. eine Zusammensetzung aus CS-23 und CS-25).[988]

Aus diesem Auswahlmechanismus folgt in Bezug auf die oben aufgeworfene Frage der Klassifikation von UAS, dass UAS auch durch die EASA entlang der allgemeinen Luftfahrzeugtypen klassifiziert werden. UAS stellen folglich keine eigene Klasse dar, sondern werden denselben Klassen zugeordnet, für die die CS für bemannte Luftfahrzeuge bestehen (*Aeroplanes*, *Rotorcraft*, *Airships* usw.).

Die auf diese Weise ausgewählten CS sind sodann an das zuzulassende UAS anzupassen.[989] Hierzu enthält Anhang 2 der UAS Policy eine entsprechende Anleitung. Demnach ist jede einzelne Zulassungsspezifikationen dahingehend zu kennzeichnen, inwieweit sie für das zuzulassende UAS herangezogen werden kann. Folgende Kategorien werden dazu von der UAS Policy genannt:

F: Certification specification is Fully applicable.

---

981 UAS Policy, 6. (21A.17).
982 UAS Policy, Appendix 1, 1.
983 UAS Policy, Appendix 1, 1., a).
984 UAS Policy, Appendix 1, 1., b).
985 UAS Policy, Appendix 1, Figures 1 und 2.
986 UAS Policy, Appendix 1, 2.
987 UAS Policy, Appendix 1, 2.
988 UAS Policy, Appendix 1, 2. Der Anhang enthält zudem Beispiele (u.a. Global Hawk und Predator) einer entsprechenden Auswahl der CS, UAS Policy, Appendix 1, 3.
989 UAS Policy, 6. (21A.17).

I: »Intent« of the certification specification is applied but not as exactly worded (interpretation/ slight change required in order to make it suitable to UAS application).
N/A: Certification specification Not Applicable as clearly and obviously not relevant to UAS applications (e.g. relates to crew or passengers onboard the aircraft)
N/A-C: Certification specification Not Applicable due to assumed UAS configuration
P: Certification specification is only Partially applied (e.g. part of it may be »N/A«)
A: Alternative criteria are proposed[990]

Die vorgenommene Kategorisierung ist durch den Antragsteller zu begründen. Falls erforderlich kann die Agentur sog. *Certification Review Items* (CRIs) zu den Zulassungsspezifikationen verfassen.[991] CRIs kennzeichnen ein Dokument, das verwendet wird, um ein Zulassungsbestandteil, welches noch weiterer Aufklärung bedarf oder eine besondere technische oder administrative Bedeutung besitzt, nachvollziehbar zu dokumentieren.[992] Dies gilt insbesondere, sofern eine Zulassungsspezifikationen mit »A« gekennzeichnet wird und entsprechende alternative Zulassungsanforderungen vorgeschlagen werden.[993] Die CRIs können letztlich in Sonderbedingungen oder Auslegungshilfen resultieren, die ein mit den ursprünglichen Zulassungsvoraussetzungen vergleichbares Sicherheitsniveau (ELOS) herstellen sollen.[994]

b) Sonderbedingungen

Der zweite Teil der Musterzulassungsgrundlage besteht aus den Sonderbedingungen (SC).[995] Gemäß Nr. 21.A.16B des Teils 21 der Verordnung (EU) Nr. 748/2012 sind durch die Agentur »ausführliche besondere technische Spezifikationen« vorzuschreiben, sofern die vorhandenen Zulassungsspezifikationen aus verschiedenen Gründen ungeeignet sind. Insbesondere kann dies der Fall sein, wenn die zuzulassenden Produkte »neuartige oder ungewöhnliche Konstruktionsmerkmale gegenüber der Konstruktionspraxis, auf der die einschlägigen Lufttüchtigkeitsvorschriften beruhen« besitzen oder für einen »ungewöhnlichen Zweck« bestimmt sind.[996]

Wie oben dargelegt, sind gerade im Fall von UAS dementsprechende Sonderbedingungen unentbehrlich, da die vorhandenen Lufttüchtigkeitskodizes, selbst wenn alle Bezüge zu Personen an Bord gestrichen und eine Anpassung der gegebenen Spezifikationen an UAS erfolgt, die besonderen Merkmale von UAS nicht erfassen können.[997]

Die UAS Policy hält für die besonderen Merkmale von UAS entsprechende, nicht abschließende Hinweise bereit, die die Ausgestaltung der Sonderbedingungen durch die Agentur anleiten sollen.

---

990 UAS Policy, Appendix 2.
991 UAS Policy, Appendix 2.
992 Art. 2 EASA, MB Decision 12/2007 (»Certification Review Items shall mean a document that is used to track and record the resolution of a certification subject which requires clarification or interpretation or represents a major technical or administrative issue.«).
993 UAS Policy, Appendix 2.
994 UAS Policy, Appendix 2.
995 UAS Policy, 6. (21A.17).
996 Siehe dazu oben § 8 A. I. 2. b) aa).
997 Siehe oben § 8 A. II. 2.

aa) Verschiedene Sonderbedingungen

Zunächst erfolgen Hinweise zur sog. *Emergency Recovery Capability*. Diese besteht normalerweise entweder darin, den Flug schnellstmöglich zu beenden und die Aufschlagsenergie zu verringern, wobei der Aufschlag nicht notwendigerweise verhindert werden kann oder darin, dass sich das UA auf Anweisung des Piloten oder automatisiert durch ein System an einen zuvor festgelegten Ort begibt, um dort zu landen oder den Flug abzubrechen.[998] Die Zuhilfenahme solcher Mechanismen ist nicht verpflichtend, kann aber als Gegenmaßnahme für ggf. andere vorhandene Fehlerbedingungen herangezogen werden, etwa beim Ausfall der Datenverbindung. Eine Emergency Recovery Capability kann jedoch nicht als Allheilmittel für sämtliche Sicherheitsbedenken herhalten.[999] Hinsichtlich der *Datenverbindung* enthalten die Hinweise zu den Special Conditions verschiedene allgemeine technische Anforderungen.[1000] Die Ausfall- und Störungsmöglichkeiten der Datenverbindung müssen vom Antragsteller festgelegt und im Rahmen der Zulassung geprüft werden.[1001] Die Hinweise zum *Grad der Autonomie* erschöpfen sich in einer Aufzählung von Aspekten die im Rahmen der Zulassung diesbezüglich zu berücksichtigen sein könnten.[1002] Einzelne Stufen der Autonomie werden nicht benannt. Ähnliches gilt hinsichtlich der sog. *Mensch-Maschine-Schnittstelle*, wobei insbesondere die Eigenschaften aufgelistet werden, die zur möglichst fehlerfreien Bedienung der Steuerungseinheit vorliegen müssen. In Bezug auf das wichtige Element der *Kontrolleinheit* weist die UAS Policy lediglich darauf hin, dass alle Bestandteile der RPS in die Musterzulassung einbezogen werden müssen, die aufgrund von Fehlfunktionen die sichere Steuerung des UA beeinträchtigen können. Sofern betriebliche Anforderungen im Zusammenhang mit der *Art des Betriebs* besondere Konstruktionsmerkmale fordern, sollen auch dafür entsprechende Special Conditions geschaffen werden.

bb) System Safety Assessment (»1309«)

Abschließend befassen sich die Hinweise zu den Sonderbedingungen mit dem sog. *System Safety Assessment*. Das System Safety Assessment hat seine Grundlage in Anhang I der Grundverordnung[1003] und wird in den jeweiligen Lufttüchtigkeitskodizes ausgestaltet. Darin hat es stets die Nummer CSxx.1309 (z.B. CS 23.1309, CS 25.1309 usw.)[1004], weshalb zur griffigen Umschreibung der Herangehensweise des System Safety Assessment oftmals auch schlicht die Bezeichnung »1309«, ggf. mit verschiede-

---

998 UAS Policy, 7.1. Zur Auswahl solcher Orte listet die Policy entsprechende Kriterien auf.
999 UAS Policy, 7.1.
1000 UAS Policy, 7.2. So soll die Stabilität und Reichweite des Signals stets angezeigt werden und sichergestellt sein, dass ein einzelner Fehler der Datenverbindung nicht die allgemeine Kontrolle des UA beeinträchtigt. Auch der Schutz vor elektromagnetischen Interferenzen soll gewährleistet sein.
1001 UAS Policy, 7.2 d).
1002 UAS Policy, 7.1.
1003 Nr. 1.c.3., siehe oben § 8 A. I. 1. b).
1004 Die CSxx.1309 werden in den jeweiligen AMC weiter ausgearbeitet, die auch oftmals die im Folgenden erläuterten Fehlerbedingungen und Wahrscheinlichkeiten definierten.

nen Erweiterungen (z.B. »1309-approach«), verwendet wird.[1005] Wenngleich sich der genaue Wortlaut der CSxx.1309 in den jeweiligen Lufttüchtigkeitskodizes unterscheidet, beschreibt er im Grundsatz stets die Anforderung, dass die Konstruktion von Ausrüstungen, Systemen und Einbauten (*equipment, systems*[1006] *and installations*) so beschaffen sein muss, dass die Wahrscheinlichkeit des Eintritts verschiedener Fehlerbedingungen in einem umgekehrten Verhältnis zur Schwere ihrer Auswirkungen auf die Sicherheit von Flug und Landung stehen muss. Demnach müssen schwere Auswirkungen auf die Sicherheit, z.B. ein Absturz, höchst unwahrscheinlich sein, während solche Auswirkungen, die die Sicherheit kaum beeinträchtigen, entsprechend wahrscheinlicher sein dürfen. Die sog. Fehlerbedingungen (*No Safety Effect, Minor, Major, Hazardous* und *Catastrophic*) und Wahrscheinlichkeiten (*Probable, Remote, Extremely Remote* und *Extremely Improbable*) werden dazu entsprechend definiert.[1007] Die höchstens zulässige Wahrscheinlichkeit wird schließlich auf einen zwischen den einzelnen Lufttüchtigkeitskodizes variierenden quantitativen Wert festgelegt.[1008] Bei Erfüllung dieser Werte wird ein annehmbarer Grad an Sicherheit (ALOS)[1009] erreicht, welcher hinnehmbare Unfallraten wiederspiegelt, die auf Bewertungen von Unfallstatistiken der zivilen Luftfahrt zurückgehen.[1010] Beispielsweise darf im Falles eines großen Flugzeuges, das unter die CS-25 fällt[1011], ein als »catastrophic« einzustufender Zwischenfall (zahlreiche Todesfällen; i.d.R. Verlust des Flugzeugs) nur mit einer Wahrscheinlichkeit[1012] von weniger als 10^{-9} eintreten, d.h. durchschnittlich einmal in 1 Mrd. Flugstunden.[1013] Der Ansatz des 1309 ist letztlich auch eine Spielart des sog. »Safety Target Approach«, die allerdings in diesem Fall durch ein Zulassungsspezifikation eingeführt wird und nicht allein, sondern neben anderen Zulassungsvorausset-

---

1005 Siehe allgemein zu »1309« *De Florio*, Airworthiness: An Introduction to Aircraft Certification, 4.6.7. und oben § 3 C. I. Siehe in Bezug auf UAS, u.a. *Dalamagkidis/ Valavanis/Piegl*, On Integrating Unmanned Aircraft Systems into the National Airspace System, 5.5.1; *Clothier/Wu*, Eleventh Probabilistic Safety Assessment and Management Conference (PSAM11) and the Annual European Safety and Reliability Conference (ESREL 2012), 25th – 29th June, Helsinki, Finland 2012, 1; *Clothier et al.*, Safety Science 2011, 1; *JAA/EUROCONTROL*, UAV Task-Force – Final Report, 7.5; *INOUI*, D3.2 UAS Certification, 2.6; *EUROCAE*, UAS/RPAS Airworthiness Certification – »1309« System Safety Objectives and Assessment Criteria, ER-010, 2013 sowie im folgenden Gliederungsabschnitt.
1006 In CS-23 z.B. umfassen »systems« gem. der Definitionen in CS-23.1309 lit. f »[...] all pneumatic systems, fluid systems, electrical systems, mechanical systems, and powerplant systems included in the aeroplane design, except for the following: (1) Powerplant systems provided as part of the certificated engine. (2) The flight structure (such as wing, empennage, control surfaces and their systems, the fuselage, engine mounting, and landing gear and their related primary attachments) whose requirements are specific in Subparts C and D of CS-23.«.
1007 So in AMC 25.1309 zu CS-25.
1008 AMC 25.1309 zu CS-25.
1009 Siehe oben § 3 C. I.
1010 *De Florio*, Airworthiness: An Introduction to Aircraft Certification, 4.6.7.
1011 Gem. CS-25.1 sind dies »turbine powered Large Aeroplanes«.
1012 »Wahrscheinlichkeit« bedeutet die durchschnittliche Wahrscheinlichkeit pro Flugstunde (»Average Probability per Flight Hour«), AMC 25.1309, 5. und 7.
1013 AMC 25.1309, 8., Figure 2.

zungen steht.¹⁰¹⁴ Mithilfe der Voraussetzung des 1309 konnten in der Vergangenheit auch andere technische Neuerungen in die Sicherheitsanalyse einbezogen werden.¹⁰¹⁵

Die UAS Policy enthält zu dieser bedeutsamen Zulassungsvoraussetzungen vergleichsweise ausführliche Hinweise. Darin beschreibt sie zunächst die Anwendung des System Safety Assessments auf UAS:

> UAS safety assessment shall be performed to show that the UAS complies with safety objectives – e.g. the probability level associated with the risk of an uncontrolled crash is less than an agreed figure and the severity of various potential failure conditions is compatible with their agreed probability of occurrence.¹⁰¹⁶

Von besonderer Bedeutung ist sodann, dass *alle* Elemente des UAS in das System Safety Assessment einbezogen werden sollen (»The system safety assessment should consider the system characteristics of a UAS design viewed as a whole and not confined to the unmanned aircraft.«¹⁰¹⁷). Während die originären 1309-Spezifikationen der Lufttüchtigkeitskodizes auf die Überprüfung von Ausrüstungen, Systemen und Einbauten im Luftfahrzeug selbst gerichtet sind, ermöglicht diese Anwendung des System Safety Assessments, den Systemcharakter von UAS, der durch eine gegenseitige Abhängigkeit der einzelnen – insbesondere außerhalb des UA befindlichen – Elemente gekennzeichnet ist, zu berücksichtigen und die Sicherheit des Gesamtsystems zu bewerten.

Die Anforderungen des System Safety Assessments in den für bemannte Luftfahrzeuge geschaffenen, mitunter sehr unterschiedlichen Lufttüchtigkeitskodizes allerdings, wurden naturgemäß nur für solche Ausrüstungen, Systeme und Einbauten entwickelt, die in bemannten Luftfahrzeugen anzutreffen sind. Sie gehen zudem davon aus, dass sich Pilot und grundsätzlich auch Passagiere an Bord des Luftfahrzeugs befinden, die durch einen Zwischenfall stets gefährdet werden. Im Falle von UAS wird die Steuerung mithilfe der Kontrolleinheit und der Datenverbindung ausgelagert und das Fehlen des Piloten an Bord mitunter durch weitere Technik substituiert. Auch bei im Vergleich zu bemannten Luftfahrzeugen relativ kleinen UAS geht damit eine erhebliche Technisierung einher. Die Komplexität von Ausrüstungen, Systemen und Einbauten in UAS ist daher deutlich erhöht. Andererseits haben Zwischenfälle gerade keine Gefährdung von Leib oder Leben von Personen an Bord zur Folge. Der Gefährdungsschwerpunkt verlagert sich vielmehr auf Dritte am Boden.¹⁰¹⁸ Die auf den Prämissen bemannter Luftfahrzeuge definierten Fehlerbedingungen und Wahrscheinlichkeitswerte können folglich für UAS nicht unmittelbar herangezogen werden.

Die UAS Policy beschreibt diesbezüglich, dass die Klassifikation von Fehlerbedingungen und die Festsetzung von Wahrscheinlichkeitswerten noch andauern und erst in

---

1014 Siehe zum Safety Target Approach unten § 8 B. III. 4.
1015 So im Abschlussbericht der UAV Task-Force »This latter ›1309 approach‹ has often been useful to assess new technologies or novel design features (such as Fly by Wire) not covered by existing requirements.«, *JAA/EUROCONTROL*, UAV Task-Force – Final Report, 6.3.1.1.
1016 UAS Policy, 7.7.
1017 UAS Policy, 7.7.
1018 Siehe oben § 3 C. II.

einer neuen Fassung UAS Policy enthalten sein sollen.[1019] Wann eine solche Aktualisierung erfolgen soll, bleibt offen. Bis dahin sollen grundsätzlich die Werte in den entsprechenden Lufttüchtigkeitskodizes für bemannte Luftfahrzeuge verwendet werden.[1020] Allerdings können von der Agentur für einige Systeme auch höhere Werte gefordert werden, da UAS im besonderem Maß auf solche Systeme angewiesen sind und manche Lufttüchtigkeitskodizes zudem davon ausgehen, dass nur einfache elektronische Systeme verwendet werden, was bei UAS kaum der Fall sein wird.[1021] Mit der Anhebung der Wahrscheinlichkeitsanforderungen soll letztlich ein ELOS zu bemannte Luftfahrzeugen erreicht werden.[1022]

4. Eingeschränkte Musterzulassung

Die UAS Policy betrifft grundsätzlich die Musterzulassung von UAS durch die Agentur, die in der Erteilung eines Musterzulassungsscheins (TC) gipfelt und – zusammen mit dem von den nationalen Behörden auszustellenden CofA – den Normalfall der gestuften Zulassung von Produkten, Bau und Ausrüstungsteilen darstellt. Aus der Untersuchung der allgemeinen Zulassungsvorschriften ist bereits hervorgegangen, dass die Möglichkeit eines eingeschränkten Musterzulassungsscheins (R-TC) im Falle von UAS naheliegend sein kann, da nicht alle Zulassungsspezifikationen durch UAS, auch bei entsprechender Auslegung und Ergänzung, erfüllbar sind.

Hinweise zum R-TC finden sich in der UAS Policy in zwei Abschnitten, wobei jeweils Aussagen zu den Konstellationen, in denen ein R-TC in Betracht kommt, und Hinweise zur Anwendung der Vorschriften zum R-TC erfolgen. Hinsichtlich der möglichen Konstellationen findet sich im Rahmen der besonderen Hinweise zu Teil 21 folgende Aussage:

The conventional approach to certification will normally lead to a type-certificate and certificate of airworthiness. For UAS where the unmanned aircraft poses little risk to people or property on the ground (including take-off and landing), a restricted type-certificate and/or restricted certificate of airworthiness may be granted.[1023]

Ergänzt wird dies durch eine entsprechende Fußnote:

1019 UAS Policy, 7.7. Entsprechende Vorschläge bestanden allerdings schon frühzeitig, etwa in *JAA/EUROCONTROL*, UAV Task-Force – Final Report, 10.
1020 Mindestens sollen dies aber die Werte des FAA AC 23.1309-1C (für Class 1-Flugzeuge) sein (»In the absence of defined quantitative probability and software development assurance level criteria in the applicable airworthiness code, the minimum values contained in AC 23.1309-1C for Class 1 aeroplanes should be used.«), UAS Policy, 7.7. Dieser Advisory Circular (AC) ist zwischenzeitlich ersetzt worden. Seit 2011 gilt *FAA*, AC 23.1309-1E – System Safety Analysis and Assessment for Part 23 Airplanes, 2011. Siehe allerdings die von der Agentur geschaffenen 1309-Sonderbindungen für solche RPAS, die nach dem Verfahren der UAS Policy den CS-VLA oder CS-VLR zuzuordnen wären, EASA, Special Condition SC-RPAS.1309-01 – Equipment, Systems and Installations, SC-RPAS.1309-01, Issue 2 (12. Oktober 2015).
1021 UAS Policy, 7.7.
1022 UAS Policy, 7.7.
1023 UAS Policy, 6. (21A.17(a)(1)(i)).

B. Anwendung der Zulassungsvorschriften durch die EASA (Policy Statement E.Y013-01)

Generally this will apply to operations intended solely over remote areas. However, it may also apply to small aircraft and airships/balloons, if the kinetic energy from any likely crash scenario can be constrained to acceptable levels. This will need to be assessed on a case-by-case basis.[1024]

Im Abschnitt zur Anwendbarkeit des allgemeinen Zulassungsverfahrens ist folgende Aussage enthalten:

So, for example, design approval of a UAS intended for operation entirely over remote areas where the risk to third parties on the ground is considered negligible, could be approved under a restricted TC and/or restricted CofA.[1025]

Demnach kann ein R-TC bzw. R-CofA für UAS in Fällen ausgestellt werden, in denen das UA für Personen und Eigentum am Boden nur ein »little risk« darstellt, d.h. in denen eine Gefährdung Dritter am Boden vernachlässigbar ist. Das R-TC bietet damit eine Möglichkeit auf die Veränderung des Gefährdungsschwerpunktes bei der Verwendung von UAS zu reagieren. Das charakteristische Merkmal von UAS – das Fehlen von Personen an Bord – ermöglicht hier, eine Gefährdung von Menschen auszuschließen, selbst wenn das UAS die Zulassungsspezifikationen nicht erfüllen kann und folglich nicht dem annehmbaren Sicherheitsniveau entspricht. Zum einen kann diese Möglichkeit relevant werden, wenn das UAS über abgelegenen Gebieten betrieben wird.[1026] In diesem Fall ist die Gefährdung allein aufgrund der *Abwesenheit* von Dritten ausgeschlossen. Diese Variante knüpft demnach an äußere Umstände, nicht aber an die Konstruktion des UAS an. Wenngleich für diesen Fall zahlreiche mögliche Anwendungen denkbar sind, z.B. die Leitungsbefliegung außerhalb von bewohntem Gebiet, wird eine entsprechende Situation im dicht besiedelten Europa nur einen Teil der möglichen Nutzung von UAS erfassen können. In der genannten Fußnote wird andererseits auch die Variante erwähnt, in der die Gefahr aufgrund der Eigenschaften des UAS gering (genug) ist. Im Falle sehr leichter unbemannter Flugzeuge und Luftschiffe bzw. Ballone kann die kinetische Energie beim Aufschlag so gering sein, dass sie mithin ein hinnehmbares Niveau erreicht. Ein R-TC für alle anderen UA, die über bewohntem Gebiet eingesetzt werden, erscheint demnach allerdings ausgeschlossen.

Hinsichtlich der Berücksichtigung dieser Möglichkeit im Zuge der Zulassung von UAS enthalten die Hinweise zum Zulassungsverfahren zunächst eine allgemeine Erklärung der Möglichkeit des R-TC und einen Verweis auf die entsprechenden Vorschriften der Grundverordnung und des Teils 21.[1027] Im Anschluss an die zuvor genannte Passage, folgt sodann, dass »[t]his alternative may be based on the safety target approach, using an overall target level of safety defined by the Agency, in lieu of a specified airworthiness code.« Demnach ist der »Safety Target Approach«, der auf ein allgemeines Sicherheitszielniveau (*overall target level of safety*) abstellt, anstelle von Lufttüchtigkeitskodizes heranzuziehen. Die Agentur setzt im Rahmen des Safety Target Approach demnach nicht die Erfüllung der Zulassungsspezifikationen voraus, sondern definiert ein von dem jeweiligen UAS zu erfüllendes Sicherheitsniveau, welches nicht nur an das UAS anknüpft, sondern auch die Umstände des Betrieb des UAS mit

---

1024 UAS Policy, 6., Fn. 3.
1025 UAS Policy, 6.
1026 Das A-NPA nennt dazu das Bsp. einer Verwendung über der Arktis, EASA, A-NPA 16/2005, 7.
1027 UAS Policy, 5.

einbezieht. Der Safety Target Approach und seine Bedeutung für die Zulassung von UAS wurde im Vorfeld der UAS Policy umfassend diskutiert.[1028] Letztendlich entschied man sich aber entlang der oben genannten Prinzipien dazu, UAS dem selben Regime zu unterwerfen wie bemannte Luftfahrzeuge und daher die Zulassung mithilfe von Lufttüchtigkeitskodizes grundsätzlich auch für UAS beizubehalten. Im Rahmen des R-TC soll der Safety Target Approach allerdings gemäß der UAS Policy angewendet werden können. Bedauerlicherweise enthält die Policy allerdings keine weiteren Ausführungen dazu.

Innerhalb der Hinweise zu Teil 21 erfolgt dann folgender Hinweis:

Where application is made for a restricted certificate of airworthiness under the provisions of the basic regulation (Article 5(4)) and detailed in Part 21 subpart H, the Agency will set specific airworthiness specifications to ensure adequate safety that are commensurate with the safety objectives and the level of imposed operational restrictions.[1029]

Diese Aussage betrifft nur das R-CofA und nur den Fall, in dem kein R-TC für das Muster durch die Agentur ausgestellt wurden. Liegt nämlich ein R-TC vor, wird durch die zuständige nationale Behörde lediglich die Übereinstimmung mit dem R-TC geprüft. Fehlt es an einem R-TC, etwa weil die herzustellende Stückzahl so gering ist, dass sie ein R-TC nicht rechtfertigen würden, kann ein R-CofA ausgestellt werden, wenn gemäß Nr. 21.A.173 lit. b) des Teils 21 gegenüber der Agentur der Nachweis erbracht wird, dass das Luftfahrzeug besonderen Spezifikationen für die Lufttüchtigkeit entspricht, die eine adäquate Sicherheit gewährleisten.[1030] Diese Specific Airworthiness Specifications (SASs) werden im Falle von UAS wohl die gleichen Kriterien berücksichtigen müssen, wie dies im Zuge der eingeschränkten Musterzulassung der Fall ist.

Ein R-CofA, unabhängig davon, ob es einem R-TC entspricht oder mithilfe von SASs erlassen wurde, erfüllt allerdings nicht die Forderung des Art. 31 des Chicagoer Abkommens nach einem »normalen« CofA, sodass jedenfalls ein internationaler Betrieb in Übereinstimmung mit dem Chicagoer Abkommen auf der Grundlage eines eingeschränkten Lufttüchtigkeitszeugnisses nicht möglich ist.

1028 Gegenstand der Auseinandersetzung mit dem Safety Target Approach im Vorfeld der UAS Policy war insb. die grds. Frage, ob die (Muster-)Zulassung von UAS aufgrund der gegebenen Besonderheiten gänzlich mithilfe des Safety Target Approach erfolgen sollte, oder ob auch für UAS der »conventional approach«, d.h. die Zulassung unter Zuhilfenahme von Lufttüchtigkeitskodizes, beibehalten werden sollte. Obgleich der Safety Target Approach dadurch attraktiv erscheint, dass er zahlreiche Umstände, insb. die konkrete Einsatzumgebung, in die Prüfung mit einbeziehen kann und damit eine sehr flexible Zulassung möglich sein könnte, entschied sich die Agentur für die Zulassung mithilfe von Lufttüchtigkeitskodizes. Neben anderen Argumenten wurde auch zutreffend vorgebracht, dass eine Zulassung allein auf der Grundlage des Safety Target Approach weder mit ICAO Annex 8 noch mit der Grundverordnung vereinbar wäre. Siehe zur Diskussion insb. *JAA/EUROCONTROL*, UAV Task-Force – Final Report, 6.3.1.1; EASA, A-NPA 16/2005, 6 f. Nichtsdestotrotz kann der Safety Target Approach innerhalb einzelner Lufttüchtigkeitskodizes Anwendung finden, wie dies etwa bei R-TC oder bei den sog. 1309 Lufttüchtigkeitskodizes der Fall ist.
1029 UAS Policy, 6. (21A.17(a)(1)(i)).
1030 Siehe zu den SASs oben § 8 A. I. 1. a).

5. Weitere Hinweise

In einem kurzen Abschnitt erwähnt die UAS Policy zudem »Other Issues«. Hierin wird zunächst die Anwendbarkeit des Unionsrechts hinsichtlich des CofA, des Lärmzertifikats, der Fluggenehmigung und der Aufrechterhaltung der Lufttüchtigkeit genannt – ein Ergebnis, das bereits unmittelbar aus dem Unionsrecht folgt. Die Hinweise zur Fluggenehmigung beschränken sich dabei auf die Feststellung, dass ein »permanentes« PtF nicht als Alternative zum CofA ausgestellt wird.[1031] Auch dies steht grundsätzlich im Einklang mit den obigen Untersuchungen, wenngleich weitere Informationen zum PtF im Falle von UAS wünschenswert gewesen wären.

Des Weiteren erfolgen Abgrenzungen der Zulassungshinweise der UAS Policy von anderen für UAS relevanten Bereichen. Geschuldet sind diese Hinweise den zahlreichen unter anderem den dazu eingegangene Kommentaren im Zuge der Entstehung der Policy.[1032] Zunächst wird hervorgehoben, dass der Aspekt des »Detect and Avoid«[1033] (D&A) zum Bereich des Betriebs von UAS gehört und grundsätzlich nicht Bestandteil der Zulassung ist.[1034] Entsprechende Anforderungen fallen demnach in die Zuständigkeit der für ATM/ANS zuständigen Stellen.[1035] Sobald allerdings diesbezügliche Kriterien aufgestellt werden, sind solche Geräte im Rahmen der Zulassung zu überprüfen, so wie es auch bei sonstigen eingebauten Systemen und -ausrüstungen der Fall ist.[1036] Die Tatsache, dass D&A nicht von der Musterzulassung abgedeckt wird, soll sich in Betriebsbeschränkungen widerspiegeln die im Flughandbuch aufgeführt sein sollen.[1037] Zudem sollen bei Verwendung von D&A Ausrüstung im UAS ein entsprechender Hinweise im TC enthalten sein, da eine D&A Fähigkeit der Prämisse der Musterzulassungsgrundlage dahingehend, dass diese ausschließlich dem Schutz von Personen und Eigentum am Boden ausgerichtet ist, entkräften könnte.[1038] Folglich ist die Fähigkeit zu D&A nicht Voraussetzung für die Erteilung der Musterzulassung. Dennoch führt ihr Fehlen zu Betriebsbeschränkungen, solange nicht alternative Maßnahmen durch die für den jeweiligen Luftraum zuständige Behörde akzeptiert wurden. Zudem erfolgt

---

1031 »A permanent permit to fly will not be issued to a UAS as an alternative to a certificate of airworthiness (See 21A.701 and associated GM).«, UAS Policy, 8.3.
1032 Siehe dazu die zahlreichen Kommentare in EASA, CRD 16/2005 sowie insb. die entsprechenden Standartantworten (*Standard reply for ›sense and avoid‹* und *Standard reply for security*) in EASA, CRD Explanatory Note, 8 f.
1033 Siehe oben Fn. 470.
1034 UAS Policy, 8.5. Die Organisation *EUROCAE* (siehe dazu unten § 9 D.) beschreibt dies anschaulich: »S&A systems are not a primary system related to safe and continuous flight of a UAS, meaning that a UA without S&A system doesn't crash. The need for a S&A capability stems from operational regulations related to the pilots responsibility in the prevention of collisions. The operational requirement for S&A implies it should be certified along the 1309 philosophy (e.g. CS-25 1309 applies also to equipment required by operation rules).«, *EUROCAE*, WG73 SG2 – Airworthiness of Sense and Avoid Systems, 2008, zitiert in *INOUI*, D3.2 UAS Certification, 2.5.4.
1035 UAS Policy, 8.5.
1036 UAS Policy, 8.5.
1037 UAS Policy, 8.5. Solche Betriebsbeschränkungen sind z.B. »segregated airspace only or VFR operations in visual line of sight in non controlled airspace classes«, UAS Policy, 8.5.
1038 UAS Policy, 8.5.

auch der (selbstverständliche) Hinweis darauf, dass der Agentur keine Zuständigkeit für die Luftsicherheit zukommt.[1039]

C. Zwischenergebnis

Die Zulassung von luftfahrttechnischen Erzeugnisse, Teilen und Ausrüstungen ist in umfangreichen Zulassungsvorschriften normiert, die einerseits durch die Gesetzgebungsorgane der EU als unmittelbar verbindliches Unionsrecht erlassen sowie andererseits als EASA Soft Law durch die Agentur geschaffen werden und faktische Rechtswirkungen entfalten.

Das verbindliche Unionsrecht, insbesondere die Grundverordnung und die Verordnung (EU) Nr. 748/2012, enthält keine speziellen Zulassungsvorschriften für UAS. Dennoch ermöglicht das Unionsrecht die Zulassung von UA bzw. UAS, da es weitgehend generisch ausgestaltet ist und grundsätzlich nicht zwischen bemannten und unbemannten Luftfahrzeugen differenziert. Obgleich der Wortlaut vieler Vorschriften entsprechend offen ist, bleibt unverkennbar, dass die Zulassungsvorschriften des Unionsrechts für bemannte Luftfahrzeuge geschaffen wurden – die (noch) den Schwerpunkt der derzeitige Realität der kommerziellen zivilen Luftfahrt darstellen. Diese Ausrichtung des Zulassungsrechts hat insbesondere zur Folge, dass das UAS als »System« nur indirekt erfassbar ist, indem die übrigen Elemente des UAS als Teile und Ausrüstungen des UA angesehen werden und folglich keiner individuellen Zulassung zugänglich sind. Das Unionsrecht steht damit im Einklang mit der durch das RPAS Manual kennzeichnenden Lesart des ICAO Annex 2 Appendix 4. Die besonderen Merkmale von UAS, die keine Entsprechung in der bemannten Luftfahrt haben, sind zudem kaum mit den vorhandenen unionsrechtlichen Vorschriften abzubilden.

Das verbindliche Unionsrecht verfügt jedoch über hinreichende Flexibilität, um diesen Schwierigkeiten im Grundsatz Herr zu werden. Zunächst ist das allgemeine Zulassungsverfahren mit Mechanismen ausgestattet, die es erlauben auf neuartige Entwicklungen zu reagieren, wobei insbesondere die Sonderbedingungen als Teil der Musterzulassungsgrundlage hervorzuheben sind. Zudem besteht mit der eingeschränkten Musterzulassung und der eingeschränkten Verkehrszulassung die Möglichkeit auch bei (teilweiser) Nichterfüllung der Zulassungsanforderungen eine – mit betrieblichen Einschränkungen verbundene – Zulassung von UAS zu ermöglichen. Letztlich kann neben diesen Zulassungsarten auch auf die grundsätzlich auf bestimmte Zwecke begrenzte Fluggenehmigung zurückgegriffen werden.

Das verbindliche Unionsrecht ordnet als Ausgleich zu seiner weitgehend allgemeinen und abstrakten Ausrichtung an, dass die detaillierten Zulassungsanforderungen in Form von Lufttüchtigkeitskodizes (CS), ergänzt durch annehmbare Nachweisverfahren (AMC) und Anleitungsmaterialien (GM), durch die EASA geschaffen werden. Dieses EASA Soft Law enthält keine speziellen Lufttüchtigkeitskodizes für UAS. Die vorhandenen CS können allerdings für UAS herangezogen werden. Dies ist jedenfalls insoweit möglich, wie die betroffenen Zulassungsbereiche bei bemannten und unbe-

---

1039 UAS Policy, 8.6. Siehe zur allgemeinen Abgrenzung oben § 3 C. I.

mannten Luftfahrzeugen identisch sind, oder die bemannten Vorgaben mittels Auslegung und Analogie auch für UAS anwendbar gemacht werden können.

Die EASA, die auch die zuständige Zulassungsbehörde für die (eingeschränkte) Musterzulassung von zivilen UAS über 150 kg MTOM ist, hat die UAS Policy erarbeitet, um die Nutzbarmachung der Zulassungsvorschriften für UAS mithilfe der diesen innewohnenden Flexibilität anzuleiten. Die UAS Policy enthält insbesondere Hinweise zu Auswahl und Anpassung bemannter CS und zur Ausgestaltung der Special Conditions zur Berücksichtigung der besonderen Merkmale von UAS in der Musterzulassungsgrundlage. Zudem enthält sie auch Hinweise zum R-TC für UAS. Die EASA bietet damit eine Anleitung, die die Zulassung von UAS im Rahmen der bestehenden Zulassungsregulierung erleichtern soll. Eine Musterzulassung von UAS durch die EASA ist aufgrund des Fehlens spezieller Zulassungsvorschriften für UAS allerdings mit Mehraufwand im Einzelfall verbunden. Wenngleich die UAS Policy hier eine Hilfestellung bietet, vermag sie jedoch nicht den Mangel an besonderen Vorgaben auszugleichen – wozu sie auch nicht berufen ist. Die Anleitungen zu Special Conditions sind trotz ihrer begrenzten Detailtiefe von großer Bedeutung, da sie bis zur Schaffung entsprechender CS spezifische Informationen zur Erfassung der besonderen Merkmale von UAS im Rahmen der Zulassung enthalten. Auch die Möglichkeit eines R-TC und R-CofA ist für die Zulassung von UAS naheliegend, insbesondere solange die tatsächliche technische Sicherheit und die entsprechenden Zulassungsvorschriften noch nicht hinreichend fortentwickelt sind. Allerdings dürfen die damit einhergehenden betrieblichen Beschränkungen zahlreichen Anwendungen von UAS entgegenstehen. Für einen internationalen Betrieb im Einklang mit Art. 31 des Chicagoer Abkommens wären ein R-CofA zudem nicht ausreichend.

Die UAS Policy definiert das Ziel der Zulassung von UAS als den Schutz von Dritten am Boden. Dementsprechend sind sowohl auch die »airworthiness objectives« festgelegt als auch der Bereich des D&A aus dem Anwendungsbereich der Policy ausgeschlossen. Die Policy trennt damit scharf zwischen den Bereichen der Zulassung und des Betriebs. Das Risiko eines Zusammenstoßes in der Luft (*mid-air collision*, MAC) ist damit eindeutig letzterem Bereich zuzuordnen. Folge dieser Abgrenzung sind aber grundsätzlich entsprechende betriebliche Beschränkungen die eine mangelnde Fähigkeit zu D&A berücksichtigen sollen.

Im Ergebnis lassen sich zwei wesentliche Erkenntnisse festhalten. Zum einen sollen solche UAS, für die die EU zuständig ist, bei Anwendung des bisherigen Unionsrechts in das bestehende Zulassungssystem integriert werden. Zum anderen ist eine (eingeschränkte) Musterzulassung von UAS durch die EASA grundsätzlich möglich, wenngleich sie oftmals durch besonderen Aufwand und nachfolgende betriebliche Beschränkungen begleitet ist. Solange keine besonderen Lufttüchtigkeitskodizes für UAS vorhanden sind, werden die im Einzelfall zu entwickelnden Sonderbedingungen das einzige und damit sehr bedeutsame Mittel zur Erfassung der besonderen Merkmale von UAS sein. Die Möglichkeit auch im bestehenden, auf die Zulassung von bemannten Luftfahrzeugen ausgerichteten Zulassungsrecht der EU eine Zulassung von UAS vorzunehmen, ist maßgeblich dem hierarchischen Aufbau der unionsrechtlichen Zulassungsvorschriften und der ihnen innewohnenden Anpassungsfähigkeit zu verdanken.

§ 9 Weiterentwicklung der Zulassungsvorschriften durch die EU

Die EU arbeitet an der Weiterentwicklung des Unionsrechts zur Erfassung der unbemannten Luftfahrt im Allgemeinen und zur Zulassung von UAS im Besonderen. Die letztendlichen Resultate dieser Anstrengungen sind die Änderungen der Verordnungen und Durchführungsverordnungen durch Parlament und Rat bzw. Europäische Kommission sowie die Schaffung spezifischen Soft Law durch die EASA. Im Folgenden werden die Weiterentwicklungsbestrebungen der EU hinsichtlich der Zulassungsvorschriften für UAS untersucht.

A. Rat, Parlament und Europäischer Rat

Eine Änderung der Grundverordnung, insbesondere des die Zulassung betreffenden Art. 5 steht noch nicht unmittelbar bevor. Sie würde im Wege des ordentlichen Gesetzgebungsverfahrens der Union gemäß Art. 294 AEUV durch Europäische Kommission, Parlament und Rat erfolgen. Die Frage, inwiefern auf eine Änderung der Grundverordnung hingearbeitet wird, ist Gegenstand der Untersuchung der Weiterentwicklungsbestrebungen der Europäischen Kommission und der EASA.

Rat, Parlament und Europäischer Rat haben sich bislang nur in vergleichsweise geringem Ausmaß mit UAS befasst.[1040] Die Schlussfolgerungen einer Tagung des Europäischen Rates im Dezember 2013 im Rahmen der Gemeinsamen Sicherheits- und Verteidigungspolitik beziehen sich beispielsweise vornehmlich auf militärische RPAS.[1041] Der Rat begrüßt allerdings auch »enge Synergien mit der Europäischen Kommission bezüglich der Rechtsvorschriften (für eine erstmalige Integration der RPAS in das europäische Luftverkehrssystem bis 2016)«[1042]. Zur Frage, wie diese engen Synergien ausgestaltet sein sollen und wie die Integration von RPAS in das europäische Luftverkehrssystem erfolgen soll, äußert sich der Europäische Rat hingegen nicht.

1040 Siehe zu der von der Kommission erarbeiteten Mitteilung (ausf. dazu unten § 9 B. III.) auch den Bericht des Rates der Europäischen Union, Bericht: Vorbereitung der Tagung des Rates (Verkehr, Telekommunikation und Energie) am 8. Oktober 2014 (Mitteilung der Kommission an das Europäische Parlament und den Rat – Ein neues Zeitalter der Luftfahrt), 13235/1/14, 30. September 2014 (»Bericht zur Mitteilung der Kommission«) sowie ebenfalls zu der von der Kommission erarbeiteten Mitteilung und anderen Weiterentwicklungsbestrebungen der EU den Bericht des Europäischen Parlaments, Bericht über den sicheren Einsatz ferngesteuerter Flugsysteme (RPAS), gemeinhin bekannt als unbemannte Luftfahrzeuge (UAV), im Bereich der zivilen Luftfahrt (Ausschuss für Verkehr und Fremdenverkehr), A8-0261/2015, 25. September 2015 (»Bericht zu RPAS«), der auch den Entwurf einer entsprechenden Entschließung des Parlaments enthält.
1041 Europäischer Rat, Tagung vom 19./20. Dezember 2013 – Schlussfolgerungen, EUCO 217/13 (»EUCO 217/13«).
1042 Europäischer Rat, EUCO 217/13, I. 11.

B. Europäische Kommission

Eine in die Zuständigkeit der Europäischen Kommission fallende Änderung der für die Zulassung maßgeblichen Verordnung (EU) Nr. 748/2012 steht nicht unmittelbar bevor. Absehbar ist allerdings eine Änderung der Durchführungsverordnung (EU) Nr. 923/2012 zur Festlegung gemeinsamer Luftverkehrsregeln und Betriebsvorschriften für Dienste und Verfahren der Flugsicherung[1043]. Diese betrifft den betrieblichen Bereich und enthält im Grundsatz keine Zulassungsvorschriften. Allerdings dient die Änderung auch der Angleichung des Unionsrechts an ICAO Annex 2 Appendix 4, weshalb sie einer genaueren Betrachtung bedarf. Da auch diese Änderung noch nicht das ordentliche Gesetzgebungsverfahren erreicht hat, wird sie im Rahmen der Weiterentwicklungsbestrebungen der Agentur untersucht.

Die Europäische Kommission ist die treibende Kraft der Weiterentwicklungen des Unionsrechts in Bezug auf UAS. Im Folgenden werden die wesentlichen Bestrebungen mit Blick auf die Zulassung untersucht, an denen die Kommission federführend beteiligt war oder ist bzw. diejenigen, die im Wesentlichen auf ihre Initiative zurückgehen.

Als erster wichtiger Schritt der Bemühungen um UAS kann die von der Generaldirektion Mobilität und Verkehr (DG MOVE) durchgeführte Anhörung zu »Light UAS« im Jahr 2009 betrachtet werden.[1044] Diese bezog sich ihrem Namen entsprechend nur auf kleine UAS (bis 150 kg MTOM) und hatte das Ziel, die Kommission mit den wesentlichen Gegebenheiten dieses Segments, wie etwa der industriellen Basis, möglicher Anwendungsbereiche und etwaiger Hindernisse, vertraut zu machen.[1045]

Von Bedeutung für die künftige Ausrichtung der Weiterentwicklungsbestrebungen war sodann auch die von der Europäischen Kommission in Zusammenarbeit mit der Europäischen Verteidigungsagentur (*European Defence Agency*, EDA) organisierte »European High Level Unmanned Aircraft Systems (UAS) Conference«[1046] im Jahr 2010. Diskutiert wurde über die Bedeutung der Entwicklung von UAS für die EU, die verschiedenen Nutzungsmöglichkeiten von UAS sowie erforderliche Weiterentwicklungen zur Integration von UAS in den gemeinschaftlichen Luftraum. Besonders hervorgehoben wurde, dass ein erhebliches wirtschaftliches Interesse an der Entwicklung der zivilen unbemannten Luftfahrt in Europa bestehe. Außerdem kam die Erwartung zum Ausdruck, dass die EU und insbesondere die Europäische Kommission die weitere Entwicklung um UAS anführen solle.

1043 Durchführungsverordnung (EU) Nr. 923/2012.
1044 Europäische Kommission, Hearing on Light UAS. Der Anhörung gingen u.a. der Abschlussbericht der UAV Task-Force sowie die UAS Policy der EASA voraus; siehe dazu oben § 8 B. I.
1045 Europäische Kommission, Hearing on Light UAS, 2.4.
1046 Siehe dazu *EU*, European High Level Unmanned Aircraft Systems (UAS) Conference, <http://ec.europa.eu/transport/modes/air/events/2010_07_01_uas_en.htm>, zuletzt besucht am 30. November 2015.

I. UAS Panel Process

Als Fortsetzung und Erweiterung der als erfolgreich erachteten vorangegangenen Veranstaltungen und in der Wahrnehmung der ihr angetragenen Führungsrolle verkündete die Europäische Kommission (seinerzeit die Generaldirektionen Unternehmen und Industrie[1047] (DG ENTR) und DG MOVE) im Rahmen der Pariser Luftfahrtschau im Jahr 2011 den sog. »UAS Panel Process«[1048]. Dieser sollte dazu beitragen, eine umfassende Strategie für die Weiterentwicklung der zivilen unbemannten Luftfahrt in Europa zu entwickeln und wesentliche Hindernisse sowie Möglichkeiten zu deren Überwindung zu identifizieren. Der UAS Panel Process bestand aus insgesamt fünf Workshops, die in 2011 und 2012 in Brüssel abgehalten wurden, wobei jeder Workshop einem Themenbereich gewidmet war.[1049] Der UAS Panel Process verfolgte damit eine ganzheitliche Ausrichtung, die alle wesentlichen Aspekte von UAS umfassen sollte, was sich auch in der aus allen Bereichen stammenden Teilnehmerschaft widerspiegelte.[1050]

1. Beitrag zur Weiterentwicklung der Zulassungsvorschriften

Im Hinblick auf die Weiterentwicklung der Zulassungsvorschriften für UAS ist der dritte Workshop bedeutsam. Dieser wurde von der EASA organisiert und fand am 19. Oktober 2011 in Brüssel statt. Der Workshop betraf die »Safety of UAS« und thematisierte dementsprechend die Flugsicherheitsregulierung der EU, wobei die folgenden Ergebnisse und Empfehlungen hervorgehoben werden können.[1051]

Der Workshop befasste sich unter anderem mit der Frage der *Abgrenzung zwischen nationalen und europäischen Vorschriften* und der *Regulierung von sehr kleinen UAS* (»Very Small UAS«). Diesbezüglich wurde vorgebracht, dass die individuelle Zuständigkeit der Mitgliedstaaten für UAS bis 150 kg MTOM zu einem Auseinanderdriften und damit einhergehend zu einer Unübersichtlichkeit der Vorschriften führe, die die

---

1047 Die entsprechende Generaldirektion heißt heute »DG Internal Market, Industry, Entrepreneurship and SMEs«.
1048 Zum Teil wird auch die Bezeichnung »UAS Panel Initiative« verwendet. So u.a. in *van Blyenburgh*, The European Commission's RPAS Initiative, in: UVS International (Hrsg.), UAS Yearbook – UAS: The Global Perspective, 2012.
1049 Die Workshops trugen die Bezeichnungen: *UAS Industry and market, UAS insertion into airspace and radiofrequencies, Safety of UAS, Societal dimension of UAS* und *Research and development for UAS*.
1050 Die Kommission spricht von mehr als 800 Teilnehmern insgesamt, Europäische Kommission, European strategy for RPAS, 1.2.
1051 Siehe dazu das im Vorfeld erarbeitete Diskussionspapier, *Smethers/Tomasello*, 3rd EU UAS Panel: Safety and Certification 2011, 1 (1.3), sowie den abschließenden Bericht *Smethers*, Report on Workshop on Safety – 19 Oktober, 3rd EU UAS Panel: Safety and Certification 2011, 1 (1) der EASA. Die Diskussionen um den Betrieb von UAS, die Lizenzierung des Personals und die Sammlung und Analyse von Sicherheitsdaten sind vorliegend nicht relevant und werden daher nicht weiter berücksichtigt. Z.T. beruhen die folgenden Ausführungen auch auf eigenen Aufzeichnungen des Verfassers der vorliegenden Arbeit, der an diesem und weiteren Workshops des UAS Panel Process teilgenommen hat.

Entwicklung des Sektors hindere.[1052] Kurzfristig solle dies durch die Schaffung »harmonisierter« Vorschriften kompensiert werden, die durch die EU auf der Grundlage der Beiträge der *Joint Authorities for Rulemaking on Unmanned Systems* (JARUS) und der *European Organization for Civil Aviation Equipment* (EUROCAE)[1053] erarbeitet und den Mitgliedstaaten als Vorlage für nationale Gesetze zur Verfügung gestellt werden sollen.[1054] Hierbei sei in Zukunft auch zu erwägen, inwieweit die Rolle der Kommission bei der Vorschriftenentwicklung gestärkt werden könne.[1055] Langfristig solle zudem überlegt werden, die Zuständigkeit der EU auch auf UAS unter 150 kg MTOM zu erstrecken.[1056] Dabei müsse allerdings nicht zwangläufig die Zulassungszuständigkeit ebenfalls auf die EASA übergehen, sondern könne bei den nationalen Behörden verbleiben.[1057] Hinsichtlich (sehr) kleiner UAS sei zudem zu erwägen, ob diese nicht von der Verpflichtung ausgenommen werden könnten, sämtliche flugsicherheitsrechtlichen Vorschriften erfüllen zu müssen.[1058] Ein TC oder CofA könne in diesen Fällen entbehrlich sein.[1059] Hinsichtlich der inhaltlichen Ausgestaltung der Zulassungsvorschriften wurde unter anderem angeregt, dass es wünschenswert wäre, eine Klassifikation von sog. »UAS scenarios« aufzustellen, die im Rahmen einer Risikomatrix hinsichtlich der Anforderungen an UAS auch die Größe des UAS, die überflogenen Gebiete und die Komplexität der verwendeten Technologie berücksichtige.[1060] In Bezug auf die Austauschbarkeit der einzelnen Elemente und die Möglichkeit der Steuerungsübergabe im Flug wurde empfohlen, die Verbindung eines RPA mit verschiedenen RPS im Flug zu ermöglichen.[1061]

In Bezug auf die *Regulierung nicht-militärischer staatlicher UAS*, z.B. solche, die durch Polizei, Zoll, Rettungsdienste oder Feuerwehr eingesetzt werden, wurde vorgebracht, dass diese zwar als Staatsluftfahrzeuge nicht von der Grundverordnung erfasst werden, aber einerseits von staatlichen Stellen verwendet würden, die bislang keine Erfahrungen in der Luftfahrt hätten und andererseits auch über bewohnten Gebieten betrieben werden könnten.[1062] Auch hier sei der Schutz Dritter am Boden und in anderen Luftfahrzeugen stets zu gewährleisten.[1063] Diese nicht-militärischen staatlichen UAS sollten daher die selben Sicherheitsanforderungen erfüllen wie zivile

---

1052 *Smethers/Tomasello*, 3rd EU UAS Panel: Safety and Certification 2011, 1 (4.1); *Smethers*, 3rd EU UAS Panel: Safety and Certification 2011, 1 (2).
1053 Siehe zu beiden Organisationen unten § 9 D.
1054 *Smethers*, 3rd EU UAS Panel: Safety and Certification 2011, 1 (2).
1055 *Smethers*, 3rd EU UAS Panel: Safety and Certification 2011, 1 (2).
1056 *Smethers*, 3rd EU UAS Panel: Safety and Certification 2011, 1 (2 f.).
1057 *Smethers/Tomasello*, 3rd EU UAS Panel: Safety and Certification 2011, 1 (4.3); *Smethers*, 3rd EU UAS Panel: Safety and Certification 2011, 1 (2 f. und 4).
1058 *Smethers/Tomasello*, 3rd EU UAS Panel: Safety and Certification 2011, 1 (7.1 und 7.2); *Smethers*, 3rd EU UAS Panel: Safety and Certification 2011, 1 (3).
1059 *Smethers*, 3rd EU UAS Panel: Safety and Certification 2011, 1 (5).
1060 *Smethers*, 3rd EU UAS Panel: Safety and Certification 2011, 1 (3).
1061 *Smethers*, 3rd EU UAS Panel: Safety and Certification 2011, 1 (4).
1062 *Smethers/Tomasello*, 3rd EU UAS Panel: Safety and Certification 2011, 1 (8.).
1063 *Smethers/Tomasello*, 3rd EU UAS Panel: Safety and Certification 2011, 1 (8.).

UAS.[1064] Letztlich sollte hier soweit wie praktikabel auf eine parallele Entwicklung gesetzt werden.[1065]

Am Rande wurde auch die gesellschaftliche Akzeptanz von UAS thematisiert, die jedenfalls mittelbare Auswirkungen auf die Zulassungsvorschriften haben kann. Die neuartigen Merkmale von UAS und die Tatsache, das sich potentiell Geschädigte nicht wie bei bemannten Luftfahrzeugen freiwillig an Bord des UAS, sondern am Boden befinden würden, führe zu einer politischen und medialen Sensibilität in Bezug auf das Thema UAS.[1066] Daher könne auch die gesellschaftliche Wahrnehmung der Sicherheit von UAS ein Hindernis für die Entwicklung des UAS-Marktes sein.[1067]

Insgesamt hat der Workshop zu einem intensiven Informationsaustausch und einem besseren Verständnis der flugsicherheitsrechtlichen Probleme um UAS geführt. Neben den bereits bekannten und schon im Zuge der UAS Policy zum Ausdruck gekommenen Aspekten verdienen die zulassungsrelevanten Empfehlungen des Workshops besondere Aufmerksamkeit, da sie bis dahin in dieser Deutlichkeit noch nicht artikuliert wurden – jedenfalls nicht auf diesem institutionellen Niveau und getragen von einem derart breiten Spektrum von Interessengruppen. Im weiteren Verlauf wird zu untersuchen sein, inwieweit diese zulassungsrelevanten Empfehlungen Eingang in konkrete Regulierungsvorhaben gefunden haben.

2. Abschlussbericht und Empfehlungen

Im September 2012 veröffentlichte die Europäische Kommission einen Abschlussbericht mit dem Titel »Towards a European strategy for the development of civil applications of Remotely Piloted Aircraft Systems (RPAS)«[1068], der die Ergebnisse des UAS Panel Process aufbereitet und Empfehlungen für die weitere Entwicklung ausspricht.

Einleitend wird die wirtschaftliche Bedeutung von UAS nochmals hervorgehoben. Das Segment kleiner UAS werde hierbei insbesondere durch Kleine und Mittlere Unternehmen[1069] (KMU) geprägt.[1070] Die bis dahin unzureichende Entwicklung des UAS-Sektors im Allgemeinen wird, neben technischen Schwierigkeiten und mangelnden betrieblichen Konzepts auch dem Fehlen eines rechtlichen Rahmens zugeschrieben.[1071] Die Überwindung dieser Hindernisse sei folglich die wesentliche Voraussetzung für die positive Entwicklung der zivilen unbemannten Luftfahrt in der EU.[1072] Zudem wird

---

1064 *Smethers/Tomasello*, 3rd EU UAS Panel: Safety and Certification 2011, 1 (8.). Die Verpflichtung zur Berücksichtigung der Ziele der Grundverordnung auch bei der Verwendung von Staatsluftfahrzeugen ist in Art. 1 Abs. 2 lit. a und i.w.S. auch Abs. 3 der Grundverordnung enthalten.
1065 *Smethers*, 3rd EU UAS Panel: Safety and Certification 2011, 1 (3).
1066 *Smethers/Tomasello*, 3rd EU UAS Panel: Safety and Certification 2011, 1 (2.).
1067 *Smethers/Tomasello*, 3rd EU UAS Panel: Safety and Certification 2011, 1 (2.); *Smethers*, 3rd EU UAS Panel: Safety and Certification 2011, 1 (2). Die Befassung mit der gesellschaftlichen Akzeptanz im Allgemeine erfolgte allerdings im fünften Workshop zur »Societal dimension« von UAS.
1068 Europäische Kommission, European strategy for RPAS (siehe oben Fn. 1).
1069 Im Englischen werden diese als *small and medium-sized enterprises* (SME) bezeichnet.
1070 Europäische Kommission, European strategy for RPAS, 1.1.
1071 Europäische Kommission, European strategy for RPAS, 1.1.
1072 Europäische Kommission, European strategy for RPAS, 1.1.

auch ein Vergleich mit der Entwicklung außerhalb Europas gezogen, wobei insbesondere die Vorreiterrolle der Vereinigten Staaten von Amerika thematisiert wird.[1073]

Im Hauptteil fasst der Abschlussbericht die Inhalte und Ergebnisse der Workshops zusammen. Hinsichtlich des die Sicherheit von UAS betreffenden dritten Workshops werden die Forderungen nach einer Weiterentwicklung von Vorschriften für UAS über 150 kg durch die EASA genannt. Zudem wird neben der Befürwortung einer engen Zusammenarbeit mit den Mitgliedstaaten der EU mit dem Ziel einer Angleichung der Regeln für zivile und staatliche nicht-militärischer UAS insbesondere der Aspekt der Regulierung kleinerer UAS hervorgehoben.

Von besonderer Bedeutung sind sodann die im Abschlussbericht geäußerten Empfehlungen zur Förderung der zivilen unbemannten Luftfahrt in Europa. Grundlage der weiteren Entwicklung soll demnach eine allumfassende, abgestimmte Herangehensweise sein, die den zwar bestehenden, aber bis dahin über die verschiedenen Organisationen verteilten Sachverstand bündeln soll.[1074] Die EU – unter der Führung der Europäischen Kommission – soll dabei das Zentrum bilden, da nur sie die Grundlagen für die sichere Einführung von UAS in das Luftfahrtsystem und in den gemeinsamen Luftraum innerhalb der EU schaffen kann, um damit einen einheitlichen Schutz der Bevölkerung sowie gleiche Ausgangsvoraussetzungen für die Entwicklung dieses Sektors zu gewährleisten.[1075]

II. European RPAS Steering Group und RPAS Roadmap

In der Folge des UAS Panel Process wurde die European RPAS Steering Group geschaffen und die RPAS Roadmap erarbeitet.

1. RPAS Steering Group

Die European RPAS Steering Group (ERSG) wurde im Juli 2012, also bereits vor der Veröffentlichung des Abschlussberichts, durch die Europäische Kommission gegründet.[1076] Mitglieder der ERSG sind die EASA, EUROCONTROL, EUROCAE, Single European Sky ATM Research Joint Undertaking (SESAR JU), JARUS, ECAC, EDA, Europäische Weltraumorganisation (*European Space Agency*, ESA), AeroSpace and Defence Industries Association of Europe (ASD), UVS International, Association of

---

1073 Europäische Kommission, European strategy for RPAS, 1.1. Sowohl der signifikante Marktanteil der Vereinigten Staaten von Amerika als auch deren ehrgeiziges Vorhaben einer Integration von UAS bis Ende September 2015 gebiete besondere Eile, um nicht den (wirtschaftlichen) Anschluss zu verlieren – eine Befürchtung die im Lauf des Abschlussberichts mehrfach geäußert wird. Siehe zu den amerikanischen Vorhaben *House of Representatives*, FAA Modernization and Reform Act of 2012, 2012.
1074 Europäische Kommission, European strategy for RPAS, 3.
1075 Europäische Kommission, European strategy for RPAS, 3.
1076 Europäische Kommission, EU RPAS Roadmap, Foreword. Bereits in der Explanatory Note zur A-NPA der EASA UAS Policy heißt es: »The Agency [...] proposes that a group be created to identify building blocks and define a road map for a comprehensive framework for UAV regulation.«, EASA, CRD Explanatory Note, 5.

European Research Establishments in Aeronautics (EREA) und die European Cockpit Association (ECA).[1077] Die wesentliche Aufgabe der ERSG war die Erarbeitung der RPAS Roadmap.

2. RPAS Roadmap und Annex 1

Die »Roadmap for the integration of civil Remotely-Piloted Aircraft Systems into the European Aviation System« (RPAS Roadmap) wurde nach Fertigstellung durch die ERSG im Juni 2013 im Rahmen der Pariser Luftfahrtschau an die Europäische Kommission übergeben.[1078] Sie enthält eine Strategie für die Integration von RPAS in die europäische Luftfahrt. Die RPAS Roadmap wird durch drei Annexe (*Regulatory Approach*, *Strategic Research Plan* und *Study on the Societal Impact*) ergänzt, die diese Integrationsstrategie genauer ausarbeiten.

Die RPAS Roadmap nennt das Ziel einer »initial RPAS integration« in das europäische Luftfahrtsystem im Jahr 2016.[1079] Dieses Ziel wurde aus der Empfehlung des Abschlussberichts des UAS Panel Process übernommen und hat auch in die oben genannten Schlussfolgerungen des Europäischen Rates Eingang gefunden.[1080] Die vorgesehene Reichweite dieser anfänglichen Integration sowie weitere Integrationsstufen werden in der Roadmap erläutert und hinsichtlich der Vorschriftenentwicklung insbesondere in Annex 1 spezifiziert.

Die folgende Untersuchung erfolgt grundsätzlich entlang der Struktur der RPAS Roadmap, erweitert um die vorgesehen Regulierungsschritte zur Weiterentwicklung von (Zulassungs-) Vorschriften, die aus Annex 1 zur Roadmap hervorgehen, der den Titel »A Regulatory Approach for the integration of civil RPAS into the European Aviation System« trägt.[1081]

a) Grundsätzliche Ausrichtung

Zunächst beschreibt die RPAS Roadmap insbesondere die wirtschaftliche Bedeutung von zivilen UAS für Europa sowie die wesentlichen Hindernisse, die ihrer regulären Verwendung entgegenstehen.[1082] Durch die Möglichkeiten umfangreicher Informationsbeschaffung mithilfe von UAS, könne die »third industrial revolution« in den Bereich der Luftfahrt Eingang finden.[1083] Erlaubnisse für den Betrieb von UAS und damit die Nutzbarmachung dieses Potentials seien aber oftmals – wenn überhaupt – nur aufwändig zu erlangen und auf abgegrenzte Bereiche des Luftraums (*segregated air-*

1077 Europäische Kommission, EU RPAS Roadmap, Foreword.
1078 Europäische Kommission, EU RPAS Roadmap, Foreword.
1079 Europäische Kommission, EU RPAS Roadmap, Foreword.
1080 Siehe oben § 9 B. I. 2. und § 9 A.
1081 Europäische Kommission, RPAS Roadmap – Annex 1: A Regulatory Approach for the integration of civil RPAS into the European Aviation System, Juni 2013, Final report from the European RPAS Steering Group (»EU RPAS Roadmap - Annex 1«). Annex 1 wird auch als »REG Roadmap« bezeichnet.
1082 Europäische Kommission, EU RPAS Roadmap, 1.
1083 Europäische Kommission, EU RPAS Roadmap, 1. Siehe dazu oben bereits *Tomasello*, Fn. 118.

space[1084]) beschränkt.[1085] Gründe hierfür seien, wie schon im Panel Process geäußert, die teilweise mangelnde technische Reife von UAS sowie das Fehlen eines geeigneten Rechtsrahmens.[1086]

Eine künftige Regulierung solle einerseits UAS zwar möglichst gleich zu bemannten Luftfahrzeugen behandeln, andererseits aber so »leicht« wie möglich ausgestaltet sein, um die in der Entstehung befindliche Industrie geringstmöglich zu belasten.[1087] Obgleich ein rechtlicher Rahmen, der alle UAS jeder Größe und jeder Betriebsart umfasst, ein wünschenswerter Endzustand wäre, sei eine entsprechende Entwicklung und Integration von UAS nur schrittweise möglich.[1088] Ebenso wie die ICAO, schließt auch die EU in der RPAS Roadmap vollständig autonome UAS aus den Weiterentwicklungsbestrebungen aus.[1089] Gleichsam ausgenommen werden ferngesteuerte Flugmodelle und Spielzeuge (*toys*). Erstere seien durch nationale Regulierungen erfasst, während Spielzeuge auch der Richtlinie 2009/48/EG[1090] über die Sicherheit von Spielzeug unterfielen.[1091]

Für die Verwendung von RPAS werden folgende drei Prinzipien aufgestellt:

1. RPAS must be approved by a competent authority. [...]
2. The RPAS operator must hold a valid RPAS operator certificate.
3. The remote pilot must hold a valid licence.[1092]

Im Einklang mit dem wesentlichen Ziel der Grundverordnung, im Bereich der Zivilluftfahrt für die europäischen Bürger jederzeit ein einheitliches und hohes Schutzniveau zu gewährleisten,[1093] müssen auch RPAS so konstruiert, hergestellt, betrieben und instandgehalten werden, dass die Gefahr für Personen am Boden und andere Nutzer des Luftraums auf einem hinnehmbaren Niveau ist.[1094] Die grundsätzliche Geltung der elementare Anforderungen der traditionellen Flugsicherheitsregulierung wird damit auch für RPAS bestätigt.[1095]

Allerdings sind hinsichtlich des zuvor geforderten Sicherheitsniveaus auch folgende Aussagen der RPAS Roadmap hervorzuheben:

1084 Siehe oben Fn. 549.
1085 Europäische Kommission, EU RPAS Roadmap, 1.
1086 Europäische Kommission, EU RPAS Roadmap, 1.
1087 Europäische Kommission, EU RPAS Roadmap, 1.
1088 Europäische Kommission, EU RPAS Roadmap, 1.
1089 Europäische Kommission, EU RPAS Roadmap, 1.
1090 Richtlinie 2009/48/EG des Europäischen Parlaments und des Rates vom 18. Juni 2009 über die Sicherheit von Spielzeug, zuletzt geändert durch Richtlinie 2014/84/EU der Kommission vom 30. Juni 2014, ABl. 2014, L 192/49, ABl. 2009, L 170/1 (»Richtlinie 2009/48/EG«).
1091 Europäische Kommission, EU RPAS Roadmap, 1.
1092 Europäische Kommission, EU RPAS Roadmap, 2.
1093 Siehe bereits Erwägungsgrund 1 der Grundverordnung.
1094 Europäische Kommission, EU RPAS Roadmap, 2. Siehe zum Acceptable Level of Safety (ALOS) auch oben § 3 C. I.
1095 Dazu auch Europäische Kommission, EU RPAS Roadmap, 3.1: »Achieving the full integration of all types of RPAS requires the development of appropriate regulations in the three essential domains of airworthiness, flight crew licensing and air operations. These are essential pre-requisite safety requirements for insertion into non-segregated airspace.«

This level shall be set through essential requirements adopted by the legislator, following substantial consensus by all involved parties during the rulemaking process. When developing the safety requirements for RPAS, the risk must be considered in relation to the different size of RPAS and the type of operation involved.

This is of particular importance for light RPAS, as most industries acting in this sector are SMEs which would be unable to cope with a disproportionate regulatory burden. In addition, disproportionate regulation would considerably reduce the potential offered by RPAS to develop innovative applications and services.[1096]

Neben der Frage, ob »essential requirements«[1097] hier technisch zu verstehen sind und das entsprechende Sicherheitsniveau demnach in den Anhängen zur Grundverordnung festgelegt soll, ist die Bezugnahme auf das *Risiko* insbesondere im Zusammenhang mit kleinen RPAS beachtenswert. Bei der Entwicklung der Sicherheitsanforderungen soll das Risiko im Verhältnis zu Größe und Betriebsart des RPAS berücksichtigt werden. Eine »unverhältnismäßige« Regulierung (*disproportionate regulation*) würde vom Sektor um kleine RPAS unerfüllbar sein und das Entwicklungspotential von RPAS erheblich einschränken. Offen bleibt – jedenfalls an dieser Stelle – wie die Sicherheit kleiner UAS entsprechend »verhältnismäßig« reguliert werden soll.[1098] Diesbezüglich stellt sich insbesondere die Frage, inwieweit kleine RPAS von den oben genannten drei Prinzipien ausgenommen werden sollen.

Damit verbunden legt die RPAS Roadmap, ebenso wie schon der UAS Panel Process, besonderes Augenmerk auf die Zuständigkeitsgrenze von 150 kg MTOM des Anhangs II zur Grundverordnung.[1099] Es wird hervorgehoben, dass diese Grenze oftmals für die Eigenschaften von RPAS irrelevant sei und zudem unterschiedliche nationale Vorschriften einem gemeinsamen Markt in Europa entgegenstünden, der für die Entwicklung einer Europäischen UAS-Industrie essentiell sei.[1100] Als Lösung dieses Problems ist vorgesehen, dass die Zuständigkeit auch für UAS bis 150 kg MTOM schrittweise auf die EU übergehen soll.[1101] Bis dahin soll die EASA selbst aber nur Vorschriften im Rahmen ihrer Zuständigkeit erarbeiten.[1102] Allerdings sollen währenddessen die nationalen Luftfahrtbehörden ihre Vorschriften für kleine UAS weiterentwickeln und harmonisieren, und zwar auf der Grundlage der Empfehlungen von JARUS[1103], die durch die EASA veröffentlicht werden sollen.[1104] »Harmonisierte Vorschriften« (*harmonized rules*) sind dabei solche, die in nationaler Zuständigkeit, aber nach unverbindlichen Vorschlägen der EASA erlassen werden. Sobald die Kompetenz auch für kleine UAS auf die EASA übergegangen ist, sollen »gemeinsame Vorschriften« (*common rules*), also verbindliche Vorschriften der EU, durch die EASA auf der

---

1096 Europäische Kommission, EU RPAS Roadmap, 2.
1097 Siehe zu den Essential Requirements oben § 7 B. I. 1. c).
1098 Siehe dazu unten § 9 C. III.
1099 Europäische Kommission, EU RPAS Roadmap, 3.1.
1100 Europäische Kommission, EU RPAS Roadmap, 3.1.
1101 Europäische Kommission, EU RPAS Roadmap, 3.1.
1102 Europäische Kommission, EU RPAS Roadmap, 3.1.
1103 Europäische Kommission, EU RPAS Roadmap, 3.1. Siehe zu JARUS unten § 9 D.
1104 Europäische Kommission, EU RPAS Roadmap, 3.1.

Grundlage der harmonisierten Vorschriften erarbeitet werden, die damit die nationalen Vorschriften letztlich ersetzten.[1105]

Während die Forderung nach einer Ausweitung der Zuständigkeit der EASA auf sämtliche UAS schon mehrfach, insbesondere im Rahmen des UAS Panel Process, geäußert wurde, wird sie durch die RPAS Roadmap aufgrund der breiten institutionellen Basis der ERSG und deren Mandatierung durch die Europäische Kommission auf eine neue Ebene gehoben. Auch wenn die Änderung der Grundverordnung letztlich auch von Parlament und Rat abhängt, ist die Erweiterung der Zuständigkeit der EASA spätestens mit der Roadmap ein eindeutiges regulatorisches Ziel.

b) Schritte der Integration

Die Integration von RPAS in den europäischen Luftverkehr soll schrittweise erfolgen. In der RPAS Roadmap werden dazu zunächst grobe Integrationsziele (*integration objectives*) definiert, die sich vornehmlich auf den Bereich des Betriebs von RPAS beziehen.[1106] Diese Integrationsziele werden durch drei Phasen dargestellt. In einer ersten Phase (*initial operations*) soll der Betrieb mithilfe von Beschränkungen erfolgen, die durch die nationalen Luftfahrtbehörden aufgestellt werden.[1107] Ein grenzüberschreitender Betrieb oder die Nutzung des nicht-segregierten Luftraums sei in dieser Phase nur unter sehr engen Voraussetzungen, d.h. mit erheblichen Einschränkungen, möglich.[1108] In der zweiten Phase (*integration*) sollen einige Beschränkungen aufgehoben werden, wobei die harmonisierten Vorschriften für kleine RPAS sukzessive durch gemeinsame Vorschriften der EU ersetzt werden sollen.[1109] Die wechselseitige Anerkennung von Zeugnissen auf der Grundlage der gemeinsamen Vorschriften soll dabei den grenzüberschreitenden Betrieb innerhalb der EU erleichtern.[1110] Die dritte und letzte Phase (*evlolution*) soll zum angestrebten Ideal der vollständigen Integration führen, die dadurch gekennzeichnet sei, dass zugelassene RPAS von lizenzierten Piloten unter der rechtlichen Verantwortlichkeit zugelassener RPAS Betreibern geflogen werden.[1111]

1105 Europäische Kommission, EU RPAS Roadmap, 3.1.
1106 Die RPAS Roadmap differenziert für die Integration von RPAS in den nicht-segregierten Luftraum dabei zunächst verschiedene Betriebsarten (*types of operations*). Hierbei sind die Hauptkategorien »Very Low Level (VLL) operations«, als solche unter 500 ft (ca. 150 m) und »operations in VFR or IFR«, also solche nach Sicht- oder Instrumentenflugregeln, über 500 ft zu unterscheiden. Weitere Unterkategorien unterscheiden sodann zwischen VLOS, E-VLOS, B-VLOS, RLOS und BRLOS, also danach ob das RPA in (erweiterter) Sichtlinie, in direkter Funkverbindung oder jeweils darüber hinaus betrieben wird. Für diese verschiedenen Betriebsarten werden sodann drei verschiedene Phasen der schrittweisen Integration vorgeschlagen.
1107 Europäische Kommission, EU RPAS Roadmap, 4.1.
1108 Europäische Kommission, EU RPAS Roadmap, 4.1.
1109 Europäische Kommission, EU RPAS Roadmap, 4.1.
1110 Europäische Kommission, EU RPAS Roadmap, 4.1.
1111 Europäische Kommission, EU RPAS Roadmap, 4.1.

Die genannten Integrationsziele sollen innerhalb von 15 Jahren ab 2013 erreicht werden.[1112] Die RPAS Roadmap teilt diese Zeitspanne in vier Zeitrahmen ein.[1113] Die Zeitrahmen entsprechen den zeitlichen Vorgaben der sog. *Aviation System Block Upgrades* (ASBU) der ICAO, die die Weiterentwicklung und Harmonisierung der Flugverkehrskontrolle auf weltweiter Ebene zum Ziel haben.[1114] Auch der Hauptteil des Annex 1 – das Arbeitsprogramm – richtet sich nach dieser zeitlichen Einteilung. Die Darstellung innerhalb des Annex erfolgt dabei hauptsächlich durch Tabellen, wobei die Detailtiefe der Informationen je nach Zeitrahmen variiert. Der Großteil des Arbeitsprogramms befasst sich – ebenso wie die RPAS Roadmap im Allgemeinen – mit den betrieblichen Aspekten der Integration von RPAS in den europäischen Luftraum. Vorliegend werden nur die für die Zulassungsvorschriften relevanten Weiterentwicklungsbestrebungen des Annex 1 betrachtet.

Der erste Zeitrahmen betrifft das Jahr *2013*, wobei die Ausführungen der Roadmap diesbezüglich eher eine Bestandaufnahme sind.[1115] Das im Annex vorgesehene Ziel, die Änderung des ICAO Annex 2 in die *Standardised European Rules of the Air* (SERA) zu übernehmen wurde in diesem Zeitrahmen nicht erreicht.[1116] Die Überführung der Annexänderungen ist noch nicht erfolgt und wird vorliegend im Rahmen der Weiterentwicklungsbestrebungen der EASA näher untersucht.

Für den Zeitrahmen *2014-2018* fordert die RPAS Roadmap, dass VLOS und EVLOS-Einsätze von kleinen RPAS zur Tagesordnung gehören sollen.[1117] Diese Einsätze würden dann allerdings hauptsächlich auf harmonisierten Vorschriften der Mitgliedstaaten basieren.[1118] Entsprechende gemeinsame Vorschriften der EU seien erst gegen Ende dieses Zeitraums zu erwarten.[1119] Sofern weitere Voraussetzungen bis dahin erfüllt seien, solle auch der Betrieb über bewohntem Gebiet möglich werden.[1120] Der Annex zur Roadmap beschreibt das allgemeine Ziel dieser Phase mit der Aufnahme (*accomodation*) von RPAS in die zivile Luftfahrt.[1121] Neben der Lizenzierung von Personal und der Zulassung von RPAS-Betreibern soll diese auch eine Zulassung von

---

1112 Siehe dazu auch Europäische Kommission, EU RPAS Roadmap, 3.1: »However, possible delays occurring in a specific activity do not mean that the sequence of activities will have to change, but that only the dates will have to be adjusted.«
1113 Europäische Kommission, EU RPAS Roadmap, 4.2.
1114 Siehe dazu *ICAO*, ASBU Framework, <http://www.icao.int/sustainability/Pages/ASBU-Framework.aspx>, zuletzt besucht am 30. November 2015. Das ASBU-Programm betrifft im Wesentlichen den Bereich des Betriebs von Luftfahrzeugen.
1115 So sei bis zur Veröffentlichung der Roadmap im Jahr 2013 im Wesentlichen ein VLOS und EVLOS-Betrieb von RPAS in einzelnen Staaten mit Einschränkungen möglich gewesen. Ein darüber hinausgehender Betrieb sei nur in Einzelfällen und zumeist in abgetrennten Bereichen des Luftraums erfolgt, Europäische Kommission, EU RPAS Roadmap, 4.2.1.
1116 Europäische Kommission, EU RPAS Roadmap – Annex 1, 5.1.
1117 Europäische Kommission, EU RPAS Roadmap, 4.2.2.
1118 Europäische Kommission, EU RPAS Roadmap, 4.2.2.
1119 Europäische Kommission, EU RPAS Roadmap, 4.2.2.
1120 Europäische Kommission, EU RPAS Roadmap, 4.2.2. Auch ein IFR-Betrieb mithilfe der bis dahin weiterzuentwickelnden D&A-Fähigkeit solle möglich werden. Erste BVLOS und VFR Verwendungen könnten sich zudem realisieren.
1121 Europäische Kommission, EU RPAS Roadmap – Annex 1, 3.

RPAS umfassen.[1122] Zur schrittweisen Erreichung dieses Ziels enthält das Arbeitsprogramm für den Zeitrahmen bis 2018 eine ganze Reihe von Regulierungsverbesserungen (Regulatory Improvements, RI).

Das *RI 11* betrifft im Allgemeinen »Harmonised Visual Line of Sight (VLOS)-operations of light RPA« und daher im Wesentlichen Aspekte des betrieblichen Bereichs.[1123] Allerdings sollen dabei auch Zulassungsspezifikationen für RPAS vom Typ »leichte unbemannte Drehflügler unter 600 kg« und »leichte unbemannte Flugzeuge unter 600 kg« zunächst mithilfe von JARUS-Vorschlägen harmonisiert und später durch die EASA in gemeinsame Vorschriften überführt werden.[1124] Die obige Untersuchung hat zudem einen Bedarf geeigneten *Safety Objectives* ergeben. Diese sollen im Zuge des *RI 13* erarbeitet werden.[1125]

Hinsichtlich der Entwicklung von Zulassungsspezifikationen für große RPAS, für die EU bzw. EASA bereist zuständig ist, ist *RI 17* bedeutsam.[1126] Ziel sei die Schaffung von gemeinsamen Zulassungsspezifikationen für RPAS über 150 kg durch die EASA bis 2018.[1127] Aus der Erklärung im Rahmen des RI 17 ergibt sich dabei, dass für RPAS über 600 kg ein spezieller CS-UAS, also nicht nur besondere (einzelne) Zulassungsspezifikationen, sondern auch ein gesonderter Spezifikationskorpus in Form einer umfassenden Sammlung von CS als Äquivalent zu den CS für bemannte Luftfahrzeuge (z.B. CS-23 und CS-25) erarbeitet werden sollen.[1128] Ebenfalls Gegenstand dieses RI ist die Harmonisierung ziviler und militärischer Zulassungsverfahren für RPAS.[1129] Außerdem beschreibt RI 17 (i.V.m. RI 15E und RI 15F) die Änderung der Grundverordnung zur Ausweitung der Zuständigkeit der EASA auf UAS unter 150 kg MTOM.[1130] Hierbei soll einerseits eine noch zu bestimmende Grenze festgelegt werden (z.B. 20-25 kg) unterhalb derer kein formelles Zulassungsverfahren eingreifen soll, sondern nur ein allgemeines *Safety Assessment* des Systems, das der Verantwortlichkeit des RPAS Operators unterfallen soll.[1131] Andererseits sollen RPAS, deren RPA diese neue Gewichtsgrenze überschreitet aber unterhalb von 150 kg liegen, weiterhin von nationalen Luftfahrtbehörden zugelassen werden, selbst wenn dies auf der Grundlage gemeinsamer Vorschriften erfolgt, die von der EASA entwickelt werden.[1132]

Besondere Beachtung verdient zudem RI 18A. Diese Verbesserung der Regulierung sieht eine Änderung der Grundverordnung mit dem Ziel der getrennten Zulassung von RPA und RPS (sowie des C2-Dienstes) vor.[1133] Diesbezüglich wird auf die Änderung des ICAO Annex 2 Bezug genommen:

1122 Europäische Kommission, EU RPAS Roadmap – Annex 1, 3.
1123 Europäische Kommission, EU RPAS Roadmap – Annex 1, 6.2.1.
1124 Europäische Kommission, EU RPAS Roadmap – Annex 1, 6.2.1.
1125 Europäische Kommission, EU RPAS Roadmap – Annex 1, 6.2.3.
1126 Europäische Kommission, EU RPAS Roadmap – Annex 1, 6.2.7.
1127 Europäische Kommission, EU RPAS Roadmap – Annex 1, 6.2.7.
1128 Europäische Kommission, EU RPAS Roadmap – Annex 1, 6.2.7.
1129 Europäische Kommission, EU RPAS Roadmap – Annex 1, 6.2.7.
1130 Europäische Kommission, EU RPAS Roadmap – Annex 1, 6.2.7.
1131 Europäische Kommission, EU RPAS Roadmap – Annex 1, 6.2.7.
1132 Europäische Kommission, EU RPAS Roadmap – Annex 1, 6.2.7.
1133 Europäische Kommission, EU RPAS Roadmap – Annex 1, 6.2.8.

Amendment 43 to ICAO Annex 2 makes it possible to consider the RPA, the RPS and the integrated RPAS aeronautical products. The airworthiness processes have to be amended to implement this concept in the EU. In this context provisions for safety oversight of COM SPs for C2 need to be promulgated.[1134]

Demnach wird der geänderte Annex 2 Appendix 4 so ausgelegt, dass er eine getrennte Musterzulassung der Elemente RPA und RPS sowie des RPAS ermöglicht.[1135] Wenngleich der Änderungsvorschlag innerhalb der RPAS Roadmap und des Annex nur marginale Erwähnung findet, stellt er jedoch ein Umdenken in Aussicht, auf das im weiteren Verlauf der vorliegenden Arbeit nochmals eingegangen wird.[1136]

Die Datenverbindung (in Form des C2) und damit verbundene Aspekte, etwa in Bezug auf Anbieter von Satellitenkommunikationsdiensten, sind grundsätzlich den RI des Bereichs des Betriebs von UAS zugeordnet. Für die im UA und am Boden befindlichen technischen Komponenten der Datenverbindung sollen allerdings entsprechende ETSO durch die EASA erarbeitet werden (RI 15R).[1137]

Der Zeitrahmen *2019-2023* soll gemäß der RPAS Roadmap sodann dadurch gekennzeichnet sein, dass lizensierte Piloten unter der Verantwortung zugelassener RPAS-Betreiber zugelassene RPAS mit lufttüchtigen RPA unter Instrumentenflugregeln in vielen Luftraumklassen fliegen können.[1138] Die dafür erforderlichen Vorschriften sollen dann von der EASA für alle RPAS jedweden Gewichts entwickelt werden.[1139] Im Annex zur Roadmap wird das Ziel dieser Phase als teilweise Integration (*partial integration*) von RPAS bezeichnet.[1140] In zulassungsrechtlicher Hinsicht soll in diesem Zeitrahmen die Verbesserung der schon zuvor entwickelten Zulassungsspezifikationen sowie Zulassungs- und Genehmigungsverfahren für RPAS erfolgen.[1141]

Im letzten Zeitrahmen *2024-2028* soll gemäß RPAS Roadmap und Annex eine vollständige Integration (*full integration*) erreicht werden, wobei RPAS nicht nur im nahezu gesamten nicht-segregierten Luftraum zusammen mit bemannten Luftfahrzeugen und unter Befolgung derselben ATM-Verfahren betrieben werden, sondern auch grenzüberschreitend innerhalb der EU fliegen können sollen.[1142] Hinsichtlich der Zulassung sollen gemäß dem Annex zur Roadmap die CS für RPAS und die diesbezüglichen AMC überarbeitet und verbessert werden.[1143]

Schließlich enthält Annex 1 eine Tabelle der »organisatorischen Risiken«, die alle zuvor genannten Integrationszeiträume betreffen.[1144] Mit hoher Wahrscheinlichkeit ihres

---

1134 Europäische Kommission, EU RPAS Roadmap – Annex 1, 6.2.8.
1135 Siehe dazu oben § 5 B. II. 2.
1136 Siehe dazu unten § 10 B.
1137 Europäische Kommission, EU RPAS Roadmap – Annex 1, 6.2.5.
1138 Europäische Kommission, EU RPAS Roadmap, 4.2.3.
1139 Europäische Kommission, EU RPAS Roadmap, 4.2.3.
1140 Europäische Kommission, EU RPAS Roadmap – Annex 1, 3.
1141 Europäische Kommission, EU RPAS Roadmap – Annex 1, 7.1. »Genehmigungsverfahren« betreffen wohl solche UAS, die nicht zugelassen werden.
1142 Europäische Kommission, EU RPAS Roadmap, 4.2.4; Europäische Kommission, EU RPAS Roadmap – Annex 1, 3.
1143 Europäische Kommission, EU RPAS Roadmap – Annex 1, 8.1.
1144 Europäische Kommission, EU RPAS Roadmap – Annex 1, 10.

Eintritts und zugleich großen Auswirkungen bewertet der Annex zur Roadmap das Auseinanderdriften von nationalen Vorschriften, Verspätungen bei der Schaffung nationaler Vorschriften und das mangelnde Engagement der Mitgliedstaaten bei der Umsetzung harmonisierter Vorschriften.[1145]

Zusammenfassend kann festgehalten werden, dass die RPAS Roadmap und Annex 1, wenngleich der Fokus auf den Bereich des Betriebs sowie auf kleine UAS gelegt wurde, hinsichtlich der Weiterentwicklung von Zulassungsvorschriften im EASA-System verschiedene Weichenstellungen zum Ausdruck bringt. Im Zeitraum bis 2018 sollten erste Zulassungsspezifikationen und Safety Objectives entwickelt werden, die gegen Ende dieses Zeitraums auch in gemeinsame Vorschriften der EU übergehen sollen. Zudem wurde die Erweiterung der Zuständigkeit der EU auf sämtliche UAS vorgesehen. Hierbei soll allerdings die Zulassungszuständigkeit bezüglich kleiner UAS bei den Mitgliedstaaten verbleiben. Außerdem soll eine weitere Grenze gezogen werden unterhalb derer kein gewöhnliches Zulassungsverfahren Anwendung finden soll, sondern die Flugsicherheit mithilfe eines Safety Assessments insgesamt überprüft werden soll. Obgleich die RPAS Roadmap bereits zeitlich frühe Ziele definiert hat, werden ausgereiftere Zulassungsvorschriften auch für große UAS erst in etlichen Jahren zu erwarten sein. Eine vollständige Integration von UAS in das System der europäischen Luftfahrt wird ohnehin erst am Ende der vorgesehenen – und optimistischen – Zeitspanne von 15 Jahren ab 2013 angestrebt.

III. Mitteilung der Europäischen Kommission

Im April 2014 wurde eine Mitteilung der Europäischen Kommission an das Europäische Parlament und den Rat veröffentlicht.[1146] Unter dem Titel »Ein neues Zeitalter der Luftfahrt – Öffnung des Luftverkehrsmarktes für eine sichere und nachhaltige zivile Nutzung pilotenferngesteuerter Luftfahrtsysteme« plädiert die Kommission allgemeinverständlich für die Einführung von UAS bzw. RPAS in das zivile Luftverkehrssystem der EU. Ausgangspunkt sind die vielfältigen Verwendungsmöglichkeiten von UAS sowie insbesondere deren erwartete wirtschaftliche Bedeutung für Europa.[1147] Damit sich das Potential von UAS entfalten könne, müssen allerdings entsprechende rechtliche und tatsächliche Voraussetzungen geschaffen werden. Die Europäische Kommission erläutert diesbezüglich die verschiedenen betroffenen Bereiche.[1148]

Für die Flugsicherheit bleibt es bei dem Grundsatz, dass diese durch die Integration von RPAS in das europäische Luftverkehrssystem nicht beeinträchtigt werden soll.[1149] Hinsichtlich der Vorschriften zur Sicherheit von RPAS enthält die Mitteilung sodann folgende Aussage:

Der Rechtsrahmen sollte das breite Spektrum von RPAS-Luftfahrzeugen und -Anwendungen widerspiegeln und sicherstellen, dass die Vorschriften in einem angemessenen Verhältnis zu den

---

1145 Europäische Kommission, EU RPAS Roadmap – Annex 1, 10.
1146 Europäische Kommission, Mitteilung zu RPAS.
1147 Europäische Kommission, Mitteilung zu RPAS, 1. und 2.
1148 Europäische Kommission, Mitteilung zu RPAS, 3.1. ff.
1149 Europäische Kommission, Mitteilung zu RPAS, 3.1.

potenziellen Risiken stehen und der Verwaltungsaufwand für die Wirtschaft und die Aufsichtsbehörden begrenzt bleibt.[1150]

Damit wird die bereits in der RPAS Roadmap geforderte Abhängigkeit der Anforderungen an die Sicherheit des UAS von den sie begleitenden Risiken zum Ausdruck gebracht. Wie eine solche »angemessene« Regulierung von RPAS genau erfolgen soll, bleibt allerdings auch die Mitteilung schuldig. Angedeutet wird dies nur in folgender Aussage:

> Die Herausforderung besteht darin sicherzustellen, dass die Vorschriften in einem angemessenen Verhältnis zum Risiko stehen, wobei Gewicht, Geschwindigkeit, Komplexität, Kategorie und Ort des Luftraums sowie die Besonderheit des Einsatzes zu berücksichtigen sind. Das herkömmliche Verfahren der Lufttüchtigkeitszertifizierung und der Vergabe von Piloten- und Betreiberlizenzen müsste um Formen sanfter Regulierung ergänzt werden. In einigen Fällen könnte allein die Feststellung des RPAS-Betreibers genügen, oder es würden statt des gesamten Systems nur bestimmte Teilsysteme zertifiziert, etwa das Erkennungs- und Ausweichsystem oder die Datenverbindung.[1151]

Hinsichtlich der 150 kg-Grenze reiht sich die Mitteilung der Europäischen Kommission in die übrigen Weiterentwicklungsbestrebungen ein und fordert ihre Aufhebung.[1152] Für die Ausarbeitung entsprechender Vorschriften sei die EASA am ehesten geeignet, wobei sowohl eine Vereinbarkeit mit den Vorgaben der ICAO zu beachten sei, als auch die Arbeitsergebnisse von JARUS und EUROCAE zur Vorschriftenerstellung herangezogen werden sollen.[1153]

Insgesamt handelt es sich bei der Mitteilung der Kommission im Wesentlichen um eine instruktive Zusammenfassung der RPAS Roadmap und ihrer Annexe unter besonderer Hervorhebung des wirtschaftlichen Potentials eines europäischen Marktes für RPAS.[1154] Darüber hinausgehende zulassungsrechtliche Weiterentwicklungsbestrebungen enthält sie nicht.

IV. Weitere Weiterentwicklungsbestrebungen der Europäischen Kommission

Die Europäische Kommission ist auf verschiedenen Wegen um die Weiterentwicklung der zivilen unbemannten Luftfahrt in Europa bemüht.[1155]

1150 Europäische Kommission, Mitteilung zu RPAS, 3.1.
1151 Europäische Kommission, Mitteilung zu RPAS, 3.1.
1152 Europäische Kommission, Mitteilung zu RPAS, 3.1.
1153 Europäische Kommission, Mitteilung zu RPAS, 3.1.
1154 Der wirtschaftliche Hintergrund der Mitteilung wird auch in folgender Aussage deutlich: »Die Wirtschaft drängt auf rasche Schritte zur Schaffung eines für RPAS förderlichen Rechtsrahmens.«, Europäische Kommission, Mitteilung zu RPAS, 4.
1155 Siehe zur langfristigen Entwicklung der Luftfahrt auch Europäische Kommission, Flightpath 2050 – Europe's Vision for Aviation, Report of the High Level Group on Aviation Research, EUR 098 EN (»Flightpath 2050«). In 2014 wurden zudem auch zwei Studien zu UAS veröffentlicht: Europäische Kommission, Third-Party Liability and Insurance und Europäische Kommission, Study on privacy, data protection and ethical risks in civil Remotely Piloted Aircraft Systems operations, EUR EN (»Privacy, Data Protection and Ethical Risks«).

§ 9 Weiterentwicklung der Zulassungsvorschriften durch die EU

Innerhalb des 7. Forschungsrahmenprogramms, das bis Ende 2013 lief, wurden verschiedene Forschungsprojekte zu UAS gefördert.[1156] Hinsichtlich der regulatorischen Aspekte der unbemannten Luftfahrt ist insbesondere die Arbeit des *Unmanned Aerial Systems in European Airspace (ULTRA) Consortium* hervorzuheben, das die Einführung kleiner RPAS bis 150 kg MTOM in den europäischen Luftraum untersucht hat.[1157] Aufgrund des Interesses an zivilen UAS wird sich auch das neue Rahmenprogramm für Forschung und Innovation »Horizont 2020« mit UAS befassen.[1158]

Die Europäische Kommission hat neben den oben genannten Konferenzen auch weitere Veranstaltungen (mit-) organisiert oder zumindest daran teilgenommen. Oftmals war auch die EASA unmittelbar vertreten. Vorliegend sei nur auf die *Konferenz in Riga* im März 2015 hingewiesen, die der im weiteren Verlauf der Arbeit zu untersuchenden A-NPA 2015-10 vorausgegangen ist.[1159] Neben den Repräsentanten der Europäischen Kommission und der EASA trafen zahlreiche weitere Interessenvertreter zusammen – die sich allesamt selbst als die »European aviation community« bezeichnen – und verabschiedeten die sog. »Riga Declaration on Remotely Piloted Aircraft (drones) – Framing the Future of Aviation«[1160]. Diese enthält fünf Prinzipien, die die Entwicklung des europäischen Rechtsrahmens leiten sollen. Zunächst sollen RPA als neue Luftfahrzeugtypen behandelt werde und einer Regulierung unterworfen werden, die im Verhältnis zum Risiko des Einsatzes steht.[1161] Die Sicherheitsanforderungen sollen mit dem Risiko graduell ansteigen, so dass ein Betrieb von dem nur ein sehr geringes Risiko ausgeht mit minimalen Sicherheitsanforderungen möglich sein soll, während am oberen Ende des Risikospektrums die Regulierung von RPAS der von bemannten Luftfahrzeugen sehr ähnlich sein soll. Diese neue Regulierung soll zeitnah entwickelt werden und auf eine Harmonisierung in Europa und weltweit gerichtet sein, wobei mit der ICAO und JARUS zusammengearbeitet werden soll.[1162] Die EASA, die selbst an

---

1156 Siehe dazu *Europäische Kommission*, Research & Innovation – FP7, <http://ec.europa.eu/research/fp7/index_en.cfm>, zuletzt besucht am 30. November 2015.
1157 Die Arbeitsergebnisse können abgerufen werden unter *Ultra Consortium*, Deliverables, <http://ultraconsortium.eu/index.php/deliverable>, zuletzt besucht am 30. November 2015.
1158 Siehe dazu *Europäische Kommission*, Horizon 2020, <http://ec.europa.eu/programmes/horizon2020/>, zuletzt besucht am 30. November 2015. UAS waren auch bereits Bestandteil früherer Forschungsrahmenprogramme (z.B. »The European Civil Unmanned Air Vehicle Roadmap« von UAVnet/CAPECON/USICO (2005) und die Studien von »INOUI« (Innovative Operational UAS Integration, 2007).
1159 Die Konferenz »The Future of Flying. Conference on remotely piloted aircraft systems.« (Riga Conference) wurde unter Lettischer Ratspräsidentschaft am 5. und 6. März 2015 in Riga abgehalten, siehe *Lettische Ratspräsidentschaft*, Conference on Remotely Piloted Aircraft Systems (RPAS), <https://eu2015.lv/events/political-meetings/conference-on-remotely-piloted-aircraft-systems-rpas-2015-03-05>, zuletzt besucht am 30. November 2015.
1160 *Riga Conference*, Riga Declaration on Remotely Piloted Aircraft (drones) – Framing the Future of Aviation, 2015, abrufbar unter <https:// eu2015.lv/images/news/2016_03_06_RPAS_Riga_Declaration.pdf >, zuletzt besucht am 30. November 2015.
1161 *Riga Conference*, Riga Declaration on Remotely Piloted Aircraft (drones) – Framing the Future of Aviation, Principle 1.
1162 *Riga Conference*, Riga Declaration on Remotely Piloted Aircraft (drones) – Framing the Future of Aviation, Principle 2.

der Konferenz und der Erklärung beteiligt war, soll einen Standpunkt zum Rechtsrahmen im Allgemeinen sowie zu konkreten Vorschriften für den Betrieb von RPAS mit geringem Risiko erarbeiten.[1163] Auch im Rahmen des Vorhabens der allgemeinen Revision der Grundverordnung sollen entsprechende Vorschriften Berücksichtigung finden.[1164] Weitere Prinzipien artikulieren die Forderung zur Entwicklung notwendiger Technologien zur Integration von RPA, zur Förderung der gesellschaftlichen Akzeptanz und zur Zuweisung der Verantwortlichkeit für die Nutzung eines RPA zu dessen Betreiber.[1165] Die Prinzipien der Erklärung sind zwar eher allgemein gefasst, spiegeln aber die Forderungen der RPAS Roadmap und der Mitteilung der Kommission wider und kündigen wesentliche Weiterentwicklungen seitens der EASA an.

C. EASA

Die EASA ist der zentrale Akteur im Zuge der Weiterentwicklung flugsicherheitsrechtlicher Vorschriften der EU.[1166] Durch ihre Rolle im EASA-System, ihren Sachverstand und ihre Beteiligung an nahezu allen Initiativen auf europäischer Ebene, hatte sie bereits einen erheblichen Einfluss auf die zuvor untersuchten Weiterentwicklungsbestrebungen unter der Führung der Europäischen Kommission.[1167] Im Folgenden werden die Rulemaking Aktivitäten der Agentur untersucht.

Die »Rulemaking Aktivitäten« der EASA beschreiben die Aufgaben der Agentur im Zuge der Rechtssetzung. Sie umfassen sowohl Vorschläge für Gesetzesentwürfe, die im Anschluss von der Europäischen Kommission für die Gesetzgebung durch Parlament und Rat eingebracht oder die von der Kommission in Durchführungsverordnungen überführt werden, als auch die Erstellung von Zulassungsspezifikationen, zulässigen Nachweisverfahren und Anleitungsmaterialien.[1168] Die Rulemaking Aktivitäten der EASA sind vielfältig und betreffen alle Zuständigkeitsbereiche der Agentur. Sie werden im Rulemaking Programm der Agentur festgelegt.

Das Rulemaking Programm der EASA erstreckt sich über eine Zeitspanne von vier Jahren.[1169] Bereits die erläuternde Anmerkung (*Explanatoy Note*) zum Rulemaking

---

1163 Siehe dazu unten § 9 C. III.
1164 Siehe dazu unten § 9 C. II.
1165 *Riga Conference*, Riga Declaration on Remotely Piloted Aircraft (drones) – Framing the Future of Aviation, Principles 3-5.
1166 Siehe dazu oben § 7 C.
1167 Siehe schon früh zu den Weiterentwicklungsbestrebungen der EASA *Gerhard*, European regulatory initiatives aiming at the insertion of RPAS into non-segregated airspace (Präsentation), ICAO/CERG Warsaw Air Law Conference 2012.
1168 Siehe dazu oben § 7 C. II. 1.
1169 Dabei wird zwischen denjenigen Aufgaben unterschieden, deren Abschluss in den ersten zwei Jahren des Rulemaking Programme geplant ist und den Aufgaben der letzten zwei Jahren des Programms, deren Umsetzungsplanung lediglich indikativ ist und sich daher während Laufzeit des Programms noch ändern kann. Gegenwärtig gilt das EASA, Revised 2014-2017 Rulemaking Programme, ED Decision 2013/029/R (»Rulemaking Programme 2014-2017«). Die Rulemaking Programmes sind abrufbar unter *EASA*, Rulemaking Programmes, <https://easa.europa.eu/document-library/rulemaking-programmes>, zuletzt besucht am 30. November 2015.

Programm enthält hinsichtlich der allgemeinen Ausgestaltung der künftigen Vorschriften folgende Aussage:

Similarly, the revised Programme takes into account the request for a more risk- and performance-based approach that will allow allocating resources in a targeted and proportionate manner to address identified risks, while avoiding generating any undue burden on Member States and stakeholders.[1170]

Demnach soll bei der Vorschriftenerstellung ein risiko- und leistungsabhängiger Ansatz Berücksichtigung finden, der die Verhältnismäßigkeit zwischen Risiko und Regulierungslast wahrt.[1171] Dies entspricht den Forderungen der RPAS Roadmap und der Mitteilung der Europäischen Kommission nach einer verhältnismäßigen Regulierung.[1172] Hinweise, wie dies konkret umzusetzen ist, enthält das Rulemaking Programm allerdings nicht.

In Bezug auf die vorliegend untersuchten Weiterentwicklungsbestrebungen für Zulassungsvorschriften enthält das Rulemaking Programm verschiedene Rulemaking Tasks (RMT).[1173] Diese RMT übernehmen ausdrücklich einige Bestandteile der RPAS Roadmap. Das Rulemaking Programme enthält im Allgemeinen nur eine Auflistung der Aufgaben, das erwartete Arbeitsergebnis – d.h. Stellungnahme oder Entscheidung – und diesbezügliche Anfangs- und Enddaten sowie eine sehr kurze Beschreibung der Aufgabe. Inhaltlich geht es in Bezug auf UAS über die entsprechenden Ausführungen der RPAS Roadmap nicht hinaus. Festgehalten werden kann, dass die in der Roadmap durch die ERSG »vorgeschlagenen« Weiterentwicklungen unverändert übernommen wurden und damit offiziell zu Weiterentwicklungsaufgaben der EASA geworden sind. Dies ist aufgrund des Umstandes, dass die EASA im Wesentlichen für die *Regulatory Roadmap* des Annex 1 zur RPAS Roadmap verantwortlich war, keine Überraschung.

I. NPA 2014-09

Im April 2014 veröffentlichte die EASA die NPA 2014-09[1174]. Sie dient der Umsetzung der Änderungen des ICAO Annex 2 in das Unionsrecht, d.h. in die Verordnung (EU) Nr. 923/2012, deren Anhang die gemeinsamen Flugregeln der EU (*Standardised European Rules of the Air*, SERA) beinhaltet.[1175] Die NPA enthält dabei einen Entwurf zur Änderung der Durchführungsverordnung sowie der dazugehörigen Anleitungsmaterialien (GM) und Annehmbaren Nachweisverfahren (AMC). Ursprünglich war schon

---

1170 EASA, Revised 2014-2017 Rulemaking Programme – Explanatory Note, 1. (»Rulemaking Programme Explanatory Note«).
1171 Insgesamt folgt dies auch dem Konzept der »Better regulation« (Bessere Rechtsetzung); siehe dazu *Europäische Kommission*, Better Regulation, <http://ec.europa.eu/smart-regulation/index_en.htm>.
1172 Siehe oben § 9 B. II. 2. a). und § 9 B. III.
1173 Im Revised 2014-2017 Rulemaking Programme sind dies insb. *RMT.0229*, *RMT.0620*, *RMT.0235* und *RMT.0614*.
1174 EASA, NPA 2014-09. Die NPA 2014-09 wurde im Zuge des RMT.0148 erarbeitet.
1175 Durchführungsverordnung (EU) Nr. 923/2012 (siehe oben Fn.156).

die NPA 2012-10[1176] aus 2012 auf eine entsprechende Änderung der Durchführungsverordnung gerichtet. Diese NPA stieß allerdings auf erheblichen Widerstand im Rahmen der öffentlichen Konsultation, weshalb die Agentur in eine »focussed consultation« mit Behörden und Interessenvertretern eintrat, die letztlich zu einer erheblichen Änderung des ursprünglichen Entwurfs führte. In der Folge wurde die NPA 2012-10 zurückgezogen und die neue NPA 2014-09 veröffentlicht.[1177]

ICAO Annex 2 und die Verordnung (EU) Nr. 923/2012 betreffen grundsätzlich die Flugregeln und damit den Bereich des Betriebs von Luftfahrzeugen. Die Änderung des Annex 2 enthält in dessen neuen Appendix 4 allerdings, wie oben untersucht, auch Vorgaben zu anderen Bereichen der Flugsicherheit, unter anderem auch zur Zulassung von RPAS.[1178]

Der Schwerpunkt der vorgeschlagenen Vorschriften liegt naturgemäß auf den Flugregeln. Diese sollen um eine neue Vorschrift (»SERA.3138 – Remotely piloted aircraft«) ergänzt werden, die wiederum durch spezifische GM und AMC begleitet wird.[1179] Sie setzten die Vorgaben des ICAO Annex 2 Appendix 4, insbesondere zur Einflugerlaubnis und deren Voraussetzungen, in Unionsrecht um.

Zudem soll Art. 2 der Verordnung (EU) Nr. 923/2012 auch einige zusätzliche Definitionen erhalten. Das Unionsrecht soll damit erstmalig auf unmittelbar verbindlicher Verordnungsebene um spezifische Definitionen für UAS erweitert werden, die auch für andere Regelungsbereiche maßgeblich werden können. Größtenteils werden dabei Definitionen der ICAO für *Remote Pilot*, *Remote Pilot Station* (RPS), *Remotely Piloted Aircraft* (RPA), *Remotely Piloted Aircraft System* (RPAS), *RPA Observer* und *Visual Line-of-Sight* (VLOS) *Operations* wortlautgetreu übernommen.[1180] Auch die im UAS Circular enthaltene Definition von *Unmanned Aircraft* (UA) wurde ergänzt.

Neu eingeführt werden sollen die folgenden Definitionen für ferngesteuerte Flugmodelle (*model aircraft*) und Spielzeugluftfahrzeuge (*toy aircraft*):

»model aircraft« means a non-human-carrying aircraft capable of sustained flight in the atmosphere and used exclusively for air display, recreational, sport or competition activity;

»toy aircraft« means a product designed or intended, whether or not exclusively, for use in play by children under 14 years of age and falling under the definition of aircraft;[1181]

Die vorgesehene Definition von ferngesteuerten Flugmodellen entspricht im Grundsatz der üblichen Abgrenzung anhand des Zwecks der Verwendung, wobei neben der allgemeinen Freizeitgestaltung auch »air display« und »sport or competition activity« genannt werden.

Die Definition von Spielzeugluftfahrzeugen stellt auf die Entwicklung oder den beabsichtigten Gebrauch als »Spielzeug« für Kinder unter 14 Jahren ab und richtet sich damit ebenfalls nach dem Zweck des Luftfahrzeugs. Sie basiert auf der Definition der

---

1176 EASA, Notice of Proposed Amendment (NPA) 2012-10 – Transposition of Amendment 43 to Annex 2 to the Chicago Convention on remotely piloted aircraft systems (RPASs) into common rules of the air, NPA 2012-10 (»NPA 2012-10«).
1177 EASA, NPA 2014-09, 2.4.4.2.
1178 Siehe oben § 5 B. II. 2.
1179 EASA, NPA 2014-09, 3.2.
1180 EASA, NPA 2014-09, 3.1. Siehe zu den Definitionen oben § 5 B. II. 1.
1181 EASA, NPA 2014-09, 3.1.

Richtlinie 2009/48/EG[1182] über die Sicherheit von Spielzeug[1183] und ergänzt diese um das zusätzliche Kriterium der Luftfahrzeugeigenschaft. Spielzeugluftfahrzeuge unterfallen daher grundsätzlich auch der Richtlinie. Diese dient allerdings dem Schutz der Benutzer des Spielzeugs und der Verwirklichung des freien Warenverkehrs in der Union. Da durch Spielzeugluftfahrzeuge, ebenso wie durch RPAS, aber auch Dritte gefährdet werden können, wurden sie in der NPA 2014-09 aufgegriffen.

Das vorgeschlagene Anleitungsmaterial zum Betrieb von Flugmodellen und Spielzeugluftfahrzeuge (GM1 SERA.3101), enthält insbesondere den Grundsatz, dass Flugmodelle und Spielzeugluftfahrzeuge so betrieben werden sollen, dass Gefahren für Personen, Eigentum und andere Luftfahrzeuge minimiert werden.[1184] Die Einführung der Definitionen von ferngesteuerten Flugmodellen und Spielzeugluftfahrzeugen dient der besseren Unterscheidung zu RPAS. Maßgebliches Abgrenzungskriterium bleibt dabei nach wie vor der Nutzungszweck. In den erläuternden Anmerkungen wird zudem klargestellt, dass sich die Qualifikation als Flugmodell oder Spielzeugluftfahrzeug nicht dadurch ändert, dass diese mit Sensoren, Kameras oder Ähnlichem ausgerüstet werden, solange sich deren Zweckbestimmung dadurch nicht ändert. Es soll zudem dabei bleiben, dass ferngesteuerte Flugmodelle grundsätzlich der nationalen Regulierung unterfallen, da keine Notwendigkeit für detaillierte unionsweite Regeln gesehen wird.[1185]

Der Beitrag der NPA 2014-09 zur Weiterentwicklung von konkreten Zulassungsvorschriften ist gering. Spiegelbildlich zu ICAO Annex 2 Appendix 4 wird im Entwurf der AMC zur Verordnung (EU) Nr. 923/2012 nur innerhalb der Vorschriften zu Erlaubnissen für Flüge in fremde Lufträume ein Lufttüchtigkeitszeugnis und einer Genehmigung des RPAS gefordert, ohne dafür weitere Voraussetzungen zu nennen.[1186] Die Erwägungsgründe erklären vielmehr, dass entsprechende ICAO SARPs zur Lufttüchtigkeit noch nicht erarbeitet wurden und auch gemeinsame Vorschriften im Rahmen der Zuständigkeit der EU noch ausstehen.[1187]

Beachtenswert ist die Erklärung in den erläuternden Anmerkungen zu der vorgeschlagenen Vorschrift des SERA.3138 lit. b, die die Erlaubnis für den Betreiber des RPAS betrifft. Demnach haben sich auf mitgliedstaatlicher Ebene Vorschriften entwickelt, die auf den Betrieb von RPAS zentriert sind. In den »einfachsten Fällen« (»simplest cases«) seien entsprechend einfache Voraussetzungen und Verfahren einschlägig, die sich in einer einzigen Erlaubnis für den Betreiber des RPAS erschöpfen.[1188] Als einfachste Fälle können dabei kleine bzw. ungefährliche RPAS verstanden werden. Die Erklärung stellt klar, dass die Voraussetzungen einer solchen Erlaubnis in

---

1182 Richtlinie 2009/48/EG (siehe oben Fn. 1090).
1183 Siehe dazu Art. 2 Abs. 1 der Richtlinie: »Diese Richtlinie gilt für Produkte, die – ausschließlich oder nicht ausschließlich – dazu bestimmt oder gestaltet sind, von Kindern unter 14 Jahren zum Spielen verwendet zu werden (nachstehend ›Spielzeuge‹ genannt).«
1184 EASA, NPA 2014-09, 3.2.
1185 EASA, NPA 2014-09, 2.4.5.4.1: »The Agency does not intend to propose detailed common rules for model aircraft, since there is no evidence that the current regime, based on national rules, is unsafe.«
1186 EASA, NPA 2014-09, 3.1.
1187 EASA, NPA 2014-09, 3.1.
1188 EASA, NPA 2014-09, 2.4.5.6.2.

das Ermessen der Mitgliedstaaten gestellt werden, bis entsprechend gemeinsame Vorschriften entwickelt worden sind.[1189] Auch wenn die NPA nur sehr wenige Hinweise diesbezüglich enthält, kommt darin ein Ansatz an die Erlaubnis kleinerer RPAS zum Ausdruck, der ohne die übliche eigenständige Zulassung auskommt. Im weiteren Verlauf der Untersuchung wird sich zeigen, inwieweit diese Herangehensweise auch auf der Ebene der EU eingeführt werden soll.

II. Stellungnahme 01/2015

Die Stellungnahme 01/2015 der EASA, die im März 2015 veröffentlicht wurde, betrifft die allgemeine Revision der Grundordnung.[1190] Grundlage dafür war einerseits eine öffentliche Konsultation der Kommission, die darauf gerichtet war, Stärken und Schwächen der Flugsicherheit in Europa zu ermitteln und Anregungen für eine mögliche Verbesserung der Grundverordnung zu erhalten.[1191] Zum anderen basiert die Stellungnahme auf der A-NPA 2014-12 der EASA, die im Rulemaking Programm zur Überprüfung der Weiterentwicklungsnotwendigkeit der Grundverordnung berufen war und im Zuge dessen ebenfalls eine öffentliche Konsultation durchgeführt hat.[1192]

Die Stellungnahme befasst sich mit vielen Regelungsgegenständen der Grundverordnung. Ausgehend von den zahlreich eingegangenen Kommentaren zeigt sie die als zweckdienlich erachteten Möglichkeiten zur Anpassung der Grundverordnung an die Entwicklungen der Luftfahrt auf. Anders als in Stellungnahmen üblich, enthält sie allerdings keinen konkreten Entwurf für die Veränderung des Verordnungstextes, sondern verbleibt vielmehr auf einem »high, generic policy level«[1193]. Mangels konkretem Textvorschlag ist daher noch weitere Arbeit der Europäischen Kommission und der EASA notwendig.

Im Hinblick auf UAS enthält die Stellungnahme zwei wesentliche Vorschläge, die bereits in den zeitlich vorangegangenen Weiterentwicklungsbestrebungen der EU mehrfach gefordert wurden, und mit der Stellungnahme einen weiteren Schritt auf dem Weg zur tatsächlichen Gesetzesänderung erreicht haben. Einerseits sollen für alle RPAS verhältnismäßige, risikobasierte Vorschriften entwickelt werden.[1194] Für kleine RPAS, von denen ein geringes Risiko ausgeht, sollen zudem Vorschriften eingeführt

---

1189 EASA, NPA 2014-09, 2.4.5.6.2.
1190 EASA, Opinion No 01/2015 – European Commission policy initiative on aviation safety and a possible revision of Regulation (EC) No 216/2008, Opinion No 01/2015 (»Stellungnahme 01/2015«). Siehe dazu inbes. *Manuhutu/Gerhard*, ZLW 2015, 310.
1191 Siehe dazu *Europäische Kommission*, A Policy initiative on aviation safety and a possible revision of Regulation (EC) No 216/2008 on common rules in the field of civil aviation and establishing a European Aviation Safety Agency, <http://ec.europa.eu/transport/modes/air/consultations/2014-aviation-safety_en.htm>.
1192 EASA, A-NPA 2014-12, Revision of Regulation (EC) No. 216/2008. Die A-NPA 2014-12 wurde im Zuge des RMT.0613 (»Systemic revision of the Basic Regulation in order to implement editorial changes and further necessary updates, following the first 10 years of operation«) erarbeitet.
1193 EASA, Stellungnahme 01/2015, 1.
1194 EASA, Stellungnahme 01/2015, 2.1.1., 2.2.1. und 2.2.3.

werden, die ein Abweichen von den bestehenden Anforderungen ermöglichen.[1195] Andererseits soll der Ausschluss von UAS bis 150 kg MTOM aus Anhang II zur Grundverordnung gestrichen werden, um schließlich alle UAS grundsätzlich der Grundverordnung zu unterwerfen.[1196]

III. A-NPA 2015-10

Ende Juli 2015 wurde die A-NPA 2015-10 von der EASA veröffentlicht.[1197] Sie dient als »Vorschlag für die Erstellung gemeinsamer europäischer Sicherheitsvorschriften für den Einsatz von Drohnen, unabhängig von ihrem Gewicht. Sie schlägt einen proportionalen und einsatzorientierten Ansatz vor. Mit anderen Worten liegt der Fokus mehr darauf, ›wie‹ und unter ›welchen Bedingungen‹ die Drohne eingesetzt wird, anstatt lediglich auf den Eigenschaften der Drohne.«[1198] Die A-NPA ist eine Folge der vorherigen Weiterentwicklungsbestrebungen und die detaillierte Ausgestaltung der Riga Declaration sowie des »Concept of Opertation for Drones«[1199], die ihr in zeitlich engem Zusammenhang vorausgegangen sind und inhaltlich in der A-NPA aufgehen.

Die A-NPA 2015-10 enthält 33 einzelne Vorschläge (*proposals*), die insbesondere eine Einteilung von UAS in drei Kategorien vorsehen, sowie diesbezügliche Erläuterungen. Grundlage für ihre Realisierung ist die geforderte Erweiterung der Zuständigkeit der EU auf alle UAS durch die Aufhebung der 150 kg-Grenze des Anhangs II zur Grundverordnung, die mithilfe der Stellungnahme 01/2015 umgesetzt werden soll.[1200] Inwieweit sich diese Zuständigkeitserweiterung tatsächlich auf die Zulassungsvorschriften der EU und die Zulassung von UAS auswirkt, wird im Weiteren untersucht.

Der sachliche Anwendungsbereich der A-NPA erstreckt sich auf »Drohnen«. Die Definition von »Drohne« lautet: »Drone shall mean an aircraft without a human pilot on board, whose flight is controlled either autonomously or under the remote control of a pilot on the ground or in another vehicle.«[1201] Wie bereits oben untersucht, werden von dieser Definition sämtliche UA umfasst, nicht allerdings die übrigen Elemente des Systems.[1202] Hiermit soll eine flexiblere Regulierung der einzelnen Elemente ermög-

---

1195 EASA, Stellungnahme 01/2015, 2.2.1.
1196 EASA, Stellungnahme 01/2015, 2.2.3.
1197 EASA, A-NPA 2015-10.
1198 EASA, Vorschlag für die Erstellung von gemeinsamen Vorschriften für den Betrieb von Drohnen in Europa, September 2015 (»A-NPA 2015-10 Zusammenfassung Deutsch«). Die EASA hat eine Zusammenfassung der A-NPA 2015-10 auch auf Deutsch veröffentlicht. Diese enthält insb. eine Beschreibung der A-NPA und Übersetzungen der Proposals ins Deutsche.
1199 EASA, Concept of Operations for Drones – A risk based approach to regulation of unmanned aircraft, März 2015, Concept of Operations (»Concept of Operations for Drones«). Siehe dazu auch *Tytgat*, European Aviation Safety Agency – Towards Harmonisation of Rules for RPAS in Europe, in: UVS International (Hrsg.), RPAS Yearbook 2015/2016 – RPAS: The Global Perspective, 2015, 71 f.
1200 Siehe oben § 9 C. II.
1201 EASA, A-NPA 2015-10, 2.1.
1202 Siehe oben § 3 A. I. 4.

licht werden.[1203] Die bisherige Unterscheidung zwischen UA und RPA bzw. UAS und RPAS sowie den einzelnen Elementen (z.B. der RPS und der Datenverbindung) wird jedoch – jedenfalls in der A-NPA – zugunsten einer griffigen und allgemeingebräuchlichen aber unpräzisen Bezeichnung aufgegeben. Die Definitionen der ICAO, die auch mithilfe der NPA 2014-09 in die Verordnung (EU) Nr. 923/2012 eingeführt werden sollen, finden sich in der A-NPA 2015-10 nicht.

Vollständig autonome UA sind als »Drohnen« theoretisch Gegenstand aller Ausführungen der A-NPA. Dennoch wird auf sie nur sehr vereinzelt eingegangen, vor allem hinsichtlich künftiger technischer Entwicklungen. In Kombination mit der häufigen Bezugnahme auf die Steuerung der Drohne durch einen Piloten wird deutlich, dass trotz des breiten Verständnisses von »Drohne« sich auch die A-NPA im Wesentlichen auf RPA bzw. RPAS bezieht.

Darüber hinaus sollen von einer künftigen Regulierung auch nicht-kommerzielle Verwendungen umfasst werden.[1204] Mithin erstreckt sich der Vorschlag auch auf ferngesteuerte Flugmodelle, wobei die traditionelle Modellfliegerei von den neuen Vorschriften möglichst nicht tangiert werden soll.[1205] Der Grund für die Einbeziehung liegt einerseits in der oftmals flexiblen Verwendbarkeit von Drohnen sowohl für kommerzielle als auch nicht-kommerzielle Zwecke und andererseits insbesondere an dem deutlich gestiegenen Interesse an Drohnen als Mittel der Freizeitgestaltung.

Nach kurzer Erläuterung der bisherigen Regulierung durch ICAO, EU und nationale Gesetzgeber werden insbesondere die wirtschaftliche Bedeutung von Drohnen für Europa unterstrichen – wobei auch auf eine mögliche Nutzung zum Personentransport[1206] eingegangen wird – und die Prinzipien der Riga Declaration wiederholt.[1207] Begründet wird die Schaffung unionsweiter Vorschriften damit, dass die nationalen Gesetze nicht harmonisiert seien und es keine Verpflichtung zur gegenseitigen Anerkennung von

---

1203 EASA, A-NPA 2015-10, 2.1.: »This definition has significant consequences. It encompasses the two main groups of command and control systems, thus addressing the fast-growing development of drones operating autonomously. By defining only the drone (the flying part), it allows to treat regulatory-wise the drone and, for example, the command and control station separately thus providing flexibility. Consequently, rules need to address both the case of the drone and the case of the associated parts not attached to it.«
1204 EASA, A-NPA 2015-10, Proposal 1.
1205 EASA, A-NPA 2015-10, 3.1.: »Model aircraft flying has been practised for decades with a good safety record because it is a well-structured activity. The intention is to develop rules for the ›open‹ category that will not affect model aircraft flying.«
1206 EASA, A-NPA 2015-10, 2.3.: »Apart from delivering goods, a soldier was evacuated recently using an unmanned rotorcraft; a case which could be the first step towards transportation of persons. There could also be synergies with personal air vehicles where drone technologies could be used to design fully automated aircraft where persons on board would be passengers that would simply provide the itinerary or define the destination. There will be a long way towards transportation of persons, but it should be kept in mind when drafting the regulatory framework.«
1207 EASA, A-NPA 2015-10, 2. Zudem geht die A-NPA u.a. auf Fragen der gesellschaftlichen Akzeptanz, der Luftsicherheit und der Privatsphäre ein (dazu allerdings: »Security and privacy concerns may not all be resolved through the actions of the Agency, but such actions can help address them.«), EASA, A-NPA 2015-10, 2.4.

Zeugnissen gäbe.[1208] Vorliegend von Bedeutung sind insbesondere die Vorschläge des dritten Kapitels der A-NPA. Diese erläutert die wesentlichen Prinzipien der vorgesehen Regulierungsstruktur sowie die drei zu schaffenden Kategorien.

1. Betriebskategorien

Die Regulierung von Drohnen in der EU soll sich in Zukunft dadurch auszeichnen, dass sie »operation centric«, »risk based« und »proprtionate« ist.[1209] Die wesentliche Ausrichtung auf den Betrieb (*operation centric*) von Drohnen wird damit begründet, dass aufgrund des Fehlens von Personen an Bord, die von Drohnen ausgehende Gefahr im Wesentlichen durch die Betriebsumgebung, d.h. insbesondere den Ort des Einsatzes bestimmt wird.[1210] Hiermit wird der Verschiebung des Gefährdungsschwerpunktes bei der Nutzung von UAS Rechnung getragen.[1211] Eine risikobasierte (*risk based*) Betrachtung soll das von Drohnen ausgehende Risiko (Zusammenstöße in der Luft sowie Personen- und Eigentumsschäden) in den Mittelpunkt rücken.[1212] Die Drohnen aufzuerlegenden Sicherheitsanforderungen sollen stets verhältnismäßig (*proprtionate*) zu diesem Risiko sein.[1213] Durch eine »performance based regulation«, d.h. eine vorwiegend an gewünschten und messbaren Ergebnissen ausgerichtet Regulierung sollen diese Prinzipien umgesetzt werden.[1214]

Die Regulierung von Drohnen in der EU soll dazu durch drei Kategorien – *Open*, *Specific*, und *Certified* – gekennzeichnet sein, die im Wesentlichen anhand des Risikos der Verwendung des UAS differenziert werden sollen.[1215]

Die »Offene Kategorie« (*Open Category*) umfasst den Betrieb von Drohnen mit geringem Risiko (»low-risk operations«).[1216] Drohnen innerhalb dieser Kategorie werden

---

1208 EASA, A-NPA 2015-10, 2.2. An dieser und weiteren Stellen spricht die A-NPA von »EASA Member States«. Siehe zur Unrichtigkeit dieser Bezeichnung oben Fn. 746.
1209 EASA, A-NPA 2015-10, 3.1.
1210 EASA, A-NPA 2015-10, 3.1.: »This regulatory framework is based on the risk posed by drone operations. Another choice would have been the classic approach used today for manned aircraft. However, in most cases there is nobody on board a drone and the consequences of loss of control are highly dependent on the operating environment. A crash in the Antarctic would lead only to the loss of the drone whereas the same event may have different consequences if occurred in a major city or close to an aerodrome. Therefore, an operation-centric regulatory framework seems more appropriate to the reality of drone operations.«
1211 Siehe dazu oben § 3 C. II.
1212 EASA, A-NPA 2015-10, 3.1. Zum Risikoniveau äußert die A-NPA weiter: »The level of risk depends on: the energy and the complexity of the drone (kinetic and potential energy); the population density of the overflown area; and the design of the airspace and density of traffic.«, EASA, A-NPA 2015-10, 3.1.
1213 EASA, A-NPA 2015-10, 3.1.
1214 EASA, A-NPA 2015-10, 3.1.: »Performance-based regulation is a regulatory approach that focusses on desired, measurable outcomes.« Siehe zum Performance-Based-Approach auch *Manuhutu/Gerhard*, ZLW 2015, 310 (313 f.).
1215 EASA, A-NPA 2015-10, Proposal 2. Im Grundsatz wurde eine entsprechende Einteilung bereits im UAS Panel Process vorgeschlagen, *Smethers*, 3rd EU UAS Panel: Safety and Certification 2011, 1 (3 und 5).

nicht zugelassen und hinsichtlich ihrer Lufttüchtigkeit überprüft. Auch Betreiber werden nicht zugelassen und Piloten nicht lizenziert. Es ist keine Erlaubnis durch die Luftfahrtbehörde erforderlich. Vielmehr wird das von ihnen ausgehende geringe Risiko im Wesentlichen durch Betriebsbeschränkungen gemindert. Nur diese Betriebsbeschränkungen sind demnach von künftigen Vorschriften umfasst, während im Übrigen die unionsrechtliche Flugsicherheitsregulierung nicht einschlägig ist. Letztere wird für solche Drohnen schlicht als unverhältnismäßig erachtet. In die Offene Kategorie fallende Drohneneinsätze unterliegen grundsätzlich folgende Beschränkungen:

- Es sind ausschließlich Flüge in direkter Sichtweite des Piloten zulässig.
- Es sind ausschließlich Drohnen mit einer höchstzulässigen Startmasse unter 25 kg zugelassen.
- Der Einsatz von Drohnen in »drohnenfreien Zonen« ist nicht zulässig.
- Beim Einsatz von Drohnen in »Zonen mit eingeschränktem Drohneneinsatz« müssen die geltenden Einschränkungen eingehalten werden.
- Der Pilot ist für die sichere Trennung von anderen Luftraumnutzern verantwortlich und muss allen anderen Luftraumnutzern Vorrang gewähren.
- Eine Drohne der »offenen« Kategorie darf nicht in einer Flughöhe von mehrmals 150 m über Grund oder Wasser eingesetzt werden.
- Der Pilot ist für den sicheren Einsatz und den sicheren Abstand zu unbeteiligten Personen und Gegenständen am Boden sowie zu anderen Luftraumnutzern verantwortlich und darf die Drohne niemals über Menschenansammlungen (> 12 Personen) fliegen lassen.[1217]

Die Einhaltung der Beschränkungen im Hinblick auf »drohnenfreien Zonen« (*no-drone zones*) und »Zonen mit eingeschränktem Drohneneinsatz« (*limited-drone zones*) soll mithilfe des Geofencing und Methoden der Identifikation von Drohnen eingehalten werden.[1218] Zur Gewährleistung der technischen Sicherheit von Drohnen, die als Verbraucherprodukte auf den Markt gebracht werden, soll zudem die Produktsicherheitsrichtlinie 2001/95/EC herangezogen und um entsprechende drohnenspezifische Anforderungen erweitert werden.[1219] Da diese Drohnen oftmals von Personen ohne Kenntnisse der Flugsicherheit betrieben werden, soll ihre Sicherheit durch werksseitig eingebaute Sicherheitssysteme im Zusammenspiel mit den oben genannten Beschränkungen erfolgen, während luftfahrtspezifischen Vorschriften möglichst nicht berührt werden sollen. Erfasst werden davon letztlich Drohnen »von der Stange«, die für jedermann im Handel erhältlich sind. Erst Recht gilt die Forderung nach möglichst geringer Regulierung für Drohnen, die als Spielzeug anzusehen sind.

Obgleich die Abgrenzung der Offenen Kategorie grundsätzlich anhand des Risikos erfolgen soll, liegt die Gewichtsobergrenze der von ihr erfassbaren Drohnen bei einer MTOM i.H.v. 25 kg.[1220] Schwerere Drohnen, auch wenn ihr Einsatz nur ein geringes Risiko birgt, können daher nicht von dieser Kategorie erfasst werden. Unterhalb dieser

---

1216 Für die Offene Kategorie werden die Vorschläge 5 bis 19 angeführt. Alle folgenden Ausführungen zur Offenen Kategorie basieren auf EASA, A-NPA 2015-10, 3.2.
1217 EASA, A-NPA 2015-10, Proposal 12.
1218 EASA, A-NPA 2015-10, Proposals 6, 7 und 9.
1219 EASA, A-NPA 2015-10, Proposals 8, 10 und 11.
1220 Dazu führt die A-NPA aus: »The upper limit of 25 kg for the mass of drones in the ›open‹ category is based on current thresholds in EASA MSs for the regulation of small drones or models.«, EASA, A-NPA 2015-10, 3.2.

Grenze sollen zudem weitere Unterkategorien geschaffen werden (CAT A0: »Spielzeuge« und »Minidrohnen« < 1 kg, CAT A1: »Sehr kleine Drohnen« < 4 kg und CAT A2: »Kleine Drohnen« < 25 kg), für die jeweils weitere Beschränkungen gelten.[1221]

Die »Spezifische Kategorie« (*Specific Category*) umfasst den Betrieb von Drohnen mit »spezifischem« Risiko (»specific risk operations«).[1222] Diese Kategorie ist insbesondere einschlägig, wenn der Einsatz über die Betriebsbeschränkung der Offenen Kategorie hinausgeht. Betroffen sind davon »alle Einsätze von Drohnen, bei denen Personen, die überflogen werden, erheblichen Luftfahrtrisiken ausgesetzt sind, oder, welche die gemeinsame Nutzung des Luftraums mit anderen bemannten Luftfahrzeugen erfordern.«[1223]

Ein Betrieb einer Drohne der Spezifischen Kategorie ist möglich, sofern eine entsprechende Flugbetriebsgenehmigung (*Operation Authorisation*) von der nationalen Luftfahrtbehörde ausgestellt wurde.[1224] Voraussetzung dafür ist die Durchführung einer Sicherheitsrisikobewertung (*Safety Risk Assessment*) durch den Betreiber der Drohne.[1225] Die A-NPA führt dazu an:

> The safety risk assessment should identify all hazards of the drone operation and the severity of their effects. These hazards shall be technical (related to the failure of aircraft functions) and operational (related to airspace and pilot competence). The effect on people on the ground and on other airspace users shall be determined and mitigated.

Mithilfe der Sicherheitsrisikobewertung sollen demnach alle Gefahren des vorgesehenen Einsatzes und die Intensität ihrer Auswirkungen ermittelt werden. Hierbei sind sowohl technische als auch betriebliche Umstände zu berücksichtigen. Spiegelbildlich definiert auch die erteilte Flugbetriebsgenehmigung die Betriebsbeschränkungen als eine Kombination aus technischen, an die Drohne anknüpfenden und betrieblichen, an die Einsatzumgebung anknüpfenden Beschränkungen des unter diesen Umständen, als sicher erachteten Einsatzes.[1226] Die Methodik der Sicherheitsrisikobewertung, annehmbare Mittel zur Risikominderung und diesbezügliche Hinweise, sollen von der Agentur geschaffen werden. Eine Flugbetriebsgenehmigung ist in allen Mitgliedstaaten des EASA-Systems gültig.

Die Sicherheitsrisikobewertung umfasst die wesentlichen Bereiche der Flugsicherheit, welche in der traditionellen Flugsicherheitsregulierung zwar miteinander verbunden, aber dennoch weitgehend getrennten Vorschriften unterfallen und deren getrennten Überprüfung mit verschiedenen Zeugnissen bescheinigt wird. Die Spezifische

---

1221 EASA, A-NPA 2015-10, Proposals 14 bis 17.
1222 Für die Spezifische Kategorie werden die Vorschläge 20 bis 28 angeführt. Alle folgenden Ausführungen zur Spezifischen Kategorie basieren auf EASA, A-NPA 2015-10, 3.3.
1223 Deutsche Übersetzung des Vorschlags 20 in EASA, A-NPA 2015-10 Zusammenfassung Deutsch.
1224 EASA, A-NPA 2015-10, Proposal 22. Die nationalen Behörden können hier bei von Qualifizierten Stellen (*Qualified Entities*) unterstützt werden, EASA, A-NPA 2015-10, Proposal 4. Gem. Art. 3 lit. f der Grundverordnung ist eine Qualifizierte Stelle »eine Stelle, der unter der Kontrolle und Verantwortung der Agentur oder einer nationalen Luftfahrtbehörde von der Agentur bzw. Luftfahrtbehörde eine spezielle Zulassungsaufgabe übertragen werden darf«.
1225 EASA, A-NPA 2015-10, Proposal 21.
1226 EASA, A-NPA 2015-10, Proposal 23.

Kategorie folgt damit grundsätzlich einem eigenen Ansatz, der von der üblichen Flugsicherheitsregulierung losgelöst ist. Dennoch können ausnahmsweise auch einzelne Geräte Verwendung finden, die tatsächlich zugelassen wurden.[1227] Eine Zulassung dieser Teile unabhängig vom Luftfahrzeug kann hierbei durch eine ETSO-Zulassung erfolgen.[1228] Diese könnte – wenn entsprechende ETSO geschaffen worden sind – etwa die RPS oder Ausrüstungen zum Zwecke des D&A betreffen.

Die »Zertifizierte Kategorie« (*Certified Category*) umfasst den Betrieb von Drohnen mit höherem Risiko (»higher-risk operations«).[1229] Ein solch höheres Risiko liegt vor, sobald es mit dem Risikoniveau der bemannten Luftfahrt vergleichbar ist.[1230] Der Zertifizierten Kategorie zuzuordnende Drohneneinsätze sind der traditionellen Flugsicherheitsregulierung unterworfen, die insbesondere in einer getrennten Überprüfung und Zertifizierung der wesentlichen Bereiche der Flugsicherheit besteht. Für sie sollen die üblichen Zeugnisse wie unter anderem TC, CofA, Pilotenlizenzen und Betreiberzeugnisse sowie weitere Zeugnisse speziell für Drohnen ausgestellt werden.[1231] Hinsichtlich der Zulassung solcher Drohnen lautet Vorschlag 29 entsprechend:

Um eine Drohne in einer »zertifizierten« Kategorie einzusetzen, ist die Lufttüchtigkeit des Luftfahrzeugs und dessen Einhaltung der Umweltnormen in gleicher Weise wie derzeit in der bemannten Luftfahrt sicherzustellen, indem eine Musterzulassung (TC) oder eine eingeschränkte Musterzulassung (RTC) für das Muster sowie ein Lufttüchtigkeitszeugnis (CofA) und ein eingeschränktes Lufttüchtigkeitszeugnis für die bestimmte Drohne ausgestellt wird.[1232]

In Bezug auf die Reichweite der (eingeschränkten) Musterzulassung sind folgende Ausführungen beachtenswert:

The TC or RTC might cover the complete unmanned aircraft system including the drone and the components on the ground (like the control station), or may cover only the drone and its airborne systems. When only the drone is included in the TC or RTC, the limitations and conditions for the compatible ground control stations and command and control link including bandwidth, latency and reliability requirements will be established under the TC or RTC.[1233]

Demnach soll der (eingeschränkte) Musterzulassungsschein entweder für das gesamte System oder nur für die Drohne selbst ausgestellt werden können. Im letzteren Fall sollen die Beschränkungen und Bedingungen für die RPS und den Data-Link im Rahmen des TC bzw. R-TC der Drohne festgelegt werden. Weitere Hinweise dazu enthält die A-NPA allerdings nicht, so dass unklar bleibt, wie dieser Vorschlag umgesetzt werden könnte. Wie die Untersuchung der Zulassungsvorschriften ergeben hat, erfasst die Zulassung das Produkt – also nach bestehender Grundverordnung, das Luftfahr-

---

1227 EASA, A-NPA 2015-10, Proposal 24.
1228 EASA, A-NPA 2015-10, Proposal 26.
1229 Für die Zertifizierte Kategorie werden die Vorschläge 29 bis 33 angeführt. Alle folgenden Ausführungen zur Spezifischen Kategorie basieren auf EASA, A-NPA 2015-10, 3.4.
1230 Als Beispiele für die Zertifizierte Kategorie nennt die A-NPA »[...] international cargo transport operations with large drones, transport of persons or any other operation where the risk assessment process of the ›specific‹ category does not sufficiently address the high risks involved in the operation.«, EASA, A-NPA 2015-10, 3.4.
1231 Siehe zu Pilotenlizenzen und dem »Remote Operator Certificate« (ROC) EASA, A-NPA 2015-10, Proposal 31.
1232 EASA, A-NPA 2015-10 Zusammenfassung Deutsch.
1233 EASA, A-NPA 2015-10, 3.4.

zeug, den Motor oder den Propeller – während die übrigen Elemente des UAS nur als Teile und Ausrüstungen erfassbar sind.[1234] Dies könnte den zweiten in der A-NPA geschilderten Fall betreffen. Damit ein TC für das gesamte System (»the complete unmanned aircraft system«), d.h. das UAS bzw. RPAS als solches ausgestellt werden könnte, müsste die Grundverordnung vielmehr dahingehend geändert werden, das auch das »System« ein Produkt wäre.[1235]

Abschließend enthält die A-NPA 2015-10 zudem sog. »Best practices«, die Hinweise hinsichtlich nationaler Regeln im Zeitraum bis zum Übergang der Zuständigkeit der EU auf alle UAS und dem Vorliegen entsprechender Vorschriften enthalten. Zudem werden die einschlägigen Dokumente der vorangegangenen Weiterentwicklungsbestrebungen der EU genannt. Das letzte Kapitel der A-NPA enthält zudem vier Annexe.[1236]

2. Regelungs- und Durchführungszuständigkeit

Der vorgesehene Wegfall der 150 kg-Grenze der Grundverordnung führt zu einer Regelungszuständigkeit der EU für alle UAS. Die EU soll – auch mithilfe und durch die EASA – entsprechende Vorschriften für die drei vorgeschlagenen Kategorien schaffen. Diese Vorschriften sollen auf die Regulierungsebenen des Unionsrechts verteilt, so dass eine Ergänzung der Grundverordnung, der Durchführungsverordnungen und des EASA Soft Law erfolgen soll.

Zunächst sollen jedoch nur Durchführungsbestimmungen für die Offene und Spezifische Kategorie geschaffen werden.[1237] Diese Vorschriften sollen zwar Aspekte der Lufttüchtigkeit und weiterer Bereiche beinhalten, nicht aber für die Zulassung von Drohnen der Zertifizierten Kategorie angewendet werden können. Dies steht im Einklang mit dem grundsätzlichen Ausschluss von Drohneneinsätzen der Offenen Kategorie aus der Flugsicherheitsregulierung und der Heranziehung eines Sicherheitsrisikobewertung für die Spezifische Kategorie.

Auch für die Zertifizierte Kategorie sollen Vorschriften geschaffen werden, wobei auf der Ebene der Durchführungsbestimmungen keine grundsätzliche Trennung zwischen solchen für bemannte Luftfahrzeuge und solchen für UAS erfolgen soll.[1238] Auch besondere Zulassungsspezifikationen sollen – wie bereits in der Roadmap vorgesehen – durch die Agentur geschaffen und durch von der Agentur anerkannte Industriestandards ergänzt werden.[1239] Da nur Drohnen der Zertifizierten Kategorie vom Zulassungssystem umfasst werden und nur diese Drohnen entsprechende Zeugnisse, insbesondere eine Musterzulassung erhalten, werden letztlich einzig für diese Drohnen *Zulassungsvorschriften der EU* geschaffen. Die A-NPA geht davon aus, das eine voll-

---

1234 Siehe oben § 8 A. I. 1. a).
1235 Siehe dazu auch unten § 10 B.
1236 *Overview of the EASA Member States' regulations on drones* (Annex I), *Data protection and privacy* (Annex II), *Frequency spectrum* (Annex III) und *Outlook – an ATM concept of operation* (Annex IV).
1237 EASA, A-NPA 2015-10, 3.1.
1238 EASA, A-NPA 2015-10, Proposal 33.
1239 EASA, A-NPA 2015-10, Proposal 32.

ständige Integration von UAS auf der Grundlage dieser Vorschriften noch einige Jahre in Anspruch nehmen wird.[1240]

Die deutliche Trennung zwischen den Kategorien und Vorschriften spiegelt sich auch in der Durchführungszuständigkeit wider. Die Durchsetzung der Vorschriften und die Aufsicht über Drohnen der Offenen und Spezifischen Kategorie obliegt den einzelnen Mitgliedstaaten.[1241] Insbesondere sind die mitgliedstaatlichen Behörden für die Überwachung der Einhaltung der Betriebsbeschränkungen verantwortlich und im Falle der Spezifischen Kategorie auch für die Ausstellung der Flugbetriebsgenehmigung. Für Drohnen der Zertifizierten Kategorie, die hingegen in die bestehende Flugsicherheitsregulierung einbezogen werden, gilt die übliche Verteilung der Kompetenzen zwischen Mitgliedstaaten und EU bzw. EASA gemäß der Grundverordnung. Insbesondere resultiert dies in der Zuständigkeit der EASA für die (eingeschränkte) Musterzulassung, während die nationalen Luftfahrtbehörden für die Ausstellung des CofA zuständig sind.

D. Zusammenarbeit mit anderen Akteuren

Neben der oben beschriebenen Zusammenarbeit mit der ICAO im Rahmen der UASSG bzw. des RPAS Panel,[1242] besteht auch eine Kooperation der EU bzw. EASA mit zahlreichen weiteren Akteuren auf internationaler und europäischer Ebene. Zu nennen sind dabei in Bezug auf die vorliegende Untersuchung insbesondere JARUS und EUROCAE. Auch die Zusammenarbeit mit EUROCONTROL sowie NATO und EDA ist häufig Bestandteil der Weiterentwicklungsbestrebungen. Da eine eingehende Untersuchung der genannten Akteure den Rahmen der vorliegenden Arbeit überdehnen würde, werden sie im Folgenden nur kursorisch dargestellt. Zu den »Akteuren« können auch die Mitgliedstaaten der EU bzw. die Mitglieder der EASA gezählt werden, die entweder mit der EU bzw. der EASA zusammenarbeiten oder durch ihre Mitgliedschaft entsprechenden Einfluss nehmen.

Die *Joint Authorities for Rulemaking on Unmanned Systems* (JARUS) wurden im Jahre 2007 auf Initiative der niederländischen Zivilluftfahrtbehörde gegründet.[1243] Das

---

1240 EASA, A-NPA 2015-10, 2.5.: »The work on the ›certified‹ category could start as of 2016 as this category is already within the Agency's scope; however, the full integration in non-segregated airspace may take some more years because the main technologies are not yet fully mature for implementation.«
1241 EASA, A-NPA 2015-10, Proposal 3. »Die Mitgliedstaaten (EASA-MS) müssen die Behörden benennen, die für die Durchsetzung der Vorschriften verantwortlich sind. Es wird vorgeschlagen, die Aufsicht der ›offenen‹ und ›spezifischen‹ Kategorie nicht in das Luftfahrtsystem der EU aufzunehmen. Dadurch wird den EASA-MS die nötige Flexibilität auf lokaler Ebene gegeben, wodurch sie nicht der Aufsicht durch die EASA unterliegen (›EASA-Standardisierung‹).«, EASA, A-NPA 2015-10 Zusammenfassung Deutsch.
1242 Siehe dazu oben § 7 D., § 6 B. II. und § 6 B. III.
1243 Siehe dazu u.a. *van de Leijgraaf*, JARUS – Entering the Next Phase, in: UVS International (Hrsg.), UAS Yearbook – UAS: The Global Perspective, 2012 sowie zuletzt *Sivel/Swider*, Joint Authorities for Rulemaking on Unmanned Systems – Growing and Changing, in: UVS International (Hrsg.), RPAS Yearbook 2015/2016 – RPAS: The Global Perspective, 2015, 28.

übergeordnete Ziel von JARUS ist die Förderung der Harmonisierung der Vorschriften zu UAS. Ausgangspunkt war seinerzeit die fehlende Zuständigkeit der EASA für UAS bis 150 kg MTOM, weshalb JARUS primär um kleine UAS bemüht war. Sowohl die Mitgliederzahl als auch die inhaltliche Ausrichtung haben sich jedoch inzwischen ausgedehnt. Neben den EU-Mitgliedstaaten Belgien, Dänemark, Deutschland, Estland, Finnland, Frankreich, Griechenland, Großbritannien, Irland, Italien, Malta, Lettland, Niederlande, Österreich, Polen, Rumänien, Schweden, Spanien und Tschechien sowie der weitgehend durch Unionsmitglieder geprägten EASA und EUROCONTROL sind auch Australien, Brasilien, China, Indien, Israel, Jamaika, Japan, Kanada, Katar, Kolumbien, Südkorea, Mazedonien, Norwegen, Russland, Schweiz, Singapur, Südafrika, Trinidad und Tobago, Vereinigte Arabische Emirate und die Vereinigten Staaten von Amerika Mitglieder von JARUS.[1244] In organisatorischer Hinsicht verfügt JARUS über ein Sekretariat als zentrales und ständiges Organ.[1245]

JARUS hat es sich zur Aufgabe gemacht, einen Korpus aus technischen, sicherheitsbezogenen und betrieblichen Anforderungen für die Integration von UAS in den Luftraum und an Flugplätzen zu entwickeln.[1246] Zu diesem Zweck wurden sieben Arbeitsgruppen geschaffen, die in den Bereichen Betrieb und Lizenzierung von Personal, Genehmigung von Organisationen, Lufttüchtigkeit, Detect & Avoid, C3, Safety & Risk Management und dem grundsätzlichen Betriebskonzept Anforderungen erarbeiten sollen.[1247] Bei der Erstellung dieser Anforderungen verfährt JARUS ähnlich zur EASA und unterwirft die anfänglichen Entwürfe grundsätzlich einer öffentlichen Konsultation.[1248] Alle Entwürfe, Arbeitsergebnisse (*deliverables*) sowie sonstige Informationen können der Internetseite von JARUS entnommen werden.[1249]

Die Nutzbarmachung der Arbeitsergebnisse von JARUS für die Schaffung von zunächst harmonisierten Vorschriften auf mitgliedstaatlicher Ebene und letztlich gemeinsamen Vorschriften durch die EU ist im UAS Panel Process, der RPAS Roadmap, der Mitteilung der Europäischen Kommission aus 2014 sowie der A-NPA 2015-10 mehrfach genannt worden. Durch die breite Mitgliederbasis handelt es sich bei JARUS daher zwar um eine Kooperationsform, die weit über die EU hinaus reicht, allerdings ist JARUS auch ein wichtiges Vehikel im Rahmen der Weiterentwicklungsbestrebungen der EU. Die Frage, in welcher Weise sich dieses Konstrukt einer unverbindliche Vorgaben schaffenden Kooperation auf die EASA (und die ICAO) auswirken kann, wird im weiteren Verlauf der vorliegenden Arbeit aufgeworfen.[1250]

1244 Siehe in *Sivel/Swider*, in: UVS International (Hrsg.), 28.
1245 *Sivel/Swider*, in: UVS International (Hrsg.), 28.
1246 JARUS Terms of Refernce, abrufbar unter <https:// http://jarus-rpas.org/terms-reference>, zuletzt besucht am 30. November 2015:»Its purpose is to recommend a single set of technical, safety and operational requirements for all aspects linked to the safe operation of the Remotely Piloted Aircraft Systems (RPAS).«
1247 Siehe *JARUS*, JARUS – Working Groups, <http://jarus-rpas.org/working-groups>, zuletzt besucht am 30. November 2015.
1248 Siehe zu JARUS und seiner Arbeitsweise auch Europäische Kommission, EU RPAS Roadmap – Annex 1, 6.3.6.
1249 Siehe *JARUS*, JARUS, <http://jarus-rpas.org>, zuletzt besucht am 30. November 2015.
1250 Siehe dazu unten § 10 C. I.

Die *European Organization for Civil Aviation Equipment* (EUROCAE) ist eine auf die Entwicklung von technischen Standards ausgerichtete non-profit Organisation, die 1963 in Luzern (Schweiz) gegründet wurde und der über 160 Mitgliedern Hersteller, Behörden und Nutzer (Fluglinien, Flughäfen, Betreiber) angehören.[1251] Die Organe von EUROCAE sind das Generalsekretariat, der Rat und das sog. *Technical Advisory Committee* (TAC). In ihrer langjährigen Geschichte hat sie zahlreiche Spezifikationen entwickelt, auf die vielfach in den ETSO der EU oder den Standards der FAA verwiesen wird.[1252] Zur Erarbeitung der Spezifikationen hat EUROCAE viele Arbeitsgruppen (*Working Groups*, WG) eingerichtet, die, ebenso wie auch bei JARUS üblich, aus Entsandten der Mitglieder der Organisation bestehen.[1253] Für die Standardisierungsarbeit in Bezug auf UAS wurden zwei Arbeitsgruppen geschaffen, die jeweils im Grundsatz alle Bereiche der Flugsicherheit von UAS betreffen. Die *WG-73 (UAV Systems)* wurde bereits 2006 gegründet und arbeitet eng mit dem amerikanischen Äquivalent, der RTCA und ihrem »Special Committee 203« zusammen.[1254] Die WG-73 betrifft die Entwicklung von Standards für große UAS. Für kleine UAS wurde im Jahr 2012 die *WG-93 (Light Remotely Piloted Aircraft Systems Operations)* gegründet, um dieses bis dahin ebenfalls der WG-93 zugeordnete Segment spezifischer adressieren zu können.[1255] Sowohl WG-73 als auch WG-93 haben verschiedene Arbeitsergebnisse veröffentlicht und sich hinsichtlich der Erarbeitung entsprechender weiterer Standards ehrgeizige Ziele gesetzt. Auch EUROCAE und die von ihr erarbeiteten bzw. zu erarbeitenden Standards sind Bestandteil der oben untersuchten Weiterentwicklungsbestrebungen der EU.

Eine enge Kooperation besteht auch mit EUROCONTROL, einer 1960 gegründeten internationalen Organisation mit 41 Mitgliedstaaten.[1256] Bereits seit der »Joint JAA/ EUROCONTROL Initiative on UAVs« (UAV Task-Force), die 2002 gegründet wurde

---

1251 Die gesamte Liste kann auf der Internetseite der Organisation abgerufen werden; siehe *EUROCAE*, EUROCAE, <www.eurocae.net>, zuletzt besucht am 30. November 2015. Siehe zu EUROCAE insbesondere *N'Diaye*, EUROCAE – Dedicated to Aviation Standardization, in: UVS International (Hrsg.), UAS Yearbook – UAS: The Global Perspective, 2012, 30 sowie zuletzt *Engel*, The European Aviation Standards Organisation, in: UVS International (Hrsg.), RPAS Yearbook 2015/2016 – RPAS: The Global Perspective, 2015, 123.
1252 Siehe dazu oben § 8 A. II. 2. c).
1253 Siehe *EUROCAE*, Working Groups, <https://www.eurocae.net/wgs/>, zuletzt besucht am 30. November 2015.
1254 *Kallevig*, EUROCAE – Working Group 73 on Unmanned Aircraft Systems, in: UVS International (Hrsg.), UAS Yearbook – UAS: The Global Perspective, 2012, 32 sowie zuletzt *Donnithorne-Tait*, EUROCAE WG73 – Update on Standard Activities, in: UVS International (Hrsg.), RPAS Yearbook 2015/2016 – RPAS: The Global Perspective, 2015, 124.
1255 *van de Leijgraaf*, in: UVS International (Hrsg.), 34 sowie zuletzt *Onate*, EUROCAE WG93 On Lightweight RPAS – Update on Standard Activities, in: UVS International (Hrsg.), RPAS Yearbook 2015/2016 – RPAS: The Global Perspective, 2015, 125.
1256 Siehe zu EUROCONTROL u.a. *van Dam*, EUROCONTROL, in: Hobe/von Ruckteschell/ Heffernan (Hrsg.), Cologne Compendium on Air Law in Europe, 2013, 60 ff. m.w.N. sowie *EUROCONTROL*, EUROCONTROL, <https://www.eurocontrol.int>, zuletzt besucht am 30. November 2015.

§ 9 Weiterentwicklung der Zulassungsvorschriften durch die EU

und an der auch einige andere Akteure beteiligt waren, ist EURCONTROL fester Bestandteil der Entwicklung einer europäischen Regulierung von UAS.[1257] Der Abschlussbericht der UAV Task-Force aus 2004 enthielt bereits Leitlinien für die Regulierung von »Light UAV Systems« unter 150 kg MTOM.[1258] Da der Fokus von EUROCONTROL allerdings auf der Luftverkehrskontrolle liegt, betreffen ihre Beiträge zur Regulierung von UAS im Wesentlichen den Bereich des Betriebs und nicht die vorliegend untersuchte Zulassung.

Im Hinblick auf die Zusammenarbeit mit militärischen Stellen, sind zuvörderst NATO und EDA zu nennen.[1259] Die Anforderungen der NATO STANAG 4671 wurden in der UAS Policy der EASA als grundsätzlich alternatives Verfahren im Rahmen der Zulassung anerkannt.[1260] Die EDA ist in der unter anderem in der ERSG vertreten und in der RPAS Roadmap an verschiedenen Stellen zur Mitarbeit an der Regulierung von UAS in Europa berufen. Die Zusammenarbeit mit militärischen Stellen ermöglicht zum einen von deren wesentlich längeren Erfahrung mit UAS zu profitieren und dient andererseits der koordinierten Weiterentwicklung in Zukunft.

Das Verhältnis der genannten und vieler weiterer Akteure ist untereinander, auch aufgrund mitgliedschaftlicher und personeller Überschneidungen, durch Koordination und Kooperation geprägt.

Für die Weiterentwicklung der Regulierung zivile UAS auf der Ebene der EU haben insbesondere JARUS und EUROCAE eine *inhaltliche* Bedeutung. Im Hinblick auf die vorliegend untersuchten Zulassungsvorschriften der EU, ist ihre Tätigkeit allerdings »nur« von vorbereitender Natur. Wann und inwieweit die durch sie erarbeiteten Vorschläge ihren Weg in verbindliches Unionsrecht finden, hängt von der EASA und den Gesetzgebungsorganen der EU ab.

E. Zwischenergebnis

Die Weiterentwicklung der Regulierung von UAS durch die EU hat deutlich an Fahrt aufgenommen. Spätestens seit dem UAS Panel Process 2011/2012 ist die zivile unbe-

---

1257 Siehe dazu oben § 8 B. I. Siehe auch *Merlo/Lissone*, European Organisation for the Safety of Air Naviagation: RPAS – A Revolution in Aviation, in: UVS International (Hrsg.), RPAS Yearbook 2015/2016 – RPAS: The Global Perspective, 2015, 28 f.
1258 *JAA/EUROCONTROL*, UAV Task-Force – Final Report, Annex 1. Siehe zum Abschlussbericht der UAV Task-Force oben § 8 B. I.
1259 Siehe zu den Aktivitäten von NATO und EDA im Bereich UAS *Buckner*, NATO Aerospace Capabilities Section (AER), NATO Joint Capability Group UAS (JCUAS), in: UVS International (Hrsg.), RPAS Yearbook 2015/2016 – RPAS: The Global Perspective, 2015, 30 und 32 f. sowie *Marty*, Supporting Member States in Developing Future Military PRAS Capabilities, in: UVS International (Hrsg.), RPAS Yearbook 2015/2016 – RPAS: The Global Perspective, 2015, 73 f.
1260 Siehe oben § 8 B. III. 3. Weitere NATO STANAG zu UAS sind in Vorbereitung (*STANAG 4702/AEP-80 – Rotorcraft UAV Systems Airworthiness Requirements (USAR-RW)*, *STANAG 4703 – Light UAV Systems Airworthiness Requirements (USAR-LIGHT)* und *STANAG 4738 (AEP-89) – Unmanned Aerial Vehicle (UAV) Systems Airworthiness Requirements (USAR) for Light Vertical Take-Off and Landing (VTOL) Aircraft*.

mannte Luftfahrt in das regulatorische Interesse auf europäischer Ebene gerückt. Die Intensität der Befassung mit UAS scheint exponentiell zuzunehmen und hat sich seit der Mitteilung der Europäischen Kommission in 2014 nochmals intensiviert.

Eine europäische Regulierung und mit ihr die tatsächliche Integration von UAS in das Luftverkehrssystem sollen schrittweise erfolgen. Die Schaffung verbindlicher unionsrechtlicher Vorschriften für UAS steht dabei insgesamt noch am Anfang. Dennoch haben sich durch zahlreiche Konferenzen, Erklärungen, Entwürfe und insbesondere die RPAS Roadmap sowie die A-NPA 2015-10 die wesentlichen Merkmale eines künftigen Rechtsrahmens für die Flugsicherheit von UAS herauskristallisiert. Hierbei können drei Fokussierungen hervorgehoben werden.

Erstens ist die EU und allen voran die Europäische Kommission zum organisatorischen Zentrum der Bemühungen um UAS herangewachsen. Die EASA nimmt dabei eine wichtige Rolle ein. Wenngleich der Bedeutungszuwachs von UAS auf europäischer Ebene der Verdienst aller beteiligten Akteuren ist und diese auch materiell in Zukunft einen Beitrag zur Rechtsentwicklung leisten werden, laufen die Fäden zunehmend bei der Europäischen Kommission, bzw. hinsichtlich der Flugsicherheit bei der EASA, zusammen. Dies ist folgerichtig, da erstens die zivile unbemannte Luftfahrt ein über nationale Grenzen hinausgehendes Phänomen ist, zweitens, der »Wildwuchs« zahlreicher Regelungen und Initiativen als hinderlich angesehen werden kann und drittens, die EU auch die Verantwortung für die Verwirklichung des gemeinsamen Marktes für UAS innehat.[1261] Die RPAS Roadmap, die von der ERSG auf Geheiß der Europäischen Kommission erarbeitet und hinsichtlich der regulatorischen Bereiche von der EASA geprägt wurde, bietet eine umfassende Strategie zur Weiterentwicklung des Unionsrechts. Sie bindet dabei neben der EASA – die dies in ihr »Rulemaking Programme« aufgenommen hat – auch zahlreiche weitere Akteure in eine strukturierte Aufgabenverteilung ein, die eine Integration von UAS in den europäischen Luftverkehr herbeiführen soll.

Zweitens erfolgt eine Fokussierung auf den Betrieb von UAS. Die Weiterentwicklungsbestrebungen der EU richten sich zwar grundsätzlich auf alle traditionellen Bereiche der Flugsicherheit (Zulassung, Betrieb und Personal) rücken aber den Betrieb von RPAS in den Mittelpunkt der Bemühungen. Die RPAS Roadmap versteht die »Integration von UAS« vor allem in betrieblicher Hinsicht und definiert ihre Schritte und Ziele anhand der Evolution der Betriebsformen, wie etwa von VLOS über EVLOS zu BVLOS oder vom Betrieb im segregierten Luftraum zum unbeschränkten Betrieb in allen Luftraumklassen.

Die Zentrierung auf den Betrieb manifestiert sich auch in der A-NPA 2015-10, die diese mithilfe einer »performance based regulation«, d.h. eine vorwiegend an gewünschten und messbaren Ergebnissen ausgerichtete Regulierung, umsetzen will. Die A-NPA erhebt das von der Verwendung von RPAS ausgehende Risiko zum maßgeblichen Kriterium für die anzuwendenden Anforderungen an die Flugsicherheit. Die in allen vorangegangenen Weiterentwicklungsbestrebungen aufgekommene Frage, was unter einer »risiko-basierten« und »verhältnismäßigen« Regulierung von UAS zu verstehen sei, wird durch die A-NPA im Grundsatz beantwortet. Eine Verwendung von

---

1261 So bereits in Erwägungsgrund 1 der Grundverordnung sowie als entsprechendes Ziel formuliert in deren Art. 2 Abs. 2 lit. b).

Drohnen der Spezifischen Kategorie soll dabei mithilfe einer ganzheitlichen Sicherheitsrisikobewertung, die in eine Flugbetriebsgenehmigung mündet, ermöglicht werden, ohne dass an den traditionellen Bereichen und Zulassungsvoraussetzungen festgehalten wird. Damit soll die Verhältnismäßigkeit der Anforderungen stets gewährleistet sein. Eine gesonderte Prüfung etwa der Lufttüchtigkeit des RPAS oder der Fähigkeiten der Piloten sowie die Bescheinigung dieser Eigenschaften durch besondere Zeugnisse erfolgt nicht. Die Spezifische Kategorie zeichnet sich daher durch eine Herangehensweise *sui generis* aus.

Eine solche Herangehensweise könnte als Bruch mit der traditionellen Zulassungsregulierung verstanden werden. Diese orientiert sich einerseits im Wesentlichen an präskriptiven abstrakten Voraussetzungen, deren Erfüllung für eine weitgehend abstrakte Zulassung erforderlich ist. Andererseits umfasst sie eine Vielzahl unterschiedlicher Luftfahrzeuge, für die im Grundsatz dasselbe Zulassungssystem gilt. Die neue Herangehensweise widerspricht dieser Zulassungsregulierung, da sie zum einen mit einem risikobasierten und ergebnisorientierten Ansatz an die konkrete Verwendung anknüpft und zum anderen nur für eine bestimmte Gruppe von Luftfahrzeugen (UAS) gilt.[1262] Allerdings ist zu berücksichtigen, dass die Anwendung der bisherigen Zulassungsregulierung auf UAS, die in die Spezifische Kategorie fallen, kaum möglich ist. Anders als bei großen UAS, gibt es schlicht keine vergleichbaren Luftfahrzeuge und Verwendungen in der bemannten Luftfahrt, deren Zulassungsvorschriften man sich – jedenfalls im Grundsatz – bedienen könnte. Würde man die Vorschriften für diese UAS dennoch heranziehen, wären sie – selbst wenn man die allgemeinen Schwierigkeiten bei der Anwendung der Vorschriften (z.B. das »System« von UAS) überwinden könnte – meistenfalls unverhältnismäßig und nicht erfüllbar. Mit der neuen Herangehensweise der Spezifischen Kategorie lassen sich diese Probleme lösen und zwar gerade für ein Segment von UAS, das bislang weitgehend nicht reguliert bzw. nicht erfassbar ist. Die Herangehensweise kann daher nicht als Bruch, sondern vielmehr als *Ergänzung* verstanden werden. Es wird hierbei die Chance genutzt, in einem Bereich von UAS (Spezifische Kategorie) gewissermaßen von »Null« zu beginnen und eine alternative Gewährleistung der Flugsicherheit zu entwickeln, die von der traditionellen Flugsicherheitsregulierung losgelöst ist.[1263]

Dies kann allerdings nur soweit gehen, wie keine Vergleichbarkeit des in Frage stehenden UAS bzw. des Risikos seiner Verwendung zu bemannten Luftfahrzeugen besteht. Für große bzw. gefährliche UAS gilt daher die Zertifizierte Kategorie, die eine

---

1262 Die Regulierung nur einer bestimmten Gruppe von Luftfahrzeugen wurde schon früh als kritisierbar betrachtet: »Developing concepts specifically targeted at one sector of the aviation community (i.e. UAV) would be open to criticism that the spirit of this principle has been breached. A concept of regulation for UAV Systems should therefore start from the basis that existing regulations and procedures developed for and applicable to manned aircraft should be applied wherever practicable and not simply discarded in favour of a regulatory framework tailored specifically for UAV Systems.«, *JAA/EUROCONTROL*, UAV Task-Force – Final Report, 5.1.
1263 So auch in der Generaldirektor der EASA *Ky*, European Aviation Safety Agency, in: UVS International (Hrsg.), 2014 RPAS Yearbook – RPAS: The Global Perspective, 2014, 11: »we must seize this unique opportunity and come up with global rules, given that we can start from a blank sheet«.

– allerdings angepasste – Anwendung der traditionellen Flugsicherheitsregulierung auf UAS bedeutet. Bei Anwendung der Herangehensweise der Spezifischen Kategorie auch auf solche UAS, würde damit trotz grundsätzlicher Vergleichbarkeit der Luftfahrzeuge (bemannt und unbemannt) ein Sonderregime für große RPAS errichtet werden. Auch der internationalen Harmonisierung von Flugsicherheitsvorschriften und der internationalen Verwendung von UAS würde dies zuwiderlaufen.[1264] Konsequent wäre allenfalls eine gänzliche Anpassung der Flugsicherheitsregulierung an einen Performance-Based-Approach für *alle* Luftfahrzeuge. Aufgrund der bisherigen Erfolgsgeschichte der traditionellen Flugsicherheitsregulierung, der internationalen Vorgaben und nicht zuletzt des damit verbundenen Aufwandes, wäre dies allenfalls langfristig denkbar, wobei eher eine schrittweisen Ausweitung des Performance-Based-Approach als Ergänzung zur bisherigen Regulierung zu erwarten ist.[1265]

Drittens, und eng mit dem Vorangesagten verbunden, erfolgt hinsichtlich der Weiterentwicklung von Vorschriften – jedenfalls kurz und mittelfristig – eine Fokussierung auf kleine bzw. risikoärmere UAS. Ihnen wird eine große wirtschaftliche Bedeutung beigemessen. Kleine und mittlere Unternehmen, die sich auf diese UAS ausgerichtet haben, sollen von der EU besonders gefördert werden. Zudem können diese UAS auch technisch »einfacher« sein. Ihre »Integration« – mit entsprechenden Beschränkungen – wird daher als kurzfristig erreichbar erachtet. Auch die A-NPA 2015-10 konzentriert auf UAS der Offenen und Spezifischen Kategorie. UAS der Offenen Kategorie und der Spezifischen Kategorie machen den deutlichen Schwerpunkt der Regulierungsvorschläge der A-NPA aus. Die Zertifizierte Kategorie hingegen wird nur vergleichsweise marginal adressiert.

Der auf den ersten Blick »revolutionäre« Regulierungsvorschlag der A-NPA wirkt sich daher bei genauerer Betrachtung nur entsprechend revolutionär auf die Spezifische Kategorie aus. Sehr kleine bzw. ungefährliche UAS der Offenen Kategorie werden schlicht aus der traditionellen Flugsicherheitsregulierung ausgeklammert. Hinsichtlich der Zertifizierten Kategorie ändert sich in systematischer Hinsicht durch die Zuständigkeitserweiterung und eine Umsetzung der A-NPA wenig. Für sie bleibt es bei der traditionellen bereichsspezifischen Flugsicherheitsregulierung und insbesondere dem von bemannten Luftfahrzeugen bekannten Zulassungskonzept. Alle Chancen und Schwierigkeiten der Zulassung, die die obigen Untersuchungen offenbart haben, bleiben für diese UAS bestehen, bis und soweit neue spezifische Vorschriften ausgereift sind. Eine Musterzulassung richtet sich bis dahin weiterhin nach den oben untersuchten allgemeinen Zulassungsvorschriften der EU und der EASA unter Zuhilfenahme der UAS Policy. Ein erheblicher Regulierungsbedarf hinsichtlich spezifischer Zulassungsvorschriften für UAS bleibt daher bestehen. Einzig die Frage, *ob* eine Zulassung von UAS erfolgen muss, richtet sich in Zukunft nicht mehr nach einer bestimmten Gewichtsgrenze, sondern nach der Einschätzung des Risikos. Aufgrund der Verschiebung des Gefährdungsschwerpunktes von Personen an Bord zu Dritten im Luftraum und am Boden sowie der Tatsache, dass viele Besonderheiten und Gefahren von UAS gänzlich unabhängig vom Gewicht sind, ist eine Hinwendung zum Risiko des Einsatzes naheliegend. Gegenüber dem quantitativen Merkmal des Gewichts, ist

---

1264 Siehe zur Frage der Harmonisierung unten § 10 E.
1265 *Manuhutu/Gerhard* sehen einen »ergänzenden« (complementary) Performance-Based-Approach voraus, *Manuhutu/Gerhard*, ZLW 2015, 310 (314).

die qualitative Abgrenzung mithilfe des Risikos allerdings unklarer. Diese Abgrenzungsfrage wird künftig von besonderer Wichtigkeit sein. Bedauerlicherweise enthält die A-NPA dazu jedoch noch keine ausgefeilte Methodik. Letztlich wird ein grundsätzlicher Zusammenhang von Risiko und Größe aber auch in Zukunft kaum zu verneinen sein, wenngleich auch kleineren Drohnen mitunter ein erhebliches Risiko bergen können.[1266] Meistenfalls – es sei denn, der Betrieb erfolgt in abgegrenztem Luftraum über unbewohntem Gebiet – wird daher jedenfalls bei der Verwendung von »großen« UA nach ursprünglichem Verständnis (d.h. also über 150 kg MTOM) von einem hohen Risiko auszugehen sein – schon bereits deshalb, weil sie hinsichtlich ihrer Größe zumindest mit sehr kleinen bemannten Luftfahrzeugen vergleichbar sind.

Trotz einer Trennung zwischen verschiedenen Kategorien, soll die EU im Grundsatz für alle UAS zuständig sein. Hierzu soll die bekannte 150 kg-Grenze aus Anhang II gestrichen werde. Mit der Zuständigkeit der EU zur Regulierung auch der Offenen und Spezifischen Kategorie soll allerdings nicht auch die Zuständigkeit der EASA für eine Erlaubnis des Betriebs dieser UAS entstehen. Hierfür sollen weiterhin die nationalen Luftfahrtbehörden der Mitgliedstaaten verantwortlich sein.

In zeitlicher Hinsicht sehen die Weiterentwicklungsbestrebungen im Hinblick auf besondere Zulassungsvorschriften das ambitionierte Ziel vor, für die Zertifizierte Kategorie im Wesentlichen bis 2018 erste spezifische CS und AMC – und darin insbesondere Safety Objectives – und Verfahren (Part 21-RPAS) zu entwickeln. Bis 2028 sollen diese dann schließlich so weit ausgereift sein, dass sie auch von Seiten der Zulassung eine vollständige Integration von RPAS ermöglichen.

Angemerkt sei der Umgang mit ferngesteuerten Flugmodellen, der sich im Laufe der Weiterentwicklungsbestrebungen gewandelt hat. Während Modelle ursprünglich von den Vorhaben einer künftigen Regulierung von UAS durch die EU ausgenommen waren, wurden in der NPA 2014-09 zunächst Definitionen für »model aircraft« und »toy aircraft« aufgenommen, ohne allerdings die grundsätzliche Trennung von UAS und diesen Luftfahrzeugen aufzuweichen. Die A-NPA 2015-10 hingegen bezieht ferngesteuerte Flugmodelle in ihren Regulierungsansatz mit ein. Auch dadurch, dass sie von dem in der A-NPA verwendeten Begriff »Drohne« eingeschlossen werden, können sie ebenfalls den Betriebskategorien unterfallen, wobei der traditionelle Modellflugbereich allerdings möglichst wenig durch neue Vorschriften tangiert werden soll. Drohnen zur Freizeitgestaltung werden wohl im Wesentlichen der Offenen Kategorie und ggf. auch der Spezifischen Kategorie unterfallen. Die Einbeziehung von ferngesteuerten Flugmodellen in die Regulierung von UAS hat auf internationaler Ebene keine Entsprechung.[1267]

Auch vollständig autonome UAS sind kein Bestandteil des Großteils der Weiterentwicklungsbestrebungen der EU. Insbesondere aus der RPAS Roadmap werden sie ausdrücklich ausgeschlossen. Die A-NPA 2015-10 bezieht vollständig autonome UAS hingegen wiederum durch die sehr offene Bezeichnung »Drohne« mit ein. Trotz dieser theoretischen Einbeziehung werden sie hauptsächlich in Bezug auf eine künftige Ent-

---

1266 Vergleichbar wären etwa die erheblichen Gefahren die von einem Vogelschlag ausgehen können.
1267 Siehe zur Frage der Harmonisierung auch unten § 10 E.

wicklung erwähnt. Auf die grundsätzliche Problematik der Regulierung vollständig autonomer UAS wird im weiteren Verlauf der Arbeit eingegangen.[1268]

Abschließend soll nochmals deutlich hervorgehoben werden, dass im vorliegenden Kapitel die Zulassungsvorschriften der EU und zuletzt die diesbezüglichen Weiterentwicklungsbestrebungen untersucht wurden. Insbesondere die A-NPA 2015-10 stellt für die Spezifische Kategorie eine von der bisherigen Flugsicherheitsregulierung abweichende Herangehensweise in Aussicht. Wie die Untersuchung gezeigt hat, wirkt sich diese Herangehensweise allerdings nicht auf die *Zulassungsvorschriften der EU* an sich aus. Auf die Regulierung von großen bzw. risikoreichen UAS, deren Gefahren grundsätzlich mit der bemannten Luftfahrt vergleichbar sind, haben die neuen Betriebskategorien nämlich ausschließlich insoweit Auswirkungen, als dass die Abgrenzung zwischen Betriebsbeschränkungen unter nationaler Aufsicht einerseits und einer wirklichen Zulassung durch die EASA andererseits nicht mehr vom Gewicht, sondern vom Risiko der Verwendung abhängig macht. Die sich aus der Untersuchung ergebenden Schwierigkeiten bei der *zulassungsrechtlichen* Erfassung von UAS durch die EU und der entsprechende Regulierungsbedarf für Zulassungsvorschriften der EU bleiben daher auch bei Einführung neuer Betriebskategorien gleichsam bestehen.

1268 Siehe unten § 11 A.

Viertes Kapitel Zusammenfassende Bewertung der wesentlichen Merkmale der (künftigen) Zulassungsregulierung der ICAO und der EU für unbemannte Luftfahrzeugsysteme sowie möglicher Erweiterungen

Nachdem im ersten Kapitel die Besonderheiten ziviler UAS dargestellt wurden, erfolgte in den vorangegangenen zwei Kapitel die Untersuchung dahingehend, inwieweit diese besonderen Merkmale durch die Zulassungsregulierung der ICAO und der EU berücksichtigt werden können. Dabei wurden zunächst die vorhandenen Zulassungsvorgaben und -vorschriften untersucht. Hierbei wurden sowohl die allgemeinen – also solche, die im Grundsatz für bemannte und unbemannte Luftfahrzeuge gleichermaßen gelten – als auch die besonderen Zulassungsvorgaben und -vorschriften – also solche, die speziell für die Zulassung von UAS entwickelt wurden – untersucht. Da sich hierbei ein deutlicher Regulierungsbedarf gezeigt hat und erst wenige besondere Zulassungsvorgaben und -vorschriften zur Verfügung stehen, wurden auch die entsprechenden Weiterentwicklungsbemühungen der ICAO und der EU berücksichtigt.

In diesem Kapitel werden die wesentlichen Merkmale der (künftigen) Zulassungsregulierung von ICAO und EU für UAS zusammenfassend bewertet (§ 10) sowie in gebotener Kürze auch zwei Bereiche beleuchtet, die von den Organisationen nur rudimentär berücksichtigt wurden, möglicherweise in Zukunft aber größere Bedeutung erlangen könnten (§ 11). Die verschiedenen Untersuchungsergebnisse sollen hierbei auch kritisch in ein Gesamtkonzept eingeordnet werden, womit zudem das Zusammenwirken der internationalen und europäischen (Zulassungs-) Regulierung für UAS verdeutlicht werden kann.

§ 10 Wesentliche Merkmale der Zulassungsregulierung

Auf der Grundlage der bisherigen Untersuchung werden im Folgenden die wesentlichen Merkmale der Zulassungsregulierung der ICAO und der EU für UAS zusammenfassend bewertet. Zunächst erfolgt eine Betrachtung des Fortschritts der Zulassungsregulierung für UAS seitens der ICAO und der EU. Sodann wird auf die Schwierigkeit der Erfassung des »Systems« von UAS eingegangen und entsprechende Handlungsmöglichkeiten der ICAO und Gesetzesänderungen der EU werden thematisiert. Hinsichtlich der Herangehensweise von ICAO und EU an die Herausforderung der Zulassung von UAS werden sowohl Organisation und Arbeitsweise angesprochen als auch die wichtigsten spezifischen Instrumente für die Zulassung von UAS bewertet, bevor die allgemeinen Auswirkungen der systematischen Unterschiede zwischen beiden Organisationen betrachtet werden. Hinterfragt werden zudem die möglichen Auswirkungen der neuen risikobasierten Herangehensweise der EASA auf die europäische und internationale Verwendung von UAS. Schließlich wird betrachtet, inwieweit durch die ICAO und innerhalb der EU eine Harmonisierung oder Rechtszersplitterung der Zulassungsregulierungen vorliegt bzw. droht.

A. Stand der Zulassungsregulierung für unbemannte Luftfahrzeugsysteme

Die Flugsicherheitsregulierung im Allgemeinen und die Zulassungsvorgaben und -vorschriften im Besonderen wurden im Wesentlichen für bemannte Luftfahrzeuge geschaffen, auch wenn sie oftmals allumfassend für »Luftfahrzeuge« gelten. Wie die Untersuchung gezeigt hat, führt dies zu Schwierigkeiten bei der zulassungsrechtlichen Erfassung von UAS. Im Falle der EU bedeutet dies allerdings nicht, dass eine Zulassung durch die EASA gänzlich ausgeschlossen ist.

Spezifische Zulassungsvorgaben und -vorschriften durch ICAO und EU sind erforderlich, um eine sachgerechte Erfassung von UAS zu ermöglichen. Die Schaffung dieser besonderen Vorgaben und Vorschriften steht insgesamt noch am Anfang. Die ICAO hat einige wenige Zulassungsvorgaben durch eine Änderung des Annex 2 in die eingeschränkt verbindlichen SARPs aufgenommen und umfangreiches Anleitungsmaterial in Form des RPAS Manual veröffentlicht. Die EU hat bislang keine verbindlichen Zulassungsvorschriften für UAS erlassen. Mit Einschränkungen ist jedoch auch im bestehenden Recht eine Zulassung von UAS im Grundsatz möglich. Die EASA hat zur Anleitung dessen die UAS Policy erarbeitet.

ICAO und EU bemühen sich intensiv um die Weiterentwicklung von Zulassungsvorgaben und -vorschriften. Das Interesse an der zivilen unbemannten Luftfahrt ist erheblich gestiegen. Die potentielle (wirtschaftliche) Bedeutung dieses Sektors erhöht zudem den Druck auf ICAO und EU. Auch wenn sich die Weiterentwicklungsbestrebungen größtenteils erst noch in konkreten Vorgaben und Vorschriften manifestieren müssen, erscheinen sie insgesamt sehr vielversprechend. Die Erarbeitung der Vorgaben und Vorschriften erfolgt dabei schrittweise. Die ICAO Annexe sollen nach und nach um spezifische Vorgaben zu UAS erweitert werden. Auf der Ebene der EU erfolgt ebenfalls eine graduelle Entwicklung der Vorschriften, die von einer Erweiterung der Betriebsmöglichkeiten von UAS begleitet werden soll. Bis letztendlich eine volle Integration von UAS erreicht wird, werden für die Nutzung von UAS mehr oder weniger starke Einschränkungen gelten.

Bereits seit etlichen Jahren sind zivile UAS, bzw. seinerzeit UAV[1269], auch auf den Ebenen der EU und der ICAO Gegenstand der Diskussion. Der Abschlussbericht der JAA/EUROCONTROL UAV Task-Force wurde bereits in 2004 fertiggestellt. Die offizielle Befassung der ICAO mit UAS begann im Jahr 2005 als erstmalig ausgewählte Mitgliedstaaten und Internationale Organisationen zu UAS befragt wurden. Bereits in diesem frühen Stadium wurde die Bedeutung von UAS hervorgehoben und mitunter konkrete Regulierungsvorschläge unterbreitet. Angesichts des nicht unerheblichen Zeitablaufs könnte moniert werden, dass die Regulierung von UAS noch nicht weiter fortgeschritten ist. Zu beachten ist allerdings einerseits, dass die internationale und (supra-)nationale Flugsicherheitsregulierung sehr komplex und durch detaillierte technische Anforderungen geprägt ist, deren Ausarbeitung auch für bemannte Luftfahrzeuge oftmals langwierige Prozesse durchläuft. Andererseits sind UAS auch in technischer Hinsicht stetigen Weiterentwicklungen unterworfen. Hinzukommen könnte zudem die oftmals wechselseitig geäußerten Vorwürfe, dass die technische Entwicklung von UAS durch den fehlenden Rechtsrahmen gehemmt sei, während wiederum ohne technisch hinreichend entwickelte UAS die Entstehung eines sachgerechten Rechtsrahmens schwer möglich sei.[1270] Die Auswirkungen dieses »Henne-Ei-Problems« auf den Regulierungsfortschritt sind allerdings schwer messbar. Durch die Beteiligung verschiedener Interessenvertreter an den Regulierungsvorhaben und die vorgesehene graduelle Erweiterung entsprechender Vorgaben und Vorschriften einerseits sowie der Nutzungsmöglichkeiten andererseits sollte dieses Hindernis nunmehr weitgehend ausgeräumt sein.

Die Zeitpläne von ICAO und EU für die Weiterentwicklung der Vorgaben und Vorschriften sind zwar langfristig ausgelegt, enthalten aber auch ehrgeizige Zwischenziele. Aufgrund der zuvor erläuterten Umstände und der Arbeitsweise von ICAO und EU sind diesbezügliche Verzögerungen allerdings nicht unwahrscheinlich.

In jedem Fall ist die Weiterentwicklung von Vorgaben und Vorschriften für UAS und deren Geschwindigkeit stets im Lichte des wesentlichen Auftrags von ICAO und EU bzw. EASA zu betrachten – der Flugsicherheit. Unter keinen Umständen darf die (wirtschaftliche) Entwicklung von UAS auf Kosten der Sicherheit erfolgen.

1269 Siehe dazu oben § 3 A. I. 1.
1270 In einer Studie für die Europäische Kommission aus dem Jahr 2007 hieß es dazu bereits: »Engineers on the industry side have blamed the regulatory authorities for not producing the necessary descriptions of the standards required, while the latter have accused the engineers of not coming up with the necessary technology so they can design the legislation. This ›Catch 22‹ situation has been just one of the causes for the slow progress in integrating UAVs into controlled airspace in a way that is compatible with existing users.«, Europäische Kommission, UAV Study 2007 (Second Element), 1.5. Siehe ähnlich u.a. Europäische Kommission, European strategy for RPAS, 1.1; Europäische Kommission, Mitteilung zu RPAS, 3.

Insgesamt wird die Regulierung von UAS im Allgemeinen und die Erarbeitung von Zulassungsvorgaben und -vorschriften im Besonderen das Luftrecht noch viele Jahre prägen.

B. Schwierigkeit »System«

Die bisherigen Zulassungsvorgaben und -vorschriften sind grundsätzlich auf das »Luftfahrzeug« zentriert. Sofern man Luftfahrzeuge im Wesentlichen als »bemannte Luftfahrzeuge« versteht, ist dies verständlich und angesichts der tatsächlichen Entwicklung der zivilen Luftfahrt auch folgerichtig. Allerdings verträgt sich diese Ausrichtung nur begrenzt mit dem Systemcharakter von UAS, der durch die grundsätzliche Gleichwertigkeit und gegenseitige Abhängigkeit mehrerer Elemente gekennzeichnet ist. Das »System« des UAS ist zwar – wie die Untersuchung gezeigt hat – nicht die einzige Schwierigkeit bei der Erfassung von UAS, aber wohl diejenige, bei der sich die Unterschiede zu bemannten Luftfahrzeugen besonders deutlich offenbaren.

ICAO Annex 8 bezieht sich im Wesentlichen auf das Luftfahrzeug und kann damit grundsätzlich nur das RPA erfassen. Der geänderte Annex 2 und das Anleitungsmaterial des RPAS Manual ermöglichen jedenfalls die gesonderte Überprüfung weiterer Elemente des UAS. Auf der Ebene der EU kann die Zulassung mit den bisherigen Zulassungsvorschriften und entlang der UAS Policy nur das RPA direkt erfassen und alle anderen Elemente lediglich als Teile und Ausrüstungen des RPA betrachten.

Die Eigenständigkeit der Elemente und deren Austauschbarkeit ermöglichen eine besondere Flexibilität und stellen einen Vorteil von UAS gegenüber bemannten Luftfahrzeugen dar. Die Nutzung verschiedener RPA mit verschiedenen RPS unter Zuhilfenahme verschiedener Datenverbindungen und insbesondere die – auch internationale – Steuerungsübergabe während des Fluges (*handover*) zwischen verschiedenen RPS sind erstrebenswert. Ohne dass alle denkbaren Konfigurationen bereits vorab mit der Zulassung des RPA geprüft werden müssten, wäre dies grundsätzlich nur möglich, wenn die Elemente eigenständig zugelassen werden könnten.

Für die getrennte Zulassung ergeben sich verschiedene Möglichkeiten. Ein TC für die RPS ist besonders naheliegend und wurde dementsprechend auch bereits von ICAO und EU erwogen. Fraglich bleibt, ob auch ein Zeugnis für die RPS geschaffen werden kann, das nicht nur die Musterbauart festlegt, sondern auch die individuelle Übereinstimmung und Tauglichkeit im Sinne eines Äquivalents zum CofA für das RPA bescheinigt. Auch die Datenverbindung ist ein wesentliches Element des RPAS. Wie die Untersuchung gezeigt hat, wären Zulassungszeugnisse für die Datenverbindung als solche allerdings nicht sachgerecht, da es sich letztlich nur um ein »Signal im Raum« handelt und die Erfassung der dieses Signal herstellenden Komponenten in RPA und RPS sinnvoller erscheint. Fraglich ist auch, ob das RPAS als »System« eine eigene Zulassung erhalten sollte. Die Aufgabe entsprechender RPAS-Zeugnisse im Sinne von TC- und CofA-Äquivalenten könnten darin bestehen, die Gesamtheit des Systems zu beschreiben.

ICAO und EU bzw. EASA haben die Schwierigkeit des »Systems« erkannt und Schritte zu einer – jedenfalls teilweise – getrennten Zulassung der Elemente ins Auge gefasst.

I. Handlungsmöglichkeiten der ICAO

Die ICAO sieht im RPAS Manual vor, dass jedenfalls für die RPS ein eigenes TC ausgestellt werden kann, das letztlich wiederum – wie bei Motoren und Propellern – Bestandteil des RPA-TC wird. Dies wird allerdings nur als eine Möglichkeit genannt. Die RPS kann ebenso als Teil des RPA zugelassen werden. Diese Flexibilität entspricht auch der Formulierung des Annex 2 Appendix 4, der beiden Varianten entsprechend ausgelegt werden kann. Fraglich ist, ob auch eine weitergehende Eigenständigkeit der RPS und ggf. weiterer Elemente in Betracht kommt. Die »Considerations for the future« des RPAS Manual erwägen zumindest, dass die RPS noch eigenständiger behandelt werden könnte.

Vorschläge zu einer individuelleren Erfassung der Elemente wurden von der UASSG bereits im Jahr 2012 erarbeitet.[1271] Demnach sollte zunächst auch das RPAS ein eigenes luftfahrttechnisches Erzeugnis (*product*) sein, das ein TC erhalten könnte. Ein RPAS-TC sollte dabei nur ein RPA, aber eine Vielzahl von RPS, erfassen können, die daher auch im Flug austauschbar wären. Die C2-Datenverbindung wurde nicht als Erzeugnis, sondern als »service« verstanden, was mit den Überlegungen der vorliegenden Untersuchung übereinstimmt. Neben einem RPAS-TC war eine weitere Besonderheit des diskutierten Konzepts, dass der Betreiberstaat auch ein individuelles RPAS-»certificate (of suitability for use)« ausstellen sollte, das das RPA und alle RPS umfassen und ihre Interoperabilität bescheinigen sollte. Dieses RPAS-»certificate (of suitability for use)« – als ein Äquivalent zum CofA für das RPA – sollte durch ein RPA-CofA sowie ein RPS-»certificates (of conformity)« als Äquivalent zum CofA für die RPS komplementiert werden. Hervorzuheben an dieser Idee der UASSG war daher, dass sowohl für RPAS, RPA und RPS jeweils ein TC als auch individuelle Zeugnisse (*certificate of suitability for use*, CofA, *certificates of conformity*) ausgestellt werden sollten, was einer (vollwertigen) individuellen Zulassung des RPAS und seiner wesentlichen Elemente entsprochen hätte. Auch wenn dieser Vorschlag letztlich in das RPAS Manual keinen Eingang gefunden hat – wohl auch, weil er jedenfalls mit den Zulassungsvorschriften der EU unvereinbar gewesen wäre – stellt er eine künftige Möglichkeit der Zulassung von UAS dar.

Zu erwägen ist weiterhin, wie eine entsprechende Umsetzung einer eigenständigen Zulassung in das Regulierungssystem der ICAO erfolgen könnte. Das Chicagoer Abkommen nennt in Art. 31 nur ein CofA für das Luftfahrzeug, also auch für das RPA. Weitere Zeugnisse für die Zulassung von UAS können aus dem Abkommen nicht entnommen werden. Eine entsprechende Änderung des Chicagoer Abkommens ist zwar grundsätzlich möglich, aber sehr unwahrscheinlich. Allerdings steht das Chicagoer Abkommen einer Muster- oder Verkehrszulassung anderer Elemente auch nicht entgegen, solange das international betriebene RPA ein CofA hat. Eine Änderung des Abkommens ist daher letztlich auch nicht erforderlich. Zeugnisse für eine individuelle Zulassung der Elemente und des Systems könnten in Annex 8 eingeführt werden, wie

---

1271 ICAO, UASSG, Tenth Meeting – Agenda Item 2, UASSG/10-SN No. 03, Appendix (»Tenth Meeting«). Siehe dazu auch *Cary/Coyne/Tomasello*, in: UVS International (Hrsg.), 25.

es zuvor auch schon hinsichtlich der Musterzulassung von Luftfahrzeugen, die sich ebenfalls nicht im Chicagoer Abkommen wiederfindet, erfolgte.

Ob und wann weitere Zeugnisse Eingang in die Vorgaben der ICAO finden, ist allerdings offen. Der Flexibilität der Nutzung von UAS wäre dies allemal zuträglich.

II. Gesetzesänderungen der EU

In den Weiterentwicklungsbestrebungen der EU, insbesondere in der RPAS Roadmap, ist die getrennte Zulassung von RPA und RPS sowie der C2-Datenverbindung ausdrücklich vorgesehen. Eine Erweiterung der luftfahrttechnischen Erzeugnisse des Art. 5 der Grundverordnung um die RPS ist daher zu erwarten. Bedauerlicherweise äußert sich die RPAS Roadmap nicht zu den Details dieser Erweiterung, insbesondere nicht dazu wie eine individuelle Zulassung der Datenverbindung erfolgen soll. Entsprechend der Änderung der Grundverordnung wären auch die Verordnung (EU) Nr. 748/2012 zur Zulassung und das dazugehörige EASA Soft Law anzugleichen bzw. zu erweitern.

Die Möglichkeit der gesonderten Überprüfung des RPAS sowie jeweiliger CofA-Alternativen finden sich in der RPAS Roadmap nicht. Diese könnten aber gleichsam zu den von der ICAO diskutierten Zeugnissen auch auf der Ebene der EU eingeführt werden. Sollte die ICAO tatsächlich eines Tages diese Zeugnisse in Annex 8 vorsehen, wären sie ohnehin – jedenfalls für den internationalen Betrieb – von der EU für ihre Mitgliedstaaten umzusetzen.

Eine individuelle Zulassung der Elemente oder zumindest der RPS ist auch auf der Ebene der EU keinesfalls eine neue Idee. Schon der Abschlussbericht der JAA/EUROCONTROL UAV Task Force aus dem Jahr 2004 äußerte, dass »[a] UAV System Element, e.g., typically, the Control Station may be certified in its own right as a product [...]«[1272]. Der Abschlussbericht enthält dazu auch einen entsprechenden Änderungsvorschlag für die Grundverordnung.[1273]

Bedauerlicherweise ist die Umsetzung einer individuellen Zulassung der Elemente des UAS insgesamt in den Weiterentwicklungsbestrebungen vergleichsweise wenig beachtet worden. Zur Überwindung der Schwierigkeiten bei der Erfassung des »Systems« von UAS wäre eine intensivere Befassung mit dieser Problematik förderlich.

C. Herangehensweise

Die zivile unbemannte Luftfahrt stellt eine Herausforderung für das internationale und europäische Luftrecht dar, der sich ICAO und EU inzwischen angenommen haben. Die Herangehensweisen beider Organisationen zur Bewältigung dieser Herausforderung werden im Folgenden auf der Grundlage der obigen Untersuchung zusammenfassend bewertet. Hierbei werden die jeweilige Organisation und Arbeitsweise in Bezug

---

1272 *JAA/EUROCONTROL*, UAV Task-Force – Final Report, 7.1.
1273 *JAA/EUROCONTROL*, UAV Task-Force – Final Report, Appendix 3-3.

auf die Regulierung von UAS, die wesentlichen Instrumente zur Zulassung von UAS sowie die Auswirkungen systematischer Unterschiede zwischen ICAO und EU betrachtet.

I. Organisation und Arbeitsweise

Innerhalb der ICAO erfolgte die Beschäftigung mit UAS zunächst im Wesentlichen durch die UASSG, bevor das RPAS Panel seine Position einnahm, womit ein Wechsel der organisatorischen Anknüpfung vom Sekretariat zum Rat der ICAO erfolgte. Die Änderungen der ICAO Annexe 2, 7 und 13 wurden durch die UASSG vorbereitet, die auch den UAS Circular und den ersten Entwurf des RPAS Manual erarbeitet hat. Die Arbeit am Manual wurde sodann bis zu seiner Veröffentlichung durch das Panel fortgesetzt. Die ehrgeizigen Weiterentwicklungsbestrebungen sollen ebenfalls – neben der Zusammenarbeit mit anderen Akteuren – hauptsächlich auf der Arbeit des RPAS Panel beruhen. Die Vorbereitung von Annexänderungen und die Erarbeitung von Anleitungsmaterialien durch eine Study Group bzw. ein Panel ist naheliegend. Es ermöglicht eine intensive Zusammenarbeit derjenigen Mitgliedstaaten der ICAO, die an der Weiterentwicklung der zivilen unbemannten Luftfahrt besonders interessiert sind. Zu berücksichtigen ist allerdings, dass diese Zusammenarbeit grundsätzlich auf freiwilliger Basis beruht und die ICAO auf die Zurverfügungstellung entsprechender Expertise und Arbeitskraft für die UASSG bzw. das RPAS Panel durch die Mitgliedstaaten angewiesen ist.[1274] Eine vermehrte Unterstützung und Eigeninitiative der ICAO wäre für die Weiterentwicklung der Vorgaben förderlich. Angesichts der angespannten finanziellen[1275] Situation der Organisation und der Tatsache, dass die Schaffung von Vorgaben für UAS zwar von erheblichem Interesse, aber bei weitem nicht die einzige Aufgabe der ICAO ist, wird wohl eher zu erwarten sein, dass das RPAS Panel seine Arbeit in der bisherigen Art und Weise – und Geschwindigkeit – fortsetzt. Insgesamt ist die Arbeit der ICAO an Vorgaben für UAS allerdings stets eine wesentliche Voraussetzung für die langfristige und insbesondere harmonisierte Regulierung von UAS.

In der EU hat sich im Zuge der Weiterentwicklungsbestrebungen eine Zentrierung auf die Europäische Kommission entwickelt und damit das Koordinierungsdefizit der Vielschichtigkeit der Initiativen aufgelöst. Insbesondere die RPAS Roadmap stellt eine deutliche Anleitung dar, die alle Beteiligten in den koordinierten Weiterentwicklungsprozess einbindet. Allerdings wird auch in Bezug auf die Arbeit der EU ein begrenztes Budget für die Weiterentwicklung der Vorschriften für UAS kritisiert.[1276]

Neben ihren eigenen Aktivitäten unterstützen ICAO und EU zudem die Arbeit von JARUS und beziehen dessen vorhandene oder vorgesehene Arbeitsergebnisse in die

---

1274 So auch in Europäische Kommission, European strategy for RPAS, 2.2.4.: »ICAO is also, very much relying on the limited contribution of resources from its contracting states.«
1275 Siehe allgemein zur Finanzierung der ICAO *Weber*, International Civil Aviation Organization – An Introduction, 95 ff.
1276 Entsprechend eingeschränkte Mittel der EU wurden verschiedentlich angemerkt, so z.B. in Europäische Kommission, European strategy for RPAS, 2.2.2; *Tytgat*, RPAS – EASA update, ICAO RPAS Symposium 2015, 1 (17); Europäische Kommission, UAV Study 2007 (Second Element), 1.2.

eigenen Weiterentwicklungsbestrebungen ein. JARUS hat es sich zur Aufgabe gemacht, einen Korpus aus technischen, sicherheitsbezogenen und betrieblichen Anforderungen für die Integration von UAS in den Luftraum und an Flugplätzen zu entwickeln. Dieses umfassende Vorhaben, die bereits veröffentlichten Arbeitsergebnisse und die breite Mitgliederbasis lassen erwarten, dass JARUS auch in Zukunft einen wichtigen Beitrag zur Weiterentwicklung der Regulierung von UAS leisten wird.

Die Rolle von JARUS kann jedoch auch kritisch betrachtet werden. Seine Entstehung sowie die Ausweitung seines Tätigkeitsspektrums könnten nämlich auch als Reaktion auf die zögerliche und unzureichende Weiterentwicklung von Vorgaben und Vorschriften durch die ICAO und die EU gesehen werden. Sofern sich die Zusammenarbeit nur auf kleine UAS bezieht, für die die EU – jedenfalls zum Zeitpunkt der Gründung von JARUS – nicht zuständig war und für die mangels Internationalität keine Vorgaben der ICAO zu erwarten sind, ist die Zusammenarbeit im Lichte einer effektiven Vorschriftenentwicklung und -harmonisierung allerdings durchweg begrüßenswert. Sobald sich die Arbeit von JARUS hingegen auf UAS erstreckt, deren rechtliche Erfassung auch in die Zuständigkeitsbereiche der ICAO und der EU fallen, stellt sich die Frage, inwiefern eine Konkurrenzsituation auftritt.

Im Verhältnis zur ICAO könnte mit JARUS eine Parallelorganisation der Willigen entstanden sein. Vorteilhaft ist, dass JARUS deutlich zügiger Vorgaben entwickeln kann, die den Mitgliedern von JARUS dann zur Übernahme in nationales Recht zur Verfügung gestellt werden. Die Organisation und Arbeitsweise von JARUS ist dabei der aufwändigen und zeitintensiven Entstehung bzw. Änderung von Annexen durch die ICAO überlegen. Allerdings ist die Harmonisierung nationaler Flugsicherheitsvorschriften durch internationale Vorgaben eine Hauptaufgabe der ICAO. Nur ihre Vorgaben sind zumindest eingeschränkt verbindlich und richten sich an alle Mitgliedstaaten mit dem Ziel einer weltweiten Harmonisierung. Diesbezüglich nicht unbeachtet bleiben kann allerdings, dass die Umsetzungsbereitschaft der Mitglieder von JARUS deutlich höher sein wird als das derjenigen Mitglieder der ICAO, die an der Weiterentwicklung kein Interesse haben oder dafür keine Ressourcen aufzubringen vermögen und folglich die Übernahme entsprechender Vorgaben nur zögerlich vornehmen werden.

Auf der Ebene der EU könnten ähnliche Bedenken bestehen. JARUS ist ein Zusammenschluss nationaler Luftfahrtbehörden insbesondere einzelner Mitgliedstaaten der EU, der unverbindliche Vorschläge für Vorschriften entwickelt, die von ihren Mitglieder in nationales Recht überführt werden können. Sobald die Zuständigkeit der EU entsprechend ausgeweitet wird, ist der Aufgabenbereich von JARUS und der EU in Bezug auf UAS sehr ähnlich. Ein vergleichbares Konstrukt – jedoch mit einem umfassenderen Auftrag – bestand allerdings mit der JAA bereits in der Vergangenheit. Aufgrund der Schwächen der JAA wurde diese Form der Zusammenarbeit jedoch gerade durch die EASA als Agentur der EU überwunden.[1277]

1277 Dementsprechend äußerte sich auch EUROCONTROL im UAS Panel Process: »However since JARUS can only issue harmonised rules, the problem of mutual acceptance, the voluntary status of JARUS, the differences introduced by transposition at national level and the inevitably different time scales, will emerge, like it was the case for JAA few decades ago.«, *EUROCONTROL*, File and Fly (Discussion Paper), 2011, Part II.

Relativierend ist zu beachten, dass ICAO, EU und JARUS neben der gegenseitigen Einbeziehung in die jeweiligen Weiterentwicklungsbestrebungen auch durch erhebliche mitgliedschaftliche und personelle Überschneidungen gekennzeichnet sind. Dies legt nahe, dass inhaltliche Unterschiede der Arbeitsergebnisse letztlich wohl eher begrenzt sein werden und vielmehr eine gegenseitige Ergänzung vorliegen wird.

Die wertvolle Arbeit von JARUS sollte daher wie vorgesehen im Zuge der Weiterentwicklung von Vorgaben und Vorschriften intensiv genutzt werden.[1278] Allerdings sollte dies in organisatorischer Hinsicht vorerst nur solange erfolgen, wie auf internationaler Ebene noch keine entsprechenden SARPs zur Verfügung stehen und auf europäischer Ebene noch keine umfassende Zuständigkeit und unionsweite Vorschriften existieren.

Mit entsprechender Weitsicht kann die Entwicklung von JARUS allerdings auch eine darüber hinausgehende Bedeutung erlangen. Da JARUS zahlreiche im Luftverkehr wichtige Staaten umfasst, die sich über die ganze Welt erstrecken und das gemeinsame Interesse an UAS teilen, könnte JARUS auch als Keimling einer universellen Quasi-JAA für die unbemannte Luftfahrt betrachtet werden, die auch neben den vorhanden Organisationen in Zukunft weiterbestehen könnte. Die weitere Entwicklung wird dahingehend mit Spannung zu beobachten sein.

II. Wichtige spezifische Instrumente

Im Zuge der Weiterentwicklung von Vorgaben und Vorschriften für UAS haben beide Organisationen verschiedene Instrumente hervorgebracht. Im Folgenden werden der ICAO Annex 2 und das RPAS Manual seitens der ICAO und die UAS Policy und die A-NPA 2015-10 seitens der EASA als wichtigste Werkzeuge zur (künftigen) zulassungsrechtlichen Erfassung von UAS bewertend betrachtet.

1. ICAO Annex 2 Appendix 4 und RPAS Manual

Die Änderungen des ICAO Annex 2, insbesondere der neue Appendix 4, enthalten spezifische Vorgaben und die ersten eingeschränkt verbindlichen SARPs zur Zulassung von UAS. Hierbei wird der Systemcharakter von UAS anerkannt. Inhaltlich geht der Beitrag des Annex zur Zulassungsregulierung allerdings nicht über dieses grundlegende Anerkenntnis hinaus. Auch die offene Formulierung, die mehrere Lesarten hinsichtlich der getrennten Zulassung von RPA und weiteren Elementen ermöglicht – wie das RPAS Manual auch entsprechend bestätigt –, dient zwar wohl der Vereinbarkeit mit nationalen Gesetzen, ist aber der Harmonisierung nicht zuträglich. Systematisch ist vor allem ungewöhnlich, dass Annex 2 nunmehr auch Vorgaben zur Zulassung enthält, obgleich dieser Annex im Übrigen die Zulassung nicht adressiert. Dennoch entsprechende SARPs in den Annex aufzunehmen ist der Absicht geschuldet, möglichst kurz-

---

1278 Dazu seitens der EASA eingängig: »JARUS has been recognised by the European Commission and the European Parliament as the ›working engine‹ to develop the necessary rules for drones. This will ensure harmonisation worldwide and JARUS is expected to contribute to the ICAO work. The Agency is, therefore, fully engaged in JARUS and provides significant resources.«, EASA, A-NPA 2015-10, 2.5.

fristig UAS in das Gesamtsystem der Vorgaben der ICAO einzuführen, um damit der Relevanz dieser Entwicklung in den Mitgliedstaaten und dem erwarteten Zeitablauf bis zum Vorhandensein spezifischer SARPs in Annex 8 Rechnung zu tragen.[1279] Sobald Annex 8 demgemäß erweitert wurde, werden die Vorgaben aus Annex 2 letztlich wieder gestrichen werden müssen.[1280]

Das RPAS Manual enthält viele detaillierte Anleitungen auch zur Ausgestaltung von Zulassungsvorschriften für UAS. Wie oben untersucht,[1281] vermag das Manual trotz seiner Unverbindlichkeit auch ein deutliches Harmonisierungspotential zu entfalten. Besonders unüblich ist allerdings, dass das Manual – ebenso wie der UAS Circular – vor den SAPRs veröffentlicht wurde, zu deren Erläuterung die Anleitungsmaterialien eigentlich dienen sollen. Die Hinweise des Manual helfen daher nicht bei der Umsetzung der SAPRs in nationales Recht, sondern sollen die Mitgliedstaaten auf eine einheitliche Linie hinsichtlich solcher Vorgaben bringen, die erst noch geschaffen werden müssen. Einerseits ist die Erstellung von Anleitungen, wie der Circular und das Manual gezeigt haben, zügiger möglich, als die Überarbeitung der Annexe. Der Prozess zur Schaffung von SARPs ist aufwändig und langwierig. Angesichts des deutlich gestiegenen Interesses an der zivilen unbemannten Luftfahrt in einigen Staaten, erscheint es daher naheliegend, zum Zwecke der Harmonisierung schnellen, aber unverbindlichen Anleitungen den Vorzug vor eingeschränkt verbindlichen, aber zeitaufwändigen Vorgaben zu geben. Andererseits ist diese Reihenfolge aber auch inhaltlich angezeigt. Das langwierige Verfahren zur Schaffung von SARPs führt nämlich dazu, dass diese nur in größeren Zeitabständen aktualisiert werden. Da sich UAS auch in technischer Hinsicht noch in der Entwicklung befinden, wäre es nachteilig auf schnelle eingeschränkt verbindliche SARPs zu drängen, die dann allerdings nicht lange den technischen Gegebenheiten Rechnung tragen könnten, sondern vielmehr mit ihren bereits »veralteten« Vorgaben der Entwicklung der unbemannten Luftfahrt wiederum entgegenstünden. Die besonderen Vorgaben für SARPs erst in einem reiferen Stadium zu veröffentlichen und bis dahin auf eine »voluntarily harmonisation« mithilfe von Anleitungsmaterialien zu setzen erscheint daher vorzugswürdig, solange das Vertrauen der Mitgliedstaaten in den grundsätzlichen Gleichlauf von Anleitungsmaterialien und späteren SARPs geschützt wird. Zu beachten ist dabei allerdings, dass das Anleitungsmaterial bei dieser Methode im Wesentlichen darüber bestimmt, was in künftigen Vorgaben enthalten sein wird und sich damit die übliche Richtung umkehrt.

2. UAS Policy und A-NPA 2015-10

Die UAS Policy ist die erste Anleitung zur Zulassung von UAS im Zuständigkeitsbereich der EASA. Auch wenn in Zukunft die 150 kg-Grenze des Anhangs II der Grundverordnung aufgehoben wird, bleibt es auch gemäß der A-NPA 2015-10 – selbst wenn die Grenzziehung nicht mehr entlang des Gewichts verläuft – bei einer *Zulassung* von risikoreichen UAS im Rahmen der Zertifizierten Kategorie. Die Policy dient der Hilfestellung zur Zulassung von UAS durch die EASA, und zwar auf der Grundlage der

---

1279 EASA, NPA 2014-09, 2.4.3.
1280 EASA, NPA 2014-09, 2.4.3.
1281 Siehe oben § 6 B. V. 3.

allgemeinen Zulassungsvorschriften der EU, die, zumindest zum Zeitpunkt der Veröffentlichung der Policy in 2009, keine spezifischen Zulassungsvorschriften für UAS bereithielten. Methodisch wäre die Policy nicht erforderlich gewesen, da die Zulassungsvorschriften des Unionsrechts hinreichend flexibel sind, um UAS grundsätzlich erfassen zu können. Rechtlich vermag sie ohnehin keine Änderung der Zulassungsvoraussetzungen zu bewirken. Die Vorgehensweise zur Auswahl der zugrunde zu legenden »bemannten« CS sowie die groben Hinweise zu möglichen Sonderbedingungen sind allerdings hilfreich, nicht zuletzt für mögliche Antragsteller. An der Erforderlichkeit besonderer Vorschriften für UAS ändert die Policy jedoch nichts. Die Weiterentwicklungsbestrebungen sehen dementsprechend die Erarbeitung spezifischer Zulassungsvorschriften vor, die insbesondere Zulassungsspezifikationen und Verfahren für UAS beinhalten. Früher oder später werden diese die Policy gänzlich obsolet machen. Sobald die Grundverordnung geändert würde, beispielsweise durch die Erfassung der RPS als luftfahrttechnisches Erzeugnis, würde sich zudem die Ausgangslage der Policy ändern. Ihre weitere Nutzbarkeit hängt daher von den Rechtsentwicklungen ab.

Sehr deutlich macht die UAS Policy allerdings, dass solche UAS, die durch die EASA zugelassen werden sollen, im Grundsatz in das bestehende Zulassungssystem zu integrieren sind und keinem gesonderten Regime unterfallen.

Die A-NPA 2015-10 der EASA stellt eine veränderte Herangehensweise an die Flugsicherheit von UAS dar. Das Risiko der Verwendung von UAS wird zum Parameter dafür, ob UAS aufgrund eines sehr geringes Risikos gänzlich aus der Flugsicherheitsregulierung ausgenommen werden (Offene Kategorie), solche UAS mit einem »spezifischen« Risiko einer ganzheitlichen Sicherheitsrisikobewertung unterworfen werden (Spezifische Kategorie) oder UAS mit einem höheren Risiko der traditionellen Flugsicherheitsregulierung unterfallen (Zertifizierte Kategorie). Die Zuständigkeit für die Überwachung und Überprüfung von UAS der Offenen und Spezifischen Kategorie verbleibt allerdings bei den nationalen Behörden, selbst wenn die EU entsprechende Vorschriften für sie entwickelt. Eine Zulassung durch die EASA, die dann nicht mehr aufgrund des Gewichts, sondern aufgrund des Risikos im Rahmen der Zertifizierten Kategorie erfolgt, bleibt von dem neuen Ansatz grundsätzlich unberührt.

Die neue Herangehensweise der EASA ist daher vornehmlich auf kleine bzw. weniger gefährliche UAS ausgerichtet. Diesbezüglich kann sie eine Lösung für den Umstand bieten, dass diese UAS am wenigsten zur traditionellen Flugsicherheitsregulierung passen, weil diese für vergleichsweise große (bemannte) Luftfahrzeuge geschaffen wurden. Kleine bzw. weniger gefährliche UAS haben schlichtweg keine bemannte Entsprechung in der bisherigen Flugsicherheitsregulierung. Mit der in der A-NPA 2015-10 vorgestellten Herangehensweise wird mithin die Gelegenheit genutzt, ein bisher noch nicht bzw. nicht hinreichend reguliertes Segment einer »Performance Based Regulation« zu unterwerfen, die die Verhältnismäßigkeit der Anforderungen besonders betont. Die oftmals geäußerte Forderung nach einem Equivalent Level of Safety (ELOS) von UAS zu bemannten Luftfahrzeugen passt zu diesem Segment kleiner bzw. wenig gefährlicher allerdings nicht. Mangels »Äquivalenten« in der bemannten Luftfahrt ist es naheliegender bei diesen UAS von einem Acceptable Level of Safety (ALOS) zu sprechen.

III. Auswirkung systematischer Unterschiede

Ein direkter Vergleich beider Organisationen verbietet sich aufgrund ihrer Andersartigkeit. Allerdings lässt sich auf der Grundlage der Untersuchung vergleichen, wie weit die Anpassungsfähigkeit der Vorgaben bzw. Vorschriften von ICAO und EU an die hinzugetretene Herausforderung der Zulassung von UAS reicht.

1. Regulierungssystem der ICAO

Für die internationale Verwendung von zivilen Luftfahrzeugen gilt das Chicagoer Abkommen. Gemäß Art. 31 des Abkommens ist ein CofA für das Luftfahrzeug eine wesentliche Voraussetzung. Eine Anerkennung dieses Zeugnisses durch andere Mitgliedstaaten der ICAO gemäß Art. 33 des Abkommens erfordert, dass das CofA grundsätzlich in Übereinstimmung mit den Vorgaben der Annexe, insbesondere Annex 8, ausgestellt wurde. Die Annexe enthalten eine beachtliche Vielzahl von Vorgaben. Kennzeichnend für diese ist, dass zwar eine Unterscheidung zwischen Richtlinien und Empfehlungen erfolgt, aber auch innerhalb der eingeschränkt verbindlichen Richtlinien unterschiedlichste Vorgaben enthalten sind. Diese beinhalten sowohl grundlegende Konzepte – z.B. die Musterzulassung – als auch technische Details – z.B. die Farben verschiedener Glühbirnen – ohne, dass es zwischen ihnen eine qualitative Abstufung gäbe. Während die grundlegenden Konzepte wohl nur wenigen Änderungen unterworfen sind, kann die Regulierung technischer Einzelheiten schnell dazu führen, dass die Annexe nicht mehr dem Stand der Technik entsprechen, der gerade in der Luftfahrt einem rasanten Wandel unterliegt. Diese der anglo-amerikanischen Rechtstradition folgende Regulierungsart erweist sich in Bezug auf das Hinzutreten von UAS als unflexibel. Die Ergänzung von einzelnen Richtlinien oder die Anleitung mittels Circular und Manual vermag zwar die Zeit bis zur umfassenden Anpassung zu überbrücken, kann sich allerdings des Eindrucks eines »Flickwerks« nicht erwehren. Die obige Untersuchung hat gezeigt,[1282] dass nicht nur die besonderen Merkmale von UAS – allen voran der Systemcharakter und das Fehlen des Piloten an Bord – von Annex 8 kaum erfassbar sind, sondern die Vorgaben auch viele Voraussetzungen aufstellen, die ausschließlich durch bemannte Luftfahrzeuge erfüllt werden können. Da nahezu alle Vorgaben ursprünglich für bemannte Luftfahrzeuge geschaffen wurden, sind besondere Vorgaben für UAS nicht zu erwarten. Im Regulierungssystem der ICAO bedeutet dies aber auch, dass UAS mit einem Großteil der Vorgaben unvereinbar sind und ein für das RPA ausgestelltes CofA nicht diesen Vorgaben entsprechen kann. Eine Änderung dieses grundsätzlichen Regulierungsmodells ist allerdings unrealistisch, selbst wenn zivile UAS wohl nicht die letzte größere technische Weiterentwicklung der Luftfahrt bleiben könnten.[1283] Die Möglichkeit eines internationalen Betriebs – jedenfalls außerhalb der EU und unter Nutzung der Anerkennungsverpflichtung des Art. 33 – ist daher entscheidend von der Entwicklung spezifischer Vorgaben für UAS durch die ICAO abhängig.

1282 Siehe oben § 5 B. I.
1283 Zu denken wäre z.B. an eine erweiterte Nutzung von Suborbitalflügen.

2. Normenstruktur der EU

Anders stellt sich Entwicklungsoffenheit der Zulassungsvorschriften in der EU dar. Auch hier bestehen inhaltlich ähnliche Ausgangsvoraussetzungen, denn nahezu alle Vorschriften wurden für bemannte Luftfahrzeuge geschaffen. Wie die Untersuchung gezeigt hat, können UAS dennoch im Grundsatz auch von diesem Zulassungssystem erfasst werden, ohne dass spezifische Vorschriften für die unbemannte Luftfahrt erforderlich wären. Allerdings ist die Zulassung, zu deren Anleitung die UAS Policy herangezogen werden kann, mit erheblichem Mehraufwand verbunden und bei weitem nicht allen UAS zugänglich.

Der Grund für die Entwicklungsoffenheit der Zulassungsvorschriften liegt in der unionsrechtlichen Normenhierarchie. Diese ist dadurch geprägt, dass die auf Verordnungsebene vorhandenen formellen und materiellen Zulassungsvorschriften eher grundsätzlicher Natur sind und zudem selbst schon zahlreiche anpassungsfähige Konzepte wie etwa die eingeschränkte Muster- und Verkehrszulassung enthalten. Die meisten technischen Details sind hingegen im EASA Soft Law enthalten, welches nicht strikt verbindlich ist und vor allem durch die Agentur ohne die Beteiligung der Gesetzgebungsorgane der EU erlassen und geändert werden kann. Der die kontinentaleuropäische Rechtstradition prägende hierarchische Aufbau der Normen ermöglicht damit eine grundsätzliche Erfassbarkeit auch von neuen Entwicklungen ohne dafür zwingend neue spezifische Regeln schaffen zu müssen. Neben der Normenhierarchie als solcher sind auch die Vorschriften auf allen Stufen dieser Hierarchie flexibel ausgestaltet. Der oftmals geäußerte Vorwurf, dass UAS aufgrund fehlender Regeln nicht genutzt werden können, ist daher – jedenfalls in dieser Absolutheit und in Bezug auf die Zulassung – nicht zutreffend.

Die grundsätzliche Flexibilität des Unionsrechts entbindet die EU jedoch nicht von der Erforderlichkeit besondere Zulassungsvorschriften für UAS zu schaffen, insbesondere um damit deren Besonderheiten Rechnung tragen und UAS besser zulassen zu können. Umfangreiche Anpassungen wurden dementsprechend von den Weiterentwicklungsbestrebungen der EU in Aussicht gestellt.

D. Auswirkungen der neuen Betriebskategorien der EU auf die Zulassungsregulierung und die (internationale) Verwendung von unbemannten Luftfahrzeugsystemen

Eine neue Herangehensweise der EASA an die Flugsicherheitsregulierung von UAS durch die Schaffung von drei Betriebskategorien (Offene, Spezifische und Zertifizierte Kategorie) wurde in der A-NPA 2015-10 vorgestellt. Wie oben untersucht,[1284] betrifft die dabei neuartige Herangehensweise der ganzheitlichen Überprüfung der Flugsicherheit in Form einer Sicherheitsrisikobewertung nur die Spezifische Kategorie – also nur solche UAS, die weder weitgehend ungefährlich sind noch solche, deren Risiko mit dem von bemannten Luftfahrzeugen vergleichbar ist. Im Wesentlichen werden wohl solche UAS in die Spezifische Kategorie fallen, die üblicherweise als »kleine«

1284 Siehe oben § 9 C. III.

UAS gelten, also eine MTOM unter 150 kg aufweisen. Da die Abgrenzung allerdings anhand des Risikos erfolgen soll, ist es theoretisch ebenso möglich, dass ein kleines UAS aufgrund des erheblichen Risikos seiner Verwendung in die Zertifizierte Kategorie fällt, während ein großes UAS ausnahmsweise aufgrund seines besonders geringen Risikos in die Spezifische Kategorie fällt.

Hinsichtlich der Auswirkungen dieser Herangehensweise auf die Zulassungsregulierung und (internationale) Verwendung von UAS ist zu unterscheiden. Solange die Zuständigkeitsgrenze der EASA aus Anhang II zur Grundverordnung besteht, fallen die UAS unterhalb der 150 kg-Grenze weiterhin in die Zuständigkeit der Mitgliedstaaten und solche oberhalb dieser Grenze in die Zuständigkeit der EASA. Die EASA lässt Letztere gemäß der traditionellen Zulassungsregulierung mithilfe der UAS Policy zu. Die Zulassungsregulierung der EU sowie die Verwendung von UAS werden durch die neue Herangehensweise folglich nicht tangiert. Sie kann eine Wirkung in dieser Zeit nur auf nationaler Ebene entfalten und mangels der Zuständigkeit der EU auch nur, wenn die Mitgliedstaaten die Betriebskategorien individuell in nationales Recht umsetzten.

Sobald allerdings die Zuständigkeit für alle UAS auf die EU übergegangen ist und entsprechende Vorschriften zur Umsetzung der neuen Herangehensweise auf Unionsebene erarbeitet wurden, kann sich die Herangehensweise auch auf die Zulassungsregulierung sowie die (internationale) Verwendung von UAS auswirken.

Die Flugsicherheitsregulierung der EU wird zunächst insoweit beeinträchtigt, als dass sie für weniger gefährliche UAS der Offenen Kategorie überhaupt nicht gilt. Durch die Schaffung einer Untergrenze sind in diesem Fall keine Flugsicherheitsvorschriften anwendbar und das Risiko wird allein durch Betriebsbeschränkungen minimiert. Demnach ist auch die Zulassungsregulierung nicht anwendbar. UAS der Spezifischen Kategorie unterfallen ebenfalls nicht der traditionellen Flugsicherheitsregulierung, die die Sicherheit in den verschiedenen Bereichen – Zulassung, Betrieb und Personal – durch jeweilige Zeugnisse bescheinigt. Auch wenn sich inhaltlich sicherlich Aspekte der traditionellen Zulassungsregulierung in der Sicherheitsrisikobewertung wiederfinden werden, erfolgt keine Zulassung als solche und es werden keine Zeugnisse, wie TC oder CofA, erteilt. Wie oben untersucht,[1285] soll die EU aber nur die Zuständigkeit für gemeinsame Vorschriften innehaben, nicht allerdings die Zuständigkeit für die Zulassung als behördliches Handeln. Die Überprüfung des UAS mithilfe der Sicherheitsrisikobewertung und die Erteilung einer Flugbetriebsgenehmigung soll den nationalen Luftfahrtbehörden der Mitgliedstaaten überlassen bleiben. Die Zulassungsregulierung der EU findet daher auf diejenigen UAS, die der Offenen oder Spezifischen Kategorie zugeordnet werden, grundsätzlich keine Anwendung. Solche UAS allerdings, die der Zertifizierten Kategorie zugeordnet werden, unterfallen der traditionellen Flugsicherheitsregulierung und Zulassungsregulierung. Sie werden zugelassen.

Die Zulassungsregulierung als solche wird daher im Ergebnis durch die neue Herangehensweise der A-NPA 2015-10 grundsätzlich nicht beeinträchtigt. Vielmehr wirkt sich die risikobasierte Abgrenzung nur auf die Frage aus, *ob* die Zulassungsvorschriften einschlägig sein, d.h. *ob* das UAS zugelassen werden muss.

1285 Siehe oben § 9 C. III. 2.

D. Auswirkungen der neuen Betriebskategorien der EU auf die Zulassungsregulierung für UAS

Eine unionsrechtliche Umsetzung dieser Betriebskategorien hat jedoch bei rein nationaler Verwendung von UAS der Offenen und Spezifischen Kategorie keine Auswirkungen auf die internationale Zulassungsregulierung, da diese mangels »Internationalität« nicht anwendbar ist. Aber auch ein internationaler Betrieb innerhalb der EU ist für UAS der Spezifischen Kategorie möglich, da eine erteilte Flugbetriebsgenehmigung für alle Mitglieder der EASA gilt.

Problematisch kann eine Umsetzung der Betriebskategorien in der EU aber für die internationale Verwendung von UAS außerhalb der EU werden. Dies gilt jedoch nicht für UAS, die der Zertifizierten Kategorie unterfallen und im Rahmen der traditionellen Flugsicherheitsregulierung entlang der Zulassungsvorschriften der EU auch zugelassen werden. Das RPA erhält dabei ein CofA und erfüllt damit jedenfalls die zulassungsrechtliche Grundvoraussetzung des Art. 31 des Chicagoer Abkommens. Die Erforderlichkeit eines CofA für das RPA wird im neuen Appendix 4 des ICAO Annex 2 zudem nochmals ausdrücklich genannt. Ob eine Anerkennungspflicht aus Art. 33 des Abkommens ausgelöst wird, ist davon abhängig, inwieweit bei diesem CofA den Mindestanforderungen der Annexe entsprochen wurde, was wiederum auch vom Stand der Weiterentwicklung des Annex 8 durch die ICAO abhängt. Ebenso wie die Auswirkungen der Betriebskategorien auf die Zulassungsregulierung der EU für UAS begrenzt sein werden, wird auch die Möglichkeit eines internationalen Betriebs von UAS auf der Grundlage eines im Rahmen der Zertifizierten Kategorie ausgestellten CofA nicht grundsätzlich beeinträchtigt.

Etwas anderes gilt allerdings für solche UAS, deren Verwendung im Rahmen der Offenen und Spezifischen Kategorie erlaubt wurde. Da sie nicht zugelassen werden, erhalten sie auch kein CofA. Sie können daher die Voraussetzung des Art. 31 des Chicagoer Abkommens nicht erfüllen. Mangels CofA geht auch die Anerkennungspflicht des Art. 33 des Abkommens ins Leere. Ein internationaler Betrieb dieser UAS würde daher grundsätzlich gegen das Chicagoer Abkommen verstoßen. Die Umsetzung der neuen Herangehensweise in der EU und der damit einhergehende Wegfall der traditionellen Zulassung von UAS, die der Offenen und Spezifischen Kategorie unterfallen, hindert damit letztlich den internationalen Betrieb dieser UAS im Einklang mit den völkerrechtlichen Verpflichtungen aus dem Chicagoer Abkommen. Eine entsprechende Änderung des Chicagoer Abkommens zugunsten der neuen Kategorien erscheint fernliegend, sodass dieses Problem wohl auch in Zukunft bestehen bleiben wird.

Die Tragweite dieser Unvereinbarkeit mit dem Chicagoer Abkommen ist jedoch zu relativieren. UAS der Offenen Kategorie, von deren Verwendung nur ein sehr geringes Risiko ausgeht, werden vornehmlich sehr kleine, leichte oder in ihrem Aktionsradius begrenzte UAS umfassen, die vermutlich kaum international betrieben werden. Auch UAS, die der Spezifischen Kategorie unterfallen, werden wohl eher selten internationale Verwendung finden, wobei dies noch eher möglich erscheint, als bei UAS der Offenen Kategorie.

In diesem Zusammenhang ist auch die Einbeziehung von UAS zu nennen, die zu Freizeitzwecken betrieben werden und damit grundsätzlich als ferngesteuerte Flugmodelle eingestuft werden können. Diese sollen von den Betriebskategorien ebenfalls erfasst werden. Auf der Ebene der ICAO werden ferngesteuerte Flugmodelle jedoch explizit aus dem Chicagoer Abkommen und aus allen Weiterentwicklungsbemühungen der Organisation ausgeschlossen. Auch hinsichtlich dieser UAS ist allerdings anzunehmen, dass diese in die Offene oder allenfalls in die Spezifische Kategorie fallen und insbesondere – wie auch schon zuvor im Modellsport üblich – nicht grenzüberschreitend verwendet werden.

In jedem Fall ließe sich aber eine Lösung der Problematik der internationalen Verwendung von UAS der Offenen und Spezifischen Kategorie mit den der neuen Herangehensweise innewohnenden Eigenschaften herbeiführen. Einerseits könnten Betriebsbeschränkungen, die die Offene Kategorie stets prägen und auch im Rahmen der Flugbetriebsgenehmigung eine Rolle spielen, so ausgestaltet werden, dass ein internationaler Betrieb schlicht untersagt wäre. Andererseits könnten UAS, die eigentlich der Offenen und Spezifischen Kategorie zugeordnet würden, aber deren Einsatz gerade international erfolgen soll, aufgrund des damit verbundenen Risikos und zur Vereinbarkeit mit dem Chicagoer Abkommen in die Zertifizierte Kategorie »hochgestuft« werden, womit ihre Lufttüchtigkeit im Rahmen der Zulassung durch ein CofA bescheinigt würde.

Die Umsetzung der neuen Betriebskategorien in der EU wirkt sich mithin zwar auf die internationale Verwendung von UAS aus. Die praktischen Schwierigkeiten werden aber wohl, wie oben dargelegt, begrenzt bleiben. Inwieweit dies Einfluss auf die internationale Harmonisierung haben kann, wird im weiteren Verlauf betrachtet.

Zusammenfassend ist festzuhalten, dass in der EU große bzw. risikoreiche UAS in das bestehende System integriert werden sollen, während für UAS, die in die Spezifische Kategorie fallen, ein neuartiger Ansatz etabliert wird und UAS der Offenen Kategorie gänzlich aus der Flugsicherheitsregulierung ausgeschlossen werden. Ein internationaler Betrieb von UAS in Übereinstimmung mit dem Chicagoer Abkommen ist hierbei nur für Erstere möglich, da nur diese zugelassen werden und entsprechende Zeugnisse erhalten können.

Eine künftige Ausweitung der flugsicherheitsrechtlichen Überprüfung mithilfe einer ganzheitlichen Sicherheitsrisikobewertung auch auf international zu verwendende große bzw. risikoreiche UAS wäre eingedenk der internationalen Verpflichtungen grundsätzlich nicht möglich. Allerdings kann den Besonderheiten der Verwendung und der Gefährlichkeit von UAS auch im Rahmen der Zulassungsregulierung Rechnung getragen werden. Insbesondere könnte der CSxx.1309-Ansatz für UAS so ausgeweitet werden, dass im Rahmen einer grundsätzlich an Zulassungsvorgaben orientierten Musterzulassung ein risiko- und leistungsbezogener Ansatz mehr Bedeutung erhält. JARUS und EUROCAE haben hierzu unter anderem Entwürfe entsprechender 1309-Standards vorgelegt.[1286] Es erscheint daher nicht unwahrscheinlich, dass sich der ganzheitliche

---

1286 *JARUS*, AMC RPAS.1309, Safety Assessment of Remotely Piloted Aircraft Systems, Issue 2, 2015 und *EUROCAE*, UAS/RPAS Airworthiness Certification – »1309« System Safety Objectives and Assessment Criteria, ER-010. Siehe zu einen Bericht des diesbezüglichen Vermittlungsausschusses beider Organisationen *JARUS*, JARUS WG6 – EUROCAE WG73 Airworthiness AMC RPAS.1309 »Conciliation« Team Report, 2015. Bereits die JAA/EUROCONTROL UAV Task-Force hat eine Klassifikation nach verschiedenen Schweregraden (Severity I bis V) für UAS entwickelt, *JAA/EUROCONTROL*, UAV Task-Force – Final Report, 7.5. Auch die NATO STANAG 4671 definieren Fehlerbedingungen (*Catastrophic, Hazardous, Major, Minor* und *No safety effect*) und die entsprechenden Wahrscheinlichkeiten (*Extremely Improbable, Extremely Remote, Remote, Probable,* und *Frequent*) für UAS. Siehe zum 1309-Ansatz auch oben § 8 B. III. 3. b) bb).

Ansatz der Sicherheitsrisikobewertung in Zukunft *inhaltlich* über das Einfallstor des »1309« auch auf die Zulassungsvorschriften der EU auswirken wird.

E. Harmonisierung oder Rechtszersplitterung?

Auf der Grundlage der Untersuchung und vor dem Hintergrund der vorangegangenen Gliederungspunkte ist fraglich, inwieweit hinsichtlich der Zulassungsvorschriften eine Harmonierung vorliegt oder die Gefahr einer Rechtszersplitterung besteht. Zu unterscheiden ist hierbei zwischen den Ebenen der ICAO und der EU.

I. Durch die ICAO

Eines der Hauptanliegen des Chicagoer Abkommens und der ICAO ist die Harmonisierung der nationalen Gesetze der Vertrags- bzw. Mitgliedstaaten. Zuvörderst erfolgt dies mithilfe der Richtlinien und Empfehlungen in den ICAO Annexen. Bislang sind erst wenige spezifische SARPs für UAS in die Annexe aufgenommen worden. Die Zulassung betreffend kann nur Richtlinie 2.1 des neuen Appendix 4 zu Annex 2 genannt werden. Wie oben untersucht,[1287] nennt diese die Erfordernisse eines CofA für das RPA, was sich bereits aus Art. 31 des Chicagoer Abkommens ergibt, sowie der Überprüfung des RPAS und der übrigen Elemente. Einerseits sind diese Anforderungen zwar für die Anerkennung von UAS und deren Systemcharakter bedeutsam, bieten aber aufgrund ihrer Kürze keine hinreichenden »Vorgaben« für nationale Gesetze zur Zulassung von RPAS. Andererseits sind sie durch die offene Formulierung hinsichtlich der Genehmigung des RPAS und dessen Elemente vergleichsweise frei umsetzbar. Ein Auseinanderdriften nationaler Regelungen wird durch diese spärlichen und offenen Vorgaben allein nur unzureichend verhindert werden können.

Für die EU, die die Vorgaben der ICAO für ihre Mitgliedstaaten in ihrem Zuständigkeitsbereich umsetzt, besteht diesbezüglich allerdings kein Handlungsbedarf. ICAO Annex 2 Appendix 4 enthält hinsichtlich der Zulassung keine Vorgaben, die mit den bestehenden Zulassungsvorschriften unvereinbar sind und eine Anpassung Letzterer erfordern würden. Erst wenn spezifische Vorgaben zu UAS in Annex 8 aufgenommen werden, kann ein Anpassungsbedarf entstehen.

Insgesamt besteht aufgrund unzureichender Vorgaben zu UAS in den ICAO Annexen die Gefahr, dass sich nationale Gesetze in unterschiedliche Richtungen entwickeln. Da die Weiterentwicklungsbestrebungen der ICAO vorsehen, dass ein kohärentes Vorgabengeflecht für UAS erst in etlichen Jahren gänzlich vorliegen soll, besteht diese Gefahr auch langfristig. Eine »unique opportunity to ensure harmonization and uniformity at an early stage«[1288], wie sie sich die ICAO einst ausgemalt hat, erscheint damit schwierig. Auf internationaler Ebene droht mithin bei Betrachtung der Vorgaben der ICAO grundsätzlich eine Rechtszersplitterung.

1287 Siehe oben § 5 B. II. 2. a).
1288 ICAO, Air Navigation Commission, Progress Report/Establishment of UASSG, 3.3.

Es ist allerdings davon auszugehen, dass ein Auseinanderdriften nationaler Regeln faktisch durch verschiedene Umstände begrenzt sein wird. Zunächst entfaltet das RPAS Manual auch ohne formelle Verbindlichkeit eine harmonisierende Wirkung. Insbesondere wird es als Vorausschau künftiger SARPs bei der Ausgestaltung nationaler Regeln interessierter Staaten Berücksichtigung finden. Für diese Staaten erscheint es sinnvoll, bereits vor dem Vorhandensein eingeschränkt verbindlicher SARPs das nationale Recht entsprechend auszurichten, um einen späteren Anpassungsbedarf zu verringern. Dass das Manual schon vor den SARPs erschienen ist und sogar die Mitgliedstaaten auffordert nationale Regeln selbst zu entwickeln, ist zwar im Lichte der gewöhnlichen Harmonisierungsinstrumente der ICAO nicht üblich, jedenfalls aber unter den gegebenen Umständen die wohl beste Lösung und allemal zuträglicher, als bis zum Vorhandensein neuer SARPs überhaupt keine Richtung vorzugeben.

Weiterhin – und mit dem vorherigen Aspekt verknüpft – ist zu berücksichtigen, dass die meisten an der unbemannten Luftfahrt besonderes interessierten Staaten ohnehin im RPAS Panel aktiv sind und daher die künftigen SARPs mitgestalten oder zumindest über den Inhalt künftiger SARPs informiert sein werden. Sie haben dadurch die Möglichkeit auch schon vor dem Erscheinen entsprechender Annexänderungen ihre nationalen Gesetze demgemäß zu gestalten.

Schließlich ist auch aufgrund des oben untersuchen Verhältnisses zu JARUS und nicht zuletzt aufgrund mitgliedschaftlicher und personeller Überschneidungen davon auszugehen, dass die von JARUS entwickelten Vorgaben grundsätzlich auf einer Linie mit den künftigen SARPs der ICAO – oder umgekehrt – sein werden.

In Bezug auf kleine bzw. ungefährliche UAS gilt zwar, dass das Chicagoer Abkommen und seine Annexe kein Mindestgewicht vorschreiben und damit theoretisch alle UAS erfassen. Allerdings richten sich zum einen die vorhandenen Vorgaben des Annex 8 nur an Luftfahrzeuge mit mindestens 750 kg MTOM. Zum anderen beziehen sich auch die Weiterentwicklungsbemühungen der Organisation inhaltlich nur auf größere UAS und beabsichtigen diese in das traditionelle Zulassungssystem zu integrieren. Dies steht im Einklang damit, dass eine internationale Verwendung kleiner bzw. ungefährlicher UAS wohl eher eine Ausnahme darstellen wird und allenfalls beim Einsatz im Grenzbereich bedeutsam werden kann. Für solche UAS besteht jedoch seitens der ICAO, deren Vorgaben die internationale Zivilluftfahrt insbesondere im Sinne einer globalen Interoperabilität betreffen, letztlich mangels Relevanz kein dringender Handlungsbedarf.

II. Innerhalb der EU

Eine Rechtszersplitterung innerhalb der EU kann bis zur Erweiterung der Zuständigkeit für alle UAS nur die Zulassungsvorschriften für kleine UAS betreffen. Für UAS über 150 kg MTOM bestehen die in der vorliegenden Arbeit untersuchten allgemeinen Zulassungsvorschriften des Unionsrechts.

Einige Mitgliedstaaten der EU haben nationale (Zulassungs-) Vorschriften für UAS entwickelt oder zumindest die Voraussetzungen für den Betrieb bzw. dessen Untersagung festgelegt.[1289] Eine Harmonisierung der nationalen Vorschriften für kleine UAS

1289 Eine Übersicht nationaler Initiativen zu UAS findet sich z.B. in van Blyenburgh (Hrsg.), RPAS Yearbook 2015/2016 – RPAS: The Global Perspective, 2015, 88 ff.

innerhalb der EU ist dabei nicht gegeben. Auch schon vor dem Übergang der Zuständigkeit der EU auch auf diese UAS und insbesondere vor dem Vorhandensein eines entsprechenden Regelwerks ist jedoch eine Angleichung der Vorschriften möglich. Wie oben untersucht,[1290] wurde hierzu im Rahmen der Weiterentwicklungsbestrebungen und insbesondere in der RPAS Roadmap gefordert, dass JARUS mit Unterstützung von EUROCAE entsprechende Vorlagen für nationale Vorschriften entwickeln soll, die dann von den Mitgliedstaaten übernommen werden sollen, womit »harmonized rules« entstehen würden. Die Wirksamkeit dieses Vorgehens hängt allerdings von der Umsetzungsbereitschaft der Mitgliedstaaten ab.

Sobald allerdings eine Unionszuständigkeit auch für kleine UAS besteht, erübrigt sich die Frage nach einer Rechtszersplitterung in der EU. Wie oben untersucht, soll die 150 kg-Grenze in Anhang II zur Grundverordnung aufgehoben werden, insbesondere, um sowohl mittels Unionsrechts einen gemeinsamen Markt für kleine UAS zu schaffen, als auch dem Umstand Rechnung zu tragen, dass viele Aspekte von UAS gewichtsunabhängig sind. Letztlich ist auch der risikobasierte Ansatz der neuen Herangehensweise der EASA mit einer Gewichtsabgrenzung grundsätzlich nicht vereinbar. Hervorgehoben werden muss hierbei nochmals, dass die Zuständigkeitserweiterung der EU nur die *Vorschriftenerstellung* hinsichtlich kleiner bzw. ungefährlicher UAS betrifft. Die Durchsetzung dieses Unionsrechts soll weiterhin durch die nationalen Luftfahrtbehörden erfolgen.

F. Zwischenergebnis

Die Weiterentwicklung besonderer Zulassungsvorgaben und -vorschriften steht insgesamt noch am Anfang. Die zunächst sehr zögerlichen Fortschritte sind aufgrund der technischen Herausforderungen und der Komplexität der (internationalen) Flugsicherheitsregulierung allerdings nachvollziehbar. Durch die Bündelung der Anstrengungen im RPAS Panel der ICAO sowie seitens der Europäischen Kommission insbesondere mithilfe der RPAS Roadmap ist eine deutliche Steigerung der Regulierungsgeschwindigkeit zu erwarten. Dennoch wird es noch viele Jahre dauern, bis die Vorgaben- und Vorschriften für UAS und daraus folgend deren Nutzungsmöglichkeiten ein mit der bemannten Luftfahrt vergleichbares Niveau erreicht haben.

Das »System« von UAS und die gegenseitige Abhängigkeit seiner Elemente stellt die größte Herausforderung für die Zulassungsvorgaben und -vorschriften dar. Ausgangspunkt der Problematik ist die Zentrierung des bisherigen Zulassungsrechts auf das bemannte Luftfahrzeug. Übertragen auf die unbemannte Luftfahrt können die einzelnen Elemente des UAS bislang grundsätzlich nur als Bestandteile des UA betrachtet werden. Die Weiterentwicklungsbestrebungen befassen sich zwar mit der getrennten Zulassung der Elemente, haben diesbezüglich aber noch keine konkreten Vorgaben und Vorschriften vorgeschlagen. Wenngleich der Anknüpfung an das Luftfahrzeug der Vorteil des grundsätzlichen Gleichlaufs der Zulassungsregulierung für bemannte Luftfahrzeuge und UAS innewohnt, kann das Potential von UAS durch die Flexibilität und

---

1290 Siehe oben § 9 B. II. 2. a).

Austauschbarkeit der Elemente nur ausgeschöpft werden, wenn eine »systemgerechte« Betrachtung die individuelle Zulassung einzelner Elemente – zumindest aber der Kontrolleinheit – ermöglicht.

Die ICAO bedient sich im Wesentlichen der UASSG und des RPAS Panel zur Erarbeitung von Anleitungsmaterialien und Entwürfen für spezifische SARPs. Wenngleich daraus insbesondere das RPAS Manual als wichtiger Beitrag zur künftigen Regulierung von UAS hervorgegangen ist und viele Annexänderungen in Vorbereitung sind, würde es der Weiterentwicklung zuträglich sein, wenn die ICAO sich die Arbeit um UAS vermehrt zu eigen machen und sich nicht nur auf die freiwilligen Beiträge ihrer interessierten Mitgliedstaaten stützen würde. Auf der Ebene der EU kann die Führungsrolle der Kommission und die gesteigerte Koordination der Weiterentwicklungsbemühungen unter Einbindung aller relevanten Interessenkreise als deutlicher Fortschritt betrachtet werden. JARUS ist ein wichtiger Partner für die EU und die ICAO, dessen wertvolle Arbeit im Zuge der Weiterentwicklung von Vorgaben und Vorschriften intensiv genutzt werden sollte. Darüber hinaus birgt JARUS die Gefahr und Chance zugleich, dass sich eine »unverbindliche« Parallelorganisation für UAS entwickelt.

Bei Betrachtung der spezifischen Instrumente fällt zunächst hinsichtlich der ICAO auf, dass das RPAS Manual und Annex 2 Appendix 4 im besten Sinne »außergewöhnlich« sind. Dass Anleitungsmaterialien vor den SARPs erscheinen, zu deren Erläuterung sie normalerweise dienen, ist ebenso ungewöhnlich, wie Zulassungsvorschriften in einem Annex, der mit der Zulassung von Luftfahrzeugen im Übrigen nichts zu tun hat. Da beide jedoch einen Beitrag zur Harmonisierung leisten und in dieser Form für die Regulierung von UAS allemal förderlicher sind als überhaupt keine Vorgaben, erscheinen sie als naheliegender Weg. In der EU wäre die UAS Policy aus dem Jahr 2009 zwar nicht notwendig gewesen, sie verdeutlicht aber wie anpassungsfähig die unionsrechtlichen Zulassungsvorschriften sein können und gibt eine Hilfestellung zur Zulassung von UAS im Rahmen der traditionellen Zulassungsregulierung. Die risikobasierte Herangehensweise, die in der A-NPA 2015 vorgestellt wurde, stellt einen neuen Ansatz an die Überprüfung von UAS der Spezifischen Kategorie dar, wirkt sich aber auf die Zulassung als solche nicht aus, sondern modifiziert nur die Grenzziehung zwischen nicht zuzulassenden und zuzulassenden UAS.

Mit Blick auf die systematischen Unterschiede zwischen ICAO und EU wird deutlich, dass das der anglo-amerikanischen Rechtstradition folgende Vorgabenkonstrukt der ICAO deutlich unflexibler hinsichtlich der Erfassung neuer Entwicklungen ist als die aus der kontinentaleuropäischen Rechtstradition hervorgehende Normenhierarchie des Unionsrechts.

In der EU werden sich die neuen Betriebskategorien – sobald die Zuständigkeit der EU auf alle UAS übergegangen ist und entsprechende Vorschriften geschaffen wurden – insbesondere auf kleinere bzw. weniger gefährlichere UAS auswirken. Sehr kleine bzw. ungefährliche UAS werden aus der unionsrechtlichen Flugsicherheitsregulierung gänzlich ausgeklammert, während für UAS mit »spezifischem« Risiko eine ganzheitliche Betrachtung in die Ausstellung einer Flugbetriebsgenehmigung münden soll. Hinsichtlich großer bzw. gefährlicher UAS ändert sich – abgesehen von der Abgrenzung entlang des Risikos – systematisch nur wenig. Auf den internationalen, außereuropäischen Betrieb von UAS hat dies insoweit Auswirkungen, als dass UAS der Offenen und Spezifischen Kategorie aufgrund des fehlenden CofA den Anforderungen des

Art. 31 des Chicagoer Abkommens nicht genügen und damit außerhalb der EU nicht international betrieben werden können. Da sich UAS dieser Kategorien ohnehin eher selten für den Langstreckenbetrieb eignen werden, wird daraus kein wesentliches Problem entstehen, zumal diesem auch durch entsprechende Betriebsbeschränkungen oder Risikoeinstufungen begegnet werden kann. UAS der Zertifizierten Kategorie erhalten nach wie vor unter anderem ein CofA und können daher – jedenfalls in Bezug auf die Zulassung – im Einklang mit dem Chicagoer Abkommen international betrieben werden.

Hinsichtlich der Frage, ob auf internationaler und europäischer Ebene eine Harmonisierung oder Rechtszersplitterung vorliegt bzw. droht, gilt bezüglich der ICAO, dass die Gefahr eines Auseinanderdriftens nationaler Regeln aufgrund der fehlenden spezifischen Richtlinien zwar theoretisch besteht, durch das RPAS Manual allerdings begrenzt wird. Die EU ist für große UAS bereits zuständig. Die Differenzen zwischen nationalen Regeln für kleine UAS werden sich mit dem Übergang der entsprechenden Regelungszuständigkeit auf die EU künftig auflösen.

§ 11 Mögliche Erweiterungen und Herausforderungen

Die Untersuchung der Vorgaben und Vorschriften von ICAO bzw. EU und insbesondere der Weiterentwicklungsbestrebungen hat offenbart, dass sich beide Organisationen eingehend mit der Regulierung von UAS im Allgemeinen und deren Zulassung im Besonderen befassen. Dennoch sind vor allem zwei Aspekte bislang nur am Rande Gegenstand der Diskussion seitens der ICAO und der EU gewesen: vollständig autonome UAS und die Möglichkeit des Personentransports durch UAS. Da sie jedoch in der allgemeinen Auseinandersetzung mit der unbenannten Luftfahrt wiederkehrend aufkommen, ist zu erörtern, ob und inwieweit sie auch in der internationalen und europäischen Regulierung von UAS künftig eine Rolle spielen könnten. Wie die nachfolgende Untersuchung zeigen wird, stellen sie allerdings erhebliche Herausforderungen dar, die letztlich dazu führen können, dass sich beide Aspekte wohl entweder überhaupt nicht oder nur langfristig umsetzen lassen. Aus diesem Grund werden sie in der vorliegenden Arbeit nur kursorisch betrachtet.

A. Vollständig autonome unbemannte Luftfahrzeugsysteme

Vollständig autonome UAS sind nur in vergleichsweise geringem Ausmaß Bestandteil der Weiterentwicklungsbestrebungen von ICAO und EU. Das RPAS Manual der ICAO enthält zwar Definitionen für »autonomous aircraft« und »autonomous operation«, nimmt vollständig autonome UAS aber dennoch aus seinem Anwendungsbereich heraus.[1291] Die neue Herangehensweise der EASA, die in der A-NPA 2015-10 vorgestellt wurden, bezieht vollständig autonome UA aufgrund der sehr weiten Definition von »Drohne« zwar theoretisch in ihren Anwendungsbereich ein, wendet sich diesen UAS aber im Weiteren nur beiläufig zu.[1292]

Der Grund dafür, dass vollständig autonome UAS nur wenig Berücksichtigung in den Weiterentwicklungsbestrebungen der ICAO und der EU finden, liegt im Wesentlichen am Konzept des »verantwortlichen Luftfahrzeugführers«[1293] (*Pilot-in-Command*, PIC).

Der PIC wird in ICAO Annex 2 wie folgt definiert:

The pilot designated by the operator, or in the case of general aviation, the owner, as being in command and charged with the safe conduct of a flight.[1294]

1291 ICAO, Secretary General, RPAS Manual, Definitions und 1.5.2 b).
1292 EASA, A-NPA 2015-10, 2.1.
1293 Siehe zum PIC allgemein *Schwenk/Giemulla*, Handbuch des Luftverkehrsrechts, 36 ff.; *Makiol/Schröder*, Pilot-in-Command, in: Hobe/von Ruckteschell/Heffernan (Hrsg.), Cologne Compendium on Air Law in Europe, 2013, 379 ff.
1294 ICAO, Annex 2, Definitions.

Hinsichtlich der Verantwortlichkeit des PIC lautet Richtlinie 2.3.1 (*Responsibility of pilot-in-command*) sodann:

The pilot-in-command of an aircraft shall, whether manipulating the controls or not, be responsible for the operation of the aircraft in accordance with the rules of the air, except that the pilot-in-command may depart from these rules in circumstances that render such departure absolutely necessary in the interests of safety.[1295]

Als Gegenstück zu dieser Verantwortung des PIC wird in Richtlinie 2.4 (*Authority of pilot-in-command of an aircraft*) des Annex 2 sodann dessen Autorität geregelt. Die Richtlinie lautet:

The pilot-in-command of an aircraft shall have final authority as to the disposition of the aircraft while in command.

Der PIC ist demnach für den Betrieb des Luftfahrzeugs verantwortlich. Gemäß der Richtlinie 2.3.1 besteht diese Verantwortlichkeit auch unabhängig davon, ob der PIC das Luftfahrzeug unmittelbar steuert (»[...] shall, whether manipulating the controls or not, be responsible [...]«). Hieraus lässt sich zudem folgern, dass der PIC gerade auch bei automatisierten oder autonomen Handlungen des Luftfahrzeugs die Verantwortung für den Betrieb innehat.[1296] Da die Vorgaben nicht verlangen, dass sich der verantwortliche Luftfahrzeugführer an Bord des Luftfahrzeugs befindet, gilt das Konzept des PIC auch für UAS. Das RPAS Manual der ICAO enthält dementsprechend eine Definition für einen »Remote Pilot-in-Command«[1297] (Remote PIC) und enthält vergleichbare Anforderungen an diesen.[1298]

Aus den Definitionen und Richtlinien sowie aus dem RPAS Manual folgt zum (Remote) PIC zweierlei. Zum einen muss der verantwortliche Luftfahrzeugführer eine bestimmbare natürliche Person sein.[1299] Zum anderen muss er als Äquivalent zu seiner Verantwortlichkeit auch stets die endgültige Entscheidungsgewalt über das Luftfahrzeug ausüben können.[1300]

Für UAS ergibt sich daraus, dass der Pilot stets jedenfalls die *Möglichkeit* haben muss auf den Betrieb des UAS einzuwirken. Die Verantwortlichkeit hinsichtlich des UAS einer Maschine zu überlassen, die gänzlich autonom die Entscheidungen trifft, ist mit den Anforderungen an den PIC nicht vereinbar. Vollständig autonome UAS in dem Sinne, dass während des Fluges *keine* menschlichen Interventionsmöglichkeiten verbleiben, sind daher mit dem Luftrecht derzeit nicht in Einklang zu bringen. Die ICAO hat dies im UAS Circular wie folgt zum Ausdruck gebracht:

1295 Siehe zu den Pflichten des PIC beim Betrieb des Luftfahrzeugs (»Duties of pilot-in-command«) auch ICAO, Annex 6, 4.5.
1296 *Kaiser*, ZLW 2013, 204 (212), der hinsichtlich dieser Verantwortlichkeit insb. aufgrund der gesteigerten Automatisierung und des gesteigerten Einflusses der Luftverkehrskontrolle das Konzept des PIC kritisch betrachtet.
1297 Siehe ICAO, Secretary General, RPAS Manual, Definitions: »The remote pilot designated by the operator as being in command and charged with the safe conduct of a flight.« Diese Definition wurde von der ICAO noch nicht verbindlich angenommen.
1298 Siehe dazu »Duties of the remote pilot-in-command (PIC)« in ICAO, Secretary General, RPAS Manual, 9.9.1 ff.
1299 *Kaiser*, ZLW 2006, 344 (350).
1300 So auch *Kaiser*, ZLW 2006, 344 (350); *Kaiser*, A&SL 2011, 161 (165).

Under no circumstances will the pilot responsibility be replaced by technologies in the foreseeable future.[1301]

Eine gänzliche Abkehr von diesem grundlegenden Prinzip der Verantwortlichkeit einer natürlichen Person für die Sicherheit eines Luftfahrzeugs erscheint fernliegend. Allerdings ist, wie oben erläutert,[1302] das Spektrum von RPAS hinsichtlich der Steuerungsnotwendigkeit bzw. Eingriffsmöglichkeit sehr weit. Möglich erscheint daher, dass die Autonomie eines RPAS derart ausgedehnt würde, dass das RPAS *grundsätzlich* autonom agiert und den gesamten Flug eigenständig durchführt während der Pilot eine Observationsfunktion wahrnimmt. Dennoch muss der Pilot stets auch in die Steuerung des RPAS eingreifen können. Ein solches UAS bleibt zwar ein RPAS, weißt aber einen derart hohen Grad an Autonomie auf, dass es – oxymorisch – als »nahezu« vollständig autonomes UAS oder als »maximal« autonomes RPAS bezeichnet werden könnte.

Der Aspekt der Autonomie von UAS wird vorwiegend im Zusammenhang mit dem Betrieb von UAS thematisiert – nicht zuletzt, weil die Verantwortlichkeit des PIC eine betriebliche Voraussetzung ist. Zu berücksichtigen ist allerdings, dass autonome Fähigkeiten grundsätzlich auch technische Vorrichtungen im RPAS erforderlich machen, deren Komplexität mit steigender Autonomie ebenfalls zunimmt. Aufgrund der Auswirkungen dieser Fähigkeiten auf die technische Sicherheit, ist die Autonomie auch im Rahmen der Zulassung von Bedeutung. Wie die Untersuchung gezeigt hat, hat dies bereits in die UAS Policy und die Weiterentwicklungsbestrebungen der EU Eingang gefunden. Sobald die neuen Betriebskategorien der EASA in Unionsrecht umgesetzt werden, kann die Autonomie auch im Hinblick auf den risikobasierten Ansatz, der in der A-NPA 2015-10 vorgestellt wurde, eine größere Rolle spielen. Während der Grad der Autonomie wohl eher geringe Auswirkungen auf das Gewicht des RPA haben wird – außer über das zusätzliche Gewicht, das die technischen Vorrichtungen zur Ermöglichung der autonomen Fähigkeiten mit sich bringen – kann die Autonomie erheblichen Einfluss auf das Risiko der Verwendung des UAS haben. Hierbei können autonome Fähigkeiten einerseits das Risiko verringern, etwa weil das UAS während eines Verbindungsabbruchs selbstständig agieren kann oder aber das Risiko erhöhen, wenn z.B. der Flug weitgehend durch das UAS gesteuert wird und damit maßgeblich von der Sicherheit und Zuverlässigkeit der autonomen Steuerungssysteme abhängt. Die Autonomie kann daher im Rahmen des risikobasierten Ansatzes auch darüber entscheiden, *ob* eine Zulassung des UAS erfolgt.

Gesteigerte autonome Fähigkeiten können ein besonderer Vorteil von UAS sein. Da autonome Fähigkeiten auch in der bemannten Luftfahrt bedeutsam sind – wie etwa im Falle des Autopiloten – ist zudem mit Synergieeffekten zu rechnen.[1303] Herausstellen muss sich allerdings noch, bei welchen Verwendungen und bis zu welchem Grad an Autonomie sich deren Vorteile manifestieren. In Bezug auf die Sicherheit geht mit der möglichen Reduzierung von menschlichen Fehlern eine durch erhebliche Technisierung bedingte gesteigerte Fehleranfälligkeit einher. Anders als andere autonome Sys-

---

1301 ICAO, Secretary General, UAS Circular, 3.1.
1302 Siehe oben § 2 A. II.
1303 Siehe zur Automatisierung und Autonomie in der bemannten Luftfahrt u.a. *Kaiser*, ZLW 2013, 204.

teme findet die Verwendung von UAS nicht in einer abgeschlossenen Umgebung ohne Zugriffsmöglichkeiten von außen statt. Vielmehr müssen UAS mit anderen Luftfahrzeugen interagieren – jedenfalls wenn sie im nicht-segregierten Luftraum fliegen – und können im Falle eines gänzlichen Kontrollverlustes in ihrem Bewegungsradius nur schwer begrenzt werden.

Um das Potential der unbemannten Luftfahrt auszuschöpfen, ist eine intensive Befassung mit der Autonomie unerlässlich. Zwar werden sich vollständig autonome UAS ohne jegliche steuernde Eingriffsmöglichkeit eines Piloten wegen des grundlegenden Konzepts des verantwortlichen Luftfahrzeugführers nicht verwirklichen lassen. Eine Steigerung der autonomen Fähigkeiten von UAS erscheint aber erwartbar und erstrebenswert. Auch wenn eine gesteigerte Autonomie im Zuge der schrittweisen Erweiterung der Regulierung von UAS sicherlich nicht an erster Stelle steht, sollten die Weiterentwicklungsbestrebungen von ICAO und EU diesen Aspekt – auch im Rahmen möglicher Zulassungsvorschriften – deutlicher berücksichtigen als dies bislang der Fall ist.

B. Personentransport durch unbemannte Luftfahrzeugsysteme

Der Transport von Personen durch UAS wird zwar als mögliche Verwendung genannt, fristet in den Weiterentwicklungsbestrebungen der ICAO und der EU allerdings allenfalls ein Schattendasein. Angesichts des allgemeinen Regulierungsfortschritts hinsichtlich UAS und aufgrund der weitgehenden Ausklammerung dieses Themas wird deutlich, dass ein Personentransport durch UAS wohl erst zu einem sehr späten Zeitpunkt – wenn überhaupt – zum regelmäßigen Anwendungsbereich von UAS gehören könnte. Hinsichtlich der entsprechenden Nutzungsmöglichkeiten kann dabei differenziert werden.

Zunächst ist ein Passagiertransport in der üblichen der bemannten Luftfahrt vergleichbaren Art denkbar. Dieser würde – neben der technischen Machbarkeit – vor allem die Bereitschaft der Passagiere erfordern, ohne einen Piloten an Bord befördert zu werden. Aus heutiger Sicht wäre eine solche Akzeptanz durch die Passagiere wohl eher unwahrscheinlich oder zumindest erst in ferner Zukunft denkbar. Selbst wenn bereits andere Systeme akzeptiert werden, die ohne einen menschlichen Steuerer auch Personen befördern, wie etwa automatische bzw. ferngelenkte U-Bahnen[1304], so erscheint es bis zur Etablierung ferngesteuerten Personentransports durch UAS noch ein weiter Weg.[1305]

1304 So z.B. die automatische Linie 14 der Métro Paris und die »Realisierung einer automatisierten U-Bahn in Nürnberg« (RUBIN), *Siemens*, RUBIN – Deutschlands erste vollautomatisierte U-Bahn, <http://www.siemens.de/staedte/referenzprojekte/seiten/rubin_nuernberg.aspx>, zuletzt besucht am 30. November 2015.

1305 *Ebinger*, Zivilrechtliche Haftung des Luftfrachtführers im Personentransport – Unter besonderer Berücksichtigung der Beförderung von Personen durch ferngesteuerte Luftfahrzeuge, u.a. 141, sieht den Personentransport durch UAS trotz der auch von ihm genannten hohen Akzeptanzschwelle wohl naheliegender.

§ 11 Mögliche Erweiterungen und Herausforderungen

Fraglich ist aber auch, ob für eine solche Entwicklung überhaupt ein Bedarf besteht. Vorteile könnten einerseits in einer Sicherheitssteigerung liegen, wobei sich dies aufgrund der Komplexität eines solchen Systems erst noch beweisen müsste – vor allem, da die bemannte Luftfahrt insgesamt bereits sehr sicher ist.[1306] Zudem könnten personelle Einsparungspotentiale realisiert werden, wenn anstelle zweier Piloten an Bord künftig ein Pilot am Boden ggf. sogar mehrere UAS simultan steuern könnte. Ob diese weitgehend ungewissen Vorteile vor dem Hintergrund der (noch) mangelnden Akzeptanz den wohl erheblichen Entwicklungsaufwand rechtfertigen würden, ist zweifelhaft. Attraktiv könnte der Personentransport allerdings werden, wenn individuelle Transporte mithilfe weitgehend autonomer UAS möglich wären, die einem Taxitransport ähnlich wären. Auch dies liegt jedoch noch in weiter Ferne. Möglich wäre, dass zudem die im Zuge der unbemannten Luftfahrt entwickelten technischen Möglichkeiten auch für die bemannte Luftfahrt genutzt werden könnten. Eine Fernsteuerbarkeit von Passagierflugzeugen in Notfallsituationen, etwa bei einer Handlungsunfähigkeit der Piloten, könnte sich zu einem Sicherheitsmerkmal der bemannten Luftfahrt entwickeln.[1307]

Ein Personentransport anderer Art könnte insbesondere in der Rettung oder Bergung von Personen bei Unglücksfällen bestehen.[1308] Entsprechend verwendete UAS könnten den mitunter gefährlichen Einsatz von bemannten Hubschraubern substituieren oder einen Einsatz dort erst ermöglichen, wo die bemannte Luftrettung aufgrund bestimmter Umstände wie der Rettungsumgebung oder der Witterung nicht möglich ist. Ein solcher Personentransport wird vermutlich sowohl gesellschaftlich akzeptiert als auch technisch durchführbar sein.

Flugsicherheitsrechtlich problematisch würde ein Personentransport – insbesondere im Falle eines kommerziellen Passagiertransportes – dadurch, dass alle Bestrebungen zur Weiterentwicklung der Flugsicherheit im Allgemeinen und der Zulassungsvorgaben und Vorschriften im Besonderen, die künftige Regulierung von UAS auf der Prämisse aufbauen, dass im Falle von UAS ausschließlich Personen am Boden und in anderen Luftfahrzeugen gefährdet sind. Würden eines Tages nun wiederum Personen an Bord hinzutreten, wäre mit einem erneuten erheblichen Regulierungsbedarf zu

---

1306 Siehe zu Haftungsfragen im Zusammenhang mit der Verwendung von UAS zum Personentransport *Ebinger*, Zivilrechtliche Haftung des Luftfrachtführers im Personentransport – Unter besonderer Berücksichtigung der Beförderung von Personen durch ferngesteuerte Luftfahrzeuge.
1307 Siehe zum Flug eines kleineren Passagierflugzeuges, das zwischen Start und Landung mithilfe einer Kontrollstation und entsprechenden Datenverbindungen vom Boden aus gesteuert wurde *Michaelides-Mateou/Erotokritou*, Flying into the Future with UAVs: The Jetstream 31 Flight, A&SL 2014, 111 (111 ff.). Die Verfasserinnen bezeichnen dieses Luftfahrzeug als RPAS. Diese Bezeichnung könnte aber allenfalls für die Phase des Fluges bemüht werden, in der das Flugzeug vom Boden aus gesteuert wurde. Selbst dann aber befanden sich die Piloten an Bord (wodurch auch alle flugsicherheitsrechtlichen Vorschriften erfüllt wurden) und konnten jederzeit die Steuerung übernehmen, was nicht mit dem allgemeinen Verständnis von UAS – und davon abgeleitet RPAS – entspricht, nach dem die Piloten gerade nicht an Bord sind (siehe oben § 3 A. II.). Die beschriebene Situation kann eher als »ausgelagerter Autopilot« betrachtet werden oder unter die Bezeichnung *Optionally Piloted Aircraft* (OPA) fallen (siehe oben Fn. 144).
1308 Siehe zum Fall der Evakuierung eines Soldaten mithilfe eines UAS EASA, A-NPA 2015-10, 2.3.

rechnen, der den Personentransport und die besonderen Merkmale der unbemannten Luftfahrt vereinen müsste.

Letztlich handelt es sich bei dem Aspekt des Personentransports durch UAS um eine allenfalls langfristig relevant werdende Schwierigkeit. Eine Nichtberücksichtigung dessen durch ICAO und EU ist aus diesem Grund und angesichts der Herausforderungen, die schon eine vergleichsweise »einfache« Verwendung von UAS für das internationale und europäische Luftrecht bedeutet, nur schwerlich vorwerfbar.

C. Zwischenergebnis

Vollständig autonome UAS werden stets als Bestandteil der unbemannten Luftfahrt genannt. In den konkreten Weiterentwicklungsbestrebungen zur Regulierung von UAS finden sie allerdings nur marginale Erwähnung, sofern sie nicht sogar gänzlich aus den Regulierungsbestrebungen ausgenommen werden. Der Grund hierfür liegt im Konzept des verantwortlichen Luftfahrzeugführers (*Pilot-in-Command*, PIC), das eine finale Verantwortlichkeit eines Piloten für die Sicherheit des Fluges festschreibt. Solange dieses Konzept in seiner bisherigen Ausprägung Bestand haben wird, kann sich eine Verwendung vollständig autonomer UAS – also solcher bei denen *keine* Einwirkungsmöglichkeiten des Piloten während des Fluges bestehen – nicht verwirklichen. Zu erwarten ist allerdings eine mitunter erhebliche Steigerung der Autonomie von UAS. Diese kann etwa darin bestehen, dass zwar grundsätzlich ein RPAS mit einer steuernden Eingriffsmöglichkeit des Piloten besteht, im Übrigen aber die autonomen Fähigkeiten des RPAS weite Teile des Fluges oder der Aufgabenerfüllung übernehmen. Eine eingehendere Befassung mit den autonomen Fähigkeiten von UAS durch die ICAO und die EU wäre förderlich.

Ein Personentransport wird ebenfalls als mögliche Verwendung von UAS erwähnt. Seine tatsächliche Umsetzung wird jedoch bestenfalls längerfristig erfolgen. Hierbei liegt ein klassischer Passagiertransport, wie in der bemannten Luftfahrt, allenfalls in ferner Zukunft – soweit überhaupt ein entsprechender Bedarf besteht. Ein individualisierter Personentransport durch UAS, etwa im Falle von Rettungseinsätzen, erscheint hingegen realisierbar. Der zurückhaltende Umgang beider Organisationen mit diesem Aspekt ist eingedenk der zahlreichen übrigen Herausforderungen der rechtlichen Erfassung der unbemannten Luftfahrt allemal nachvollziehbar.

§ 12 Fazit und Thesen

A. Fazit

Die Untersuchung hat ergeben, dass UAS bzw. UA von den bisherigen Zulassungsvorgaben und -vorschriften zumindest im Grundsatz erfasst werden können. Eine theoretisch mögliche Zulassung von UAS durch die EU – auf der Basis des für bemannte Luftfahrzeuge geschaffenen Zulassungsrechts – erfordert allerdings erheblichen einzelfallbezogenen Aufwand und ist mit den internationalen Voraussetzungen nur begrenzt vereinbar.

Die Einbeziehung von UAS in die bestehenden Zulassungsvorgaben und -vorschriften ist insbesondere schwierig, weil – neben dem Fehlen des Piloten an Bord – das UAS charakterisierende »System« verschiedener getrennter Elemente der traditionellen Regulierung fremd ist. Der Systemcharakter kann hilfsweise mittels fiktiver Anknüpfung der Elemente an das Luftfahrzeug berücksichtigt werden. Dies wird allerdings der Individualität und Austauschbarkeit der Elemente nicht gerecht und sollte zur Ausschöpfung des Potentials von UAS zugunsten einer weitgehend getrennten Zulassung der Elemente überwunden werden. Auch eine deutlich gesteigerte Autonomie von UAS wird künftig von Bedeutung sein und sollte entsprechende Berücksichtigung finden.

Um die Zulassung von UAS umfassend zu ermöglichen und eine vollständige Integration von UAS in die Luftfahrt zu erreichen, ist eine Weiterentwicklung der Zulassungsvorgaben und -vorschriften der ICAO bzw. der EU erforderlich. Beide Organisationen haben sich dieser Aufgabe angenommen. Trotz der deutlich hervorgetretenen Anpassungsbedürftigkeit bildet allerdings das bisherige, über Jahrzehnte gewachsene und bewährte Zulassungsrecht stets die Grundlage für weiterentwickelte Vorgaben und Vorschriften. Obgleich den Besonderheiten von UAS umfassend Rechnung zu tragen ist, muss das Rad hier nicht neu erfunden werden.

Dies gilt allerdings nur für solche UAS, die im Hinblick auf ihre Größe bzw. die von ihnen ausgehende Gefahr für Dritte mit bemannten Luftfahrzeugen jedenfalls im Grundsatz vergleichbar sind. Bei kleineren bzw. weniger gefährlichen UAS hingegen mangelt es an einer Entsprechung in der bemannten Luftfahrt. Hier kann die Gelegenheit genutzt werden, diese auf europäischer Ebene einer andersartigen und flexibleren flugsicherheitsrechtlichen Herangehensweise zu unterwerfen. Da die betreffenden UAS nicht zugelassen werden, ist ein solcher neuer Ansatz jedoch keine Frage der Zulassungsvorgaben und -vorschriften der ICAO bzw. der EU. Der internationale Luftverkehr wird durch das Chicagoer Abkommen und das Vorgabensystem der ICAO determiniert, wonach eine Zulassung obligatorisch ist. Eine neue Herangehensweise stößt hier an ihre Grenzen.

Die technische Entwicklung und regulatorische Erfassung der unbemannten Luftfahrt befindet sich inmitten eines Entwicklungsprozesses. Bis ein ganzheitliches Vorgaben- und Vorschriftengeflecht vorhanden ist, werden noch viele Jahre vergehen. Hierbei werden nicht nur die individuellen Bemühungen von ICAO und EU, sondern auch die Zusammenarbeit dieser Organisationen untereinander sowie mit weiteren Akteuren über Erfolg und Geschwindigkeit der Weiterentwicklungen entscheiden.

Die Untersuchung der vorhandenen Zulassungsvorgaben und -vorschriften der ICAO bzw. der EU einerseits und der Weiterentwicklungsbemühungen beider Organisationen andererseits, veranschaulicht die regulatorischen und organisatorischen Herausforderungen der flugsicherheitsrechtlichen Erfassung von UAS sowie das Ausmaß der Auswirkungen von UAS auf die Veränderung und Weiterentwicklung der Luftfahrt. Das Hinzutreten der unbemannten Luftfahrt zum internationalen und unionsweiten Luftverkehr bietet dabei allerdings auch die Chance, die Zulassungsvorgaben der ICAO und insbesondere die Zulassungsvorschriften der EU auch insgesamt noch anpassungsfähiger und zukunftssicherer zu gestalten.

B. Thesen

Im Folgenden werden die zentralen Ergebnisse der Arbeit in Thesen zusammengefasst. Für eine ausführlichere Darstellung sei auf die Zwischenergebnisse der einzelnen Unterkapitel verwiesen.

1. Unbemannte Luftfahrzeugsysteme (*Unmanned Aircraft Systems*, UAS) bestehen aus verschiedenen Elementen, insbesondere dem unbemannten Luftfahrzeug (*Unmanned Aircraft*, UA), der Kontrolleinheit und der Datenverbindung. Die technischen Eigenschaften von UAS variieren erheblich und ermöglichen vielfältige Anwendungen. UAS können in vollständig autonome UAS und ferngesteuerte UAS (*Remotely Piloted Aircraft Systems*, RPAS) unterteilt werden.

2. Die Flugsicherheit von UAS umfasst die Abwehr von Gefahren für Dritte am Boden und im Luftraum, da sich kein Pilot an Bord befindet und in absehbarer Zeit keine Personen durch UAS befördert werden. Die Zulassung dient der Flugsicherheit und mündet in verschiedene Zulassungszeugnisse. Die internationale und unionsweite Zulassungsregulierung ist durch *Zulassungsvorgaben der ICAO* und *Zulassungsvorschriften der EU* gekennzeichnet.

3. Das Chicagoer Abkommen ist die Grundlage des internationalen Luftrechtssystems. Art. 8 des Abkommens ist der einzige spezielle Artikel zur unbemannten Luftfahrt, betrifft aber nicht die Zulassung. Ein *Lufttüchtigkeitszeugnis* für den internationalen Betrieb von Luftfahrzeugen wird in Art. 31 vorausgesetzt, während Art. 33 eine internationale Anerkennung dieses CofA ermöglicht, sofern es den Mindestanforderungen der Annexe zum Chicagoer Abkommen entspricht. Das Chicagoer Abkommen kann grundsätzlich nur das UA adressieren, nicht jedoch das System und seine übrigen Elemente.

4. Die Zulassungsvorgaben des *Annex 8* zum Chicagoer Abkommen wurden für bemannte Luftfahrzeuge geschaffen und sind von UAS weitgehend unerfüllbar. *Annex 2* wurden im Jahr 2012 durch einzelne Zulassungsvorgaben für UAS ergänzt. Diese erkennen den Systemcharakter von UAS an und ermöglichen im Grundsatz eine getrennte Überprüfung der Elemente, ohne dies jedoch weiter auszugestalten.

5. Die Weiterentwicklungsbestrebungen der ICAO haben insbesondere das *RPAS Manual* als unverbindliches Anleitungsmaterial hervorgebracht. Die Zulassungsvorgaben für RPAS sollen soweit wie möglich auf den bereits vorhandenen Vorgaben für bemannte Luftfahrzeuge aufbauen. Dies führt zu einer maßgeblichen Anknüpfung der Zulassungssystematik an das RPA, für das ein Musterzulassungsschein und ein Lufttüchtigkeitszeugnis ausgestellt werden. Das RPAS und die übrigen, grundsätzlich als eigenständig erachteten Elemente des Systems, erfahren nur eine inzidente Prüfung im Rahmen der Zulassung des RPA. Lediglich für die Kontrolleinheit ermöglicht das RPAS Manual eine eigene Musterzulassung, die allerdings letztendlich im Musterzulassungsschein des RPA aufgeht.

6. Die Flugsicherheitsregulierung der EU basiert auf der sog. »Grundverordnung«. Sie enthält u.a. die wesentlichen Anforderungen an die Lufttüchtigkeit und bestimmt Organisation und Kompetenzen der EASA als Agentur der EU. Sie wird mithilfe von Durchführungsverordnungen der Europäischen Kommission ausgestaltet. Die EASA erarbeitet Vorschläge für unmittelbar verbindliches Unionsrecht und erschafft eigenes EASA Soft Law, das faktische Rechtswirkungen entfaltet. Sie übt zudem die Funktion einer europäischen Flugsicherheitsbehörde aus. Dabei ist sie insbesondere für die Musterzulassung von Luftfahrzeugen im Anwendungsbereich der Grundverordnung zuständig, mit Ausnahme von *UAS bis 150 kg*.

7. Das verbindliche Unionsrecht enthält keine besonderen Zulassungsvorschriften für UAS. Dennoch ermöglicht es im Grundsatz eine Zulassung von UA bzw. UAS aufgrund seiner weitgehend generischen Ausgestaltung und inhärenten Flexibilität. Die Zulassungsvorschriften des Unionsrechts wurden für bemannte Luftfahrzeuge geschaffen und knüpfen an das Luftfahrzeug an. Diese Ausrichtung hat insbesondere zur Folge, dass das UAS als »System« nur indirekt erfassbar ist. Die übrigen Elemente des UAS werden nur als Teile und Ausrüstungen des UA angesehen und sind daher keiner individuellen Zulassung zugänglich. Die *UAS Policy* der EASA stellt eine Anleitung zur Zulassung von UAS auf der Grundlage des bisherigen Zulassungsrechts dar.

8. Die Weiterentwicklungsbestrebungen der EU zielen auf eine schrittweise unionsrechtliche Regulierung aller UAS unter der Beteiligung verschiedener Akteure und der Führung der Europäischen Kommission. Die gesetzgeberische Zuständigkeit der EU soll sich künftig auf alle UAS erstrecken. Eine auf den Betrieb ausgerichtete und an das Risiko der Verwendung von UAS anknüpfende Herangehensweise soll UAS in drei Kategorien (*Offene*, *Spezifische* und *Zertifizierte Kategorie*) einteilen. Eine Zulassung und damit die Integration in die traditionelle Flugsicherheitsregulierung soll allerdings nur für UAS der Zertifizierten Kategorie erfolgen, also solchen UAS, deren höheres Risiko mit dem von bemannten Luftfahrzeugen vergleichbar ist. Für sie sollen besondere Zulassungsvorschriften geschaffen werden.

9. Die Anwendung und Weiterentwicklung von Zulassungsvorgaben und -vorschriften auf bzw. für UAS – insbesondere zur Erfassung des »Systems« von UAS und der gegenseitigen Abhängigkeit seiner Elemente – stellen eine besondere Herausforderung dar. Die Einwicklung eines *ganzheitlichen Zulassungskonstrukts* für UAS wird noch erhebliche Zeit in Anspruch nehmen. In organisatorischer Hinsicht stützen sich beide Organisationen, neben ihren jeweiligen Kooperationen mithilfe

des RPAS Panels bzw. entlang der RPAS Roadmap, auch auf die Arbeit von JARUS. In regulatorischer Hinsicht stellt das RPAS Manual der ICAO einen unüblichen, aber dennoch bestmöglichen Weg dar, die Zeit bis zu künftigen Vorgaben zu überbrücken und den Mitgliedstaaten eine regulatorische Hilfestellung zu leisten. Die nicht erforderliche, aber hilfreiche UAS Policy der EASA wird im Zuge der Weiterentwicklung von unionsrechtlichen Zulassungsvorschriften für UAS zunehmend an Bedeutung verlieren. Mit Blick auf die systematischen Unterschiede zwischen ICAO und EU wird deutlich, dass das der anglo-amerikanischen Rechtstradition folgende Vorgabenkonstrukt der ICAO deutlich unflexibler hinsichtlich der Erfassung neuer Entwicklungen ist, als die aus der kontinentaleuropäischen Rechtstradition hervorgehende Normenhierarchie des Unionsrechts. Die neue risikobasierte Herangehensweise der EU ist nur hinsichtlich der »Zertifizierten Kategorie« mit den internationalen Vorgaben vereinbar. Praktisch wird sich die Unvereinbarkeit der anderen Kategorien aber nicht merklich auswirken. Die Gefahr einer Rechtszersplitterung auf internationaler und europäischer Ebene ist begrenzt. Zumindest langfristig ist von einer Harmonisierung der Zulassungsvorschriften auszugehen.

10. Eine Verwendung *vollständig autonomer UAS* ohne jedwede Einwirkungsmöglichkeiten des Piloten während des Fluges kann sich nicht verwirklichen, solange das Konzept des verantwortlichen Luftfahrzeugführers (*Pilot-in-Command*, PIC) in seiner bisherigen Ausprägung bestehen bleibt. Zu erwarten ist allerdings eine erhebliche Steigerung der autonomen Fähigkeiten von UAS. Ein *Personentransport durch UAS* könnte sich in absehbarer Zeit in individualisierter Form, etwa bei Rettungseinsätzen verwirklichen. Ein klassischer Passagiertransport, wie in der bemannten Luftfahrt, wird hingegen in ferner Zukunft liegen, sofern überhaupt ein entsprechender Bedarf besteht.

Abkürzungen

A-NPA	Advance-Notice of Proposed Amendment
A&SL	Air & Space Law
AASL	Annals of Air and Space Law
Abb.	Abbildung(en)
Abs.	Absatz, Absätze
Abschn.	Abschnitt(e)
AC	Advisory Circular
AEUV	Vertrag über die Arbeitsweise der Europäischen Union
AIA	Aerospace Industries Association
ALOS	Acceptable Level of Safety
AltMOCs	Alternative Means of Compliance
AMC	Acceptable Means of Compliance
AMJ	Aviation and Maritime Journal
AMOC	Alternative Means of Compliance
ANC	Air Navigation Commission
ANS	Air Navigation Services
Art.	Artikel(n)
ASBU	Aviation System Block Upgrades
ASD	AeroSpace and Defence Industries Association of Europe
ASJ	Aviation & Space Journal
ASTM	American Society for Testing and Materials
ATC	Air Traffic Control
ATM	Air Traffic Management
ausf.	ausführlich
BMVBS	Bundesministerium für Verkehr, Bau und Stadtentwicklung
Bsp.	Beispiel(e)
bspw.	beispielsweise
BVLOS	Beyond Visual Line-of-Sight
bzw.	beziehungsweise
C2	Command and Control
C3	Command, Control and Communications
CofA	Certificate of Airworthiness
CRD	Comment Response Document
CRT	Comment Response Tool
CS	Certification Specifications
CTEP	Clean Technologies and Environmental Policy
D&A	Detect and Avoid
DG ENTR	Generaldirektionen Unternehmen und Industrie
DG MOVE	Generaldirektion Mobilität und Verkehr
DJILP	Denver Journal of International Law and Policy
DoD	Department of Defense
DÖV	Die Öffentliche Verwaltung
Drs.	Drucksache

Abkürzungen

EASA	European Aviation Safety Agency, Europäische Agentur für Flugsicherheit
ECA	European Cockpit Association
ECAC	European Civil Aviation Conference, Europäische Zivilluftfahrtkonferenz
EDA	European Defence Agency, Europäische Verteidigungsagentur
EFTA	European Free Trade Association, Europäische Freihandelsassoziation
EG	Europäische Gemeinschaft(en)
ELOS	Equivalent Level of Safety
endg.	endgültig
EPA	European Part Approval
EREA	Association of European Research Establishments in Aeronautics
ERSG	European RPAS Steering Group
ESA	European Space Agency, Europäische Weltraumorganisation
EU	Europäische Union
EuGH	Gerichtshof der Europäischen Union
EuR	Europarecht (Zeitschrift)
EUROCAE	European Organization for Civil Aviation Equipment
EUV	Vertrag über die Europäische Union
EWG	Europäische Wirtschaftsgemeinschaft
EWR	Europäischer Wirtschaftsraum
FAA	Federal Aviation Administration
FAR	Federal Aviation Regulation
Fn.	Fußnote(n)
GANP	Global Air Navigation Plan
GASP	Global Aviation Safety Plan
ggü.	gegenüber
GM	Guidance Material
grds.	grundsätzlich
h.M.	herrschende Meinung
HALE	High Altitude Long Endurance
Hrsg.	Herausgeber
i.d.R.	in der Regel
i.e.S.	im engeren Sinne
i.S.d	im Sinne des/der
i.S.v.	im Sinne von
i.w.S.	im weiteren Sinne
IALP	Issues in Aviation Law and Policy
ICAO	International Civil Aviation Organisazation
IMO	International Maritime Organization
insb.	insbesondere
ITU	International Telecommunication Union
JAA	Joint Aviation Authorities
JALC	Journal of Air Law and Commerce
JAR	Joint Aviation Requirements
JARUS	Joint Authorities for Rulemaking on Unmanned Systems

JIRS	Journal of Intelligent & Robotic Systems
JLIS	Journal of Law Information and Science
JRR	Journal of Risk Research
JZ	Juristen Zeitung
kg	Kilogramm
km	Kilometer
KMU	Kleine und Mittlere Unternehmen
lit.	Litera, Buchstabe(n)
m	Meter
m.w.N.	mit weiteren Nachweisen
MALE	Medium Altitude Long Endurance
MB	Management Board, Verwaltungsrat
MTOW	Maximum Take-Off Weight
NASA	National Aeronautics and Space Administration
NATO	North Atlantic Treaty Organization
NDLR	North Dakota Law Review
NPA	Notice of Proposed Amendment
Nr.	Nummer(n)
PANS	Procedures for Air Navigation Services
PIC	Pilot-in-Command
PICAO	Provisional International Civil Aviation Organization
RAG	Regulatory Advisory Group
RI	Regulatory Improvements
RIA	Regulatory Impact Assessment
RMT	Rulemaking Tasks
ROA	Remotely Operated Aircraft
ROC	Remote Operator Certificate
ROV	Remotely Operated Vehicle
RPA	Remotely Piloted Aircraft
RPAS	Remotely Piloted Aircraft System
RPAS Manual	Manual on Remotely Piloted Aircraft Systems
RPAS Panel	Remotely Piloted Aircraft Systems Panel
RPS	Remote Pilot Station
RPV	Remotely Piloted Vehicle
Rs.	Rechtssache
RTCA	Radio Technical Commission on Aeronautics
S&A	See and Avoid
SAE	Society of Automotive Engineers
SAFA	Saftey Assessment of Foreign Aircraft
SARPs	Standards and Recommended Practices
SERA	Standardised European Rules of the Air
SESAR JU	Single European Sky ATM Research Joint Undertaking
Slg.	Sammlung
SME	Small and Medium-sized Enterprises

Abkürzungen

SSCC	Safety Standards Consultative Committee
STC	Supplemental Type Certificate
SUPPs	Regional Supplementary Procedures
TAC	Technical Advisory Committee
TAGs	Thematic Advisory Groups
TC	Type Certificate
TCAS	Traffic Alert and Collision Avoidance System
TCDS	Type Certificate Data Sheet
ToR	Terms of Reference
TSA	Total System Approach
u.a.	unter anderem
UA	Unmanned Aircraft
UAS	Unmanned Aircraft System
UAS Circular	Circular 328 - Unmanned Aircraft Systems
UASSG	Unmanned Aircraft Systems Study Group
UAV	Unmanned Aerial Vehicle
UAVS	Unmanned Aerial Vehicle System
ULTRA Consortium	Unmanned Aerial Systems in European Airspace Consortium
UN	United Nations, Vereinte Nationen
USAP	Universal Security Audit Programme
USOAP	Universal Safety Oversight Audit Programme
VLOS	Visual Line-of-Sight
WG	Working Groups
WMO	World Meteorological Organization
WRC	World Radiocommunication Conference
WSSAT	Whitestein Series in Software Agent Technologies
z.B.	zum Beispiel
z.T.	zum Teil
ZLW	Zeitschrift für Luft- und Weltraumrecht

Literatur

Abeyratne, Ruwantissa	Air Navigation Law, Berlin/Heidelberg 2012.
Abeyratne, Ruwantissa	Aviation Security Law, Berlin/Heidelberg 2010.
Abeyratne, Ruwantissa	Law Making and Decision Making Powers of the ICAO Council – a Critical Analysis, ZLW 1992, 387.
Abeyratne, Ruwantissa	Regulating unmanned aerial vehicles – Issues and challenges, European Transport Law 2009, 503.
Alexandrowicz, Charles	The law making functions of the specialised agencies of the United Nations, London 1973.
Arrigoni, Nicola	Joint Aviation Authorities – Development of an International Standard for Saftey Regulation: The First Steps are being taken by the JAA, A&SL 1992, 130.
Associaton for Unmanned Vehicle Systems International	Fire Fighting Tabletop Excercise, 2010.
Auer, André/ Mick, Stephan	Instandhaltungsbetriebe, in: Hobe, Stephan/von Ruckteschell, Nicolai (Hrsg.), Kölner Kompendium des Luftrechts, Bd. 2, Köln 2009.
Balfour, John	European Community Air Law, 2. Aufl., London 1995.
Bartlik, Martin	State Aircraft, in: Hobe, Stephan/von Ruckteschell, Nicolai/ Heffernan, David (Hrsg.), Cologne Compendium on Air Law in Europe, Köln 2013.
Baumann, Karsten	Private Luftfahrtverwaltung – Die Delegation hoheitlicher Befugnisse an Private und privatrechtsförmig organisierte Verwaltungsträger im deutschen Luftverkehrsrecht, Köln 2002.
Baumann, Karsten	Staatsluftfahrzeuge, in: Hobe, Stephan/von Ruckteschell, Nicolai (Hrsg.), Kölner Kompendium des Luftrechts, Bd. 1, Köln 2008.
Baxter, Jeremy W./ Horn, Graham S.	Controlling Teams of Uninhabited Air Vehicles, WSSAT 2005, 97.
Bentzien, Joachim	Das internationale öffentliche Luftrecht als Teil des Völkerrechts, in: Benkö, Marietta/Kroll, Walter (Hrsg.), Luft- und Weltraumrecht im 21. Jahrhundert, Köln 2001.
BMVBS	Bericht über die Art und den Umfang des Einsatzes von unbemannten Luftfahrtsystemen, Berlin/Bonn 2012.
Borges de Sousa, J./ Andrade Goncalves, G.	Unmanned vehicles for environmental data collection, CTEP 2008, 1.
Borrmann, Robin	Autonome unbemannte bewaffnete Luftsysteme im Lichte des Rechts des internationalen bewaffneten Konflikts – Anforderungen an das Konstruktionsdesign und Einsatzbeschränkungen, Berlin 2014.

Brenner, Michael	Die Agenturen im Recht der Europäischen Union – Segen oder Fluch?, in: Ipsen, Jörn/Stüer, Bernhard (Hrsg.), Europa im Wandel: Festschrift für Hans-Werner Rengeling, Köln 2008.
Brewer, Nick	Development of UAS Regulation »An Authority's viewpoint« (Präsentation), 3rd EU UAS Panel Workshop on UAS Safety, 2011.
Buckner, Thomas	NATO Aerospace Capabilities Section (AER), NATO Joint Capability Group UAS (JCUAS), in: UVS International (Hrsg.), RPAS Yearbook 2015/2016 – RPAS: The Global Perspective, Paris 2015.
Buergenthal, Thomas	Law-Making in the International Civil Aviation Organisation, New York 1969.
Calliess, Christian	Art. 13 EUV, in: Calliess, Christian/Ruffert, Matthias (Hrsg.), EUV/AEUV – Das Verfassungsrecht der Europäischen Union mit Europäischer Grundrechtecharta, München 2011.
Cartier, Axelle/ van Fenema, Peter	Straftaten und Ordnungswidrigkeiten, in: Hobe, Stephan/ von Ruckteschell, Nicolai (Hrsg.), Kölner Kompendium des Luftrechts, Bd. 2, Köln 2009.
Cartier-Guitz, Axelle	Crimes and Misdemeanors, in: Hobe, Stephan/von Ruckteschell, Nicolai/Heffernan, David (Hrsg.), Cologne Compendium on Air Law in Europe, Köln 2013.
Cary, Leslie	International Civil Aviation Organization UAS Study Group, in: UVS International (Hrsg.), UAS Yearbook – UAS: The Global Perspective, Paris 2010.
Cary, Leslie/ Coyne, James/ Tomasello, Filippo	ICAO – International Civil Aviation Organization – The UAS Study Group (UASSG), in: UVS International (Hrsg.), UAS Yearbook – UAS: The Global Perspective, Paris 2012.
Cary, Leslie/ Coyne, James/ Tomasello, Filippo	ICAO Unmanned Aircraft Systems Study Group, in: UVS International (Hrsg.), RPAS Yearbook – RPAS: The Global Perspective, Paris 2013.
Cary, Leslie/ Willis, Randy	RPAS Panel, ICAO RPAS Symposium, 2015.
Chao, Haiyang	Cooperative Remote Sensing and Actuation Using Networked Unmanned Vehicles, Logan 2010.
Chao, HaiYang/ Cao, YongCan/ Chen, YangQuan	Autopilots for Small Unmanned Aerial Vehicles: A Survey, International Journal of Control, Automation, and Systems 2010, 36.
Cheng, Bin	The law of international air transport, London 1962.
Clothier, Reece A./ Fulton, Neale L./ Walker, Rodney A.	Pilotless aircraft: the horseless carriage of the twenty-first century?, JRR 2008, 999.
Clothier, Reece A./ Palmer, Jennifer L./ Walker, Rodney A./ Fulton, Neale L.	Definition of an airworthiness certification framework for civil unmanned aircraft systems, Safety Science 2011, 1.

Clothier, Reece A./ Wu, Paul	A Review of System Safety Failure Probability Objectives for Unmanned Aircraft Systems, Eleventh Probabilistic Safety Assessment and Management Conference (PSAM11) and the Annual European Safety and Reliability Conference (ESREL 2012), 25.-29. Juni, Helsinki, Finnland, 2012.
Corbett, Gerry	Unmanned Aircraft Systems – National Challenges, UAS/RPAS Workshop (EASA, Institut für Luft- und Weltraumrecht), 2013.
Creamer, Stephen	Next steps and conclusions, ICAO RPAS Symposium, 2015.
Crespo, Daniel Calleja/ Leon, Pablo Mendes de (Hrsg.)	Achieving the Single European Sky: Goals and Challenges, 2011.
Dalamagkidis, Konstantinos/ Valavanis, Kimon P./ Piegl, Les A.	Current Status and Future Perspectives for Unmanned Aircraft System Operations in the US, JIRS 2008, 313.
Dalamagkidis, Konstantinos/ Valavanis, Kimon P./ Piegl, Les A.	On Integrating Unmanned Aircraft Systems into the National Airspace System, 2009.
Dalamagkidis, Konstantinos/ Valavanis, Kimon P./ Piegl, Les A.	On Integrating Unmanned Aircraft Systems into the National Airspace System: Issues, Challenges, Operational Restrictions, Certification, and Recommendations, 2. Aufl. 2013.
de Croon et al, G. C. H. E.	Design, aerodynamics, and vision-based control of the DelFly, International Journal of Micro Air Vehicles 2009, 71.
De Florio, Filippo	Airworthiness: An Introduction to Aircraft Certification, 2. Aufl., Amsterdam u.a. 2011.
DeGarmo, Matthew T.	Issues Concerning Integration of Unmanned Aerial Vehicles in Civil Airspace, Virgina 2004.
DeGarmo, Matthew T./ Nelson, Gregory M.	Prospective Unmanned Aerial Vehicle Operations in the Future National Airspace System, MITRE Corporation, Center for Advanced Aviation System Development, 2004.
Dempsey, Paul Stephen	The Future of International Air Law in the 21st Century, ZLW 2015, 215.
Dempsey, Paul Stephen	Public International Air Law, Montreal 2008.
Dettling-Ott, Regula/ Kamp, Raimund	Betrieb, in: Hobe, Stephan/von Ruckteschell, Nicolai (Hrsg.), Kölner Kompendium des Luftrechts, Bd. 1, Köln 2008.
Diederiks-Verschoor, I. H. Ph.	An Introduction to Air Law, 9. Aufl., Alphen aan den Rijn 2012.
Dietz, Andreas	Der Krieg der Zukunft und das Völkerrecht der Vergangenheit?, DÖV 2011, 465.
Donnithorne-Tait, Dewar	EUROCAE WG73 – Update on Standard Activities, in: UVS International (Hrsg.), RPAS Yearbook 2015/2016 - RPAS: The Global Perspective, Paris 2015.
Ebinger, Christoph	Zivilrechtliche Haftung des Luftfrachtführers im Personentransport – Unter besonderer Berücksichtigung der Beförderung von Personen durch ferngesteuerte Luftfahrzeuge, Zürich/Basel/Genf 2012.

Engel, Alexander	The European Aviation Standards Organisation, in: UVS International (Hrsg.), RPAS Yearbook 2015/2016 – RPAS: The Global Perspective, Paris 2015.
Erler, Jochen	Rechtsfragen der ICAO, Köln 1967.
EUROCAE	UAS/RPAS Airworthiness Certification – »1309« System Safety Objectives and Assessment Criteria, ER-0102013.
EUROCAE	WG73 SG2 – Airworthiness of Sense and Avoid Systems, 2008.
EUROCONTROL	File and Fly (Discussion Paper), 2011.
FAA	AC 23.1309-1E – System Safety Analysis and Assessment for Part 23 Airplanes, Washington 2011.
FAA	Title 14, Code of Federal Regulations, Part 21 – Certification Procedures for Products and Parts, Washington 2015.
Fehling, Michael	Europäische Verkehrsagenturen als Instrumente der Sicherheitsgewährleistung und Marktliberalisierung insbesondere im Eisenbahnwesen, EuR 2005, 41.
Felling, Walter	Chancen und Grenzen des Rechts auf freie Nutzung des Luftraums durch Flugmodelle, Villingen-Schwenningen 2008.
Finmeccanica	Finmeccanica White Paper contribution to Workshop 3: UAS Safety and Certification, 3rd EU UAS Panel Workshop on UAS Safety, 2011.
Fischer, Britta/ Kremser-Wolf, Christina	Regelungen von Dienst- und Ruhezeiten von Besatzungsmitgliedern von Zivilflugzeugen, in: Hobe, Stephan/von Ruckteschell, Nicolai (Hrsg.), Kölner Kompendium des Luftrechts, Bd. 2, Köln 2009.
Fischer-Appelt, Dorothee	Agenturen der Europäischen Gemeinschaft – Eine Studie zu Rechtsproblemen, Legitimation und Kontrolle europäischer Agenturen mit interdisziplinären und rechtsvergleichenden Bezügen, Berlin 1999.
Gaus, Daniel	UAS – Insurance contribution to protect citizens/environment (Präsentation), ICAO/CERG Warsaw Air Law Conference, 2012.
George, Stephen/ Moitre, Bruno	Workshop 1, ICAO RPAS Panel Working Group 1 – Airworthiness, ICAO RPAS Symposium, 2015.
Gerhard, Michael	European regulatory initiatives aiming at the insertion of RPAS into non-segregated airspace (Präsentation), ICAO/CERG Warsaw Air Law Conference, 2012.
Gerold, Adrian	UAV: Manned and Unmanned Aircraft: Can They Coexist, Avionics Magazine, 2006.
Giemulla, Elmar	Unbemannte Luftfahrzeugsysteme – Probleme ihrer Einfügung in das zivile und militärische Luftrecht, ZLW 2007, 195.
Giemulla, Elmar M./ Rothe, Bastian R. (Hrsg.)	Handbuch Luftsicherheit, 2011.
Giemulla, Elmar M./ Rothe, Bastian R. (Hrsg.)	Recht der Luftsicherheit, 2008.

Giemulla, Elmar/ van Schyndel, Heiko	Die Joint Aviation Requirements (JAR) und deren Überleitung in Vorschriften der EU und der Agentur für Flugsicherheit (EASA), VdL-Nachrichten 2003, 14.
Giemulla, Elmar/ van Schyndel, Heiko	Spannende Zeiten, Die »Joint Aviation Authorities« (JAA) und deren Überleitung »Europäische Agentur für Flugsicherheit« (EASA), VdL-Nachrichten 2003, 22.
Giesecke, Chrsitian	Nachtflugbeschränkung und Luftverkehrsrecht, Köln 2006.
Ginati, A./ Gustafsson, S./ Juusti, J.	Space, the essential component for UAS – The case of Integrated Applications – »Space 4 UAS« (Presentation), Workshop of the European Space Policy Institute: Opening Airspace for UAS in the Civilian Airspace, 2010.
Gogarty, Brendan/ Hagger, Meredith	The Laws of Man over Vehicles Unmanned: The Legal Response to Robotic Revolution on Sea, Land and Air, JLIS 2008, 74.
González, Pablo	Civil applications of UAS: The way to start in the short term (Präsentation), Workshop of the European Space Policy Institute: Opening Airspace for UAS in the Civilian Airspace, 2010.
González, Pablo	UAS technology and applications for the benefit of the European citizens/society – A matter of perception (Präsentation), 3rd EU UAS Panel Workshop on UAS Safety, 2011.
Goudou, Patrick	European Safety Regulatory System and the Single European Sky, in: Calleja Crespo, Daniel/Mendes de Leon, Pablo (Hrsg.), Achieving the Single European Sky: Goals and Challenges, Alphen aan den Rijn 2011.
Goudou, Patrick	Single European Sky – The role of EASA, Skyway 52, Summer & Autumn 2009, 34.
Government Printing Office	Proceedings of the International Civil Aviation Conference, Vol. 1, Washington D.C. 1948.
Guglieri, Giorgio/ Mariano, Valeria/ Quagliotti, Fulvia/ Scola, Alessandro	A Survey of Airworthiness and Certification for UAS, JIRS 2011, 399.
Haddon, D. R./ Whittaker, C.J.	Aircraft Airworthiness Certification Standards for Civil UAVs, London 2002.
Hailbronner, Kay	International Civil Aviation Organisation, in: Bernhardt, Rudolph (Hrsg.), EPIL, Amsterdam 1995.
Handerson, Ian	International Law Concerning the Status and Marking of Remotely Piloted Aircraft, DJILP 2010, 615.
Hobe, Stephan	Airspace and Sovereignty over Airspace, in: Hobe, Stephan/ von Ruckteschell, Nicolai/Heffernan, David (Hrsg.), Cologne Compendium on Air Law in Europe, Köln 2013.
Hobe, Stephan	Der offene Verfassungsstaat zwischen Souveränität und Interdependenz – Eine Studie zur Wandlung des Staatsbegriffs der deutschsprachigen Staatslehre im Kontext internationaler institutionalisierter Kooperation, Berlin 1998.
Hobe, Stephan	Einführung in das Völkerrecht, 10. Aufl., Stuttgart 2014.

Hobe, Stephan	Europarecht, 8. Aufl., München 2014.
Hobe, Stephan	Luftraum und Lufthoheit, in: Hobe, Stephan/von Ruckteschell, Nicolai (Hrsg.), Kölner Kompendium des Luftrechts, Bd. 1, Köln 2008.
Hobe, Stephan	Rechtsprobleme unbemannter Flugobjekte, in: Delbrück, Jost/Heinz, Ursula/Odendahl, Kerstin/Matz-Lück, Nele/von Arnauld, Andreas (Hrsg.), Aus Kiel in die Welt: Kiel's Contribution to International Law – Festschrift zum 100-jährigen Bestehen des Walther-Schücking-Instituts für Internationales Recht. Essays in Honour of the 100th Anniversary of the Walther Schücking Institute for International Law, Berlin 2014.
Hobe, Stephan/ von Ruckteschell, Nicolai (Hrsg.)	Kölner Kompendium des Luftrechts, Bd. 1, 2008.
Hobe, Stephan/ von Ruckteschell, Nicolai (Hrsg.)	Kölner Kompendium des Luftrechts, Bd. 2, 2009.
Hobe, Stephan/ von Ruckteschell, Nicolai (Hrsg.)	Kölner Kompendium des Luftrechts, Bd. 3, 2010.
Hobe, Stephan/ von Ruckteschell, Nicolai/ Heffernan, David (Hrsg.)	Cologne Compendium on Air Law in Europe, 2013.
Hoffmann, Tom	Eye in the Sky – Assuring the Safe Operation of Unmanned Aircraft Systems, FAA Safety Briefing 2010, 20.
Hoppe, Lars	Le statut juridique des drones aéronefs non habités, Marseille 2008.
Horton, Timothy W./ Kempel, Robert W.	Flight Test Experience and Controlled Impact of a Remotely Piloted Jet Transport Aircraft, NASA Technical Memorandum 4084, 1988, 1.
House of Representatives	FAA Modernization and Reform Act of 2012, Washington 2012.
Huang, Jiefang	Aviation Safety and ICAO, Alphen aan den Rijn 2009.
Huang, Jiefang	ICAO and UAS: Current and Future (Präsentation), ICAO/CERG Warsaw Air Law Conference, 2012.
Humphreys, Todd	Statement on the Vulnerability of Civil Unmanned Aerial Vehicles and other Systems to Civil GPS Spoofing, Austin 2012.
INOUI	D1.4 Harmonised Proposal for the Integration of UAS, 2009.
INOUI	D2.2 Assessment of Technology for UAS Integration, 2009.
INOUI	D3.2 UAS Certification, 2009.
INOUI	D3.3: Regulatory Roadmap for UAS Integration in the SES, 2009.
INOUI	D4.3 UAS Operations Depending on the Level of Automation & Autonoomy, 2009. Ipsen, Knut, Völkerrecht, 6. Aufl., München 2014.

JAA	JAR-21: Certification Procedures for Aircraft and Related Products and Parts, Hoofddorp 2007.
JAA/EUROCONTROL	UAV Task-Force – Enclosures, Brüssel 2004.
JAA/EUROCONTROL	UAV Task-Force – Final Report, Brüssel 2004.
Janezic, Joachim J.	Luftarbeit – Versuch einer Definition, ZLW 2010, 520.
JARUS	AMC RPAS.1309, Safety Assessment of Remotely Piloted Aircraft Systems, Issue 2, 2015.
JARUS	JARUS WG6 – EUROCAE WG73 Airworthiness AMC RPAS.1309 Conciliation Team Report, 2015.
Kaiser, Stefan A.	Automation and Limits of Human Performance: Potential Factors in Aviation Accidents, ZLW 2013, 204.
Kaiser, Stefan A.	Infrastructure, Airspace and Automation - Air Navigation Issues for the 21st Century, AASL 1995, 447.
Kaiser, Stefan A.	Legal Aspects of Unmanned Aerial Vehicles, ZLW 2006, 344.
Kaiser, Stefan A.	Third Party Liability of Unmanned Aerial Vehicles, ZLW 2008, 229.
Kaiser, Stefan A.	UAV's: Their Integration into Non-segregated Airspace, A&SL 2011, 161.
Kallevig, Tore B.	EUROCAE – Working Group 73 on Unmanned Aircraft Systems, in: UVS International (Hrsg.), UAS Yearbook – UAS: The Global Perspective, Paris 2012.
Kamp, Raimund	Air Safety, in: Hobe, Stephan/von Ruckteschell, Nicolai/Heffernan, David (Hrsg.), Cologne Compendium on Air Law in Europe, Köln 2013.
Kapnik, Benjamin	Unmanned but accelerating: navigating the regulatory and privacy challenges of introducing unmanned aircraft into the National Airspace System, JALC 2012, 439.
Kirgis, Frederic L.	Specialized Law-making Processes, in: Oscar Schachter/Joyner, Christopher C. (Hrsg.), United Nations Legal Order, Bd. 1 1995.
Klein, Eckart	United Nations, Specialized Agencies, in: Wolfrum, Rüdiger (Hrsg.), The Max Planck Encyclopedia of Public International Law, Vol. IV, Heidelberg 2000.
Klußmann, Niels/ Malik, Arnim	Lexikon der Luftfahrt, 3. Aufl., Berlin, Heidelberg 2012.
Koester, Marina	ICAO and the Economic Environment of Civil Aviation, ZLW 2003, 322.
Kohtamäki, Natalia	Die ESMA darf Leerverkäufe regeln – Anmerkung zum Urteil des EuGH vom 22. Januar 2014, EuR 2014, 321.
Kontitsis, Michail/ Valavanis, Kimon	A Cost Effective Tracking System for Small Unmanned Aerial Systems, JIRS 2010, 171.
Kornmeier, Claudia	Der Einsatz von Drohnen zur Bildaufnahme: Eine luftverkehrsrechtliche und datenschutzrechtliche Betrachtung, Berlin 2012.

Literatur

Ky, Patrick	European Aviation Safety Agency, in: UVS International (Hrsg.), 2014 RPAS Yearbook – RPAS: The Global Perspective, Paris 2014.
Lange, Sascha	Flugroboter statt bemannter Militärflugzeuge, Berlin 2003.
Langenscheidt	Großwörterbuch Englisch-Deutsch, München 2008.
Lenski, Edgar	Art. 13 EUV, in: Lenz, Carl-Otto/Borchardt, Klaus Dieter (Hrsg.), EU-Verträge, Köln 2012.
Lenz, Carl Otto	Die Luftfahrt im Recht der EG, in: Hobe, Stephan/von Ruckteschell, Nicolai (Hrsg.), Kölner Kompendium des Luftrechts, Bd. 1, Köln 2008.
Lohl, Norbert/ Gerhard, Michael	The European Aviation Safety Agency (EASA), in: Hobe, Stephan/von Ruckteschell, Nicolai/Heffernan, David (Hrsg.), Cologne Compendium on Air Law in Europe, Köln 2013.
Lohl, Norbert/ Gerhard, Michael	Product Type Certification – EASA, in: Hobe, Stephan/von Ruckteschell, Nicolai/Heffernan, David (Hrsg.), Cologne Compendium on Air Law in Europe, Köln 2013.
Lübben, Natalie	Das Recht auf freie Benutzung des Luftraums, Berlin 1993.
Lyall, Francis	International Communications: The International Telecommunication Union and the Universal Postal Union, 2011.
Makiol, Philip/ Schröder, Anna-Katharina	Pilot-in-Command, in: Hobe, Stephan/von Ruckteschell, Nicolai/Heffernan, David (Hrsg.), Cologne Compendium on Air Law in Europe, Köln 2013.
Maleev, Jurij Nikolaevič	Internationales Luftrecht: Fragen der Theorie und Praxis, Berlin 1990.
Manuhutu, Frank	Aviation Safety Regulation in Europe – Towards a European Aviation Safety Authority, A&SL 2000, 264.
Manuhutu, Frank/ Gerhard, Michael	Perspectives of the European Aviation Safety Agency – Further Development of the European Civil Aviation Safety System: a Medium and Long Term Outlook, ZLW 2015, 310.
Marshall, Douglas M.	Civil, Public, or State Aircraft: The FAA's Regulatory Authority Over Governmental Operations of Remotely Piloted Aircraft in U.S. National Airspace, IALP 2011, 307.
Marshall, Douglas M.	Dull, Dirty, and Dangerous: The FAA's Regulatory Authority Over Unmanned Aircraft Operations, IALP 2007, 10085.
Marshall, Douglas M.	International Regulation of Unmanned Aircraft Operations in Offshore and International Airspace, IALP 2008, 87.
Marshall, Douglas M.	Unmanned Aerial Systems and International Civil Aviation Organization Regulations, NDLR 2009, 693.
Martinez-de-Dios, J. R./ Luis Merino/ Anibal Ollero/ Ribeiro, Luis M./ Xavier Viegas	Multi-UAV Experiments: Application to Forest Fires, in: A. Ollero/I. Maza (Hrsg.), Mult. Hetero. Unmanned Aerial Vehi., STAR 37, Berlin 2007.

Marty, Jean-Youri	Supporting Member States in Developing Future Military PRAS Capabilities, in: UVS International (Hrsg.), RPAS Yearbook 2015/2016 - RPAS: The Global Perspective, Paris 2015.
Masutti, Anna	Liability aspects of the operation of RPAS, UAS/RPAS Workshop (EASA, Institut für Luft- und Weltraumrecht), 2013.
Masutti, Anna	Proposals for the Regulation of Unmanned Air Vehicle Use in Common Airspace, A&SL 2009, 1.
Masutti, Anna	A Regulatory Framework to introduce Unmanned Aircraft Systems in Civilian Airspace – Liability issues (Präsentation), 4th EU UAS Panel Workshop on Secietal Impacts of UAS, 2011.
Meili, Friedrich	Das Luftschiff und die Rechtswissenschaft, Berlin 1909.
Mendes de Leon, Pablo	Building the regulatory framework for introducing the UAS in the civil airspace European Regulation for light UAS below 150 KG?, AMJ 2010, 1.
Mendes de Leon, Pablo	International Civil Aviation Organization (ICAO), in: Wolfrum, Rüdiger (Hrsg.), The Max Planck Encyclopedia of Public International Law, Vol. V, Heidelberg 2012.
Mensen, Heinrich	Handbuch der Luftfahrt, 2. Aufl., Berlin 2013.
Merlo, Philippe/ Lissone, Mike	European Organisation for the Safety of Air Naviagation: RPAS – A Revolution in Aviation, in: UVS International (Hrsg.), RPAS Yearbook 2015/2016 – RPAS: The Global Perspective, Paris 2015.
Meyer, Alex	Luftrecht in fünf Jahrzehnten, Köln 1961.
Mezi, Emilie	Unmanned Aircraft System: a Difficult Introduction in the International Aviation Regulatory Framework, ASJ 2013, 10.
Michaelides-Mateou, Sofia/ Erotokritou, Chrystel	Flying into the Future with UAVs: The Jetstream 31 Flight, A&SL 2014, 111.
Milde, Michael	Aviation Safety Oversight: Audits and the Law, AASL 2001, 165.
Milde, Michael	International Air Law and ICAO, 2. Aufl., Utrecht 2012.
Morier, Yves	UAS: EASA activities and EASA Extension of Scope (Präsentation), 2008.
Münz, Rainer	50 Jahre Abkommen über die internationale Zivilluftfahrt – Rückschau und Ausblick, ZLW 1994, 383.
N'Diaye, Abdoulaye	EUROCAE – Dedicated to Aviation Standardization, in: UVS International (Hrsg.), UAS Yearbook – UAS: The Global Perspective, Paris 2012.
NASA (Cox et al)	Civil UAV Capability Assessment (Report), Washington D. C. 2004.
NATO	STANAG 4671, Brüssel 2009.
Newcome, Laurence R.	Unmanned Aviation – A Brief History of Unmanned Aerial Vehicles, Reston 2004.

NLR Air Transport Saftey Institute — Development of a Safety Assessment Methodology for the Risk of Collision of an Unmanned Aircraft System with the Ground, 3rd EU UAS Panel Workshop on UAS Safety, 2011.

NLR Air Transport Saftey Institute — Framework for Unmanned Aircraft Systems Safety Risk Management, 3rd EU UAS Panel Workshop on UAS Safety, 2011.

Nonami, Kenzo/ Kendoul, Farid/ Suzuki, Satoshi/ Wang, Wei/ Nakazawa, Daisuke — Autonomous Flying Robots: Unmanned Aerial Vehicles and Micro Aerial Vehicles, Tokyo u.a. 2010.

Norris, Pat — Watching Earth from Space: How Surveillance Helps Us – and Harms Us, Chichester 2010.

Ohler, Christoph — Übertragung von Rechtsetzungsbefugnissen auf die ESMA, Anmerkung zu EuGH, Urt. v. 22. Januar 2014, Rs. C-270/12, JZ 2014, 249.

Onate, Manuel — EUROCAE WG93 On Lightweight RPAS – Update on Standard Activities, in: UVS International (Hrsg.), RPAS Yearbook 2015/2016 – RPAS: The Global Perspective, Paris 2015.

Penedo del Rio, Jose-Luis/ Mick, Stephan — Continuing airworthiness of aircraft: maintenance, in: Hobe, Stephan/von Ruckteschell, Nicolai/Heffernan, David (Hrsg.), Cologne Compendium on Air Law in Europe, Köln 2013.

Petermann, Thomas — Unbemannte Systeme als Herausforderung für Sicherheits- und Rüstungskontrollpolitik – Ergebnisse eines Projekts des Büros für Technikfolgen-Abschätzung beim Deutschen Bundestag, in: Schimdt-Radefeldt, Roman/Meissler, Christine (Hrsg.), Automatisierung und Digitalisierung des Krieges, Baden-Baden 2012.

Petermann, Thomas/ Grünwald, Reinhard — Stand und Perspektiven der militärischen Nutzung unbemannter Systeme, Berlin 2011.

Peterson, Mark E. — The UAV and the Current and Future Regulatory Contruct for Integration into the National Airspace System, JALC 2006, 521.

Petras, Christopher — The Legal Framework for RPAS/UAS – Suitability of the Chicago Convention and its Annexes (Präsentation), RPAS/UAS – A challenge for international, European and national air law, 2013.

Plücken, Milan A. — Kornmeier, Claudia, Der Einsatz von Drohnen zur Bildaufnahme. Eine luftverkehrsrechtliche und datenschutzrechtliche Betrachtung (Buchbesprechung), ZLW 2012, 499.

Quaritsch, M./ Kruggl, K./ Wischounig-Strucl, D./ Bhattacharya, S./ Shah, M./ Rinner, B. — Networked UAVs as aerial sensor network for disaster management applications, Elektrotechnik & Informationstechnik 2010, 56.

Quinn, Andy — Acceptable Levels of Safety for the Commercial Space Flight Industry, in: (IAC), International Astronautical Congress (Hrsg.), 63. International Astronautical Congress, Neapel 2012.

Rapp, Geoffrey Christopher	Unmanned Aerial Exposure: Civil Liability Concerns Araising from Domestic Law Enforcement Employment of Unmanned Aerial Systems, NDLR 2009, 623.
Richter, Steffen	Luftsicherheit – Einführung in die Aufgaben und Maßnahmen zum Schutz vor Angriffen auf die Sicherheit des zivilen Luftverkehrs, 3. Aufl., Stuttgart 2013.
Riedel, Daniel	Die EASA, ihre Aufgaben und Befugnisse – Eine Einführung, German Aviation News 2006, 14.
Riedel, Daniel	Die Gemeinschaftszulassung für Luftfahrtgerät – Europäisches Verwalten durch Agenturen am Beispiel der EASA, Berlin 2006.
Riese, Otto	Luftrecht, Stuttgart 1949.
Riga Conference	Riga Declaration on Remotely Piloted Aircraft (drones) – Framing the Future of Aviation, Riga 2015.
Ro, Kapseong/ Oh, Jun-Seok/ Dong, Liang	Lessons Learned: Application of Small UAV for Urban Highway Traffic Monitoring, 45th AIAA Aerospace Sciences Meeting and Exhibit, 2007.
Roma, Alfredo	Remotely Piloted Aircraft Systems: Privacy and Data Protection Implications, ASJ 2014, 22.
Rosenthal, Gregor	Umweltschutz im internationalen Luftrecht, Cologne 1989.
Rothe, Bastian R.	Safety und Security, in: Giemulla, Elmar M./Rothe, Bastian R. (Hrsg.), Handbuch Luftsicherheit, Berlin 2001.
Saurer, Johannes	Die Errichtung von Europäischen Agenturen auf Grundlage der Binnenmarkt-harmonisierungs-kompetenz des Art. 114 AEUV – Zum Urteil des EuGH über die Europäische Wertpapier- und Marktaufsichtsbehörde (ESMA) vom 22. Januar 2014 (Rs. C-270/12), DÖV 2014, 549.
Schäfer, David	Aviation Personnel, in: Hobe, Stephan/von Ruckteschell, Nicolai/Heffernan, David (Hrsg.), Cologne Compendium on Air Law in Europe, Köln 2013.
Schäffer, Heiko	Von Kitty Hawk nach Montreal – Der Weg zur International Civil Aviation Organisation (ICAO), TranspR 2003, 377.
Schiller, Josef	Zulassung des Luftfahrtgeräts, in: Hobe, Stephan/von Ruckteschell, Nicolai (Hrsg.), Kölner Kompendium des Luftrechts, Bd. 1, Köln 2009.
Schladebach, Marcus	Lufthoheit: Kontinuität und Wandel, Tübingen 2014.
Schladebach, Marcus	Luftrecht, Tübingen 2007.
Schmid, Ronald	Pilot in Command or Computer in Command? – Observations on the conflict between technological progress and pilot accountability, A&SL 2000, 281
Schmidt-Aßmann, Eberhard	European Administrative Law, in: Wolfrum, Rüdiger (Hrsg.), The Max Planck Encyclopedia of Public International Law (online), Heidelberg 2011.
Schwarze, Jürgen	Soft Law im Recht der Europäischen Union, EuR 2011, 3.

Schwenk, Walter/ Giemulla, Elmar	Handbuch des Luftverkehrsrechts, 3. Aufl., Köln 2005.
Schwenk, Walter/ Giemulla, Elmar	Handbuch des Luftverkehrsrechts, 4. Aufl., Köln 2013.
Simoncini, Marta	The Erosion of the Meroni Doctrine: The Case of the European Aviation Safety Agency, European Public Law 2015, 309.
Sivel, Eric/ Swider, Chris	Joint Authorities for Rulemaking on Unmanned Systems – Growing and Changing, in: UVS International (Hrsg.), RPAS Yearbook 2015/2016 – RPAS: The Global Perspective, Paris 2015.
Skrzypietz, Therese	Standpunkt zivile Sicherheit – Die Nutzung von UAS für zivile Aufgaben, Potsdam 2011.
Smethers, Michael	Report on Workshop on Safety – 19 Oktober, 3rd EU UAS Panel: Safety and Certification, 2011.
Smethers, Michael	UAS: Regulatory developments in EASA (Präsentation), 2nd EU UAS Panel Workshop on UAS insertion into airspace and radio frequencies, 2011.
Smethers, Michael/ Tomasello, Filippo	UAS – Safe to be flown and flown safely (Discussion Paper), 3rd EU UAS Panel: Safety and Certification, 2011.
Sousa Uva, Rita	EASA's new fields of competence in the certification of aerodromes, Airport Management 2010, 60.
Städele, Julius Philipp	Völkerrechtliche Implikationen des Einsatzes bewaffneter Drohnen, Berlin 2014.
Stansbury, Richard S./ Vyas, Manan A./ Wilson, Timothy A.	A Survey of UAS Technologies for Command, Control, and Communication (C3), JIRS 2009, 61.
Stiehl, Ulrich-Martin	Die Europäische Agentur für Flugsicherheit (EASA) – Eine moderne Regulierungsagentur und Modell für eine europäische Luftfahrtbehörde, ZLW 2004, 312.
Stiehl, Ulrich-Martin	Europäische Agentur für Flugsicherheit (EASA), in: Hobe, Stephan/von Ruckteschell, Nicolai (Hrsg.), Kölner Kompendium des Luftrechts, Bd. 1, Köln 2008.
Stumvoll, Konstantin	Die Drohne – Das unbemannte Luftfahrzeug im Völkerrecht, Hamburg 2015.
Sulocki, Thaddée/ Cartier, Axelle	Continuing Airworthiness in the Framework of the Transition from the Joint Aviation Authorities to the European Aviation Safety Agency, A&SL 2003, 311.
Takahashi, Timothy T.	Drones in the national airspace, JALC 2012, 489.
Thürer, Daniel	Soft Law, in: Wolfrum, Rüdiger (Hrsg.), The Max Planck Encyclopedia of Public International Law (online), Heidelberg 2009.
Tomasello, Filippo	Challenges for the regulation of RPAS (Präsentation), RPAS/ UAS – A challenge for international, European and national air law, 2013.

Tomasello, Filippo	EASA – European Aviation Safety Agency – A Coordinated International Approach to Small UAS Rulemaking, in: UVS International (Hrsg.), UAS Yearbook – UAS: The Global Perspective, Paris 2012.
Tomasello, Filippo	EASA policy for UAS regulation and certification (Präsentation), Capua 2009.
Tomasello, Filippo	Emerging international rules for civil Unmanned Aircraft Systems (UAS), AMJ 2010, 1.
Tomasello, Filippo	Total System Approach, ASJ 2014, 2.
Tytgat, Luc	European Aviation Safety Agency - Towards Harmonisation of Rules for RPAS in Europe, in: UVS International (Hrsg.), RPAS Yearbook 2015/2016 – RPAS: The Global Perspective, Paris 2015.
Tytgat, Luc	RPAS – EASA update, ICAO RPAS Symposium, 2015.
UAVNET	European Civil Unmanned Air Vehicle Roadmap – Volume 1: Overview, 2005.
UAVNET	European Civil Unmanned Air Vehicle Roadmap – Volume 3: Strategic Research Agenda, 2005.
UK Civil Aviation Authority	CAP 722 – Unmanned Aircraft System Operations in UK Airspace – Guidance, 1. Aufl., 2002.
UK Civil Aviation Authority	CAP 722 – Unmanned Aircraft System Operations in UK Airspace – Guidance, 5. Aufl., 2012.
UK Civil Aviation Authority	CAP 722 – Unmanned Aircraft System Operations in UK Airspace – Guidance, 6. Aufl., 2015.
Vacek, Joseph J.	Civilizing the Aeronautical Wild West: Regulating Unmanned Aircraft, Air & Space Lawyer 2011, 19.
Valavanis, Kimon P.	Advances in Unmanned Aerial Vehicles: State of the Art and the Road to Autonomy, Tampa 2007.
Valavanis, Kimon P./ Vachtsevanos, George J.	Handbook of Unmanned Aerial Vehicles, 2015.
van Blyenburgh, Peter (Hrsg.)	UAS Yearbook - UAS: The Global Perspective, Paris 2012.
van Blyenburgh, Peter	The European Commission's RPAS Initiative, in: UVS International (Hrsg.), UAS Yearbook – UAS: The Global Perspective, Paris 2012.
van Blyenburgh, Peter	Remotely Piloted Aircraft Systems – All Countries, in: UVS International (Hrsg.), RPAS Yearbook 2014/2015 – RPAS: The Global Perspective, Paris 2014.
van Blyenburgh, Peter (Hrsg.)	RPAS Yearbook 2014/2015 – RPAS: The Global Perspective, Paris 2014.
van Blyenburgh, Peter (Hrsg.)	RPAS Yearbook 2015/2016 – RPAS: The Global Perspective, Paris 2015.
van Dam, Roderick D.	EUROCONTROL, in: Hobe, Stephan/von Ruckteschell, Nicolai/Heffernan, David (Hrsg.), Cologne Compendium on Air Law in Europe, Köln 2013.

Literatur

van de Leijgraaf, Ron	EUROCAE – Working Group 93 on Light RPAS, in: UVS International (Hrsg.), UAS Yearbook – UAS: The Global Perspective, Paris 2012.
van de Leijgraaf, Ron	JARUS – Entering the Next Phase, in: UVS International (Hrsg.), UAS Yearbook – UAS: The Global Perspective, Paris 2012.
Wassenbergh, Henri	Safety in Air Transportation and Market Entry – National Licensing and Safety Oversight in Civil Aviation, A&SL 1998, 74.
Weber, Ludwig	Convention on International Civil Aviation – 60 Years, ZLW 2004, 289.
Weber, Ludwig	International Civil Aviation Organization – An Introduction, Alphen aan den Rijn 2007.
Weber, Ludwig	International Civil Aviation Organization (ICAO), in: Hobe, Stephan/von Ruckteschell, Nicolai (Hrsg.), Kölner Kompendium des Luftrechts, Bd. 1, Köln 2008.
Weber, Ludwig	International Civil Aviation Organization (ICAO), in: Hobe, Stephan/von Ruckteschell, Nicolai/Heffernan, David (Hrsg.), Cologne Compendium on Air Law in Europe, Köln 2013.
Weibel, Roland E./ Hansman, R. John,	Safety Considerations for Operation of Unmanned Aerial Vehicles in the National Airspace System, Cambridge (USA) 2005.
Westphal, Jürgen	Der Durchflug von unbemannten Ballonen durch fremden Luftraum, ZLW 1959, 25.
Whiteman, Marjorie M.	Digest of International Law, Washington D.C. 1963-1973.
Willis, Randy/ Gadd, Mike/ Cary, Leslie	International Civil Aviation Organisation – The ICAO RPAS Panel, in: UVS International (Hrsg.), RPAS Yearbook 2015/ 2016 – RPAS: The Global Perspective, Paris 2015.
Wittinger, Michaela	»Europäische Satelliten«: Anmerkungen zum Europäischen Agentur(un)wesen und zur Vereinbarkeit Europäischer Agenturen mit dem Gemeinschaftsrecht, EuR 2008, 609.
Yochim, Jaysen A.	The Vulnerabilities of Unmanned Aircraft System Common Data Links to Electronic Attack (Thesis), Fort Leavenworth 2010, Master of Military Art and Science.

Rechtstexte

Abkommen

Abkommen über den Europäischen Wirtschaftsraum, 17. März 1993, ABl. 1994, L 1/3, in Kraft getreten am 3. Januar 1994.

Abkommen über strafbare und bestimmte andere an Bord von Luftfahrzeugen begangene Handlungen, 14. September 1963, BGBl. 1969 II, 121, in Kraft getreten am 4. Februar 1969 (Deutschland).

Abkommen zur Vereinheitlichung von Regeln über die Beförderung im internationalen Luftverkehr, 12. Oktober 1929, RGBl. 1933 II, 1039, in Kraft getreten am 13. Februar 1933.

Abkommen zur Vereinheitlichung von Regeln über die Beförderung im internationalen Luftverkehr in der Fassung des Haager Protokolls zur Änderung des Warschauer Abkommens, 12. Oktober 1929, RGBl. 1933 II S. 1039, geändert durch Protokoll vom 28. September 1955, BGBl. 1958 II S. 292, in Kraft getreten am 28. September 1955 (Protokoll).

Agreement between the United Nations and the International Civil Aviation Organization, 13. Mai 1947, ICAO Doc. 7970, in Kraft getreten am 3. Oktober 1947.

Convention establishing the European Free Trade Association, 4. Januar 1960, in Kraft getreten am 3. Mai 1960 (eine Überarbeitung des Abkommens, die sog. Vaduz Convention, wurde am 21. Juni 2001 unterzeichnet und trat am 1. Juni 2002 in Kraft).

Convention on Compensation for Damage Caused by Aircraft to Third Parties, 2. Mai 2009, ICAO Doc. 9919, noch nicht in Kraft getreten.

Convention on Compensation for Damage to Third Parties, Resulting from Acts of Unlawful Interference Involving Aircraft, 2. Mai 2009, ICAO Doc. 9920, noch nicht in Kraft getreten.

Convention on Damage Caused by Foreign Aircraft to Third parties on the Surface, 7. Oktober 1952, ICAO Doc. 7364, in Kraft getreten am 4. Februar 1958.

Convention on International Civil Aviation, 7. Dezember 1944, ICAO Doc. 7300/9, 15 UNTS 295 (Abkommen über die Internationale Zivilluftfahrt, BGBl. 1956 II, 411; zuletzt geändert durch Protokoll vom 10. Mai 1984, BGBl. 1996 II, 210; 1999 II, 307 (Übersetzung)), in Kraft getreten am 4. April 1947.

Convention on the Suppression of Unlawful Acts Relating to International Civil Aviation, 10. September 2010, ICAO Doc. 9960, noch nicht in Kraft getreten.

Convention portant Réglementation de la Navigation Aérienne, in Kraft getreten am 19. Oktober 1919.

International Air Services Transit Agreement, 7. Dezember 1944, 84 UNTS 389.

International Air Transport Agreement, 7. Dezember 1944, 171 UNTS 387.

Kooperationsvereinbarung zwischen der Europäischen Union und der Internationalen Zivilluftfahrt-Organisation zur Schaffung eines Rahmens für die verstärkte Zusammenarbeit, 31. März 2011 (Beschluss des Rates über die Unterzeichnung), Abl. 2011, L232/2, in Kraft getreten am 9. September 2011.

Montrealer Protokolle 1–4 zum Warschauer Abkommen, 25. September 1975.

Protocol Supplementary to the Convention for the Suppression of Unlawful Seizure of Aircraft, 10. September 2010, ICAO Doc. 9959, noch nicht in Kraft getreten.

Protokoll zur Bekämpfung widerrechtlicher gewalttätiger Handlungen auf Flughäfen, die der internationalen Zivilluftfahrt dienen, in Ergänzung des am 23. September 1971 in Montreal beschlossenen Übereinkommens zur Bekämpfung widerrechtlicher Handlungen gegen die Sicherheit der Zivilluftfahrt, 24. Februar 1988.

Übereinkommen über die Markierung von Plastiksprengstoffen zum Zwecke des Aufspürens, 1. März 1991, BGBl. 1998 II, 2301, in Kraft getreten am 15. Februar 1999.

Übereinkommen zur Bekämpfung der widerrechtlichen Inbesitznahme von Luftfahrzeugen, 16. Dezember 1970, BGBl. 1972 II, 1505, in Kraft getreten am 10. November 1974.

Übereinkommen zur Bekämpfung widerrechtlicher Handlungen gegen die Sicherheit der Zivilluftfahrt, 23. September 1971, BGBl. 1977 II, 1229, in Kraft getreten am 5. März 1978.

Übereinkommen zur Vereinheitlichung bestimmter Vorschriften über die Beförderung im internationalen Luftverkehr, 28. Mai 1999, ICAO Doc. 9740, in Kraft getreten am 4. November 2003.

United Nations Convention on the Law of the Sea, 10. Dezember 1982, 1833 UNTS 3, in Kraft getreten am 16. November 1994.

Vereinbarungen über die Ausarbeitung, Anerkennung und Durchführung gemeinsamer Lufttüchtigkeitsvorschriften (JAR) (Vereinbarungen von Zypern, Cyprus Arrangement), 11. September 1990.

Vertrag über die Arbeitsweise der Europäischen Union, 13. Dezember 2007, ABl. 2012, C 326/47 (Konsolidierte Fassung), in Kraft getreten am 1. Dezember 2009 (26. Oktober 2012).

Vertrag über die Europäische Union, 13. Dezember 2007 Abl. 2012, C 326/13 (Konsolidierte Fassung), in Kraft getreten am 1. Dezember 2009 (26. Oktober 2012).

ICAO

ICAO, 2013-2028 Global Air Navigation Plan, ICAO Doc. 9750 AN/963, 4. Aufl. 2013.

ICAO, 2014-2016 Global Aviation Safety Plan, ICAO Doc. 10004, 2013.

ICAO, Annex 2 – Rules of the Air, 10. Aufl., Juli 2005, zuletzt geändert durch Änderung Nr. 44 (in Kraft getreten am 13. November 2014).

ICAO, Annex 6 – Operation of Aircraft, Parts I-III, 9. Aufl., Juli 2010 (Part I), 8. Aufl., Juli 2014 (Part II), 7. Aufl., Juli 2010 (Part III).

ICAO, Annex 7 – Aircraft Nationality and Registration Marks, 6. Aufl., Juli 2012, 2012.

ICAO, Annex 8 – Airworthiness of Aircraft, 11. Aufl., Juli 2010, zuletzt geändert durch Änderung Nr. 104 (in Kraft getreten am 14. November 2013).

ICAO, Annex 10 – Aeronautical Telecommunications, Vol. I-V, 6. Aufl., Juli 2008 (Vol. I), 6. Aufl., Oktober 2001 (Vol. II), 2. Aufl., Juli 2007 (Vol. III), 4. Aufl., Juli 2007 (Vol. IV I), 2. Aufl., Juli 2001 (Vol. V).

ICAO, Annex 13 – Aircraft Accident and Incident Investigation, 10. Aufl., Juli 2010, zuletzt geändert durch Änderung Nr. 14 (in Kraft getreten am 14. November 2013).

ICAO, Annex 16 – Environmental Protection, Vol. I-II, 6. Aufl., Juli 2011 (Bd. I), zuletzt geändert durch Änderung Nr. 11-A (in Kraft getreten am 13. November 2014), 3. Aufl., Juli 2008 (Vol. II), zuletzt geändert durch Änderung Nr. 8 (in Kraft getreten am 1. Januar 2015).

ICAO, Annex 17 – Security, 9. Aufl., März 2011, zuletzt geändert durch Änderung Nr. 14 (in Kraft getreten am 14. November 2014).

ICAO, List of Organizations that may be invited to attend suitable ICAO meetings, online abrufbar, 2014.

ICAO, Air Navigation Commission, Determination of a Definition of Aviation Safety, Working Paper AN-WP/7699, 2001.

ICAO, Air Navigation Commission, Progress Report on Unmanned Aerial Vehicle Work and Proposal for Establishment of a Study Group, Working Paper, AN-WP/8221, 2007.

ICAO, Air Navigation Commission, Results of a Consultation with Selected States and International Organization with Regard to Unmanned Aerial Vehicle (UAV), AN-WP/8065, 2005.

ICAO, Assembly, A35, Assembly Resolutions in Force (as of 8 October 2004), ICAO Doc. 9848, 2007.

ICAO, Assembly, A38, Assembly Resolutions in Force (as of 4 October 2013), ICAO Doc. 10022, 2013.

ICAO, Assembly, Agenda Item 36: Air Navigation – Emerging Issues: Integration of Remotely Piloted Aircraft Systems in Civil Controlled Airspace and Self-Organising Airborne Networks (Presented by the Russian Federation), Working Paper, A38-WP/337, 2013.

ICAO, Assembly, Agenda Item 47: Work Programme of the Organization in the legal field (Presented by the Council of ICAO), Working Paper, A38-WP/62, 2013.

ICAO, Assembly, Agenda Item 47: Work Programme of the Organization in the legal field: Legal Framework on Remotely Piloted Aircraft – Liability Matters (Presented by the Republic of Korea), Working Paper, A38-WP/262, 2013.

ICAO, Assembly, A Comprehensive Strategy for Air Navigation: Endorsement of the Global Air Navigation Plan (Presented by the Council of ICAO), Working Paper, A38-WP/39, 2013.

ICAO, Assembly, A Comprehensive Strategy for Aviation Safety: Endorsement of the Global Aviation Safety Plan (Presented by the Council of ICAO), Working Paper, A38-WP/92, 2013.

ICAO, Secretary General, A37, Assembly Resolutions in Force (as of 8 October 2010), ICAO Doc. 9958, 2010.

ICAO, Secretary General, Airworthiness Manual, ICAO Doc. 9760, 3. Aufl. 2013.

ICAO, Secretary General, Annexes 1 to 18, online abrufbar, 1974.

ICAO, Secretary General, Manual on Remotely Piloted Aircraft Systems (RPAS), ICAO Doc. 10019, AN/507, 2015.

ICAO, Secretary General, Safety Management Manual (SMM), ICAO Doc. 9859 AN/474, 3. Aufl. 2013.

ICAO, Secretary General, Safety Oversight Audit Manual, ICAO Doc. 9735 AN/960, 2006.

ICAO, Secretary General, State Letter: Proposal for the amendment of Annexes 2 and 7 concerning remotely-piloted aircraft (RPA), AN 13/1.8-11/55, 2011.

ICAO, Secretary General, Unmanned Aircraft Systems (UAS), Circular 328, AN/190, 2011.

ICAO, UASSG, First Meeting – Summary of Discussions, UASSG/1-SD, 2008.

ICAO, UASSG, Tenth Meeting – Agenda Item 2, UASSG/10-SN No. 03, 2012.

EU

Abkommen zwischen der Europäischen Gemeinschaft und der Schweizerischen Eidgenossenschaft über den Luftverkehr, abgeschlossen am 21. Juni 1999, in Kraft getreten am 1. Juni 2002, ABl. 2002, L 114/73.

Beschluss 2004/97/EG, Euratom, Einvernehmlicher Beschluss der auf Ebene der Staats- und Regierungschefs vereinigten Vertreter der Mitgliedstaaten vom 13. Dezember 2003 über die Festlegung der Sitze bestimmter Ämter, Behörden und Agenturen der Europäischen Union, ABl. 2004, L 29/15.

Beschluss des Rates und der Kommission vom 13. Dezember 1993 über den Abschluss des Abkommens über den Europäischen Wirtschaftsraum zwischen den Europäischen Gemeinschaften und ihren Mitgliedstaaten sowie der Republik Österreich, der Republik Finnland, der Republik Island, dem Fürstentum Liechtenstein, dem Königreich Norwegen, dem Königreich Schweden und der Schweizerischen Eidgenossenschaft ABl. 1994, L 1/1.

Durchführungsverordnung (EU) Nr. 628/2013 der Kommission vom 28. Juni 2013 über die Arbeitsweise der Europäischen Agentur für Flugsicherheit bei Inspektionen zur Kontrolle der Normung und für die Überwachung der Anwendung der Bestimmungen der Verordnung (EG) Nr. 216/2008 des Europäischen Parlaments und des Rates und zur Aufhebung der Verordnung (EG) Nr. 736/2006 der Kommission, ABl. 2013, L 179/46.

Durchführungsverordnung (EU) Nr. 923/2012 der Kommission vom 26. September 2012 zur Festlegung gemeinsamer Luftverkehrsregeln und Betriebsvorschriften für Dienste und Verfahren der Flugsicherung und zur Änderung der Durchführungsverordnung (EG) Nr. 1035/2011 sowie der Verordnungen (EG) Nr. 1265/2007, (EG) Nr. 1794/2006, (EG) Nr. 730/2006, (EG) Nr. 1033/2006 und (EU) Nr. 255/2010, ABl. 2012, L 281/1.

EASA, Advance Notice of Proposed Amendment (A-NPA) 2015-10 – Introduction of a regulatory framework for the operation of drones, A-NPA 2015-10.

EASA, Advance Notice of Proposed Amendment (A-NPA) No. 16/2005 – Policy for Unmanned Aerial Vehicle (UAV) certification, A-NPA No. 16/2005.

EASA, Advance Notice of Proposed Amendment (A-NPA) No. 2014-12 – European Commission policy initiative on aviation safety and a possible revision of Regulation (EC) No. 216/2008, A-NPA 2014-12.

EASA, Airworthiness of type design, 2. September 2013, PR.CERT.00001-001.

EASA, AMC and GM to Part 21 – Acceptable Means of Compliance and Guidance Material for the airworthiness and environmental certification of aircraft and related products, parts and appliances, as well as for the certification of design and production organisations, Issue 2 Amendment 4, November 2015.

EASA, Business Plan 2012-2016, adopted by Decision 12-2011.

EASA, Comment Response Document (CRD) to Notice of Proposed Amendment (NPA) 16-2005, Explanatory Note.

EASA, Comment Response Document to A-NPA-16-2005, CRD to A-NPA No. 16/2005.

EASA, Concept of Operations for Drones – A risk based approach to regulation of unmanned aircraft, März 2015, Concept of Operations.

EASA, CS-22 – Certification Specifications for Sailplanes and Powered Sailplanes, Juli 2009 (Amendment 2).

EASA, CS-23 – Certification Specifications for Normal, Utility, Aerobatic, and Commuter Category Aeroplanes, Juli 2015 (Amendment 4).

EASA, CS-25 – Certification Specifications and Acceptable Means of Compliance for Large Aeroplanes, Juli 2015 (Amendment 15).

EASA, CS-27 – Certification Specifications for Small Rotorcraft, Dezember 2012 (Amendment 3).

EASA, CS-29 – Certification Specifications for Large Rotorcraft, Dezember 2012 (Amendment 3).

EASA, CS-31GB – Certification Specifications and Acceptable Means of Compliance for Free Gas Balloons, Dezember 2011 (Initial Issue).

EASA, CS-31HB – Certification Specifications and Acceptable Means of Compliance for Hot Air Balloons, Dezember 2011 (Amendment 1).

EASA, CS-31TGB – Certification Specifications and Acceptable Means of Tethered Gas Balloons, Juli 2013 (Initial Issue).

EASA, CS-Definitions – Definitions and abbreviations used in Certification Specifications for products, parts and appliances, December 2010 (Amendment 2).

EASA, CS-E – Certification Specifications for Engines, März 2015 (Amendment 4).

EASA, CS-ETSO – Certification Specifications for European Technical Standard Orders, Juni 2014 (Amendment 9).

EASA, CS-LSA – Certification Specifications and Acceptable Means of Compliance for Light Sport Aeroplanes, Juli 2013 (Amendment 1).

EASA, CS-P – Certification Specifications for Propellers, November 2006 (Amendment 1).

EASA, CS-VLA – Certification Specifications for Very Light Aeroplanes, Juli 2009 (Amendment 1).

EASA, CS-VLR – Certification Specifications for Very Light Rotorcraft, Juli 2008 (Amendment 1).

EASA, Decision of the Management Board Amending and Replacing Decision 08-2007 Concerning the Procedure to be Applied by the Agency for the Issuing of Opinions, Certification Specifications and Guidance Material (»Rulemaking Procedure«), Angenommen durch den Verwaltungsrat (MB 01/2012) am 13. März 2012.

EASA, Decision of the Management Board amending Decision of the Management Board No 07-2004 concerning the General Principles related to the Certification Procedures to be applied by the Agency for the Issuing of Certificates for Products, Parts and Appliances (»Products Certification Procedures«), Decision of the Management Board No 12/2007, 1. Oktober 2007.

EASA, EASA announces new organisation, 1. September 2014, Pressemitteilung.

EASA, EASA further adapts its Rulemaking process, EASA News, 13.

EASA, EASA's worldwide representations, EASA News, 12.

EASA, Final Report of the Preliminary Impact Assessment On the Safety of Communications for Unmanned Aircraft Systems (UAS): Volume 1, EASA.2008.OP.08.

EASA, Final Report of the Preliminary Impact Assessment On the Safety of Communications for Unmanned Aircraft Systems (UAS): Volume 2 – Annexes, EASA.2008.OP.08.

EASA, Notice of Proposed Amendment (NPA) 2012-10 – Transposition of Amendment 43 to Annex 2 to the Chicago Convention on remotely piloted aircraft systems (RPASs) into common rules of the air.

EASA, Notice of Proposed Amendment (NPA) 2014-09 – Transposition of Amendment 43 to Annex 2 to the Chicago Convention on remotely piloted aircraft systems (RPAS) into common rules of the air.

EASA, Opinion No. 01/2015 – European Commission policy initiative on aviation safety and a possible revision of Regulation (EC) No 216/2008.

EASA, Policy Statement Airworthiness Certification of Unmanned Aircraft Systems (UAS), E.Y013-01.

EASA, Procedure: Rules development, 26. August 2013, PR.RPRO.00001-002.

EASA, Procedure: Rules programming, 11. Juli 2013, PR.RPRO.00002-002.

EASA, »Prototype« Commission Regulation on Unmanned Aircraft Operations, 22. August 2016.

EASA, Revised 2014-2017 Rulemaking Programme, ED Decision 2013/029/R.

EASA, Revised 2014-2017 Rulemaking Programme – Explanatory Note.

EASA, Special Condition SC-RPAS.1309-01 – Equipment, Systems and Installations, SC-RPAS.1309-01, Issue 2, 12. Oktober 2015.

EASA, Technical Opinion – Introduction of a regulatory framework for the operation of unmanned aircraft, 18. Dezember 2015.

EASA, Vorschlag für die Erstellung von gemeinsamen Vorschriften für den Betrieb von Drohnen in Europa, September 2015.

Europäische Kommission, Commission Staff Working Document – Towards a European strategy for the development of civil applications of Remotely Piloted Aircraft Systems (RPAS), 4. September 2012, SWD(2012) 259 endg.

Europäische Kommission, European Aeronautics: A Vision for 2020.

Europäische Kommission, Flightpath 2050 – Europe's Vision for Aviation, Report of the High Level Group on Aviation Research, EUR 098 EN.

Europäische Kommission, Hearing on Light Unmanned Aircraft Systems (UAS), TREN F2/LT/GF/gc D, 2009.

Europäische Kommission, Mitteilung der Kommission an das Europäische Parlament und den Rat: Ein neues Zeitalter der Luftfahrt – Öffnung des Luftverkehrsmarktes für eine sichere und nachhaltige zivile Nutzung pilotenferngesteuerter Luftfahrtsysteme, KOM(2014) 207 endg.

Europäische Kommission, Mitteilung der Kommission an das Europäische Parlament und den Rat: Europäische Agenturen – Mögliche Perspektiven, KOM(2008) 135 endg.

Europäische Kommission, Mitteilung der Kommission an das Europäische Parlament, den Rat, den Europäischen Wirtschafts- und Sozialausschuss und den Ausschuss der Regionen: Eine Luftfahrtstrategie für Europa, 7. Dezember 2015, SWD(2015) 261 endg.

Europäische Kommission, Mitteilung der Kommission an den Rat, das Europäische Parlament, den Eurpäischen Wirtschafts- und Sozialausschuss und den Ausschuss der Regionen: Erweiterung der Aufgaben der Europäischen Agentur für Flugsicherheit – Blick auf 2010, KOM(2005) 578 endg.

Europäische Kommission, Mitteilung der Kommission: Europäisches Regieren – Ein Weißbuch, KOM(2001) 428 endg., ABl. 2001, C 287/1.

Europäische Kommission, Mitteilung der Kommission: Rahmenbedingungen für die europäischen Regulierungsagenturen, KOM(2002) 718 endg.

Europäische Kommission, Quick Policy Insight – Drones: Engaging in debate and accountability, Karock, Ulrich, DG EXPO/B/PolDep/Note/2013_144.

Europäische Kommission, Recommendation from the Commission to the Council in order to authorise the Commission to open and conduct negotiations with the International Civil Aviation Organization (ICAO) on the conditions and arrangements for accession by the European Community, SEC(2002)381 endg.

Europäische Kommission, Report from the Commission to the Council and the European Parliament on the application of Regulation (EC) No. 2111/2005 regarding the establishment of a Community list of air carriers subject to an operating ban within the Community and informing air transport passengers of the identity of the operating air carrier, and repealing Article 9 of Directive 2004/36/EC, KOM(2009)710 endg.

Europäische Kommission, Roadmap for the integration of civil Remotely-Piloted Aircraft Systems into the European Aviation System, Juni 2013, Final Report from the European RPAS Steering Group.

Europäische Kommission, RPAS Roadmap – Annex 1: A Regulatory Approach for the integration of civil RPAS into the European Aviation System, Juni 2013, Final report from the European RPAS Steering Group.

Europäische Kommission, Study Analysing the Current Activities in the Field of UAV – First Element: Status (Frost & Sullivan), ENTR/2007/065.

Europäische Kommission, Study Analysing the Current Activities in the Field of UAV – Second Element: Way forward (Frost & Sullivan), ENTR/2007/065.

Europäische Kommission, Study on privacy, data protection and ethical risks in civil Remotely Piloted Aircraft Systems operations, 2014.

Europäische Kommission, Study on the Third-Party Liability and Insurance Requirements of Remotely Piloted Aircraft Systems (Steer Davies Gleave), 22603201, SI2.661592.

Europäische Kommission, UAVs and UCAVs: Developments in the European Union, Briefing Paper requested by the European Parliament's Subcommittee on Security and Defence.

Europäische Kommission, Vorschlag der Kommission für eine Verordnung des Europäischen Parlaments und des Rates zur Festlegung gemeinsamer Vorschriften für die Zivilluftfahrt und zur Errichtung einer Europäischen Agentur für Flugsicherheit vom 27. September 2000, KOM(2000) 595 endg.

Europäischer Rat, Tagung vom 19./20. Dezember 2013 – Schlussfolgerungen, EUCO 217/13.

Europäischer Wirtschafts- und Sozialausschuss, Stellungnahme des Wirtschafts- und Sozialausschusses zum Thema Verkehr/Erweiterung, 2003/C 61/26.

Europäisches Parlament, Bericht über den sicheren Einsatz ferngesteuerter Flugsysteme (RPAS), gemeinhin bekannt als unbemannte Luftfahrzeuge (UAV), im Bereich der zivilen Luftfahrt (Ausschuss für Verkehr und Fremdenverkehr), A8-0261/2015, 25. September 2015.

Gemeinsamer EWR-Ausschuss, Beschluss des Gemeinsamen EWR-Ausschusses Nr. 163/2011 vom 19. Dezember 2011 zur Änderung von Anhangs XIII (Verkehr) des EWR-Abkommens, ABl. 2012, L 76/51.

Gemeinsamer EWR-Ausschuss, Beschluss des Gemeinsamen EWR-Ausschusses Nr. 179/2004 vom 9. Dezember 2004 zur Änderung des Anhangs XIII (Verkehr) des EWR-Abkommens, ABl. 2005, L 133/37.

Luftverkehrsausschuss Gemeinschaft/Schweiz, Beschluss Nr. 2/2010 des Luftverkehrsausschusses Gemeinschaft/Schweiz vom 26. November 2010 zur Ersetzung des Anhangs des Abkommens zwischen der Europäischen Gemeinschaft und der Schweizerischen Eidgenossenschaft über den Luftverkehr, ABl. 2010, L 347/54.

Luftverkehrsausschuss Gemeinschaft/Schweiz, Beschluss Nr. 3/2006 des Luftverkehrsausschusses Gemeinschaft/Schweiz vom 27. Oktober 2006 zur Änderung des Abkommens zwischen der Europäischen Gemeinschaft und der Schweizerischen Eidgenossenschaft über den Luftverkehr, ABl. 2006, L 318/31.

Rat der Europäischen Union, Bericht: Vorbereitung der Tagung des Rates (Verkehr, Telekommunikation und Energie) am 8. Oktober 2014 (Mitteilung der Kommission an das Europäische Parlament und den Rat – Ein neues Zeitalter der Luftfahrt), 13235/1/14, 30. September 2014.

Richtlinie 2003/42/EG des Europäischen Parlaments und des Rates vom 13. Juni 2003 über die Meldung von Ereignissen in der Zivilluftfahrt, zuletzt geädert durch Verordnung (EG) Nr. 596/2009 des Europäischen Parlaments und des Rates vom 18. Juni 2009 zur Anpassung einiger Rechtsakte, für die das Verfahren des Artikels 251 des Vertrags gilt, an den Beschluss 1999/468/EG des Rates in Bezug auf das Regelungsverfahren mit Kontrolle Anpassung an das Regelungsverfahren mit Kontrolle – Vierter Teil, ABl. 2003, L 167/23.

Richtlinie 2004/36/EG des Europäischen Parlaments und des Rates vom 21. April 2004 über die Sicherheit von Luftfahrzeugen aus Drittstaaten, die Flughäfen in der Gemeinschaft anfliegen, zuletzt geändert durch Verordnung (EG) Nr. 596/2009 des Europäischen Parlaments und des Rates vom 18. Juni 2009 zur Anpassung einiger Rechtsakte, für die das Verfahren des Artikels 251 des Vertrags gilt, an den Beschluss 1999/468/EG des Rates in Bezug auf das Regelungsverfahren mit Kontrolle Anpassung an das Regelungsverfahren mit Kontrolle – Vierter Teil, ABl. 2004, L 143/76.

Richtlinie 2009/48/EG des Europäischen Parlaments und des Rates vom 18. Juni 2009 über die Sicherheit von Spielzeug, zuletzt geändert durch Richtlinie 2014/84/EU der Kommission vom 30. Juni 2014, ABl. 2014, L 192/49, ABl. 2009, L 170/1.

Verordnung (EG) Nr. 216/2008 des Europäischen Parlaments und des Rates vom 20. Februar 2008 zur Festlegung gemeinsamer Vorschriften für die Zivilluftfahrt und zur Errichtung einer Europäischen Agentur für Flugsicherheit, zur Aufhebung der Richtlinie 91/670/EWG des Rates, der Verordnung (EG) Nr. 1592/2002 und der Richtlinie 2004/36/EG, zuletzt geändert durch Verordnung (EU) Nr. 6/2013 der Kommission vom 8. Januar 2013 zur Änderung der Verordnung (EG) Nr. 216/2008 des Europäischen Parlaments und des Rates zur Festlegung gemeinsamer Vorschriften für die Zivilluftfahrt und zur Errichtung einer Europäischen Agentur für Flugsicherheit, zur Aufhebung der Richtlinie 91/670/EWG des Rates, der Verordnung (EG) Nr. 1592/2002 und der Richtlinie 2004/36/EG, ABl. 2008, L 79/1.

Verordnung (EG) Nr. 300/2008 des Europäischen Parlaments und des Rates vom 11. März 2008 über gemeinsame Vorschriften für die Sicherheit in der Zivilluftfahrt und zur Aufhebung der Verordnung (EG) Nr. 2320/2002, ABl. 2008, L 97/72.

Verordnung (EG) Nr. 785/2004 des Europäischen Parlaments und des Rates vom 21. April 2004 über Versicherungsanforderungen an Luftfahrtunternehmen und Luftfahrzeugbetreiber, ABl. 2004, L 138/1.

Verordnung (EG) Nr. 1108/2009 des Europäischen Parlaments und des Rates vom 21. Oktober 2009 zur Änderung der Verordnung (EG) Nr. 216/2008 in Bezug auf Flugplätze, Flugverkehrsmanagement und Flugsicherungsdienste sowie zur Aufhebung der Richtlinie 2006/23/EG, ABl. 2009, L 309/51.

Verordnung (EG) Nr. 1592/2002 des Europäischen Parlaments und des Rates vom 15. Juli 2002 zur Festlegung gemeinsamer Vorschriften für die Zivilluftfahrt und zur Errichtung einer Europäischen Agentur für Flugsicherheit, ABl. 2002, L 240/1.

Verordnung (EG) Nr. 1702/2003 der Kommission vom 24. September 2003 zur Festlegung der Durchführungsbestimmungen für die Erteilung von Lufttüchtigkeits- und Umweltzeugnissen für Luftfahrzeuge und zugehörige Erzeugnisse, Teile und Ausrüstungen sowie für die Zulassung von Entwicklungs- und Herstellungsbetrieben, ABl. 2003, L 243/6, zuletzt geändert durch Verordnung (EG) Nr. 1194/2009 der Kommission vom 30. November 2009, ABl. 2009, L 321/5.

Verordnung (EG) Nr. 2027/97 des Rates vom 9. Oktober 1997 über die Haftung von Luftfahrtunternehmen bei Unfällen, zuletzt geändert durch Verordnung (EG) Nr. 889/2002 des Europäischen Parlaments und des Rates vom 13. Mai 2002 zur Änderung der Verordnung (EG) Nr. 2027/97 des Rates über die Haftung von Luftfahrtunternehmen bei Unfällen, ABl. 2002, L 140/2.

Verordnung (EU) Nr. 376/2014 des Europäischen Parlaments und des Rates vom 3. April 2014 über die Meldung, Analyse und Weiterverfolgung von Ereignissen in der Zivilluftfahrt, zur Änderung der Verordnung (EU) Nr. 996/2010 des Europäischen Parlaments und des Rates und zur Aufhebung der Richtlinie 2003/42/EG des Europäischen Parlaments und des Rates und der Verordnungen (EG) Nr. 1321/2007 und (EG) Nr. 1330/2007 der Kommission, ABl. 2014, L 129/1.

Verordnung (EU) Nr. 748/2012 der Kommission vom 3. August 2012 zur Festlegung der Durchführungsbestimmungen für die Erteilung von Lufttüchtigkeits- und Umweltzeugnissen für Luftfahrzeuge und zugehörige Produkte, Bau- und Ausrüstungsteile sowie für die Zulassung von Entwicklungs- und Herstellungsbetrieben, zuletzt geändert durch Verordnung (EU) 2015/1039 der Kommission vom 30. Juni 2015 zur Änderung der Verordnung (EU) Nr. 748/2012 in Bezug auf Flugprüfungen, ABl. 2012, L224/1.

Verordnung (EU) Nr. 996/2010 des Europäischen Parlaments und des Rates vom 20. Oktober 2010 über die Untersuchung und Verhütung von Unfällen und Störungen in der Zivilluftfahrt und zur Aufhebung der Richtlinie 94/56/EG, ABl. 2010, L 295/35.

Verordnung (EU) Nr. 1321/2014 der Kommission vom 26. November 2014 über die Aufrechterhaltung der Lufttüchtigkeit von Luftfahrzeugen und luftfahrttechnischen Erzeugnissen, Teilen und Ausrüstungen und die Erteilung von Genehmigungen für Organisationen und Personen, die diese Tätigkeiten ausführen, zuletzt geändert durch Verordnung (EU) 2015/1536 der Kommission vom 16. September 2015 zur Änderung der Verordnung (EU) Nr. 1321/2014 in Bezug auf die Angleichung der Vorschriften für die Aufrechterhaltung der Lufttüchtigkeit der Verordnung (EG) Nr. 216/2008, kritische Instandhaltungsarbeiten und Überwachung der Aufrechterhaltung der Lufttüchtigkeit von Luftfahrzeugen, ABl. 2014, L 362/1.

Verordnung (EWG) Nr. 1 zur Regelung der Sprachenfrage für die Europäische Wirtschaftsgemeinschaft, ABl. 1958, L 17/1.

Sachregister

Abkommen über die Internationale Zivilluftfahrt Siehe Chicagoer Abkommen
Acceptable Level of Safety (ALOS) 47, 140, 220, 277
Advance Notice of Proposed Amendment (A-NPA) 170
- A-NPA 16/2005 210
- A-NPA 2014-12 249
- A-NPA 2015-10 244, 250, 261, 276, 279, 286, 288
Agentur der Europäischen Union 166
Air Navigation Commission (ANC) 78, 83, 123, 125
Air Traffic Management/Air Navigation Services (ATM/ANS) 155
aircraft siehe Luftfahrzeug
Airworthiness Manual 94, 100
Alternative Annehmbare Nachweisverfahren (*Alternative Means of Compliance*, AltMOCs) 161
AMC and GM to Part 21 207
Anleitungsmaterial (der ICAO) 91
Anleitungsmaterial (*Guidance Material*, GM) 161
Annehmbare Nachweisverfahren (*Acceptable Means of Compliance*, AMC) 160
Arbeitsgruppen, *study groups* 78
Arbeitsvereinbarungen, *working arrangements* 178
Ausschüsse, *panels* 78
Automatisierung 20
Autonomie 19, 219
Aviation System Block Upgrades (ASBU) 239

Besondere Spezifikationen für die Lufttüchtigkeit (*Specific Airworthiness Specifications*, SASs) 185, 224
Beyond Radio Line-of-Sight (BRLOS) 17, 140
Beyond Visual Line-of-Sight (BVLOS) 13, 261

Certificate (of conformity) 271
Certificate (of suitability for use) 271
Certification Review Items (CRIs) 218

Chicagoer Abkommen 9, 37, 59, 61, 75, 131, 176 f., 195, 224, 271, 283
- Art. 12 des Chicagoer Abkommens 63, 70, 85, 109, 117
- Art. 29 des Chicagoer Abkommens 71
- Art. 31 des Chicagoer Abkommens 72, 113, 281
- Art. 33 des Chicagoer Abkommens 73, 117, 281
- Art. 37 des Chicagoer Abkommens 80, 82
- Art. 38 des Chicagoer Abkommens 84, 117
- Art. 8 des Chicagoer Abkommens 65, 111, 114, 117, 128
Circular 328 – Unmanned Aircraft Systems Siehe UAS Circular
Command and Control (C2) 16
Command, Control and Communications (C3) 16
Comment Response Document (CRD) 170
CS-22, CS-23 u.a. 203
CS-E, CS-P 206
CS-ETSO, CS-Definitions 207
CSxx.1309 219, 282

Detect and Avoid (D&A) 110, 134, 225
Drehflügler 14
Drittländer 167
Drohne 36, 38, 250, 256, 264, 288
dual-use 27
Durchführungsverordnungen (*Implementing Regulations*, IR) 57, 153, 159, 169, 183, 229, 245, 256

EASA Policy Statement E.Y013-01 Siehe UAS Policy
EASA Soft Law 159, 200 ff., 207 ff., 210, 212 f., 215, 218 ff., 221, 224, 226, 229 f., 235 ff., 241, 245 ff., 250, 252, 256 ff., 260, 269, 276, 278 f., 280, 282 f., 285, 290, 292
EASA Stellungnahme 01/2015 249
EASA Type Certification Procedure 214
ECAC 165, 234
EDA 230, 260
EFTA 167

eingeschränkter Musterzulassungsschein (*Restriced Type Certificate*, R-TC) 56, 186, 192, 194 f., 209, 222, 224, 255
eingeschränktes Lufttüchtigkeitszeugnis (*Restriced Certificate of Airworthiness*, R-CofA) 56, 185, 192, 194, 199 f., 208, 223 f., 227
Emergency Recovery Capability 219
Entwurfsstaat (*State of Design*) 96
Equivalent Level of Safety (ELOS) 48, 116, 133, 213, 218, 277
Ergänzungen zur Musterzulassung (*Supplemental Type Certificates*, STC) 191
Erhaltung der Lufttüchtigkeit (*continuing airworthiness*) 187
EuGH 162, 175
EUROCAE 125, 207, 232, 234, 243, 259, 282, 285
EUROCONTROL 234, 257, 259
Europäische Technische Standardzulassung (*European Technical Standard Order Authorization*, ETSO-Zulassung) 184, 196, 255
Europäische Teilezulassung (*European Part Approval*, EPA) 195
Europäischer Wirtschaftsraum (EWR) 168
European RPAS Steering Group (ERSG) 234, 238, 246, 260
European Technical Standard Order (ETSO) 196, 207, 241

FAA AC 23.1309-1C, AC 23.1309-1E 222
FAA Modernization and Reform Act 234
Federal Aviation Regulations (FAR) 191
ferngesteuerte Flugmodelle 37, 43, 236, 247, 251, 264, 281
Flightpath 2050 243
Flugbedingungen (*flight conditions*) 200
Flugbetriebsgenehmigung (*Operation Authorisation*) 254, 262, 280, 286
Fluggenehmigung (*Permit to Fly*, PtF) 56, 100, 184, 197, 200, 207, 225
Forschungsrahmenprogramm 244

Gemeinsamer EWR-Ausschuss 168
Gemeinschaftlichen Besitzstand der Flugsicherheit (*air safety acquis*) 152
Gemeinschaftlichen Besitzstand hinsichtlich des Luftverkehrs (*air transport acquis*) 152

Gemischter Luftverkehrsausschuss Gemeinschaft/Schweiz 168
Genehmigung als Entwicklungsbetrieb (*Design Organisation Approval*, DOA) 192
Geschichte der unbemannten Luftfahrt 23
Global Air Navigation Plan (GANP) 120
Global Aviation Safety Plan (GASP) 120
Grundlegende Anforderungen, *Essential Requirements* 158, 182, 187
Grundlegende Anforderungen, *Substantive Requirements* 156, 182
Grundverordnung 153, 160, 174, 182, 200, 214, 219, 229, 232, 238, 249, 256, 272, 276, 285
– Anhang II 156, 199, 237, 240, 250, 264, 276, 280, 285

hacking und *jamming* 51
Handbücher, *manuals* 91
handover siehe Steuerungsübergabe
Herstellungsstaat (*State of Manufacture*) 97
Hilfstriebwerk (*Auxiliary Power Unit*, APU) 196
Höchstabfluggewicht (*Maximum Take-Off Weight*, MTOW) 11
Höchstabflugmasse (*Maximum Take-Off Mass*, MTOM) 12
Hohe See 63, 117
Horizon 2020 244

ICAO Annexe
– Annex 13 122
– Annex 2 109, 131
– Annex 2, Appendix 4 131, 138, 141, 145, 226, 240, 247, 268, 270, 275, 281, 283, 286
– Annex 7 9, 121, 131
– Annex 8 92, 108, 116, 138, 270, 272, 278, 283 f.
ICAO Generalversammlungsresolution
– A37-15, Appendix G 111
– A38-12, Appendix C 107, 111, 120
ITU 16

JAA/EUROCONTROL UAV Task-Force 45, 209, 259, 269, 272
JAR-21 191
JARUS 232, 234, 237, 243, 257, 273, 282
Joint Aviation Authorities (JAA) 162, 191, 209, 274

Joint Aviation Requirements (JAR) 165
Joint Implementation Procedures (JIP) 165

Kleine und Mittlere Unternehmen (KMU) 233, 263
Konferenz in Riga 244
Konfigurationsmanagementnachweis (*configuration management record*) 137
Kooperationsvereinbarung EU/ICAO 178

Loss of Control Scenario 217
Luftarbeit (*aerial work*) 28, 103
luftfahrttechnisches Erzeugnis (*aeronautical product*) 137, 183
Luftfahrzeug 34
Lufthoheit 59, 62
Luftsicherheit 50, 226
Lufttüchtigkeitszeugnis (*Certificate of Airworthiness*, CofA) 56, 72, 75, 89, 99, 113, 136, 143, 177, 184, 200, 207, 216, 232, 255, 270, 278, 281
Luftverkehrsausschusses (*Air Transport Committee*) 78

Manual on Remotely Piloted Aircraft Systems (RPAS Manual) 67, 126, 132, 147, 226, 268, 271, 273, 275, 284, 286, 288
Marschflugkörper, *cuise missiles* 42
Mensch-Maschine-Schnittstelle 219
Meroni-Doktrin 162
Mindestanforderungen (*minimum standards*) 73, 89, 105, 281
Miniaturisierung 14
model aircraft Siehe ferngesteuerte Flugmodelle
Musterzulassung 55, 96, 172, 191
Musterzulassungsgrundlage 193, 214, 216, 218, 225
Musterzulassungsschein (*Type Certificate*, TC) 56, 72, 73, 96, 129, 135, 139, 143, 146, 177, 183 f., 195, 207, 222, 232, 255, 270, 271, 280

NATO 260
NATO STANAG 216, 260, 282
Notice of Proposed Amendment (NPA) 170
– NPA 2014-09 246

Offene Kategorie (*Open Category*) 252, 256, 277, 286
opt(ing)-in 89

opt(ing)-out/contract(ing)-out 84
Optionally Piloted Aircraft (OPA) 36, 292

Pariser Abkommen 87
Performance-Based-Approach 252, 261, 263, 277
Personentransport 35, 104, 251, 291
photographic apparatus 71
Pilot-in-Command (PIC) 67, 288, 293
pilotless aircraft Siehe Chicagoer Abkommen, Art. 8 des Chicagoer Abkommens
Procedures for Air Navigation Services (PANS) 90
Produktsicherheitsrichtlinie 2001/95/EC 253
Provisional International Civil Aviation Organization (PICAO) 75

Qualifizierte Stellen (*Qualified Entities*, QE) 254

Radio Line-of-Sight (RLOS) 17, 140
Regional Supplementary Procedures (SUPPS) 90
Regulatory Advisory Group (RAG) 171
Remote Operator Certificate (ROC) 255
Remote Pilot Station (RPS) 41
Remote Pilot-in-Command (Remote PIC) 289
Remotely Operated Vehicle 33
Remotely Piloted Aircraft (RPA) 36 f.
Remotely Piloted Aircraft System (RPAS) 39 f., 112
Remotely Piloted Aircraft Systems Panel (RPAS Panel) 123, 126, 132, 145, 178, 257, 273, 284
Remotely Piloted Vehicle 33
Richtlinie 2009/48/EG 236, 248
Richtlinien und Empfehlungen (*Standards and Recommended Practices*, SARPs) 59, 75, 80, 121 f., 146, 278, 283
Riga Declaration on Remotely Piloted Aircraft 244
RPAS Manual *Siehe* Manual on Remotely Piloted Aircraft Systems (RPAS Manual)
RPAS Panel *Siehe* Remotely Piloted Aircraft Systems Panel (RPAS Panel)
RPAS Roadmap 235, 243, 246, 258, 272, 285
RTCA 125
Rulemaking Procedure 169

Rundschreiben, *circulars* 91

Safety Standards Consultative Committee (SSCC) 170
Safety Target Approach 220, 223
SARPs Siehe Richtlinien und Empfehlungen (*Standards and Recommended Practices*, SARPs)
security, aviation security siehe Luftsicherheit
See and Avoid (S&A) 70, 124
Sicherheitsrisikobewertung (*Safety Risk Assessment*) 254, 262, 277, 279, 283
Sonderbedingungen (*Special Conditions*, SC) 193 f., 209, 214, 216, 218, 226, 277
special authorization Siehe Art. 8 des Chicagoer Abkommens
Spezifische Kategorie (*Specific Category*) 254, 256, 277, 279, 282, 286
Spielzeuge (*toys*) 236
Spielzeugluftfahrzeuge (*toy aircraft*) 247
Staatsluftfahrzeuge 64, 155
Standardised European Rules of the Air (SERA) 239, 246
Stellungnahmen, *opinions* 169
Steuerungsübergabe 18, 24, 71, 113, 128, 137, 142, 216, 232, 270
System Safety Assessment 219

technisch kompliziertes motorgetriebenes Luftfahrzeug 198
Technischen Standardzulassung (*Technical Standard Order*, TSO) 138, 196
Teile und Ausrüstungen 183, 188, 196, 200, 208, 215, 256, 270
Thematic Advisory Groups (TAGs) 171
Total System Approach (TSA) 158
Type Certificate Data Sheet (TCDS) 129, 136, 194
type certification siehe Musterzulassung

UAS Circular 67, 126 f., 135, 145 ff., 247, 273, 289
UAS Panel Process 231

UAS Policy 208 f., 233, 260, 263, 268, 270, 275 f., 279 f., 286, 290
ULTRA Consortium 244
Umweltschutz 157
unbemannte Freiballone (*unmanned free balloons*) 114
unbemannte Raketen 42
Uninhabited Air/Aerial Vehicle 33
Universal Safety Oversight Audit Programme (USOAP) 88
Universal Security Audit Programme (USAP) 88
Unmanned Aerial Vehicle (UAV) 33
Unmanned Air Vehicle 33
Unmanned Aircraft (UA) 35, 37
Unmanned Aircraft System (UAS) 38, 40
Unmanned Aircraft Systems Study Group (UASSG) 121, 123, 132, 145, 178, 257, 271, 273
Unpremeditated Descent Scenario 217
UVS International 10

Verfahren, *procedures* 90
Verordnung (EG) Nr. 1592/2002 154, 164
Verordnung (EG) Nr. 1702/2003 190
Verordnung (EG) Nr. 216/2008 5, 151, 153
Verordnung (EU) Nr. 748/2012 189, 230
Verordnung (EU) Nr. 923/2012 230, 247 f.
Vertical Take-Off and Landing (VTOL) 11
Vertrages über die Arbeitsweise der Europäischen Union (AEUV) 151
Vertrages über die Europäische Union (EUV) 164
Visual Line-of-Sight (VLOS) 14

Waisen-Luftfahrzeug, *orphan aircraft* 185, 207

Zertifizierte Kategorie (*Certified Category*) 255 f., 262, 276 f., 287
Zulassungsspezifikationen (*Certification Specifications*, CS) 160, 162, 170, 172, 193, 202, 205, 213 f., 216, 222, 240, 242, 245, 256, 277

Schriften zum Luft- und Weltraumrecht / *Studies in Air and Space Law* / *Etudes de Droit Aérien et Spatial*

Begründet von / Founded by / Fondées par Karl-Heinz Böckstiegel
Herausgegeben von / Edited by / Publiées par Stephan Hobe

Band 1
Settlement of Space Law Disputes
The present state of the law and perspectives of further development
Edited by Prof. Dr. Karl-Heinz Böckstiegel
1980. IX, 415 Seiten. Kart. ISBN 3-452-18794-2

Band 2
Der Weltraumvertrag
Von Adrian Bueckling
1980. VIII, 82 Seiten. Kart. ISBN 3-452-18795-0

Band 3
Sowjetisches Luftrecht
Rechtliche Grundlagen und Praxis der Zivilluftfahrt
Von Dr. Wilfried Bergmann
1980. LVI, 250 Seiten. Kart. ISBN 3-452-18796-9

Band 4
Das Recht des Umweltschutzes in der Zivilluftfahrt
Von Dr. Hans Hochgürtel
1984. XII, 285 Seiten. Kart. ISBN 3-452-19996-7

Band 5
Space Stations
Legal Aspects of Scientific and Commercial Use in a Framework of Transatlantic Cooperation
Edited by Prof. Dr. Karl-Heinz Böckstiegel
1985. VIII, 253 Seiten. Kart. ISBN 3-452-20419-7

Band 6
Die unbekannte Schadensursache im internationalen Luftverkehr
Haftung von Luftfrachtführer und Flugzeughersteller
Von Prof. Dr. Donate Ficht
1986. XII, 238 Seiten. Kart. ISBN 3-452-20450-2

Band 7
Montrealer Protokolle Nr. 3 und 4 Warschauer Haftungssystem und neuere Rechtsentwicklung
Von Dr. P. Nikolai Ehlers, *Attorney at Law (New York)*
1985. XVII, 159 Seiten. Kart. ISBN 3-452-20451-0

Band 8
Hoheitsgewalt und Kontrolle im Weltraum
Von Dr. Horst Bittlinger
1988. XII, 223 Seiten. Kart. ISBN 3-452-21220-3

Band 9
Environmental Aspects of Activities in Outer Space
State of the Law and Measures of Protection
Edited by Prof. Dr. Karl-Heinz Böckstiegel
1990. VIII, 318 Seiten. Kart. ISBN 3-452-21356-0

Band 10
Manned Space Flight
Legal Aspects in the Light of Scientific and Technical Development
Edited by Prof. Dr. Karl-Heinz Böckstiegel
1993. XIV, 404 Seiten. Kart. ISBN 3-452-22562-3

Band 11
Zivile Satellitennutzung in internationaler Zusammenarbeit
Von Dr. Kai-Uwe Schrogl
1993. XVI, 280 Seiten. Kart. ISBN 3-452-22730-8

Band 12
Kapazitätsengpässe im Luftraum
Von Dr. Paul Michael Krämer
1994. XVIII, 223 Seiten. Kart. ISBN 3-452-22883-5

Band 13
Eigensicherungspflichten von Verkehrsflughäfen
Von Dr. Frank Czaja
1995. XVIII, 191 Seiten. Kart. ISBN 3-452-23016-3

Band 14
Raumfahrt als Staatsaufgabe
Von Dr. Mathias Spude
1995. XII, 228 Seiten. Kart. ISBN 3-452-23140-2

Band 15
Perspectives of Air Law, Space Law, and International Business Law for the Next Century
Edited by Prof. Dr. Karl-Heinz Böckstiegel
1996. VIII, 339 Seiten. Kart. ISBN 3-452-23456-8

Band 16
'Project 2001' – Legal Framework for the Commercial Use of Outer Space
Recommendations and conclusions to develop the present state of the law
Edited by Prof. Dr. Karl-Heinz Böckstiegel
2002. XIV, 724 Seiten. Kart. ISBN 3-452-25113-6

Band 17
Private Luftfahrtverwaltung
Die Delegation hoheitlicher Befugnisse an Private und privatrechtsförmig organisierte Verwaltungsträger im deutschen Luftverkehrsrecht
Von Dr. Karsten Baumann
2002. XXVI, 512 Seiten. Kart. ISBN 3-452-25210-8

Band 18
Bereitstellungsentgelte für Flughafeninfrastruktur
Von Rechtsanwalt Dr. Ludger Giesberts, LL.M.
2002. X, 70 Seiten. Kart. ISBN 3-452-25296-5

Band 19
Nationale Weltraumgesetzgebung
Völkerrechtliche Voraussetzungen und Handlungserfordernisse
Von Dr. Michael Gerhard
2002. XIV, 235 Seiten. Kart. ISBN 3-452-25344-9

Band 20
'Project 2001' – Global and European Challenges for Air and Space Law at the Edge of the 21st Century
Proceedings of an International Symposion held 8-10 June, 2005
Edited by Prof. Dr. Stephan Hobe, Dr. Bernhard Schmidt-Tedd and Dr. Kai-Uwe Schrogl
2006. X, 292 Seiten. Kart. ISBN 3-452-26090-9

Band 21
Nachtflugbeschränkungen und Luftverkehrsrecht
Luftverkehr im Spannungsfeld von Wirtschaft und Gesundheit
Von Dr. Christian Giesecke, LL.M. (McGill)
2006. XIV, 244 Seiten. Kart. ISBN 3-452-26244-8

Band 22
Rechtsfragen der Errichtung und Nutzung von Flughafensystemen
Von Dr. Jürgen Cloppenburg
2006. XVI, 236 Seiten. Kart. ISBN 3-452-26374-6

Band 23
Registrierungskonvention und Registrierungspraxis
Von Dr. Stephan Mick
2007. XV, 226 Seiten. Kart. ISBN 978-3-452-26635-4

Band 24
Die ESA als Raumfahrtagentur der Europäischen Union
Rechtliche Rahmenbedingungen für eine institutionelle Neuausrichtung der europäischen Raumfahrt
Von Dr. Thomas Reuter
2007. XIV, 218 Seiten. Kart. ISBN 978-3-452-26639-2

Band 25
Satellite Imagery for Verification and Enforcement of Public International Law
Von Dr. Jana Hettling
2008. XIV, 189 Seiten. Kart. ISBN 978-3-452-26761-0

Band 26
Sachenrechtliche Grundlagen der kommerziellen Weltraumnutzung
Von Dr. Maximilian Schwab
2008. XVI, 291 Seiten. Kart. ISBN 978-3-452-26739-9

Band 27
Die wettbewerbsrechtliche Behandlung und Entwicklung von Luftverkehrsallianzen im Rahmen der Globalisierung und Liberalisierung des Luftverkehrs
Von Dr. Cornelius Frie
2009. XIV, 284 Seiten. Kart. ISBN 978-3-452-26942-3

Band 28
Kriterien zur europarechtlichen Beurteilung von Subventionsvergaben an Luftfahrtunternehmen zur Förderung öffentlicher Regionalflughäfen
Von Dr. Daniela Nießen
2010. XIV, 188 Seiten. Kart. ISBN 978-3-452-27260-7

Band 29
The legal status of space tourists in the framework of commercial suborbital flights
Von Dr. Michael Chatzipanagiotis
2011. XIX, 226 Seiten. Kart. ISBN 978-3-452-27692-6

Band 30
‚Bridging the digital divide'
Rechtliche Rahmenbedingungen für eine institutionelle Neuausrichtung der europäischen Raumfahrt
Von Dr. Julia Neumann
2012. XIX, 271 Seiten. Kart. ISBN 978-3-452-27727-5

Band 31
Der »Single European Sky«
Europarechtliche Vorgaben für die Errichtung eines einheitlichen europäischen Luftraums und Probleme der nationalstaatlichen Umsetzung
Von Dr. Micha-Manuel Bues
2012. XXI, 341 Seiten. Kart. ISBN 978-3-452-27748-0

Band 32
Alternative Modelle der Vergabe von Start- und Landerechten im Luftverkehr
Probleme der Vergabe von Slots an überlasteten Flughäfen der Europäischen Union
Von Dr. Christoph Naumann, LL.M. (University of Pennsylvania), LL.M. Eur.
2012. XI, 211 Seiten. Kart. ISBN 978-3-452-27848-7

Band 33
Die Reform des rechtlichen Rahmens für den internationalen Luftverkehr
– unter besonderer Berücksichtigung der Luftverkehrsabkommen zwischen der Europäischen Union sowie ihren Mitgliedstaaten und globalen Partnern
Von Dr. Anna Renate Recker
2014. XIX, 232 Seiten. Kart. ISBN 978-3-452-28193-7

Band 34
Die Neuregelung der Haftung für Schäden Dritter im internationalen Luftverkehr
Von Dr. Kristina Moll-Osthoff
2014. XII, 144 Seiten. Kart. ISBN 978-3-452-28221-7

Band 35
Der »launching state« im Kontext privater Weltraumaktivitäten
Von Dipl.-Ing. Mag. Dr. Gernot Fritz, B.Sc.
2016. XVI, 222 Seiten. Kart. ISBN 978-3-452-28748-9

Band 36
Die neue Raumfahrtkompetenz der EU
Von Dr. Irina Kerner
2016. XVI, 218 Seiten. Kart. ISBN 978-3-452-28794-6

Band 37
Air Law, Space Law, Cyber Law – the Institute of Air and Space Law at Age 90
Edited by Prof. Dr. Stephan Hobe, LL.M.
2016. VIII, 174 Seiten. Kart. ISBN 978-3-452-28793-9

Band 38
Die Finanzierung von Flughafeninfrastruktur und das europäische Beihilfenrecht im Wandel
Von Dr. Angela Guarrata, LL.M.
2016. XIII, 168 Seiten. Kart. ISBN 978-3-452-28799-1

Band 39
Ein internationales Übereinkommen zur Regelung des Abbaus der natürlichen Ressourcen des Mondes und anderer Himmelskörper
An Agreement Governing Natural Resource Activities on the Moon and Other Celestial Bodies
Von Dr. Bastian Wick
2016. XIV, 246 Seiten. Kart. ISBN 978-3-452-28850-9

Band 40
Unbemannte Luftfahrzeugsysteme: Zulassungsvorgaben und -vorschriften der ICAO bzw. der EU
Von Dr. Milan A. Plücken, LL.M. (McGill)
2017. XVI, 330 Seiten. Kart. ISBN 978-3-452-28874-5

Carl Heymanns Verlag